Z-207
(RD-III)
(Am-SB-V)
(RE)

TÜBINGER GEOGRAPHISCHE STUDIEN

Herausgegeben von

D. Eberle * H. Förster * G. Kohlhepp * K.-H. Pfeffer

Schriftleitung: H. Eck

Heft 129

zugleich

TÜBINGER BEITRÄGE ZUR
GEOGRAPHISCHEN LATEINAMERIKA-FORSCHUNG

Herausgegeben von Gerd Kohlhepp

Heft 19

Ivo Marcos Theis

Entwicklung und Energie in Südbrasilien

Eine wirtschaftsgeographische Analyse des
Energiesystems des Itajaítals in Santa Catarina

Mit 8 Karten, 35 Abbildungen und 39 Tabellen

2000

Im Selbstverlag des Geographischen Instituts der Universität Tübingen

ISBN 3-88121-045-8
ISSN 0932-1438

Die Deutsche Bibliothek – CIP-Einheitsaufnahme

Theis, Ivo Marcos:
Entwicklung und Energie in Südbrasilien: eine wirtschaftsgeographische Analyse des Energiesystems des Itajaítals in Santa Catarina; mit 39 Tabellen / Ivo Marcos Theis. Geographisches Institut der Universität Tübingen. –
Tübingen: Geographisches Institut, 2000
   (Tübinger Geographische Studien; H. 129)
   (Tübinger Beiträge zur geographischen Lateinamerika-Forschung; H. 19)
   ISBN 3-88121-045-8

Copyright 2000 Geographisches Institut der Universität Tübingen,
Hölderlinstr. 12, 72074 Tübingen

Zeeb-Druck, 72070 Tübingen

VORWORT

> "...é bom admitir que somos todos seres humanos,
> por isso, inacabados".
> (*Paulo Freire*)

Während meiner Tätigkeit als Wirtschaftswissenschaftler am *Projeto Crise* der Universität Blumenau, im Rahmen dessen ich mich mit regionalen Entwicklungsproblemen und der Energieversorgung des Itajaítals in den 80er Jahren beschäftigte, stieß ich erstmals auf die Arbeit eines deutschen Geographen. Frau Beate Frank, die Leiterin des Projektes, hatte mich auf die Arbeit von Herrn Prof. Dr. Kohlhepp zur Industrialisierung des Nordostens Santa Catarinas aufmerksam gemacht. Sie war es auch, die mir - als ich Anfang der 90er Jahre an für eine Promotion relevante Fragestellungen stieß - Herrn Prof. Dr. Kohlhepp als Betreuer vorschlug. Seine hervorragenden Brasilien-Kenntnisse, besonders zu Santa Catarina, sowie seine langjährige Auseinandersetzung mit Themen wie Regionalentwicklung und Energie beeinflußten zusätzlich diese Entscheidung. Nach einem Briefwechsel im Jahre 1991 und nach einem ausführlichen Gespräch in Blumenau wurde ich von Herrn Prof. Dr. Kohlhepp als Doktorand angenommen.

Für die aufmerksame Betreuung, die zahlreichen Gespräche, die wichtigen Hinweise und wertvolle Kritik während meiner gesamten Promotion bedanke ich mich bei Herrn Prof. Dr. Kohlhepp sehr herzlich. Neben der akademischen war auch seine freundliche und menschliche Unterstützung für meine Familie und mich stets sehr hilfreich.

Herrn Prof. Dr. Pachner danke ich für die Übernahme des Zweitgutachtens.

Dem Deutschen Akademischen Austauschdienst (DAAD) danke ich herzlich für die finanzielle Unterstützung, die mir und meiner Familie den Aufenthalt in Tübingen ermöglichte.

Dem moralischen und technischen Beistand meiner brasilianischen Freunde Beate Frank, Valmor Schiochet und Marcel Siebert von der Universität Blumenau sowie Irineu Theiss (CELESC) verdanke ich, daß diese Arbeit in der jetzigen Form vorliegt.

Eine freundliche Unterstützung meiner Forschungsbemühungen erfuhr ich ebenfalls von IBASE und COPPE/UFRJ in Rio de Janeiro, CECA in Florianópolis, AMMVI in Blumenau und die jeweiligen *Prefeituras* im Untersuchungsgebiet. Nachdrücklich möchte ich den kontaktierten Nichtregierungsorganisationen (NRO) meinen besten Dank für ihre Geduld und Auskunftsbereitschaft aussprechen.

Mein bester Dank gilt auch meinen Freunden und Arbeitskollegen Ademar, Adilson, Hélio, Ivani, Lúcia, Rubão und Rui am IPA sowie Mércio Jacobsen (FURB).

Auch auf meine in Deutschland geschlossenen Freundschaften konnte ich immer zählen. Für fruchtbare Diskussionen und technische Unterstützung bedanke ich mich bei Markus Blumenschein, Roman Caspar, Martin Coy, Gerhard Halder, Wilfried Kaiser und Lauriana Cardoso de Oliveira. Für die hervorragende Unterstützung in der Endphase der Erstellung dieser Arbeit möchte ich mich ganz besonders bei Martin Remppis, Klaus Köhnlein und Wolf-Dietrich Sahr bedanken. Ebenfalls in Deutschland trugen Vorschläge von Maurício de Almeida Abreu (UFRJ) und Marlos de Barros Pessoa (UFPE) der Arbeit bei.

Für die umfangreiche Hilfe bei der Vorbereitung der Drucklegung der Arbeit danke ich Dan Pasca, Dieter Siedenberg und Bruno Rentschler bestens. Aufgrund meiner Wahl zum Pro-Reitor de Pesquisa e Pós-Graduação (PROPEP) der Universidade Regional de Blumenau, fast unmittelbar nach meiner Rückkehr nach Brasilien, wäre ohne die selbstlose Unterstützung der Genannten die Fertigstellung der Druckvorlage kaum möglich gewesen.

Der Fundação Coordenação de Aperfeiçoamento de Pessoal de Nível Superior (CAPES), dem Deutschen Akademischen Austauschdienst (DAAD), dem Selbstverlag des Geographischen Institutes der Universität Tübingen und der Blumenauer Industrie- und Handelskammer (ACIB) möchte ich für die finanzielle Unterstützung zur Veröffentlichung dieser Arbeit danken.

Abschließen möchte ich mit einem sehr herzlichen Dankeschön an meine Frau Maria Stela, meine Tochter Hannah, meinen Sohn Guilherme, der während meiner Promotionszeit das Licht der Welt in Tübingen erblickte, sowie an meine Eltern Lydia und Marcos. Die Geduld, die moralische Unterstützung und das Vertrauen meiner Familie begleiteten stets meinen von Höhen und Tiefen gekennzeichneten Aufenthalt in Tübingen.

Ivo Marcos Theis

Blumenau, im Dezember 1999

INHALTSVERZEICHNIS

Vorwort	I
Inhaltsverzeichnis	III
Abkürzungsverzeichnis	VII
Kartenverzeichnis	X
Abbildungsverzeichnis	X
Tabellenverzeichnis	XI
EINLEITUNG	1
1 THEORETISCHE AUSEINANDERSETZUNG MIT DEM BEGRIFF ENTWICKLUNG	6
1.1 Einführung in den Entwicklungsbegriff	6
1.1.1 Der Fortschrittsgedanke und die Entwicklung als optimistische Begriffe ...	7
1.1.2 Entwicklung im Sinne der klassischen bürgerlichen Ökonomie	8
1.1.3 Entwicklung als Kapitalakkumulation	9
1.1.4 Entwicklung als Wirtschaftswachstum	10
1.2 Die Rolle der Entwicklungstheorien	11
1.2.1 Die Modernisierungstheorien	12
1.2.2 Die Dependenztheorie	14
1.3 Die allmähliche Einbeziehung der Umweltdimension in die Entwicklungsdebatte	16
1.3.1 Stockholm und die Grenzen des Wachstums	16
1.3.2 Das *ecodevelopment*-Konzept	17
1.3.3 Die Entstehung der WCED und der Brundtland Bericht	18
1.3.4 Das Zauberwort *sustainable development*	19
1.3.5 Die UN-Konferenz für Umwelt und Entwicklung in Rio de Janeiro ... und danach!	23
1.4 Der Begriff der Entwicklung aus der Perspektive der Regulationsschule	26
1.4.1 Grundlagen des Regulationsansatzes	27
1.4.2 Grundkategorien eines Entwicklungsmodells	28
1.4.2.1 Technologisches Paradigma	29
1.4.2.2 Akkumulationsregime	29
1.4.2.3 Regulationsweise	30
1.4.2.4 Sozialer Block	31
1.4.2.5 Soziales Paradigma	32
1.4.3 Periodisierung	33
1.4.4 Der periphere Fordismus	35
2 THEORETISCHE AUSEINANDERSETZUNG MIT DER ENERGIEFRAGE ...	38
2.1 Der Begriff der Energie	38
2.1.1 Energie, Arbeit, Wärme	38
2.1.2 Verschiedene Gliederungen der Energie	39
2.1.3 Ökosysteme und die natürlichen Rahmenbedingungen der Energie	42
2.2 Energie und Thermodynamik	43
2.2.1 Der Erste Hauptsatz der Thermodynamik	44
2.2.2 Der Zweite Hauptsatz der Thermodynamik	45
2.2.3 Die entropischen Rahmenbedingungen des Lebens	47
2.2.4 Die entropischen Grenzen des ökonomischen Prozesses	48

2.3	Die Energiebasis einer Gesellschaft: Das Konzept des Energiesystems	50
	2.3.1 Zum Begriff Energiesystem	52
	2.3.2 Periodisierung	55

3 ENTWICKLUNG UND ENERGIE ALS RÄUMLICHE PROBLEMATIK 57

3.1	Zum Begriff des Raumes	57
	3.1.1 Definitionen von Raum	57
	3.1.2 Zur Problematisierung des Raumbegriffes im Zeitalter des nach-fordistischen Kapitalismus	59
	3.1.3 Zur Problematisierung des Raumbegriffes aus regulationstheoretischer Perspektive	60
3.2	Zur Problematisierung der Regionalfrage	61
	3.2.1 Vom Raum zur Region	62
	3.2.2 Von den Standorttheorien zu Regionalentwicklungstheorien	62
	3.2.3 Regionalentwicklung aus regulationstheoretischer Sicht	66
3.3	Der Zusammenhang von Entwicklung, Energie und Umwelt als geographische Problematik	71
	3.3.1 Umwelt und Gesellschaftsformation	72
	3.3.2 Die Gesellschaftsformation und die Energiefrage	74
	3.3.3 Gesellschaftsformation, Energiesystem und Umwelt	75
	3.3.4 Das Entwicklungsmodell und das Energiesystem aus geographischer Sicht	76
3.4	Die räumlichen Grundlagen des kapitalistischen Energiesystems	79
	3.4.1 Die *geographische* Arbeitsteilung	79
	3.4.2 Räumliche Arbeitsteilung und der Gegensatz zwischen *lokal* und *global* ..	80
	3.4.3 Globalisierungsprozesse und die gegenwärtige Bedeutung der Energiefrage	83
	3.4.4 Die Frage der Maßstabsebenen in peripher-fordistischen Energiesystemen	84

4 METHODOLOGIE, UNTERSUCHUNGSMETHODEN, ARBEITSTECHNIKEN 86

4.1	Kurze Einleitung	86
4.2	Dialektik als *Königsweg*	87
4.3	Von der dialektischen Methodologie zu den Forschungsmethoden	92
	4.3.1 Forschungsmethoden zwischen Makro- und Mikrolevel	93
	4.3.2 Forschungsmethoden im Regulationsansatz	94
4.4	Die praktischen Arbeitstechniken	95
4.5	Entwurf eines analytischen Modells zur Untersuchung eines regionalen Energiesystems	96
4.6	Auswahl und Abgrenzung des Untersuchungsgebietes	97
4.7	Die Durchführung der Felduntersuchung	101
	4.7.1 Expertenbefragungen und Datensammlung	101
	4.7.2 Die empirischen Erhebungen vor Ort und die Kernpunkte der Befragungen	102

5 RAHMENBEDINGUNGEN DER ENERGIEFRAGE: EIN ÜBERREGIONALER ÜBERBLICK 104

5.1	Krise des fordistischen Entwicklungsmodells und Zuspitzung des Nord-Süd-Konfliktes: Entwicklung und Energie auf globaler Ebene	104

	5.1.1	Die Entwicklung des fordistischen Energiesystems	104
	5.1.2	Disparitäten zwischen Energiesystemen zentraler und peripherer Gesellschaftsformationen	107
	5.1.3	Krise des fordistischen Energiesystems	109
	5.1.4	Die Verschuldungskrise und die Auswirkungen auf das Energiesystem Lateinamerikas	113
5.2		tschaftentwicklung, soziale Ungleichheit und Umweltdegradierung: Entwicklung und Energie in Brasilien	115
	5.2.1	Zur administrativen Einteilung, ökonomischen Periodisierung und anthropogeographischen Kennzeichnung	116
	5.2.2	Die Bildung eines peripher-fordistischen Entwicklungsmodells bzw. eines peripher-fordistischen Energiesystems: Der Fall Brasilien nach 1964	118
	5.2.3	Das verlorene Jahrzehnt und die Krise des peripherfordistischen Energiesystems: Brasilien in den 80er Jahren	123
	5.2.4	Zur Rolle des Staates in der brasilianischen Wirtschaftsentwicklung und Energieplanung nach 1964	132
	5.2.5	Zur Umweltfrage in Brasilien nach 1964	140
5.3		tschaftliche Erfolge, sozioökologische Mißerfolge: Entwicklung und Energie in Santa Catarina	144
	5.3.1	Geographische und historische Grundlagen, administrative Gliederung und sozioökonomische Periodisierung	144
	5.3.2	Ökonomischer Erfolg und Vernachlässigung der Energiefrage: Entwicklung und Energie in Santa Catarina von 1965 bis 1980	147
	5.3.3	Ökonomische Krise und dauerhafte Vernachlässigung des Energiesystems: Entwicklung und Energie in Santa Catarina in der 80er Jahren	150
	5.3.4	Die Rolle der Landesregierung: Ein kurzer Überblick	159
	5.3.5	Kurze Einführung in die Umweltproblematik Santa Catarinas	162

6 PHYSISCH- UND ANTHROPOGEOGRAPHISCHE GRUNDLAGEN DES ITAJAÍTALS 165

6.1	Geographische Lage und räumliche Gliederung des Untersuchungsgebietes	165
6.2	Naturräumliche Gegebenheiten des Untersuchungsgebietes	168
	6.2.1 Relief	169
	6.2.2 Klima	171
	6.2.3 Hydrographie	173
	6.2.4 Vegetation	176
6.3	Kulturgeographische Merkmale des Untersuchungsgebietes	179
6.4	Einführende Bemerkungen zu den sozialräumlichen Unterschieden in der untersuchten Region	186

7 REGIONALENTWICKLUNG UND ENERGIESYSTEM: FALLSTUDIE ZUR ENERGIEVERSORGUNG IM ITAJAÍTAL 190

7.1	Methodische Vorbemerkung: Zur empirischen Feststellung sozialer Akteure auf regionaler Ebene	190
7.2	Entwicklung und Energie im Itajaítal: Kurze historische Einführung	197
	7.2.1 Sozioökonomische Entwicklung und die Rolle der Industrie im Itajaítal	197
	7.2.2 Das regionale Energiesystem in historischer Perspektive	203
7.3	Entwicklung und Energie im Itajaítal: Der gegenwärtige Zustand	207

7.3.1	Die Krise der Regionalökonomie im Kontext der brasilianischen Wirtschaftskrise der 80er Jahre und der allmähliche Bedeutungsverlust der traditionellen Industrie	207
7.3.2	Die Bedeutung der Textilindustrie im Itajaítal	212
7.3.3	Bemerkungen zum sozialen Block im Itajaítal	218
7.3.4	Die Entstehung flexibler Akkumulationsstrukturen	223
7.3.5	Die Bedeutung der Softwareindustrie im Itajaítal	224
7.3.6	Die Krise des regionalen Energiesystems	227
7.3.7	Ökonomische und sozioökologische Kosten der Energieerzeugung und -versorgung im Itajaítal	244

8 REGIONALENTWICKLUNG, UMWELTPROBLEME UND ENERGIESYSTEM IM ITAJAÍTAL: EIN AUSBLICK 248

8.1	Möglichkeiten zur Erweiterung des Energieangebots im Itajaítal	248
8.1.1	Möglichkeiten zur Erweiterung des Energieangebots im Itajaítal am Beispiel der geplanten Erdgasleitung	249
8.1.2	Möglichkeiten zur Erweiterung des Energieangebots im Itajaítal am Beispiel des geplanten Wasserkraftwerkes Salto Pilão	252
8.1.3	Möglichkeiten zur Erweiterung des Energieangebots im Itajaítal am Beispiel von kleinen Wasserkraftwerken	254
8.2	Umwelt und Energie im Itajaítal: Potentielle Interessenkonflikte zwischen Präfekturen, Industriebetrieben und NRO	256
8.2.1	Umweltprobleme und Möglichkeiten zur Erweiterung des Energieangebots im Itajaítal: die Rolle der Präfekturen	256
8.2.2	Umweltprobleme und Möglichkeiten zur Erweiterung des Energieangebots im Itajaítal: die Interessen der Industrieunternehmen ...	259
8.2.3	Umweltprobleme und Möglichkeiten zur Erweiterung des Energieangebots im Itajaítal: die Rolle der NRO	261
8.2.4	Fazit: Umwelt und Energie im Itajaítal und potentielle Interessenkonflikte zwischen Präfekturen, Industriebetrieben und NRO	262
8.3	Zur sozial und ökologisch nachhaltigen Regionalplanung im Itajaítal unter besonderer Berücksichtigung der Regulation des regionalen Energiesystems ...	264
8.3.1	Rahmenbedingungen einer sozial und ökologisch nachhaltigen Energieplanung auf regionaler Ebene	264
8.3.2	Die Bedeutung regenerierbarer Energieträger in der regionalen Energieplanung	269

SCHLUSSBETRACHTUNG UND PERSPEKTIVEN	272
Literaturverzeichnis	281
Resumo	338
Summary	346
Anhang (Tabellen und Fragebögen)	350

ABKÜRZUNGSVERZEICHNIS

ACAPRENA	Associação Catarinense de Preservação da Natureza
ACIB	Associação Comercial e Industrial de Blumenau
ACIMPEVI	Associação das Micro e Pequenas Empresas do Vale do Itajaí
AEASC	Associação dos Engenheiros Agrônomos de Santa Catarina
AKW	Atomkraftwerk
AMAVI	Associação de Municípios do Alto Vale do Itajaí
AMFRI	Associação de Municípios da Foz do Rio Itajaí
AMMVI	Associação de Municípios do Médio Vale do Itajaí
AMVALI	Associação de Municípios do Vale do Itapocu
ANPROTEC	Associação Nacional das Entidades Promotoras de Tecnologia
APREMAVI	Associação de Preservação do Meio Ambiente do Alto Vale do Itajaí
ARENA	Aliança Renovadora Nacional
BCSD	Business Council for Sustainable Development
BEN	Balanço Energético Nacional
BID	Banco Interamericano de Desarrollo
BIP	Bruttoinlandsprodukt
BIRD	Siehe IBRD
BLUSOFT	Blumenau Polo de Software
BNCWEC	Brazilian National Committee World Energy Council
BRDE	Banco Regional de Desenvolvimento do Extremo Sul
BSP	Bruttosozialprodukt
CAPES	Coordenação de Aperfeiçoamento de Pessoal de Nível Superior
CDDH	Comissão de Defesa dos Direitos Humanos
CEAG	Centro de Assistência Gerencial de Santa Catarina
CECA	Centro Ecumênico de Capacitação e Assessoria
CELESC	Centrais Elétricas de Santa Catarina S/A
CEPAL	Siehe ECLA
CEPREMAP	Centre d'Études Prospectives d'Économie Mathématique Appliquées à la Planification
CETIL	Centro de Processamento de Dados das Indústrias Têxteis
CNG	Conselho Nacional de Geografia
CNI	Confederação Nacional da Indústria
CONAMA	Conselho Nacional do Meio Ambiente
COPEL	Companhia Paranaense de Energia
CPT	Comissão Pastoral da Terra
CRAB	Comissão Regional de Atingidos por Barragens
DIEESE	Departamento Intersindical de Estatísticas e Estudos Sócio-Econômicos
DNAEE	Departamento Nacional de Aguas e Energia Elétrica
ECLA	United Nations Economic Commission for Latin America

EFLSC	Empresa Fôrça e Luz Santa Catarina S/A
EIA	Estudo de Impacto Ambiental
ELETROBRÁS	Centrais Elétricas Brasileiras S/A
ELETROSUL	Centrais Elétricas do Sul do Brasil S/A
EFSC	Estrada de Ferro Santa Catarina
FAMURS	Federação das Associações de Municípios do Rio Grande do Sul
FATMA	Fundação de Amparo à Tecnologia e ao Meio Ambiente
FBDS	Fundação Brasileira para o Desenvolvimento Sustentável
F&E	Forschung und Entwicklung
FECAM	Federação Catarinense de Associações de Municípios
FEEC	Federação das Entidades Ecológicas Catarinenses
FGV	Fundação Getúlio Vargas
FIESC	Federação das Indústrias do Estado de Santa Catarina
FUNCEP	Fundação Centro de Formação do Servidor Público
GATT	General Agreement on Tariffs and Trade
GEF	Global Environmental Facility
IBAM	Instituto Brasileiro de Administração Municipal
IBAMA	Instituto Brasileiro do Meio Ambiente e dos Recursos Naturais Renováveis
IBASE	Instituo Brasileiro de Análises Sociais e Econômicas
IBDF	Instituto Brasileiro de Desenvolvimento Florestal
IBGE	Instituto Brasileiro de Geografia e Estatística
IBRD	International Bank for Reconstruction and Development
ICC	International Chamber of Commerce
IEA	International Energy Agency
IFIAS	The International Federation of Institutes for Advanced Study
INFRAGÁS	Infraestrutura de Gás para a Região Sul
IWF	Internationaler Währungsfond
JICA	Japan International Cooperation Agency
JIT	Just-in-time
KKW	Kernkraftwerk
LO	Lei Orgânica
MEB	Modelo Enêrgético Brasileiro
MIE	Ministério da Infra-Estrutura
MIR	Movimento Independente de Reflorestamento
MME	Ministério das Minas e Energia
NGO	Siehe NRO
NIC	Newly Industrialized Country
NRO	Nicht-Regierungsorganisation
oe	Öleinheit
OECD	Organization for Economic Cooperation and Development
OLADE	Organização Latino-Americana de Energia

ONG	Siehe NRO
OPEC	Organization of the Petroleum Exporting Countries
PAG	Programa de Ação Governamental
PCD	Projeto Catarinense de Desenvolvimento
PCH	Pequena Central Hidrelétrica
PDS	Partido Democrático Social
PEN	Política Energética Nacional
PETROBRÁS	Petróleos Brasileiros S/A
PG	Plano de Governo
PLAMEG	Plano de Metas do Governo Estadual
PND-NR	Plano Nacional de Desenvolvimento da Nova República
PND	Plano Nacional de Desenvolvimento
PNMA	Política Nacional do Meio Ambiente
POE	Plano de Obras e Equipamentos
PROCEL	Programa Nacional de Conservação de Energia Elétrica
PROENERGIA	Programa Catarinense de Energia
PROGAS	Programa do Gás
PROSOLAR	Programa Nacional de Energia Solar
PSD	Partido Social Democrático
RIMA	Relatório de Impacto Ambiental
RMEN	Reexame da Matriz Energética Nacional
RS	Rio Grande do Sul
SAPs	Structural Adjustment Programmes
SC	Santa Catarina
SCTME	Secretaria de Estado da Ciência e Tecnologia, das Minas e Energia
SEMA	Secretaria Especial do Meio Ambiente
SENAI	Serviço Nacional de Aprendizagem Industrial
SISNAMA	Sistema Nacional do Meio Ambiente
SM	Salário Mínimo
STEVI	Sindicato dos Trabalhadores Eletricitários do Vale do Itajaí
STIFTB	Sindicato dos Trabalhadores nas Indústrias de Fiação e Tecelagem de Blumenau
STM	Secretaria de Tecnologia, Energia e Meio Ambiente
STR	Sindicato dos Trabalhadores Rurais
SUDESUL	Superintendência do Desenvolvimento da Região Sul
UDN	União Democrática Nacional
UNCED	United Nations Conference on Environment and Development
UNEP	United Nations Environment Programme
UNO	United Nations Organization
UFRGS	Universidade Federal do Rio Grande do Sul
WCED	World Commision on Environment and Development

KARTENVERZEICHNIS

Karte 1	Geographische Lage des Untersuchungsgebietes	100
Karte 2	Topographie und Hydrographie des Itajaítals	171
Karte 3	Verteilung städtischer und ländlicher Bevölkerung im Itajaítal 1991	185
Karte 4	Bevölkerungsdichte in den Munizipien des Itajaítals 1991	186
Karte 5	Sozioökonomische Differenzierung des Itajaítals	188
Karte 6	Stromverbrauch im Itajaítal 1994	241
Karte 7	Stromverbrauch nach Verbrauchsklassen im Itajaítal 1994	242
Karte 8	Stromverbrauch des Sekundärsektors im Itajaítal 1994	243

ABBILDUNGSVERZEICHNIS

Abb. 1	Die Ergebnisse der UN-Konferenz für Umwelt und Entwicklung	24
Abb. 2	Die Grundkategorien eines Entwicklungsmodells	32
Abb. 3	Ursprünge und Grundzüge der Entwicklungsdebatte	37
Abb. 4	Umwelt, Gesellschaftsformationen und Produktionsweisen	51
Abb. 5	Grundkategorien eines Energiesystems	54
Abb. 6	Einflußfaktoren der regionalen Energieversorgung	76
Abb. 7	Die Geschichte als Produkt dialektischer Entwicklung	89
Abb. 8	Weltbevölkerung und globaler Energieverbrauch 1990	107
Abb. 9	Energieverbrauch: Welt und Lateinamerika 1984-1993	114
Abb. 10	Energieangebot nach Energieträgern in Brasilien 1940-1990	116
Abb. 11	Ländliche und städtische Bevölkerung in Brasilien 1940-1991	117
Abb. 12	Wachstumsraten des realen BIP und des Pro-Kopf-BIP: Brasilien 1971-1993	120
Abb. 13	Endenergieverbrauch nach Energieträgern: Brasilien 1970-1992	122
Abb. 14	Endenergieverbrauch nach Sektoren: Brasilien 1970-1992	123
Abb. 15	Auslandsverschuldung und Saldo des Warenhandels: Brasilien 1972-1992	125
Abb. 16	Mindestlohn in Brasilien 1940-1992	127
Abb. 17	Bruttoerzeugung an Primärenergie: Brasilien 1970-1992	128
Abb. 18	Energieplanung in Brasilien	139
Abb. 19	Ländliche und städtische Bevölkerung: Santa Catarina 1940-1991	146
Abb. 20	BIP nach Wirtschaftssektoren: Santa Catarina 1950-1993	148
Abb. 21	Energieverbrauch nach Energieträgern: Santa Catarina 1980-1992	149
Abb. 22	Energiekonsum nach Verbrauchssektoren: Santa Catarina 1980-1992	150
Abb. 23	Wirtschaftswachstum: Santa Catarina und Brasilien 1978-1992	151
Abb. 24	Industrieproduktion: Santa Catarina und Brasilien 1984-1992	151
Abb. 25	Stromverbrauch nach wichtigsten Verbrauchssektoren: Santa Catarina 1983-1994	154
Abb. 26	Sekundärenergieeinfuhr: Santa Catarina 1980-1992	154
Abb. 27	Primärenergieerzeugung und Abhängigkeitsgrad der Energiewirtschaft: Santa Catarina 1980-1992	155
Abb. 28	Hauptenergieträger des industriellen Sektors: Santa Catarina 1980-1993	156

Abb. 29	Pro-Kopf BIP: Santa Catarina 1985-1993	164
Abb. 30	Hering-Konzern: Umsatz und Beschäftigung in der Sparte Textil 1992-1994	215
Abb. 31	Verbrauch von Brennholz und Holzkohle nach Sektoren: Santa Catarina 1980 bis 1991	230
Abb. 32	Verbrauch von Brennholz und Holzkohle nach Industriebranchen: Santa Catarina 1980 bis 1991	231
Abb. 33	Wasserkraftwerke Cedros und Palmeiras im Munizip Rio dos Cedros	237
Abb. 34	Stromverbrauch des sekundären Sektors nach Branchen: Santa Catarina 1980 bis 1994	237
Abb. 35	Energieverbrauch der Textilindustrie: Santa Catarina 1980-1991	260

TABELLENVERZEICHNIS

Tab. 1	Das Beurteilungsspektrum der UN-Konferenz für Umwelt und Entwicklung	25
Tab. 2	Gliederung der Energiequellen nach Ursprung und Regenerierbarkeit	41
Tab. 3	Industrielle Wertschöpfung und Erwerbstätigkeit der wichtigsten Industriezentren Südbrasiliens 1980	98
Tab. 4	Befragte Institutionen in Brasilien	101
Tab. 5	Herkunft der Daten nach Institutionen und Orten	102
Tab. 6	Endverbrauch von elektrischer Energie und Biomasse (inklusive Bagasse, Brennholz, Holzkohle und Alkohol) nach Verbrauchssektoren: Brasilien 1970-1992	129
Tab. 7	Endenergieverbrauch der Verbrauchssektoren *Industrie* und *Haushalte* nach Energieträgern in Brasilien 1973-1992	130
Tab. 8	Stromerzeugung und -verbrauch in Brasilien nach Großregionen 1979 und 1992	131
Tab. 9	Einzelprojekte des Plano Nacional de Energia Elétrica 1993-2015 (*Plano 2015*)	137
Tab. 10	Chronologie ausgewählter Ereignisse im Umweltbereich Brasiliens 1934-1993	143
Tab. 11	Zunahme der Bevölkerung Santa Catarinas von 1712 bis 1920	145
Tab. 12	Anzahl der Großbetriebe in Südbrasilien unter den 500 größten Industriebetrieben Brasiliens 1973 und 1989	152
Tab. 13	Industrieproduktion nach Branchen in Santa Catarina von 1907 bis 1985	152
Tab. 14	Steinkohleförderung: Brasilien, Südbrasilien, Santa Catarina 1990-1991	156
Tab. 15	Hydroelektrisches Potential des Bundesstaates Santa Catarina	157
Tab. 16	Planungsstand hydroelektrischer Projekte in Santa Catarina nach dem *Plano 2015*	158
Tab. 17	Anteil der von der CELESC mit Strom versorgten Fläche an der Gesamtfläche Santa Catarinas 1956-1994	161
Tab. 18	Zugehörigkeit der Munizipien des Untersuchungsgebietes zu den wichtigsten räumlichen Einheiten	166

Tab. 19	Fläche, Gründungsjahr und Ursprungsgemeinde der Munizipien im Untersuchungsgebiet	167
Tab. 20	Flußeinzugsgebiete in Santa Catarina	174
Tab. 21	Hochwasserrückhaltebecken im Einzugsgebiet des Rio Itajaí-Açu	175
Tab. 22	Bevölkerung der Munizipien des Untersuchungsgebietes 1980-1991	181
Tab. 23	Bevölkerungskonzentration 1991: Vergleich zwischen Brasilien, Santa Catarina und Itajaítal	182
Tab. 24	Bevölkerungssituation in den Munizipien des Untersuchungsgebietes 1980-1991	183
Tab. 25	Charakteristika der befragten Industriebetriebe	191
Tab. 26	Charakteristika der befragten NRO	196
Tab. 27	Wohnbevölkerung, Erwerbsbevölkerung und Erwerbstätige im industriellen Sektor in den Munizipien des Itajaítals 1980	208
Tab. 28	Zahl der Industriebetriebe und Beschäftigten nach Industriebranchen in Blumenau 1985 und 1994	210
Tab. 29	Zahl der Industriebetriebe und Beschäftigten nach Betriebsgröße in Blumenau 1985 und 1993	210
Tab. 30	Wachstumsraten brasilianischer Exporte von Textil- und Bekleidungsprodukten 1970-1991	217
Tab. 31	Die *sechs großen* Blumenauer Textilbetriebe	218
Tab. 32	Erzeugung von Brennholz und Holzkohle in Santa Catarina und Brasilien 1985-1993	233
Tab. 33	Aufforstung und pflanzliche Extraktion im Itajaítal 1985	234
Tab. 34	Gewinnung von Holzkohle und Brennholz aus pflanzlicher Extraktion und Aufforstung im Itajaítal 1985	235
Tab. 35	Wasserkraftwerke im Itajaítal	238
Tab. 36	Stromerzeugung der Wasserkraftwerke im Itajaítal 1963-1994	239
Tab. 37	Projektalternativen im Rahmen der JICA-Inventarisierung des hydroelektrischen Potentials des Itajaítals	253
Tab. 38	Projektalternativen im Rahmen der CELESC & ELETROSUL Inventarisierung des hydroelektrischen Potentials des Itajaítals	254
Tab. 39	Erforderliche Daten als Grundvoraussetzung für eine regionale Energieplanung	267

Verzeichnis der Tabellen im Anhang

Tab. 6a	Überschwemmungen von mehr als 9 Metern über dem normalen Abflußniveau in Blumenau	351
Tab. 6b	Natürlicher Baumbestand im Itajaítal	352
Tab. 6c	Bevölkerungsdichte in den Munizipien des Itajaítals 1991	353
Tab. 7a	Die angeschriebenen Industriebetriebe	354
Tab. 7b	Die angeschriebenen NRO	355
Tab. 7c	Hauptaktionäre und Geschäftsführer der größten Industriebetriebe im Itajaítal	356
Tab. 7d	Stromverbrauch und Zahl der Verbraucher im Itajaítal 1994	357

EINLEITUNG

"Energie ist das Thema, welches der Unternehmerklasse Santa Catarinas die meisten schlaflosen Nächte bereitet" (Expressão Nr. 34, Juli 1993, S. 19).

"Energiemangel führt im Betrieb [...] zur Reduzierung der Produktion [...]. Als Folge des Energiemangels akkumulieren sich Verluste [...]. Wenn sich diese Situation nicht ändert [...], müssen wir Personal abbauen" (öffentlicher Brief eines Industrieunternehmens aus dem Untersuchungsgebiet an das Jornal de Santa Catarina, 15.9.1994, S. 2).

"Ein Gespenst geht um in der catarinenser Wirtschaft. In naher Zukunft kann der in Santa Catarina verkaufte Strom teurer werden als der in den anderen Bundesstaaten, wodurch die Preise der Produkte Santa Catarinas steigen würden oder die Industriebetriebe ihre Produktion verlagern müßten" (Expressão Nr. 34, Juli 1993, S. 14).

Die obigen Zitate belegen nur zu deutlich den Zusammenhang zwischen Entwicklung und Energie in einer industrialisierten Gesellschaftsformation. In Santa Catarina, einem der drei südlichsten Bundesstaaten Brasiliens mit einem relativ hohen Industrialisierungsgrad, stellt sich die Energiefrage im Kontext des Entwicklungsmodells eines lateinamerikanischen Staates. Dabei kommt den Industrieunternehmern als der Hauptgesellschaftsgruppe des sozioökonomischen Entwicklungsprozesses eine besondere Bedeutung zu: Da Energie direkt und indirekt die Produktionsstrukturen bedingt und den technologischen Fortschritt beeinflußt, prägt die Gestalt des Energiesystems auch die politischen Entscheidungen in einer nicht unbedeutenden Weise (DEBEIR et al. 1991).

Vielfach lauten die Fragen zur Energieproblematik: Wieviel Energie wird gebraucht? Woher kommt die Energie? Wofür wird sie verwendet? Welche sozialen und ökologischen Parameter spielen dabei eine Rolle? Meist sind es Unternehmer, aus deren Munde solche Fragen in einer kapitalistischen Gesellschaft zu hören sind. Doch die Problematik ist größer, als diese Fragen erahnen lassen.

Die Verfügungsgewalt über die Energie hängt von der Entwicklung der Produktivkräfte im jeweiligen Land bzw. in der jeweiligen Region ab. Deshalb ist es das Hauptanliegen dieser Arbeit, das Energiesystem des Itajaítals im südbrasilianischen Bundesstaat Santa Catarina in einem größeren Kontext zu analysieren. Die Untersuchung beschränkt sich dabei ganz bewußt nicht auf das Energiesystem an sich, sondern betrachtet die Energieproblematik in einem größeren wirtschaftsgeographischen Rahmen und stellt somit einen Bezug zur regionalen Wirtschaftsentwicklung her. Dabei stehen die Differenzierungs- und Wandlungsprozesse der regionalen Wirtschaftsstruktur und ihre ökonomischen, sozialen und ökologischen Auswirkungen auf das Energiesystem im Vordergrund. Gleichzeitig wird auch die Region nicht als isolierte Einheit untersucht, sondern im bundestaatlichen, nationalen und globalen Kontext betrachtet.

Die hier vorgelegte Arbeit versucht aber nicht nur inhaltlich, sondern auch theoretisch und methodisch die Grenzen der herkömmlichen Energieanalysen zu überschreiten. Deshalb läßt sie die gegenwärtig noch dominierenden empirischen und funktionalistischen Ansätze, die in den meisten Energieanalysen eingesetzt werden und welche häufig eine kritische Beleuchtung der Energieproblematik nicht zulassen, hinter sich. Ihr liegt vielmehr eine kritisch-dialektische Perspektive zu Grunde, auf deren Basis eine regulationstheoretische Analyse des Energiesystems des Itajaítals versucht wird. Sie fühlt sich dabei einer argumentativen Prüfung und rationalen Kritik verpflichtet.

Verschiedene Grundannahmen stellen den impliziten Hintergrund der Untersuchung dar. Sie sollen hier kurz dargestellt werden. Die wichtigste Annahme ist zweifelsohne die, daß Energie eine *conditio sine qua non* der menschlichen Reproduktion sei. Ohne Energie kann der Mensch die Produktion seines materiellen Lebens nicht durchführen. Aus dieser Grundannahme folgt eine zweite, die besagt, daß Energie eine der wichtigsten, wenn nicht gar die wichtigste Dimension zur Gestaltung des Verhältnisses zwischen Gesellschaft und Umwelt sei. Somit tritt die Energie auch in ein besonderes Verhältnis zur Entwicklung ein. Eine dritte Annahme geht davon aus, daß der Energie auch bei der Gestaltung des *modernen* Lebens eine besondere Rolle zukommt, da sie die Gewohnheiten und Verhaltensweisen in außergewöhnlich intensivem Ausmaß prägt. Sie gestaltet Verbrauchsmuster und durchzieht sowohl das individuelle wie auch das kollektive Leben - das reicht vom Transportwesen über Haushaltsgeräte bis hin zu komplexen Produktionssystemen.

Die vorliegende Arbeit ist in zwei Blöcke mit jeweils vier Kapiteln eingeteilt. Die ersten drei Kapitel des ersten Blocks widmen sich der theoretischen Diskussion des Zusammenhangs von Entwicklung, Energie und Raum. Anschließend werden im vierten Kapitel die methodologischen und methodischen Grundlagen der Untersuchung vorgestellt. Der zweite Block setzt in einer empirischen Untersuchung die theoretischen Ausführungen um und erläutert sie am Fallbeispiel des Energiesystems des Itajaítals in Santa Catarina, Brasilien.

Ausgangspunkt der Arbeit ist die Erörterung des Entwicklungsbegriffes sowie der sog. Entwicklungstheorien (Modernisierungs- und Dependenztheorie) und des Einbezugs der Umweltdimension in die Entwicklungsdebatte im ersten Kapitel. Kernpunkt des Kapitels stellt aber der Regulationsansatz dar: Die regulationstheoretische Debatte, die, aus Frankreich kommend, seit Mitte der 80er Jahre in Deutschland stattfindet (MAHNKOPF 1988) und in den 90er Jahren auch in der deutschen Geographie an Bedeutung gewinnt (OßENBRÜGGE 1996), trug entscheidend zur Erklärung von Entwicklungsprozessen bei, die sich seit den 1970er Jahren in der kapitalistischen Weltökonomie abspielen. Sie entwickelte dazu die Kategorie des Entwicklungsmodells, welches als theoretisches Konstrukt ein wesentliches Element dieses Ansatzes ist. Auch wenn sich die regulationstheoretische Debatte in erster Linie auf die zentralkapitalistischen Länder bezieht und sich "bisher noch recht wenig mit den realen Transformationsprozessen in der Peripherie des kapitalistischen Weltsystems beschäftigt" (HEIN 1995, S. 47), bezeichnen vor allem die komplexen Entwicklungsprozesse und -probleme der sog. Schwellenländer oder NICs wie Brasilien nicht die Merkmale eines real existierenden Peripherkapitalismus (SOUZA 1993, S. 3), sondern die Umstände des *real existierenden Peripherfordismus*. Auch dieser Begriff wurde aus dem Regulationsansatz heraus entwickelt und soll in dieser Arbeit mittels einer empirisch fundierten Untersuchung näher beleuchtet werden.

Die Erörterung des Energiebegriffes aus theoretischer Perspektive stellt den Ausgangspunkt des zweiten Kapitels dar. Nach einigen allgemeinen Ausführungen werden die thermodynamischen Rahmenbedingungen der Umwandlung von Energie beschrieben. Auf dieser Grundlage wird, in Anlehnung an das Entwicklungsmodell, das Konzept des Energiesystems diskutiert, welches im Mittelpunkt des Kapitels steht. Neben sozioökonomischen Einflußfaktoren werden auch technologische und ökologische einbezogen, die somit eine modellhafte Vorstellung zum Zusammenhang von Energie und Entwicklung, zur *Energiefrage,* erlauben. Ein Energiesystem ist dabei ein zeitlich und räumlich beschränktes System, das eine spezifische Ausprägung hat und in einer bestimmten historischen Phase dominant ist. Am Ende des Kapitels wird eine kurze Periodisierung des kapitalistischen Energiesystems und seiner Transformationen vorgestellt.

Im dritten Kapitel wird der Begriff des Raumes in die Diskussion eingeführt. Damit eröffnet sich die Möglichkeit, Entwicklung und Energie in einen konkreteren Kontext zu stellen. Nach den einleitenden Ausführungen zu Raum und Region werden Entwicklung und Energie in Bezug auf Umwelt und Gesellschaft in eine geographische Perspektive eingeordnet, wozu auch die Präsentation der räumlichen Grundlagen des kapitalistischen Energiesystems gehört. An dieser Stelle muß angemerkt werden, daß eine wirtschaftsgeographische Analyse, welche Entwicklungsprozesse und Energieflüsse in einer Region einer peripherfordistischen Gesellschaftsformation analysiert, nicht ohne die Einbeziehung der überregionalen Raumeinheiten auskommen kann. Aus der Sicht des hier angewandten Regulationsansatzes heißt das, daß die globale und vor allem nationale Ebene in besonderer Form beachtet werden müssen (SCHMID 1996, S. 241-242).

Das vierte Kapitel stellt die Arbeitsmethoden und -techniken vor, die dieser Untersuchung zugrunde liegen und leitet sie aus einer *dialektischen* Perspektive her. In diesem Zusammenhang wird auch ein analytisches Modell beschrieben, mit Hilfe dessen die Untersuchung eines regionalen Energiesystems vorgenommen werden kann. Am Ende des Kapitels gehen die theoretischen und methodologischen Überlegungen in die konkrete Fallstudie über. Dort wird die Abgrenzung des Untersuchungsgebietes vorgenommen und der Ablauf der Feldarbeit skizziert.

Das fünfte Kapitel leitet den Beginn des zweiten, des empirischen Blocks ein, wobei die überregionalen Rahmenbedingungen des Energiesystems dargestellt werden. Auf der globalen

Ebene sind dies vor allem die Krise des fordistischen Entwicklungsmodells und die daraus resultierenden Folgen für das dazugehörige Energiesystem. Auf nationaler Ebene handelt es sich dabei um das peripherfordistische Entwicklungsmodell Brasiliens, das eine herausragende Bedeutung für diese Untersuchung hat. Es beruht einerseits auf hohen wirtschaftlichen Wachstumsraten, ist aber andererseits durch eine starke soziale Ungleichheit und einen hohen Grad an Umweltbelastungen gekennzeichnet. Auf der darunter liegenden Maßstabsebene, der bundesstaatlichen, wird die Ausprägung des brasilianischen Modells im Falle Santa Catarinas erörtert. Dort ist es zwar zu einer erfolgreichen, stark auf Industrialisierung basierenden Wirtschaftsentwicklung gekommen, aber die Entwicklungen im Sozial- und Umweltbereich sind eher enttäuschend.

Die physisch- und anthropogeographischen Voraussetzungen der Untersuchungsregion des Itajaítals sind Gegenstand des sechsten Kapitels. Dazu gehören die geographische Lage und räumliche Gliederung des Untersuchungsgebietes, die naturräumlichen Gegebenheiten unter besonderer Berücksichtigung der hydro- und vegetationsgeographischen Merkmale und die wichtigsten kulturgeographischen Charakteristiken der Region. Das Kapitel wird mit einer Einführung in die sozialräumlichen Unterschiede, die im Itajaítal zu erkennen sind, abgeschlossen.

Die regionale Ebene ist die Bezugsebene des siebten Kapitels. Die Fallstudie behandelt die Untersuchungsregion des Itajaítals, in der dem Munizip Blumenau eine besondere Bedeutung zukommt, da in diesem Munizip die meisten Wechselbeziehungen zwischen Entwicklungsprozeß und Energiesystem ablaufen. Das Kapitel gliedert sich in drei Unterkapitel. Im ersten werden die sozialen Akteure, die in der Untersuchungsregion eine gesellschaftliche Bedeutung haben, vorgestellt. Im zweiten wird die historische Entwicklung des Tales charakterisiert, wobei zum einen die sozioökonomische Entwicklung, zum anderen das Energiesystem analysiert werden. Im dritten Unterkapitel stehen die empirischen Daten der Felduntersuchungen im Mittelpunkt. In der Region des Itajaítals ist es vor allem die Textilindustrie, die über eine herausragende Stellung verfügt, weswegen ihr ein eigener Abschnitt gewidmet werden muß. Dieser Industriezweig ist von entscheidender Bedeutung für die Ausprägung des *sozialen Blocks*, der in der Region vorherrscht. Ein eigener Abschnitt wird auch der Entstehung von flexiblen Akkumulationsstrukturen im Itajaítal gewidmet. Diese Faktoren bilden dabei den Hintergrund dessen, was als Krise des regionalen Energiesystems definiert werden kann.

Das achte Kapitel widmet sich der zukünftigen Entwicklung des regionalen Energiesystems, wobei den Entwicklungsprozessen und den damit verbundenen Umweltproblemen ein besonderer Stellenwert eingeräumt wird. Es ist in drei Teile gegliedert: Zuerst wird eine Übersicht über die geplanten Energieprojekte vorgelegt, die das gegenwärtige Energieangebot erweitern sollen. Anschließend werden potentielle Interessenkonflikte beleuchtet, die bei der Gestaltung des Energiesystems unter dem Aspekt verschiedener Energieszenarien auftreten könnten. Schließlich wird die Vision einer sozial und ökologisch nachhaltigen Regionalplanung erörtert, wobei vor allem die *Regulation* des regionalen Energiesystems hervorzuheben ist.

Die vorgelegte wirtschaftsgeographische Analyse des Energiesystems des Itajaítals kann einen Beitrag zur Erklärung von Energieproblemen leisten, die nicht nur die Region, sondern ganz Brasilien betreffen. Dabei stellt die Tatsache, daß Brasilien ein regional sehr differenziertes Land ist und die untersuchte Region durch sehr spezifische Merkmale gekennzeichnet ist, keinen Hinderungsgrund dafür dar, die sozioökonomischen Probleme auch in einem weiteren Rahmen zu behandeln. Die Verwendung des Regulationsansatzes macht vielmehr deutlich, daß komplexe Problembereiche auf verschiedenen Maßstabsebenen miteinander zusammenhängen und aufeinander verweisen, insbesondere wenn sie von so dauerhafter Gestalt sind, wie dies in Brasilien der Fall ist.

Es kann nicht die Aufgabe der vorliegenden Arbeit sein, die Probleme des brasilianischen Energiesystems zu lösen. Vielmehr wurde hier versucht, auf akademischer und theoriegeleiteter Ebene ein regionales Energiesystem wirtschaftsgeographisch zu analysieren und daraus die richtigen und angemessenen Fragen zu entwickeln, die bei der praktischen Bewältigung der Energieprobleme von leitender Bedeutung sein können. Es ist die Verbindung von theoretischem und empirischem Instrumentarium, die dazu führen kann, die Dinge so zu sehen, wie sie in Wirklichkeit sind. Daraus kann eine wichtige Voraussetzung für Optimismus entstehen, insbesondere für das heutige Brasilien:

> "Auf alle [...] Erfahrungen gestützt, sehe ich die zukünftige Entwicklung Brasiliens mit mehr Optimismus als [...] wie viele Brasilianer und Ausländer glauben. Dazu gehört weder ein übertriebener Optimismus, noch ein unangebrachter Pessimismus. Unsere Aufgabe ist es, die Dinge so zu sehen, wie sie in Wirklichkeit sind. Aber dazu sind das Geländestudium und der theoretische Entwurf notwendig, für deren Gesamtheit an Einzelfakten wir ein Ordnungsprinzip aufstellen können. Folglich ist meiner Meinung nach zur Lösung der Probleme eines noch nicht entwickelten Landes, wie es Brasilien gegenwärtig darstellt, keine andere Wissenschaft berufener als die Geographie" (Leo Waibel am 17. August 1950 in Rio de Janeiro, zitiert in WAIBEL 1984b, S. 117).

1 THEORETISCHE AUSEINANDERSETZUNG MIT DEM BEGRIFF ENTWICKLUNG

In diesem Kapitel wird in erster Linie der Begriff *Entwicklung* diskutiert, da das Entwicklungsdenken den Hintergrund dieser Untersuchung bestimmt. Dazu wird zunächst der Begriff selbst beleuchtet, um dann in den Zusammenhang einiger ausgewählter Entwicklungstheorien gestellt zu werden. Als nächster Schritt erfolgt die Einbeziehung der Umweltdimension in die Entwicklungsdebatte. Schließlich wird der Begriff aus einer regulationstheoretischen Perspektive interpretiert, welche in dieser Arbeit die Hauptrolle zur Erklärung von Entwicklungsprozessen übernimmt.

1.1 Einführung in den Entwicklungsbegriff

Der Entwicklungsbegriff selbst ist noch nicht sehr alt (THEOFANIDES 1988). Trotzdem fand er schon viel Kritik. So wurde er als antidemokratisch (LUMMIS 1991) und unwichtig (EDWARDS 1989) bezeichnet, die Entwicklungstheorie als eine sehr simplizistische und schlechte Theorie (BLAUT 1978) beschuldigt und der Begriff selbst bis hin zur Inhaltslosigkeit zerlegt (ESTEVA 1993, SACHS 1991, 1992a, 1992b, 1993a).

Die Kritikpunkte sind nicht unbedingt berechtigt. Sie zielen meist nur auf einzelne Aspekte des Begriffs und hängen vielfach vom Bedeutungsumfeld ab, das dem Begriff *Entwicklung* zugeschrieben wird. So beruhen viele Kontroversen in der Entwicklungsdiskussion nur auf der mangelnden Verständigung über die Begriffsinhalte (NOHLEN & NUSCHELER 1993c, S. 55). Die Kontroversen zeigen, daß *Entwicklung* als Prozeß (MATHUR 1989) aber auch als Zweck (DUBOIS 1991) verstanden werden, und daß man sie sowohl theoretisch als auch praktisch behandeln kann (THEOFANIDES 1988). Da in den meisten Fällen der Entwicklungsbegriff von Wertvorstellungen geprägt wird, ist er weitgehend ein normativer (NOHLEN & NUSCHELER 1993c, S. 56). Gleichzeitig aber läßt er sich auch deskriptiv verstehen, und zwar als wissenschaftliche Analyse von gegenwärtigen Fakten (GOULET 1992a, 1992b).

Allerdings sollte die mangelnde Verständigung nicht als ein Indiz für den Bedeutungsverlust des Entwicklungsbegriffes an sich bewertet werden[1]. Eher ist sie ein Beweis für die "Diversifizierung und Pluralität der Entwicklungswissenschaften" (NOHLEN & NUSCHELER 1993c, S. 57).

Im Kontext dieser Arbeit wird von der Annahme ausgegangen, daß Entwicklung "nicht in einem zeitlosen und raumunabhängigen Laboratorium, sondern im sozialen und natürlichen Raum und in historischen Zeiten" stattfindet (ALTVATER 1992a, S. 17). Dies wird in der akademischen Entwicklungsdebatte nicht immer beachtet, so daß es zu den o.g. Vereinfachungen kommt. Deshalb wird hier die Entwicklungsfrage multidimensional verstanden und multidisziplinär behandelt, um so die notwendige Klarheit über die untersuchte Realität zu schaffen.

---

[1] Selbst Kritiker, die den Begriff *Entwicklung* für unwichtig halten, geben zu, daß gegenwärtig eine bisher nicht dagewesene Ausdehnung der Entwicklungsforschung stattfindet, daß immer mehr Entwicklungsprojekte finanziert werden, und daß sich Bücher und Zeitschriften über Entwicklungsfragen in größerem Umfang ausbreiten als je zuvor (EDWARDS 1989).

Es wurde bereits angedeutet, daß die Entstehung des Entwicklungsbegriffes nicht sehr lange zurückreicht. In einer Darstellung wird der Beginn der sog. *development era* sogar sehr genau datiert: Es war der 20. Januar 1949, als der Präsident der Vereinigten Staaten Harry S. Truman seine Antrittsrede hielt[1]. Bei dieser Gelegenheit - so wird behauptet - erklärte Truman mit Hilfe des Begriffs *Entwicklung* den größten Teil der Welt zu unterentwickelten Gebieten[2].

1.1.1 Der Fortschrittsgedanke und die Entwicklung als optimistische Begriffe

Mitte des 20. Jahrhunderts wurde das Wort *Entwicklung* in politischer Hinsicht allgemein gebräuchlich. Bis zu diesem Zeitpunkt war bei Themen, die das Verhältnis von Erster und Dritter Welt berührten, häufiger nur vom *Fortschritt* die Rede, einem Begriff, in den sowohl die Kolonialherren als auch die von ihnen Beherrschten große Hoffnungen setzten (SBERT 1993).

Daß der Entwicklungsbegriff irgend etwas mit Fortschritt zu tun hatte bzw. von den Fortschrittsphilosophien beeinflußt wurde, kann nicht in Zweifel gezogen werden (FURTADO 1984, S. 59-66). Was aber ist mit diesem Fortschrittsgedanken gemeint? Eine Annäherung an die Problematik führt zu einer ersten Definition, die besagt, Fortschritt sei die Verbesserung der menschlichen Verhältnisse im Verlauf der Geschichte. An diese Verbesserung dachte u.a. Marx, als er in seiner 11. Feuerbach-These notierte: "Die Philosophen haben die Welt nur verschieden *interpretiert*, es kommt drauf an, sie zu verändern" (MARX 1990b, S. 7). Hier zeigt sich genauer, was meistens mit Fortschritt gemeint ist, denn der Begriff bezieht sich nicht direkt auf einzelne Individuen oder auf ein bestimmtes Kollektiv, sondern auf allgemeine, überpersönliche, zeitlich und räumlich übergreifende Verhältnisse und Prozesse (RAPP 1992).

In allen Fällen ist im Begriff *Fortschritt* das Moment der Hoffnung enthalten, d.h. die Vision einer Zukunft in Freiheit, Gerechtigkeit und Überfluß (SBERT 1993). Die Herausarbeitung dieser Zukunftsvision, die den Gesellschaften der Antike und des Mittelalters grundsätzlich fremd war, ist dabei v.a. den Fortschrittsphilosophen des 18. und 19. Jahrhunderts zu verdanken (RAPP 1992).

Die Vorstellung von einem Fortschritt, der sich später im Begriff Entwicklung ausdrückte, war dabei stark von der Evolutionstheorie (ESTEVA 1993) und dem technischen Fortschrittsparadigma (RAPP 1992) geprägt und bezog sich im Verlauf ihrer Geschichte immer mehr auf ökonomische Werte (SBERT 1993). Diese Wandlung ist mit der Geschichte der kapitalistischen Gesellschaft selbst verbunden. Der Aufstieg des bürgerlichen Menschen als ein *homo oeconomicus* (FETSCHER 1980, ROY 1992) wurde zur wichtigsten Wurzel des neuzeitlichen Fortschrittsdenkens, ließ "unzählige neue soziale Kräfte und Institutionen" (SBERT 1993, S. 131) entstehen, die den Begriff Fortschritt letztendlich durch den der Entwicklung ersetzten. In diesem Zusammenhang unterscheidet sich die Entwicklungsideologie von der Fortschritts-

---

1 Vgl. hierzu ESTEVA (1993) und SACHS (1991, 1992a, 1992b, 1993a, 1993b).

2 Die Geschichte des Begriffs reicht weiter zurück (SENGHAAS 1991). Bis zum Beginn der Moderne im 18. Jahrhundert war der Entwicklungsbegriff nämlich ein anthropologischer und theologischer. Die Implikationen dieser Tatsache würden jedoch den Zusammenhang dieser Untersuchung sprengen (NOHLEN & NUSCHELER 1993c, S. 58).

ideologie durch den eindeutig ökonomischen Akzent. Sie ist letzten Endes in diesem Zusammenhang der Begriff einer herrschenden Klasse, "die an der Beschleunigung der Akkumulation interessiert war. Deshalb ist ihr Inhalt [die Entwicklungsidee] *rein ökonomischer Natur*" (FURTADO 1984, S. 64-65).

Der schon angedeutete Übergang von *Fortschritt* zu *Entwicklung* bedeutet aber nicht eine Verkennung all jener Probleme, die von der realisierten Zukunftsvision hervorgebracht wurden. So wird zwar gegen die Idee von Fortschritt häufig die Kritik vorgebracht, daß die von ihr in Gang gesetzten Prozesse eher störend als vorteilhaft für die Menschheit seien. Dennoch scheint nicht der Fortschritt schlechthin, sondern nur eine gewisse Auffassung von Fortschritt fragwürdig geworden zu sein (vgl. FETSCHER 1980, S. 32). Außerdem ist "das Bemerkenswerte und zugleich Irritierende [...] der Umstand, daß die Fortschrittskritik den selben Phänomenen gilt, die von den Fortschritsoptimisten begrüßt werden: Aufklärung, Wissenschaft, Technik, Industrie, Wohlstandsvermehrung und Demokratisierung" (RAPP 1992, S. 172).

1.1.2 Entwicklung im Sinne der klassischen bürgerlichen Ökonomie

Die Entwicklungsidee entstand also aus einem *rein ökonomischen Zusammenhang,* und *Entwicklung* wurde als *Vermehrung von Wohlstand* aufgefaßt. Diese Betrachtungsweise stand von Anfang des 18. bis Anfang des 19. Jahrhunderts im Mittelpunkt des Interesses der frisch geborenen klassischen bürgerlichen Ökonomie (HEIN 1981). Es ist die Zeit, in der Adam Smith sein *The Wealth of Nations* (1776) veröffentlichte[1]. Dennoch kann nicht behauptet werden, daß der schottische Ethik-Philosoph von Anfang an das Entwicklungsproblem im weiteren Sinne im Auge hatte (RAPP 1992, S. 197).

In *The Wealth of Nations* versuchte Adam Smith, die Leistungsfähigkeit der kapitalistischmarktwirtschaftlichen Produktionsweise zu erklären: Ökonomischer Wohlstand erwächst für ihn aus Arbeit und so widmete er einen großen Teil seines Werkes der Analyse der Kräfte, die die Rate der Kapitalakkumulation bestimmen, wobei der Unterschied zwischen produktiver und unproduktiver Arbeit für ihn eine äußerst wichtige Rolle spielte (DORFMAN 1991). Doch der Faktor Arbeit allein sichert für Adam Smith keinesfalls den allgemeinen Wohlstand: "Nach A. Smith befördert gerade der Eigennutz - ungewollt[2] - den allgemeinen Wohlstand und führt dadurch auch zu bürgerlichen Freiheiten und zu friedlichen Verhältnissen" (RAPP 1992, S.

---

1 DORFMAN (1991, S. 573) stellt fest: "If you will accept that economics emerged from its embryonic state and was born with the publication of *The Wealth of Nations*, then you'll agree that the field of economic development originated with the subject itself, for *The Wealth of Nations* was preeminently an essay on what had to be done to promote the economic development of England".

2 Was bei ihm jedoch ziemlich deutlich ausgedrückt wird: "By prefering the support of domestic to that of foreign industry, he (the individual) intends only his own security; and by directing that industry in such a manner as its produce may be of the greatest value, he intends only his own gain, and he is in this [...] led by an *invisible hand* [eigene Hervorhebung] to promote an end which was no part of his intention. Nor is it always the worse for the society that it was no part of it. By pursuing his own interest he frequently promotes that of the society more effectually than when he really intends to promote it" (SMITH 1993, S. 291-292).

197). Die Entwicklungsfrage wird somit im Anschluß an A. Smith in den Werken der anderen klassischen bürgerlichen Ökonomen (D. Ricardo, T. R. Malthus, John Stuart Mill) im Hinblick auf die Voraussetzungen für die Vermehrung des Wohlstandes untersucht (HEIN 1981), wobei auch hier Eigennutz und Arbeit als die Triebkräfte von Entwicklung im Vordergrund stehen.

1.1.3 Entwicklung als Kapitalakkumulation

Die Folge erfolgreicher bürgerlicher Entwicklung ist die Akkumulation von Kapital. Obwohl schon seit Adam Smith über die *accumulation of capital* (SMITH 1993) gesprochen wurde, gewann dieser Begriff erst bei Karl Marx an Bedeutung. Da er für die vorliegende Arbeit zentral ist, wird hier kurz darauf eingegangen.

Die Auseinandersetzung von Karl Marx mit dem Problem *kapitalistischer Entwicklung* schließt zunächst an die Arbeiten der klassischen bürgerlichen Ökonomie an (HEIN 1981). Obgleich er seine eigene Analyse über die kapitalistische Produktionsweise als Kritik an der klassischen Ökonomie verstand (LARRAIN 1991), zeigt sich dieser Einfluß genau dort, wo Marx die Definition des Begriffes *Akkumulation des Kapitals* beleuchtet, als er z.B. T. R. Malthus zitiert (vgl. MARX 1993, S. 605, Fußnote 21). Doch die Marx'sche Analyse bedeutet insofern einen Fortschritt, indem Marx nicht nur die Bedeutung der kapitalistischen Organisation der Produktion für die Entwicklung der Produktivkräfte erkannte, sondern auch "gleichzeitig die immanente Widersprüchlichkeit der Bewegungsgesetze des Kapitals und den Klassencharakter der Produktionsweise"[1].

Um es klarer auszudrücken: Die Akkumulation des Kapitals ist die Reproduktion des Kapitals aufgrund der Entwicklung der Produktivkräfte. Sie findet im Rahmen einer kapitalistischen Organisation der Produktion statt, in der die Arbeiterklasse den Kapitalisten gegenübersteht. Um Kapital zu akkumulieren, wird neues Kapital - dessen Ursprung im Mehrwert enthalten ist - dem alten hinzugefügt. Kapital wird dabei als "Wert, der die wertschöpfende Kraft aussaugt, Lebensmittel, die Personen kaufen, Produktionsmittel, die den Produzenten anwenden" (MARX 1993, S. 596) verstanden. Mehrwert ist dann ein periodisches Inkrement des Kapitalwerts, das "durch einen quantitativen Überschuß von Arbeit, durch die verlängerte Dauer desselben Arbeitsprozesses" (MARX 1993, S. 212) entsteht und so "die Form einer aus dem Kapital entspringenden Revenue" (MARX 1993, S. 592) erhält.

Die Prozesse der Mehrwert- und Kapitalbildung erklären somit den Schlüsselbegriff *Akkumulation des Kapitals* in einer verständlichen Weise: Wenn der Mehrwert als Kapital eingesetzt wird, so wird neues Kapital gebildet und dem alten hinzugefügt, es wird akkumuliert. Anders ausgedrückt: "Anwendung von Mehrwert als Kapital oder Rückverwandlung von Mehrwert in Kapital heißt Akkumulation des Kapitals" (MARX 1993, S. 605).

---

1 Vgl. HEIN (1981, S. 65). Die *immanente Widersprüchlichkeit der Bewegungsgesetze des Kapitals* wird im Rahmen der Auseinandersetzung mit dem Regulationsansatz aufgegriffen [siehe Unterkapitel 1.4]. Hinsichtlich des *Klassencharakters der Produktionsweise*, ist darauf hinzuweisen, daß der Marx'sche Klassenbegriff nicht unproblematisch ist (LOW 1990), da er zu gewissen Vereinfachungen führen kann (MOUZELIS 1980).

1.1.4 Entwicklung als Wirtschaftswachstum

Entsprechend den Vorstellungen von Adam Smith wurde die *Vermehrung des Wohlstandes* auch in der Entwicklungstheorie und -praxis als Erhöhung des realen Pro-Kopf-Einkommens (AKE 1988) und/oder als Funktion des technologischen Fortschritts gesehen und folglich auf Wirtschaftswachstum reduziert. Dies kommt einer Überschätzung der ökonomisch-technologischen Faktoren gleich (SOUZA 1994). So gilt Adam Smith als derjenige, der die *growth theory* ins Leben rief (SOLOW 1988, STERN 1991).

Historisch gesehen ist die Wachstumstheorie ein Produkt der Depression der 1930er Jahre und des Zweiten Weltkrieges (SOLOW 1988). Weil damals das Problem der Rückständigkeit einiger Länder als *Problem mangelnden wirtschaftlichen Wachstums* angesehen wurde (HEIN 1981, S. 69), wurde der Frage nachgegangen, wie die Produktion dieser Länder angesichts knapper Ressourcen beschleunigt werden kann, d.h. unter welchen Umständen eine Volkswirtschaft stetig wächst (SOLOW 1971). Wachstum ergibt sich dabei nach keynesianischer Tradition von Roy F. HARROD (1948) und Evsey D. DOMAR (1946) aus der Sparrate, der Wachstumsrate der Arbeitskräfte und dem Anteil des Kapitals am Produkt (SOLOW 1988).

In Wahrheit befaßt sich damit die Wachstumstheorie mit der Frage, wie in mittleren und längeren Zeitperioden die Produktionsfaktoren kombiniert und *gemanagt* werden können (STERN 1991). Dabei steht im Vordergrund, welcher Faktor die wichtigste Rolle im Rahmen eines Wachstumsmodells spielt. Die Anhänger der *growth theory* nahmen v.a. an, daß es die Technologie sei, die die dominierende Lokomotive des Wachstumsprozesses darstelle, während die Investitionen in das Humankapital erst an zweiter Stelle kämen (SOLOW 1988, S. 314; LANDES 1990, S. 11).

Die nach dem Harrod-Domar Muster abgeleiteten Wachstumstheorie-Modelle akzeptierten dann die Variablen (a) Kapitalakkumulation, (b) Humankapital, (c) Forschung und Entwicklung, und nahmen später auch zusätzliche Komponenten wie (d) Management und Organisation, (e) Infrastruktur, und (f) die Allokation von *outputs* direkt in den produktiven Sektoren (STERN 1991) auf. In jüngster Zeit beachteten sie auch die Variablen, die bei Nachbarwissenschaften schon längst bekannt waren, wie z.B. (a) politische Stabilität (Grad der Demokratie, politische Freiheit) und (b) Einkommensverteilung (vgl. ALESINA & PEROTTI 1994). Doch ließ die Wachstumstheorie damit drei Tatsachen weiterhin relativ unbeachtet: (a) die Bedeutung der Konkurrenz unter den Kapitalisten, (b) die zunehmende Integration nationaler Volkswirtschaften in den Weltmarkt, und (c) die Rolle des Austausches der technologischen Neuerungen (STERN 1991).

Obwohl die Wachstumstheorie für dem Entwicklungsbegriff sehr einflußreich blieb (STERN 1991), scheint ein wichtiger Schritt der der Herausarbeitung des Unterschieds zwischen Wachstum und Entwicklung gewesen zu sein (BRAUN 1991, INGHAM 1993).

1.2 Die Rolle der Entwicklungstheorien

Die sogenannten Entwicklungstheorien umfassen vor allem die in den 50er und 60er Jahren entstandenen Hauptströmungen der *Modernisierungs-* und *Dependenciatheorien* (BOECKH 1993, ZIMMERLING 1993). Entwicklungstheorien können aber auch entsprechend der ideologischen Ausrichtung in eine neoklassische bzw. neoliberale und eine neomarxistische Strömung unterteilt werden (AKE 1988).

Die Modernisierungstheorien berufen sich auf Erklärungsansätze, die von der Möglichkeit der ausgleichsorientierten Diffusion des Wohlstandes ausgehen und stellen sich damit als Gegenposition zu den Dependenztheorien dar, welche behaupten, daß die Abhängigkeitsstrukturen der Entwicklungsländer ein regional ausgeglichenes Wirtschaftswachstum verhindern.

Obwohl die Geschichte der Entwicklungstheorien relativ kurz ist (TRAINER 1989), konnten sie in den letzten Jahrzehnten einige wichtige Beiträge leisten. So führten sie zum Beispiel zu einem historisch besser begründeten Verständnis der Ursachen von Unterentwicklung. Es scheint jedoch, daß diese Fortschritte von einer wachsenden konservativen Welle zunehmend wieder zurückgenommen werden (KAY 1993, SOUZA 1994). Hier ist sicher nicht der Ort, die Ursachen dieser *Theoriekrise* (BOECKH 1993, MOUZELIS 1988) herauszubearbeiten. Trotzdem sollte erwähnt werden, daß die Entwicklungstheorien wohl vor allem deshalb in die Krise geraten sind, weil die bestimmenden Kräfte der realen Entwicklung nur geringen Eingang in die Entwicklungstheorien gefunden haben (FRÖBEL et al. 1989).

In dieser Hinsicht ist zu bemerken, daß sich immer wieder Ansätze aus der Debatte herauskristallisierten, die einerseits einen theoretischen Erklärungswert beanspruchen und andererseits aber auch normativ argumentieren. In Anlehnung an CARDOSO (1981, S. 21-25) sollte jedoch in letzterem Fall nicht von Theorien, sondern von einem *anderen Ansatz* gesprochen werden. Darunter verstehen sich Entwicklungsstrategien, -stile, -vorschläge, -politiken und -konzepte (EKINS & NAX-NEEF 1992, MENZEL 1991, WEISS 1991). Im Unterschied zu den *Entwicklungstheorien* geht der *andere Ansatz* von einem idealen Weltbild aus. Er umfaßt Entwicklungsstrategien wie *self-reliance*, *basic needs*, *participatory development* und ähnliche Konzepte. Die große Mehrheit solcher Strategien bezieht sich dabei auf Themen wie soziale Gerechtigkeit, Umweltschonung, Einführung von angepaßten Technologien und Entwicklungsethik[1]. Obgleich diese Themen von gewisser Relevanz für die Entwicklungsdebatte sind, werden im folgenden die genannten Ansätze zugunsten eines kurzen Rückblickes auf die sog. Entwicklungstheorien selber zurückgestellt.

---

1 In der Regel zeigen solche Strategien den Einfluß der Gesellschaftsphilosophien von Aristoteles, Marx und Polanyi (BOOTH 1993); andere wurden von den Werken einiger gegenwärtige Denker wie Ivan Illich (GOULET 1989) oder E. F. Schumacher (EKINS 1986) beeinflußt; siehe hierzu auch BOOTH (1991), CROCKER (1991), EKINS (1988, 1992a, 1992b), EKINS & MAX-NEEF (1992), ESCOBAR (1992), GALTUNG (1986), GHAI (1989), GRIFFIN & KNIGHT (1989), HAQ (1989), HENDERSON (1978, 1988, 1991), ILLICH (1986), MAX-NEEF (1986a, 1986b, 1992), MAX-NEEF et al. (1989), RAMOS (1984), SAMATER (1984), SCHUMACHER (1986, 1989), SPALDING (1991) und TICKNER (1986).

1.2.1 Die Modernisierungstheorien

Wenn gegenwärtig von einer *Renaissance der Modernisierungstheorie* die Rede ist (vgl. NOHLEN & NUSCHELER 1993c, S. 60-62; HAUCK 1988, 1989), so erscheint es wohl angebracht, die Auseinandersetzung mit der in der Periode zwischen den 1950er und 1970er Jahren wichtigsten konventionellen Entwicklungstheorie (PEET 1991, S. 21) erneut anzugehen. Von Anfang an war die Modernisierungstheorie als eine Alternative zur marxistischen Entwicklungstheorie konzipiert worden. Sie entstand "in der Zeit der Dekolonisierung der Peripherie nach dem zweiten Weltkrieg, als [...] allgemein über das zu wählende Gesellschaftsmodell nachgedacht wurde" (HAUCK 1989, S. 26). Interessant ist dabei, wie die Modernisierungstheoretiker die Entwicklungsproblematik in diesem Zusammenhang sahen:

> "modernization theory posits an original state of underdevelopment which can be changed by capitalism [...] The spatial distribution of progress is [...] dynamics; by proximity and interaction progress is diffused through space[1] and in turn, transforms it" (AKE 1988, S. 485).

Diese Auffassung von Entwicklung kann als die Folge des zentralen Einflusses der Gesellschaftstheorie des Soziologen Talcott Parsons bezeichnet werden (HAUCK 1989, HEIN 1981). Parsons baute seine Theorie auf dem von Durkheim konzipierten Funktionalismus und auf der Weber'schen Wert- und Kulturanalyse auf (EVANS & STEPHENS 1988, PEET 1991). Damit lieferte er als Schüler von Max Weber der Modernisierungstheorie die entscheidenden (Weber'schen) Kategorien der *Traditionalität* und *Rationalität* (HEIN 1981). Diese Kategorien wurden von den Modernisierungstheoretikern in ihre Arbeiten inkorporiert, um den Gegensatz zwischen *Tradition* und *Moderne* zu bearbeiten[2].

So konnte die Modernisierungstheorie zwischen *traditionellen* und *modernen* Gesellschaften differenzieren, wobei die Situation der einzelnen Gesellschaften auf der Basis verschiedener Modernitäts- oder Entwicklungsindikatoren interpretiert werden sollten. Hier sollte auch der Grad bestimmt werden, wie sehr sich diese Gesellschaften dem Modell moderner kapitalistischer Industriegesellschaften annähern. In diesem Zusammenhang stellte die Modernisierungstheorie die Frage, welches die Bedingungen und Mechanismen des sozialen Übergangs von der traditionellen zur modernen Gesellschaft sind (PEET 1991). Als die entscheidenden Hindernisse für ein schnelles Wachstum (*obstacles to development*) des modernen Sektors stellten sich dabei schließlich die Resistenz von Herrschaftsstrukturen, die sozialen Verhaltensweisen und Einstellungen des traditionellen Sektors dar (HEIN 1981; siehe auch BOECKH 1993).

In Rahmen ihrer Vorstellung einer modernen Gesellschaft formulierte die Modernisierungstheorie auf der Basis dieser Polarität ihr Entwicklungskonzept. Dabei spielte der Beitrag von Walt W. Rostow, sicherlich zusammen mit Bert F. Hoselitz einer der bekanntesten Autoren

---

1   Es ist anzumerken, daß sich die sog. *geography of modernization* v.a. um die Aufgabe bemühte, die räumliche Ausdehnung des kapitalistischen Fortschritts zu erklären (PEET 1991, S. 34-36).

2   Vgl. ZIMMERLING (1993, S. 27); in diesem Zusammenhang wurde der Dualismusbegriff verwendet. Mit *Dualismus* meinen die Modernisierungstheoretiker die Diskrepanzen zwischen *traditionellen* und *modernen* Sektoren (HEIN 1981, S. 70) und Regionen (PEET 1991).

unter den Modernisierungstheoretikern, eine herausragende Rolle. Rostow publizierte 1960 sein *Stages of Economic Growth*, welches sich als eine sog. Entwicklungsstadientheorie darstellte. Die fünf Rostow'schen Stadien sind dabei:

(a) Traditionelle Gesellschaft;

(b) Vorstadium des wirtschaftlichen Aufstiegs;

(c) Wirtschaftlicher Aufstieg (*take-off*);

(d) Stadium der Entwicklung zur Reife;

(e) Periode des Massenkonsums.

Dabei ging es in der Theorie um die Erklärung des gesamtwirtschaftlichen Wachstums und die Darstellung des Übergangs von der vorindustriellen zur nachindustriellen Raumorganisation (LESER et al. 1992a, PEET 1991). Die Modernisierungstheorie sah Entwicklung als Nachvollzug des Industrialisierungsprozesses Westeuropas und Nordamerikas an. Alle Gesellschaften hätten die dort erfolgten Entwicklungsstufen zu durchlaufen. Das Erreichen einer neuen Stufe und v.a. das Einsetzen eines selbsttragenden ökonomischen Wachstums (die *take-off* Phase) hinge dann von der Überwindung der genannten Hindernisse ab (AKE 1988, HEIN 1981).

Ende der 1950er Jahre war die Modernisierungstheorie dann durch die Vertreter der *Comisión Económica para América Latina y el Caribe* (CEPAL)[1], Mitte der 1960er Jahre auch durch die Dependenztheoretiker unter starke Kritik geraten (PEET 1991). Von den unterschiedlichen Angriffen gegen die Modernisierungstheorie sind in diesem Fall besonders zwei hervorzuheben: Die Theorie wurde zum einen wegen ihres ethnozentrisch-ahistorischen Charakters und zum anderen wegen ihrer Blindheit gegenüber den exogenen Ursachen von Entwicklung und Unterentwicklung[2] kritisiert. Als Ergebnis läßt sich in dieser Hinsicht festhalten, daß das Modernisierungsmodell keine allgemeine Gültigkeit für die Entwicklungsfrage beanspruchen kann (HAUCK 1988).

---

1   Wenn auch die sog. CEPAL-Schule zur Entwicklungsdiskussion Entscheidendes beigetragen hat, soll an dieser Stelle nur kurz daran erinnert werden, daß aus ihrer Perspektive die ökonomische Standardtheorie die kapitalistischen Länder des Zentrums begünstigte und sich damit als unangemessen erwies, die periphere Welt zu verstehen. Damit die verschiedenen historischen Kontexte und nationalen Situationen einzelner Länder, ihre unterschiedlichen sozialen Strukturen, Verhaltensweisen und Volkswirtschaften analysiert werden konnten, war es für den *Cepalismo* notwendig, einen neuen strukturalistischen theoretischen Rahmen herauszubearbeiten; siehe hierüber FURTADO (1982), HEIN (1981), KAY (1993), KILJUNEN (1989), PEET (1991), SARKAR & SINGER (1991), SONNTAG (1994) und SUNKEL (1987). Anfang der 1990er Jahren schien es, daß sich die ECLA'sche-Schule (jetzt *Nuevo Cepalismo* gennant) wieder in den Vordergrund schieben würde (GUILLEN ROMO 1994, NICOLAS 1993).

2   Vgl. AKE (1988), BOECKH (1993), EVANS & STEPHENS (1988), HAUCK (1988, 1989) und PEET (1991).

1.2.2 Die Dependenztheorie

Innerhalb der kritischen Analysen, die seit dem 2. Weltkrieg die *peripheren* oder *unterentwickelten* Gesellschaften zum Gegenstand haben (BALZER 1983), steht seit den 1960er Jahren der sog. *Dependenzansatz* im Zentrum der Diskussion, der gleichzeitig auch die Thesen der ECLA und die der traditionellen Linken kritisierte (CARDOSO 1981). Die Kritik der Dependenztheoretiker hat sich jedoch immer in erster Linie gegen die Modernisierungstheorie gerichtet[1]. Aus welchem Lager aber kommen ihre Abhängigkeitsanalysen? Welches sind ihre epistemologischen Einflüsse? Wie läßt sich ihre Herkunft bestimmen?

Eigentlich präsentierten die Dependenztheoretiker in Lateinamerika am Ende der 1960er Jahren keine originellen Vorschläge bezüglich ihrer Methodologie (CARDOSO 1977). Methodologisch ging es vielmehr darum, "die Probleme der ökonomischen Entwicklung mit Hilfe einer Interpretation neu zu überdenken, in deren Mittelpunkt der politische Charakter der ökonomischen Transformationsprozesse steht" (CARDOSO & FALETTO 1976, S. 203). In der Tat lassen sich Begriffe wie *abhängige Länder* oder *Abhängigkeit* in verschiedenen Kontexten auch schon vor den 1960er Jahren finden[2].

Die Auseinandersetzung mit den Analysen der Abhängigkeit ist hier von Bedeutung, da diese auch Aussagen über die Möglichkeiten von Entwicklung machen können. Für die Dependenztheoretiker ist "Entwicklung [...] ein sozialer Prozeß, und selbst ihre rein ökonomischen Momente sind mit den zugrunde liegenden gesellschaftlichen Verhältnissen verklammert" (CARDOSO & FALETTO 1976, S. 15). Wenn der Entwicklungsbegriff politisch so verstanden wird, müßten die genannten gesellschaftlichen Verhältnisse bei einer sinnvollen Analyse von Entwicklung berücksichtigt werden. Der Erklärungsansatz müßte dann zum Ergebnis führen, daß

> "Entwicklung aus der Interaktion gesellschaftlicher Gruppen und Klassen [resultiert], die ein jeweils spezifisches Verhältnis zueinander haben, und die, indem sie ihre unterschiedlichen Interessen und Wertvorstellungen einander gegenüberstellen, miteinander ausgleichen und überwinden, dem sozioökonomischen System Leben verleihen" (CARDOSO & FALETTO 1976, S. 21).

Aus dieser Perspektive entwickelte die Dependenztheorie eine Analyse, welche den Kapitalismus als ein internationales gesellschaftliches Phänomen begriff (CARDOSO 1977, S. 17-20), wobei der Reichtum der entwickelten Länder und die Armut der Peripherie miteinander verknüpft gesehen wurden (MacEWAN 1983). Das Hauptargument dabei war, daß Abhängigkeit, die durch die ungleiche internationale Arbeitsteilung und die verzerrenden internen Produktionsstrukturen gekennzeichnet ist, Unterentwicklung in der Peripherie erzeuge (KILJUNEN 1989).

---

1 Siehe z.B. BOECKH (1993), CARDOSO & FALETTO (1976), CHILCOTE (1978), FAGEN (1983), HURTIENNE (1988), JACKSON et al. (1978) und PÉCAUT (1985).

2 Siehe z.B. CARDOSO (1977), DUSSEL (1990), HEIN (1981), KILJUNEN (1989), LOVE (1990) und PEET (1991).

Die Analyse der Abhängigkeitssituationen umfaßte jedoch zwei Subsysteme, nämlich ein internes und ein externes. Das internationale kapitalistische System konnte dabei nicht isoliert gesehen werden, sondern nur im Zusammenhang mit der internen komplexen Dynamik innerhalb des nationalen Systems[1]. Mit der Aufdeckung der Abhängigkeitssituationen hatte die Dependenzanalyse dabei allerdings nicht eine autonome Entwicklung im Sinn, sondern eine dem Sozialismus zuneigende. Die Kritik an der Möglichkeit von Entwicklung war der Ausgangspunkt, durch welche nicht nur Dominanz- bzw. Herrschaftsverhältnisse zwischen den Nationen, sondern auch Herrschaftsverhältnisse *zwischen den Klassen* hervorgehoben werden konnten (CARDOSO 1981).

Zwischen den Vertretern der Dependenzschule wurde kein Modell so umfassend und heftig diskutiert wie das von Andre Gunder Frank[2]. Zwei Argumente dominierten dabei die Kritik an A. G. Frank: Zum einen wird die Arbeit von A. G. Frank als Neo-Smithian Marxism bezeichnet, "wobei [...] in erster Linie der zirkulationistische Charakter eines Ansatzes kritisiert [wird], der von der Entwicklung der Arbeitsteilung[3] und nicht der Produktionsverhältnisse ausgeht und damit auch nicht zu einer adäquaten Analyse von Klassenkampf kommen kann" (HEIN 1981, S. 79).

Zum anderen wurde ihm die Verzerrung in bezug auf die Verhältnisse zwischen den sozialen, ökonomischen und politischen Strukturen der abhängigen Länder und des internationalen kapitalistischen Systems vorgeworfen. Außer konzeptionellen und methodischen Problemen, die in diesem Zusammenhang erwähnt werden, wird behauptet, daß die Dependenztheorien "es weitgehend versäumten, binnengesellschaftliche Entwicklungsaspekte in ihre Analyse einzubeziehen bzw. das Verhältnis von endogenen und exogenen Faktoren der Entwicklung und Unterentwicklung anders als definitorisch zu bestimmen"[4].

Trotz aller Kritik konnte auch die Dependenztheorie die Entwicklungsdiskussion anregen. Sie stellte das neue Wesen der Abhängigkeit, nämlich die Internationalisierung des kapitalistischen Marktes und ihre gesellschaftliche Komponente heraus. Zugleich kritisierte sie dadurch den

---

1 Im Nachwort der Deutsche Fassung von CARDOSO & FALETTO 1976 heißt es dazu: "Erwägungen über externe Faktoren oder fremde Herrschaft allein reichen nicht aus, um die Dynamik von Gesellschaften zu erklären; das entscheidende Problem ist vielmehr das Wechselverhältnis zwischen den externen und den internen Faktoren" (CARDOSO & FALETTO 1976, S. 220); siehe auch LOVE (1990).

2 Siehe u.a. FRANK (1969); eine kritische Auseinandersetzung mit Franks Beiträgen findet sich in CARDOSO (1977, S. 11-15) und LOVE (1990, S. 160-166).

3 Das Problem bei diesem Ansatz liegt darin, daß nur dann, wenn sich die Arbeitskraft in Ware umgewandelt hat, relativer Mehrwert maximiert wird. Was A. G. Frank nicht beachtete, war, daß sich dieser Prozeß im Zentrum früher entwickelte als in der Peripherie (LOVE 1990, S. 166).

4 Vgl. BOECKH (1993, S. 112); siehe auch KILJUNEN (1989); die Kritik ist aber nur dann berechtigt, wenn sie sich auf das, was CARDOSO (1977, S. 12) *the vulgar current* nennt, bezieht; die nicht-vulgäre Strömung drehte die Frage um: "social movement cannot be theoretically represented by means of a mechanical opposition between the internal and the external [...] The approach ought to be historical, and it therefore starts from the emmergence of social formation" (CARDOSO 1977, S. 13; siehe auch LOVE 1990).

Gebrauch von Begriffen wie *Unterentwicklung* und *Peripherie* und schuf neue Kategorien wie *Abhängigkeit* und *strukturelle Abhängigkeit* (CARDOSO 1977), *strukturelle Heterogenität* und *Marginalität* (HEIN 1981). Aber der wichtigste Beitrag der Dependenzanalysen bestand darin, daß sie dies von einem "*radically critical* viewpoint" (CARDOSO 1977, S. 16) tat.

Die Frage, was vom Ansatz der Dependenztheorie übriggeblieben ist, ist heute sicher schwer zu beantworten. Auch nach vielen Jahren und starker Kritik bemerkte A. G. FRANK (1992), daß die aus Lateinamerika stammenden Entwicklungs- und Unterentwicklungstheorien, darunter der ECLA'sche Strukturalismus und v.a. der *dependence approach* einen sehr wichtigen Platz in der theoretischen Auseinandersetzung mit der Entwicklungsfrage hätten. Für F. H. Cardoso dagegen hat sich die eigentliche Entwicklungsfrage stark geändert[1]. In den folgenden Unterkapiteln wird versucht, dies am Beispiel der Umweltdebatte und v.a. der Regulationstheorie nachzuvollziehen.

1.3 Die allmähliche Einbeziehung der Umweltdimension in die Entwicklungsdebatte

Ausgehend von den analytischen Kategorien der Entwicklungstheorien soll an dieser Stelle versucht werden, die Umweltdimension und ihre Einbeziehung in die Entwicklungsdebatte zu beleuchten und dabei die Widersprüche, die diesen Prozeß begleiten, hervorzuheben.

1.3.1 Stockholm und die Grenzen des Wachstums

Die Einbeziehung des Umweltgedankens in die Sozialwissenschaften ist nicht neu (REDCLIFT & WOODGATE 1995). In gewisser Weise faßt der jetzt gängige *sustainable development-Begriff* die Widersprüche der bis in die 1960er Jahre noch kaum wahrgenommenen Umweltdiskussion zusammen (COMELIAU 1994). Doch bevor das *sustainable development*-Konzept selbst betrachtet wird, sollen in kurzer Form die Entwicklung des Begriffes und der eigentliche Eingang der Umweltdimension in die Entwicklungsdebatte beleuchtet werden.

1972 scheint ein Wendepunkt in der Umwelt-Entwicklungsdiskussion zu sein. In diesem Jahr wurde der Bericht des "Club of Rome" *The limits to growth* (MEADOWS et al. 1972) veröffentlicht. Gleichzeitig fand die *United Nations Conference on the Human Environment* in Stockholm statt. Die Ergebnisse dieser UN-Konferenz sind bekannt und ihre Bedeutung scheint aus dem gegenwärtigen Blickwinkel darin zu liegen, daß zum ersten Mal in der Weltöffentlichkeit deutlich auf die bis dahin fast unbekannten Umweltprobleme aufmerksam gemacht wurde (BRÜSEKE 1994, FINGER 1993). Was die in der gleichen Zeit auftauchende Diskussion über die Grenzen des Wachstums betrifft, so ist daran zu erinnern, daß Umwelt überhaupt erst ein Thema aufgrund der Anregungen des Berichts *The limits to growth* geworden ist (BRÜSEKE 1994, REDCLIFT 1989). Die Meadows-Arbeitsgruppe erreichte diese Aufmerksamkeit aber nur deshalb, weil sie eine für die damalige Zeit sehr pessimistische Position vertrat. Ihre

---

[1] Er bemerkt treffend: "We are no longer talking about the South that was on the periphery of the capitalist core and was tied to it in a classical relationship of dependency" (CARDOSO 1993, S. 156).

Behauptungen gingen davon aus, daß v.a. ökologische Grenzen das Wirtschaftswachstum verhindern könnten, wobei sie das Wirtschaftswachstum am Produktionswachstum orientierten, gemessen am BSP, und dies wiederum mit einer Steigerung des Ressourcenverbrauchs parallelisierten (vgl. EKINS 1993a). Die Entwicklungsländer kritisierten den *Limits to growth* Bericht. Sie nahmen an der ökologischen Rhetorik der Industrieländer Anstoß, die ja ein ganzes Jahrhundert beschleunigtes industrielles Wachstum hinter sich hatten, und sich nun dahingehend äußerten, daß den Armen dieser Welt ein solcher Weg zu verschließen sei (BRÜSEKE 1994).

1.3.2 Das *ecodevelopment*-Konzept

Die Diskussion um die ökologischen Grenzen des Wirtschaftswachstums führte zur Entstehung eines an der Umwelt gemessenen Entwicklungskonzepts, dem *ecodevelopment*-Konzept. Der Begriff wurde angeblich zum ersten Mal 1973 von Maurice Strong benutzt, um damit ein alternatives Konzept von Entwicklungspolitik zu bezeichnen (BRÜSEKE 1994). Die Kraft des jungen Begriffes war so groß, daß *ecodevelopment* das Planungskonzept der UNEP geworden ist (REDCLIFT 1989). Obwohl der Begriff in der Literatur keineswegs klar umrissen ist, handelt es sich um eine Entwicklungsstrategie, die im Unterschied zu anderen Entwicklungskonzepten folgende Merkmale betont (SACHS 1980b, 1987):

(a) Ökonomische Effizienz;

(b) Soziale Gerechtigkeit;

(c) Ökologische Nachhaltigkeit.

Ecodevelopment bedeutet damit immer noch Entwicklung, die auf wirtschaftlichem Wachstum basiert, dies aber bei einer steigenden Berücksichtigung der Umweltproblematik, so daß man beim *ecodevelopment* von einer angepaßten Entwicklungsstrategie sprechen kann (RIDDEL 1981). Obwohl das wirtschaftliche akkumulierende Wachstum miteingeschlossen ist, betrachtet der *ecodevelopment*-Ansatz auch andere Wachstumsweisen, dies sowohl in Bezug auf die angestrebten Zwecke als auch auf die Mittel; zusätzlich zur Wachstumskomponente spielen der kulturelle Zustand der betroffenen Bevölkerungen, sowie die Umwelt, in der sie sich befinden, eine äußerst wichtige Rolle (SACHS 1987, S. 29).

Eco bedeutet sowohl *ökonomisch* als auch *ökologisch*, da beide Wörter aus der gleichen griechischen Wurzel stammen (*oikos* = Wohnung). Der Begriff *Entwicklung,* der statt Wachstum oder Schutz dem Konzept seinen Namen gibt, verweist auf eine deutliche Re-Orientierung der Diskussion auf Entwicklungsfragen (COLBY 1991). Tatsächlich hob das *ecodevelopment*-Konzept zum ersten Mal auf eine Integration der sozialen, ökonomischen und ökologischen Bereiche ab[1], wobei die schon genannten kulturellen Faktoren nicht vergessen wurden (SACHS 1987).

---

1 Über die wichtigsten Prinzipien des *Ecodevelopment*-Konzeptes siehe BRÜSEKE (1994), REDCLIFT (1989) und RIDDELL (1981).

Eine *Ökologisierung des sozialen Systems* (COLBY 1991), wie es die *ecodevelopment*-Strategie verspricht, hängt dabei immer von mehreren Faktoren ab (LEFF 1985, SACHS 1980b). Die Debatte über das Ecodevelopment bereitete so die gegenwärtig dominierende Perspektive des *sustainable development*[1] vor (BRÜSEKE 1994).

1.3.3 Die Entstehung der WCED und der Brundtland-Bericht

In Herbst 1983 wurde die *World Commission on Environment and Development* durch den Beschluß Nr. 38/16 der *United Nations General Assembly* eingerichtet. Diese Kommission wurde von der Norwegischen Premierministerin Gro Harlem Brundtland geführt und legte den inzwischen sehr bekannten und einflußreichen *Brundtland-Bericht* vor (FINGER 1993, PEARCE et al. 1990, REDCLIFT 1989). *Our Common Future,* so der veröffentlichte Titel des Brundtland-Berichts, brachte den Begriff *sustainable development* in die breite Umwelt-Entwicklung-Debatte ein (EKINS 1993a, GOODLAND et al. 1994, RIBEIRO 1992). Bemerkenswert ist, daß es in diesem Bericht zu einer *Renaissance des Modernisierungsansatzes* kommt (NOHLEN & NUSCHELER 1993c).

Die WCED brachte das Versprechen einer neuen Phase kräftigen Wirtschaftswachstums und einer gleichzeitigen sozialen und ökologischen Nachhaltigkeit ins Spiel (EKINS 1993a) und nannte diese Faktorenkombination *nachhaltige Entwicklung,* wie es formuliert wurde[2]. Was bedeutet aber *sustainable development* im Kontext des Brundtland-Berichtes?

Der Bericht geht von der Möglichkeit ökonomischen Wachstums aus. Er weist aber kritisch darauf hin, daß das Produktionswachstum, so wie es im BSP gemessen wird und welches als Wirtschaftswachstum gedeutet wird, zwar mit der Erhöhung des Wohlstandes identifiziert werden könne und als Indikator für den ökonomischen Erfolg konzipiert sei, daß diese Auffassung aber eigentlich die Umwelt ausschließe (VISVANATHAN 1991). Doch gleichzeitig heißt das, daß die Dinge dann gut laufen, wenn die Produktion gemessen am BSP wächst. Dieser Glaube schließt damit die Überzeugung ein, daß nur das Wachstum des BSP ein Weg sei, um das Umweltproblem zu lösen, da es Raum schafft für die Finanzierung der Erhaltung und Wiederherstellung der zerstörten Natur (HUETING 1990). Das bedeutet aber letztendlich, daß die vom Brundtland-Bericht vorgeschlagenen Strategien nicht konsistent mit einer *ökologisch* nachhaltigen Entwicklungsstrategie sind (MUNN 1989).

Der Bericht geht weiterhin von der kritisierbaren Annahme aus, daß das Wachstum in den Industrieländern erforderlich sei, um die Unterentwicklung der Dritte-Welt Länder zu überwinden. Doch auch hier erhebt sich die Frage, worin eigentlich das Nachhaltige dieser Entwicklung bestehe? Eine hinreichende Antwort hierzu ist nur bei einer genaueren Erklärung des *sustainable development*-Begriffs zu finden.

---

1   Dies läßt sich v.a. daran zeigen, daß ein traditioneller Vertreter des Ecodevelopmentkonzepts sich der sustainable development-Perspektive anschloß (siehe SACHS 1990a, 1993, 1994a, 1994b).

2   Im Original wird *sustainable development* definiert als "development which meets the needs of the present without compromising the ability of future generations to meet their own needs" (WCED 1987 S. 43).

1.3.4 Das Zauberwort *sustainable development*

In den letzten Jahren, insbesondere doch seit der Veröffentlichung des Brundtland-Berichts im Jahr 1987, ereigneten sich wesentliche Veränderungen in der Entwicklungsdebatte. Die Entwicklungsfrage wird nun nicht mehr nach dem *Widerspruch von Entwicklung und Umwelt* gestellt, sondern lautet: *Wie kann nachhaltige Entwicklung erreicht werden?*, ohne daß seine Inhalte hinterfragt werden (LÉLÉ 1991). In der Tat scheint *sustainable development* zu einem Zauberwort (MÁRMORA 1992), einem vielzitierten Schlagwort (HARBORTH 1993), das Konzept für internationale Hilfsorganisationen, das Stichwort für Entwicklungsplaner, das Thema von Konferenzen und *der Slogan* von Entwicklungs- und Umweltaktivisten geworden zu sein (ADAMS 1995). Es scheint, als stelle dieser Begriff das mögliche Entwicklungsparadigma der 90er Jahre dar (LÉLÉ 1991, PEARCE et al. 1990).

Dennoch bleibt die Frage nach seiner inhaltlichen Bedeutung meist unbeantwortet (EKINS 1993a, REDCLIFT 1989), und dies, obwohl das Literaturangebot seit der Veröffentlichung des Brundtland-Berichts und der UNCED'92 ständig steigt (MARIEN 1992). Eigentlich wäre es einfach, nachhaltige Entwicklung zu definieren[1]. Doch die *Uneinigkeit* fängt schon beim Verständnis des Wortes *Nachhaltigkeit* selbst an (COMMON & PERRINGS 1992, MILLER 1990), weil *sustainable development* in sich verschiedene wissenschaftliche Paradigmen und sogar einige ideologisch vorbelastete Argumente spiegelt[2].

Abgesehen von terminologischen Unsicherheiten begegnen einem in diesem Ansatz eine Reihe anderer Unklarheiten.

Wie versteht sich z.B. *sustainable development* aus der ökonomischen Perspektive? Die Beziehung zwischen Nachhaltigkeit und ökonomischem Wachstum ist eines der umstrittensten und unwegsamsten Themen in der ganzen Umwelt-Entwicklung-Debatte. In der Regel wird ökonomische Nachhaltigkeit damit verbunden, daß eine Gesellschaft ein kritisches *take-off* in einer bestimmten historischen Phase erreicht und von da an kontinuierliches Wachstum, Gewinne und Investitionen im Rahmen einer freie Marktwirtschaft erlebt (IMMLER 1992, WORSTER 1993). Dabei gibt es berechtigte Zweifel, ob Nachhaltigkeit und BSP-Wachstum tatsächlich kompatibel sind (BECKERMAN 1992, EKINS 1992b). Denn wenn sustainable development ökonomisch verstanden wird, dann ist es nicht die Umwelt, die nachhaltig

---

1 Siehe z.B. die Definitionen von MESSNER (1993, S. 41) und REDCLIFT (1989, S. 199).
2 Vgl. FRITZ et al. (1995) und REDCLIFT & WOODGATE (1994). Deshalb bleibt die Bedeutung von sustainable development auch vage (siehe ARTS 1994, BARONI 1992, COLBY 1991, DALY 1990, EKINS 1993b, NIU et al. 1993, REDCLIFT 1992b und RIBEIRO 1992).

erhalten werden soll, sondern das gegenwärtige und zukünftige Produktions- und Konsumptionsmuster[1].

Der *sustainable development*-Slogan aber besagt, daß es keinen Widerspruch zwischen ökologischer Nachhaltigkeit und ökonomischer Entwicklung gäbe[2]. Er postuliert, daß ökologische Nachhaltigkeit gut für die wirtschaftliche Entwicklung sei und umgekehrt, daß ökonomisch nachhaltige Entwicklung auch gut für die ökologische Nachhaltigkeit sei (FINGER 1993).

Aus einer rein ökologischen Perspektive kann Entwicklung nur dann nachhaltig sein, wenn sie auf ökologischen Prinzipien basiert. Der Wunsch nach ökologischer Nachhaltigkeit spiegelt dann eher die Auffassung der Umweltschutzaktivisten wider (EKINS 1992a, TISDELL 1988) und ist deutlich als eine radikal grüne Perspektive zu erkennen (DOBSON 1992, MERCHANT 1992, YEARLEY 1994). Damit es für diese Vertreter überhaupt *sustainable development* geben kann, muß die Basis natürlicher Ressourcen nachhaltig gestaltet werden. Sie ist damit Ziel der Entwicklung. Das aber bedeutet, daß sich die ökologische Idee von Nachhaltigkeit fundamental von der ökonomischen unterscheidet (TRAINER 1990, WORSTER 1993), denn sie orientiert sich primär am Funktionieren eines Ökosystems, wobei natürlich ökonomische Faktoren eine wesentliche Rolle bei der Beeinflussung der *ökologischen Nachhaltigkeit* spielen können (de BERNIS 1994).

Die Debatte über nachhaltige Entwicklung begrenzt sich nicht nur auf die akademische und engere umweltpolitische Ebene. Auch Internationale Institutionen wie die Weltbank und die OECD sind im Laufe der Zeit ziemlich schnell auf die neue Rhetorik eingegangen (LÉLÉ 1991) und nahmen das *sustainable development*-Konzept als ein Grundprinzip ihrer Politik an (NIU

---

1   In einer Podiums-Diskussion im Jahr 1991 im Rahmen der alljährlichen *World Bank Annual Conference on Development Economics* fragte Lester Brown (vom Worldwatch Institute, Washington/DC): "Can an economic system that is destroying 17 million hectares of forest each year sustain progress? [...] Will an economic system that's pumping six billion tons of carbon into the atmosphere each year from the burning of fossil fuels sustain progress? Will an economic system that's destroying something like a fifth of all plant and animal species in the world every twenty years or so sustain progress? Will an economic system that's converting six million hectares of productive land into desert each year sustain progress?" (WORLD BANK 1992, S. 354). Worauf der anderer Teilnehmer der Podiums-Diskussion, Theodore Panayotou (vom Harvard Institute for International Development, Harvard University) antwortete: "The road to sustainable development passes through an undistorted, competitive, and well-functioning market" (WORLD BANK 1992, S. 358). Dieses Argument geht davon aus, daß Gesellschaften natürliche Ressourcen *übernutzen*, weil in dieser Hinsicht die Märkte fehlen. Eine nicht nachhaltige Entwicklung deute auf fehlende Märkte hin: Die Institutionen, durch die die Gegenwart für die Zukunft sorgen sollte, stimmen nicht mit den Wandlungen im sozioökonomischen Bereich überein. Nur die heiligen Marktmechanismen könnten diese Wandlungen nachvollziehen und somit das Problem der Übernutzung natürlicher Ressourcen in nachhaltiger Weise lösen (HOWARTH & NORGAARD 1992).

2   Siehe hierzu KLAASSEN & OPSCHOOR (1991), ROUMASSET (1990), RUCKELSHAUS (1989) und SIMONIS (1992).

et al. 1993). Ein Beispiel dafür war der alljährlich von der Weltbank veröffentlichte *World Development Report*, der 1992 mit einer Analyse der globalen Umweltprobleme aufwartete (EKINS 1993a). Aber nicht nur multilaterale Agenturen gliedern sich in die Debatte über sustainable development ein: Auch zwei wichtige Initiativen der internationalen Unternehmenseliten begannen, in diesem Zusammenhang eine Rolle zu spielen[1]:

(a) Die *International Chamber of Commerce* (ICC) veröffentlichte kürzlich die *Charter for Sustainable Development*, die 16 Prinzipien über *environmental management* für die Industrie beinhaltet;

(b) Der *Business Council on Sustainable Development* (BCSD) umfaßt ca. 50 Unternehmerführer (Chairman ist Stephan Schmidheiny).

Die Uneinigkeit über *sustainability* spiegelt sich nicht nur innerhalb von diskursiven Ebenen, sondern auch bei Konflikten zwischen politischen Akteursebenen wider, d.h. zwischen Umweltaktivisten, der akademischen Welt und den ökonomischen Entscheidungsträgern, die an der Umwelt-Entwicklung-Diskussion beteiligt sind.

Ein wesentliches Problem in der Debatte ist die Operationalisierbarkeit des Konzeptes. Leider gibt es bis heute nur wenige Beiträge darüber, welche Kriterien bei der Beurteilung von *sustainability* anwendbar sind (EKINS 1992b). Damit dieses Konzept Zukunft hat, müssen sie aber sowohl in Hinsicht auf natürliche als auch in Hinsicht auf soziale Systeme (MUNN 1989) gefunden werden[2]. Die Unterschiedlichkeit der Positionen von Anhängern des Konzeptes wird dabei zu sehr verschiedenen Kriterienkatalogen führen.

Doch das Konzept der Nachhaltigkeit wirft daneben auch entwicklungsphilosophische Fragen auf (vgl. SAHR 1996). Das erste und vielleicht schwierigste Problem betrifft den *Zeitraum* der Nachhaltigkeit. Ist eine Gesellschaft dann nachhaltig, wenn sie ein Jahrzehnt, ein menschliches Leben oder tausend Jahre andauert (WORSTER 1993, S. 134)? In diesem Zusammenhang muß auch hinterfragt werden, ob das bisherige Wachstum in den nächsten Jahrzehnten in einer sowohl ökonomisch als auch ökologisch nachhaltigen Form beibehalten werden kann (Mac-NEIL 1989). Definitorisch kann z.B. Wirtschaftswachstum nicht über lange Zeiträume nachhaltig sein (DALY 1990).

Eine weitere Frage bezieht sich auf die *räumliche Dimension* nachhaltiger Entwicklung: Es ist jedem klar, daß *sustainable development* von der globalen Ebene über die nationalen bis hin zur regionalen und lokalen Ebene gehen muß (ENDRE 1992, MUNN 1989, NIU et al. 1993). Durch das Problem der *Regulation* von Strategien globaler Nachhaltigkeit und lokaler Ini-

---

[1] Siehe hierzu EKINS (1993a, 1993b), LAUFF (1993), RIBEIRO (1992) und SCHMIDHEINY (1992).

[2] Siehe hierzu van den BERGH & NIJKAMP (1991), EKINS (1993a, 1993b), GOODLAND et al. (1994), HENDERSON (1994b), NIU et al. (1993), PEARCE (1992), PEARCE et al. (1990) und VICTOR (1991).

tiativen verlangt das *sustainable development* aber gerade in räumlicher Dimension nach einer stärkeren Konkretisierung, da hier zwischen den Analyseebenen Konflikte auftreten können.

Aus beiden Gesichtspunkten ergibt sich die Frage, wie aus einer *zeiträumlichen Perspektive* heraus konkrete Beispiele für nachhaltige Entwicklung möglich sein können? Dabei muß man davon ausgehen, daß die Entwicklung der kapitalistischen Weltökonomie in den letzten zwei Jahrhunderten, v.a. aber nach dem zweiten Weltkrieg nicht nachhaltig gewesen ist[1] - oder doch? Aber die nachhaltige Entwicklungs-Perspektive in Richtung einer harmonisierenden und nicht konfliktiven Perspektive der ökonomischen, politischen und sozialen Prozesse bindet diese in ihr Entwicklungsdenken ein (LATOUCHE 1994). So fehlt ihr jedoch eine genauere Beachtung der Widersprüche innerhalb der kapitalistischen Entwicklung (RIBEIRO 1992).

Die integrierende Perspektive der *nachhaltigen Entwicklung* behauptet, daß Interessen wie die Gewinnorientierung von Unternehmern, die Marktlogik von Konsumenten, Umweltschutz und vielleicht sogar soziale Gerechtigkeit in dieses Entwicklungsmodell hinein passen. Die Ausbeutung einer sozialen Klasse durch eine andere wird dabei von vornherein nicht problematisiert. Hierin liegen jedoch die Schwierigkeiten, die mit der Koordinierung eines so weitgespannten Widerspruchbündels verbunden sind. Dem Konzept der *nachhaltigen Entwicklung* mangelt es an einer sozialen Theorie, die diesem Modell gerecht werden kann (BLUMENSCHEIN & THEIS 1996, RIBEIRO 1992, YANARELLA & LEVINE 1992).

Und genau hier bedarf das Konzept des *sustainable development* einer Konkretisierung. Denn es hängt von der Art des Übereinkommens (*art of compromising*) zwischen sozialen Klassen und Gruppen ab, wie die Umwelt in die gesellschaftliche Dimension eingebunden werden kann, Konflikte zwischen sozialen Klassen, der Gesamtgesellschaft und der Umwelt so zu gestalten, daß sie eine sowohl ökonomisch als auch ökologisch nachhaltige Gesellschaft formen und erhalten. Optimale Kompromißebenen sind dabei v.a. (vgl. NIU et al. 1993 und LIPIETZ 1994a):

(a) die zwischen Wirtschaftswachstum und Umweltschutz;

(b) die zwischen den Bedürfnissen gegenwärtiger und künftiger Generationen;

(c) die zwischen Konsum und Kapitalakkumulation;

(d) die zwischen den Interessen einer bestimmten Region und anderer betroffenen Regionen.

Dennoch: In Rahmen einer kapitalistischen Entwicklung wird die ökonomische und ökologische *Nachhaltigkeit* einer Gesellschaft nicht nur von ökonomischen und ökologischen, sondern auch von sozialen, politischen und kulturellen Faktoren abhängen (EKINS 1993a).

---

1 Vgl. hierzu EKINS (1992b, S. 412); siehe auch CAVALCANTI (1994b), OPSCHOOR & van der STRAATEN (1993) und ROUMASSET (1990).

1.3.5 Die UN-Konferenz für Umwelt und Entwicklung in Rio de Janeiro... und danach!

Vom 3. bis 14. Juni 1992 trafen sich in Rio de Janeiro ca. 35.000 Menschen, darunter über 15.000 Delegierte aus 178 Staaten und rund 115 Staats- und Regierungschefs, um an der UNO-Konferenz über Umwelt und Entwicklung, der bislang größten internationalen Konferenz der Geschichte überhaupt, teilzunehmen[1].

Der ursprüngliche Zweck des Erdgipfels war es, eine Reihe von internationalen Kompromissen und Beschlüssen über Klimaveränderungen, Abholzung der Wälder, toxische Abfälle und Biodiversität zu erreichen, sowie die *Agenda 21* und die Erdcharta zu unterzeichnen[2]. Doch als Folge der Entpolitisierung der Debatte über die wichtigsten Umweltfragen gewann bei dem Regierungstreffen die ökonomische Perspektive die Oberhand, die den Einsatz von neoliberalen marktwirtschaftlichen Instrumenten befürwortete, wie z.B. die Einrichtung von Verschmutzungsrechten und die Bewertung von Wäldern. So sind die Umweltfragen auf eine entpolitisierte Bühne verschoben worden, in der nur noch Marktkräfte tätig sind (STAHL 1992, HECHT & COCKBURN 1992).

Dies war nicht zuletzt ein Resultat des massiven Drucks der Industrienationen, v.a. der Vereinigten Staaten. Diese waren daran interessiert, daß alle Ziele und Fristen, die mit der Eingrenzung des CO_2-Ausstoßes zusammenhängen, aus dem Klimaabkommen eliminiert werden sollten. Auch das Abkommen zum Schutz der biologischen Artenvielfalt wurde während des Erdgipfels von den Vereinigten Staaten nicht unterschrieben (BRÜSEKE 1994, LEIS 1993). Aus der Sicht der US-Regierung wurden damit die Weltumweltprobleme sehr eingeengt betrachtet, wie es am Beispiel des Vortrags des *budget director* von President George Bush, Richard Darman, an der Harvard University 1990 deutlich (man könnte sagen: *eloquently*) wurde: "Americans did not fight and win the wars of the 20th century to make the world safe for green vegetables" (HECHT & COCKBURN 1992, S. 368).

Der Erdgipfel entsprach damit nicht den Hoffnungen, die mit der Konferenz verbunden waren. Insgesamt ist seine Bewertung schwierig, denn bis heute wird diskutiert, inwieweit Machtstrukturen die Ergebnisse beeinflußten, inwiefern Konflikte eine Rolle gespielt haben und wer die Gewinner bzw. die Verlierer dieses Diskussionsprozesses waren. Während z.B. einige Autoren die dominierende Rolle der Industrieländer hervorheben (MESSNER 1993), sind andere der Meinung, daß an Stelle von Interessenkonflikten zwischen Nord und Süd eher Interessenkoalitionen zwischen den nördlichen und südlichen politischen und ökonomischen Eliten vorherrschten (STAHL 1992).

---

1 "this conference [UNCED, auch Erdgipfel (!) genannt] may be the most important thing the U. N. has done in its entire history" (DALY 1992b, S. 9; vgl. MATHIEU & GOTTSCHALK 1992); so groß waren die Hoffnungen! Was aber spielte sich in Wirklichkeit ab? Siehe hierzu BRÜSEKE (1994), CZAKAINSKI (1992), LIPIETZ (1992b, 1993b, 1994a), MESSNER (1993), SACHS (1994b), SCHAFHAUSEN (1994), SIMONIS (1993) und STAHL (1992).

2 Über die UNCED-Beschlüsse, darin eingeschlossen die Agenda 21 und die Erdcharta, siehe STIFTUNG ENTWICKLUNG UND FRIEDEN (1993, S. 159-257).

Abbildung 1
Die Ergebnisse der UN-Konferenz für Umwelt und Entwicklung

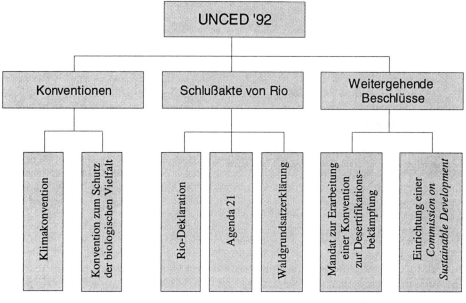

Quelle: geändert nach SCHAFHAUSEN (1994, S. 31).   Graphik: I. M. Theis 1996

Doch wenn es Gewinner in Rio gegeben hat, dann war es v.a. die Weltbank, die zum neuen Manager gewaltiger finanzieller Ressourcen geworden ist, die die reichen Nationen für die GEF (*Global Environmental Facility*) zu Verfügung stellen, um damit *nachhaltige* Entwicklungsprojekte zu unterstützen (HECHT & COCKBURN 1992). Diese Rolle hätte die Weltbank wahrscheinlich nicht übernommen, wenn der vorgeschlagene stark ökologisch ausgerichtete *Grüne Fonds* statt der ökonomisch-ökologischen GEF ins Leben gerufen worden wäre (STAHL 1992).

Wie aber wurde der Erdgipfel in der Öffentlichkeit bewertet? Auch hier sind die Meinungen geteilt. Mindestens vier Positionen lassen sich bezüglich der Ergebnisse des Erdgipfels ausmachen: (a) Vereinzelt gibt es negative Gesamtbewertungen. (b) Eine Mehrheit bezeichnet den Erdgipfel als Mißerfolg, erkennt aber bestimmte Einzelergebnisse als positiv an. (c) Einige behaupten, daß die Konferenz ein Startschuß für einen umweltpolitischen Prozeß sei. (d) Schließlich sahen einige in ihr sogar einen Wendepunkt in der internationalen Umweltpolitik (CZAKAINSKI 1992, LIPIETZ 1994a, SIMONIS 1993).

Tabelle 1
Das Beurteilungsspektrum der UN-Konferenz für Umwelt und Entwicklung

Ergebnisbewertung	Bewertungskriterien	theoretisches Interpretationsmuster
weitgehender Mißerfolg	das ökologische bzw. entwicklungspolitische Notwendige	Verhandlungstheorie
ungewisser Teilerfolg	Prozeß der Umsetzung u.a. Beteilung	Implementationstheorie
Startschuß	Institutionalisierung	Regimetheorie
Wendepunkt	Bewußtseinswandel, Konsum und Entwicklungsmodell	Regulationstheorie

Quelle: SIMONIS (1993, S. 14).

Insgesamt läßt sich wohl sagen, daß für die wichtigsten Akteure der Erdgipfel ein Erfolg war. Die Weltbank ist nicht nur mit ihrem Entwicklungsprogramm unversehrt davongekommen, sondern sie wird nun auch zur Organisation, die die GEF kontrollieren wird. Die Vereinigten Staaten nahmen sich die Freiheit, die Konvention über die biologische Artenvielfalt nicht zu unterschreiben, um so innenpolitische Erfolge zu verbuchen. Die internationalen Konzerne, die an der UNCED teilnahmen, konnten den Zugang zum UNCED-Sekretariat erreichen und wurden so als die wichtigsten Akteure in der *battle to save the planet* anerkannt worden. So wurde ein freier marktwirtschaftlicher *environmentalism*[1] unter der Zustimmung der nördlichen und der südlichen Staatsführer zur Tagesordnung. Doch auch für viele Umweltschutzgruppen war der Erdgipfel ein Erfolg: Berufskarrieren haben hier ihren Anfang genommen, Glaubwürdigkeit als aktive gesellschaftspolitische Gruppen wurde erreicht und ihre Interessen nicht mehr marginalisiert. Damit sind sie jetzt ebenfalls wichtige Akteure in einem gigantischen politischen Spiel (HILDYARD 1993).

Neben der geplanten Gründung einer *Sustainable Development Commission*[2] war die Agenda 21, ein 700 Seiten umfassender Aktionsplan für das 21. Jahrhundert zur globalen Durchsetzung nachhaltiger Entwicklung, ein konkretes Ergebnis des Erdgipfels. Die freiwillige Umsetzung der in der Agenda 21 angeführten Maßnahmen würden etwa US$ 625 Mrd. kosten, was jedoch in mittlerer Frist sehr unwahrscheinlich erscheint (HECHT & COCKBURN 1992, MESSNER 1993).

---

1   Dies ist die Philosophie der transnationalen Konzerne, die in Rio de Janeiro vom *BCSD* vertreten wurden.

2   Ein *high-level*-Organ innerhalb des UN-Sekretariats, das sich künftig der Durchführung und Koordinierung der nachhaltigen Entwicklungsmaßnahmen der Agenda 21 widmen soll (IMBER 1993, S. 55).

Neben der offiziellen ECO'92, die im Rio Centro stattfand, gab es in einem Park in Rio auch ein *Global Forum*, das eine Vielzahl von NRO aus aller Welt zusammenbrachte (HECHT & COCKBURN 1992, STAHL 1992, TANZER 1992). Die Hoffnungen der NRO und der sozialen Bewegungen, also genau der Akteure, die auf der lokalen Ebene die Rhetorik der UNCED in die Praxis umsetzen könnten, sind aber vermutlich auf der Strecke geblieben, da die notwendigen globalen Lösungen keine Konkretisierung erfuhren (LEIS 1993). Eher ist es umgekehrt möglich, daß die UNCED zu einer Beschleunigung der Umweltkrise durch die Bevorzugung eines *global management* beiträgt, und die lokalen Akteure dabei nicht genügend berücksichtigt.

Trotzdem machte selbst die UNCED deutlich, daß sich das gegenwärtig herrschende Entwicklungsmodell ändern muß, daß ökologische Kriterien auch innerhalb der ökonomischen Prozesse wahrgenommen werden müssen und, daß die Verwaltung der Umweltkrise nicht exklusiv auf globaler Ebene stattfinden kann. Dies ist durch SAPs (Structural Adjustment Programme) und zentralisierte neoliberale Wirtschaftsstrategien nicht möglich. Im Gegenteil, gefordert sind neue Verhältnisse der Akteure, die den Markt betreten, die den Staat regieren und die der bürgerlichen Gesellschaft angehören. Gefordert sind neue Verhältnisse innerhalb jeder der genannten Sphären (Markt, Staat und bürgerliche Gesellschaft) sowie zwischen Ihnen selbst[1].

1.4 Der Begriff der Entwicklung aus der Perspektive der Regulationsschule

In den Sozialwissenschaften bildete sich ein Konsens, daß die Zeit ab Mitte der 1970er Jahre einen Übergang von einer bestimmten Phase der kapitalistischen Entwicklung hin zu *new times* bezeichnet (RUSTIN 1989, SAYER & WALKER 1992). Die sozialwissenschaftliche - und dabei auch die wirtschaftsgeographische - Debatte über das Thema des Übergangs ergibt sich aus der Gegenüberstellung mannigfaltiger Gesichtspunkte, aus einer theoretischen Positionsverschiedenartigkeit (MARTIN 1990), die sich auf verschiedene Begriffe bezieht, um verschiedene Aussagen über Vergangenheit, Gegenwart und Zukunft zu machen (AMIN 1994b). Drei theoretische Perspektiven stehen dabei im Vordergrund: Eine neoschumpetersche, eine neosmithsche und eine neomarxistische (AMIN & MALMBERG 1994, ELAM 1990).

In der vorliegenden Arbeit wird vorwiegend Bezug zu der dritten Perspektive gezogen. Der sog. neomarxistische Ansatz konzentriert sich auf die Reproduktion des Kapitalismus *per se,* d.h. auf den Prozeß der kapitalistischen *régulation* (CORBRIDGE 1990, LIPIETZ 1988, 1991c, 1994b), und wurde in Frankreich während der 1970er Jahren v.a. von der sog. *école de Paris* als Kritik an den mechanistischen und katastrophistischen Interpretationen von Marx eingesetzt. In erster Linie hebt er den Aspekt wechselnder *social forms* des Kapitals hervor (BENKO & DUNFORD 1991, ELAM 1990, HUGON 1991).

Es ist in diesem Zusammenhang zu beachten, daß die Bezeichnungen *Regulationsschule* und *Regulationstheorie* unscharf und sogar irreführend sind, denn es gibt weder *die* Theorie der Regulation noch einen paradigmatischen Kern, der *einer* theoretischen Schule entsprechen könnte (LIPIETZ 1985). Bei den Studien der Regulationisten handelt es sich vielmehr um ein

---

1   Vgl. HECHT & COCKBURN (1992), LEIS (1993), LIPIETZ (1994a) und RUELLAN (1994).

empirisches und methodisch-theoretisches Forschungsprogramm. Wenn also im weiteren von Regulationstheorie und Regulationsschule gesprochen wird, dann nach HÜBNER (1990) nur aus pragmatischen Gründen.

1.4.1 Grundlagen des Regulationsansatzes

Die Diskussion um die Grundlagen des Ansatzes wird durch die Vielfalt der Sichtweisen innerhalb desselben wesentlich erschwert. Während HÜBNER (1990) schon zwischen zwei Varianten der Regulationstheorie unterscheidet - nämlich zwischen einer *werttheoretischen* und einer *preistheoretischen* - berichtet JESSOP (1990) von sieben Regulationsschulen. Hinzu kommt, daß der Ansatz in vielen Bereichen noch heftig umstritten ist, so daß es bereits eine Reihe kritischer Studien gibt, ohne daß die ursprünglichen Positionen schon richtig ausformuliert wären[1].

An dieser Stelle steht die Perspektive der *école de Paris* im Vordergrund, die in ihren theoretischen Auseinandersetzungen Aussagen zum *peripheren Fordismus* macht. Dazu ist zunächst eine Erklärung von Methoden, Thesen und Ergebnissen erforderlich, wie sie von den Regulationisten, und auch von ihren Kritikern, verstanden werden. Um was geht es bei dem Regulationsansatz?

> "Allgemein formuliert kann die *théorie de la régulation* als analytischer Versuch interpretiert werden, [...] den krisenhaften Wandel gesellschaftlicher Integrationsbedingungen in kapitalistischen Gesellschaften zu erklären [...] Entsprechend unterscheidet dieser Theorieansatz qualitativ unterschiedliche Entwicklungsperioden [...] Charakteristisch für dieses Theoriekonzept ist das dynamische Verständnis sozialer Verhältnisse in kapitalistischen Gesellschaften [...] Im Kern interessiert sich dieses Theoriekonzept also für gesellschaftliche Entwicklungsprozesse" (HÜBNER 1990, S. 11-12).

Der Ausgangspunkt der Regulationsschule ist die Untersuchung der Kapitalakkumulation und ihrer Krisen sowie ihren zeit-räumlichen Veränderungen. Diese werden zu den jeweiligen Gesellschaftsformationen in Bezug gesetzt (BOYER 1990). Dabei zielen die Bemühungen darauf ab, mittels Zwischenmodellen Verbindungen zu schaffen, die in theoretischer Hinsicht historisch konkreter und empirisch nachprüfbarer arbeiten als die herkömmlichen Ansätze und somit brauchbarere Interpretationen liefern können (BRENNER & GLICK 1991).

Die Verwendung des Wortes *régulation* begann Mitte der 1970er Jahre in Paris. Zwischen 1975 und 1976 organisierte Michel AGLIETTA eine Debatte zu seiner Dissertation (1974), die eine Reihe von Arbeiten einer Gruppe des CEPREMAPs inspirierten (LIPIETZ 1989b). Von dieser

---

1 Siehe z.B. AMSDEN (1990), von BEYME (1991), BODDY (1990), BRENNER & GLICK (1991), BROAD (1990), CATAIFE (1989), FOSTER (1988), HIRST & ZEITLIN (1992), POSSAS (1988) und TOMANEY (1994); außerdem beschreibt die Arbeit von Robert BOYER (1990) - also selbst aus regulationistischer Sicht - wesentliche Schwächen des Ansatzes; siehe hierzu auch LIPIETZ (1987a) und PEET (1989).

Zeit an nahm die Verwendung des Begriffes ständig zu. Im Juni 1988, als die *International Conference on Regulation Theory* in Barcelona stattfand, hatte sich der Gebrauch von Kategorien aus diesem Ansatz nicht nur verfestigt, sondern übersprang sogar die Grenzen der *école de Paris*. Seitdem haben sich neue Positionen auch innerhalb des Regulationsansatzes herausgebildet, während sich gleichzeitig viele der Ausgangspositionen verändert haben (DUNFORD 1990, HÜBNER 1990).

Bezüglich der Methode der Regulationsschule muß allerdings angemerkt werden, daß trotz der schon erwähnten Entwicklung der Forschungsprogramme der Schule noch keine ausreichende Literatur zur Verfügung steht, die die Methoden, Thesen und Ergebnisse des Regulationsansatzes systematisch zusammenfaßt[1].

1.4.2 Grundkategorien eines Entwicklungsmodells

Die Untersuchung der kapitalistischen Regulation widmet sich den Veränderungen sozialer Verhältnisse, die zur Reproduktion der kapitalistischen Produktionsweise führen. Dabei wird gefragt, wie sich die Produktionskräfte entwickeln, wie sich die Bedingungen dieser Entwicklung ändern, und in welchen Formen sie sich verkörpern (AGLIETTA 1979). In diesem Zusammenhang spricht man in der Regulationsschule von Entwicklungsmodellen. Doch was ist ein *modèle de développement*?

Auf die nationale Ebene einzelner Länder bezogen läßt sich ein *Entwicklungsmodell* in drei Bestandteile zerlegen (BRENNER & GLICK 1991):

(a) ein technologisches Paradigma, das die allgemeinen Prinzipien der Arbeitsorganisation und das Industrialisierungsmodell umfaßt;

(b) ein Akkumulationsregime, welches als makroökonomisches Modell umschrieben werden kann;

(c) eine Regulationsweise, die ein System von Koordinationsregeln darstellt.

Bei einigen Autoren werden noch zwei weitere Elemente hinzugerechnet (LEBORGNE & LIPIETZ 1992a, 1994): ein sozialer Block und ein soziales Paradigma.

---

[1] Ausnahmen, die nur diese Behauptung beweisen, bieten die Beiträge von BOYER (1990), über welche LIPIETZ (1987a) eine eindrucksvolle Rezension schrieb, und in *deutscher Sprache* HÜBNER (1990); vgl. auch die kritischen Artikel von BRENNER & GLICK (1991), DUNFORD (1990), JESSOP (1990) und NASCIMENTO (1993).

1.4.2.1 Technologisches Paradigma

Unter einem *paradigme technologique* bzw. einem Industrialisierungsmodell sind die allgemeinen Prinzipien der Arbeitsorganisation und der Technikverwendung zu verstehen. Gemeint sind Prinzipien, die den Arbeitsprozeß sowie seine Entwicklung in der Periode bestimmen, in der das Entwicklungsmodell herrscht. Sie beziehen sich dabei nicht nur auf den Arbeitsprozeß selber, wie er innerhalb eines Betriebes organisiert ist, sondern auch auf die Arbeitsteilung zwischen den einzelnen Betrieben (BOYER 1988). So ist es z.B. durchaus möglich, daß ganze Sektoren und Regionen von einem bestimmten Industrialisierungsmodell ausgeschlossen bleiben. Das technologische Paradigma[1] ist also immer dasjenige, in welchem sich die fortschrittlichsten Sektoren und Regionen organisieren und die Entwicklung der anderen Sektoren bzw. Regionen bedingen (LIPIETZ 1992c).

1.4.2.2 Akkumulationsregime

Um die Regulationsformen unter kapitalistischen Bedingungen genauer analysieren zu können, ist es notwendig, ein detailliertes Zwischenkonzept zu definieren, das weniger abstrakt ist als das allgemeine Prinzip der Akkumulation des Kapitals. Dies geschieht über das Konzept des *régime d'accumulation*. Ein Akkumulationsregime[2] ist eine Form der gesellschaftlichen Strukturierung, die unter dem kontinuierlichen Zwang der allgemeinen Gesetze zur Bildung des absoluten Mehrwerts führen und somit zur Steigerung des relativen Mehrwerts beitragen (AGLIETTA 1979).

Die Untersuchung des Akkumulationsprozesses entspricht dem Versuch, die verschiedenen sozialen und ökonomischen Regelmäßigkeiten eines Entwicklungsmodells zu bestimmen. Darunter sind zu nennen (BOYER 1990, S. 71-72; siehe auch BRENNER & GLICK 1991):

(a) Die Entwicklungsform der Produktionsorganisation und die Beziehung der Lohnempfänger zu den Produktionsmitteln;

(b) der Zeithorizont der Kapitalverwertung, der die Prinzipien der Arbeitsorganisation bestimmt;

(c) die Wertverteilung, die die dynamische Reproduktion der verschiedenen sozialen Klassen oder Gruppen gestattet;

(d) die Zusammensetzung der sozialen Nachfrage, die die tendenziellen Entwicklungen der Produktionsmöglichkeiten erneuert;

(e) die Artikulationsweise mit den nicht-kapitalistischen Formen, insofern sie einen bestimmenden Platz in der ökonomischen Formation einnehmen.

Diese Elemente zusammen definieren das Akkumulationsregime. Es umfaßt dabei alle Regelmäßigkeiten, die eine allgemeine und relativ kohärente Entwicklung der Kapitalakkumulation

---

[1] Es muß betont werden, daß das Entwicklungsmodell nicht mit dem technologischen Paradigma zu verwechseln ist (vgl. LEBORGNE & LIPIETZ 1992a, 1994).

[2] Über die theoretischen Inhalte eines Akkumulationsregimes siehe AGLIETTA (1979) und HÜBNER (1990).

sichern, d.h. die es erlauben, Verzerrungen und Unausgeglichenheiten, die im Laufe des Prozesses auftauchen, entweder zu absorbieren oder zeitlich zu verteilen (BOYER 1990).

Ein Akkumulationsregime beschreibt damit die langfristige Stabilisierung der Allokation sozialer Produktion zwischen Konsumtion und Akkumulation. Dies bedeutet, daß es eine gewisse Verbindung zwischen der Veränderung der Produktionsbedingungen und der Reproduktionsbedingungen der Lohnarbeit gibt. Gleichzeitig umfaßt das Regime die Modalitäten, in der die kapitalistische Produktionsweise mit anderen Produktionsweisen innerhalb einer nationalen ökonomischen und sozialen Formation artikuliert ist. Und schließlich determiniert es die Beziehung der ökonomischen und sozialen Formation mit der globalen Ökonomie[1].

1.4.2.3 Regulationsweise

Das Akkumulationsregime verkörpert sich in der Gestalt von Regeln und Gewohnheiten, von Gesetzen und regulierten Netzwerken. Die Akteure - soziale Klassen und Gruppen - können sich dabei mehr oder weniger in ihrem täglichen Verhalten und in ihren Kämpfen[2] an das Reproduktionsschema anpassen, so daß dieser Komplex von Regeln und sozialen Verfahren[3] in das individuelle Verhalten eingegliedert wird und dadurch eine *mode de régulation*[4] bildet. Unter Regulationsweise ist demzufolge die Gesamtheit von individuellen und kollektiven Verfahren und Verhalten zu verstehen, die sich in dreierlei Weise präsentieren:

(a) der Reproduktion der wesentlichen sozialen Beziehungen mittels der historisch gegebenen institutionellen Formen;

(b) der Aufrechterhaltung und Steuerung des geltenden Akkumulationsregimes;

(c) der Gewährleistung einer kohärenten Gesamtheit von dezentralisierten Entscheidungen.

Jede Regulationsweise beschreibt die Art und Weise, wie die institutionellen Formen das individuelle Verhalten hervorbringen, steuern und in einigen Fällen sogar erschweren und dabei an die Mechanismen der Märkte anpassen. Auch die institutionellen Formen werden von der Gesamtheit an Regeln und Prinzipien hervorgebracht (BOYER 1990, THÉRET 1994). Das Institutionsnetzwerk, das der Regulationsweise entspricht, regiert so den Akkumulationsprozeß mittels der Festsetzung folgender Parameter (BRENNER & GLICK 1991):

(a) der Natur des Kapital-Arbeitslohn-Nexus;

(b) des Typs kapitalistischer Konkurrenz;

---

[1] Vgl. LIPIETZ (1987b, S. 14; ders. 1985, 1986a, 1986c); wenn HIRSCH & ROTH (1986) vom *Akkumulationsmodell* oder von einer *Akkumulationsstrategie* und wenn ESSER & HIRSCH (1994) von *mode of accumulation* sprechen, dann beziehen sie sich grundsätzlich auf das Akkumulationsregime.

[2] Hiermit ist sowohl der ökonomische Kampf zwischen Kapitalisten und Lohnempfängern als auch der zwischen einzelnen Kapitalisten gemeint.

[3] HIRSCH & ROTH (1986) gebrauchen dafür die Bezeichnung *ökonomisch-soziale Regulierung*; ESSER & HIRSCH (1994) sprechen von *method of regulation*.

[4] Vgl. LIPIETZ (1987b, S. 15); siehe auch HÜBNER (1990) und LIPIETZ (1985, 1986c).

(c) des Charakters der Geld- und Kredit-Beziehungen;

(d) der Art der Einbindung von nationalen Firmen in die internationale Ökonomie;

(e) der Formen der Staatsintervention[1] in die Ökonomie.

Mit diesen Elementen sichert die Regulationsweise den Fortbestand des Akkumulationsregimes.

1.4.2.4 Sozialer Block

Was ist nun unter einem *bloc social*[2] zu verstehen? Jede nationale Gesellschaftsformation läßt sich mit Hilfe von historischen und statistischen Methoden untersuchen. Auf diese Weise können auch ihre dauerhaften Akkumulationsregime und Regulationsweisen identifiziert werden. Eine konkrete Analyse des Aufstiegs und des Untergangs eines Entwicklungsmodells ist erforderlich, um herauszufinden, in welchem Maße dabei exogene Faktoren eine Rolle spielen. Die Stabilisierung eines Akkumulationsregimes oder einer Regulationsweise kann natürlich nicht nur in Bezug auf ihre ökonomische Logik allein analysiert werden. Sie ist auch Folge von sozialen und politischen Kämpfen, die sich stabilisieren und so ein hegemoniales System bilden. Dazu gehören z.B. Klassenbündnisse, die auf einen gewissen gesellschaftlichen Konsens basieren. Der Konsens stellt die Interessen der herrschenden Klassen, manchmal auch einige der untergeordneten Klassen, dar (LIPIETZ 1987b). Somit beschreibt ein hegemoniales System die konkrete historische Verbindung zwischen Akkumulationsregime und Regulationsweise (ESSER & HIRSCH 1994).

Doch Installierung und Konsolidierung einer Regulationsweise hängen weitgehend von der politischen Sphäre ab. Diese ist der Ort der Kämpfe, der politisch-sozialen Waffenstillstände und der institutionalisierten Kompromisse. Alle drei sind auf politischem Gebiet das Äquivalent zu dem, was die Konkurrenz, die Arbeitskämpfe und das Akkumulationsregime auf ökonomischem Gebiet sind. Die sozialen Klassen und Gruppen, die durch ihre alltäglichen Existenzbedingungen, insbesondere durch ihre Stellung in den ökonomischen Verhältnissen, bestimmt sind, geben sich dabei nicht einem endlosen Kampf hin, vielmehr bemühen sie sich um die Stabilisierung eines Systems von Herrschaftsverhältnissen, Bündnissen und Zugeständnissen. Diese stabile Konfiguration wird als ein *sozialer Block* bezeichnet. Dieser ist dann hegemonial, wenn die Interessen einer gesamten Nation oder Region betroffen sind. Im sozialen Block ist allerdings derjenige Teil einer Nation bzw. Region, dessen Interessen überhaupt keine Berücksichtigung finden, nur sehr gering vertreten (LIPIETZ 1991c, S. 678; siehe auch LEBORGNE & LIPIETZ 1990a, 1991, 1992b; LIPIETZ 1994b).

---

[1] LIPIETZ (1987b, S. 19) führt an: "the State is in fact the archetypal form of all regulation. It is at the level of the State that the class struggle is resolved; the State is the institutional form which condenses the compromises which prevent the different groups making up the national (or at least territorial) community from destroying one another in an endless struggle".

[2] Der Begriff *sozialer Block* ist erst vor kurzem in die Regulationssprache eingegangen. Vorher war die Rede von *hegemonialem System* (LIPIETZ 1987b) und *hegemonialer Struktur* (HIRSCH & ROTH 1986, ESSER & HIRSCH 1994).

1.4.2.5 Soziales Paradigma

Der Konsens, über den der hegemoniale Block sich herstellt und reproduziert, läßt bei Berücksichtigung ökonomischer Interessen den Zusammenhang zwischen *hegemonialem Block*, *Akkumulationsregime* und *Regulationsweise* hervortreten. "Aber wie werden die Interessen bestimmt, die legitim zu befriedigen sind? Wie bemißt sich die Gültigkeit und die Anerkennung der Kompromisse, die den hegemonialen Block zusammenschweißen, und worauf berufen sich die innerhalb dieses Blocks kämpfenden Gruppen, wenn sie Gerechtigkeit fordern? Nötig ist die Annahme eines Universums der Repräsentationen und der politischen Diskurse, in dem sich die Individuen und Gruppen wiedererkennen und in dem sie ihre Identität, ihre Interessen und Meinungsverschiedenheiten ausdrücken können. Von der Formierung dieses Universums hängt die Möglichkeit des hegemonialen Blocks selbst ab. Als *soziales Paradigma*[1] bezeichnen wir eine bestimmte Strukturierungsweise von Identitäten und Interessen, die innerhalb des Universums der Diskurse und politischen Repräsentationen legitim vertretbar sind" (LIPIETZ 1991c, S. 678-679; siehe auch LIPIETZ 1994b).

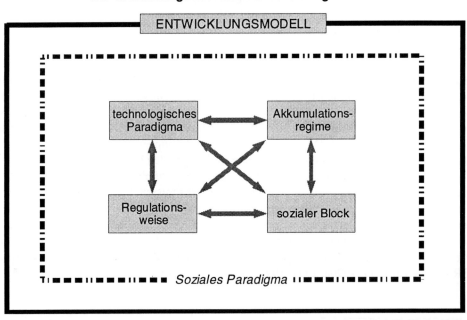

Abbildung 2
Die Grundkategorien eines Entwicklungsmodells

Quelle: geändert nach DUNFORD (1990).   Graphik: I. M. Theis 1996

---

1   *Paradigme social* ist ein Begriff, der erst vor kurzem eingeführt wurde, obwohl er genau in den Zusammenhang der Kategorien, die ein Entwicklungsmodell definieren, gehört.

1.4.3 Periodisierung

Die oben dargestellten Kategorien des technologischen Paradigmas, des Akkumulationsregimes, der Regulationsweise, des sozialen Blocks und des sozialen Paradigmas bilden zusammen einen Komplex von Kategorien, der dem *Entwicklungsmodell* einen Sinn verleiht. Festzuhalten ist dabei: ein *Akkumulationsregime* ist das makroökonomische Ergebnis der Art, wie die *Regulationsweise* funktioniert, mit einem *technologischen Paradigma* als Basis. Es ist aber nur ein Modell. Außerdem bleibt ein *Entwicklungsmodell* nur so lange intakt, wie seine Versprechungen mit einem bestimmten Konzept des Glücklichseins übereinstimmen. Wenn diese Versprechungen erfüllt sind, kann auch die Idee des Glücks untergehen, und mit ihr das dazugehörige *Entwicklungsmodell.* So geschah es z.B. mit dem *Fordismus* (LIPIETZ 1992c).

Das *technologische Paradigma*, das *Akkumulationsregime*, die *Regulationsweise*, der *hegemoniale Block* und das *soziale Paradigma* sind Ergebnisse einer konfliktreichen historischen Entwicklung. Es handelt sich um historische Tatsachen, deren wechselseitige Angleichung innerhalb eines Entwicklungsmodells spontan und zufällig erfolgt, so daß man in diesem Zusammenhang sogar von *Wunder* sprechen könnte. Ist dieser Zusammenhang einmal hergestellt, tendiert er dazu, sich zu konsolidieren. Er wird aber gleichzeitig auch unterminiert, und zwar einerseits durch die dem Modell eigentümlichen Widersprüche und andererseits durch das, was außerhalb des Modells an Organisationsformen vorherrscht oder sich dort entwickelt (LIPIETZ 1991c, LIPIETZ 1994b).

Mit Hilfe der dargestellten Kategorien und der Anwendung von speziellen Methoden[1] haben die Regulationisten die Geschichte der industriekapitalistischen Entwicklung neu analysiert und aufgearbeitet. An dieser Stelle soll deshalb kurz auf eine grobe Periodisierung nach den gegebenen Kriterien eingegangen werden.

Um seine Untersuchung über die Entwicklung des US-amerikanischen Kapitalismus von 1870 bis 1970 durchzuführen, differenzierte AGLIETTA (1979, S. 71) zwischen einem *predominantly extensive regime of accumulation* und einem *predominantly intensive regime of accumulation*. Ein extensives Akkumulationsregime ergibt sich dabei aus dem Umfang der Produktion auf der Basis identischer Produktionsnormen; ein intensives Akkumulationsregime beruht auf der kontinuierlichen Reorganisation des Arbeitsprozesses und der faktischen Subsumierung der Arbeit unter das Kapital. Bis zum Ersten Weltkrieg herrschte in den zentralkapitalistischen Ländern ein *extensives* Akkumulationsregime vor, welches sich durch die vordringliche Reproduktion von Kapitalgütern auszeichnete. Nach dem Zweiten Weltkrieg dominierte in diesen Ländern ein auf Massenkonsum basierendes *intensives* Akkumulationsregime (LIPIETZ 1986c, LIPIETZ 1987b).

---

1 Auf die methodischen Verfahren des Regulationsansatzes wird in Kapitel 4 eingegangen.

Doch die Periodisierung von Entwicklungsmodellen kann nicht nur auf einem Kriterium, nämlich der eines *Akkumulationsregimes* basieren. Auch die *Regulationsweise* muß in den historischen Kontext miteinbezogen werden[1]. Bei der Regulationsweise läßt sich grundsätzlich eine konkurrierende Regulation (competitive regulation) und eine monopolistische Regulation (monopolistic regulation) unterscheiden (AGLIETTA 1982).

Damit sind in der Regulationstheorie zwei historisch und theoretisch verbundene, aber relativ unterschiedliche Phänomene gleichzeitig von Bedeutung. Aufgrund dieser doppelten Gliederung können in der ökonomischen Geschichte des westlichen Kapitalismus nach der Industriellen Revolution drei Entwicklungsmodelle identifiziert werden (BRENNER & GLICK 1991, S. 49):

(a) *Entwicklungsmodell I*: Dieses war für die Vereinigten Staaten und Teile Europas im Laufe des ganzen 19. Jahrhunderts bis in die ersten Jahrzehnte des 20. Jahrhunderts hinein charakteristisch und zeichnete sich durch die Dominanz einer *konkurrierenden Regulationsweise*, die ein *extensives Akkumulationsregime* leitete, aus;

(b) *Entwicklungsmodell II*: Das Entwicklungsmodell I bereitete den Aufstieg eines neuen Entwicklungsmodells vor, das durch eine noch vorwiegend *konkurrierende Regulationsweise* definiert ist, die jetzt aber mit einem *intensiven Akkumulationsregime* kombiniert war; dieses Entwicklungsmodell tauchte zuerst zu Beginn des 20. Jahrhunderts unter dem Druck von Klassenkämpfen und technischen Änderungen in den Vereinigten Staaten auf;

(c) *Entwicklungsmodell III*: Die Krise der 1930er Jahre wurde mittels der Errichtung einer neuen *monopolistischen Regulation* gelöst. Im wesentlichen bildete sich diese neue Regulationsweise als Auswirkung der Klassenkämpfe jener Zeit heraus. Sie diente zur Überwindung des Grundwiderspruches zwischen dem *intensiven Akkumulationsregime* und der *konkurrierenden Regulation* und führte zur volle Blüte der intensiven Kapitalakkumulation bzw. zu einer beispiellosen Etappe der kapitalistischen Entwicklung, die als *Fordismus*[2] bezeichnet wird;

---

1 "After World War II, the intensive regime of accumulation, focused on mass consumption, could be generalized because a new monopolistic mode of regulation encouraged a growth of popular consumption compatible with productive gains. It is this regime of growth that [...] we call *fordism*, thereby indicating two historically and theoretically linked but relatively distinct phenomena" (LIPIETZ 1986c, S. 26; LIPIETZ 1987b).

2 Dieser Begriff wurde vom italienischen Kommunisten Antonio GRAMSCI (1994, S. 94-100; ders. 1975) geprägt; eine kleine Literaturauswahl zum *Fordismus*-Begriff umfaßt u.a. AGLIETTA (1979, 1982), AGLIETTA et al. (1981), ALTVATER (1992a, 1992b, 1992c), BOYER (1990, 1992), CLERC et al. (1983), DINA (1987), ELAM (1990), FOSTER (1988), HARWEY (1990), HIRSCH & ROTH (1986), HÜBNER (1990), JESSOP (1992), LEBORGNE & LIPIETZ (1988, 1990b), LIPIETZ (1982, 1986a, 1986c, 1987b, 1989b, 1992c), PECK & TICKEL (1994), RAFF (1988), WHAPLES (1990) und WILLIAMS et al. (1992).

(d) Eventuell entsteht gegenwärtig ein *Entwicklungsmodell IV*: Doch was auf die sog. Krise des Fordismus[1] folgen wird, das scheint noch offen.

1.4.4 Der periphere Fordismus

Um die kapitalistische Entwicklung theoretisch ausreichend zu erfassen, nimmt der Regulationsansatz, v.a. Alain Lipietz, eine historische Sequenz unterschiedlicher Entwicklungsmodelle an: Fordismus, globaler Fordismus und peripherer Fordismus (RUCCIO 1989). Wie schon gesehen, entspricht der Fordismus dem III. Entwicklungsmodell, das von ungefähr 1945 bis Mitte der 1970er Jahre in den Industrieländern herrschte und auf der Kombination eines *intensiven Akkumulationsregime* und einer *monopolistischen Regulation* basiert. Was verbirgt sich aber hinter dem Begriff *fordisme périphérique*?

> "Der periphere Fordismus basiert - wie der Fordismus generell - auf der Kopplung von intensiver Akkumulation mit wachsenden Märkten. Er bleibt peripher insofern, als die qualifizierten Positionen, vor allem bei den Ingenieuren, weitgehend außerhalb dieser Länder angesiedelt sind. Die Produkte sind auf lokalen Mittelklasse- und zunehmenden Gebrauchsgüterkonsum der Arbeiter sowie auf billige Exporte in die kapitalistischen Zentren ausgerichtet" (LIPIETZ 1991d, S. 92; ders. 1991b).

Wenn man die ökonomische Entwicklung und die Industrialisierung der Länder der Dritten Welt in dieser Zeit genauer analysiert, läßt sich feststellen, daß es sich in beiden Regionen um unterschiedliche Akkumulationsmodelle handelte. Während der *Fordismus* sich mehr und mehr in den Industrieländern durchsetzte, industrialisierte sich gleichzeitig auch ein großer Teil der Dritten Welt. Die Entwicklung der Dritte-Welt-Länder[2] zog dabei nicht mit dem Entwicklungsniveau der Industrieländer gleich. Trotzdem waren beide Entwicklungslinien miteinander verflochten, so daß man von einem *globalen Fordismus* sprechen kann. In den entwickelten Ländern dominierte dabei ein homogener zentraler Fordismus (*central fordism*), in manchen Entwicklungsländern dagegen ein blutiger Taylorismus (*bloody taylorization*) oder ein periphe-

---

1 Die Frage, was nach dem Fordismus komme, erhielt sehr unterschiedliche Antworten; dazu gehören der *Neofordismus* (AGLIETTA 1979), der *Postfordismus* (AMIN 1994a; BARNS 1991; BOYER 1992; CORIAT 1991; HARRISON & KELLEY 1993; HIRSCH & ROTH 1986; JESSOP 1992; LANE 1989; LEBORGNE & LIPIETZ 1988, 1990a, 1990b, 1991, 1992a, 1992b, 1994; LIPIETZ 1991b, 1991c, 1991d, 1994b; PECK & TICKELL 1992; ROSENBERG 1991; RUSTIN 1989; SALAIS 1992; SAYER & WALKER 1992; STANDING 1992), die *flexible Spezialisierung* (CURRY 1993; HIRST & ZEITLIN 1992; KAPLINSKY 1994; PIORE 1992; PIORE & SABEL 1984; SABEL 1994; STORPER 1994b; TEAGUE 1990) und die *flexible Akkumulation* (HARVEY 1987, 1990; OBERHAUSER 1990).

2 Anfangs basierten die Dritt-Welt-Strategien auf Importsubstitution, wie in den meisten Ländern Lateinamerikas. Später wurden Modelle von Exportorientierung eingesetzt, wie in vielen Ländern Südostasiens (vgl. LIPIETZ 1986c).

rer Fordismus (*peripheral fordism*)[1]. Aus pragmatischen Gründen wird im folgenden die Variante des blutigen Taylorismus nicht weiter behandelt; aber es ist wichtig zu bemerken, daß dieser zusammen mit dem peripheren Fordismus die Entstehung der Newly Industrialized Countries (NICs) erklärt. Als NICs werden jene Länder bezeichnet, deren Industrieproduktion 25% des BSP und wenigstens 50% der Ausfuhr übersteigt. Demzufolge waren Mitte der 80er Jahre als NICs zu rechnen: Portugal, Spanien, Jugoslawien, Israel, Südkorea, Singapur, Taiwan und Hongkong. Auch Brasilien, Mexiko und Griechenland waren meist in dieser Liste geführt - "presumably so as to give them a second chance" (LIPIETZ 1987b, S. 74).

Um den Begriff des *peripheren Fordismus* adäquat zu verwenden, muß darauf hingewiesen werden, daß die Akkumulationsregime und die unterschiedlichen Regulationsweisen, besonders hinsichtlich der Lohnverhältnisse und der Hegemonieformen der herrschenden Klassen und Klassenbündnisse, genau differenziert werden müssen. So ist eine konkrete Analyse erforderlich, die die sozio-ökonomische Geschichte jedes einzelnen Landes darstellt. Der Ausgangspunkt für eine solche Untersuchung des peripheren Fordismus scheint die kombinierte Logik der Importsubstitution und der Exportorientierung zu sein (LIPIETZ 1986b, 1986c, 1987b). Dabei ist zu betonen, daß der Binnenkonsum in den NICs eine im Vergleich zu den Industrieländern andere Rolle spielte: "im Gegensatz zu den Industrieländern ging [in den Ländern des peripheren Fordismus] die Ausbreitung des Konsums einher mit einer wachsenden Einkommenskonzentration und Heterogenisierung der sozialen Strukturen" (TÖPPER 1993, S. 172).

*****

Auf der Basis der Diskussion des Entwicklungsbegriffs und einiger Entwicklungstheorien wurde in diesem Kapitel die Einbeziehung der Umweltdimension in die Entwicklungsdiskussion und eine Interpretation von Entwicklung im Rahmen des Regulationsansatzes behandelt (siehe Abb. 3).

Mit der Dissertation von Michel Aglietta, einem der Begründer des Regulationsansatzes, erhielt die entwicklungstheoretische Debatte eine neue Richtung. Seitdem gibt es zahlreiche Versuche, ein empirisches und methodisch-theoretisches Forschungsprogramm zu entwickeln, welches die Dynamik gesellschaftlicher Entwicklungsprozesse hinterfragt. Im Zentrum des Kapitels steht der Begriff des Entwicklungsmodells, das sich aus der Kombination von technologischem Paradigma, Akkumulationsregime, Regulationsweise, sozialem Paradigma und sozialem Block zusammensetzt. Dadurch ist es möglich, die sozialen Verhältnisse nicht nur empirisch sondern auch theoretisch zu erfassen, die zur Reproduktion der kapitalistischen Produktionsweise führen. Im Falle Brasiliens eignet sich der Regulationsansatz deshalb besonders gut, weil sich dort in einer kapitalistischen Gesellschaftsformation ein besonders enger Zusammenhang zwischen dem peripher-fordistischen Charakter des Akkumulationsregimes und der Gestaltung der sozialen Disparitäten zeigt.

---

1 Vgl. LIPIETZ (1982, 1984a, 1984b, 1989a) und CLERC et al. (1983).

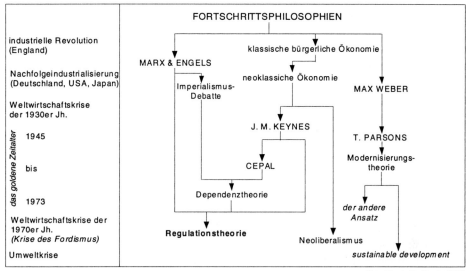

**Abbildung 3
Ursprünge und Grundzüge der Entwicklungsdebatte**

Graphik: I. M. Theis 1996

Die Auseinandersetzung mit dem regulationstheoretisch definierten Begriff des Entwicklungsmodells wird im folgenden zur Voraussetzung für eine theoretische Erörterung der Energiefrage.

2 THEORETISCHE AUSEINANDERSETZUNG MIT DER ENERGIEFRAGE

In diesem Kapitel steht die *Energiefrage* im Vordergrund. Dazu wird zuerst der Energiebegriff beleuchtet. Anschließend folgen Ausführungen zu den thermodynamischen Rahmenbedingungen des Energietransformationsprozesses. In einem letzten Schritt wird dann das Konzept des Energiesystems aufgearbeitet.

2.1 Der Begriff der Energie

In einer heutigen Gesellschaft, wie der der Vereinigten Staaten von Amerika, wird der Begriff der Energie vor allem als ein Vorrat an Strom, Benzin und Erdgas betrachtet, mit dem Klimaanlagen und elektrische Motoren betrieben werden, der Fahrzeuge und Flugzeuge in Bewegung hält, der Wohnungen heizt, Wasser kocht und Eisenerz schmilzt. Im England des 19. Jahrhunderts dagegen wurde mit Energie noch überwiegend Kohle und Dampf assoziiert, womit Stahl hergestellt wurde, Eisenbahnen fuhren, Fabriken betrieben wurden und Dampfschiffe die Weltmeere überquerten. In der Renaissance dagegen organisierte sich die Energie im Umfeld von Wasser, Wind, Feuer und Tierkraft. Und für das Römische Reich schließlich war sie zumeist auf menschliche Zwangsarbeit und Lastvieh beschränkt (COOK 1976). Alle diese Facetten umspielen den Begriff der Energie, ohne ihn exakt zu benennen.

Was also ist Energie[1] und was ist ihre Grundursache? Welche Formen nimmt sie an? Wie wird definiert, kategoriesiert und unterteilt? Welchen Zusammenhang gibt es zwischen Energie und Natur? Bei allen diesen Fragen gilt es zu bedenken, daß der Begriff der Energie ein naturwissenschaftlicher ist und 1807 überhaupt das erste Mal als solcher auftauchte. Die wissenschaftlichen Prinzipien, die für die Energie wesentlich sind, waren vor 1850 noch gar nicht formuliert (COOK 1976).

2.1.1 Energie, Arbeit, Wärme

Im streng wissenschaftlichen Sinne ist Energie die Fähigkeit, Arbeit zu leisten (OSTWALD 1909, S. 7; THIRRING 1976, S. 15; STEINHART & STEINHART 1974, S. 9). Das bedeutet, daß sie Transformationen physischer oder chemischer Natur in der Materie bewirken kann[2]. In einem solchen Kontext nimmt die *Arbeit* eine sehr spezifische Bedeutung an[3], da sie nicht mehr - wie in den Sozialwissenschaften üblich - direkt auf die soziale Dimension des Begriffes bezogen ist, sondern eher auf ihre physikalische.

---

1 "Energy is something definable, yet it resists definition" (STEINHART & STEINHART 1974: 8).

2 Zur Fragwürdigkeit dieser *konventionellen* Definition siehe z.B. WALL (1988, S. 197).

3 Arbeit entsteht niemals von sich aus, sondern nur, wenn etwas anderes dafür geopfert wird, sei es die Nahrung ihres Trägers, sei es das, wodurch eine Maschine angetrieben wird (OSTWALD 1909, S. 4).

Energie ist in erster Linie ein Prozeßbegriff. Mit seiner Hilfe kann die Umwandlung von verschiedenen Zuständen von Materie erklärt werden. Dazu wird Energie in verschiedenen Maßeinheiten[1] gemessen, die im Laufe der letzten zwei Jahrhunderte entwickelt wurden. Der Fließcharakter der Energie (*flow*) betrifft vor allem die Sonnenstrahlung. Über die eingestrahlte Sonnenenergie werden Wasserdampf und Luft in der Erdatmosphäre bewegt, wodurch das komplexe Lebenssystem der Erde aufrechterhalten wird. Energie ist dabei vielfach gespeichert, sei es im Wasser von Seen, Flüssen und Meeren, in Pflanzen und Tieren oder als hochkonzentrierter Vorrat von Kohlen- und Wasserstoff in Kohle, Erdöl und Erdgas (PEET 1992).

In einem solchen Kontext stellt *Wärme* eine besondere Form von Energie dar (vgl. COOK 1976, S. 13). Sie unterscheidet sich deutlich von anderen Energieformen (vgl. STEINHART & STEINHART 1974, S. 11; THIRRING 1976, S. 16-18). Ihre Einzigartigkeit liegt darin, daß man Wärme nicht in Arbeit umwandeln kann, ohne daß dabei ein wesentlicher Verlust an verfügbarer und brauchbarer Energie zu verzeichnen ist (COOK 1976).

Wenn man eine bestimmte Energieform in Wärme transformiert, oder wenn Wärme von höherer Temperatur auf niedrigere fällt, dann entsteht eine Energiedegradation (*degradation of energy*), die zu einem dauerhaften Verlust für den Benutzer führt. Aus der Energiedegradation folgt eine Zunahme der *Entropie*. Dies bedeutet, daß die verlorene Energie nicht mehr frei verfügbar ist, und somit auch nicht mehr in Arbeit zurückverwandelt werden kann[2]. Alle Umwandlungen von Wärme in Arbeit, sowie Wärmeaustauschprozesse von höherer zu niedrigerer Temperatur sind deshalb von Entropiezunahmen begleitet (COOK 1976).

Dadurch, daß Energie umwandelbar und differenzierbar ist, läßt sich von unterschiedlichen Energieformen sprechen. Als wichtigste sind hier zu nennen: die physikalische, die chemische, die mechanische (potentielle und kinetische), die thermische und die elektrische Energie, sowie die Kernenergie, die Schwerkraft und die elektromagnetische Strahlung (vgl. COOK 1976, STEINHART & STEINHART 1974, PEET 1992). Die Kategorisierung der Energie nach Energieformen wird aber im Folgenden weniger beachtet. Dafür soll unsere Aufmerksamkeit mehr den Energieträgern, -quellen und -ressourcen gelten.

2.1.2 Verschiedene Gliederungen der Energie

Prinzipiell ist es nützlich, Energie in verschiedene Kategorien einzuteilen[3]. Die jeweiligen Kategorien sind dabei unterschiedlich definiert (EDMONDS & REILLY 1985). Im Folgenden

---

1 Diese Maße sind folgende: *Joule* wird als die Einheit von Arbeit definiert; *Watt* (oder Joule pro Sekunde) ist die Einheit von Kraft (power); *Kilowatt* (kW) oder Tausend Watt (10^3 Watt) oder *Megawatt* (10^6 Watt) ist die technische Einheit von Kraft; *Kraft* ist Energie dividiert durch Zeit; die technische Energieeinheit ist Kilowatt pro Stunde (kWh) oder Kalorie, d.h. die Arbeit, die von 1 kW in 1 Stunde geleistet wird.

2 Auf die Bedeutung der *thermodynamischen Zwänge* wird noch zurückzukommen sein.

3 "Da es deren viele verschiedene gibt, so müssen wir demgemäß auch entsprechend viele verschiedene Arten Energie unterscheiden" (OSTWALD 1909, S. 7).

werden nur die wichtigsten Gliederungsmöglichkeiten erwähnt[1]. Eine erste Unterscheidung bezieht sich auf den qualitativen Zustand der Energie. Energie kommt dabei

> "in zwei qualitativen Zuständen vor - als *verfügbare* oder *freie* Energie, über die der Mensch fast uneingeschränkt gebietet, und *nichtverfügbare* oder *gebundene* Energie, die zu gebrauchen dem Menschen verwehrt ist [...] Freie Energie ist Energie, die ein Gefälle zeigt, wie etwa das zwischen der Temperatur innerhalb und außerhalb eines Heizkessels. Gebundene Energie andererseits ist chaotisch zerstreute Energie" (GEORGESCU-ROEGEN 1979, S. 102).

Eine andere Gliederung hebt auf die Unterscheidung zwischen erneuerbaren und endlichen Energiequellen ab. Erneuerbar sind jene, die eine stetige direkte Zufuhr erhalten oder deren Reservoirs leicht aufzufüllen sind - wie z.B. die Solarenergie. Endliche Energiequellen sind dagegen erschöpflich und entsprechen Reservoirs, die im Laufe menschlicher Zeitskalen nicht mehr aufgefüllt werden können - wie z.B. Erdöl. Sie werden heutzutage als regenerierbare (*renewable*) bzw. nicht-regenerierbare (*nonrenewable*) Energien bezeichnet (ACIOLI 1994, COOK 1976, EDMONDS & REILLY 1985). Zu den nicht-regenerierbaren Energiequellen gehören Erdgas, Erdöl, Kohle, Ölschiefer und Kernenergie. Zu den regenerierbaren Biomasse und die sog. Bioenergie, Wasserkraft, Windkraft, Solarstrahlung, Meeres- und Seenwärme, Gezeitenenergie und geothermische Energie.

Eine komplexere, weil auf *mehreren* Kriterien basierende Gliederung, unterscheidet nach der Energiestufe. Auf einer ersten Ebene differenziert sie zwischen Primärenergie, Sekundärenergie, Endenergie und nutzbarer Energie[2]:

(a) *Primärenergie* ist die Energie, die in der Natur noch vor jeglichem Umwandlungsprozeß vorgefunden wird - z.B. ein Wasserfall, ein Wald, ein Erdölreservoir, eine Kohlenmine usw.; sie tritt sowohl als erneuerbare als auch als nicht-regenerierbare Energiequelle auf;

(b) *Sekundärenergie* ist die bereits umgewandelte, aus einer Primärquelle stammende, Energie - z.B. die elektrische Energie, die aus der hydraulischen Energie eines Wasserfalls stammt;

(c) *Endenergie* ist die Sekundärenergie, die transportiert und verteilt wird und somit den Punkt erreicht, wo sie genutzt werden kann;

(d) *Nutzbare Energie* ist die zum direkten Verbrauch zur Verfügung stehende Endenergie.

---

[1] An dieser Stelle wird nicht zwischen *konventionellen* und *unkonventionellen* bzw. zwischen *kommerziellen* und *nicht-kommerziellen* Energieträgern unterschieden. Auch auf die Umwandlungseigenschaften der Energieträger wird kein Bezug genommen, obwohl solche Kriterien häufiger gebraucht werden; siehe hierzu ACIOLI (1994), BRISTOTI (1990) und EDMONDS & REILLY (1985).

[2] Vgl. BRISTOTI (1990); EDMONDS & REILLY (1985) unterscheiden hier zwischen Primärenergie, Sekundärenergie und Endenergie.

Tabelle 2
Gliederung der Energiequellen nach Ursprung und Regenerierbarkeit

Ursprung	Regenerierbarkeit	Energiequelle
Solare Energiequellen	• Nicht-regenerierbare Energiequellen [1]	• Erdgas • Erdöl • Stein- und Braunkohle • Ölschiefer
	• Regenerierbare Energiequellen [2]	• Biomasse: Alkohol, Pflanzenöle, Holz, Holzkohle, landw. Rückstände, Biogas, Bioenergie [3] • Wasserenergie • Windenergie • Sonnenenergie: Wärme und elektrische Energie • Meeres- und Seenwärme
Nicht-solare Energiequellen	• Regenerierbare und nicht-regenerierbare Energiequellen	• Gezeitenenergie • Geothermische Energie [4] • Kernenergie [5]

Quelle: ACIOLI (1994), BRANCO (1990) und BRISTOTI (1990).

1 Zu den nicht-regenerierbaren Energien, auch fossile Brennstoffe genannt, siehe u.a. COOK (1976), EDMONDS & REILLY (1985), ÖSTEROTH (1989), STEINHART & STEINHART (1974) und THIRRING (1976).

2 Da sie im Grunde von der Sonne abhängen, werden die regenerierbaren Energien auch als Sonnenenergien betrachtet, was nicht nur die direkte Sonnenenergie, sondern u.a. auch Hydroenergie, Biomasse und Wind einschließt. Zu den regenerierbaren Energien siehe v.a. BOSSEL (1976), COOK (1976), DÖRNER (1976), DOSTROVSKY (1991), EDMONDS & REILLY (1985), LARSON (1993), OSTEROTH (1989), STEINHART & STEINHART (1974), THIRRING (1976) und WEINBERG & WILLIAMS (1990).

3 Besonders über die sog. Bioenergie siehe ACIOLI (1994) und SLESSER & LEWIS (1979).

4 Zur geothermischen Energie siehe MEINHOLD (1984) und TRUNKÓ (1976).

5 Siehe besonders zur Kernenergie ACIOLI (1994), CREMER (1986), DEBEIR et al (1991), HÄFELE (1990), RIFKIN (1989) und THIRRING (1976).

Auf einer zweiten Ebene wird zwischen *solaren* und *nicht-solaren* Energiequellen unterschieden. Die Tabelle 2 zeigt, daß der größte Anteil der Energie, die heutzutage benutzt wird, direkt oder indirekt von der Sonne kommt. Wie die Sonnenenergie aber zur *nutzbaren* Energie wird, das läßt sich nur verstehen, wenn auch die *natürlichen Rahmenbedingungen* des Energieaustausches nachvollzogen werden.

2.1.3 Ökosysteme und die natürlichen Rahmenbedingungen der Energie

Der Mensch ist Teil eines dynamischen Systems, welches heutzutage häufig als globales Ökosystem bezeichnet wird. Dieses umfaßt alle physischen und chemischen, alle lebendigen und nicht-lebendigen Bestandteile der Umwelt. Es befindet sich dabei in einem Ordnungszustand, baut sich aber ständig um. Der bei weitem größte Energieanteil, der in das globale Ökosystem Eingang findet, ist die Sonnenstrahlung[1].

Ein Teil der Sonnenstrahlung wird von grünen Pflanzen, Algen und einigen Bakterien absorbiert und durch Photosynthese[2] in chemische oder Nahrungsenergie umgewandelt. Die Photosynthese ist somit der Schlüsselmechanismus, auf den die gesamte Produktion von Nahrung (und, wenn dieser Prozeß schon stattfand, auf die Produktion von Brennstoff) zurückgeht. In Form von Pflanzen steht die Energie dann auch den tierischen Organismen zur Verfügung, die sich von Pflanzen ernähren und so die *Nahrungskette* verlängern. Die Verbrennung dieser Nahrungsenergie führt dann zur Wärmebildung. In diesem Prozeß wird aber nur ein kleiner Prozentsatz der Sonnenstrahlung verwertet. Ein anderer Teil bewirkt den hydrologischen Zyklus, dessen wichtigstes Merkmal eine beständige Wasserverlegung vom Meer zum Land ist, die für das Leben von Landpflanzen und Tieren elementar ist. Ein dritter Teil erwärmt die Erdoberfläche und die untere Atmosphäre und ermöglicht so durch die Aktivierung chemischer Energie das Leben.

Ein Ökosystem wirkt wie ein Energielagerhaus, das permanent geleert wird: Dabei verlangsamen Tiere und Pflanzen den Prozeß der Energiedegradation. Bei jedem Schritt der Nahrungskette nimmt der Energieverlust zu, so daß schließlich die gesamte brauchbare Energie des Systems verschwinden würde. Nur der Energiefluß zwischen den Ökosystemen und der Zufluß der Energie durch die Sonnenstrahlung verhindern dies (COOK 1976, ODUM & ODUM 1976, PIMENTEL & PIMENTEL 1979).

Ökosysteme haben sehr unterschiedliche Charaktere. Es gibt sie im Wasser und auf dem Land, in feuchten und trockenen Regionen, in kalten und warmen Teilen der Erde. Alle unterscheiden sich in ihren Elementen, basieren aber auf einem gleichartigen Grundenergieaustausch. Dabei sind einige Ökosysteme energiereich und infolgedessen voller Leben, während andere arm und unproduktiv bleiben. Einige sind relativ jungen Ursprungs und ständig im Wandel begriffen oder wachsen unentwegt; andere dagegen erscheinen alt und stabil. Einige speichern mehr organische Stoffe als sie abgeben und erhalten sich somit länger; andere brauchen mehr organische Stoffe als sie produzieren können und verschwinden so stufenweise wieder (ODUM & ODUM 1976).

Innerhalb eines Ökosystems haben Pflanzen (die *Produzenten*), Tiere (die *Konsumenten*) und Mikroorganismen (die *Reduzenten*) die Funktion des Umwandlers (*converters*) von einer

---

[1]   Weil die Erde Sonnenstrahlung aufnimmt, ist sie ein offenes Ökosystem (vgl. BOULDING 1976, S. 6).

[2]   Siehe hierzu OSTWALD (1909), SLESSER & LEWIS (1979), STEINHART & STEINHART (1974) und WRIGHT (1990).

Energieform in eine andere[1]. Diese *converter* können in zwei große Gruppen gegliedert werden. Zur Gruppe der Organismen, die die Sonnenstrahlung in ihrer eigenen Struktur speichern, gehören vor allem grüne Pflanzen; sie werden deshalb als *autotroph* bezeichnet. Die andere Gruppe ist unfähig, die Sonnenstrahlung zu speichern und muß deshalb als *heterotroph* betrachtet werden; sie versorgt sich deswegen mit Produkten (grünen Pflanzen, anderen Heterotrophen), die bereits Energie eingelagert haben und die so eine höherwertigere Energie produzieren als sie konsumieren (DEBEIR et al. 1991, ODUM & ODUM 1976).

Die menschliche Gesellschaft ist in dieser Hinsicht nur eine der natürlichen Erscheinungen, die von einem stetigen Zufluß konzentrierter Energie abhängig sind. Auch sie lebt in einer Atmosphäre, die von der Solarenergie versorgt wird und bedient sich der Nahrung, deren Existenz auf die photosynthetische Umwandlung von Solarenergie zurückgeht. Dabei zieht sie ihren Nutzen zum Teil aus einem System von Winden, Regen und Flüssen[2], das von der Sonnenenergie gesteuert wird, erhält aber den größten Zufluß gegenwärtig aus fossilen Brennstoffen. Die menschliche Gesellschaft, darunter auch die industriekapitalistische Gesellschaftsformation, ist somit vollständig von Wind, Wasser und anderen Erdprozessen[3], also von der Solarenergie, abhängig, um sich selbst zu rekonstituieren.

2.2 Energie und Thermodynamik

Produktion und Verteilung wertvoller Ressourcen in komplexen Produktions- und Konsumtionsnetzwerken nehmen in dieser Arbeit eine wichtige Stellung ein. Dabei unterliegen vor allem Energie- und Materialtransformationen den oben genannten Prozessen der Entropie, die in die Bedingungen der Thermodynamik eingebunden sind (UMANA 1981).

Diese *thermodynamischen Bedingungen* sind grundsätzlich in allen Lebensprozessen zu erkennen. Sie sind dort am einfachsten zu verstehen, wo der Energieaustausch innerhalb einer Produktionsweise stattfindet. In ökonomischer Hinsicht gilt zu beachten, daß das, was in den ökonomischen Prozeß aufgenommen wird, sich aus *wertvollen* und inwertsetzbaren natürlichen Stoffen rekrutiert. Was jedoch diesen ökonomischen Prozeß wieder verläßt, ist neben dem eigentlich erstellten Produkt *wertloser* Abfall. Dieser *qualitative* Unterschied wird durch die Thermodynamik bestätigt. Aus ihren Erkenntnissen erklärt sich, daß Energie in einem Zustand niedriger Entropie in den ökonomischen Prozeß eintritt, ihn aber in einem Zustand hoher Entropie verläßt (GEORGESCU-ROEGEN 1976, 1979).

---

1 In Wirklichkeit ist dies eine dialektische Wechselbeziehung: Lebendige Organismen sind sowohl Träger der erwähnten Energieumwandlungen als auch ihr Produkt.

2 Siehe hierzu COOK (1976), GEORGESCU-ROEGEN (1975, 1976), ODUM (1971) und STEINHART & STEINHART (1974).

3 Diese großen Zyklen und Prozesse werden auch *life-support system* genannt (vgl. ODUM & ODUM 1976).

Die Thermodynamik[1] ist jener Bereich der Physik, für viele sogar der gesamten Naturwissenschaften, der sich mit dem Austausch und der Umwandlung von Energie befaßt (BOULDING 1976, ODUM & ODUM 1976, UMANA 1981), so daß behauptet werden kann, daß die Thermodynamik "largely a physics of economic value" ist (GEORGESCU-ROEGEN 1966, S. 93; ders. 1971). Ihre Bedeutung liegt grundsätzlich in der Erkenntnis, daß es eine *Unumkehrbarkeit (irreversibility)* ökologischer, sozialer und ökonomischer Prozesse gibt[2]. Das Gegenteil, die *Umkehrbarkeit*, würde bedeuten, daß jedes Handeln rückwärts laufen und der ursprüngliche Zustand - nach einer Verlagerung der Energie - völlig wiederhergestellt werden könnte. Wenn dem so wäre, könnten Maschinen für immer arbeiten und ein Perpetuum mobile (*a perpetual motion*) würde möglich. Die Thermodynamik zeigt jedoch, weshalb reale Prozesse und die Tätigkeit von Maschinen nur unilinear verlaufen können und eine Reziprozität nicht möglich ist (GEORGESCU-ROEGEN 1966, PEET 1992).

Energieaustausch und -umwandlungen, die sich innerhalb natürlicher, sozialer und ökonomischer Prozesse abspielen und einen irreversiblen Charakter haben, unterliegen thermodynamischen Zwängen, die als physikalische Gesetze bezeichnet werden. Zu ihnen gehören v.a. zwei Gesetze, die als der erste Hauptsatz der Thermodynamik bzw. als *Gesetz zur Erhaltung der mechanischen Energie*, und als der zweite Hauptsatz, der sogenannte *Entropiesatz*, bekannt sind (BRISTOTI 1990, CLARK 1974). Daneben gibt es noch andere thermodynamische Gesetze, deren Kenntnis allerdings für das Folgende weniger wichtig ist[3].

2.2.1 Der Erste Hauptsatz der Thermodynamik

Die Energie unterliegt einem strengen Erhaltungsgrundsatz. Im *ersten Hauptsatz der Thermodynamik* heißt es, daß Energie in ihren Erscheinungsformen austauschbar sei, aber nicht neu hergestellt werden kann[4]. Wenn man nun davon ausgeht, daß Arbeit eine von vielen Energieformen ist, bedeutet das, daß mit dem ersten thermodynamischen Hauptsatz der Mythos des *perpetuum mobile* aufrechterhalten werden könnte (OSTWALD 1909).

Dabei berücksichtigt der Hauptsatz jedoch nicht den Unterschied zwischen verfügbarer und nicht-verfügbarer Energie. Er widerlegt nicht die Möglichkeit, daß ein Anteil von Arbeit in Wärme umgewandelt wird, und daß diese Wärme wieder in den anfänglichen Anteil von Arbeit

---

1   Die Thermodynamik - vom griechischen *therme* (Wärme) und *dynamis* (Kraft, Bewegung) - ist eine Anwendungswissenschaft, die die Beziehungen zwischen Energie, Wärme und Arbeit definiert und interpretiert (vgl. CLARK 1974, S. 9).

2   Es sollte aber berücksichtigt werden, daß Unumkehrbarkeit und Umkehrbarkeit nur in bezug auf endgültige Prozesse eine bestimmte Bedeutung gewinnen (GEORGESCU-ROEGEN 1966); zur Thermodynamik irreversibler Prozesse siehe BAUR (1984).

3   Hierzu zählen: (a) zeroth law, (b) third law, (c) fourth law und (d) fifth law (vgl. BOULDING 1976, GEORGESCU-ROEGEN 1981 und PEET 1992).

4   Vgl. THIRRING (1976); hinsichtlich des ersten Hauptsatzes verwies OSTWALD (1912, Fußnote Seite 69) darauf, daß dieser nicht von der *Erhaltung der Energie* spricht, sondern nur von der *Erhaltung der Energiemengen* handelt.

zurückgeführt werden kann. Ja, er erlaubt sogar die Schlußfolgerung, daß alle Arbeitsprozesse vorwärts und rückwärts stattfinden und alle Ausgangszustände wiederhergestellt werden könnten. Keine Spur des Geschehens würde irreversibel übrigbleiben. Es muß deshalb gesagt werden, daß sich dieser Satz lediglich im Bereich der theoretischen Mechanik behaupten läßt, während er in dieser ausschließlichen Form für die wirklichen Phänomene, die den ökonomischen Prozeß einschließen, keine Gültigkeit haben kann[1].

Die *wirklichen Phänomene*, die in einer industriekapitalistischen Gesellschaftsformation stattfinden, beziehen sich vor allem auf die erwähnten komplexen Produktions- und Konsumtionsnetzwerke. In bezug auf die Energie, die diese Netzwerke in Bewegung hält, zeigt der erste Hauptsatz der Thermodynamik nur die energetische Obergrenze an, nämlich daß der zu schaffende *output* nicht größer sein kann als der eingebrachte *input*: "Wie man auch die Maschinen ordnen möge" - erklärt OSTWALD (1909, S. 5) - "niemals gewinnt man Arbeit aus nichts, sondern immer nur höchstens so viel, als man in die Maschine hineingesteckt hatte".

2.2.2 Der Zweite Hauptsatz der Thermodynamik

Eine Gesellschaft kann nur die Energieformen benutzen, die als freie Energie zur Verfügung stehen[2]. Nur diese können in Arbeit umgewandelt werden, während dies bei der nicht-verfügbaren gebundenen Energie[3] nicht der Fall ist. Der Unterschied von freier und gebundener Energie ist in diesem Zusammenhang eng mit dem Begriff der *Entropie* verbunden (GEORGESCU-ROEGEN 1966, 1975, 1976).

Der *zweite Hauptsatz der Thermodynamik* bedeutet, daß alle physischen Prozesse so ablaufen, daß die Verfügbarkeit der gegebenen Energie in Richtung eines energieärmeren Zustandes abnimmt. Dies bedeutet, daß die Umwandlung von Energieressourcen in kinetische Energie niemals zu 100% erfolgen kann, sondern immer von Verlusten der verfügbaren Energiemenge begleitet wird (THIRRING 1976, S. 21-22). Alle thermodynamischen Prozesse mindern so die endgültig verfügbare Energie und überführen sie in einen unverfügbaren Zustand. In einem geschlossenen System nimmt die insgesamt verfügbare Energie dann fortwährend ab, bis sie schließlich aufgebraucht ist (PEET 1992). Zur zumindest zeitweisen Erhaltung eines Systems muß also ausreichend freie Energie vorhanden sein. Alles Geschehen in einem solchen System besteht dann in einer Verminderung des Anteils der freien Energie an der Gesamtenergie, was als Dissipation bezeichnet wird. Somit läuft

> "der gesamte Inhalt unseres Lebens in letzter Analyse auf die Besitzergreifung und zweckmäßige Transformation der freien Energie [hinaus], welche uns unsere Umgebung

---

1 Vgl. BOULDING (1976), CLARK (1974), GEORGESCU-ROEGEN (1975, 1976), OSTWALD (1909), PEET (1992), PIMENTEL & PIMENTEL (1979) und UMANA (1981).

2 Vgl. GEORGESCU-ROEGEN (1976, 1979); zur philosophischen Bedeutung des zweiten Hauptsatzes siehe OSTWALD (1912, S. 64-80).

3 OSTWALD (1912, S. 83) unterscheidet zwischen *freier* und *gebundener* oder *festliegender* Energie.

in *rohem*, d.h. nicht für menschliche Zwecke angepaßtem Zustande liefert. Das Dissipationsgesetz besagt, daß jede derartige Transformation notwendig unvollständig ist, so daß nur ein Bruchteil der verbrauchten freien Energie in die angestrebte Zweckform überführt werden kann, während ein anderer Teil in den Zustand der gebundenen Energie übergeht" (OSTWALD 1912, S. 77).

Eine einfache Definition lautet, daß Entropie ein Maß der unverfügbaren Energie in einem gegebenen thermodynamischen System zu einem bestimmten Augenblick ist[1]. PEET (1992) hat dies in folgenden Punkten formuliert:

(a) In jedem Umwandlungsprozeß verringert sich der verfügbare Energieanteil;

(b) Es ist unmöglich, eine gewisse Wärmemenge (thermische Energie) in eine gleichwertige Arbeitsmenge (mechanische Energie) umzuwandeln;

(c) Wärme wird nicht von selbst von einem kälteren zu einem wärmeren Körper fließen;

(d) Eine verfügbare Energiemenge kann nur einmal gebraucht werden.

Noch einfacher kann Entropie definiert werden als der Anteil der latenten Energie an der absoluten Temperatur mittels der Formel
Entropie = latente Energie / absolute Temperatur

Die älteste der vielfältigen Formulierungen aber besagt, daß Wärme nur von einem wärmeren zu einem kälteren Körper fließen kann, niemals jedoch umgekehrt. In ähnlicher Richtung ist auch zu verstehen, daß die Entropie eines abgeschlossenen Systems ständig und endgültig bis zu einem Maximum steigt. Nach dem zweiten Hauptsatz werden so alle Energieformen allmählich in Wärme umgewandelt, und diese wird am Ende so zerstreut, daß sie nicht mehr genutzt werden kann, denn zerstreute Energie ist nicht verfügbar (GEORGESCU-ROEGEN 1971, 1975, 1976).

Man sollte hier vielleicht betonen, daß keinem anderen Satz ein solch hoher Stellenwert in der Wissenschaft zukommt wie dem Entropiesatz[2]. Es ist der einzige Satz, der anerkennt, daß das materielle Universum einer qualitativen Wandlung, einem Evolutionsprozeß, unterliegt[3].

---

1 Vgl. COOK (1976), GEORGESCU-ROEGEN (1966, 1975, 1976) und RIFKIN (1989).

2 Das zeigen u.a. BOULDING (1981), BRISTOTI (1990), CLARK (1974), DALY & COBB, Jr. (1989), ODUM (1971), PIMENTEL & PIMENTEL (1979) und UMANA (1981). Über die Entwicklung der Bedeutung der Entropie siehe MARTÍNEZ-ALIER & SCHLÜPMANN (1993). An dieser Stelle sollte jedoch darauf aufmerksam gemacht werden, daß die Übertragung des Entropiesatzes auf den ökonomischen Prozeß von einigen Autoren für umstritten gehalten wird. Siehe z.B. die Kritiken von KHALIL (1990, 1991), SCHEUNEMANN (1993), TOWNSEND (1992) und YOUNG (1991, 1994). Argumente zugunsten des Entropiesatzes (außer die von Nicholas Georgescu-Roegen) bieten u.a. DALY (1992a), FUKS (1994), LOZADA (1991) und WERLE (1993).

3 Vgl. BOULDING (1978, 1981), GEORGESCU-ROEGEN (1975, 1976), O'CONNOR (1991) und UMANA (1981). Weiter gefaßt behauptete OSTWALD (1909, S. 39), daß "sich der zweite Hauptsatz der Energetik als die Leitlinie der Kulturentwicklung" erweist.

Dieser Evolutionsprozeß bezieht sich dabei nicht nur auf Ökosysteme und Gesellschaftsformationen, sondern schließt das gesamte Universum mit ein. In dieser Hinsicht könnte die Degradation des Universums nach der mechanischen Statistik umfassender sein als von der klassischen Thermodynamik angenommen. In diesem Zusammenhang spielt das Gegensatzpaar von Ordnung und Unordnung eine besondere Rolle. Das Universum tendiert insgesamt zum Chaos, d.h. die Unordnung des Universums nimmt ständig zu (GEORGESCU-ROEGEN 1975, 1976). Aus dieser Perspektive kann Entropie auch aus materieller Sicht redefiniert werden als das Maß des Grades der Unordnung [*a measure of the degree of disorder*] (GEORGESCU-ROEGEN 1966, 1971).

Im allgemeinen läßt der zweite Hauptsatz der Thermodynamik den Schluß zu, daß jegliche Veränderung und Bewegung, jegliches Geschehen nur deshalb abläuft, weil vorher ein Potential für dieses Geschehen vorhanden war. Wenn es dann abläuft, dann deshalb, weil das vorhandene Potential dazu inwertgesetzt wurde. Der Entropiesatz erklärt soeben, weshalb das, was einmal geschah, nicht mehr geschehen kann, mit der Ausnahme, daß sich ein neues Potential für ein neues Geschehen bilden wird (BOULDING 1976).

2.2.3 Die entropischen Rahmenbedingungen des Lebens

Im Grunde besteht das organische und organisierte Leben nicht nur aus Materie oder Energie, sondern in erster Linie aus niedriger Entropie:

> "Organisms, ecosystems, and the entire biosphere possess the essential thermodynamic characteristic: they can create and maintain a high state of internal order, or a condition of low entropy (a low amount of disorder or unavailable energy in a system). Low entropy is achieved by [...] dissipating energy of high utility (light of food, for example) to energy of low utility (heat, for example). In the ecosystem, *order* in a complex biomass structure is maintained by the total community respiration, which continually *pumps out disorder*. Ecosystems and organisms are [...] open, nonequilibrium, thermodynamic systems that exchange energy and matter with the environment continuously to decrease internal but increase external entropy" (ODUM 1983, S. 87).

Deswegen ist es nicht falsch zu behaupten, daß das Leben sich durch einen Kampf gegen die entropische Degradierung auszeichnet. Jeder lebendige Organismus strebt vielmehr die ganze Zeit als Individuum gegen seine eigene entropische Degradierung mittels der Nutzung niedriger Entropie (*negentropy*) und der Vertreibung hoher Entropie (GEORGESCU-ROEGEN 1975, 1976). Aber es würde falsch sein, daraus zu schließen, daß das Leben der Degradation des ganzen Systems (einschließlich der Umwelt) vorbeugen könnte. Denn wie schon gezeigt, nimmt die Entropie des Gesamtsystems der Erde und des Universums ja zu (GEORGESCU-ROEGEN 1966, 1971).

Der Entropiesatz ist das einzige Naturgesetz, das keine quantitative Vorhersagen möglich macht. Es spezifiziert weder die Entropiezunahme für einen gewissen zukünftigen Augenblick, noch sagt es, welche besonderen Entropiemuster sich ergeben werden. Insofern ist die wirkliche Welt von einer entropischen Ungewißheit (*entropic indeterminateness*) geprägt (GEORGESCU-ROEGEN 1966, 1975, 1976). Aufgrund dieser entropischen Ungewißheit ist es besonders interessant, die Funktion des Lebens im Entropieprozeß zu beleuchten. Denn einige Organismen verlangsamen die entropische Degradation der Welt. So speichern grüne Pflanzen einen Teil der Sonnenstrahlung, welche ohne sie unmittelbar als Wärme, also in hoher Entropie, verschwinden würde. Nur wegen dieses Prozesses ist es heutzutage möglich, die Sonnenenergie, die vor Millionen Jahren in Form von Kohle oder vor nur einigen Jahren in Form von Bäumen vor der Degradation gerettet wurde, zu verbrennen. Im Gegensatz zu den assimilierenden grünen Pflanzen aber beschleunigen alle anderen Organismen den entropischen Prozeß. Der Mensch nimmt dabei die höchste Position in dieser Skala ein. Er trägt am meisten zur Degradation bei, die nicht stattfinden würde, wenn entgegen dem Entropiesatz die Energie eines Stücks Kohle wieder und wieder genutzt werden könnte durch ihre Umwandlung in Wärme, und diese Wärme zurückverwandelt werden könnte in Arbeit. Auch Maschinen, Häuser und natürlich die anderen lebenden Organismen würden in einer solchen Situation nie aufhören zu existieren (GEORGESCU-ROEGEN 1975, 1976).

Im Kontext des Entropiesatzes muß also jede Tätigkeit und jeder natürliche Prozeß, sei er menschlicher Art oder der eines anderen Organismusses, zu einem energetischen Defizit für das ganze System führen (SCHNEIDER & KAY 1994). Dies zeigt sich beispielsweise auch in der Umweltperspektive. Denn durch jeden einzelnen Liter Benzin im Tank eines Fahrzeuges nimmt die Entropie der Umwelt zu. Dabei wird ein wesentlicher Teil der freien Energie, die im Benzin enthalten ist, durch das Fahren eines Fahrzeuges in Entropie, die jenseits des Fahrzeuges entsteht, verwandelt (GEORGESCU-ROEGEN 1975, 1976, 1979).

2.2.4 Die entropischen Grenzen des ökonomischen Prozesses

Das letztgenannte Beispiel zeigt, daß der ökonomische Prozeß wie jeder andere Lebensprozeß, unumkehrbar und endgültig ist. Deshalb kann er nicht ausschließlich im Bereich der Mechanik erklärt werden. Es ist die Thermodynamik, die über die Gesetze der Entropie die schon erwähnten qualitativen Unterschiede erkennen läßt, die zwischen den *inputs* wertvoller Ressourcen (*niedrigerer Entropie*) und den endgültigen *outputs* bei niedrigerem Abfall (*höherer Entropie*) entstehen[1].

Hinsichtlich der entropischen Natur des ökonomischen Prozesses, der in Bezug auf Energie nicht in einem isolierten System stattfindet, ist Abfall ein ebenso unvermeidlicher *output* wie der *input* natürlicher Ressourcen (GOWDY 1988). Motorräder, Fahr- und Flugzeuge, Kühlschränke usw., die "bigger and better" gemacht werden, bewirken notwendigerweise auch eine *"bigger and better"* Degradation der natürlichen Ressourcen und eine *"bigger and better"* Verschmutzung. Abfall wird damit zu einem physischen Phänomen, das in der Regel vielen anderen Lebensformen, direkt oder indirekt auch für das Menschenleben, schädlich ist und deren Umwelt beeinträchtigt, weil es ihre Entropie erhöht. Es gibt Fälle, in welchen einige

---

1 Vgl. BOULDING (1988), DALY & COBB, Jr. (1989), GEORGESCU-ROEGEN (1966, 1971, 1975, 1976) und STAHEL (1994).

Anteile des Abfalls durch natürliche Prozesse der Umwelt *recycled* werden können[1]. Diese Abfälle bewirken dann keine dauerhaften irreversiblen Schäden, sondern ihre Entropie konnte abgeschwächt werden. Doch es gibt andere Abfälle, die diesem Muster nicht folgen. Ein Beispiel: Im Falle des Plutoniums-239, das bei der Produktion von Kernenergie entsteht, dauert die Halbwertzeit der Radioaktivität 25.000 Jahre. Die Schäden, die durch gestiegene Entropie aus der Konzentration von Radioaktivität entstehen, sind dabei für das Leben unwiederbringlich (GEORGESCU-ROEGEN 1975, 1976).

Das oberste Ziel der ökonomischen Tätigkeit ist immer die Selbsterhaltung der Menschheit. Dies scheint jedoch in einer industriellen Klassengesellschaft unerreichbar zu sein. Die Selbsterhaltung würde nach der Befriedigung gewisser Grundbedürfnisse verlangen, von denen natürlich nur die sog. biologischen absolut notwendig für das Überleben sind. Doch selbst das rein biologische Leben versorgt sich nur auf der Basis niedriger Entropie und ist bestrebt, seine Ordnung zu erhalten. Dies führt dann im ökonomischen Prozeß zu einer Verbindung von niedriger Entropie und ökonomischem Wert, denn auch das ökonomische Leben basiert auf der organisierten Form von niedriger Entropie. Die Thermodynamik hilft damit zu erklären, weshalb etwas biologisch Nützliches auch einen ökonomischen Wert hat - was allerdings nichts mit dem Preissystem zu tun hat. Es geht vielmehr um Werte, die durch Knappheit entstehen. Knappheiten bilden sich erstens, weil die Quantität niedriger Entropie ständig und unvermeidlich abnimmt und zweitens, weil ein Quantum niedrigerer Entropie nur einmal genutzt werden kann. Die freie Energie, die dazu im Produktionsprozeß genutzt wird, geht danach endgültig verloren. Das bedeutet, daß der Produktionsprozeß insgesamt zu einem Entropiedefizit führt, weil die gesamte Entropie durch die produktiven Tätigkeiten mehr und schneller wächst als in ihrer Abwesenheit (BIANCIARDI et al. 1993; GEORGESCU-ROEGEN 1966, 1971).

Der Unterschied zwischen verfügbarer und nicht-verfügbarer Energie muß also in Zusammenhang mit dem zwischen niedrigerer und höherer Entropie gesehen werden. Die Interpretation der von der Thermodynamik beeinflußten Prozesse erbringt dabei, daß bestimmte Energieformen nur in bestimmten Gesellschaftsformationen gebraucht werden. D.h. dann aber nicht, daß diese Gesellschaftsformation die gesamte Menge der verfügbaren Energie, an welchem Ort und in welcher Form sie auch immer gefunden wird, nutzen kann. Denn wenn verfügbare Energie irgendeinen Wert für die Menschheit haben soll, dann muß sie auch technisch zugänglich sein. Solarenergie und ihre Nebenprodukte sind praktisch ohne weitere Anstrengung erreichbar. In allen anderen Fällen aber muß Arbeit geleistet werden, damit es überhaupt möglich ist, an weitere Vorräte verfügbarer Energie heranzukommen (GEORGESCU-ROEGEN 1975, 1976).

Dies gilt insbesondere in unserer überwiegend auf Erdöl basierenden Gesellschaftformation des fordistischen Kapitalismus. Zwar werden gewiß noch weitere Erdölreserven gefunden, doch kann dies manchmal bedeuten, daß zur Produktion von einer Tonne Erdöl mehr als der energetische Gegenwert einer Tonne Erdöl eingesetzt werden muß. Das Öl in solchen Lagerstätten wäre dann immer noch verfügbar, doch es würde kein Mehr an zugänglicher Energie bedeuten.

---

1 Ein wichtiger Aspekt hierbei ist, daß die Erde ein thermodynamisches System ist, das aber nur bezüglich der Energie offen ist. So kann man zwar über Mineralien verfügen, diese sind jedoch unersetzbar und erschöpflich. Recycling kann dabei nur bedingt helfen, weil es nie zu einem 100%igen Prozeß werden kann (GEORGESCU-ROEGEN 1975, 1976, 1979).

Man könnte *ad nauseam* daran erinnern, daß die wirklichen Brennstoffreservoirs gewiß größer sind, als es geschätzt wird. Dennoch muß berücksichtigt werden, daß ein wesentlicher Teil der schon bekannten Reservoirs aus technischen Gründen als nicht zugängliche Energie bezeichnet werden muß. Hier entscheidet das technologische Paradigma einer Gesellschaft über den Zustand der verfügbaren Energie. Dabei bedeutet der Unterschied zwischen zugänglicher und nicht-zugänglicher Energie, daß sich die Effizienz der Energieausbeutung auf die Energie, und nicht auf die Ökonomie bezieht. Der Anteil zugänglicher energetisch niedriger Entropie ist also in den jeweiligen Gesellschaftsformationen begrenzt. Ökonomische Effizienz ist damit limitiert durch energetische Effizienz, nicht jedoch umgekehrt (GEORGESCU-ROEGEN 1975, 1976).

Die Tatsache, daß der ökonomische Prozeß einem kontinuierlichen und endgültigen Transformationsprozeß von niedriger in höhere Entropie unterliegt, führt zu wichtigen Konsequenzen. Dies soll am Beispiel des industriekapitalistischen Produktionsprozesses deutlich gemacht werden (STAHEL 1994). Dieser hängt im wesentlichen von zwei anderen Basisprozessen ab, nämlich dem der Landwirtschaft und des Bergbaus. Ohne einen Zufluß von *inputs* aus diesen beiden Sektoren würde es überhaupt keinen industriellen Produktionsprozeß geben (GEORGESCU-ROEGEN 1971, S. 292). Der Produktionsprozeß führt damit deutlich zu einem Entropiedefizit, weil in der Landwirtschaft pflanzliche und veredelte tierische Organismen als Energiespeicher von den Wirtschaftssubjekten verbraucht werden und fossile Energieträger aus dem Bergbausektor ebenfalls als langfristige Energiespeicher eingesetzt werden.

Doch die Beschleunigung der Entropieerzeugung hängt ganz davon ab, wie diese Energie verbraucht wird. Die sog. *terrestrischen* Energien, auf welchen die industriekapitalistische Gesellschaftsformation basiert, existieren nur in relativ geringen Mengen, während die Nutzung der Energiequellen, die in größerem Umfang möglich wäre, noch von hohen Risiken, technischen Hindernissen und schrecklichen Gefahren umgeben ist. Andererseits gibt es immense erneuerbare Sonnenenergiemengen, deren direkter Gebrauch noch nicht sehr weit verbreitet ist. Wichtig wäre in diesem Zusammenhang, daß die direkte Nutzung der Sonnenenergie nicht von ebensolchen Risiken oder Gefahren begleitet ist wie die Kernkraft. In diesem Zusammenhang gilt es zu bedenken, daß über einen längeren Zeitraum hinweg die terrestrische freie Energie viel knapper werden wird als die, die von der Sonne kommt. Aus dem Blickwinkel des industriellen Gebrauchs hat die Sonnenenergie allerdings gegenwärtig noch einen großen Nachteil gegenüber der Energie terrestrischer Herkunft: letztere ist nämlich in einer konzentrierten Form zugänglich. Das führt gegenwärtig dazu, daß von einem Moment auf den nächsten große Arbeitsquanten erhalten werden können, die auf andere Weise so schnell nicht erreichbar wären. Im Gegensatz dazu hat der Sonnenenergiefluß auf die Erde nur eine äußerst niedrige Intensität und zudem eine disperse Struktur. Die Sonnenenergie hat aber einen einzigartigen und unvergleichlichen Vorteil: Sie ist verschmutzungsfrei (DOSTROVSKY 1991, GEORGESCU-ROEGEN 1975, 1976, 1979).

2.3 Die Energiebasis einer Gesellschaft: Das Konzept des Energiesystems

Die Geschichte der Menschheit kann als die Geschichte der zunehmenden *Kontrolle über ihre Energieressourcen* (STEINHART & STEINHART 1974, S. 34) und ihre Technologien, die diese Ressourcen in einem ökonomischen Sinn nutzbar machen, interpretiert werden (COOK

1976, S. 6). Aber sie beweist auch ganz unzweifelhaft, daß die Natur, hier nicht nur als die letzte Quelle aller Energieressourcen betrachtet, eine wichtige Rolle im ökonomischen Prozeß spielt (GEORGESCU-ROEGEN 1976, 1979).

Das Verhältnis zwischen der menschlichen Gesellschaft und der Natur, die als Umwelt bezeichnet wird, da sie bereits vom Menschen verändert wurde (*Umweltsphäre*), sollte jedoch nicht auf die ökonomische Dimension reduziert werden[1]. Die menschlichen ökonomischen Tätigkeiten (Produktion, Tausch, Konsumtion) stellen nur eine einzelne Sphäre in einer Gesellschaftsformation dar, nämlich die Produktionssphäre. Diese *ökonomische* Sphäre ist selbst nur ein Bestandteil einer breiteren *gesellschaftlichen* Sphäre, die die bürgerliche Gesellschaft, den Staat und die Ideologien umfaßt. Im kapitalistischen Zeitalter läßt sich jedoch beobachten, daß sich die *ökonomische* Sphäre über das weite Universum der unbelebten und belebten Stoffe immer mehr ausbreitet. Dadurch werden alle drei Sphären und ihre Ausprägungen, *die Gesellschaftsformation*, *die Produktionsweise* und *die Umwelt* gleichermaßen Grundlage der gesamtgesellschaftlichen Tätigkeiten (DEBEIR et al. 1991).

Abbildung 4
Umwelt, Gesellschaftsformationen und Produktionsweisen

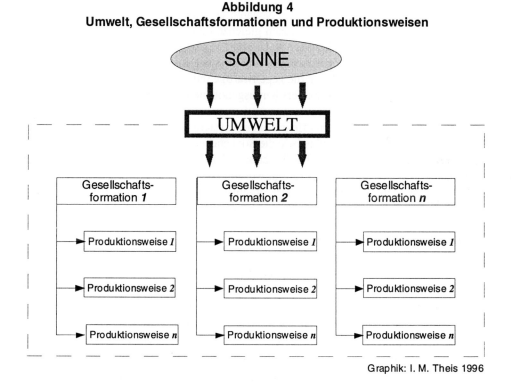

Graphik: I. M. Theis 1996

---

1 Der entscheidende Punkt ist, daß die ökonomische Sphäre nicht eine isolierte, dauerhafte Sphäre ist. Sie kann nicht *funktionieren* ohne einen ständigen Austausch, der die Umwelt in einer zunehmenden Weise ändert, und ohne wiederum von diesen Änderungen beeinflußt zu werden (GEORGESCU-ROEGEN 1975, 1976).

Der Überlebenskampf, der sich innerhalb von Natur und Umwelt abspielt, ist eine natürliche Auswirkung des zweiten thermodynamischen Satzes. Er schließt sowohl den Kampf zwischen verschiedenen Arten als auch den zwischen den Mitgliedern einer einzelnen Art ein. Jedoch nur im Falle der *menschlichen* Art nimmt er die Form eines sozialen Konfliktes an (GEORGESCU-ROEGEN 1966, S. 98; ders. 1971, S. 307). Solche Kämpfe entsprechen Phänomenen, die die Entwicklung eines Gesamtsystems in eine bestimmte Richtung drängen und zu qualitativen Änderungen führen, was ja auch die Lehre der Thermodynamik bestätigt (GEORGESCU-ROEGEN 1975, 1976).

Sozio-ökonomische Prozesse haben dabei nur im Rahmen der *gesellschaftlichen* Sphäre eine Bedeutung. Die Reproduktion und Regulation jeder einzelnen Sphäre baut auf Faktoren aus den jeweils anderen auf. Somit könnte man sagen, daß auch die Elemente der ökonomischen Sphäre entsprechend den Naturgesetzen ablaufen. Zwar könnte die Natur ohne eine ökonomische Sphäre oder eine andere gesellschaftliche Regulation überleben, aber aus der humanen Perspektive wird sie zur Umwelt und ist somit Bestandteil der Gesamtheit aller Sphären (DEBEIR et al. 1991).

Die wechselseitige Abhängigkeit der drei Sphären erfordert es, daß die ökonomischen, die sozialen und die ökologischen Regulationen gleichzeitig betrachtet werden. Damit kann ein wenig Ordnung in das Verständnis der drei Sphären gebracht werden, insbesondere ihrem Stellenwert im Gesamtsystem gegenüber. Die Energie spielt in diesem Zusammenhang bei den wichtigsten Transformationen, denen die gegenwärtige industriekapitalistische Gesellschaftsformation unterworfen ist, eine besonders herausgehobene Rolle.

Wie schon erwähnt, ist die Erde ein offenes Energiesystem und ihr ganzes Leben verdankt sie der Sonne. So sind Kenntnisse darüber, wie die Sonnenenergie durch die Nahrungsketten fließt, von großer theoretischer und praktischer Bedeutung. Die Entwicklung der industriekapitalistischen Gesellschaftsformation z.B. beruht in wesentlichen Punkten darauf, wie die Effizienz, mit welcher Ökosysteme Energie speichern, organisiert ist (DEBEIR et al 1991).

2.3.1 Zum Begriff Energiesystem

Der Begriff Energiesystem, so wie er hier verwandt wird, wurde von DEBEIR et al. (1991, S. 5) vorgeschlagen und bezieht sich zum einen auf ökologische und technologische Merkmale, zum anderen aber auch auf soziale Strukturen. Ein Energiesystem ist nach den genannten Autoren eine Konfiguration verschiedener Konverter (*converter* = *Umwandler*) von Energie, die auf bestimmte Energiequellen zurückgreifen und dadurch voneinander abhängen. Analysiert man ein Energiesystem, so wird die Entwicklung verschiedener Energiequellen betrachtet, die Bedeutung der Konverter evaluiert und ihre Effizienz aus technologischer und ökologischer Perspektive beschrieben. Dabei sind die Aneignung, die Verwendung und die Verwaltung der Energiequellen und -konverter insbesondere in Hinblick auf die herrschenden Klassen und Gruppen zu untersuchen.

Alle Energiesysteme im Sinne von DEBEIR et al. (1991) haben wenigstens eine gemeinsame Energiequelle: die *menschliche* Energie. Diese hatte aus energetischer Sicht über die Jahrhunderte hinweg einen sehr unterschiedlichen Stellenwert. Im Europäischen Mittelalter z.B. war menschliche Arbeitskraft ganz anders angesehen als sie es im globalen Kapitalismus ist. Das gleiche gilt z.B. für andere Energiequellen wie Holz, das als sog. Brennmaterial der Zivilisation (CHEREMISINOFF 1980, TILLMAN 1978) nach wie vor eine bedeutende Rolle in verschiedenen nationalen Energiesystemen spielt.

Zwei herausragende Bestandteile eines Energiesystems sind seine *technologischen* und *ökologischen* Merkmale, womit sich verschiedene Fragen verbinden:

(a) Wo ist die Primärenergie lokalisiert?

(b) Auf welcher technologischen Basis[1] wird sie zugänglich?

(c) Wie wird Primärenergie gewonnen, transportiert und gespeichert?

(d) Welches sind die Konverter der primären Energieressourcen und in welche Endformen verwandeln sie diese?

(e) Wie konkurrieren und ergänzen sich die verschiedenen Energiequellen untereinander?

Der dritte Bestandteil eines Energiesystems ist *sozial*[2] geprägt. Hier stellen sich v.a. folgende Fragen:

(a) Wie wird Energie angeeignet?

(b) Wie wird sie konsumiert?

Im sozialen Kontext kann für die Industrialisierung festgestellt werden, daß Dampfmaschinen nicht entworfen wurden, um die menschliche Arbeit zu erleichtern, sondern um die Fabrikbesitzer zu befähigen, mehr, schneller und mit niedrigeren Kosten zu produzieren. Dieser herausragende Konverter von thermischer in mechanische Energie hatte also zur Folge, wenn nicht gar zum Ziel, daß die Herrschaft des Kapitals über die Arbeit errichtet werden sollte.

Doch es gibt keine einfachen Antworten auf die Frage, was zu den Veränderungen eines Energiesystems führt und warum sich eine Gesellschaft von einem zum anderen Energiesystem transformiert. Diese ist vielmehr in Faktorenkombinationen zu suchen. Zwei Faktorengruppen spielen eine wichtige Rolle dabei: Entweder ist es ist Komplex der sozialen, ökonomischen und politischen Faktoren, der sich für eine Transformation verantwortlich zeichnet, oder aber es sind technologische und ökologische Faktoren (DEBEIR et al. 1991). Eine Kombination beider Faktorengruppen scheint indes die wahrscheinlichste zu sein.

---

1 Ein Argument, das immer wieder auftaucht, besagt, daß die Macht der Technologie grenzenlos sei. Mit ihrer Hilfe könnten zu Ende gehende Ressourcen ersetzt und die Produktivität der Energie erhöht werden. Das ist in dieser Form natürlich ein Mythos (GEORGESCU-ROEGEN 1975, 1976).

2 Hier sollte erinnert werden, daß "the role of human social behavior has been largely overlooked in energy analysis" (LUTZENHISER 1993, 248).

**Abbildung 5
Grundkategorien eines Energiesystems**

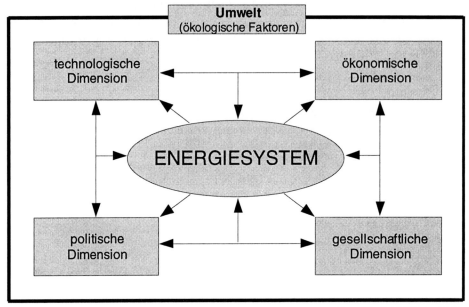

Graphik: I. M. Theis 1996

Mit der Strukturierung von Energiesystemen sind Konflikte verbunden, die sich um den unmittelbaren freien Zugang zu den Energieressourcen gruppieren, und die deshalb auf eine gewisse Art zu einer Struktur der *Raumkontrolle* führen. Da im historischen Prozeß auch die Organisation und Determiniertheit der Arbeit in jeder Gesellschaft anders geregelt wird, kann man in gewisser Weise zusätzlich von Elementen der *Zeitkontrolle* sprechen.

So wie es keinen ökonomischen Determinismus gibt, so existiert auch kein energetischer. Energie ist zwar in sämtlichen sozio-ökonomischen Prozessen, die die gesellschaftliche Entwicklung bestimmen, implizit vorhanden, aber man kann nicht von einer energetischen Determinierung (*energy determinism*) derselben sprechen, sondern lediglich von *energy determination*, welche folgende Bestimmungsformen umfaßt (DEBEIR et al. 1991, S. 9-11):

(a) Eine erste Bestimmungsform ist die Auswahl der Energiequellen, die eine Gesellschaft trifft.

(b) Eine zweite Bestimmungsform bezieht sich auf die *technologische Ausstattung der Energiesysteme*. Sie ist nicht ein für allemal gegeben. Die technologischen Grenzen beeinflussen die Effizienz der Energiekonverter.

(c) Eine dritte Bestimmungsform bezieht sich auf den *Raum*. Diese über die Jahrhunderte veränderliche Variable betrifft vor allem die Lokalisierung der Energie, und wie ihre Verbreitung unter gewissen Bedingungen schrumpft oder sich ausdehnt.

(d) Eine vierte Bestimmungsform ist die *Zeit*, die für bestimmte Phasen einzelnen Energiequellen und -konvertern unterschiedliche Rollen innerhalb des Energiesystems zuweist.

(e) Eine fünfte Bestimmungsform leitet sich von der *Konkurrenz verschiedener Energiesysteme* im Hinblick auf ihre Energiequellen ab.

Die genannten energetischen Bestimmungsformen sind für jede Phase historisch nachvollziehbar. Es sei deshalb an die Tatsache erinnert, daß über die Jahrhunderte die Menschheit Energie aus sehr unterschiedlichen Quellen verwendete (STEINHART & STEINHART 1974, S. 33). Sie begann mit ihrer eigenen Humanenergie und mit dem Sonnenlicht (SMIL 1993, S. 50). Dann wurden Brennholz, Tierkraft, Wasser und Wind eingesetzt. Später wurde die Kraftmaschine entwickelt, die mittels Holz, Kohle, Erdöl und Kernenergie in Gang gesetzt wurde. Die Erfindung, die Kontrolle und der Gebrauch von Energie erlaubten so der Menschheit, sich von einem primitiven Zustand zu einem sogenannten *zivilisierten* Leben zu entwickeln (PIMENTEL & PIMENTEL 1979).

Bemerkenswert ist, daß fast die gesamte Menschheitsentwicklung über die unterschiedlichsten Gesellschaftsformationen hinweg auf regenerierbaren Energieressourcen basierte (THIRRING 1976, S. 30). Erst seit 150 Jahren begründet sich die industriekapitalistische Gesellschaftsformation vorwiegend auf nicht-regenerierbaren Energien. Für etwa 90% der Dauer der menschlichen Geschichte war Nahrung die einzige Energiequelle. Nur während der letzten 10% verfügten die Menschen über Feuer. Während einer Phase von nur 1% ihrer Geschichte bauten sie Ackernahrung an, nutzten Tiere als Produkt- (Milch, Eier) und Fleischlieferant und verwendeten tierische gezähmte Arbeitskraft. In den letzten 0,1% der Entwicklung setzte die Menschheit Wind und Wasserkraft in einer umfassenden Weise ein. Und nur in den letzten 0,01% verließ sie die überwiegende Nutzung regenerierbarer Quellen und wandte sich einer Energiebasis mit erschöpfbaren Ressourcen, wie den fossilen Brennstoffen, zu (COOK 1976).

2.3.2 Periodisierung

Für diese Arbeit ist die Entwicklung vom sog. *primitiven* Zustand zum *zivilisierten* Leben aber weniger interessant. Wichtiger sind vielmehr die Veränderungen der Energiesysteme vom 19. Jahrhundert bis heute, die eingebunden sind in die Entwicklung des kapitalistischen Weltsystems. Eine Periodisierung der Energiesysteme setzt dazu voraus, daß die bedeutenden sozialen Änderungen innerhalb der kapitalistischen Produktionsweise[1] erkannt und analysiert werden. Veränderungen von Energiesystemen stehen immer im Zusammenhang mit Veränderungen von Entwicklungsmodellen.

Dementsprechend wird hier grundsätzlich zwischen drei Energiesystemen unterschieden, deren Einteilung auf die Gliederung der Entwicklungsmodelle (siehe Kapitel 1.4.3) zurückgeht:

---

1 Über Energiesysteme vorkapitalistischer Gesellschaftsformationen siehe COOK (1976), DEBEIR et al (1991), ODUM & ODUM (1976) und STEINHART & STEINHART (1974).

(a) Das *Energiesystem I* ist das für die Vereinigten Staaten und Teile Europas charakteristische. Es entstand im Laufe des 19. Jahrhunderts und reichte bis in die ersten Jahrzehnte des 20. Jahrhunderts hinein[1]. Damit entspricht es dem Entwicklungsmodell I.

(b) Das Energiesystem I bereitete den Weg zum Aufstieg des *Energiesystems II,* welches zum Beginn des 20. Jahrhunderts unter dem Druck von gesellschaftlichen und technischen Änderungen v.a. in den Vereinigten Staaten auftauchte.

(c) Das *Energiesystem III* ist das für die zentralkapitalistischen Länder charakteristische Energiesystem, das mit der Lösung der Krise der 1930er Jahre im Entstehen begriffen war. Es entwickelt sich in der Phase der intensiven Kapitalakkumulation, die als *Fordismus*[2] bezeichnet wird.

(d) Ob sich ein neues *Energiesystem IV* aus der Krise des Fordismus[3] entwickelt, scheint noch offen, ebenso wie die Entstehung eines Entwicklungsmodells IV.

* * * * *

Die energietheoretischen Einsichten führten in diesem Kapitel zu einem Konzept des Energiesystems. Dieses baut, ähnlich wie das vom Regulationsansatz formulierte Entwicklungsmodell, auf technologischen, ökonomischen, sozialen, politischen und ökologischen Kategorien auf.

Das Konzept eignet sich aufgrund dieser Ähnlichkeit in besonderer Weise, die konkrete Energiesituation im Kontext sozio-ökonomischer Entwicklungsprozesse zu problematisieren. Über die theoretische Verbindung der ökologischen Rahmenbedingungen der Energie mit den entropischen Grenzen des ökonomischen Prozesses wurde versucht, eine gemeinsame Basis für die entwicklungs- und energietheoretische Diskussion zu finden. Damit ist es möglich, die Energieprobleme Brasiliens in einem breiteren Kontext zu analysieren, als dies in bisherigen Energiestudien der Fall war.

Im folgenden wird nun versucht, die Dialektik der bisher erörterten Konzepte von Entwicklung und Energie, von Entwicklungsmodell und Energiesystem, in einem räumlichen Kontext deutlich zu machen. Deshalb wendet sich die Untersuchung jetzt der Auseinandersetzung mit dem Begriff des Raumes aus der Sicht der regionalen Entwicklungstheorien zu.

---

1   Über die Entwicklung *präfordistischer* Energiesysteme siehe CLARK (1974), CLARK (1990), COOK (1976), HALL & PRESTON (1988), KAHANE & SQUITIERI (1987), MATTHEWS (1987) und STEINHART & STEINHART (1974).

2   Über die Entwicklung des *fordistischen* Energiesystems siehe ALVARADO & IRIBARNE (1990), AYRES & SCARLOTT (1952), CLARK (1974), CLARK (1990), CREMER (1986), DEBEIR et al. (1991), EDMONDS & REILLY (1985), EROL & YU (1989), GIBBONS (1991), HOGAN (1979), HOWARTH (1991), HUBBARD (1991), KATS (1990), MATTHIES (1993), MINTZER (1990), NORDHAUS (1991), ODELL (1989), PFLANZL (1990) und SACHS (1986).

3   Über die *Krise* des fordistischen Energiesystems siehe CASLER & HANNON (1989), CLARK (1990), COMMONER (1979), GOLDEMBERG (1990, 1991, 1992), GRAWE (1990), JOCHEM & BRADKE (1994), LEES (1993), LESCH & BACH (1989), LÜTTIG (1980), MEYERS & SCHIPPER (1992), ODELL (1989), ROSS et al. (1987), ROSS & STEINMEYER (1990), SACHS (1981), SCHÜRMANN (1986), SCOTT et al. (1990), SKINNER (1993), STEINBECK (1980) und TOKE (1990).

3 ENTWICKLUNG UND ENERGIE ALS RÄUMLICHE PROBLEMATIK

In diesem Kapitel wird der Zusammenhang von Raum, Energie und Entwicklung behandelt. Dazu möchte ich zunächst den Raumbegriff selbst problematisieren, um mich im Anschluß daran dem Begriff der Region zuzuwenden. Aus geographischer Perspektive werden dann Entwicklung und Energie in bezug auf Umwelt und Gesellschaft beleuchtet. Schließlich werden die Ergebnisse in die räumliche Struktur des kapitalistischen Energiesystems eingebunden.

3.1 Zum Begriff des Raumes

An dieser Stelle soll versucht werden, den Raumbegriff etwas genauer zu untersuchen. Als Leithypothese dient, daß der Raum der eigentliche Stoff der Geographie und das Produkt konkreter materieller Verhältnisse sei. Eine Verständigung darüber, wie er heutzutage gestaltet wird, hängt von einem genaueren Verständnis der kapitalistischen Produktionsweise ab. In dialektischer Interpretation ist Raum dabei eine inhärente Grundlage der kapitalistischen Produktionsweise, gleichzeitig aber auch das Produkt von Entwicklung (vgl. SANTOS 1988, S. 11; SMITH & O'KEEFE 1985, S. 82).

3.1.1 Definitionen von Raum

Seit dem Altertum bis ins 19. Jahrhundert bestand die Aufgabe der Geographie in der länderkundlichen Beschreibung der Erde. Darstellungsgegenstände waren - so SCHÄTZL (1992, S. 11) - Land und Leute. Dies zeigt sich zum Beispiel bei dem Philosophen I. Kant, der zwischen 1756 und 1796 Physische Geographie an der Universität Königsberg las[1].

Basierend auf der vorkritischen Auffassung von Kant entwickelte sich Ende des 19. Jahrhunderts eine Diskussion zum Verhältnis von Mensch und Raum[2]. Diese polarisierte sich zwischen den Thesen von Friedrich RATZEL (1882, 1897, 1903) und Paul VIDAL DE LA BLACHE (1948). Ratzel[3] begründete die *naturdeterministische* Richtung, die den Menschen als vom Raum geprägten Wesen ansieht, während de la Blache den Menschen als Gestalter des Raumes in den Vordergrund stellt. In dieser Hinsicht spiegelt die Diskussion das dialektische Verhältnis von Raum als Grundlage (Ratzel) und Raum als Resultat menschlicher Geschichte (de la Blache) wieder.

---

1 Vgl. SODRÉ (1987, S. 27); zwischen der vorkritischen und der kritischen Phase KANT's gibt es erhebliche Unterschiede in der Raumauffassung. Hier wurde der vorkritischen der Vorzug gegeben, da sie für die weitere Entwicklung der Geographie entscheidend ist.

2 An dieser Stelle kann dieses interessante Thema nicht weiter verfolgt werden. Eine kritische Analyse zur Debatte zwischen *Naturdeterminismus* und *Possibilismus* findet sich bei BURGESS (1985, S. 72-75).

3 Eine kritische Auseinandersetzung mit dem Beitrag F. Ratzels findet sich bei WITTFOGEL (1985, S. 24-27); über die Folgen der Thesen Ratzels siehe BURGESS (1985) und PEET (1985b, 1991).

Heutzutage wird der Raum in verschiedenen Wissenschaften differenzierter thematisiert. Grundsätzlich kann er in dreifacher Hinsicht beschrieben werden (SLATER 1989, S. 276):

(a) Raum kann als Entfernung, Nachbarschaft, Zerstreuung und Eingrenzung verstanden werden. Dies entspricht im wesentlichen dem geometrischen Raumverständnis der *spatial science* (vgl. CHORLEY & HAGGETT 1967). In dieser Form wird der Raum in zahlreichen wissenschaftlichen Anwendungen gebraucht.

(b) Raum kann auch als *räumliche* Arbeitsteilung und wirtschaftliche Allokation interpretiert werden - dies ist v.a. bei den Wirtschaftswissenschaften der Fall.

(c) Raum kann schließlich in seinen räumlich-sozialen oder räumlich-politischen Bedeutungen aufgefaßt werden - wie dies der Fall bei der Sozialgeographie und ihren Nachbarwissenschaften ist. Hier ist der Raum das Ergebnis sozialer und kultureller Strukturierungsprozesse.

In der Geographie der zweiten Hälfte des 20. Jahrhunderts, die die soziale Variable miteinbezieht (MASSEY 1993, S. 155), ist *Zeit* eine Dimension, die darauf hinweist, daß Entwicklung in bestimmten Ländern und Regionen in unterschiedlichen historischen Phasen stattfindet. *Raum* dagegen ist die Dimension, die zeigt, daß diese historischen Entwicklungen in verschiedenen Ländern und Regionen sehr differenziert sind. So betraf die kapitalistische Entwicklung die verschiedenen Länder und Regionen in unterschiedlichem Maße. Unterentwicklung ist dann ein räumliches Merkmal der kapitalistischen Entwicklung (LACOSTE 1990, S. 59).

Damit der Raumbegriff diese Differenzierung vollständig aufzeigen kann, wird von einem *konkreten* Raum ausgegangen, dem ökonomischen oder gar *sozioökonomischen* Raum: "Cet espace concret [...] nous appellerons espace social ou socio-économique" (LIPIETZ 1977, S. 21). Dies bedeutet jedoch nicht, daß der physische Raum dem ökonomischen einfach untergeordnet ist oder daß alle Räume plötzlich auf ökonomische Räume reduzierbar sind. Es entsteht eben eine Dialektik zwischen einem physischen und einem ökonomischen Raum[1]. Allerdings ist zu beachten, daß der Ausgangspunkt einer Raumanalyse ein konkreter Raum sein muß, der Ausdruck der Artikulation vielfältiger gesellschaftlich geprägter Räume ist, also ein sozioökonomischer Raum.

Diese Dialektik wird häufig mißverstanden. Denn oft stehen nicht die Akteure, sondern die Räume selbst im Mittelpunkt der Interpretation. So werden z.B. die räumlichen Unterschiede zwischen *entwickelten* und *unterentwickelten* Ländern und Regionen auf die Ausbeutungsverhältnisse bezogen, die zwischen diesen Ländern und Regionen bestehen. Dies würde aber bedeuten, daß die Räume als Akteure auftreten und damit eine *historische* Rolle übernehmen. Der Raum wäre eine Struktur, die mit einem eigenen Lebenswillen und mit einer gewissen Selbständigkeit ausgestattet wäre, und seine Entwicklung würde unter eigenen Gesetzen ablaufen. Der Raum ist jedoch nicht Akteur, sondern Voraussetzung für die Verwirklichung

---

1 Diese Dialektik wurde schon früh in der deutschen Geographie - insbesondere bei der Einführung und Verwendung der Kategorie *Wirtschaftsformation* - erfaßt (vgl. WAIBEL 1937, S. 49-56; ders. 1969, S. 262-282; ders. 1973, S. 98-101).

einer Gesellschaft. Er stellt sich als ihre Grundlage, als die eigentliche Bühne des gesellschaftlichen Geschehens dar. Ihm kommt keine aktive, sondern nur eine passive Kraft in der Geschichte zu. Trotz der Dialektik zwischen passiven und aktiven Kräften gibt es keine *historische* Kraft außer dem Menschen mit seinem gestaltenden Handeln. Würde sich die Frage stellen, ob es in irgendeinem Sinne berechtigt sei, von einer Selbständigkeit des Raumes zu sprechen, so würde die Antwort nein lauten (SOUZA 1988, S. 24-25, 39, 41).

Räume sind also keine *historischen Akteure*. Die Thesen, die dies behaupten, verschleiern die Tatsache, daß Konflikte nicht zwischen *Räumen*, sondern nur zwischen einzelnen Akteuren, die Geschichte machen können - nämlich sozialen Klassen und Gruppen, die in bestimmten Räume leben - stattfinden (LACOSTE 1990, S. 62).

3.1.2 Zur Problematisierung des Raumbegriffes im Zeitalter des nach-fordistischen Kapitalismus

Die Geographie des 20. Jahrhunderts geht von zwei Aspekten des Raumes aus, die zueinander in einer Wechselbeziehung stehen. Einerseits sind es die physischen Konditionen und die natürlichen Bedingungen der Menschen, die untersucht werden. Andererseits beschäftigt sie sich mit den Veränderungen gesellschaftlicher Existenzbedingungen auf der Erde. Die Beziehung zwischen der physischgeographischen und anthropogeographischen Dimension geht auf die räumliche Dialektik zurück, die nichts weiter widerspiegelt als die Art und Weise, wie die Natur ständig zum gesellschaftlichen Nutzen verändert wird. Es wird also davon ausgegangen, daß die Menschen bewußt und gemeinschaftlich handeln, daß sie die Natur in nutzbare Produkte umwandeln, die für ihre materielle Reproduktion erforderlich sind (PEET 1991).

Die gesellschaftliche Produktionsweise[1] variiert in bezug auf den Raum. Der Grad der materiellen Entwicklung, insbesondere der Lebensstandard, ist von einer Region und Gesellschaft zur anderen unterschiedlich (PEET 1991). Deshalb muß insbesondere die Frage der gesellschaftlich organisierten Arbeit angesprochen werden (STORPER & SCOTT 1986).

In einer kapitalistischen Gesellschaftsformation steht die Akkumulation von Reichtum durch eine Minderheit der Gesellschaft, nämlich durch die Kapitalbesitzer im Vordergrund. Reichtum wird akkumuliert mittels der Ausbeutung von gesellschaftlich organisierter Arbeit. Mittels Arbeitskraft wird verkäufliche Ware durch die Umwandlung von Rohstoffen zu ihrem *Gebrauchswert* hergestellt. Die Besitzer der Arbeitskraft verdienen dabei weniger als der Endpreis, der für die Ware bezahlt wird. Diese Aneignung unbezahlter Arbeit, ihr *Mehrwert*, macht die Basis der Gewinne für kapitalistische Unternehmen aus. Ein solcher Prozeß enthält den Widerspruch, zwischen den Käufern der Arbeitskraft, die sich soviel unbezahlte Arbeit wie möglich aneignen wollen, und den Besitzern von Arbeitskraft, die ihren Anteil an dem Endpreis erhöhen wollen.

---

1   Hierunter sind der Charakter der Produktionskräfte und -verhältnisse sowie die Institutionen und Denkweisen einer Gesellschaftsformation zu verstehen.

Die Käufer fremder Arbeitskraft, die *Kapitalisten*, sind meist gezwungen, ihre Akkumulationsrate an Mehrwert zu steigern. Dies hat seine Ursache darin, daß sie untereinander in Konkurrenz stehen. Falls sie dabei nicht so erfolgreich sind, können sie im Vergleich zu anderen weniger verkaufen. Damit sinkt ihre Aneignung von Mehrwert. Um konkurrenzfähig bleiben zu können, müssen sie ihre Preise senken, was wiederum nur durch eine Erhöhung der Ausbeutung fremder Arbeit möglich ist (JOHNSTON 1986, S. 266).

Die historische Dynamik sozioökonomischer Prozesse[1] kann nur im *geographischen Kontext* vollständig verstanden werden (JOHNSTON 1986, S. 268; STORPER & SCOTT 1989, S. 37), denn sie spielt sich unter spezifischen räumlichen Konstellationen ab, die die Möglichkeiten und Grenzen des gesellschaftlichen Handels bestimmen (STORPER & SCOTT 1986).

Die sozioökonomischen Prozesse, die sich auf regionale Probleme beziehen, haben sich in diesem Jahrhundert stark verändert. Dies gilt für die Phase des Fordismus, vor allem aber für die rasanten Änderungen in den letzten zwanzig Jahren[2], die auf die zunehmende Mobilität des Kapitals und die verstärkte Integration der Weltökonomie zurückgehen. Dabei unterscheiden sich v.a. die regionalen Krisen im globalen Kapitalismus[3] von denen, die während der vorgehenden industriekapitalistischen Entwicklungsphase entstanden sind (JOHNSTON 1986).

3.1.3 Zur Problematisierung des Raumbegriffes aus regulationstheoretischer Perspektive

Die wesentlichen Fragen, die sich mit dem Raumbegriff im Rahmen der Regulationstheorie verbinden, lauten (LIPIETZ 1977, S. 12-13): Wie entsteht, reproduziert und entwickelt sich die kapitalistische Produktionsweise *innerhalb* eines differenzierten Raumes? Wie läßt sich der heterogene Charakter des konkreten Raumes bzw. die Polarisierung zwischen Ländern und Regionen erklären? Wie verbindet sich der kapitalistische Akkumulationsprozeß mit der historisch ungleichen Regionalentwicklung?

Ausgegangen von einer Kritik an der empiristischen Perspektive, die aus Raum und Zeit neutrale Kategorien zu machen zu versucht, entsteht der *sozioökonomische* Raum, der im Kontext einer kapitalistischen Gesellschaftsformation zu erkennen ist und sich auf die räumliche Arbeitsteilung kapitalistischer Produktionsweisen bezieht. Der sozioökonomische Raum stellt sich einerseits als Produkt, also als Rückwirkung der Artikulation gesellschaftlicher Verhältnisse dar, andererseits als konkret gegebener Raum, als objektiver Zwang, der sich die Entwicklung dieser gesellschaftlichen Verhältnisse auferlegt. Eine Gesellschaft erschafft immer wieder ihren Raum auf der Basis eines konkreten, gegebenen, aus der Vergangenheit vererbten Raumes (vgl. LIPIETZ 1977, S. 17, 22; 1992, S. 102).

---

1 Hier sind die Prozesse gemeint, die mit der gesellschaftlichen Produktionsweise in einer kapitalistischen Gesellschaftsformation verbunden sind.

2 Zum Fordismus und zur Krise des Fordismus sowie zu den beiden konkurrierenden Paradigmen Neo-Fordismus und Post-Fordismus siehe LIPIETZ (1992a, S. 105-107).

3 Auf das Thema der Globalisierung der kapitalistischen Weltökonomie wird noch eingegangen.

An dieser Stelle bleibt zu fragen, welche Rolle in diesem Kontext der Natur, dem physischen Raum zugeschrieben wird.

> "Les géographes s'étonneront peut-être de ce que je ne fasse aucune allusion à l'espace *physique* (relief, climat), si ce n'est pour l'écarter. Je ne sous-estime nullement cet espace de *conditions objectives* [...] Mais ces facteurs physiques ne pèsent *aujourd'hui* que comme des *causes externes* qui n'agissent que par l'intermédiaire de *causes internes* dans l'espace socio-économique" (LIPIETZ 1977, S. 27).

Infolgedessen würde es eigentlich nicht schwer fallen, eine Räumlichkeit der kapitalistischen Produktionsweise zu entwerfen: Arbeitsteilung in selbständige Branchen, Trennung des Produzenten von seinen Produktionsmitteln, die dominierende Rolle der Zirkulation in bezug auf die Reproduktion gesellschaftlicher Verhältnisse usw. So würde man jedoch die kapitalistische Räumlichkeit aus *funktionalistischer* Perspektive betrachten, was dann auch keine größeren Vorteile gegenüber der kritisierten empiristischen Perspektive bringen würde: Trennungen zwischen Stadt und Land, zwischen Verwaltungs- und Verwertungsfunktionen, Arbeitsprozessen, Reproduktion der Arbeitskraft, Produktion usw.

Natürlich ist die kapitalistische Räumlichkeit empirisch und funktionalistisch erfaßbar. Doch im Grunde ist sie dialektisch und dementsprechend muß sie auch verstanden werden:

> "la *différenciation des espaces concrets* (régionaux, ou nationaux) doit être abordée à partir de l'*articulation des structures sociales* et des espaces qu'elles engendrent. Ces espaces différenciés ne peuvent être eux-mêmes définis qu'à partir d'une analyse concrète des structures sociales qui leur confèrent une individualité; quant aux différences elles-mêmes (et aux rapports interrégionaux), elles doivent être appréhendées à partir de différences dans les types de dominance et les modes d'articulation entre modes de production. Les rapports interrégionaux sont d'abord des rapports sociaux" (LIPIETZ 1977, S. 28-29).

Der sozioökonomische Raum ist somit eine materielle Dimension der sozialen Gesamtheit - die andere ist die Zeit (MASSEY 1993). Jede gesellschaftliche Beziehung erzeugt ihre eigene Typologie: Ein Raum der Produktion, ein Raum des Haushaltes, ein geopolitischer Raum usw. Aus der Artikulation dieser vielfachen Räume entsteht ein konkreter Raum, der sozioökonomische Raum (LIPIETZ 1992a, S. 103). Er gibt im folgenden die Basis für den Regionsbegriff ab.

3.2 Zur Problematisierung der Regionalfrage

Im Zusammenhang mit dem Begriff Region wird von Regionalfrage, Regionalproblemen, regionalen Disparitäten, Regionalentwicklung, regionaler Planung, Regionalisierung usw. gesprochen. Dabei handelt es sich um Abwandlungen des geographischen Raumes. Es kommt dann jedoch hin und wieder zu Verwechslungen zwischen dem Begriff *Region* und dem Begriff *Raum* (SOUZA 1993, S. 85). Wie definiert sich in diesem Zusammenhang also der Begriff Region?

3.2.1 Vom Raum zur Region

Unter einer Region kann die räumliche Ausdehnung einer bestimmten Gesellschaft innerhalb eines gewissen Landes verstanden werden (LACOSTE 1990, S. 64). In der bisher gebrauchten Terminologie bedeutet dies, daß eine Region der räumliche Ausdruck einer bestimmten regionalen Gesellschaftsformation innerhalb des breiteren Rahmens einer nationalen Gesellschaftsformation ist.

Bei dieser Definition lassen sich die internen Widersprüche einer konkreten Region erfassen, Widersprüche, die ihren Entwicklungs- oder *Unterentwicklungsgrad* bezeichnen. Wie bereits erwähnt, ist es aber nicht eine Region selbst, die dominiert und ausbeutet, es sind soziale Klassen und Gruppen, die sich auf den Raum verteilen und die untereinander in konfligierende Verhältnisse treten. In einer kapitalistischen Gesellschaftsformation finden dabei vor allem Konflikte zwischen Kapital und Arbeit statt. Unterschiedliche Entwicklungsgrade gehen dabei auf die ungleiche räumliche Verteilung der Produktionsmittel zurück. Eine dialektische Analyse konkreter Regionen muß deshalb die jeweiligen Produktionsverhältnisse in den Vordergrund stellen (LACOSTE 1990, S. 71).

Zwei wichtige Paradigmen übten einen großen Einfluß auf die Betrachtung der Regionalfrage aus: Die *positivistische* Perspektive teilt Gesamtheiten in Regionen auf und untersucht sie als nicht-komplexe Einzeleinheiten; sie bevorzugt damit die Induktion als methodologischen Ausgangspunkt. Die *materialistische* Perspektive hingegen hebt den Stellenwert der Gesamtheit gegenüber den Einzeleinheiten hervor; methodologisch geht sie meist von der Deduktion aus. Dieser Unterschied entspricht zwei geographischen Strukturprinzipien: Die *positivistische* Perspektive erklärt die Regionalfrage aus einer lokalen Sicht, quasi von unten, während die *materialistische* Perspektive sie in den globalen Rahmen einordnet (CASTRO 1994, S. 157).

Der Widerspruch zwischen der Bedeutung globaler Prozesse, die sich in den Veränderungen der Weltökonomie, des Finanzwesens und der Machtnetze zeigen und dem gleichzeitigen Bedeutungszuwachs des Lokalen weist auf die Schwächen einer Regionalproblematik hin, die sich entweder der deduktiven oder induktiven Betrachtungsweise verpflichtet fühlt. Gerade wenn die Komplexität des gegenwärtigen Kapitalismus auf die Artikulation zweier gegenläufiger Prozesse hinweist (SMITH 1989, S. 156), dann muß die Problematisierung des geographischen Raumes und der Region sich auch dieses Paradoxons annehmen (CASTRO 1994, S. 162).

3.2.2 Von den Standorttheorien zu Regionalentwicklungstheorien

So wie *Raum* und *Region* die wesentlichen Begriffe der Geographie sind, so ist die räumliche Dimension ökonomischer Prozesse die Grundlage der Wirtschaftsgeographie[1]. Mit Hilfe der sog. *Raumwirtschaftstheorien* werden in ihr die räumlichen Differenzierungsprozesse der

---

1   Die *Wirtschaftsgeographie* läßt sich "definieren als die Wissenschaft von der räumlichen [...] Organisation der Wirtschaft" (SCHÄTZL 1992, S. 17-18; siehe auch WEIGT 1981).

Ökonomie dargestellt (vgl. SCHÄTZL 1983, 1992; SCHAMP 1983). Die Raumwirtschaftstheorien beschäftigen sich u.a. mit folgenden Fragen (BENKO & DUNFORD 1991, S. 19):

(a) Welche Faktoren erklären die Attraktion bestimmter Wachstumsregionen?

(b) Welche Faktoren sind für den Niedergang einzelner Regionen verantwortlich?

(c) Welche Faktoren führen zu einer besonderen Standortentscheidung?

Die Raumwirtschaftstheorien lassen sich in drei Theoriekomplexe unterteilen (SCHÄTZL 1992, S. 20-27):

(a) Die *Standorttheorien* konzentrieren sich auf die Erklärung der Struktur des Raumes.

(b) Die *räumlichen Mobilitätstheorien* behandeln die Ursachen und Wirkungen räumlicher Interaktionen.

(c) Die *regionalen Wachstums- bzw. Entwicklungstheorien* legen das Schwergewicht auf die Erklärung des räumlich differenzierten ökonomischen Wachstumsprozesses und des gesellschaftlichen Entwicklungsprozesses.

An dieser Stelle wird nur kurz auf bestimmte Aspekte der Standorttheorien eingegangen. Während die räumlichen Mobilitätstheorien nicht beachtet werden, sind dagegen die regionale Wachstums- und Entwicklungstheorien für die Regionalfrage wesentlich, die deshalb anschließend in kritischer Weise beleuchtet werden.

Zweifelsohne gibt es eine Vielzahl unterschiedlicher Einflußgrößen (physische, ökonomische, soziale, politische, kulturelle usw.), die als *Standortfaktoren* benannt werden und die eine bestimmte Rolle bei der Auswahl eines Ortes für eine industrielle Produktion spielen. Die Standortorientierung nach der Analyse der Kostenminimierung ist in erster Linie mikroökonomisch. Hier kann z.B. die Energie ein wesentlicher Faktor sein, so daß in solchen Fällen von einer *Energieorientierung* gesprochen werden kann (BRÜCHER 1982, S. 36 u. 45).

Zu den *Standorttheoretikern* sind v.a. J. H. von THÜNEN (1875, *Theorie der Landnutzung*, primärer Sektor), A. LÖSCH (1940, *Theorie der Marktnetze*, sekundärer Sektor) und W. CHRISTALLER (1933, *Theorie der zentralen Orte*, tertiärer Sektor), sowie A. WEBER (1909, *Industriestandorttheorie*, sekundärer Sektor) und E. von BÖVENTER (1962, *Integration der Standorttheorien*) zu zählen[1]. Sie können als *bürgerliche* Standorttheoretiker bezeichnet werden und ihre Theorien lassen sich wie folgt gliedern (LIPIETZ 1977, S. 110-124):

(a) Der Raum als Standort (A. Weber);

(b) Der Raum als Oberfläche - *L'espace comme surface* - (von Thünen);

---

1 Vgl. SCHÄTZL (1992); SCHAMP (1983) faßt die Theorien von von Thünen, Weber, Christaller und Lösch unter dem *raumwirtschaftlichen Ansatz* zusammen. Eine Kritik an dieser traditionellen neoklassischen *location theory* findet sich in SMITH (1989) und HARVEY (1981). Eine kritische Analyse der sog. *Jenaer Schule*, also der Theorien von Lösch und Christaller, findet sich in LIPIETZ (1993a).

(c) Der Raum als System (Christaller, Lösch, Perroux).

Das Problem bei der Standortanalyse ist in erster Linie die Tatsache, daß sie den Raum als Ergänzungsfaktor der ökonomischen Verhältnisse, also als einfachen *Standort* oder *Oberfläche* betrachtet, an dem sich die ökonomischen Tätigkeiten abspielen. Dabei ist wenig von den Beziehungen zwischen Raum und Wirtschaft die Rede. Von von Thünen über Weber bis hin zur *Jenaer Schule* ist es dabei v.a. die Entfernung, die als einziger aktiver Bestandteil des geographischen Raumes analysiert wird (SMITH 1989, S. 144). Die Betrachtungsweise orientiert sich in der Regel am unternehmerischen Entscheidungsprozeß und beinhaltet die Vernachlässigung der gesellschaftlichen Rahmenbedingungen (MASSEY 1984, S. 15).

Doch um die Bedeutung von *location decisions* zu verstehen und so die geographische Verteilung einer Industrie, die Erfolge einer bestimmten Region oder die Muster der wirtschaftsgeographischen Differenzierung innerhalb eines Landes als Ganzes zu interpretieren, ist es erforderlich, das einzelne Problem - nämlich die *location decision* selbst - in den breiteren Kontext dessen, was in einer Gesellschaft im allgemeinen geschieht, einzubetten (MASSEY 1984, CLAVAL 1991).

Tut man dies nicht, so erweisen sich die sog. Standorttheorien als unfähig, die *Regionalfrage* zu behandeln. Hier bieten die *regionalen Wachstums- und Entwicklungstheorien* angeblich bessere Antworten (HOLLIER 1988). Unter diesen haben v.a. die *neoklassische Theorie* und die *Polarisierungstheorien* einen größeren Nachhall gefunden[1]. In den letzten Jahren hat sich daneben mit der *Theorie des polarization-reversal* ein dritter Ansatz durchgesetzt[2].

Die Grundhypothese der *neoklassischen Theorie* besagt, daß jede Störung eines bestehenden ökonomischen Gleichgewichts zwischen einzelnen Gebieten als Reaktion Gegenkräfte hervorruft, die in Richtung auf ein erneutes Gleichgewicht des Systems tendieren. Der Marktmechanismus trage so zu einer Angleichung regionaler Unterschiede, wie z.B. beim Pro-Kopf-Einkommen, bei (SCHÄTZL 1983, TAVARES 1987).

Aus einer eher kritischen Sicht gegenüber der neoklassischen Mikroökonomie heben sich die *Polarisierungstheorien* hervor, denen u.a. Perroux (sektorale Polarisierung), Myrdal und Hirschman (regionale Polarisierung) zugeordnet werden. Sie kritisierten den neoklassischen Ansatz, weil dieser grundsätzlich die Tatsache mißachte, daß jede Entwicklung in einer Region

---

1 SCHILLING-KALETSCH (1979, S. 41) wies daraufhin, daß es sich "im wissenschaftlichen Sprachgebrauch [...] mit einiger Berechtigung eingebürgert [hat], daß man [...] der Gruppe der Gleichgewichtstheorien die Gruppe der Polarisationstheorien gegenüberstellt".

2 "Nachdem der Nachweis der mangelnden Eignung des neoklassischen Gleichgewichtsparadigmas auf theoretischer und empirischer Ebene erbracht war, konzentrierte sich die regionalwissenschaftliche Diskussion auf zwei idealtypische Grundpositionen: (a) Der polarisationstheoretische Ansatz [...] (b) Der polarization reversal-Ansatz" (RAUCH 1985, S. 164; siehe auch STORPER 1991, S. 3-11).

Unausgeglichenheiten hervorruft[1]. SCHÄTZL (1983, S. 323) erklärt diese Grundhypothese der Polarisationstheorien damit, daß regionale Ungleichgewichte unter marktwirtschaftlichen Bedingungen Wachstums- bzw. Schrumpfungsprozesse in Gang setzen, die zu einer Verstärkung der Ungleichgewichte führen.

Neben den Ansätzen von Perroux, Myrdal und Hirschman wird häufig auch noch der von John R. P. Friedmann den Polarisierungstheorien zugeordnet. Sein Zentrum-Peripherie-Modell bezeichnet das dominante territorial organisierte System der Gesellschaft als Zentrum, während die Peripherie dazu ein Subsystem bildet, dessen Entwicklungsweg hauptsächlich durch die Institutionen des Zentrums bestimmt ist. Zentrum und Peripherie bilden zusammen ein räumliches System, das durch ein Muster von Autoritätsabhängigkeitsbeziehungen integriert ist (SCHILLING-KALETSCH 1979, S. 46; siehe auch HOLLIER 1988).

Die *polarization-reversal-Theorien* versuchen, die Art des räumlichen Differenzierungsprozesses in Abhängigkeit vom Entwicklungsstand eines Landes zu erklären. Ihre Grundhypothese besagt, daß im Laufe des langfristigen Entwicklungsprozesses einer Ökonomie Phasen räumlicher Gleichgewichte und Ungleichgewichte einander ablösen (SCHÄTZL 1983, S. 323). So betonen sie v.a. die zeitliche Komponente.

In der deutschen Geographie lassen sich zwei Phasen der Behandlung der Entwicklungsproblematik von Entwicklungsländern[2] unterscheiden: Eine erste Phase, die schwerpunktmäßig in den 1950er und 1960er Jahren stattfand, ging vom länderkundlichen Ansatz aus und knüpfte z.T. an die koloniale Vorkriegsforschung an. Eine zweite Phase begann Anfang der 1970er Jahre. Damals rückten theoriegeleitete und problembezogene Arbeiten in den Vordergrund. Neben einer *geographischen Entwicklungsländer-Forschung*, die sich nur als geographische Forschung in oder über Länder der Dritten Welt verstand, trat eine problem- und theorieorientierte Forschung, für die sich die Bezeichnung *geographische Entwicklungsforschung* durchgesetzt hat (SCHOLZ 1985a, BLENCK et al. 1985). Hier fanden auch die raumwirtschaftlichen Theorien ihren Widerhall.

Die Kritik am länderkundlichen Ansatz Ende der 1960er Jahre, aber auch das Bemühen in vielen Sozialwissenschaften, Theorien und Modelle sowie ein kritisches Bewußtsein gegenüber den Problemen in der Dritten Welt zu entwickeln, führte zu einem Wandel in der Beschäftigung mit den peripher-kapitalistischen Ländern innerhalb der Geographie. Diese Umorientierung von der Entwicklungsländer- zur Entwicklungsforschung in der Geographie "äußerte sich in einer thematischen Erweiterung, einem Bemühen um Interdisziplinarität und um theoretische Orientierung der geographischen Forschung zum Thema Unterentwicklung/Entwicklung" (SCHOLZ 1985b, S. 115).

---

1 Siehe hierzu BENKO (1994), HOLLIER (1988), SCHILLING-KALETSCH (1979), SCHOENBERGER (1989) und TAVARES (1987).

2 Es sollte daran erinnert werden, daß die Aufmerksamkeit für Entwicklungsfragen in der Geographie erst jüngeren Datums ist (vgl. HOLLIER, 1988, S. 232; siehe auch SCHMIDT-WULFFEN 1987).

3.2.3 Regionalentwicklung aus regulationstheoretischer Sicht

Die Problematisierung der Regionalentwicklung muß die Verhältnisse zwischen verschiedenen Raumdimensionen beachten, denn die Analyse konkreter Regionalprobleme gewinnt erst dann an Bedeutung, wenn auch ein allgemeiner theoretischer Hintergrund[1], der globale, nationale und regionale Zusammenhänge erfaßt, miteinbezogen wird (DANIELZYK & OßENBRÜGGE 1993).

Es stellt sich damit die Frage, weshalb der Regulationsansatz fähiger als andere Theorien sein soll, eine Regionalanalyse vorzunehmen bzw. die ungleichen Regionalentwicklungen und die räumlichen Disparitäten zu erklären. Die Attraktivität der Regulationsperspektive besteht hier eigentlich darin, daß sie zu einem Verständnis der unterschiedlichen historischen kapitalistischen Entwicklungsphasen und ihrer Ausprägung im regionalen Kontext führt, wobei sie Produktion, Konsumtion und Reproduktion sowie die Staatstätigkeit zugleich in einem Modell integriert. Noch wichtiger: Sie beachtet bei ihrer Regionalanalyse wie keine andere Theorie die sozialen Verhältnisse, die mit der geographischen Ungleichheit des kapitalistischen Entwicklungsprozesses einhergehen (KRÄTKE 1996, SMITH 1989). Wie also interpretiert nun der Regulationsansatz die Regionalfrage?

Zuerst muß gesagt werden, daß es in dieser Theorie unmöglich ist, von *Regionen* an sich auszugehen und so die Merkmale jeder Region und die bestehenden interregionalen Verhältnisse im Vergleich zu untersuchen. Denn hierzu wäre es notwendig, den Gegenstand *Region* als vorhanden anzunehmen, ohne daß er aus unterschiedlichen Forschungsperspektiven definiert wird. Zwar wird im politischen Raum zwischen Regionen unterschiedlichen Typs unterschieden, wie Staaten, Regionen, Gemeinden usw. Aber es ist zu bezweifeln, ob diese Gliederungen angemessen sind, wenn man die Verbreitung ökonomischer Tätigkeiten untersuchen möchte. Um die sozialen Verhältnisse wie Produktion und Arbeit, die eine räumliche Dimension annehmen, einzubeziehen[2], müssen vielmehr die Polarisierungen im sozialen Raum verortet werden (LIPIETZ 1977).

Eine *Region* erscheint dann zwar auch als das Produkt interregionaler Verhältnisse, aber diese sind wiederum eingebunden in die Dimension der sozialen Verhältnisse. Demzufolge gibt es keine armen Regionen, sondern es gibt nur Regionen von Armen. Das bedeutet dann, daß es die sozialen Verhältnisse sind, die Armut und Reichtum polarisieren und im Raum unterschiedlich verteilen.

Der besondere Charakter einer Region kann deshalb nur im Rahmen der herrschenden Produktionsweise erfaßt werden. Gegenwärtig geht es dabei natürlich um die kapitalistische Produktionsweise. Hier wird sie definiert durch die Trennung von Produzenten und ihren Produktionsmitteln sowie durch den privaten Charakter der Bewertung des gesellschaftlichen Kapitals.

---

1 OßENBRÜGGE (1996) spricht in diesem Zusammenhang von einem "chronischen Theoriedefizit der Geographie"!

2 SCOTT & STORPER (1986, S. 302) gehen noch weiter und behaupten: "Production and work constitute the fundamental reference points of the entire human landscape".

Trotz der Anwesenheit prä-kapitalistischer Produktionsweisen ist es möglich, heutzutage von einer Dominanz der kapitalistischen Produktionsweise zu sprechen, weil erstere meistens auf einfache und sehr spezifische Verhältnisse beschränkt sind. Es muß darauf hingewiesen werden, daß die Entwicklung kapitalistischer Produktionsweisen den prä-kapitalistischen in diesem Zusammenhang eine Doppelfunktion zuweist (LIPIETZ 1977, S. 29-30):

(a) Durch die Auflösung prä-kapitalistischer Produktionsweisen entsteht ein Vorrat an freigesetzter Arbeitskraft.

(b) Auch in prä-kapitalistischen Gesellschaften entsteht ein Markt für kapitalistisch produzierte Waren und ein Investitionsfeld für die kapitalistische Entwicklung.

Die Artikulation der Beziehungen der *petite production marchande* mit der kapitalistischen Produktionsweise kann deshalb in einzelnen Fällen einen wesentlichen Bestandteil der Regionalfrage ausmachen. Dennoch können Gesellschaften nicht einfach auf Produktionsweisen reduziert werden:

> "les sociétés empiriquement définies dans le cadre des Etats-nations existants ne se présentaient jamais comme réductibles à un mode de production pur, mais comme une *formation sociale*, complexe de modes de production sous la dominance de l'un d'entre eux" (LIPIETZ 1977, S. 33).

Wie kann man unter diesen Bedingungen eine Gesellschaftsformation auffassen? In unserem Zusammenhang stellt diese eine Artikulation der Produktionsweisen unter bestimmten Herrschaftsbedingungen dar. Die Herrschaft wird dabei von der politischen Macht eines Klassenbündnisses repräsentiert, welches über einen Staatsapparat verfügt und sich somit die Hegemonie über die ganze Gesellschaftsformation sichert (von FRIELING 1996). Die Besonderheit des nationalen Raums (KRÄTKE 1996) liegt dabei darin begründet, daß er sich als einheitlich darstellt: Der Staat erfüllt auf dieser Ebene seine Aufgabe zur Aufrechterhaltung der Gesellschaftsformation unter der Herrschaft der kapitalistischen Produktionsweise in bezug auf das gesamte nationale Territorium (von FRIELING 1996).

Auf regionaler Ebene regulieren sich die sekundären Gegensätze zwischen den herrschenden Klassen, auf der Basis der Artikulation der Produktionsweise und des Entwicklungsgrades des lokalen Kapitals (TRIGILIA 1991). In dieser Hinsicht kann im Sinne von Gramsci von einem *bloc hégémonique régional* gesprochen werden. Dieser regionale hegemoniale Block entspricht nach LIPIETZ (1977, S. 144; ders. 1993a, S. 16):

(a) einer Artikulation der Produktionsweise;

(b) einem Bündnis zwischen den herrschenden Klassen;

(c) der ideologischen Herrschaft über die dominierten Klassen.

Auf der Ebene einer Region müssen die sekundären Widersprüche zwischen den lokal herrschenden Klassen auf die eine oder andere Weise reguliert werden. Diese Artikulation erfolgt zwischen verschiedenen Produktionsweisen in unterschiedlichen Phasen, so daß man von einem *procès d'articulation* sprechen kann. Nach LIPIETZ (1977, S. 52) entsteht dieser Artikulationsprozeß zwischen der kapitalistischen Produktionsweise und

(a) Regionen klassischer kapitalistischer Landwirtschaft;

(b) Regionen intensiver Veränderungen *de la petite production marchande*;

(c) Regionen, die einfach degradieren.

Daraus folgend bezeichnet der Begriff *interrégionalité* die Verhältnisse, die sich zwischen ungleich entwickelten Regionen innerhalb eines Marktes herausbilden. Die ungleiche Regionalentwicklung, die eine nationale Gesellschaftsformation kennzeichnet, erscheint dann als räumliche Auswirkung der Artikulation zwischen verschiedenen Produktionsweisen. Sie ergibt sich aus den zunehmenden Profit- und Akkumulationsungleichheiten - begleitet von den klassischen sozialen Folgen.

Die o.g. Beziehungen zwischen ungleich entwickelten Regionen sind typisch für die *fordistischen* Verhältnisse. Sie bezeichnen interregionale Ungleichheiten auf der Ebene industrieller Qualifikation und entsprechen verschiedenen synchronen Produktionsbereichen innerhalb bestimmter Branchen. In einer Gesellschaftsformation, in der ein *fordistisches Entwicklungsmodell* dominiert, lassen sich die ungleich entwickelten Regionen in drei Kategorien (vgl. LIPIETZ 1977, 1989a, 1993a) gliedern:

(a) Stark technologisch orientierte Regionen, in denen Produktentwürfe und die Organisation der Produktion erfolgen. Sie sind das Feld der akademisch gebildeten Mitarbeiter.

(b) Regionen, die über qualifizierte Arbeitskräfte verfügen und somit die Produktion durch Facharbeit (*skilled fabrication*) repräsentieren.

(c) Regionen, die über eine große Reserve an ungelernten und unqualifizierten Arbeitskräften verfügen und die in erster Linie der Ausführungs- und Montageabteilung in der Fließbandproduktion entsprechen.

Der Fordismus ist damit ein Entwicklungsmodell, das unterschiedliche Produktionsbereiche auch geographisch getrennt hat. So können die Ebenen des ökonomischen Prozesses auf drei Musterregionen verteilt werden. Diese geographische Trennung hat zur Folge, daß sich die drei Regionstypen ungleichmäßig entwickeln (LIPIETZ 1989a, S. 313).

Die Organisation im Arbeitsprozeß wird in der Regel von der ersten Region (*région d'accumulation autocentrée*) bestimmt, deren Wirtschaftsbasis vorwiegend auf der Erzeugung von Information beruht. Die Arbeitskraft besteht hier aus hoch qualifizierten, meist akademisch ausgebildeten Mitarbeitern. Die Anzahl der Regionen dieses Typs ist gering und in den peripher-kapitalistischen Ländern kaum vorhanden. Die zweite Region (*région intermédiaire*) stellt qualifizierte Produkte mittels aktualisierter Technologie und qualifizierter Arbeitskraft her. Davon gibt es mehrere in einer nationalen Gesellschaftsformation, aber auch sie sind in peripher-kapitalistischen weniger zahlreich. Man könnte diese Regionen als Regionalzentren bezeichnen. Die dritte Region (*région périphérique*) ist eine Region der unqualifizierten Produktion. Sie ist auf regionaler Ebene am häufigsten zu finden und verfügt über zahlreiche unqualifizierte, meist aus der Landwirtschaft freigesetzte Arbeitskräfte (LIPIETZ 1989a, S. 313).

Auf nationaler Ebene verteilen sich diese Regionstypen wie folgt: Meist gibt es nur eine Region des ersten Typs; vom zweiten Typ sind es wenige, deren industrielle Zentren häufig in einem Umfeld prä-kapitalistischer Produktionsweisen liegen; die nationale Peripherie besteht dagegen vorwiegend aus der landwirtschaftlichen Produktion und kleineren Industriebetrieben (LIPIETZ 1977, S. 93).

Bemerkenswert ist bei der vorgestellten Regionalisierung die Tatsache, daß sie an Stelle der alten horizontalen Arbeitsteilung zwischen den Sektoren Landwirtschaft, Industrie und Dienstleistung eine vertikale zwischen Qualifikationsabteilungen innerhalb der industriellen Produktion erkennen läßt, die sich auch geographisch ausdrückt (LIPIETZ 1989a, S. 314).

Wie lassen sich in diesem Kontext die *peripher-fordistischen Gesellschaftsformationen* beschreiben?

Zu dieser Gesellschaftsformation gehören u.a. Süd-Korea, Mexiko, Brasilien, Spanien und Polen. Hier fand eine echte Mechanisierung der Produktion sowie eine angemessene Kombination von intensiver Akkumulation und einem Wachstum von Märkten für dauerhafte Güter statt. Hinsichtlich der Organisation des Arbeitsprozesses bzw. des Produktionsprozesses liegt die Entwicklung und die qualifizierte Produktion außerhalb dieser Gesellschaftsformationen. Gleichzeitig läßt sich jedoch beobachten, daß die Binnenmärkte dieser Länder über eine besondere Kombination von Konsum durch die lokalen modernen Mittelschichten und die Ausfuhr billiger Manufakturwaren in die zentralkapitalistischen Länder verfügen. Bezüglich der vertikalen Regionalisierung der Qualifikationsebenen innerhalb der industriellen Produktion entsprechen die peripher-fordistischen Gesellschaftsformationen in der Regel einer Region des zweiten Typs, der *région intermédiaire* (LIPIETZ 1989a, S. 317). Was die *interrégionalité* anbelangt, so sind die Regionen in den peripher-fordistischen Ländern in die Differenzierung von industrialisierten, sub-industrialisierten und nicht-industrialisierten Räumen einbezogen (ALTENBURG 1996, LIPIETZ 1989a).

Wie stellt sich nun die Regionalfrage im *nach-fordistischen Zeitalter*? Hier muß in erster Linie darauf hingewiesen werden, daß als Ergebnis der Debatte über die Krise des Fordismus und über die Entstehung eines nach-fordistischen Entwicklungsmodells eine Reihe neuer Begriffe in der theoretischen Diskussion aufgetaucht sind: *new industrial spaces, integrated regional economies of flexible specialization* usw. Diese Begriffe beziehen sich auf die räumliche Dimension und die geographischen Veränderungen, die von den Regulationisten analysiert werden (BENKO & DUNFORD 1991, S. 18).

Auf der internationalen Ebene stellt sich die gegenwärtige globalisierte Weltökonomie als ein Mosaik spezialisierter Produktionsregionen innerhalb eines sehr komplexen Wachstumsprozesses dar (DANIELZYK & OßENBRÜGGE 1993, 1996). Jede einzelne dieser Regionen ist dabei zunehmend abhängig von anderen Regionen (BENKO 1994, S. 51). Die ökonomischen Tätigkeiten, die hochqualifizierte Technologien und machtvolle Leitungsfunktionen erfordern, werden in der Regel von den zentralkapitalistischen Regionen zurückbehalten, während wenig qualifizierte und arbeitsintensive Tätigkeiten, deren Produktionsprozesse auf repetitiven Techniken basieren, an die peripher-kapitalistischen Regionen verwiesen werden.

Auf regionaler Ebene treten dann die nach-fordistischen Entwicklungsprozesse in zweierlei Formen auf: Einerseits bildet sich ein Mosaik spezialisierter Regionalproduktionssysteme heraus, wobei innerhalb jeder einzelnen Region eigene Tauschabkommensnetze entstehen und sich dem entsprechende eigene Arbeitsmärkte herausbilden. Andererseits werden einige solcher Regionen in das globale Netzwerk integriert, wobei sich neben interindustriellen Bindungen auch Investitionsflüsse und Migrationswellen entwickeln können (BATHELT 1992, BENKO 1994).

Es ist aber wichtig in diesem Zusammenhang, darauf hinzuweisen, daß die Regulationsperspektive nicht auf der These einer allgemeinen *neuen internationalen Arbeitsteilung* aufbaut. Diese These entstand vielmehr bei der Analyse der sog. NICs in der Dritten Welt - was Ende der 1970er Jahre sogar zu einer neuen Orthodoxie führte. Dabei wurden die entwickelten Länder und Regionen als zentrale Regionen für Arbeitsorganisation und als die Hauptmärkte bezeichnet; gleichzeitig sah man die Tätigkeiten unqualifizierter Arbeit auf weniger entwickelte und qualifizierte Regionen verlagert, selbst wenn die Produktion für die zentralen Regionen bestimmt war. Diese Perspektive vernachlässigt aber die besonderen Merkmale der lokalen Gesellschaften, der Rolle des lokalen Staates und der lokalen sozialen *arrangements* sowie der Methoden der vom Staat gesicherten Regulation. Die regulationistische Kritik an der Orthodoxie der *neuen internationalen Arbeitsteilung* kehrt deshalb den globalen Strukturalismus um, damit wieder die Einzigartigkeit des Lokalen in den Vordergrund rücken kann (KRÄTKE 1996, LIPIETZ 1993a).

So läßt sich die gegenwärtige Entwicklung der globalisierten Weltökonomie aus einer Vielzahl räumlicher Prozesse herleiten (DANIELZYK & OßENBRÜGGE 1996), die gleichzeitig ablaufen und sich in mehreren Trends ausdrücken (BENKO & DUNFORD 1991, S. 21):

(a) die Entwicklung eines Milieus von *high-level* Innovationen;

(b) die räumliche Dispersion ausschließlich technischer Produktionseinheiten;

(c) die Allokation niederer Produktionsfunktionen in Gebiete niedrigerer Produktionskosten;

(d) die Agglomeration innerhalb der Grenzen größerer ökonomischer Regionen;

(e) die Transformation altindustrialisierter Räume;

(f) die Entwicklung sekundärer Milieus, die mittels interregionaler und internationaler Transport- und Computernetze verbunden sind und aus der Dezentralisierung einiger Forschungs- und Entwicklungstätigkeiten (F&E) und aus neuen Märkten entstehen.

Die Vielfalt dieser räumlichen Prozesse ergibt sich aus einer sehr widersprüchlichen Tendenz: Einerseits kommt es zu einer dynamischen aber ungleichen Entwicklung der sozial-räumlichen Arbeitsteilung, die auf den strategischen Bündnissen großer ökonomischer Gruppen und Konzerne basieren, die aber zu einer Diversifizierung des Raumes führen. Andererseits bilden sich aufgrund sehr komplexer Raumprozesse Knoten, die aus Standortentscheidungen dieser Gruppen und Konzerne entstehen, und damit diese Divergenzen wieder zusammenführen (BENKO & DUNFORD 1991, S. 23).

Dabei variieren die typischen Formen der Arbeitsverhältnisse und der industriellen Organisation hinsichtlich der verschiedenen Industriebranchen, selbst innerhalb einer gewissen Region. Sie bilden ein spezifisches Entwicklungsmodell, das selbstverständlich *territorialisiert* ist. Die sozialen Beziehungen, die insgesamt im sozialen Raum stattfinden, weiten sich dabei von einer Branche zur anderen aus. Damit ist ein Entwicklungsmodell so etwas wie ein *habitus*, wie ein Bündnis von kulturellen und sozialen Verfahren, das sich auf nationaler und/oder regionaler Ebene als institutionalisierter Kompromiß herausbildet (LIPIETZ & LEBORGNE 1988, S. 24).

Die theoretische Bedeutung der Regionalfrage besteht somit darin, daß sie die räumlichen Tätigkeiten als die wichtigste gesellschaftliche Regulationsform darstellt - und dies ist auch ein wesentlicher Beitrag des Regulationsansatzes (OßENBRÜGGE 1996, TRIGILIA 1991).

Vor etwa zwanzig Jahren wurden vor allem seitens des Staates und von meist transnationalen Konzernen Planungen großen Stils durchgeführt, die die strukturierte Produktion, die soziale Reproduktion und den Raum betrafen. Gegenwärtig scheint die Freiwilligkeit der sozialen Akteure in ihren rivalisierenden Anregungen das erste und das letzte Wort zu haben, und - man beachte! - diese große Umkehrung scheint auch die *neue* Wirtschaftsgeographie zu prägen. Da jedoch die Gesellschaft immer noch einer Gesamtheit entspricht, wird man auch weiterhin den Widerspruch zwischen unternehmerischer Subjektivität und gesellschaftlicher Kohärenz unbedingt regulieren müssen - auch und gerade in einer Phase der Krise, wenn man aus ihr wieder herauskommen will. Deshalb führt die Untersuchung der Regionalfrage zu dem Ergebnis, daß die Verkörperung räumlicher Tätigkeiten die erste Regulationsform überhaupt darstellt (LIPIETZ 1993a, S. 13).

Nach wie vor ist die kapitalistische Regionalentwicklung sehr dynamisch (TRIGILIA 1991). Um diese auch weiterhin zu erfassen, ist ein flexibles theoretisches Instrumentarium nötig (OßENBRÜGGE 1996). Auch wenn "der Regulationsansatz [...] noch lange nicht vollständig ausgebaut" (OßENBRÜGGE 1992, S. 127) ist, scheinen die Vorteile seiner Regionalanalyse gegenüber anderen Ansätzen deutlich.

3.3 Der Zusammenhang von Entwicklung, Energie und Umwelt als geographische Problematik

Viele Transformationen in der Natur entspringen einer Kombination von natürlichen Prozessen und menschlichem Handeln. Im Bereich der natürlichen Prozesse gibt es selbstverständlich solche, wie z.B. die großen geologischen Veränderungen, bei welchen das menschliche Handeln keine Rolle spielt. Andererseits aber sind jene zahlreich, in denen der Mensch der entscheidende Akteur ist, wie bei der übermäßigen Rodung der Wälder (REVIEW OF THE MONTH 1989, S. 2). Historisch und praktisch steht jedoch die Beziehung des Menschen zur Natur im Zentrum der gesellschaftlichen Tätigkeit: Das Leben und Überleben der Menschheit beruht letztendlich auf der Natur (SMITH & O'KEEFE 1985, S. 81). Dabei bilden die Wechselwirkungen zwischen Menschheit und Natur in ihrer räumlichen Interaktion den eigentlichen Gegenstand der Geographie, die sich so als integrative Umweltwissenschaft darstellt (BÄTZING 1991, SIMMONS 1990). Dies läßt sich besser verstehen, wenn der Begriff der Gesellschaftsformation verwendet wird.

3.3.1 Umwelt und Gesellschaftsformation

Eine *Gesellschaftsformation* ist, wie bereits erwähnt, eine komplexe Struktur sozialer Verhältnisse, die sich auf der Ebene ökonomischer, politisch-juristischer und ideologischer Instanzen miteinander verbinden. Sie ergibt sich aus der Artikulation zwischen den genannten Instanzen und den Produktionsverhältnissen und Produktionsweisen (GEIGER 1994, S. 239; LIPIETZ 1977, S. 20-21).

Die Gesellschaftsformation ist dynamisch. Einerseits ändert sich jede Produktionsweise in bezug auf ihre Reproduktion und ihre Beziehung zur gegenwärtig herrschenden kapitalistischen Produktionsweise. Andererseits aber verändert sich auch die herrschende Produktionsweise selbst. Die *transition* zwischen zwei Gesellschaftsformationen ist so ein *diachronischer Prozeß*. Dagegen stellt eine *articulation* die Beziehung zwischen zwei *synchronen* Produktionsweisen innerhalb ein und derselben Gesellschaftsformation dar (LIPIETZ 1977, S. 21, Fußnote Nr. 16).

In einer kapitalistischen Gesellschaftsformation basiert die materielle Produktion auf der natürlichen Basis und führt die voneinander getrennten sozialen und natürlichen Gegebenheiten zusammen. Die Vereinigung macht die soziale und natürliche Sphäre jedoch nicht miteinander identisch oder löst eine in der anderen auf. Beide sind auch nicht völlig voneinander geschieden. Sie stehen vielmehr in einem Verhältnis, das für die Gestaltung beider innerhalb des Produktionsprozesses verantwortlich ist. Dieses Verhältnis ist das Resultat einer rein sozialen Beziehung, und stellt sich in einer kapitalistischen Gesellschaft als ein Klassenverhältnis dar (SMITH & O'KEEFE 1985, S. 82).

Das Verhältnis zwischen Gesellschaft und Natur ist dabei asymmetrisch. Besonders in einer kapitalistischen Gesellschaftsformation wird die modifizierte Natur, d.h. die Umwelt, überwiegend von der Gesellschaft gestaltet - nicht umgekehrt. So entsteht aus der Interaktion zwischen ökonomischen und ökologischen Prozessen ein Widerspruch: Einerseits hängt der Akkumulationsprozeß von der ständigen Ressourcenverfügbarkeit ab und müßte damit auf eine Bewahrung der Natur zielen, andererseits aber ruft er auch Ressourcendegradierung und Abfallerzeugung hervor (BARBIER 1990, BINSWANGER et al. 1990).

Das Fehlen einer sozialwissenschaftlichen Theorie, die sich kritisch und fundiert mit der Problematik Gesellschaft vs. Natur auseinandersetzt, stellt vielleicht den wichtigsten Grund dar, warum die Sozialwissenschaften sich so schwer tun, wenn sie den sog. *Naturbegriff* behandeln.

So hat z.B. Marx keine systematische Theorie über die Natur hinterlassen. Trotzdem behaupten SMITH & O'KEEFE (1985, S. 80), daß in seinem Werk der Naturbegriff mit eingeschlossen sei. Marx' Kritik an der klassischen politischen Ökonomie zielt auf eine Theorie der kapitalistischen Gesellschaft - was in der Regel als historischer Materialismus bezeichnet wird. Mit dieser Theorie versucht Marx eine historische Erklärung zur Funktionsweise des Kapitalismus zu geben. Die bekannten Ergebnisse der Marx'schen Analyse besagen, daß die Gesellschaft ihre *sozialen* Strukturen schafft, damit sie ihre materielle Existenz aufrechterhalten kann. Und genau in diesem Kontext führt K. Marx den Begriff der *Natur* ein:

"Der Mensch lebt von der Natur, heißt: Die Natur ist sein Leib, mit dem er in beständigem Prozeß bleiben muß, um nicht zu sterben. Daß das physische und geistige Leben des Menschen mit der Natur zusammenhängt, hat keinen andren Sinn, als daß die Natur mit sich selbst zusammenhängt, denn der Mensch ist ein Teil der Natur" (MARX 1990a, S. 516).

Doch als Erklärung *per se* bleiben diese Erörterungen fragmentiert und unvollständig. Ein Naturbegriff ist im Werk von Marx eher implizit als explizit vorhanden (LEFF 1993). Versuche, den Naturbegriff etwas besser zu fassen, wurden in dieser Richtung - und sogar innerhalb der Geographie! - u.a. von Karl August Wittfogel[1] Anfang der 1920er Jahre unternommen:

"From the very beginning I was interested in cultural geography. That I got from Marx. In my first Marxist struggles in Berlin, about 1922, I sought to incorporate the natural factor into Marxism" (Wittfogel in GREFFRATH et al. 1980, S. 144).

Auch Alfred Schmidt[2] und die sog. *radical geography*[3] beschäftigten sich mit diesem Problem. Dabei geht die Argumentation der *radical geography* davon aus, daß Natur und Gesellschaft nicht voneinander getrennt werden können. Die Natur sei immer verbunden mit gesellschaftlichen Tätigkeiten (SMITH & O'KEEFE 1985, S. 80). Die Trennung von Natur und Gesellschaft wird allerdings in einer kapitalistischen Gesellschaftsformation propagiert, in der die Bourgeoisie - wie die herrschenden Klassen in allen vorhergehenden Formationen - ihre eigene Weltanschauung als die universelle Wahrheit verallgemeinert. In bezug auf das Verhältnis zwischen Gesellschaft und Natur dauert diese epistemologische Herrschaft der Bourgeoisie insofern an, als sie sich bis heute die Aufgabe zuschreibt, die Produktionskräfte zu organisieren - und dies scheinbar zugunsten der gesamten Menschheit und der ganzen Natur (BURGESS 1985, S. 72-73).

Doch gegenwärtig stellt sich die Frage, wie die industriekapitalistische Gesellschaftsformation die Umwelterhaltung weiterhin regulieren kann. Dieses Problem hat seine Ursache im Prozeß der Akkumulation des Kapitals, wodurch Kosten in dreifacher Hinsicht entstehen, die die Gesellschaft, zukünftige Generationen und die Umwelt belasten:

"Wenn die Anhäufung solcher Kosten bestimmte Schwellen überschreitet, führt dies zu schwerwiegenden Konsequenzen: zu sozialen Umwälzungen, intergenerativen Konflikten und zur Zerstörung der natürlichen Lebensgrundlagen" (SIMONIS 1989b, S. 1031).

---

1 Wittfogel untersuchte die Rolle des Naturfaktors in der Marx'schen Analyse der Geschichte (vgl. WITTFOGEL 1985); über das Leben und das Werk Wittfogels siehe PEET (1985a).

2 Bei Alfred Schmidt wird allerdings kritisiert, daß er in seinem Werk *Der Begriff der Natur in der Lehre von Marx* eine Marx'sche Kategorie zu verdeutlichen versucht, die tatsächlich nur implizit erscheint (vgl. SMITH & O'KEEFE 1985, S. 82).

3 Siehe hierzu v.a. BURGESS (1985), SMITH & O'KEEFE (1985) und WISNER (1978).

Im Prinzip widersprechen die historischen Erfahrungen mit der industriekapitalistischen Gesellschaftsformation dem Ziel, die Schonung der Natur mit den Gesellschaftsinteressen zu harmonisieren. Dies hängt damit zusammen, daß das Wirtschaftswachstum immer wieder an ökologische Grenzen stößt, so daß letztendlich die Kapitalakkumulation zur Umweltdegradierung führt[1].

3.3.2 Die Gesellschaftsformation und die Energiefrage

Hinsichtlich des Verhältnisses zur Natur spielt im Kapitalismus die Energiefrage eine außerordentlich wichtige Rolle. Grundsätzlich ist die Energieversorgung bei jeder Form von sozialer Tätigkeit in einer Gesellschaftsformation wesentlich und in jeder Formation rufen Energieverbrauch und -versorgung große Umweltbelastungen hervor. Nach der industriellen Revolution jedoch wurde die Energiefrage zur Kernfrage in sozialer wie in ökologischer Hinsicht (EVEREST 1990, S. 131).

Trotzdem wurde sie nie integrativ reflektiert. Ein wichtiger Grund dafür mag wohl darin liegen, daß die konventionelle Wirtschaftstheorie weiterhin von der Annahme ausgeht, die industrielle Produktion sei im Rahmen einer geschlossenen Ökonomie möglich, wobei die Energie zwischen den Produktionsmitteln aufgeteilt wird, bevor man sie konsumieren kann. Demgemäß wird eine solche Ökonomie als ein isoliertes System betrachtet, welches auf den Austausch mit anderen Systemen verzichten kann, um sein Gleichgewicht aufrechtzuerhalten. Eine solche Perspektive ist aus thermodynamischer Sicht nicht möglich. Hier wird statt dessen von einem offenen System ausgegangen, denn die thermodynamische Theorie besagt ja, daß ein System nur dann fähig sei, sich in einem gewissen Gleichgewicht zu erhalten, wenn es ständig einen *Energiezuwachs* von außen erhält und somit den *Energiewert* wiederherstellt, der innerhalb der Ökonomie konsumiert und zerstreut wurde (AMIR 1994). Die konventionelle Wirtschaftstheorie hat aber genau dies geleugnet.

Die Ökonomie eines offenen Systems besteht aus einem lebhaften Energie- und Stoffaustausch mit der Außenwelt. Ohne solche *inputs* kann es keine *outputs* geben, wie die Annahmen der Entropiegesetze zeigen. Damit laufen auch die Produktionsweisen einer Gesellschaftsformation nicht in einem isolierten System ab, sondern stehen in ständigem Energie- und Stoffaustausch mit der Umwelt (BINSWANGER 1993, S. 211).

Das gilt natürlich für die fossilen Brennstoffe, die dem zweiten thermodynamischen Satz unterliegen und sich auch dadurch auszeichnen, daß sie nicht-regenerierbare Energieträger sind. Doch auch für andere Energie- und Stoffaustauschprozesse ist, wie schon zu zeigen versucht wurde, der Entropiesatz anwendbar. So zeigt das Beispiel der Atomkraftindustrie, wie ur-

---

1 Vgl. BARBIER (1990), BOESLER (1994) und O'CONNOR (1993). Es soll darauf hingewiesen werden, daß dies nicht nur die kapitalistische Welt, sondern auch den sog. *real existierenden Sozialismus* betraf. Auch dort wurden die Konflikte zwischen Gesellschaft und Natur auf die Spitze getrieben, weil "der Realsozialismus [...] die kapitalistische Gesellschaft [...] nicht aufheben [konnte]. Er gehört selbst dem bürgerlichen warenproduzierenden System an" (KURZ 1994, S. 41); siehe hierzu auch HOBSBAWM (1994).

sprünglich lokale Probleme eine globale Dimension erreichen können und damit die Entropie erhöhen. Man denke nur an den Unfall in Tschernobyl. Ebenso haben regenerierbare Energietechnologien wichtige ökonomische, soziale und ökologische Auswirkungen. Das beste Beispiel dafür sind die großen Raumansprüche, die aus der Wasserkraft erwachsen und die zur Zerstörung des Lebensraumes lokaler Bevölkerungsgruppen und ökologischer Habitate führen (EVEREST 1990, S. 132). Insgesamt gesehen verursachen also alle regenerierbaren oder nichtregenerierbaren Energieressourcen unvermeidlicherweise Umweltprobleme.

3.3.3 Gesellschaftsformation, Energiesystem und Umwelt

Im Rahmen einer Gesellschaftsformation kommt es immer wieder zu Konflikten zwischen der Energieversorgung und der Umwelterhaltung (DARMSTADTER & FRI 1992, S. 47). Die Energie leistet einen wichtigen Beitrag, indem sie eine Gesellschaftsformation mit Diensten wie Heizung, Kochen und Beleuchtung versorgt sowie als Ressource des Produktionsprozesses zur Verfügung steht. Doch dabei beeinträchtigen die Kosten der Energie, darunter nicht nur die zur Produktion und Verwertung der Energie, sondern auch die sozialen und ökologischen Kosten (DARMSTADTER & FRI 1992), den Wohlstand dieser Gesellschaftsformation (HOLDREN 1990).

Die Lösung der Energieprobleme einer Gesellschaft - die eben die Begleichung der ökonomischen, aber auch der sozialen und ökologischen Kosten der Energieversorgung bedeutet - hängt zum großen Teil von den Technologien ab, die der Gesellschaft zur Verfügung stehen.

Seit der industriellen Revolution, insbesondere aber seit dem 19. Jahrhundert, haben sich die Energieträger von Wind, Wasser und Holz auf Kohle und danach auf Erdöl und Erdgas verlagert. Die Transformationen der Energiegewinnung entsprechen dabei drei Phasen der technologischen Entwicklung. Während der ersten Phase, welche zu Beginn des 18. Jahrhunderts begann, stellte die Dampfmaschine die dominierende Technologie dar. Durch die Entwicklung von Transportverbindungen und Fabrikmaschinen machte sie eine rapide Industrialisierung möglich. Gegen Ende des 19. Jahrhunderts änderte sich die industriekapitalistische Welt zum zweitenmal - diesmal durch die elektrische Energie, welche zur Entstehung des fordistischen Energiesystems führte (DAVIS 1990). Besonders zwischen 1890 und 1970, also bis zum Ende der zweiten Phase, blieben die Versorgungskosten und die Preise der Energie dabei mehr oder weniger beständig, wenn sie nicht gar sanken. Während dieses Zeitraumes wurden die sozialen und ökologischen Kosten mehr als lokale Mißstände oder zeitweilige Unannehmlichkeiten denn als konsequente Tendenzen interpretiert (vgl. HOLDREN 1990, S. 109; ODELL 1992, S. 296).

Am Ende des 20. Jahrhunderts stieg die kapitalistische Gesellschaft in eine dritte Phase der industriellen Revolution ein, die durch den Aufstieg des Computers, der optischen Elektronik und der Biotechnologie gekennzeichnet war. Welche Auswirkungen der technologische Wandel der dritten Phase auf die globalen Muster des Energieverbrauchs hat, ist noch unklar. Der Einsatz einzelner Technologien hängt in allen diesen Fällen von den Zielen ab, die sich die industriekapitalistische Gesellschaft in jeder Phase setzt (DAVIS 1990, S. 24).

Prinzipiell sollte ein Energiesystem für ein Mindestniveau an sozioökonomischem Wohlstand sorgen, aber gleichzeitig lokale und regionale Umweltprobleme vermeiden helfen (DARMSTADTER & FRI 1992, S. 46). Dabei ist auf jeden Fall zu bedenken, daß die Umwelt aber nur über eine begrenzte Fähigkeit verfügt, die Auswirkungen einzelner Energietechnologien abzupuffern (HOLDREN 1990, S. 111).

3.3.4 Das Entwicklungsmodell und das Energiesystem aus geographischer Sicht

Die Art und Gestaltung eines Entwicklungsprozesses ist eng mit der Kontrolle und dem Verbrauch von Energie verbunden, eine Verbindung, die sich auch geographisch ausdrückt. Diese These steht im Mittelpunkt der Überlegungen zu einer Analyse der Energiefrage (MANNERS 1964, OTREMBA 1960).

Die Entwicklung eines Landes oder einer Region basiert auf dem Verbrauch von Energieressourcen, die sich dort befinden; sie kann aber auch auf Energieressourcen beruhen, die dorthin transportiert werden. So stellt die Knappheit bzw. die Verfügbarkeit von Energieressourcen einen der wichtigsten Bestimmungsfaktoren bei der Regionalentwicklung dar (GEORGE 1950, MANNERS 1964).

Abbildung 6
Einflußfaktoren der regionalen Energieversorgung

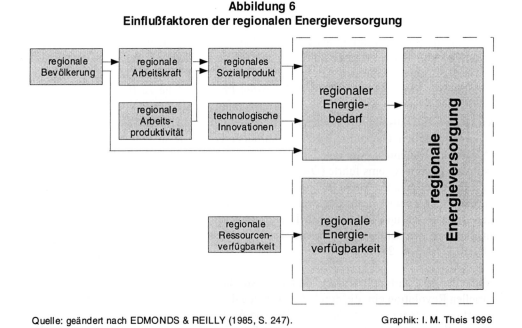

Quelle: geändert nach EDMONDS & REILLY (1985, S. 247). Graphik: I. M. Theis 1996

Als Folge der engen Verbindung zwischen Energieversorgung und Entwicklungsprozeß könnte man von einer hohen Korrelation zwischen dem Energieverbrauch und dem Lebensstandard eines Landes oder einer Region ausgehen (MANNERS 1964). Dies heißt jedoch nicht, daß ein niedrigerer Energieverbrauch unbedingt zur Unterentwicklung führen muß oder ein hoher Verbrauch Entwicklung kennzeichnet.

In der Regel gilt zwar, daß ein hohes Pro-Kopf-Einkommen von einem ebenso hohen Energieverbrauch begleitet wird. Dies muß jedoch nicht notwendigerweise die Produktion hoher Energiemengen innerhalb der Grenzen eines bestimmten Gebietes bedeuten. Denn dort, wo andere Faktoren die industrielle und ökonomische Produktion begünstigen, können die erforderlichen Energieressourcen auch importiert werden. Selbst wenn in Regionen mit hohem Energieverbrauch die lokalen Ressourcen erschöpft sind, wird zuerst nach anderen Energiealternativen durch Import gesucht, bevor sich die Produktion von dort auf eine mit Energiequellen besser ausgestattete Region verlagert (GEORGE 1950, MANNERS 1964).

Die Unterschiede zwischen Regionen, die Energie produzieren und solchen, die Energie konsumieren, beruhen auf Verbindungen der Energieübertragung von ihrer Quelle zu den Verbrauchsorten. Die Energie ist damit ein kritischer Faktor innerhalb des ökonomischen Prozesses (MANNERS 1964). Ihr Einsatz ist eng verbunden mit

(a) der Art des Entwicklungsprozesses,

(b) den räumlichen Veränderungen des Lebensstandards und

(c) den räumlichen Interaktionen sozioökonomischer Faktoren.

Obwohl die Wirtschaftsgeographie versucht, in Beschreibung und Analyse den räumlichen Charakter des ökonomischen Prozesses darzustellen, widmet sie erstaunlicherweise der Untersuchung des Gegenstandes *Energie* nur wenig Aufmerksamkeit[1]. Doch die Energie hat eine fundamentale wirtschaftsgeographische Bedeutung: CLAVAL (1991, S. 278) z.B. weist darauf hin, daß bei der Standortwahl der Industriebetriebe die optimale Allokation der ökonomischen Tätigkeiten wesentlich ist. Dabei kommt der Energie eine wichtige Rolle zu, weil sie durch die Verfügbarkeit von Erdöl und Strom entscheidend dazu beiträgt, wo die Produktion stattfinden kann. Nach BRÜCHER (1982, S. 45) ist die *Energieorientierung* als Standortfaktor angeblich in der letzten Zeit stark zurückgegangen, und zwar deswegen, weil der Energieverbrauch pro Produktionseinheit entscheidend gesenkt werden konnte. Trotzdem bleibt die Energiefrage weiterhin wesentlich, da nicht der Umfang, sondern die Notwendigkeit von Energie im Produktionsprozeß entscheidend ist.

Bei der Behandlung der *Energiegeographie* sind drei Fragen wesentlich (GEORGE 1950, MANNERS 1964). Die erste bezieht sich auf die *Energieindustrien*: Wo befinden sich diese? Warum lokalisieren sie sich dort, wo sie sind? Variieren die hergestellten Energiemengen und -qualitäten von einem Ort zum anderen? Und variieren sie von Zeit zu Zeit? Stellen mögliche Variationen dabei Trends dar oder sind es Einzelfälle?

---

[1] GEORGE (1950), MANNERS (1964) und OTREMBA (1960) bilden dabei eine Ausnahme; als Ergänzung siehe auch BONBERG et al. (1986), GUYOL (1971), SEVETTE (1976) und SIMMONS (1987).

Die zweite Frage bezieht sich auf den *Energietransport*: Woher stammt die Energie? Wohin wird sie transportiert? Warum gibt es überhaupt einen Energietransfer? Wie wird die Energie transportiert? Variiert der Energietransport einer gewissen Strecke über die Zeit?

Die dritte Frage bezieht sich auf den *Energieverbrauch*: Welche geographischen Veränderungen kennzeichnen ein gegebenes Energieverbrauchsmuster? Aus welchen Ressourcen besteht das Energiesystem einer Region? Wie ändert sich dieses Energiesystems im Laufe der Zeit? Welches sind die wichtigsten zeitlichen und räumlichen Veränderungen des regionalen Energiesystems? In welchem Ausmaß sind diese Veränderungen mit der regionalen Entwicklung verbunden?

Die wichtigsten Fragen der Energiegeographie beziehen sich damit auf (a) die Energieproduktion, (b) den Energietransport und (c) den Energiekonsum. Dazu gibt es drei Wege, die die geographische Behandlung des Themas Energie erlauben:

Der erste Weg entspricht der Untersuchung eines einzelnen Energieträgers. Dabei wird nach der Geographie der Ressourcenreservoirs gefragt, nach der weltweiten Produktion, nach dem Transport und natürlich nach den Konsummärkten, so daß daraus ein Bild der räumlichen und zeitlichen Merkmale dieses Energieträgers entsteht.

Der zweite Weg führt zum Vergleich unterschiedlicher Energiesysteme; hier steht der Zusammenhang zwischen unterschiedlichen Energieträgern im Vordergrund. Die Aufmerksamkeit gilt hier der Frage, wo sich diese in verschiedenen Regionen befinden, wie ihre Transportnetze zwischen den Regionen strukturiert sind und welche Konsummärkte sie ansprechen. Von großer Bedeutung sind dabei natürlich die Faktoren, die die Produktion, den Transport und den Konsum von Energie in den unterschiedlichen Regionen beeinflussen.

Der dritte Weg beruht auf einer vertieften Analyse der Energiefrage. Er beachtet die Komplexität der Energieproblematik sowohl in bezug auf die einzelnen Energieträger als auch hinsichtlich eines gegebenen regionalen Energiesystems. Der Vergleich unterschiedlicher Energiesysteme erlaubt hier die Analyse der Faktoren, die tatsächlich ausschlaggebend sind (MANNERS 1964; OTREMBA 1960, S. 265-272).

Wesentlich ist für die Energiegeographie die Identifikation und Erklärung der Kräfte, die die räumliche Verteilung der Energieressourcen prägen. Dabei stehen der Standort der Energieressourcen, der Umfang der Vorräte bestimmter Energiequellen und die Qualität der Energieressourcen in bezug auf ihre Inwertsetzungsmöglichkeiten im Vordergrund (GEORGE 1950, MANNERS 1964).

In allen bisher vorgestellten energiegeographischen Konzeptionen fällt jedoch auf, daß in ihrer Struktur eine große Lücke klafft. Diese besteht in der Vernachlässigung der ökologischen Rahmenbedingungen der Energieversorgung. Wie MANKIN et al. (1981) zeigen konnten, läßt sich gerade die räumliche Dimension der Energieproblematik auf die regionalen Besonderheiten eines Energie-Umwelt-Konflikts zurückführen, der eingebunden ist in eine globale Dimension (EVEREST 1990, S. 131).

3.4 Die räumlichen Grundlagen des kapitalistischen Energiesystems

3.4.1 Die *geographische* Arbeitsteilung

Arbeitsteilung ist ein zugleich soziales und technisches Phänomen. In der Regel bezieht sich die technische Arbeitsteilung auf die Arbeitsteilung innerhalb eines Betriebs, während die soziale Arbeitsteilung auf die Vermittlung durch Märkte und Austauschprozesse zwischen einzelnen Firmen hinweist. Diese Differenzierung ist allerdings ziemlich verwirrend, da sie die Arbeitsteilung innerhalb einer Fabrik so interpretiert, als handle es sich um eine ausschließlich von technischen Bedingungen geprägte Form, während andererseits die soziale Arbeitsteilung so interpretiert wird, als wäre diese vollständig vom freien Markt bestimmt (SAYER & WALKER 1992, S. 16).

Aus geographischer Sicht sind, wie bereits erwähnt, zwei andere Perspektiven der Arbeitsteilung von großer Bedeutung: Die *horizontale* Arbeitsteilung differenziert zwischen Sektoren wie Landwirtschaft, Industrie und Dienstleistung, während sich die *vertikale* Arbeitsteilung in unterschiedlichen Qualifikationsniveaus innerhalb eines industriellen Sektors ausdrückt, auch in räumlicher Form (LIPIETZ 1989a).

Doch die Arbeitsteilung kann in der modernen industriekapitalistischen Gesellschaft noch in anderen zahlreichen Formen auftreten (SAYER & WALKER 1992, S. 16):

(a) Im Bereich der Familienarbeit teilt sie sich zwischen der Arbeit im Haushalt und der Reproduktion des wirtschaftlichen Fortbestandes auf.

(b) Diese Differenz zwischen Hausarbeit und Arbeit außerhalb des Hauses weist auf den Unterschied zwischen Subsistenzproduktion und einer kapitalistisch organisierten Warenproduktion hin.

(c) Daneben gibt es eine Arbeitsteilung zwischen einzelnen Branchen der *industriellen* Warenproduktion.

(d) Eine weitere Arbeitsteilung besteht zwischen den unterschiedlichen Stufen des Produktzyklusses einer Ware, der die verschiedenen Schritte zwischen Forschung, Entwicklung und Endproduktion umfaßt.

(e) Auch zwischen Produktion und Tausch, d.h. zwischen Industrie und Handel, besteht eine Arbeitsteilung.

(f) Ebenso kann man von einer Arbeitsteilung zwischen der Warenzirkulation und der Geldzirkulation, also zwischen Handel und Finanzen sprechen.

(g) Und schließlich gibt es noch eine Arbeitsteilung zwischen *administrativer* und direkter Produktionsarbeit.

Die Arbeitsteilung nimmt so in vielfältiger Hinsicht eine wichtige Stellung bei der Analyse eines Raumes, einer Region ein. Eine Region ist durch ihre unterschiedlichen ökonomischen Tätigkeiten in eine Vielfalt räumlicher Strukturen eingebettet, wobei jede dieser Strukturen aus unterschiedlichen Herrschafts- und Subordinationsformen besteht.

3.4.2 Räumliche Arbeitsteilung und der Gegensatz zwischen *lokal* und *global*

Die gegenwärtige Raumwirtschaft wird durch das begriffliche Gegensatzpaar von *lokal* und *global* geprägt, ein Gegensatz, der nicht nur auf unterschiedliche Untersuchungsgegenstände hinweist, sondern auch auf verschiedene Methoden. Die lokale Perspektive betrachtet eine *Region* aus ihrer internen Struktur heraus, um die Beziehungen zwischen der betrachteten und anderen Regionen zu erklären. Die globale Perspektive bestimmt den Platz einer Region innerhalb eines Kontextes verschiedener Regionen, so daß die betrachtete Region und ihre Merkmale als Produkt eines Interregionalismus erscheinen; sie beruft sich in ihren Analysen oft auf das Verhältnis zwischen *Zentrum* und *Peripherie* (LIPIETZ 1993a, S. 8). Damit steht, zusammengefaßt, eine globalorientierte Perspektive, die die interregionale oder internationale Arbeitsteilung betont, einer lokalorientierten gegenüber, die das endogene Potential der Regionalentwicklung in den Vordergrund stellt, wie dies z.B. bei den industriellen Distrikten der Fall ist.

Abgesehen von dem Widerspruch zwischen lokal und global, der natürlich permanent in dieser Arbeit präsent ist, soll hier vor allem der *Globalisierungsprozeß* und die Wechselbeziehungen zwischen der lokalen und globalen Dimension näher beleuchtet werden. Der Begriff Globalisierung, der heute immer wieder auftaucht, scheint dabei zweideutig zu sein. Zum einen wird er gebraucht, um die Entstehung bestimmter Formen der Wirtschaftsorganisation, die größere Gesamtheiten wie die internationale Arbeitsteilung umfassend zu erklären (NOLLER et al. 1994, SUSMAN & SCHUTZ 1983). Gleichzeitig aber weist er auf die Globalisierung von Modellen hin, die die gesamte gegenwärtige Weltökonomie erklären wollen (BENKO 1994, S. 59).

Der Globalisierungsprozeß ist in erster Linie ein ökonomischer[1], der aus einer zunehmenden Verflechtung von Märkten entsteht. Dabei wuchsen die *internationalen* ökonomischen Variablen in den letzten Jahrzehnten schneller als die *nationalen*, dies aufgrund unterschiedlicher Ursachen wie z.B. der beschleunigten Zunahme des internationalen Handels, der schneller wächst als die Produktion, und des raschen technologischen Wandels in den zentralkapitalistischen Ländern. Daraus ergab sich eine stärkere Integration innerhalb der Weltökonomie (AGOSÍN & TUSSIE 1993, GEIGER 1994, XINHUA 1992).

Es wird häufig behauptet, daß der Globalisierungsprozeß ein Phänomen der letzten zwanzig Jahre sei:

> "Globale Transformationen haben sich in den letzten beiden Jahrzehnten mehr denn je zuvor als richtungsweisend für die Gestaltung lokaler Wirtschaftswelten und Lebensräume erwiesen, [wobei] sich die ökonomischen Verhältnisse mit und durch die Krise der amerikanischen Hegemonie zunehmend internationalisiert haben" (Vgl. KEIL & KIPPER 1994, S. 84 sowie IANNI 1994 und MacCORMACK 1994).

---

1 "We have recently witnessed the emergence of [...] Globalization of Production" (GORDON 1988, S. 24).

Dennoch kann dieser Prozeß nur als Teil einer in sich selbst unvollendeten Geschichte betrachtet werden. Der Kapitalismus selbst entstand ja als ein spezifisches Moment der Errichtung des Weltmarktes. Im Laufe dieser Entwicklung trugen vor allem Großbritannien Mitte des 19. und die Vereinigten Staaten Mitte des 20. Jahrhunderts zur Ausdehnung des kapitalistischen Weltmarktes bei (PEET 1983, REVIEW OF THE MONTH 1992a).

Diese Ausdehnung, die als Globalisierungsprozeß bezeichnet werden kann, hat folgende Charakteristika[1]:

(a) Entstehung eines integrierten Marktes, in dem die kapitalistische Weltökonomie zu einer einzigen Produktions- und Tauschzone wird;

(b) Erhöhung und veränderte Kombination direkter Außeninvestitionen;

(c) Dominanz internationaler Konzerne, die in einer globalen Dimension die Entwicklung, Produktion und Distribution ihrer Produkte und Dienste betreiben;

(d) Internationalisierung und Deregulierung des Finanzwesens sowie die zunehmende Bedeutung derselben gegenüber der realen Produktion;

(e) Beschleunigung des technologischen Wandels;

(f) Einsatz neuer Informationstechnologien;

(g) Neue Interventionsformen von Nationalstaaten;

(h) Intensivierung des Kampfes zwischen den drei wichtigsten kapitalistischen Kräften um die internationale Hegemonie;

(i) Zunehmende Aufspaltung der kapitalistischen Weltökonomie zwischen *entwickelten* und *unterentwickelten* Gesellschaftsformationen;

(j) Zunahme des *gap* zwischen zentral- und peripherkapitalistischen Regionen;

(k) Zunehmende Bedeutung von Kultur als einem Produktionsfaktor;

(l) Nur schwach regulierte bzw. institutionalisierte Rahmenbedingungen die es erlauben, die ökonomischen und politischen wechselseitigen Abhängigkeiten in globalem Maßstab zu regulieren[2].

Der Globalisierungsprozeß an sich entspricht ja schon einem räumlichen Prozeß, doch die genannten Merkmale verstärken die Bedeutung der räumlichen Dimension mit den implizierten räumlichen Maßstäben.

---

1   Siehe hierzu vor allem AGOSÍN & TUSSIE (1993), BARFF (1995), BENKO (1994), GILL (1992), HIRST & THOMPSON (1992), KALDOR (1986) LEAVER (1989), PAINTER (1995), REVIEW OF THE MONTH (1992a, 1992b), ROBERTS (1995), SCHAMP (1993), STORPER (1992), STORPER & SCOTT (1986), THRIFT (1995) und XINHUA (1992).

2   Dieses Merkmal wird zum Teil in Frage gestellt, da "von einer widersprüchlichen Einheit regionaler, nationaler, supranationaler und globaler Regulationsweisen auszugehen" sei (NOLLER et al. 1994, S. 18).

Hier soll noch einmal auf die bereits erwähnte Standortfrage hingewiesen werden: Eine globale Ökonomie macht es für den einzelnen Betrieb unbedingt erforderlich, daß er neue Strategien entwickelt um den Zugang zum kapitalistischen Weltmarkt zu erreichen oder seine Partizipation an diesem zu erweitern[1]. Bezogen auf konkrete Produktionsräume ist so die Standortfrage direkt mit den Globalisierungsprozessen verbunden. In einem solchen Zusammenhang wird immer häufiger von *glocalization* gesprochen. Die *glocalized* Produktionsräume sind in vielen Regionen der zentralkapitalistischen Länder zu finden, aber es gibt inzwischen auch Spuren davon in peripherkapitalistischen Ländern wie Brasilien - z.B. in einigen Regionen des Bundesstaates São Paulo: São Carlos, São José dos Campos usw. (STORPER 1994a, S. 19; siehe auch SWYNGEDOUW 1992). Die neuen *glokalisierten* Produktionsräume entsprechen in der Regel den neuen industrialisierten Räumen, die sog. *new industrial spaces*, welche auf der lokalen Ebene eine starke Verbindung zur Weltökonomie entwickeln (vgl. BENKO 1994, CLAVAL 1991, STORPER & SCOTT 1989).

Die Bedeutung der räumlichen Maßstäbe des Globalisierungsprozesses ist jedoch nicht nur auf rein ökonomische Merkmale begrenzt. In der Tat werden mit dem Begriff *Globalisierung*

> "die globalisierten Beziehungen zwischen Nationen, Regionen, Institutionen und soziokulturellen Gruppen beschrieben als Erweiterung des Organisationsraumes von Produktion und Konsumtion zu einem Raum der *Markt-Welt* und als Differenzierung transnationaler Kulturen" (NOLLER et al. 1994, S. 14).

Globalisierung meint somit ein globales ökonomisches Handeln, aber auch "eine *Weise des Sich-in-Beziehung-Setzens mit der Raum-Welt*, die eine neuartige Verknüpfung von Lokalem und Globalem impliziert" (NOLLER et al. 1994, S. 14; s. auch HALDER 1996, S. 143-146).

Nach PRIGGE (1994) sind mehrere, sehr spezifische *Räumlichkeiten* aus dem Globalisierungsprozeß heraus entstanden. Hier lassen sich durchaus Unterschiede zwischen dem internationalen, nationalen und regionalen Raum erkennen. Wichtiger ist v.a., daß aus der Perspektive des Lokalen zahlreiche Differenzierungsmöglichkeiten gegeben sind. So kann man den Raum z.B. nach Sektoren gliedern, nach Lebenstilen, nach Ideologien, aufgrund von philosophisch-konzeptionellen Kategorien u.a.

Solche Gliederungen weisen auf Probleme hin, die in Zusammenhang mit der Globalisierung entstanden sind. Im Prinzip geht ja die konventionelle Sichtweise in der kapitalistischen Welt davon aus, daß die Globalisierung der letzten Jahrzehnte ein zu begrüßender Prozeß sei, der denen, die an ihm partizipieren, zahlreiche Vorteile bietet und denjenigen eine bessere Zukunft verspricht, die bisher noch nicht an ihm teilhatten. Eine empirisch und historisch fundierte Analyse des Globalisierungsprozesses zeigt jedoch das Gegenteil (REVIEW OF THE MONTH 1992b, S. 18), so daß sogar von einer Art *global apartheid* gesprochen werden könnte (FALK 1993, S. 629).

---

[1] Diese Strategien können in drei Schritten beschrieben werden: Entwicklung einer *core strategy*, die zunächst einmal innerhalb des Heimatlandes stattfindet; Internationalisierung der *core strategy* mittels der internationalen Ausdehnung der lokalen Tätigkeiten und durch Anpassungsprozesse; Globalisierung der internationalen Strategie (YIP 1989, MacCORMACK 1994).

Zweifelsohne brachte der Globalisierungsprozeß v.a. für die zentralkapitalistischen Länder viele ökonomische Vorteile, doch seine negativen sozialen und ökologischen Folgen werden immer deutlicher. So nimmt die Spaltung zwischen entwickelten und unterentwickelten Ländern zu, die Schere zwischen Reichtum und Armut wird immer größer (FALK 1993, REVIEW OF THE MONTH 1992b). Gleichzeitig führen Umweltprobleme, deren Ursachen immer vielfältiger werden, zu einer wachsenden Unsicherheit unseres Wissens hinsichtlich ihrer räumlichen und zeitlichen Auswirkungen (HARRIS 1991, MEYER & TURNER II 1995).

3.4.3 Globalisierungsprozesse und die gegenwärtige Bedeutung der Energiefrage

Was die Energiefrage betrifft, so führt der Globalisierungsprozeß zu einer Zunahme des Energieverbrauches. Dabei sind es überwiegend die zentralkapitalistischen Länder, welche für die bekannten ökologischen Nebenwirkungen verantwortlich gemacht werden:

> "So entstehen beispielsweise etwa 80 Prozent des global durch Energienutzung freigesetzten Kohlendioxids [...] bei der Verbrennung fossiler Brennstoffe in der nördlichen Hemisphäre. Die Industrieländer sind also eindeutig die Hauptverursacher des Treibhauseffektes" (SIMONIS 1991, S. 628).

Wenn auch hin und wieder an dem Vorhandensein eines einheitlichen Globalisierungsprozesses gezweifelt wird (vgl. GORDON 1988), so läßt sich doch beobachten, daß in der kapitalistischen Weltökonomie die Verzahnungen zwischen Produktionseinheiten, Regionen und Ländern intensiver werden. Gleichzeitig wächst auch die Globalisierung der sozialen und ökologischen Probleme: Die sozialen Disparitäten innerhalb und zwischen den Ländern werden größer und auch die Umweltprobleme verschärfen sich sowohl in den zentralkapitalistischen als auch in den peripheren Ländern. Diese ökonomischen, sozialen und ökologischen Bedingungen kontextualisieren auch die Energieversorgung im Rahmen der Globalisierungsprozesse. Hier erscheint die räumliche Perspektive der Energiefrage in neuem Licht[1].

Die ökonomischen Prozesse des fordistischen Entwicklungsmodells hatten zur Folge, daß das Energiesystem soziale und ökologische Konsequenzen auf globaler Ebene hervorrief, wie es sie nie zuvor gegeben hat. Dabei war und ist die industrielle wie auch die noch rein traditionelle Energieversorgung maßgeblich für zahlreiche Umweltschäden verantwortlich. Der *ökologische Übergang* der letzten hundert Jahre, der sich durch die Zunahme des Energieverbrauchs v.a. durch fossile Brennstoffe[2] auszeichnet, bedeutet nicht weniger als die Entstehung einer Zivilisation, die auf der Globalisierung von ökologischen und geochemischen Kräften beruht (HOLDREN 1990, S. 112).

---

1 Diese Situation bestand übrigens schon vor Beginn der Globalisierungsdebatte (HOCHHOLZER 1973).

2 "As a result of [...] global demand, fossil fuels are being depleted at a rate that is 100.000 times faster than they are being formed" (vgl. DAVIS 1990, S. 22).

Seit Anfang der 1970er Jahre zeigt sich jedoch in den Industrieländern ein deutlicher Trend zur Abkopplung des ökonomischen Wachstums, d.h. des BSP-Wachstums, vom Energieverbrauch. Eine Einheit des BSP kann heute mit weniger Energie hergestellt werden als noch zu Beginn der 1970er Jahre. Die Energieintensität nahm dabei von 1970 bis 1988 um 25% in den OECD-Ländern ab - obwohl diese Abnahme nicht zur Verminderung des Energieverbrauchs führte (BINSWANGER 1993, S. 229-230). So stellen die 1970er Jahre einen *turning point* dar. Nach jahrzehntelang gleichbleibenden oder gar sinkenden Kosten für Energie - auch bei Vernachlässigung der sozialen und ökologischen Kosten - wurde Energie in vielfacher Hinsicht wieder teurer und wertvoller bewertet (HOLDREN 1990, S. 110).

Aus dieser Situation können vielleicht sogar die untergeordneten sozialen Klassen und Gruppen einen Gewinn ziehen: "The advent of globalization need not be catastrophic, but its human prospects depend on struggle, resistance, and vision that are best guided by an attuned, if diverse, embryonic global civil society" (FALK 1993, S. 638).

3.4.4 Die Frage der Maßstabsebenen in peripher-fordistischen Energiesystemen

Bei der Behandlung einer Raum- bzw. Regionalproblematik stellt sich auch die Frage des Maßstabs. Aus praktischen Gründen werden in dieser Arbeit fünf dominante Maßstäbe unterschieden:

(a) die *Dimension einer Stadt*;

(b) die *Dimension einer Region*;

(c) die *Dimension eines Bundesstaates*;

(d) die *nationale Dimension*;

(e) die *globale Dimension*.

Obwohl man davon ausgehen muß, daß es zahlreiche Wechselbeziehungen zwischen den verschiedenen räumlichen Ebenen gibt[1], ist der Bezug auf einen *geographischen Maßstab* ein wesentliches methodologisches Instrument in der Geographie, welches die gesellschaftlichen Prozesse in einer bestimmten Region erklären kann (SCHÄTZL 1983, S. 322; SOUZA 1993, S. 88; LACOSTE 1990, S. 61). So weist die Maßstabsproblematik darauf hin,

> "daß die Grundkatgorien des Räumlichen - zumal im Blick auf den Menschen - nicht unabhängig von ihrer Skalierung zwischen kleinräumig/lokaler und weltweit/globaler Dimension sind, diese Skalierung aber nicht starr vorgegeben ist nach dem Muster Stadt-Land-Welt, sondern Erkenntnisobjekt über die Frage nach Relevanz und Wirksamkeit werden muß" (SANDNER 1993, S. 48).

---

[1] "As far as the geography of change is concerned, it is necessary to grasp the coexistence and combination of localising and globalising, centripetal and centrifugal, forces" (AMIN & ROBINS 1990, S. 28).

Geht man von einer nationalen Gesellschaftsformation aus, die durch ein spezifisches Entwicklungsmodell geprägt ist, so stellt sich die Frage, wie sich die Energieproblematik auf regionaler Ebene darstellt.

Als Ausgangspunkt ist hier die Dialektik anzusehen, die zwischen den räumlichen Produktionsverhältnissen und den Verhältnissen zwischen sozialen Klassen und Gruppen besteht: So ist die geographische Dimension die Kondition der regionalen Produktionsprozesse, die sich über die Relationen zwischen Kapital und Arbeit explizit machen läßt (JOHNSTON 1986, S. 269); andererseits aber ist eine so veränderte geographische Einheit das Resultat der Produktion, die durch die Beziehung zwischen den Kapitalisten untereinander und zwischen Kapital und Arbeit entsteht (PEET 1987, S. 15). Aus diesen Widersprüchen bildet sich eine gewisse Regulationsform aus.

Damit beispielsweise die geeignetsten Energieressourcen in einem regionalen Energiesystem eingesetzt werden, zeigt sich ebenfalls eine bestimmte Regulationsform als notwendig: Regulationsformen, die die sozialen und ökologischen Konditionen der Energieversorgung berücksichtigen, können so zur Minimierung von ökonomischen, sozialen und ökologischen Kosten auf mehreren räumlichen Ebenen führen, selbst wenn sie die widersprüchlichen Gesellschaftsverhältnisse auf regionaler und nationaler Ebene nicht auflösen werden. Welche Regulationsformen unter diesen Bedingungen schließlich entstehen, hängt z.T. von den spezifischen physischen und soziopolitischen Bedingungen einzelner Regionen ab, zum größeren Teil jedoch von den politisch-ökonomischen Rahmenbedingungen auf nationaler Ebene, insbesondere von den demokratischen Entscheidungen der Gesellschaft (WOOLF 1993, S. 26). Die Grundvoraussetzung einer Untersuchung der Energieproblematik auf regionaler Ebene beruht dabei immer wesentlich darauf, wie eine nationale Gesellschaftsformation regional wirksam wird.

* * * * *

Die Kombination von Entwicklung und Energie im räumlichen Kontext hat es möglich gemacht, den Zusammenhang von Gesellschaftsformation, Energiesystem und Umwelt konkreter zu fassen. Entwicklungsmodell und Energiesystem, die in dialektischer Weise zueinander in Beziehung stehen und ihre Synthese im konkreten Raum finden, lassen sich so als theoretische Konstrukte in die geographische Debatte einbringen.

Aus wirtschaftsgeographischer Sicht eröffnet sich damit die Möglichkeit, mit Hilfe des Regulationsansatzes die Energiefrage am konkreten Fall des Itajaítals im südbrasilianischen Bundesstaat Santa Catarina zu analysieren. Da es bisher leider nur wenige empirische Arbeiten gibt, in denen dieser Ansatz mittels eines kohärenten, in sich geschlossenen und methodologisch fundierten Instrumentariums eingesetzt wurde, ist es notwendig, zunächst die methodologischen Grundlagen, die praktischen Arbeitstechniken, die analytischen Modellvorstellungen sowie die daraus folgenden konkreten Arbeitsschritte der Untersuchung herzuleiten.

4 METHODOLOGIE, UNTERSUCHUNGSMETHODEN UND ARBEITSTECHNIKEN

Während die ersten drei Kapitel sich rein theoretischen Fragen zum Komplex von Entwicklung, Energie und Raum gewidmet haben, stellt dieses Kapitel die Arbeitstechniken vor, welche in der folgenden Fallstudie zum mittleren Itajaítal angewandt wurden. Methodologische Ausgangsbasis ist dafür das Prinzip der Dialektik. Daneben wird ein analytisches Modell zur Untersuchung des regionalen Energiesystems präsentiert, mit Hilfe dessen die auf verschiedene Art und Weise erhobenen Daten interpretiert werden sollen.

4.1 Kurze Einleitung

Die Grundvoraussetzung einer Dissertation ist zweifellos ihr *wissenschaftlicher Charakter*. Da das wissenschaftstheoretische Verständnis jedoch sehr unterschiedlich ist, sind zwei Bemerkungen an dieser Stelle angebracht.

Erstens soll darauf hingewiesen werden, daß in der modernen Wissenschaft häufig der Eindruck erweckt wird, daß mit Hilfe von wissenschaftlichen Methoden *objektive*, *neutrale* und *universelle* Kenntnisse gewonnen werden können. Dieser Eindruck läßt sich aus philosophischen und politischen Gründen schon seit langem widerlegen, jetzt kann er aber auch aus ökologischen Gründen erfolgen:

> "modern science is [...] reductionist. Its reductionist nature undergrids an economic structure based on private enterprise [...] aimed at capital accumulation and profit maximization regardless of the exploitation [...] of workers. Reductionist science is also at the door of the growing ecological crisis, because it entails a transformation of nature such that the processes [...] and the regenerative capacity of nature are destroyed" (SHIVA 1987, S. 243).

Zwar kann eine Arbeit nicht ohne Hilfe wissenschaftlicher Methoden entstehen, doch ihre Kenntnisse lassen sich nicht als *objektiv*, *neutral* und *universell* bezeichnen. Letztendlich sind es persönliche Werte und die eigene Weltanschauung, die hinter den Ergebnissen eines Wissenschaftlers stehen. Das Beispiel eines der bedeutendsten Vertreter der *Dependenztheorie*, Fernando Henrique Cardoso, macht dies deutlich:

> "In these analyses [...] there is no presumption of *scientific neutrality*. They are to be considered more *true* because they [...] grasp the meaning of historical movement and help to negate a given order of domination [...] They are therefore *explanatory because they are critical*. In any case, there is no intention to put *arbitrary* in place of *objective* knowledge. What is intended is an approach that accepts and starts from the idea that history is movement" (CARDOSO 1977, S. 16).

Wenn also die vorliegende Arbeit als eine wissenschaftliche bezeichnet wird, dann in dem Sinne, daß wissenschaftliche Methoden angewendet wurden. Die Erklärungskraft der wissenschaftlichen Analyse erfolgt dabei aus einer kritischen Auseinandersetzung des Forschers mit seinem Forschungsgegenstand.

Zweitens soll darauf aufmerksam gemacht werden, daß sich im Laufe der letzten zwei Jahrzehnte eine Perspektive in der Anthropogeographie entwickelt hat, die den Anspruch auf Wissenschaftlichkeit auf der Basis einer kritischen Auseinandersetzung zwischen Subjekt und Objekt erhebt. Diese Perspektive wird als *political economy* bezeichnet (PEET & THRIFT 1989).

Der Begriff *politische Ökonomie* bedeutet dabei nicht, daß die Geographie eine Art Wirtschaftswissenschaft geworden ist. Vielmehr wird der Begriff Ökonomie in diesem weiteren Sinne als Sozialökonomie (*social economy*) oder Lebensweise (*way of life*) verstanden und begründet sich somit auf soziale Produktion. Diese wird jedoch nicht als ein neutrales Geschehen mit neutralen Akteuren, sondern als ein politisches Handeln in ökonomischer und sozialer Hinsicht interpretiert, das von den Angehörigen einer Klasse oder sozialen Gruppe getätigt wird. Auch wenn sich die *politische Ökonomie* auf ein weites Spektrum von Ideen bezieht, ist der Begriff um folgenden *Focus* herum angeordnet: Politisch-ökonomische Geographen betreiben ihr Fachgebiet als Teil einer allgemeinen, kritischen Theorie, wobei sie die soziale Produktion besonders hervorheben.

Die politisch-ökonomische Perspektive kann als Antithese zur konventionellen Geographie betrachtet werden. Diese basierte lange Zeit auf den Fundamenten des Umweltdeterminismus als einer geographischen Variante des Sozial-Darwinismus und führte über den Possibilismus bis hin zur theoretischen Ausprägung der Quantitativen Geographie. Die politisch-ökonomische Perspektive entwickelt sich v.a. über die Bewegung der *radical geography* in den späten 1960er Jahren (PEET & THRIFT 1989).

In den 1970er und 1980er Jahren konsolidierte sich die *radical geography* in der Anthropogeographie, und strahlte selbst in andere Sozialwissenschaften aus. Dabei umfaßte sie auch Themen, die außerhalb des rein sozioökonomischen Bereiches liegen. So fand die *political economy*-Perspektive z.B. Eingang in die Umweltdebatte, wo von einer *political economy of the environment*[1] gesprochen wird.

Festzuhalten ist damit, daß die Wissenschaftlichkeit anthropogeographischer Analysen aus einem politisch-ökonomischen Blickwinkel nicht nur durch die Anwendung *wissenschaftlicher Methoden* bestimmt wird, sondern in erster Linie durch die kritische Auseinandersetzung des Forschers mit seinem Untersuchungsobjekt. In dieser Hinsicht gibt es keineswegs neutrale Aussagen.

4.2 Dialektik als *Königsweg*

Die konventionelle Geographie bearbeitet die *geographische Substanz* mit empirischen Methoden und/oder mit abstrakten Modellen und Theorien. Dementsprechend sind induktive

---

1 In der Einleitung zu seiner Analyse über *nachhaltige Entwicklung* erklärte REDCLIFT (1989, S. 3): "The perspective adopted is that of political economy, in which the outcome of economic forces is clearly related to the behaviour of social classes and the role of the state in accumulation"; siehe hierzu auch MERCHANT (1992).

oder deduktive Methoden anzuwenden (LESER 1980, SANTOS 1986). Meistens jedoch muß der Wert dieser Methodologien in Frage gestellt werden, da sie immer nur einen Teil der Realität erfassen können.

Definitorisch ist die *Methodologie* die Lehre von den Methoden, von den wissenschaftlichen Verfahren (Methode + *logos* = Wort, Rede, Kunde). Dabei ist als *Methodik* ebenfalls die Lehre von Methoden zu verstehen und somit mit Methodologie vergleichbar.

Doch da Induktion und Deduktion für sich genommen kaum adäquat in der Geographie eingesetzt werden können, stellt sich die Frage, wie sich die *geographische Substanz* letztlich vollständig erfassen läßt?

In dieser Arbeit wird das Forschungsobjekt weder aus einer rein induktiven noch aus einer rein deduktiven Perspektive untersucht, sondern aus einer dialektischen. Die Dialektik bietet dabei die Möglichkeit, die geographische Substanz vollständig in ihrer historischen Entwicklung und in ihren aktuellen Konflikten zu erfassen und zu beleuchten.

Mit dem Begriff *Dialektik* wurden in den verschiedenen Epochen der Philosophiegeschichte sehr divergierende Vorstellungen verbunden, die alle nur darin übereinstimmen, daß sie ein bestimmtes methodologisches Verfahren bezeichnen. Platon z.B. nannte Dialektik die Methode der Diskussion kontroverser Auffassungen. Hegel entwickelte die Dialektik zur allgemeinen Methodik seiner spekulativen Philosophie. Die Opposition von These und Antithese sowie deren Verbindung in der Synthese stellte Hegel nicht als äußere, urteilende, sondern als innere, aus der Sache selbst sich entwickelnde Bewegung des Denkens dar. An Hegel schloß Marx an, dessen Dialektikbegriff die Theorie des Dialektischen Materialismus[1] prägte, der Hegel *vom Kopf auf die Füße* stellen sollte (ELSER et al. 1992, S. 86-88).

Was ist nun Dialektik? Um v.a. den häufigen Mißbrauch des Begriffes zu vermeiden, sollte zunächst klar gemacht werden, was Dialektik *nicht* ist:

> "Dialectics is not a rock-ribbed triad of thesis-antithesis-synthesis which serves as an all purpose explanation, nor does it provide a formula that enables us to praise or predict anything, nor is it the motor force of history. The dialectic as such explains nothing, proves nothing, predicts nothing, and causes nothing to happen" (OLLMAN 1986, S. 42).

In der Tat gibt es zahlreiche *wissenschaftliche* Arbeiten, die angeblich von einer dialektischen Perspektive ausgehen. Oft wird hier jedoch alles mögliche dem Dialektikbegriff zugeschrieben. Dadurch erscheint er dann in verfälschten Zusammenhängen. Doch "Dialektik als Kitt zu verwenden, der alles zusammenklebt, kann nicht als wissenschaftliche Vorgehensweise angesehen werden" (WAHSNER 1992, S. 569).

---

1 Unter dialektischer Materialismus versteht sich die philosophische Anschauung, nach der jede Entwicklung als Ergebnis der sich ständig dialektisch verwandelnden und in Wechselbeziehung zueinander stehenden Formen der Materie anzusehen ist (vgl. PEET & THRIFT 1989, S. 8).

Abbildung 7
Die Geschichte als Produkt dialektischer Entwicklung

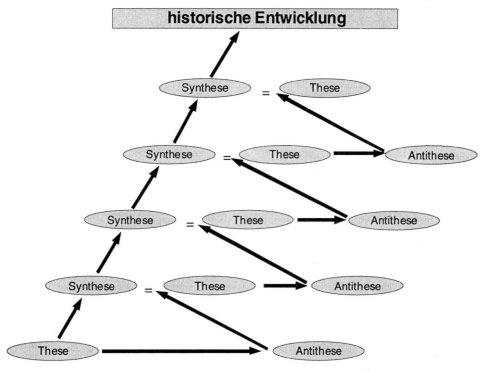

Quelle: geändert nach ARENDT (1989, S. 51).   Graphik: I. M. Theis 1996

Der ernsthafte Gebrauch des Dialektikbegriffes findet sich v.a. bei Marx und Engels, die, wie niemand zuvor, eine herausragende wissenschaftliche Position mit ihrer methodologischen Vorgehensweise erreicht haben. Sie beeinflußten damit nachhaltig die gesamte Sozialwissenschaft des 20. Jahrhunderts[1]. Dieser Einfluß muß bei der Behandlung der Dialektik entsprechend berücksichtigt werden. Was bedeutete Dialektik für Marx? Im Nachwort zur zweiten Auflage seines bekanntesten Werkes, *Das Kapital,* erinnert er zunächst daran, daß seine dialektische Methode das direkte Gegenteil der Hegelschen ist (MARX 1993, S. 27). In einer bekannten Passage erklärt er, daß die Dialektik im Hegelschen Sinne unter Mystifikation leide und daß sie aus dieser befreit werden müsse:

> "Die Mystifikation, welche die Dialektik in Hegels Händen erleidet, verhindert in keiner Weise, daß er ihre allgemeinen Bewegungsformen zuerst in umfassender und bewußter Weise dargestellt hat. Sie steht bei ihm auf dem Kopf. Man muß sie umstülpen, um den rationellen Kern in der mystischen Hülle zu entdecken" (MARX 1993, S. 27).

---

[1] Zur Bedeutung der *Dialektik* in den Sozialwissenschaften siehe u.a. WENTURIS et al. (1992, S. 282-308).

Der eigentliche Unterschied zwischen der Hegel'schen Dialektik und der, wie sie Marx formulierte, besteht darin, daß letzterer Bewegung und Geschichte in den Vordergrund stellt, so daß durch die Dialektik eine bestimmte historische Ordnung, die einmal entstanden ist, in sich auch ihre Negation hervorruft:

> "In ihrer mystifizierten Form ward die Dialektik deutsche Mode, weil sie das Bestehende zu verklären schien. In ihrer rationellen Gestalt ist sie dem Bürgertum und seinen doktrinären Wortführern ein Ärgernis und ein Greuel, weil sie in dem positiven Verständnis des Bestehenden zugleich auch das Verständnis seiner Negation, seines notwendigen Untergangs einschließt, jede gewordne Form im Flusse der Bewegung, also auch nach ihrer vergänglichen Seite auffaßt, sich durch nichts imponieren läßt, ihrem Wesen nach kritisch und revolutionär ist" (MARX 1993, S. 27-28).

Engels ist derjenige, der den Dialektikbegriff noch deutlicher erklärt hat. Im *Anti-Dühring* z.B. definiert er Dialektik als die Wissenschaft von den allgemeinen Bewegungs- und Entwicklungsgesetzen der Natur, der Menschengesellschaft und des Denkens (ENGELS 1990a, S. 131-132). In der *Dialektik der Natur* formulierte er dann die Gesetze der Dialektik, denen die Entwicklung der Menschengesellschaft und der Natur unterliegt:

> "Es ist also die Geschichte der Natur wie der menschlichen Gesellschaft, aus der die Gesetze der Dialektik abstrahiert werden. Sie sind eben nichts andres als die allgemeinsten Gesetze dieser beiden Phasen der geschichtlichen Entwicklung sowie des Denkens selbst. Und zwar reduzieren sie sich der Hauptsache nach auf drei[1]: das Gesetz des Umschlagens von Quantität in Qualität und umgekehrt; das Gesetz von der Durchdringung der Gegensätze; das Gesetz von der Negation der Negation" (ENGELS 1990b, S. 348).

Hier ist besonders bemerkenswert, daß Engels die Gültigkeit der Dialektik nicht nur in der Gesellschaft zu beweisen versuchte, sondern ebenso in der Natur[2], wie es in seinen *Notizen und Fragmenten* nachzuvollziehen ist (ENGELS 1990b, S. 481). Dabei entspricht die Dialektik selbst einer Wissenschaft, wie es im *Anti-Dühring* zu sehen war und wie es auch in seinen *Notizen und Fragmente* zu sehen ist:

> "die Dialektik [ist] als die Wissenschaft von den allgemeinsten Gesetzen *aller* Bewegung gefaßt worden. Es ist hierin eingeschlossen, daß ihre Gesetze Gültigkeit haben müssen für die Bewegung ebensosehr in der Natur und der Menschengeschichte wie für die Bewegung des Denkens" (ENGELS 1990b, S. 531).

Obwohl eine solche Formulierung sicher umstritten ist, muß anerkannt werden, daß es Engels' großes Ziel war, zu zeigen, "daß Natur, Gesellschaft und Denken von [erkennbaren] Gesetzen beherrscht werden, derart, daß das Bestehen der Welt aus sich heraus bewiesen werden kann, infolgedessen ein Schöpfer oder äußerer Beweger nicht benötigt wird" (WAHSNER 1992, S. 563).

---

1 Über die *drei Gesetze der Dialektik*, wie sie von Engels dargestellt worden sind, siehe SIMON (1990, S. 213).

2 Eine Wiederentdeckung dieses Aspektes des Engels'schen Dialektikbegriffes findet sich in SIMON (1990, S. 211): "In a world painted too often in blacks and whites, ecological dialectics colors the picture a more realistic gray".

Die moderne Sozialwissenschaft hat diesen Dialektikbegriff so übernommen, wie er von Marx und Engels formuliert wurde. Deshalb wurden aus der modernen dialektischen Perspektive Gesellschaften in Hinsicht auf die dominierenden Produktionsweisen, auf die Bewegungen der Produktionskräfte und -verhältnisse, die in einer Produktionsweise enthalten sind, und auf die resultierenden Transformationen von einer zur anderen Produktionsweise untersucht. Die Untersuchungen zeigen dabei, daß sich soziale Phänomene besser verstehen lassen, wenn auf ihre historische Dimension geachtet wird, d.h. zu untersuchen, wie sie entstehen und wie sie sich entwickelt haben sowie in welchen breiteren Kontext sie eingeordnet werden können.

Zu den innerhalb der Sozialwissenschaft des 20. Jahrhunderts bekanntesten Ansätzen, die von dem Dialektikbegriff Gebrauch gemacht haben, gehört auch die Dependenztheorie[1]. In der dialektischen Analyse werden hier die Bewegungen und Widersprüche im allgemeinen, darunter der Klassenkampf, die Reproduktion von Herrschaftsformen, die Verbindung und Opposition gegenseitiger Interessen, die politischen Bündnisse, v.a. aber die Prozesse ökonomischer bzw. sozialer Veränderungen bearbeitet. Damit steht die Untersuchung der widersprüchlichen und sehr dynamischen sozialen Verhältnisse im Vordergrund (CARDOSO 1977, S. 14).

In der allgemeinen Sozialwissenschaft konnten mit Gebrauch der Dialektik Prozesse und Interaktionen betrachtet werden, die sich innerhalb der verschiedenen Gesellschaftsformationen abspielen[2]. Sie bot damit ein methodologisches Instrument an, welches die dynamischen gesellschaftlichen Prozesse zu erfassen erlaubte (OLLMAN 1986).

Ebenso wird die dialektische Perspektive auch in der kritischen Geographie verwendet:

> "*Dialectics* is a way of theoretically capturing interaction and change, history as the struggle between opposites, with a conception of long-term dynamics in the form of non-teleological historical laws" (PEET & THRIFT 1989, S. 8).

In diesem Sinne ist die Dialektik das Entwicklungsprinzip der Wirklichkeit. Doch zugleich ist sie eben auch die Kunst der wissenschaftlichen Gesprächsführung; zudem noch eine Methodologie, die durch das Denken in Gegensatzbegriffen zur Erkenntnis gelangen möchte; und schließlich eine Forschungsmethodik, die vom Abstrakten zum Konkreten hinuntersteigt, um den Widersprüchen auf die Spur zu kommen (HOLTMANN 1986, S. 573).

Zu den dialektischen Ansätzen gehört auch der Regulationsansatz[3]. Dabei nimmt in der Regulationstheorie die charakteristische dialektische Spannung, die allen Erkenntnisprozessen zugrunde liegt, nicht die Form eines Gegensatzes von Theorie und Empirie an, die außerhalb

---

[1] "Unser Konzept zur Untersuchung von Gesellschaft, ihren Strukturen und Wandlungsprozessen ist ein dialektisches" (CARDOSO & FALETTO 1976, S. 210).

[2] Es soll hier nur an Nicholas Georgescu-Roegen erinnert werden: "dialectical reasoning can be correct and ought to be so" (GEORGESCU-ROEGEN 1966, S. 120).

[3] Der Regulationsansatz macht vom Dialektikbegriff in vielen verschiedenen Weisen Gebrauch. In Hinsicht auf die räumliche Problematik spricht LIPIETZ (1993a, S. 16) z.B. von einer *dialectic of local and global*!

des theoretischen Satzbaus liegt. Diese Spannung drückt sich vielmehr im Verhältnis zwischen Abstraktem und Konkretem innerhalb der Theorie aus. Mit anderen Worten: Die Spannung zwischen abstrakt und konkret ist in der Regulationstheorie nur eine scheinbare Opposition zwischen Theorie und Empirie. Denn auch hier vermittelt die Dialektik diese Beziehung und ermöglicht so eine kraftvolle Erklärung sozialer Regulationen. Es sind genau diese dialektischen Phasen, die aus einer Theorie etwas anderes machen als einfach die Darstellung von implizit enthaltenden Schlußfolgerungen (AGLIETTA 1979, S. 16).

4.3 Von der dialektischen Methodologie zu den Forschungsmethoden

Im *Nachwort* zur zweiten Auflage seines Werkes *Das Kapital* wies Karl Marx darauf hin, daß "sich die Darstellungsweise formell von der Forschungsweise unterscheiden" muß (MARX 1993, S. 27). Das bedeutet, daß zwischen der Methodologie, so wie sie im Unterkapitel 4.1 dargestellt wurde, und den Forschungsmethoden unterschieden werden muß.

Methode wird dazu definiert als ein planmäßiges, folgerichtiges Verfahren, Vorgehen und Handeln. Dies kann sich auf Arbeitsmethoden oder wissenschaftliche Methoden beziehen. Der Begriff *Methode* kommt aus dem Griechischen: *methodos* umschreibt den Gang einer Untersuchung. Er setzt sich zusammen aus *meta* = nach, hinter + *hodos* = Gang einer Untersuchung, so daß die Methode den *Weg zu etwas hin* beschreibt, ein *Nach-Gehen* also:

> "Das *Nach-Gehen* folgt einem Weg des Denkens oder Handelns, der zum Ziel geführt und sich so als Muster weiteren *Vorgehens* empfohlen hat. Je genauer man anzugeben vermag, was man sucht, desto näher liegt die Methode als Verfahrensprinzip, um das Gesuchte zu finden" (ELSER et al. 1992, S. 224).

In der Sozialwissenschaft gehören zu den Forschungsmethoden die Beobachtung, die teilnehmende Beobachtung, die Befragung, die Text- und Inhaltsanalyse, die Auswertung von Bibliographien usw. Sie beinhalten spezifische Techniken und Instrumente, die in Bezug gesetzt werden zum gesamten Forschungsablauf. Der Fragebogen ist also demnach keine Methode, sondern ein Instrument. In diesem Sinne kann es auch keine guten oder schlechten Fragebögen geben, sondern nur adäquate und nicht adäquate. Auch hier bestimmt die Perspektive, also die Forschungszielsetzung, in welcher Weise Instrumente verwendet werden können (ATTESLANDER 1986, S. 101; FRIEDRICHS 1973, S. 192-375).

Innerhalb der geographischen Fachwissenschaft ist die *Beobachtung* eine der wesentlichen Basismethoden überhaupt. In den geographischen Lehrbüchern werden zudem häufig Kartierung, Karteninterpretation, Luft- und Satellitenbildinterpretation, geomorphologische Geländeaufnahme, bodenkundliche Aufnahme, Vegetationsaufnahme, geländeklimatologische Aufnahme, Interviewtechniken und statistische Erhebungen und Interpretation als die wichtigsten Arbeitsmethoden der Geographie genannt (LESER 1980, SCHOLZ et al. 1979).

Die Methoden der Anthropogeographie, darunter die der Wirtschaftsgeographie, umfassen insbesondere Beobachtung, Interviews, Statistikauswertung, Kartierung, Karteninterpretation und Luftbildinterpretation.

Auch in der vorliegenden Arbeit wurden diese Untersuchungsmethoden berücksichtigt. So wurde eine ausführliche Datenerhebung vorgelegt. Diese beruft sich teilweise auf Sekundärdaten, die v.a. aus Regionalstatistiken und Fachmonographien sowie durch direkte Kontakte mit öffentlichen und privaten Institutionen erhalten wurden und Primärdaten, die durch Feldarbeit vor Ort gewonnen wurden.

Das Verfahren der statistischen Erhebung und Auswertung läßt sich dabei aus einer Dialektik zwischen Abstraktem und Konkretem heraus begründen. Es ist relativ einfach, aus der Theorie heraus einen bestimmten Forschungsgegenstand bzw. Sachverhalt zu konstruieren und ihn danach zu analysieren. Ein solches Vorgehen wäre in einem theoretischen Zirkel gefangen (siehe z.B. FRIEDRICHS 1973, S. 60-73). Ebenso einfach erscheint es, mit empirischen Untersuchungsstrategien ein Forschungsobjekt zu beschreiben. Dies wäre dann reiner *Empirismus*[1]. In der Dialektik zwischen Abstraktem und Konkretem jedoch liegt die Spannung zwischen Analyse und Beschreibung.

4.3.1 Forschungsmethoden zwischen Makro- und Mikrolevel

Diese Dialektik kann weder durch eine reine Makro-Analyse noch durch eine Mikro-Untersuchung erfaßt werden. Vielmehr sollte eine adäquate geographische Untersuchung den Mikrolevel analytisch nicht von der Betrachtung der Veränderungen auf globaler, nationaler und regionaler Ebene trennen (SLATER 1989, S. 280). Mikro- und Makroebenen müssen gleichzeitig in den Analysen anwesend sein. Dafür bietet die raumwirtschaftliche Analyse ein gutes Beispiel: Ihre Betrachtungsweise geht von der allgemeinen Dynamik der Produktionsweise aus und bewegt sich *top-down* in Richtung der regionalen bzw. lokalen Ebene, um deren spezifische Besonderheiten zu untersuchen. Aus dieser Lokalanalyse wiederum führt sie zurück auf die generalisierende Ebene. Hierzu aber wird ein Komplex intermediärer Variablen gebraucht, zu dem z.B. die industrielle Produktionsorganisation, verschiedene Arbeitsteilungen, die Arbeitsmarktprozesse, Technologien und die internationalen Kapitalflüsse gehören (STORPER & SCOTT 1986, S. 14).

Der Komplex intermediärer Variablen artikuliert die Beziehung zwischen Makro- und Mikroebene: Er stellt die Instrumente bereit, um eine Analyse auf einem Mesolevel durchzuführen und vermittelt so die makrogeographischen Prozesse mit konkreten mikrogeographischen Instanzen (SCOTT & STORPER 1986, S. 302).

Praktisch kann die Analyse dieser Artikulation zwischen Makro- und Mikroebene durch die gleichzeitige Erhebung von sekundären und primären Daten erfolgen. Dabei kommt es auch zu einer Kombination von quantitativen statistischen und qualitativen empirischen Daten, letztere gewonnen durch Verfahren der Qualitativen Sozialforschung (LAMNEK 1988, 1989; WITZEL 1982).

---

1 "Empirismus ist [...] entweder Unverständnis der Kriterien der empirischen Sozialforschung oder mehr oder minder bewußter Mißbrauch. Er liegt immer da vor, wo ein Theoriebezug nicht nachvollziehbar ist, wo knappe Mittel entscheidende Erhebungen verhindern, wo empirisch zusammengestellte Daten unter dem falschen Etikett der Wissenschaftlichkeit [...] verwertet werden" (ATTESLANDER 1986, S. 99).

An quantitativen Daten stehen zahlreiche statistische Veröffentlichungen zur Verfügung, wozu neben Statistiken, die im Rahmen von Befragungen erhoben werden, auch die amtliche und nichtamtliche Statistik gehören, die eine wichtige Quelle geographischer Arbeit darstellen. Dabei müssen in dieser Arbeit aber zwei Probleme berücksichtigt werden: Erstens handelt es sich bei statistischen Daten in Entwicklungsländern (eingeschlossen Brasilien) oft um Schätzungen oder Hochrechnungen, nicht unbedingt um exakte Erfassungen. Zweitens ist das Hauptproblem von Sekundärstatistiken für Geographen in der Regel, daß sie räumlich nicht tief genug gestaffelt sind. Um also räumlich und inhaltlich detaillierte Fragestellungen zu bearbeiten, muß entweder auf anderes Quellenmaterial oder auf eigene Erhebungen zurückgegriffen werden (GEBHARDT 1993, S. 99-100).

Der Einsatz empirischer Methoden erfolgt im Spannungsfeld zwischen Theorie und Praxis. Der Grad der Wissenschaftlichkeit dieser Daten ist dabei nicht so sehr an der Zielformulierung oder an der exakten Datenauswertung zu messen, sondern an der Analyse des Kontextes der sozialen Situationen, in denen diese Methoden angewandt werden. Wer also lediglich einzelne Techniken der Empirischen Sozialforschung, z.B. einen standardisierten Fragebogen, verwendet, kann zwar Antworten erhalten, die er auch auszählen kann. Wenn aber der Befragung keine theoretischen Konzepte zugrunde liegen, sind die so gewonnenen Ergebnisse weder verläßlich noch gültig (ATTESLANDER 1986, S. 99).

4.3.2 Forschungsmethoden im Regulationsansatz

Welche sind nun die im *Regulationansatz* gebräuchlichen Forschungsmethoden? Hier kann nur sehr kurz auf die wesentlichen methodischen Verfahren des Regulationsansatzes eingegangen werden. Schon in der Pionierarbeit von Michel Aglietta zeichnete sich die schon erwähnte Spannung zwischen Theorie und Empirie ab, die von der Dialektik vermittelt wird. Als Folge dieser permanenten Spannung entwickeln sich immer neue Oppositionen und Synthesen zwischen Abstraktem und Konkretem (AGLIETTA 1979). Damit nahmen auch die Regulationisten Abschied von einer einseitigen Bevorzugung von deduktiven oder induktiven Methoden und entwickelten eine begründete Verbindung zwischen theoretischer und empirischer Analyse (BRENNER & GLICK 1991).

Sie haben sich also bemüht, eine realistische Methodologie zu formulieren (HÜBNER 1990, JESSOP 1990). Diese basiert grundsätzlich auf den klassischen Texten der politischen Ökonomie von Karl Marx und betont die Rolle der Geschichte, die die dialektische Analyseperspektive begründet (AGLIETTA 1979, LIPIETZ 1989). Mit diesem methodologischen Hintergrund läßt sich der Regulationsansatz methodisch ausformen, indem die folgenden vier Schritte beachtet werden (BOYER 1990):

(a) Einsatz der Geschichtsschreibung, auch mit qualitativen Analysen und quantitativen Daten (z.B. Statistiken).

(b) Untersuchung der inneren Logik der Gesellschaftsformationen zur Aufdeckung des Charakters der sozialen Beziehungen und ökonomischen Strukturen jeder einzelnen untersuchten Gesellschaftsformation.

(c) Formulierung der Regulation institutionalisierter Kompromisse in Hinsicht auf die makroökonomische Entwicklung.

(d) Charakterisierung struktureller Krisen durch die Feststellung der Tendenzen von Wachstum und Schrumpfung in einem Akkumulationsregime.

Drei analytische Ebenen sind dabei zu berücksichtigen (HÜBNER 1990): (a) die Produktionsweise und ihre Artikulation, (b) das Akkumulationsregime als intermediäre Variable, (c) die Konfiguration institutioneller Formen als weitergehende intermediäre Analyseetappe.

Die drei Analyseebenen verhindern, daß bei der Untersuchung spezifischer Ereignisse nur allgemeine Aussagen gewonnen werden (LIPIETZ 1987b). Eine solche Untersuchungsart muß natürlich beim Versuch, den widersprüchlichen Charakter der Gesellschaftsverhältnisse aufzudecken, die *Raum-Zeit-Dimension* einschließen (BOYER 1990). Bezüglich des Raumes steht bei der Regulationsanalyse die Untersuchung nationaler sozio-ökonomischer Gesellschaftsformationen im Vordergrund, die im internationalen Wirtschaftsraum kontextualisiert und aus denen heraus auch die regionalen *arrangements* beleuchtet werden (ELAM 1990, LIPIETZ 1986c, 1987b). Zeitlich bevorzugt die Regulationsperspektive dabei mittel- und langfristige sozio-ökonomische Prozesse, die aber als Abfolge konjunktureller Ereignisse verstanden werden (HÜBNER 1990).

4.4 Die praktischen Arbeitstechniken

Für die Entwicklung einer kritischen geographischen Forschung, einschließlich der regulationsorientierten Perspektive, sind fundierte empirische und konkrete Sozialforschungen unerläßlich (OßENBRÜGGE 1996, PEET & THRIFT 1989). Zwei dominante Techniken empirischer Sozialforschung sind dabei der geschlossene Fragebogen (strukturiertes Interview) sowie das offene (unstrukturierte) Interview. Beim Fragebogen werden Inhalt, Anzahl und Reihenfolge der Fragen festgelegt, während beim unstrukturierten Interview lediglich ein Gesprächsleitfaden die Unterhaltung strukturiert (GEBHARDT 1993, S. 94). Für diese Arbeit wurden beide Arbeitstechniken gleichermaßen eingesetzt.

Beim Fragebogen ist zwischen geschlossenen Fragen, die dem Befragten mit der Frage gleichzeitig eine Reihe von Antwortmöglichkeiten vorgeben, aus denen er die für ihn zutreffende Alternative auswählen muß und offenen Fragen, bei denen der Antwortende entsprechend seines eigenen Gedankenablaufs reagieren kann, zu unterscheiden. Geschlossene Fragen bieten weniger Auswertungsprobleme[1], da sie direkt ausgezählt und dargestellt werden können, während offene Fragen erst noch kategorisiert werden müssen, ehe eine Auswertung und Darstellung möglich ist. Die schriftlichen Befragungen sind übrigens die häufigste Form von Interviews geworden. Sie erfolgt meist mit standardisierten Fragebögen, die persönlich überreicht werden.

---

1 Über *Auswertungsprobleme* siehe FRIEDRICHS (1973, S. 376-393).

Bei den unstrukturierten Interviews geht es als Forschungsinstrument um ein zwar planmäßiges, aber doch offenes Vorgehen, dessen wissenschaftliche Zielsetzung dazu dient, die Befragten durch eine Reihe gezielter Fragen zu verbalen Informationen zu veranlassen, die nicht unbedingt vom Befrager erwartet werden (GEBHARDT 1993, S. 94-97).

4.5 Entwurf eines analytischen Modells zur Untersuchung eines regionalen Energiesystems

In dieser Arbeit soll versucht werden, die Analyse von Entwicklung und Energie über die Strukturierung eines Modells vorzunehmen. Dazu erscheint es notwendig, kurz nochmal auf einzelne Aspekte des bisher Gesagten zurückzugreifen.

Ausgangspunkt ist das Konzept eines *Entwicklungsmodells*, so wie es LEBORGNE & LIPIETZ (1992a, 1994) definiert haben. Das Entwicklungsmodell bezieht sich in erster Linie auf die nationale Ebene (vgl. Kap. 1). Der Begriff *Energiesystem,* wie er von DEBEIR et al. (1991) definiert wird, wird als Schlüsselbegriff in dieser Arbeit eingesetzt. Wie bereits erwähnt, wird ein *Energiesystem* dabei in drei Bestandteile gegliedert, einen ökologischen, einen technologischen und einen sozioökonomischen (vgl. Kap. 2). Der Begriff *Region*, definiert nach LIPIETZ (1977) und LACOSTE (1990), umreißt die geographischen Rahmenbedingungen dieser Untersuchung, wobei die *Region* als ein Produkt interregionaler Verhältnisse innerhalb einer nationalen Gesellschaftsformation verstanden wird. Die Region wird dadurch in der Dimension der sozialen Verhältnisse erfaßt (vgl. Kap. 3).

Ein regionales Energiesystem scheint mit Hilfe dieser Begriffe adäquat erfaßbar zu sein. Verschiedene Modellansätze in dieser Richtung wurden bereits vorgelegt. Unter den einzelnen Versuchen, die die Energiefrage im Zusammenhang mit der dynamischen sozioökonomischen Entwicklung eines Landes oder einer Region auf den Raum bezogen behandeln, heben sich die Arbeiten von BROWN (1981), DARMSTADTER & FRI (1992), EDMONDS & REILLY (1985), GROSCURTH & KÜMMEL (1989) und MEYERS & SCHIPPER (1992) hervor. Ein Modell, das zur Analyse eines regionalen Energiesystems dienen soll, berücksichtigt dabei folgende Elemente:

Erstens: Die sozioökonomischen und energiewirtschaftlichen Rahmenbedingungen müssen auf nationaler und bundesstaatlicher Ebene erfaßt werden.

Zweitens: Makro- und Mikroebene müssen durch einen Komplex intermediärer Variablen miteinander verbunden sein. Dies kann über den Vergleich von regionalen und bundesstaatlichen Indikatoren wie Bevölkerungsdichte, Arbeitskraftdichte, Arbeitskraftbesatz, Pro-Kopf-Einkommen, Energieproduktion, Energieverbrauchsdichte, sektoraler Energieverbrauch und

Pro-Kopf-Energieverbrauch gegeben sein[1]. Dabei handelt es sich um eine Analyse auf dem Mesoelevel.

Drittens: Auf lokaler Ebene müssen die wesentlichen *sozialen Akteure* klar benannt sein. Welche dieser Akteure an dieser Stelle interessieren beschreibt SACHS (1980a, S. 305): "The actors are [...] easy to identify: enterprises, governments and people".

In vorliegendem Fall sind die Akteure die Industriebetriebe, die Munizipalverwaltungen und die NRO (siehe Unterkap. 7.1). Die Hauptindikatoren, die hier zur Energiewirtschaft verwendet werden, beziehen sich dabei auf die sozioökonomische, ökologische und technologische Dimension. Sie werden aus sozialräumlicher Sicht analysiert und miteinander verglichen.

4.6 Auswahl und Abgrenzung des Untersuchungsgebietes

Das Untersuchungsgebiet dieser Arbeit ist das Itajaítal. Die Abgrenzung dieses Gebietes ergibt sich dabei aus der Zielsetzung, das Energiesystem dieser Region aus sozioökonomischer Sicht zu untersuchen.

Bei dieser Abgrenzung spielen sowohl Kriterien aus dem Bereich der physisch-geographischen als auch der politisch-administrativen Faktoren eine Rolle, die mit den *sozioökonomischen* Faktoren zusammenhängen. Die politisch-administrativen Faktoren sind dabei im allgemeinen vom IBGE festgelegt. Sie entsprechen der Einteilung in Makro-, Meso- und Mikroregionen sowie Munizipien und haben überwiegend statistischen Wert. Sie bilden die Rahmenbedingungen für die Mehrheit aller regionalen Untersuchungen in Brasilien.

Der Anlaß für eine Abgrenzung der Region nach physischen Faktoren ist das Problem fortwährender Überschwemmungen im Itajaítal. Überschwemmungen gehören seit langem zur Geschichte des Tales. Doch die Art und Weise, wie sich diese Region nach dem Zweiten Weltkrieg entwickelt hat, führte dazu, daß die Folgen dieses Phänomens eine zunehmende Zahl von Einwohnern sowie einen steigenden Teil der ökonomischen Tätigkeiten betrafen. In der ersten Hälfte der 1980er Jahre wurde deshalb nach zwei großen Überschwemmungen an der *Universidade Regional de Blumenau* eine Arbeitsgruppe mit dem Ziel gegründet, dieses Problem näher zu untersuchen. Das *Projeto Crise*[2], wie diese Arbeitsgruppe benannt war, bestand zu Beginn nur aus Naturwissenschaftlern, später kamen auch Sozialwissenschaftler hinzu. Seine erste Aufgabe hatte es darin, das von Überschwemmungen betroffene Gebiet zu bestimmen. Dabei stellte sich schnell heraus, daß das Problem im Itajaítal auf das eigentliche Flußeinzugsgebiet beschränkt war. So konnte man sich nur dann der erwähnten Problematik nähern, wenn es gelänge, die natürlichen Grenzen des Phänomens zu umreißen.

---

1   Vgl. z.B. SCHÄTZL (1994, S. 51); zu sozioökonomischen Indikatoren siehe NOHLEN & NUSCHELER (1993c, S. 76-108). Eine kritische Auseinandersetzung mit Entwicklungsindikatoren im Allgemeinen findet sich in FURTADO (1984), GOULET (1992a), LACOSTE (1990) und SIMONIS (1989b).

2   Das *Projeto Crise* wurde 1995 in *Instituto de Pesquisas Ambientais* (also Institut für Umweltforschung) umbenannt.

Nach einer Einladung der Koordinatorin des *Projeto Crise,* Frau Prof. Frank, trat ich Ende der 1980er Jahre in die Arbeitsgruppe ein, nachdem ich mich mehrfach mit der Energiefrage als *Pesquisador* (Forscher) der *Universidade Regional de Blumenau* beschäftigt hatte. Innerhalb des *Projeto Crise* habe ich dann vor allem die Bedeutung der Energieversorgung im Zusammenhang mit der Regionalentwicklung im Itajaí-Tal zu untersuchen gehabt, wobei ökonomische, soziale und ökologische Auswirkungen von Energieproduktion und Energieverbrauch im Vordergrund standen.

Obwohl es eigentlich naheliegend wäre, aufgrund der Überschwemmungen in der vorliegenden Arbeit physisch-geographische Faktoren als entscheidend herauszuarbeiten, wurde jedoch von sozioökonomischen Kriterien ausgegangen. Der Hauptgrund dafür liegt in der Tatsache begründet, daß eine *Region* nach LACOSTE (1990) und LIPIETZ (1977) als eine von einer Gesellschaft geprägte Raumeinheit behandelt werden kann. Dabei spielt es kaum eine Rolle, ob eine Region dicht oder weniger dicht besiedelt ist, ob sie als naturfern, naturnah oder vielleicht sogar unberührt bezeichnet wird. Vielmehr ist das Hauptkriterium für eine solche Abgrenzung immer, wie sie aus gesellschaftlicher Sicht gesehen und inwertgesetzt wird. Dabei spielt es auch eine Rolle, in welchem Verhältnis eine spezifische Region zu den anderen Regionen steht, was im wesentlichen von der sozioökonomischen Entwicklung aller Regionen abhängt (siehe Kap. 3).

In der Großregion Südbrasilien - hier nach der politisch-administrativen Gliederung des IBGE - ist vor allem die Industrieproduktion ein wesentlicher ökonomischer Faktor. Dabei stellen Porto Alegre im Bundesstaat Rio Grande do Sul, Curitiba im Bundesstaat Paraná und Joinville und Blumenau im Bundesstaat Santa Catarina die vier wichtigsten Industriezentren dar.

Tabelle 3
Industrieller Wertschöpfung und Erwerbstätigkeit der wichtigsten Industriezentren Südbrasiliens 1980

Munizipien	Industrie-produktion[1]	Erwerbstätigkeit im industriellen Sektor	Veränderungen der industriellen Wertschöpfung 1970/1980 in %
Porto Alegre	51.547.328	70.163	155,6
Curitiba	42.967.529	61.918	312,1
Joinville	35.157.848	39.340	389,4
Blumenau	30.404.560	35.375	532,8

Quelle: IBGE (1990a, S. 266).

[1] Industrieproduktion wird an dieser Stelle als industrielle Wertschöpfung (= *valor de transformação industrial*) definiert und in Cr$ 1.000 des Jahres 1980 wiedergegeben.

In dieser Arbeit ist der Bezugspunkt die nach sozioökonomischen Kriterien ausgewählte Region des Munizips Blumenau. Die Tabelle 3 zeigt ganz deutlich, daß zwischen 1970 und 1980 die Region um Blumenau den größten Zuwachs unter den vier größten Industriezentren Südbrasiliens erfuhr.

In einem weiter gefaßten Kontext kommt auch KOHLHEPP (1968) zu einer Abgrenzung nach sozioökonomischen Kriterien. In seiner Arbeit, die als die wichtigste gilt, die in den letzten dreißig Jahren in deutscher Sprache über die Region geschrieben wurde, begründet er die Abgrenzung des Untersuchungsgebietes folgendermaßen:

> "Die Abgrenzung des hier betrachteten Gebietes ergibt sich für unsere Zielsetzung durch eine Kombination von physischen, anthropogeographischen und - nur in geringem Maße - politisch-administrativen Faktoren, die jedoch in großen Teilen eine überraschende, aber erklärbare Kongruenz aufweisen. Den entscheidenden Akzent setzt dabei als Hauptträger der Industrialisierung das deutschstämmige Bevölkerungselement, das im Nordosten quantitativ seine größte Konzentration in Santa Catarina erreicht" (KOHLHEPP 1968, S. 24).

Zu dieser Abgrenzung sind drei Anmerkungen notwendig: Erstens ergab sich die Gebietsabgrenzung für KOHLHEPP (1968) durch eine Kombination physischer, anthropogeographischer und politisch-administrativer Faktoren. Daß der anthropogeographische Faktor nicht hervorgehoben wurde, läßt sich leicht begründen, da die herrschenden sozialen und ökonomischen Verhältnisse wesentlich anders erschienen als sie heute sind. Zweitens umfaßte die damals untersuchte Region den gesamten Nordosten des Bundesstaates, so daß auch Joinville und Umgebung in die Untersuchung miteinbezogen wurden. Die dargestellte Tabelle zeigt jedoch, daß sich seitdem deutliche Veränderungen abgespielt haben; Joinville und Blumenau bildeten seit den 1970er und 1980er Jahren nicht nur in der offiziellen Statistik selbständige Industriezentren. Schließlich muß daran erinnert werden, daß bei KOHLHEPP (1968) die deutschstämmige Bevölkerung, die nach wie vor eine wichtige Rolle in der gesamten Regionalökonomie des Nordostens Santa Catarinas spielt, damals den eigentlichen *Focus* seiner Untersuchung ausmachte und somit ihr historisches Siedlungsgebiet der Schwerpunkt der Analyse war.

Zieht man diese Tatsachen in Betracht, so ergibt sich sowohl aus der Forschungstätigkeit des Verfassers der vorliegenden Arbeit als auch aus der Arbeit von KOHLHEPP (1968) die Begründung zur Auswahl und Abgrenzung der untersuchten Region: Die Region, die dieser Arbeit zugrunde liegt, gruppiert sich um das städtische Zentrum von Blumenau, dem alle Munizipien der Mikroregion Blumenau zugeschlagen wurden[1]. Da der wirtschaftliche Verflechtungsbereich der Stadt jedoch über die Grenze der Mikroregion hinausgeht, gehören zu diesem Einflußbereich im Westen noch die Munizipien Ibirama, Lontras und Rio do Sul entlang der BR 470 sowie Presidente Nereu an der SC 429, die in Lontras von der BR 470 abzweigt.

---

1   An dieser Stelle sollte darauf hingewiesen werden, daß der Verfasser dieser Arbeit in Blumenau geboren, aufgewachsen und beruflich tätig ist und somit über langjährige Kenntnisse in der Region verfügt.

Karte 1
Geographische Lage des Untersuchungsgebietes

Im Osten wurden in der vorliegenden Untersuchung noch die Munizipien Ilhota, Itajaí und Navegantes zugeschlagen, die direkte Anrainer des unteren Rio Itajaí sind und durch die Hafenfunktion von Itajaí direkt mit Blumenau verbunden sind. Das Munizip Massaranduba im Norden stellt einen gewissen Ausnahmefall dar, da es seine Zentralität zwischen Blumenau und Joinville teilt. Es wird hier aus pragmatischen Gründen mit dazugerechnet (wie dies die CELESC tut). Damit umfaßt das Untersuchungsgebiet folgende Munizipien: Apiúna, Ascurra, Benedito Novo, Blumenau, Botuverá, Brusque, Doutor Pedrinho, Gaspar, Guabiruba, Ibirama, Ilhota, Indaial, Itajaí, Lontras, Luiz Alves, Massaranduba, Navegantes, Pomerode, Presidente Nereu, Rio dos Cedros, Rio do Sul, Rodeio, Timbó und Vidal Ramos.

4.7 Die Durchführung der Felduntersuchung

Die Feldforschung dieser Untersuchung wurde zwischen Oktober 1994 und Februar 1995 in Brasilien durchgeführt. Die folgenden Ausführungen enthalten dabei die wichtigsten Ereignisse des Forschungsaufenthaltes.

4.7.1 Expertenbefragungen und Datensammlung

Während des Forschungsaufenthaltes erfolgten Expertengespräche und Datensammlungen vor allem in Rio de Janeiro, Blumenau, Florianópolis, in den Munizipien des Itajaítals und in Porto Alegre. Hinzu kamen Befragungen in Blumenau und Exkursionen in den Munizipien der untersuchten Region. Dank der Unterstützung einiger brasilianischer Kollegen konnten auch einige wichtige Daten von Institutionen aus Brasília, São Paulo, Campinas und Curitiba beschafft werden. Eine Übersicht über die einzelne Institutionen und Personen, die in fünf Orten, davon drei außerhalb des Itajaítales, befragt wurden, ist folgender Tabelle[1] zu entnehmen:

Tabelle 4
Befragte Institutionen in Brasilien

Ort	Institution
Rio de Janeiro	Petrobrás, IBGE, COPPE und IPPUR (Universidade Federal do Rio de Janeiro), FASE, IBASE, CEDI, Fundação Getúlio Vargas, Instituto Brasileiro de Administração Municipal
Porto Alegre	Núcleo de Energia (Universidade Federal do Rio Grande do Sul)
Florianópolis	Universidade Federal de Santa Catarina; CELESC; Eletrosul; Federação das Indústrias do Estado de Santa Catarina; IBAMA; BRDE; Infragás; Comissão Pastoral da Terra/SC; Secretaria Estadual de Ciência, Tecnologia, Minas e Energia; Secretaria Estadual de Planejamento; IBGE/SC; FATMA
Blumenau	Universidade Regional de Blumenau, Associação dos Municípios do Médio Vale do Itajaí, Associação Comercial e Industrial de Blumenau, Prefeitura Municipal de Blumenau, Gewerkschafts-Verbände, Unternehmer-Verbände, Industriebetriebe, NRO
Itajaítal	Präfekturen, Industriebetriebe und NRO in den Munizipien Apiúna, Ascurra, Benedito Novo, Blumenau, Botuverá, Brusque, Dr. Pedrinho, Gaspar, Guabiruba, Ibirama, Ilhota, Indaial, Itajaí, Lontras, Luiz Alves, Massaranduba, Navegantes, Pomerode, Presidente Nereu, Rio dos Cedros, Rio do Sul, Rodeio, Timbó, Vidal Ramos

Quelle: Eigene Zusammenstellung.

---

[1] An dieser Stelle soll darauf hingewiesen werden, daß Expertengespräche auch mit Prof. Tolmasquin und Prof. Schaeffer (*COPPE, UFRJ*) und mit Prof. Anildo Bristoti (*Núcleo de Energia, UFRGS*) sowie, nach einem Treffen in Paris im Juli 1994, auch ein Briefwechsel mit Prof. Michael Storper (*Planning Studies, UCLA*) geführt wurden.

4.7.2 Die empirischen Erhebungen vor Ort und die Kernpunkte der Befragungen

Im Rahmen der Feldarbeit wurden allgemeine Daten zur Energieproduktion, zum Energiekonsum, zu Stromproduktion und -konsum, zum Bau von Wasserkraftwerken und zum Verbrauch von Erdölderivaten gesammelt. Daneben wurden auch nationale Entwicklungspläne sowie Informationen zur Regionalentwicklung und zur Raumstruktur der Südregion Brasiliens und zu Santa Catarina im speziellen, v.a. zum BSP, zur Industrieproduktion, zum Außenhandel, zusammengestellt. Hinzu kamen allgemeine sozioökonomische Daten, Informationen zur Ausbeutung natürlicher Ressourcen, zur Umweltverschmutzung, zur Abfallentsorgung und zu den Waldreserven. Schließlich wurden begleitende Informationen zu den NRO erworben, die sich insbesondere mit Umweltschutzfragen beschäftigen.

Tabelle 5
Herkunft der Daten nach Institutionen und Orten

Ort	Institution
Brasília	Ministério das Minas e Energia, Ministério do Planejamento, Secretaria de Desenvolvimento Regional, Ministério do Meio Ambiente, IPEA, IBAMA, Eletrobrás
Rio de Janeiro	Petrobrás, IBGE, COPPE/Universidade Federal do Rio de Janeiro, FASE, IBASE, CEDI
Porto Alegre	Universidade Federal do Rio Grande do Sul
Florianópolis	Universidade Federal de Santa Catarina, Comissão Pastoral da Terra/ SC, Eletrosul, CELESC, Federação das Indústrias do Estado de Santa Catarina, Secretaria Estadual de Ciência, Tecnologia, Minas e Energia, Secretaria Estadual de Planejamento, FATMA
Blumenau	Universidade Regional de Blumenau und Associação Comercial e Industrial de Blumenau

Quelle: Eigene Zusammenstellung.

Über Fragebögen[1] bzw. halbstrukturierte Interviews wurde der aktuelle Stand der Kenntnisse zur Energiesituation, die Rolle des öffentlichen Sektors auf Landes- und Gemeindeebene in der Industriepolitik und Energiewirtschaft, die Interessen der Unternehmen und der bürgerlichen Gesellschaft sowie die Bedeutung der Umwelt ermittelt. Dabei wurden befragt: (a) alle 24 Munizipalverwaltungen der Untersuchungsregion, (b) sechs Industriebetriebe, und (c) 10 NRO im Vale do Itajaí.

Zum Untersuchungsschwerpunkt Regionalentwicklung und Energieversorgung wurden insgesamt 9 Interviews mit Angestellten des öffentlichen Dienstes sowie mit Energieexperten in folgenden Institutionen durchgeführt:

---

1 Die Fragebögen befinden sich im Anhang.

(a) PPE/COPPE/UFRJ (Programa de Planejamento Energético/Coordenação dos Programas de Pós-Graduação em Engenharia/Universidade Federal do Rio de Janeiro),

(b) ELETROSUL (Centrais Elétricas do Sul do Brasil S/A, agência de Florianópolis),

(c) CELESC (Centrais Elétricas de Santa Catarina S/A),

(d) FIESC (Federação das Indústrias do Estado de Santa Catarina),

(e) SCTME (Secretaria de Estado da Ciência e Tecnologia, das Minas e Energia),

(f) FATMA (Fundação de Amparo à Tecnologia e ao Meio Ambiente),

(g) ACIB (Associação Comercial e Industrial de Blumenau),

(h) AMMVI (Associação dos Municípios do Médio Vale do Itajaí),

(i) INFRAGÁS (Infraestrutura de Gás para a Região Sul).

* * * * *

Mit dem Ende dieses Kapitels sind sämtliche für diese Untersuchung notwendigen theoretischen und methodologischen Grundlagen gelegt und erörtert. Damit konnte der dialektische Zusammenhang zwischen Entwicklung, Energie und Raum in seiner Vielfältigkeit aber auch in seinem Spannungsreichtum zum Ausdruck gebracht werden. In den folgenden Kapiteln geht es nun darum, diese Dialektik von der abstrakt-theoretischen auf die konkrete Analyseebene zu übertragen.

Ausgegangen wird dabei von einer maßstäbig differenzierten Analyse von Entwicklung und Energie, die die globale, nationale und bundesstaatliche Ebene durchläuft, um sich schließlich der Fallstudie des Itajaítals, die im Rahmen dieser Ebenen interpretiert wird, zuzuwenden. Die Auswertung der empirischen Untersuchungen anhand der Leitkategorien Entwicklung und Energie steht im Mittelpunkt des nun folgenden zweiten Teils der Arbeit. Diese endet mit einem planungsorientierten Ausblick auf die zukünftige Energiesituation des Itajaítals, wozu der Entwurf eines sozial und ökologisch nachhaltigen Energiesystems vorgelegt wird.

5 RAHMENBEDINGUNGEN DER ENERGIEFRAGE: EIN ÜBERREGIONALER ÜBERBLICK

In diesem Kapitel werden die überregionalen Rahmenbedingungen der sog. *Energiefrage* erörtert. Zunächst werden *Entwicklung und Energie* auf globaler Ebene behandelt, wobei es vor allem um die Krise des fordistischen Entwicklungsmodells und die daraus resultierenden Folgen für das fordistische Energiesystem geht. Auf nationaler Ebene wird sodann das brasilianische peripher-fordistische Entwicklungsmodell untersucht, während auf bundesstaatlicher Ebene die Energiesituation in Santa Catarina analysiert wird.

5.1 Krise des fordistischen Entwicklungsmodells und Zuspitzung des Nord-Süd-Konfliktes: Entwicklung und Energie auf globaler Ebene[1]

Wie im zweiten Kapitel deutlich gemacht wurde, sollen in der vorliegenden Arbeit die Veränderungen der Energiesysteme *nach* dem zweitem Weltkrieg im Vordergrund stehen. Zu deren Abgrenzung wurde eine dreigeteilte *Periodisierung der Energiesysteme* vorgestellt, die sich an den Veränderungen der herrschenden Entwicklungsmodelle orientiert[2]. Die folgenden Ausführungen beziehen sich auf das *Energiesystem III*, bei dem es sich um das für die zentral-kapitalistischen Länder charakteristische Energiesystem handelt, das mit der Beendigung der Krise der 30er Jahre entstand und in engem Zusammenhang mit der Phase des *Fordismus* steht. Heute befindet sich dieses fordistische Energiesystem jedoch selbst in einer Krise, weshalb man davon ausgehen kann, daß es bald von einem neuen *Energiesystem IV* abgelöst werden wird.

Die philosophische Grundlage der industriekapitalistischen Gesellschaftsformation basiert auf dem Verhältnis zwischen Entwicklungsniveau, was in diesem Fall materielle Lebensqualität bedeutet, und Verfügbarkeit von Energie (COOK 1976): Je mehr Energie eine Gesellschaft verbraucht, desto *entwickelter* ist sie[3]. Daher ist es zunächst wichtig, die Entwicklung dieses Verhältnisses im Fordismus bis hin zur aktuellen Krise des fordistischen Energiesystems kurz zu beleuchten.

5.1.1 Die Entwicklung des fordistischen Energiesystems

Die *fordistische* Entwicklungsphase des kapitalistischen Energiesystems entspricht dem Zeitraum vom Ende des Zweiten Weltkriegs bis zum ersten Ölpreisschock im Jahre 1973 und verläuft somit parallel zu dem schon erwähnten Entwicklungsmodell des Fordismus.

---

1 Auf globaler Ebene werden Energiefragen seit 1924 im Rahmen der alle drei Jahre stattfindenden Weltenergiekonferenz behandelt, an der 79 Mitgliedsländer teilnehmen (vgl. OTT 1989). Außerdem gibt es seit 1974 auch eine *International Energy Agency*, die 23 Industrieländer vertritt (IEA o.J.).

2 Siehe z.B. GOLDEMBERG et al. (1987), HOGAN (1979), JORGENSON & WILCOXEN (1993) und ODELL (1989).

3 Ivan Illich wies zurecht darauf hin, daß ein von der Gesellschaft *gewählter* hoher Energieverbrauch nicht unbedingt Entwicklung bedeutet: "High quanta of energy degrade social relations just as inevitably as they destroy the physical milieu" (ILLICH 1974, S. 15).

Nach dem Zweiten Weltkrieg nahm der Weltenergieverbrauch aufgrund des rapiden Wirtschaftswachstums außerordentlich zu. Obgleich letzteres als Ursache des Weltenergieverbrauchs betrachtet werden muß (CLARK 1990), läßt sich umgekehrt auch argumentieren, daß "für den Prozeß der wirtschaftlichen Entwicklung der heutigen Industrieländer [...] die Ausweitung der Energiebasis eine entscheidende Voraussetzung" (CREMER 1986, S. 44) war. Zwischen 1945 und 1973 erlebte die Weltökonomie ihre höchste Energieintensität (ODELL 1989, S. 81), als eine kleine Gruppe reicher Länder in der kapitalistischen Weltökonomie eine Spätindustrialisierungsphase durchlief, die vorwiegend auf der Herstellung sehr energieintensiver Produkte, wie Automobilmotoren, dauerhafter Güter und petrochemischer Produkte, basierte. Als Ergebnis nahm der Energieverbrauch auf der Produktionsseite (*Angebotsseite*) dieser Ökonomien stark zu. Gleichzeitig stieg in diesen Ländern in einer noch dramatischeren Weise der Pro-Kopf-Energieverbrauch auf der Konsumptionsseite (*Nachfrageseite*). Während dieser Zeit kam es zu einer weitreichenden Ausbreitung der Urbanisierungsprozesse, der privaten und öffentlichen Massenverkehrsmittel, der elektrischen Geräte in den privaten Haushalten usw., was zu einer noch stärkeren Zunahme des Energieverbrauchs führte (ODELL 1989, JONES 1991, SACHS 1986). In diesem Kontext spielten vier Energieressourcen eine besondere Rolle: Während der Verbrauch von *Kohle* langsam abnahm, nahm der von *Erdöl*, begleitet von *Erdgas* und *elektrischer Energie*, ständig zu (AYRES & SCARLOTT 1952, CLARK 1974).

In den letzten zwei Jahrzehnten waren fast alle der weltweit wichtigsten Marktstörungen mit dem Erdöl verbunden. Die Gründe dafür liegen in der Natur dieser *commodity* und des entsprechenden Marktes. Der Erdölmarkt besitzt auf seiner Angebotsseite spezifische Merkmale, die ihn von anderen Märkten unterscheiden (MATTHIES 1993):

(a) Erdölreserven und besonders Erdölexporte sind stark auf politisch empfindliche Regionen konzentriert;

(b) Der Markt ist oligopolistisch[1].

Aber auch Nachfragefaktoren tragen zur Anfälligkeit des Erdölmarktes bei:

(c) Das Erdöl spielt die dominierende Rolle im Bereich der Energieversorgung;

(d) Erdöl ist kurzfristig nicht ersetzbar;

(e) Erdöl kann leicht gespeichert werden, was zur Folge hat, daß die Nachfrage intensiver als der Verbrauch schwankt.

Der Situation des Erdöls ist, im Gegensatz zu den meisten anderen Gütern, die im internationalen Markt getauscht werden, grundsätzlich vom Zustand der globalen politischen und militärischen Beziehungen, der sogenannten *Weltordnung*, abhängig. Die Vereinigten Staaten haben zahlreiche, eher militärische als politische Initiativen unternommen (HUBBARD 1991, S. 18), um die Lage im Mittleren Osten stabil und *freundlich*[2] zu halten, damit der Westen über

---

1 Die sog. *big four* der OPEC sind Kuwait, Libyen, Saudi Arabien und Venezuela (vgl. KRAPELS 1993).

2 Es ist jedoch bemerkenswert, daß gerade hier ein großer Meinungsunterschied zwischen den Vereinigten Staaten und Japan besteht: "Who will control the oil is a serious issue for the USA this

das Erdöl in dieser Region weiter verfügen kann (CLARK 1990, KRAPELS 1993, SCHURR & HOMAN 1971).

Bedenkt man, daß das bis 1973 herrschende *technologische Paradigma* die spezifischen Energiebedingungen widerspiegelte, unter denen sich die Vereinigten Staaten entwickelten, und die auf die übrigen Industrieländer sowie auf die NICs übertragen wurden, kann man von der *Internationalisierung des US-kapitalistischen Energiesystems* sprechen[1]. Neben Erdöl und Erdgas (PFLANZL 1990) nahm auch die Bedeutung der elektrischen Energie in den industriekapitalistischen Ländern ständig zu, da sich die Verbrauchsstrukturen aufgrund veränderter Akkumulationsregimes in diesen Ländern zugunsten elektrischer Konsumgüter revolutionierten. In der industriekapitalistischen Welt dominierte das Konsumptionsmodell des *American way of life*, basierend auf extensiver Elektrifizierung des täglichen Lebens (DEBEIR et al. 1991, HALL 1988).

Die industriekapitalistischen Länder erlebten in den 60er Jahren ein ständiges Wirtschaftswachstum auf der Basis billiger, ausreichender und ununterbrochener Energieversorgung. Sie erkannten die enge Verbindung zwischen Energieversorgung und Staatssicherheit. Das beschleunigte Wirtschaftswachstum mit seinem stark ansteigenden Energiekonsum vertiefte die Abhängigkeit von Energieimporten, wobei das Erdöl eine dominierende Stellung einnahm[2]. Im Fall der Vereinigten Staaten hängt der Energieverbrauch eindeutig stark von der industriellen Produktion ab (EROL & YU 1989, S. 410). 1968 wurden zum Beispiel etwa 42% des nationalen Energieverbrauchs in den Vereinigten Staaten für den industriellen Sektor benötigt (vgl. CLARK 1974, ROSS 1981). Die Energiestrategien der *affluent society* (GALBRAITH 1958) basierten im Grunde auf einem progressiven Wirtschaftswachstum. Aber die in dieser Gesellschaft dominierenden energieintensiven Industrien, wie Chemie-, Kunststoff- und Leichtmetallindustrie, sowie die Massenkonsumgüterindustrie führten auch zu sozioökonomischen und ökologischen Belastungen[3].

Aus sozioökonomischer Perspektive kostet die Energie die Vereinigten Staaten mehrere Milliarden Dollar mehr als die Endverbraucher direkt für Erdöl, Kohle, Erdgas oder Strom bezahlen. Diese Kosten umfassen im allgemeinen Steuerkredite (*tax credits*), Umweltdegradierung, wachsende Ausgaben zur Gesundheitserhaltung, Arbeitsplatzverluste usw. (vgl. HUBBARD 1991, SMIL 1993). Auch die ökologischen Kosten des Energieverbrauchs, darunter vor allem der fossilen Brennstoffe, sind nicht zu unterschätzen (HUBBARD 1991, KRAPELS

---

time. But it is not a serious issue for Japan. It is of course better that oil is in friendly hands. But experience tells us that whoever controls oil will be disposed to sell it" (Japanischer Generalkonsul Masamichi Hanabusa, zitiert in KRAPELS 1993).

1   Vgl. DEBEIR et al. (1991, S. 158); die Bedeutung der fossilen Brennstoffe für das US-Energiesystem wird in dieser Arbeit nicht weiter behandelt; siehe hierzu ILLICH (1974); dazu sowie über den Übergang von Holz zu Kohle und Erdöl, die Entstehung des Automobils und den Beginn der Massenproduktion siehe CLARK (1974), SCHURR & NETSCHERT (1960) und TILLMAN (1978).

2   Es wird bei einer Preiszunahme von US$ 5 für eine Tonne Erdöl geschätzt, daß das weltweite BSP-Wachstum um bis zu 1% fallen kann (KRAPELS 1993); über die Abhängigkeit industriekapitalistischer Länder vom Erdöl siehe auch CLARK (1990) und SCHURR & HOMAN (1971).

3   Vgl. CLARK (1990), GIBBONS (1991), HOWARTH (1991) und MINTZER (1990).

1993), wie die Diskussionen um den Treibhauseffekt deutlich machen (KATS 1990, NORDHAUS 1991).

Diese sozioökonomischen und ökologischen Belastungen führten sowohl in den Vereinigten Staaten als auch in den übrigen industriekapitalistischen Ländern zu einem erneuten Nachdenken über die Energiefrage. So hat sich herausgestellt, daß die Investitionen in Energieeffizienz während der 70er und 80er Jahre günstiger und kosteneffektiver waren als eine mögliche Ausweitung des gegenwärtigen Energieangebots (ALVARADO & IRIBARNE 1990, GIBBONS 1991). Dennoch darf nicht vergessen werden, daß es schon immer ein wesentliches Potential zur Aufnahme intensiver energieerhaltender Produktions- und Konsumptionsweisen gab (HOGAN 1979).

5.1.2 Disparitäten zwischen Energiesystemen zentraler und peripherer Gesellschaftsformationen

Die Einteilung der Länder in entwickelte und unterentwickelte, hier als zentral- und peripherkapitalistische Gesellschaftsformationen bezeichnet, spiegelt sich auch im Energieverbrauch wider. Die zentralkapitalistische Gesellschaft umfaßt kaum 23% der Weltbevölkerung, ist aber für 87% des Weltenergieverbrauchs verantwortlich (siehe Abbildung 8).

Abbildung 8
Weltbevölkerung und globaler Energieverbrauch   1990 (*)

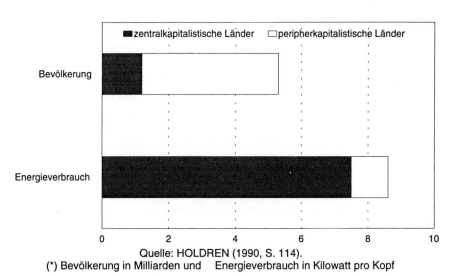

Quelle: HOLDREN (1990, S. 114).
(*) Bevölkerung in Milliarden und   Energieverbrauch in Kilowatt pro Kopf

"the fundamental reason why humans have unequal access to energy today lies in the imperialist relations which [...] remain the major fact of world society, determining the operation of all energy systems of the planet. These systems gradually entered into relations of interdependence [...] the condition for energy abundance in a small number of countries was energy scarcity for the majority of humanity" (DEBEIR et al. 1991, S. 135).

Die Unterschiede zwischen peripher- und zentralkapitalistischen Gesellschaften machen deutlich, wie extrem ungleich der Pro-Kopf-Energieverbrauch weltweit verteilt ist[1]. Der Pro-Kopf-Energieverbrauch peripherkapitalistischer Gesellschaften ist nicht nur ziemlich gering, ihre Energieversorgung hängt zudem im wesentlichen von qualitativ unterschiedlichen Energieressourcen wie Brennholz ab, die nur auf lokaler Ebene zugänglich sind und meistens zum Kochen und zur Beleuchtung dienen. Auf eine globale Ebene bezogen existieren diese Energieressourcen in größeren Mengen, da viele Menschen weltweit nur auf diese Weise über Energie verfügen (ODELL 1989, PACHAURI 1990).

Die Industrialisierungs- und Urbanisierungsprozesse der vergangenen Jahrzehnte, die vor allem auf Erdölderivaten basierten, führten auch in einem großen Teil der Länder der Dritten Welt zu einem hohen Energieverbrauch[2]. In der Tat prägten billige und ausreichende Energieressourcen im Zeitraum zwischen 1945 und dem Beginn der 70er Jahre die Hauptlinien der Wirtschaftspolitiken und Entwicklungsziele, nicht nur in den zentralkapitalistischen Ländern, sondern auch in großen Teilen der peripheren Länder (CLARK 1990). Letzten Endes war gerade das billige und reichlich verfügbare Erdöl die bevorzugte Energieware vieler peripherkapitalistischer Länder (KRAPELS 1993).

Die Gruppe der peripheren Länder hat eine höhere Energie/BSP-Elastizität als die zentralkapitalistischen Regionen. Diese Tatsache verstärkt die Hypothese, daß der Industrialisierungs- bzw. Entwicklungsprozeß zu einer Zunahme des Energieverbrauchs pro Produkteinheit (*unit of output*) führt, worin sich wiederum eine steigende Tendenz der Energieintensität in den peripherkapitalistischen Ländern zeigt (EDMONDS & REILLY 1985, LEVINE & MEYERS 1992). Die Antwort auf die Frage, weshalb peripherkapitalistische im Vergleich zu zentralkapitalistischen Ländern mehr Energie brauchen, um die gleiche Produktionseinheit herzustellen, liegt im technologischen Bereich. Aber sie verbindet sich im Grunde mit dem dominierenden fordistischen Wachstumsparadigma, das letzlich von den zentralkapitalistischen Ländern übernommen wurde (CREMER 1986, JANNUZZI 1990a).

Dank der weit fortgeschrittenen industriekapitalistischen Länder erfuhr die kapitalistische Weltökonomie zwischen 1950 und 1970 exponentielle Wachstumsraten. Billige Nahrungsmittel, Rohstoffe und Energie führten in diesen Ökonomien zu einem Boom und stießen einen raschen industriellen Fortschritt in peripherkapitalistischen Ländern wie Südkorea, Brasilien und Argentinien an. Ein nachhaltiges Wachstum in den Industrieländern schien so gesichert zu sein. Erwartungen eines stetigen Wirtschaftswachstums versprachen auch einen beispiellosen Wohlstand in den peripherkapitalistischen Ländern. Doch die dominierende Position der Vereinigten Staaten in der Weltwirtschaft, ein Produkt ihrer industriellen und militärischen Macht, wurde im Laufe der 60er Jahre zunehmend in Frage gestellt. Während der 70er und 80er

---

1   Vgl. SIEBERT (1990, S. 73); siehe auch COOK (1976), DEBEIR et al. (1991) und DICKENSON et al. (1985).

2   Siehe IMRAM & BARNES (1990), ODELL (1989), SAUNDERS & GANDHI (1995) und SOUSSAN (1988).

Jahre wurden die globalen Auswirkungen der ökonomischen und politischen Schwächen der USA immer mehr offenbar (CLARK 1990) und führten nicht nur zu einer Krise des fordistischen Entwicklungsmodells in den zentralkapitalistischen Ländern, sondern gleichzeitig auch zu einer Krise des fordistischen Energiesystems.

5.1.3 Krise des fordistischen Energiesystems

Eine neue Entwicklungsphase des kapitalistischen Energiesystems beginnt 1973 mit dem ersten Ölpreisschock, sozusagen als Reaktion auf die Krise des fordistischen Entwicklungsmodells bzw. des fordistischen Energiesystems. Die Entwicklung der Weltökonomie in den 70er Jahren hinterließ in den 80er und 90er Jahren deutliche Spuren sowohl in den *entwickelten* Ländern als auch in der Dritten Welt und übte einen wesentlichen Einfluß auf die jeweiligen Energiesysteme aus. Sie wurde von drei wichtigen Faktoren bedingt[1]:

(a) eine zunehmende Integration einzelner Nationalökonomien, die schon als Globalisierungsprozeß bezeichnet wurde;

(b) der Aufstieg liberal-produktivistischer Wirtschaftsstrategien, vor allem in den Vereinigten Staaten[2] und in England, als Antwort auf das krisengeschüttelte fordistische Entwicklungsmodell;

(c) die steigende Wahrnehmung einer globalen Umweltkrise.

Die bereits im dritten Kapitel behandelten Globalisierungsprozesse sind deshalb von Bedeutung, weil sie durch die *neue internationale Arbeitsteilung* (CASTELLS 1993, HIRSCH 1993) sowohl auf nationaler als auch auf regionaler Ebene unterschiedliche Auswirkungen auf die verschiedenen Räume der Weltökonomie hervorriefen. Besonders wichtig erscheint hier jedoch die Tatsache, daß diese zunehmende Integration bestimmter National- und Regionalökonomien eng mit dem zweiten Faktor, den Wirtschaftsstrategien der zentralkapitalistischen Länder, verknüpft ist (AGLIETTA 1993). Die sogenannten *liberal-produktivistischen* Wirtschaftsstrategien der wichtigsten zentralkapitalistischen Ökonomien waren auf nationalstaatlicher Ebene die Antwort auf die Krise des Fordismus (vgl. HIRSCH 1993, S. 198). Der *Liberal-Produktivismus* kann als eine Weltanschauung definiert werden, welche Ende der 70er Jahre den bedeutendsten Wandel in der Weltökonomie inspirierte und die Wirtschaftspolitik Margaret Thatchers in Großbritannien und Ronald Reagans in den Vereinigten Staaten kennzeichnete[3]. Diese Weltanschauung beherrschte die meisten *international economic*

---

1 Siehe hierzu u.a. BLEISCHWITZ (1991), EKINS (1992b), HENDERSON (1994a), LEYSHON (1992), SCHÜTZE (1995), TAYLOR & BUTTEL (1992), UHLIG (1992) und VIOLA & LEIS (1990).

2 Zur Bedeutung des Einflusses der US-amerikanischen Währungspolitik auf die kapitalistische Weltökonomie nach dem Zweitem Weltkrieg siehe AGLIETTA & ORLÉAN (1984).

3 Über die makroökonomischen Strategien der zentral-kapitalistischen Länder in der zweiten Hälfte der 70er bzw. ersten Hälfte der 80er Jahre siehe TAVARES (1992); über die Wirtschaftspolitik *M. Thatchers* siehe JESSOP et al. (1990) und MATTHEWS & MINFORD (1987); über die sog. *Reagonomics* siehe BLANCHARD (1987) und RAYACK (1987); über den *philosophischen Hintergrund* dieser *laissez-faire* Wirtschaftspolitik siehe KANTH (1986, 1992).

advisory and regulatory bodies wie die OECD, den IWF und die Weltbank (LIPIETZ 1992c, S. 30). Diese Wirtschaftspolitik hatte natürlich unterschiedliche Bedeutungen für zentralkapitalistische und peripherkapitalistische Länder. In der *entwickelten* Welt führte sie zu einer bis dahin unbekannten Konkurrenz zwischen transnationalen Konzernen[1] und insbesondere zwischen den bedeutendsten zentralkapitalistischen Regionen, d.h. Japan, Westeuropa und den Vereinigten Staaten (THUROW 1992).

In der Dritten Welt haben sich dagegen je nach Land unterschiedliche Folgen ergeben (DATTA 1993, SCHUTTE 1993). Die wichtigste dieser Folgen war ohne Zweifel die Verschuldungsproblematik[2]. Obwohl die Ansichten über die Zuspitzung der Auslandsverschuldung geteilt sind, sprechen wichtige Argumente dafür, daß die liberal-produktivistische Wirtschaftspolitik der zentralkapitalistischen Länder Anfang der 80er Jahre zur Verschlechterung der ökonomischen und sozialen Situation der Mehrheit der Entwicklungsländer führte[3]. Die Krise des Fordismus in der kapitalistischen Weltökonomie verlangte nach einer Lösung, welche von der liberal-produktivistischen Wirtschaftspolitik geboten wurde, deren Preis in den peripher-fordistischen Länder eine Verschärfung der Verschuldungsprobleme war:

> "Die Schuldenkrise der Dritten Welt ist die *Krise eines Entwicklungsmodells*, einer globalen Regulationsweise von Geld mit in alle Facetten des gesellschaftlichen Lebens ausstrahlenden Wirkungen" (ALTVATER 1992c, S. 219; siehe auch CORBRIDGE 1988).

Auch wenn sich die Verschuldungsproblematik in den einzelnen Ländern durchaus unterschiedlich ausdrückte, so kann man allgemein feststellen, daß die Verschuldungskrise allein nicht für die Verschlechterung der ökonomischen Situation der Länder der Dritten Welt verantwortlich gemacht werden kann. Die sog. *lost decade* ist eher als das Produkt der vor allem vom IWF aufgezwungenen Wirtschaftsstrategie zur Überwindung der Verschuldungproblematik zu betrachten (EDWARDS 1993, GLASBERG & WARD 1993, HAMILTON 1989). Sie bedeutete für viele peripherfordistische Länder den Abschied von einem importsubstituierenden Industrialisierungsmuster und den Übergang zu einer exportorientierten Entwicklungspolitik (LANDSBERG 1987, STORPER 1991) bei gleichzeitiger Verschärfung der sozialen Indikatoren (BRECHER 1995, KANTH 1991). Diese Wirtschaftsstrategien übten in zentralkapitalistischen und peripherkapitalistischen Ländern einen unterschiedlichen Einfluß auf die Energiesysteme[4] aus. Hinzu kam die 1973 vom Ölpreisschock[5] hervorgerufene Energiekrise als eine Krise des

---

1 Über die Rolle der transnationalen Konzerne in der globalisierten Wirtschaftsordnung siehe CARNOY (1993) und RATTNER (1994).

2 Siehe u.a. BACHA (1992), EDWARDS (1988), KENEN (1990), SACHS (1990) und THRIFT & LEYSHON (1988).

3 Diese Wirtschaftspolitik kann jedoch nicht für den Ursprung der Verschuldungsproblematik verantwortlich gemacht werden; über die Geschichte der Auslandsverschuldung der Entwicklungsländer siehe MAGDOFF (1986) und STEWART (1993).

4 Vorausgesetzt, daß überhaupt "economic policies at the macroeconomic and sectoral levels affect the amount and type of energy used" (BATES 1993, S. 479).

5 Über die sog. *erste* Energiekrise 1973 siehe CLARK (1990), ODELL (1989) und STEINBECK (1980).

überdimensionalen Verbrauchs fossiler Brennstoffe und der unentschuldbaren Vernachlässigung erneuerbarer Energien und der Energieerhaltung (CLARK 1990).

Ein auf den ersten Blick erfreuliches Paradox kennzeichnete die weltweite industrielle Produktion in den zwanzig Jahren zwischen 1970 und 1990: Obwohl der industrielle Output zunahm, sank der Energiekonsum. Dies ist deswegen von großer Bedeutung, weil die industriellen Prozesse immerhin noch für knapp 30% des Energieverbrauchs in den zentralkapitalistischen Ländern und schon fast 40% in den peripherkapitalistischen Ländern verantwortlich sind (MEYERS & SCHIPPER 1992, ROSS & STEINMEYER 1990). In den wichtigsten zentralkapitalistischen Regionen gehören die industriellen Sektoren, die zwischen 1973 und 1984 am schnellsten wuchsen, nicht zu den energieintensiven Sektoren (ROSS et al. 1987), die zwar für 70% des *sektoralen* Energieverbrauchs, aber nur für 20% der industriellen Produktion verantwortlich sind (MEYERS & SCHIPPER 1992). Die Industrieunternehmen in den zentralkapitalistischen Ländern reduzierten ihren Energieverbrauch mittels[1]:

(a) Kostenoptimierung und

(b) Einführung spezifischer Energiesparmethoden bei existierenden Prozessen;

(c) Einführung neuer Produktionsmethoden sowie

(d) Verlagerung energieintensiver Industriezweige in peripherkapitalistische Länder.

Im Gegensatz zu den sogenannten OECD-Ländern, in denen das durchschnittliche Wachstum des Energieverbrauchs zwischen 1970 und 1990 nicht höher als 1,3% lag, erreichte der Energieverbrauch in den peripherkapitalistischen Ländern 4,5%. Als Folge wuchs der Anteil der peripherkapitalistischen Gesellschaften im Weltenergieverbrauch von 20% 1970 auf 31% 1990 (MEYERS & SCHIPPER 1992, S. 465). Vier Faktoren sind vor allem für die Steigerung des Energieverbrauchs in diesen Ländern verantwortlich (BLANCHARD 1992):

(a) die Verfügbarkeit von Energieressourcen im eigenen Territorium;

(b) die Energiestrategien bezüglich dieser Energieressourcen;

(c) die dominierende Industrialisierungsweise und

(d) das in diesen Ländern herrschende Muster des privaten Konsums.

Zwischen 1970 und 1988 wuchsen sowohl die industrielle Produktion als auch der Energieverbrauch in den peripherkapitalistischen Ländern beträchtlich (CHURCHILL 1994, SATHAYE et al. 1987). Dies gilt vor allem für Brasilien, China und Indien (MEYERS & SCHIPPER 1992, PACHAURI 1990). Doch obgleich der Energieverbrauch der peripherkapitalistischen Länder viel schneller zunahm als in der übrigen Welt, blieb der Pro-Kopf-Energieverbrauch nach wie vor viel niedriger als in den zentralkapitalistischen Ländern (MARTIN 1992, NIDA-RÜMELIN 1995, THE ECONOMIST 1994).

---

1 Siehe u.a. CASLER & HANNON (1989), GOLDEMBERG (1992), JOCHEM & BRADKE (1994), ROSS & STEINMEYER (1990) und LEES (1993).

Verschwenderischer und leichtsinniger Verbrauch fossiler Brennstoffe bedroht in hohem Maße die globale Umwelt[1]. Energieerzeugung und -verbrauch sind für mehr als die Hälfte der gegenwärtigen Umweltprobleme verantwortlich[2]. Die sogenannte Umweltkrise, aber auch die zweite Energiekrise[3] verstärkten die Ansicht, daß sich die Energiesituation der kapitalistischen Welt ändern müßte[4]. Allmählich wurde Wert auf verschiedene an die Umwelt angepaßte Energiestrategien gelegt. Dabei gewannen die sogenannten erneuerbaren Energien (Sonne, Wind, Wasser und Biomasse), denen bis in die 70er Jahre hinein kaum größere Aufmerksamkeit geschenkt wurde, zunehmend an Bedeutung[5]. Neben den Strategien, die erneuerbare und umweltfreundlichere[6] Energien begünstigten, wurde auch die Möglichkeit zur Effizienzsteigerung betont[7], zum Beispiel bei Produktion und Verwendung elektrischer Energie (FICKETT et al. 1990).

Die Entwicklung neuer Technologien konnte ebenfalls zu Verbesserungen in der Produktionseffizienz führen (BAUER & HIRSHBERG 1979), aber nicht unbedingt zur Reduzierung des Energieverbrauchs (ROSS & STEINMEYER 1990), die stark von *alternativen Konsumptionsmustern*[8] abhängt. Doch der kapitalistischen Welt fällt es schwer, auf ein Konsumptionsmuster zu verzichten, das, obwohl nachfordistisch, nach wie vor durch einen verschwenderischen Umgang mit Energie geprägt ist. Im Gegenteil: Sie privilegiert ein Konsumptionsmuster, welches immer noch an bestimmte Energieformen gebunden ist, die den Prozeß der Kapitalakkumulation sichern, obwohl die Krise des Fordismus die Chance zur

---

1 Vgl. hierzu GOLDEMBERG (1990, 1991), GRAWE (1990), LESCH & BACH (1989), SCOTT et al. (1990) und TOKE (1990).

2 Siehe EKINS (1992b), GOLDEMBERG (1991), HENNICKE & SEIFRIED (1992) und SCHÜTZE (1989).

3 Über den *zweiten* Erdölschock und das Ende des billigen Öls siehe CLARK (1990), CREMER (1986), LANDSBERG & DUKERT (1981), ODELL (1989) und STYRIKOVICH (1987).

4 Siehe COMMONER (1979), LÜTTIG (1980), SACHS (1981), SCHÜRMANN (1986) und SKINNER (1993).

5 Siehe hierzu AHMED (1994), GRUBB (1990a, 1990b), HARTLEY & SCHUELER (1991), HAYES (1979a), KRAWINKEL (1990, 1991), McGOWAN (1991), MELISS (1989), ODELL (1989), PLEUNE (1992) und PRINS (1993).

6 An dieser Stelle soll darauf hingewiesen werden, daß keine Energietechnologie vollständig umweltfreundlich ist (vgl. HOLDREN et al. 1980). So arbeiten z.B. Solarzellen zwar sehr umweltfreundlich, für ihre Herstellung werden aber große Mengen umweltschädlicher Materialien benötigt (vgl. HUBBARD 1991, S. 21).

7 Siehe z.B. CHANDLER et al. (1988), GIBBONS et al. (1989), HOLDREN (1987), MEYER-ABICH et al. (1983), MÜLLER & HENNICKE (1995), NORDHAUS (1979), SCHIPPER (1994) und VELTHUIJSEN (1993).

8 Die sog. Nachfrageseite wurde in einer Studie untersucht, die Lebensstil und Energiekonsum in Verbindung brachten: "people who are not materialistically oriented but wish to preserve nature or the family institution or religious values tend to save more than others. In contrast, people with lifestyles closely related to market forces and to consumption save less than others, which is particularly true of the fashionable, entrepreneurial and consumer life-styles" (vgl. WOLVÉN 1991, S. 961; siehe auch SCHIPPER et al. 1989).

Veränderung des Energiesystems geboten hätte. Ein neues Entwicklungsmodell, das den Prozeß der Kapitalakkumulation sichern soll, erforderte "ein flexibles und innovatives Energiesystem, das auch unter der Bedingung einer hochgradigen Unsicherheit funktioniert" (SCHÜRMANN 1986, S. 248).

5.1.4 Die Verschuldungskrise und die Auswirkungen auf das Energiesystem Lateinamerikas

Welche Folgen hatte die Verschuldungskrise auf die Energiesituation der Länder Lateinamerikas? Sicher ist, daß die gegenwärtige ökonomische und soziale Situation Lateinamerikas[1] nicht *wegen* der Verschuldungsprobleme entstanden ist. Dennoch bestehen Zusammenhänge: Allein die Art und Weise, wie sich die Ökonomien des Halbkontinents historisch entwickelt und in die kapitalistische Weltökonomie integriert haben, hat die Verschuldungskrise überhaupt erst möglich gemacht. Mit anderen Worten: "Die Geschichte der Unterentwicklung Lateinamerikas ist ein Kapitel der Entwicklung des Weltkapitalismus" (GALEANO 1983, S 11).

Diese Entwicklung ist von einigen ökonomischen Erfolgen, vor allem jedoch von unzähligen Problemen geprägt[2], wobei Einkommenskonzentration und Armut an erster Stelle zu nennen sind (CARDOSO & HELWEGE 1992). Diese Probleme verschärften sich im Laufe der 80er Jahre - fast parallel mit der Redemokratisierung politischer Institutionen in Lateinamerika[3] - im wesentlichen aufgrund der Verschuldungskrise[4]. Somit sind heute viel mehr als früher "die lateinamerikanischen Länder durch Zentrum-Peripherie-geprägte tiefgreifende räumliche Ungleichgewichte, inter- und intraregionale Disparitäten, Landflucht, Verstädterung, Metropolisierung und dadurch sich segregativ verstärkende wirtschaftliche Aktiv- und Passivräume gekennzeichnet" (KOHLHEPP 1995, S. 195; siehe hierzu auch JARAMILLO & CUERVO 1990).

---

1 Manfred Wöhlcke wies zurecht darauf hin, daß "nicht nur Lateinamerika [...] sehr heterogen [ist], sondern auch jeder einzelne lateinamerikanische Staat. *Der Entwicklungsprozeß Lateinamerikas* setzt sich in Wahrheit aus vielen ganz unterschiedlichen Einzelprozessen zusammen" (WÖHLCKE 1991, S. 55; siehe auch NOHLEN & THIBAUT 1995, S. 13).

2 Siehe hierzu CARDOSO & FISHLOW (1992), HECHT (1986), HIRSCHMAN (1987) und PETRAS (1981).

3 So kann man mit LECHNER (1991, S. 541) sagen, daß: "the situation in Latin America, combining the worst economic and social crisis in its history with the greatest strides towards democracy, may seem paradoxical". Siehe hierzu auch BARROS (1986), BOECKH (1991), ESPINAL (1992), PASTOR, Jr. & HILT (1993) und REMMER (1991).

4 Diese ist von US$ 27,7 Mrd. (1970) auf US$ 513,0 Mrd. (1993) angewachsen (vgl. NOHLEN & THIBAUT 1995, S. 34); siehe über die Verschuldungskrise und deren Folgen u.a. EBERLEI (1992), MacEWAN (1986), PASTOR, Jr. (1989a), PASTOR, Jr. & DYMSKI (1990), SAHAGÚN (1989) und SANGMEISTER (1991, 1993); über die Geschichte der Verschuldungsproblematik Lateinamerikas siehe DIETZ (1989) und MARTÍNEZ (1993); über die Zusammenhänge zwischen der Verschuldungskrise Lateinamerikas und den Strategien zur Wiederherstellung der US-Hegemonie in Lateinamerika siehe CYPHER (1989).

Das sogenannte *verlorene Jahrzehnt* ist auch in Lateinamerika als Produkt einer aufgezwungenen Wirtschaftsstrategie zur Überwindung der Verschuldungproblematik zu betrachten. Nicht die Verschuldungskrise an sich sondern vor allem die im Rahmen des *Washington consensus* darauf folgende Wirtschaftspolitik trug zur Verschärfung der ökonomischen Probleme Lateinamerikas in den 80er Jahren bei[1]. Gleichzeitig mußten viele Länder Lateinamerikas noch mit den Auswirkungen der Energiekrise der 70er Jahre zurechtkommen.

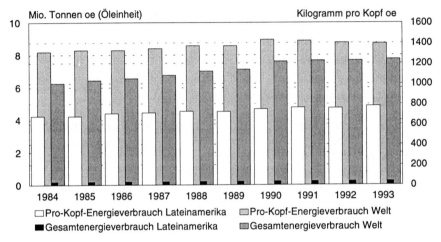

Quelle: UNITED NATIONS (1989,1991,1995).

Die Energiesituation dieser Länder in den 80er Jahren (siehe hierzu Abb. 9)[2] kann - mit Berücksichtigung der Unterschiede der einzelnen nationalen Energiesysteme - wie folgt zusammengefaßt werden (PASCH 1989, S. 250):

(a) weiterhin steigender Energiebedarf in allen lateinamerikanischen Ländern;

(b) gebremster, wenn nicht gar stagnierender, Ausbau der zur Bedarfsdeckung erforderlichen Kapazitäten;

(c) hohe Auslandsverschuldung, teilweise bedingt durch Investitionen im Energiesektor;

(d) Probleme im Management von Energieversorgungsunternehmen;

---

1 Siehe hierzu u.a. PEREIRA (1991), FISHLOW (1990), MELLER (1992/1993), PASTOR, Jr. (1989b, 1990), PETRAS & VIEUX (1992), ROXBOROUGH (1992), RUCCIO (1991) und URQUIDI (1989).

2 Über den Zusammenhang zwischen historischer Entwicklung und Energieverbrauch siehe VITALE (1990, S. 113); über das Verhältnis zwischen Energieverbrauch und Bruttosozialprodukt einerseits sowie zwischen Energieverbrauch und Bevölkerung andererseits siehe ZUAZAGOITIA et al. (1991); über die Sonderrolle des Erdöls in dieser Entwicklung siehe CHATTERJI & DeWITT, Jr. (1981), CHOUCRI (1982) und GRUNWALD & MUSGROVE (1970).

(e) Defizite bei der Energieversorgung benachteiligter Bevölkerungsgruppen wie städtischer Slumbewohner und Bewohner ländlicher Regionen;

(f) weiterhin hoher Anteil traditioneller Energieträger an der Energiebedarfsdeckung (wie z.B. Brennholz);

(g) zunehmende Umweltprobleme durch die energetische Nutzung von Holz[1] sowie die Emissionsbelastung durch konventionelle Kraftwerke und den Bau großer Wasserkraftwerke.

Aufgrund dieser Entwicklungen in den *nationalen* Energiesystemen Lateinamerikas können die 80er Jahre nicht nur für die Gesamtwirtschaft sondern ebenso auch für das Energiesystem des *Subkontinents* als verlorene Dekade gelten (SANGMEISTER 1990, S. 261).

Zum großen Teil hängen sowohl die sozioökonomische Entwicklung als auch die Energiesituation und deren wechselseitige Beziehungen in den lateinamerikanischen Ländern davon ab, welche Rolle der Subkontinent in der *neuen internationalen Arbeitsteilung* einnimmt (GRABENDORFF 1995). Aber es reicht nicht, daß in wenigen Räumen Lateinamerikas eine Entwicklung der Mikroelektronik zu finden ist (HERBERT-COPLEY 1990), wenn die Lebensbedingungen einer großen Anzahl von Menschen in diesen Ländern von einer beträchtlichen und zunehmenden Umweltdegradierung geprägt werden (GALLOPIN 1989, 1992; GUIMARÃES 1991; Dos SANTOS 1993), die auch hier zum großen Teil durch Energieerzeugung und -verbrauch hervorgerufen wird (Del HIERRO 1991). Es bleibt deshalb offen, inwiefern sich das lateinamerikanische Energiesystem selbst ändert und dadurch zur Verbesserung der sozioökonomischen und ökologischen Situation beitragen wird (ROJAS 1992).

5.2 Wirtschaftsentwicklung, soziale Ungleichheit und Umweltdegradierung: Entwicklung und Energie in Brasilien

Die Einordnung in die post-fordistische Weltwirtschaft (HEIN 1995) ist für die Länder der Dritten Welt zwar mit einigen Chancen, aber auch mit gewissen Risiken verbunden, wie auch das Beispiel Brasiliens zeigt (FURTADO 1992, GONÇALVES 1994). Da die nationale Ebene als die wichtigste räumliche Ebene zur Erklärung sozioökonomischer Prozesse betrachtet werden kann (LIPIETZ 1986c, 1987b), soll an dieser Stelle zunächst kurz auf die sozioökonomische Entwicklung Brasiliens eingegangen werden, denn auch die Entwicklung der Energiesysteme Brasiliens (vgl. Abb. 10) läßt sich nur vor dem Hintergrund seiner Wirtschaftsentwicklung sehen, die das Land im Jahre 1990 zu einer der zehn größten kapitalistischen Volkswirtschaften werden ließ und im internationalen Vergleich seit Beginn der 1980er Jahre in den Rang eines NIC oder Schwellenlandes hob (GÖTHNER 1991, S. 20; SANGMEISTER 1995a, S. 240).

---

1 SANGMEISTER (1990, S. 267) faßt sozusagen (e), (f) und (g) zusammen, indem er darauf hinweist, daß "die absolut armen Menschen, die außerhalb oder am Rande des *modernen* Wirtschaftskreislaufs stehen, darauf angewiesen [sind], das *kostenlose* Energieangebot ihrer natürlichen Umwelt zu nutzen".

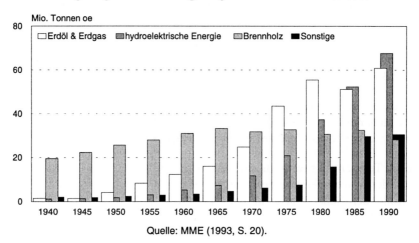

Abbildung 10
Energieangebot nach Energieträger in Brasilien 1940-1990

Quelle: MME (1993, S. 20).

5.2.1 Zur administrativen Einteilung, ökonomischen Periodisierung und anthropogeographischen Kennzeichnung

Politisch-administrativ wird Brasilien in den Bund (União), die Bundesstaaten (Estados) und die Gemeinden (Municípios) gegliedert. Aus raumgeographischer und administrativer Perspektive ist das Staatsgebiet Brasiliens in fünf Großregionen eingeteilt: den Norden, den Nordosten, den Südosten, den Süden und den Zentralwesten (SANGMEISTER 1995a, S. 219).

Eine Periodisierung der sozioökonomischen Entwicklungsprozesse in Brasilien aus regulationistischer Perspektive unterscheidet vier Entwicklungsphasen. Diese folgen jeweils vier verschiedenen Wirtschaftskrisen, die tiefe Veränderungen in den entsprechenden Akkumulationsregimes und/oder Regulationsweisen bezeichnen[1]:

(a) Die Krise der kolonialen Ökonomie (*economia colonial*);

(b) Die Krise der 1930er Jahre;

(c) Die Krise der 1960er Jahre und

(d) Die Krise des brasilianischen Wunders.

---

1 Vgl. hierzu CONCEIÇÃO (1990); zur *Geschichte* Brasiliens bis zur Krise der *Kolonialökonomie* siehe VASCONCELOS & CURY (1992); zur *sozioökonomischen Entwicklung* Brasiliens siehe FURTADO (1977), PEREIRA (1980, 1983), PRADO Jr. (1981), SANGMEISTER (1995a) und SIMONSEN (1978).

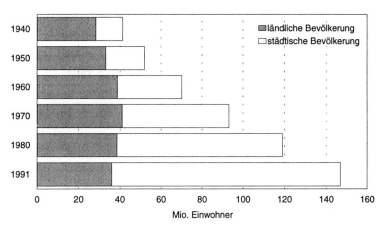

Abbildung 11
Ländliche und städtische Bevölkerung:Brasilien 1940-1991

Quelle: IBGE (1993, S. 2-8).

In wirtschafts- und sozialgeographischer Hinsicht ist besonders der Wandel Brasiliens vom Agrarland der 50er Jahre zum Industrieland bemerkenswert. So nahm die ländliche Bevölkerung zwischen 1970 und 1991 um 14,2% ab, die städtische Bevölkerung dagegen wuchs um 112,9% (siehe Abb. 11) - ein Prozeß, der als *desruralização* bezeichnet werde kann (BREMAEKER 1994, KOHLHEPP 1994b).

Die raumwirtschaftliche und -soziale Entwicklung Brasiliens ab 1930 läßt sich folgendermaßen zusammenfassen (GEIGER & DAVIDOVICH 1986):

(a) *1930-1945*: Phase zentralistischer Urbanisierungsstrategien in Verbindung mit der Entstehung des industriellen Sektors;

(b) *1946-1955*: Phase dezentralisierter Strategien und damit verbundene Förderung einer regionalen Industrialisierung;

(c) *1956-1963*: Die Industrie wurde der wichtigste Sektor in der brasilianischen Ökonomie; räumlich konzentrierte sich die Industrie im Südosten; Entstehung der Mittelschicht; *desenvolvimentismo*;

(d) *1964-1974*: Das Militärregime förderte durch Entwicklungspläne eine räumliche Modernisierung des Landes, wobei Land-Stadt Migrationen eine wichtige Rolle spielten;

(e) *1975-1980*: Das Erstarken der bürgerlichen Gesellschaft und die Bildung einer unabhängigen Unternehmerklasse waren gleichzeitig Ergebnisse des Verstädterungs-prozesses und Grund für Dezentralisierungsstrategien des brasilianischen Staates;

(f) *Ab 1981*: Im Kontext einer scharfen Krise im städtischen Bereich nahm die Bedeutung der regionalen und lokalen Akteure zu und führte zu einer Krise des Staates auf Bundesebene.

Im vorliegenden Kapitel steht die Entwicklung Brasiliens *nach* dem Militärputsch von 1964 im Mittelpunkt, als sich dort ein peripherfordistisches Entwicklungsmodell durchsetzte. Dabei sollen insbesondere die Wechselbeziehungen mit dem in dieser Zeit aufgestiegenen, ebenfalls als peripher-fordistisch zu bezeichnenden Energiesystem betrachtet werden.

5.2.2 Die Bildung eines peripher-fordistischen Entwicklungsmodells bzw. eines peripher-fordistischen Energiesystems: Der Fall Brasilien nach 1964

Nach dem Militärputsch 1964, der nach WALLERSTEIN (1980) auch ökonomische Gründe hatte, begann für Brasilien eine neue Entwicklungsphase, die bis Ende der 70er Jahre andauerte. Zwei wichtige Faktoren kennzeichnen diese Phase: einerseits die Erschöpfung der importsubstituierenden Industrialisierungsstrategie, andererseits eine Beschleunigung des industriellen Wachstums mittels einer Vereinigung nationalen, transnationalen und staatlichen Kapitals[1]. Das brasilianische Entwicklungsmodell dieser Zeit setzte sich folgendermaßen zusammen (LEROY 1992):

(a) ein *technologisches Paradigma*, welches eine große Menge nicht-erneuerbarer Ressourcen verlangte und beträchtliche Umweltbelastung verursachte; darin eingeschlossen eine soziale Arbeitsorganisation, die dem Kapital eine maximale Produktivität bzw. einen hohen Gewinn erlaubte;

(d) ein *intensives Akkumulationsregime*, welches das Großkapital privilegierte, einen schnellen Übergang der Akkumulation des nationalen Reichtums vom primären über den sekundären bis zum tertiären Sektor begünstigte und zur Kapitalkonzentration bzw. sozialen und räumlichen Disparitäten führte;

(e) eine *fordistische Regulationsweise*, welche das Entwicklungsmodell durch angemessene Entwicklungsstrategien - z.B. durch den *desenvolvimentismo*, zur Zeit durch den *Neoliberalismus* - konsolidierte und die mit dem Entwicklungsmodell verknüpften Konflikte verwaltete.

Das *intensive Akkumulationsregime* des brasilianischen Entwicklungsmodells nach 1964 umfaßte folgende Merkmale:

(a) Anstrengungen in technologische Modernisierung;

(b) technische Arbeitsorganisation und zunehmende (obwohl relativ kleine) Beteiligung spezialisierter Arbeitskräfte;

(c) Erhöhung der Produktivität;

(d) beträchtliche Zunahme des konstanten Kapitals;

(e) Wachstum des industriellen Produktes basierend auf der Produktion dauerhafter Konsumgüter (siehe hierzu SINGER & LAMOUNIER 1977);

(f) Wachstum des Produktionsgütersektors;

---

1 Siehe hierzu FAUCHER (1982), GEREFFI & EVANS (1981), GONÇALVES (1994), KOHLHEPP (1978), MEYER-STAMER (1994), TAVARES & TEIXEIRA (1981) und TEITEL & THOUMI (1986).

(g) Einkommenskonzentration;

(h) Modernisierung des industriellen Sektors;

(i) zunehmende Beteiligung ausländischen Kapitals;

(j) hohe staatliche Investitionen im Infrastrukturbereich.

Die *fordistische Regulationsweise* war vollständig geprägt durch den peripheren Charakter des brasilianischen Fordismus und zeigte sich durch:

(a) Die Befriedigung der Konsumwünsche der durch die Einkommenskonzentration privilegierten Ober- und Mittelschichten;

(b) den gleichzeitigen Ausschluß der Mehrheit der untergeordneten sozialen Bevölkerungsgruppen;

(c) strenge vom Staat kontrollierte Lohnverhältnisse zum Beispiel durch das Eingreifen in die Autonomie der Gewerkschaften, Beseitigung der Stabilität am Arbeitsplatz (*Fundo de Garantia*), fehlende Einverleibung von Produktivitätsgewinnen in die Löhne usw.;

(d) Änderung der Währungsverwaltung (*Reforma Financeira de 1967*);

(e) Änderung der interkapitalistischen Konkurrenz;

(f) Konsolidierung der Hegemonie des Finanzkapitals und des ausländischen Industriekapitals;

(g) Änderung des Charakters der Integration der brasilianischen Ökonomie in die kapitalistischen Weltökonomie;

(h) Änderung der ökonomischen und politischen Wirksamkeit des Staates.

Dieses Entwicklungsmodell, welches durch ein Bündnis zwischen Multinationalen Konzernen, dem brasilianischen Privatkapital und dem Staat ab Ende der 50er Jahre gesteuert wurde, wurde als *industrialisiertes Unterentwicklungsmodell* (*modelo de subdesenvolvimento industrializado*) definiert[1] und stimmt mit der Reifephase des peripherfordistischen Entwicklungsmodells überein. Es zeichnete sich durch hohe Zuwachsraten des BIP (siehe Abb. 12) bei gleichzeitigem Anwachsen des sozialen Ausschlusses[2] aus, ein Merkmal, das sich bis zum Ende des Militärregimes 1984 nicht geändert hat (KOCH 1994, SCHILLING 1994). Mit anderen Worten: "Die soziale Entwicklung [hat] die wirtschaftliche nicht angemessen begleitet und [...] die große Masse der brasilianischen Bevölkerung [lebt] nach wie vor unter höchst prekären Bedingungen" (WÖHLCKE 1990, S. 177-178).

---

1 Vgl. PEREIRA (1983); aus einer dependenztheoretischen Sicht wurde von einer *abhängigen und assoziierten Entwicklung bzw. Industrialisierung* gesprochen (SCHIRM 1990, S. 74); in Bezug auf die Energiekrise der 1970er Jahre wurde (mit vollem Recht) behauptet: "the current demand for energy was determined by the [*associated-dependence*] development style which radically modified the profile of energy generation and use" (CARDOSO 1980, S. 114).

2 Siehe CARTIER-BRESSON & KOPP (1989), KOHLHEPP (1978), SACHS (1991), SANGMEISTER (1995a) und SINGER & LAMOUNIER (1977).

Abbildung 12
Wachstumsraten des realen BIP und des Pro-Kopf-BIP: Brasilien 1971-1993

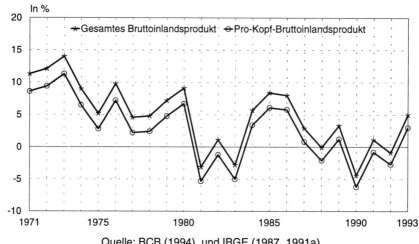

Quelle: BCB (1994) und IBGE (1987, 1991a).

In diesem Entwicklungsmodell spielte die *staatliche Regulation* eine zentrale Rolle. Sie ergab sich aus dem *sozialen Block* zwischen den in den 60er Jahren dominierenden sozialen Gruppen - privates Kapital, regionale Oligarchien und städtische Mittelschicht (DYE & SOUZA E SILVA 1979, FIORI 1992). Ohne die entscheidende Beteiligung des *developmentalist state*[1] wäre das *brasilianische Wirtschaftswunder* und die Beschleunigung der Akkumulation des Kapitals während dieser Zeit undenkbar gewesen (BELLO E SILVA 1992, MARTINS 1984). Dieser Staat erwies sich zunehmend als korrupt, vor allem während der Regierung Collor (FLYNN 1993, GEDDES & NETO 1992, MOISÉS 1993) und verlor mit der Krise des Entwicklungsmodells an Bedeutung[2].

Die wirschaftsgeographischen Folgen dieses Entwicklungsmodells sind beträchtlich. Sie beziehen sich zunächst auf die untergeordnete Weise, in der sich die brasilianische Volkswirtschaft in die zunehmend globalisierte Weltökonomie integriert (BECKER 1991). Demzufolge ist es falsch zu behaupten, daß die Wirtschaftsstrategie zwischen *Binnenmarkterschließung* und *Weltmarktorientierung* zögert (z.B. SANGMEISTER 1994). Die brasilianische Ökonomie ist *nicht* geschlossen (GONÇALVES 1994). Eine noch wichtigere Folge des peripherfordistischen Entwicklungsmodells läßt sich an der Umstrukturierung der brasilianischen Industrie ablesen (PIQUET 1994, TARTAGLIA & OLIVEIRA 1988). Die Tendenz zur räumlichen Konzentration des industriellen Sektors in Brasilien zeigt sich schon

---

1 Über *desenvolvimentismo* und den *Estado desenvolvimentista* in Brasilien siehe ARIENTI (1993) u.v.a. BIELSCHOWSKY (1991).

2 Über den späteren Bedeutungsverlust des Staates siehe PEREIRA (1990); über die Wirtschaftsentwicklung von der Phase des *brasilianischen Wunders* bis zur Entstehung der Verschuldungskrise siehe u.a. FAUCHER (1982), FRIEDEN (1987) und MALAN & BONELLI (1983).

seit Anfang des 20. Jahrhunderts. Nach dem zweiten Weltkrieg haben die Maßnahmen des Staates dazu geführt, daß sich die Industrie auf São Paulo und Rio de Janeiro konzentrierte (ENDERS 1980). Zum großen Teil verschärften diese Maßnahmen nach 1964 die schon bestehenden regionalen Disparitäten (AZZONI 1988). Sozialräumlich betrachtet trug das brasilianische Entwicklungsmodell auch zu einer Verschärfung der regionalen Disparitäten bei (KAISER 1995, KOHLHEPP 1978). Was zum Beispiel die Planungstätigkeit des brasilianischen Staates nach 1964 anbelangt, so hatten "die in allen nationalen Entwicklungsplänen genannten Ziele des Abbaus sozioökonomischer regionaler Disparitäten [...] in der Realität wenig Priorität" (KOHLHEPP 1995, S. 197). Diese sozioökonomischen regionalen Disparitäten spiegeln sich auch im brasilianischen Energiesystem wider. Wesentliche Merkmale sind dabei sowohl die räumliche Dimension der Energieplanung wie auch die regionalen Disparitäten in bezug auf den Energieverbrauch (FURTADO & GOUVELLO 1989, JANNUZZI 1990b).

Das brasilianische Entwicklungsmodell, das nach 1964 in Gang gesetzt wurde und eine energieintensive Industrialisierungsstrategie privilegierte, beruhte zunächst auf billigem Erdöl (FURTADO 1989b, THEIS 1990b), so daß der Erdölsektor eine große Bedeutung für die brasilianische Volkswirtschaft erlangte. Die 1953 gegründete PETROBRÁS (*Petróleo Brasileiro S.A.*) spielte dabei insbesondere nach 1973 eine entscheidende Rolle[1]. Infolge der Erdölschocks 1973/1974 und 1979/1980 brach dieses Energieverbrauchsmuster zusammen (siehe Abb. 13 und 14). Wäre Erdöl nicht die Hauptenergiequelle des brasilianischen Entwicklungsmodells geworden, so hätte es auch keine Energiekrise gegeben (FURTADO 1989a, ROMEU & FRANCO 1989, ROSA 1990).

Nach dem ersten Erdölschock 1973 wurden Großprojekte im Energiebereich entwickelt und im Rahmen des autoritär-kapitalistischen Entwicklungsmodells durchgeführt. Die wichtigsten sind[2]:

(a) verstärkte Prospektion nationaler Erdölvorkommen;

(b) das Proálcool-Programm[3];

(c) das Deutsch-Brasilianische Nuklear-Programm[4];

(d) das Wasserkraftprogramm.

---

1   Siehe hierzu CECCHI (1994), PETROBRÁS (o.J., 1993), SURREY (1987) und VICTOR (1991).

2   Siehe hierzu ARAÚJO & GHIRARDI (1987), BÜNNING (1992), DUQUETTE (1989), GÖTHNER (1991), GUIMARÃES (1984), ROSA et al. (1988) und VAINER & ARAÚJO (1992).

3   Über die Vor- und Nachteile des Proálcool-Programms siehe BORGES & ARBEX (1994), BUONFIGLIO & BAJAY (1992), CAVALCANTI (1992), ERICKSON (1982), GELLER (1985), GOLDEMBERG (1982), GUARNIERI & JANNUZZI (1992), HOLLENBERG (1986), KOHLHEPP (1986), LEVINSON (1987), MOTTA & FERREIRA (1988), NITSCH (1991), OLIVEIRA (1991), SANTOS (1987), SOBRAL Jr. & LEAL (1992) und SPERLING (1987).

4   Über die *Deutsch-brasilianische Nuklearkooperation* siehe SEEGER (1992). Wichtig: Aus der Sicht des brasilianischen Militärs liegt der Nutzen des Nuklearprogramms jenseits der expliziten Ziele einer Erhöhung des Energieangebots; siehe hierzu z.B. SYLLUS (1993, S. 131).

Eine wichtige Ursache für Brasiliens Energiekrise lag im brasilianischen Verkehrssystem, das vorwiegend auf dem PKW basierte, da der Automobilindustrie eine Schlüsselfunktion im brasilianischen Entwicklungsmodell zukam. Im erdölbasierten brasilianischen Energiesystem spiegelten sich somit die Probleme wider, die auch im Produktionssystem zu finden sind[1].

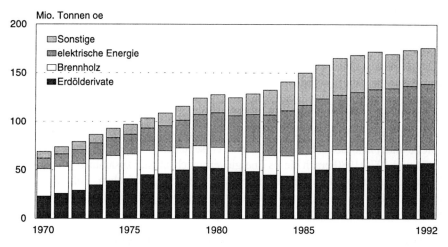

Abbildung 13
Endenergieverbrauch nach Energieträgern: Brasilien 1970-1992

Quelle: MME (1988, 1989, 1992, 1993).

Ebenso bemerkenswert ist die Tatsache, daß es in Brasilien nach 1964 keine Bemühungen gab, soziale Prioritäten in die Energieplanung zu integrieren, obwohl diese auf eine Modernisierung des Energiesystems hinzielten. Betrachtet man die Haushalte, so sind die Energiedienste so schlecht verteilt wie das Einkommen. Der große Unterschied im Energieverbrauch zwischen sozialen Klassen und Gruppen ist durch die Einkommensverteilung bedingt. Es fällt dabei auf, daß es sowohl einen quantitativen als auch qualitativen Unterschied im Energieverbrauch zwischen der städtischen und der ländlichen Bevölkerung gibt. Wer arm ist und/oder auf dem Land lebt, verbraucht in der Regel wenig Energie, die im wesentlichen aus Holz besteht. Je höher das Einkommen ist und je näher am städtischen Raum man lebt, desto größer ist der Energieverbrauch, im wesentlichen aus Erdölderivaten und elektrischer Energie (BEHRENS 1986, JANNUZZI 1989, JANNUZZI & SCHIPPER 1991).

---

1 Vgl. BARAT (1991), REGENSTEINER & WIGERT (1987) und ROSA (1990); es sei in diesem Zusammenhang darauf hingewiesen, daß in den 80er Jahren Omnibusse 70% der gesamten Fahrgast-Kilometerleistung erbrachten und dafür 16% der im Transportsektor verbrauchten Energie konsumierten. PKWs dagegen transportierten knapp 24% der Fahrgäste, konsumierten jedoch 70% der im Transportsektor verbrauchten Energie (vgl. CASTRO 1988).

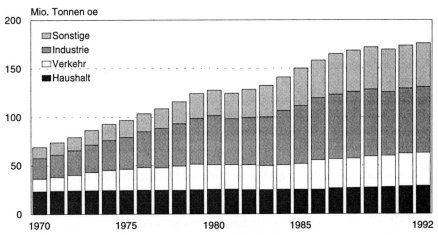

Abbildung 14
Endenergieverbrauch nach Sektoren: Brasilien 1970-1992

Quelle: MME (1988, 1989, 1992, 1993).

Die Entscheidungen der Militärregierungen im Energiebereich entstanden unter dem Druck, der von den großen ökonomischen Kräften wie zum Beispiel der Bauindustrie, der Automobilindustrie, den Herstellern von Kapitalgütern usw. ausgeübt wurde (REGENSTEINER & WIGERT 1987). So zeigte sich folgende Situation:

> "a *modernization* of the country's energy sector took place. But what does it consist of? Basically, the replacement of energy sources derived from the biomass [...] by nonrenewable fossil fuels [...] which [...] the country does not produce in sufficient amounts. Moreover, the answer to the question of who consumes this energy is implicit in the characteristics of the *Brazilian development model*" (CARDOSO 1980, S. 114).

5.2.3 Das verlorene Jahrzehnt und die Krise des peripherfordistischen Energiesystems: Brasilien in den 80er Jahren

Die Krise des brasilianischen Entwicklungsmodells Ende der 70er und Anfang der 80er Jahre setzte der seit Mitte der 60er Jahre dauernden positiven Entwicklungsphase ein Ende. Zu den wichtigsten Faktoren, die zu dieser Krise führten, zählen[1]:

(a) der zweite Erdölschock von 1979;

(b) die internationale Rezession;

---

1   Siehe hierzu BELLO E SILVA (1992), NICOLAS (1995), SANGMEISTER (1989) und WÖHLCKE (1990).

(f) die Reduzierung der ausländischen Investitionen;
(g) die Inflation;
(e) die Reduzierung der Wachstumsraten;
(f) die Zuspitzung der Verschuldungsproblematik.

Besonders die internationale Rezession und die Reduzierung ausländischer Investitionen sind in diesem Zusammenhang hervorzuheben, da sie das Ende des Zugangs zu externen Krediten bedeuteten. Die größte Rolle spielte jedoch mit Sicherheit die brasilianische Auslandsverschuldung[1], leitete sie doch die *transfers* realer Ressourcen in den Rest der Welt durch die Zahlung einer hohen Zinsrechnung ein[2]. Um die Kosten der Auslandsverschuldung mittels Handelsüberschüssen[3] decken zu können (siehe Abb. 15), beschaffte der Staat die wesentlichen Subventionen für den *tradeable sector*, indem er öffentliche Ressourcen auf den privaten Sektor übertrug.

So trug die Auslandsverschuldung auch wesentlich zur Erschöpfung der Finanzierungskapazität des Staates bei. Die Schwächung des historischen Finanzierungsmusters produktiver Investitionen führte nicht nur zur Verschlechterung der öffentlichen Finanzen, sondern auch zur Reduzierung der Wachstumsraten des Bruttosozialprodukts und zur Verschärfung der Inflation (BATISTA 1992, SCHIRM 1990, ZINI Jr. 1990). So endete "das brasilianische Militärregime, das 1964 inmitten einer schweren wirtschaftlichen Krise begonnenen hatte [...] 1985 mit einer ebensolchen Krise von noch größeren Ausmaßen" (SANGMEISTER 1995a, S. 237).

Zur Bekämpfung dieser Probleme wurden seit Mitte der 80er Jahre mehrere Stabilisierungspläne durchgeführt (CARDOSO & DORNBUSCH 1987). Mit Ausnahme des *Cruzado-Plans* (BAER & BECKERMAN 1989, SOLA 1991) waren all diese Pläne von den durch das IWF vorgeschlagenen Anpassungsprogrammen und von sozialem Ausschluß geprägt (MARQUES-PEREIRA 1989), insbesondere die neoliberalen Stabilisierungsversuche[4] des Präsidenten Collor (FATHEUER 1992, PEREIRA & NAKANO 1991).

---

1   Die Verschuldungskrise Brasiliens nahm nach 1982 eine dramatische Dimension an. Obwohl Brasilien im Laufe seiner unabhängigen Geschichte in der Literatur immer als Schuldner vorkommt, wird häufig vergessen, daß das Land in der ersten Hälfte des 20. Jahrhunderts selbst gegenüber der Großmacht England als Gläubiger auftritt (vgl. ABREU 1990).

2   Siehe u.a. BATISTA (1992), CASTRO & SOUZA (1988), FAISSOL (1989), GÖTHNER (1991), SANGMEISTER (1995b) und ZINI Jr. (1990).

3   Die zwei wichtigsten Merkmale des Außenhandels Brasiliens in den 80er Jahren waren die Reduzierung der Einfuhr und beträchtliche Zunahme der Ausfuhr und die Diversifizierung der Ausfuhr (vgl. FRITSCH & FRANCO 1992); über die Ergebnisse des Ausfuhrsektors und die Exportorientierung Brasiliens in den 80er Jahren siehe ALARCÓN & McKINLEY (1992), BAUMANN & BRAGA (1988), BONELLI (1992, 1994a, 1994b) und PINHEIRO et al. (1993).

4   Die ersten Bewegungen in Richtung auf ein neoliberales Programm gehen in Brasilien auf den Anfang der 80er Jahre zurück; siehe hierzu CASTRO & SOUZA (1988); über den großen Einfluß dieser Ideen auf die brasilianischen Industrieunternehmer siehe DINIZ (1991, 1992); zum *Neoliberalismus* in Brasilien, dessen Folgen und Kritik siehe COUTINHO (1991), GONÇALVES (1994), MELLO (1992), SOUZA (1991) und TAVARES & FIORI (1993).

Abbildung 15
Auslandsverschuldung und Saldo des Warenhandels: Brasilien 1972-1992

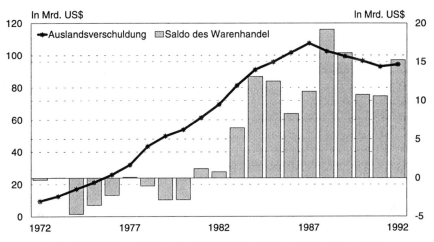

Quelle: FGV (1985, 1990) und IBGE (1980, 1984a, 1987, 1991a, 1993).

Welchen Einfluß übte die Wirtschaftskrise der 80er Jahre auf die *Industrie* aus? Im Hinblick auf die Konkurrenzfähigkeit der brasilianischen Industrie stellte eine Studie über ausgewählte Industriebranchen fest, daß zwischen Mitte der 70er und Ende der 80er Jahre zwar eine bedeutende Erneuerung in den Produktionstechnologien stattfand, daß aber der Staat vor allem in den 80er Jahren eine fehlerhafte Industriepolitik[1] - im Kontext einer ebenfalls fehlerhaften Wirtschaftspolitik - durchführte (ARAÚJO Jr. et al. 1990).

Eine wesentliche Grundkategorie des brasilianischen Entwicklungsmodells, das *technologische Paradigma* (oder *Industrialisierungsmodell*) erfuhr in den 80er Jahren wichtige Änderungen. Die sogenannten *tayloristischen Arbeitsprinzipien* wurden in Brasilien schon in den 30er Jahren eingeführt. Eine verstärkte Anwendung dieser Prinzipien erfolgt mit dem Eintritt transnationaler Betriebe und der Modernisierung nationaler Betriebe in den 50er und 60er Jahren (VARGAS 1985). Diese trugen zum Ausbau des brasilianischen peripherfordistischen Entwicklungsmodells bei. Die Krise dieses Entwicklungsmodells Ende der 70er und Anfang der 80er Jahre ist deshalb auch in den dominierenden Arbeitsprinzipien bzw. Arbeitsorganisationen zu finden. In der Tat lassen sich seit Mitte der 80er Jahre Veränderungen im industriellen Produktionsbereich finden (CASTRO & SOUZA 1988), die unter anderem auch die Einführung neuer Arbeitsorganisationsmodelle umfassen, wie zum Beispiel *kanban, just-in-time (JIT), Teamarbeit* usw. (GUIMARÃES 1991). Seitdem findet sich diese *technologische Modernisierung* in den internationalisierten Industriebranchen, vor allem in den transnationalen Konzernen und

---

[1] Über die brasilianische Industriepolitik siehe MARCOVITCH (1990) und MEYER-STAMER (1994); über das brasilianische Industrialisierungsmodell siehe CUNCA & CUNHA (1994).

nationalen Groß- und Mittelbetrieben[1], wobei die Rüstungsindustrie die Spitzenstellung unter den *high-tech*-Branchen einnimmt (GOUVEIA NETO 1991). So hat "der radikale technologische Wandel in den letzten Jahren einige Bereiche der brasilianischen Industrie erfaßt - vor allem solche, in denen für den Export produziert wird" (MEYER-STAMER 1990, S. 41).

Um die gegenwärtige Situation der brasilianischen Industrie zu erfassen, sei auf die Ergebnisse von vier wichtigen Studien über den technologischen Zustand der brasilianischen Industrie[2] hingewiesen, die in der ersten Hälfte der 90er Jahre veröffentlicht wurden und deren Ergebnisse hier kurz zusammengefaßt werden sollen:

(a) Verbesserung des technologischen Zustands der brasilianischen Industrie;

(b) Zunahme der Rolle des technologischen Wandels in der brasilianischen Entwicklung;

(c) Erhöhung der Konkurrenzfähigkeit der brasilianischen Industriebetriebe;

(d) Änderungen im Bereich der innerbetrieblichen Arbeitsteilung und -organisation;

(e) Reduzierung der staatlichen Finanzierung neuer Technologien;

(f) Änderungen in Spitzenbereichen der brasilianischen Industrie, wie flexible Automatisierung, Elektronik und Informatik (vgl. hierzu auch MEIRELLES 1994).

Trotz der offensichtlichen Verbesserung der *technologischen Fähigkeiten* der brasilianischen Industrie, in deren Kontext die Vereinigung von Forschungsinstituten, Universitäten und Regierungen auf verschiedenen Ebenen eine zunehmende Rolle spielt (BARBIERI 1994, LIMA & SOUZA 1988, TAVARES 1993), lassen sich noch niedrige Investitionen im F&E-Bereich (v.a. von seiten des privaten Kapitals) und ein hoher Grad technologischer Heterogenität, beobachten (SUZIGAN 1992). Neben der Unsicherheit von Arbeitsstellen und dem niedrigen Lohnniveau der Arbeiter (siehe Abb. 16), haben insbesondere die Merkmale der *technologischen Modernisierung* der zweiten Hälfte der 80er Jahre zur Verstärkung des Fordismus in seiner peripheren Ausprägung geführt (CARVALHO & SCHMITZ 1990, GUIMARÃES 1991).

---

1   Siehe u.a. CASTRO (1993), GUIMARÃES (1991), ROOS (1992), RUAS & ANTUNES Jr. (1992), RUSH et al. (1992) und SILVA (1994).

2   Vgl. COUTINHO & FERRAZ (1994), FERRAZ et al. (1992), MATESCO (1994) und SCHMITZ & CASSIOLATO (1992).

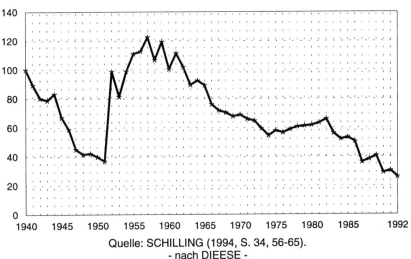

Abbildung 16
Mindestlohn in Brasilien 1940-1992 (1940 = 100)

Quelle: SCHILLING (1994, S. 34, 56-65).
- nach DIEESE -

Was die Beschäftigungsstruktur der brasilianischen Industrie anbelangt, teilt sich diese in eine große Masse von Arbeitnehmern ohne Qualifikation und einen kleinen Teil relativ qualifizierter Arbeitnehmer. Die Hälfte der Industriebeschäftigten besitzt nur eine Schulbildung von höchstens vier Jahren. Der Durchschnittslohn liegt unter vier Mindestlöhnen (*salários mínimos*). Die *turnover*-Rate der industriellen Beschäftigung lag in der zweiten Hälfte der 80er Jahre über 50%. Unqualifizierte und billige Arbeit bleibt weiterhin die Basis, auf die sich der größte Teil des sekundären Sektors stützt. Die brasilianische Industrie privilegierte somit die Ausbeutung billiger und unqualifizierter Arbeit[1] und reichlicher natürlicher Ressourcen.

Die niedrige Arbeitsqualifikation und der beträchtliche technologische *gap* sind die Bestimmungsfaktoren für Arbeitsprozesse, die im wesentlichen noch auf *tayloristischen* bzw. *fordistischen* Arbeitsprinzipien beruhen (CARVALHO 1993). In diesem Kontext veränderten sich die Anteile primärer Energieträger stark (KOHLHEPP 1994a, S. 297), wobei der hydroelektrischen Energie eine immer größere Bedeutung als Energiequelle zukam (siehe Abb. 17 und Tab. 6, 7 und 8).

---

1 Ohne Zweifel drückt sich der Klassenkampf in Brasilien am deutlichsten im industriellen Bereich aus. Da dieses interessante Thema an dieser Stelle nicht weiter ausgeführt werden kann, seien zur Rolle und Bedeutung der Industrieunternehmen als politische Macht DINIZ (1991, 1992) und DINIZ & BOSCHI (1993a, 1993b) und zur Frage der *neuen Gewerkschaftsbewegung* und der Bedeutung der Arbeitnehmerorganisationen AMADEO & CAMARGO (1991) und CALCAGNOTTO (1994) empfohlen.

Abbildung 17
Bruttoerzeugung an Primärenergie: Brasilien 1970-1992

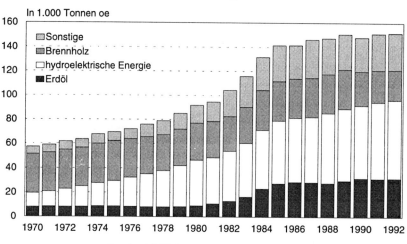

Quelle: MME (1988, 1989, 1992, 1993).

Obwohl elektrische Energie schon in der Phase vor 1964 einen wichtigen Beitrag zur sozioökonomischen Entwicklung Brasiliens leistete (INSTITUTO DE ENGENHARIA 1956, TELLES 1993, 1994), bildete und entwickelte sich erst im brasilianischen peripher-Fordismus ein elektrischer Sektor aus, der hauptsätzlich auf der ELETROBRÁS basierte[1].

Der elektrische Sektor ist in erster Linie für die rasche Erhöhung des Angebots an elektrischer Energie in Brasilien verantwortlich, vor allem mittels der Ausnutzung des hydroelektrischen Potentials (SCHULMAN 1980) durch den Bau großer Staudämme wie Itaipú (KOHLHEPP 1987, KOHLHEPP & KARP 1987, SCHILLING & CANESE 1991), aber auch für die damit verbundenen Probleme. Um nur ein Beispiel zu nennen: In Tucuruí, einem riesigen Wasserkraftwerk im Bundesstaat Pará (Amazonien) kostet die Stromerzeugung US$ 42 pro Megawattstunde, er wird aber für nur US$ 13 pro Megawattstunde verkauft, um Aluminium für den Export zu produzieren (VIDAL 1990, S. 226).

---

[1] Vgl. GELLER (1994); die ELETROBRÁS wurde am 11.6.1962 gegründet (*Gesetz Nr. 3890A vom 24.4.1961*); über die Struktur und die Situation des elektrischen Sektors in Brasilien siehe BAJAY et al. (1990) und FUNCEP (o.J.).

Tabelle 6
Endverbrauch von Elektrischer Energie und Biomasse (inkl. Bagasse, Brennholz, Holzkohle und Alkohol) nach Verbrauchssektoren: Brasilien 1970-1992 (in %)

Jahr	Elektrische Energie				Biomasse			
	Industrie	Haushalt	Sonstige	Total	Industrie	Haushalt	Sonstige	Total
1970	51,2	21,9	26,9	100	26,0	58.0	16,0	100
1971	49,7	20,6	29,7	100	26,4	58,1	15,5	100
1972	50,8	19,9	29,3	100	27,7	57,3	15,0	100
1973	52,0	19,3	28,7	100	28,6	56,8	14,6	100
1974	52,9	19,0	28,1	100	29,8	56,3	13,9	100
1975	52,9	18,9	28,2	100	30,4	56,0	13,6	100
1976	53,8	18,8	27,4	100	31,5	55,2	13,3	100
1977	54,3	19,3	26,4	100	33,1	52,1	14,8	100
1978	55,0	19,1	25,9	100	32,4	49,8	17,8	100
1979	55,6	18,9	25,5	100	32,2	47,6	20,2	100
1980	55,6	19,0	25,4	100	35,2	45,1	19,7	100
1981	53,6	198,8	26,6	100	36,5	43,4	20,1	100
1982	52,7	20,3	27,0	100	38,2	37,9	23,9	100
1983	52,3	20,7	27,0	100	40,2	32,5	27,3	100
1984	54,5	19,3	26,2	100	41,5	30,4	28,1	100
1985	55,4	18,8	25,8	100	41,1	27,0	31,9	100
1986	55,8	19,1	25,1	100	43,0	24,3	32,7	100
1987	54,4	19,9	25,7	100	41,3	24,1	34.6	100
1988	54,7	19,9	25,4	100	41,7	23,3	35,0	100
1989	53,9	20,6	25,5	100	41,6	21,9	36,5	100
1990	51,6	22,4	26,0	100	41,8	21,4	36,8	100
1991	51,0	22,6	26,4	100	39,8	21,1	39,1	100
1992	50,5	22,6	26,9	100	40,4	21,4	38,2	100

Quelle: MME (1988, S.13-14; 1989, S. 17-18; 1992, S. 17-18; 1993, S. 17-18).

Tabelle 7
**Endenergieverbrauch der Verbrauchssektoren *Industrie* und *Haushalte*
nach Energieträger in Brasilien 1973-1992 (in %)**

Jahr	Industrie				Haushalt			
	Strom	Biomasse[a]	Sonstige	Total	Strom	Biomasse[b]	Sonstige	Total
1973	30,1	32,7	36,2	100	13,1	77,9	9,0	100
1974	31,4	31,1	37,5	100	14,3	76,5	9,3	100
1975	32,5	29,4	38,1	100	15,7	75,0	9,3	100
1976	33,5	26,8	39,7	100	17,5	72,6	9,9	100
1977	34,2	25,8	40,0	100	20,2	69,6	10,2	100
1978	36,2	23,2	40,6	100	22,5	66,3	11,2	100
1979	37,8	21,5	40,7	100	24,4	63,7	11,9	100
1980	38,9	22,6	38,9	100	2,5	61,3	12,2	100
1981	41,3	24,9	33,8	100	28,4	58,7	12,9	100
1982	41,9	25,7	32,4	100	31,8	53,4	14,8	100
1983	43,2	28,4	28,4	100	35,0	49,9	15,1	100
1984	45,0	28,7	26,3	100	35,6	49,7	14,7	100
1985	46,6	27,2	26,2	100	37,9	46,0	16,1	100
1986	47,2	26,5	26,3	100	41,5	41,4	17,1	100
1987	45,7	25,9	28,4	100	42,1	41,0	16,9	100
1988	47,0	24,3	28,7	100	44,0	38,1	17,9	100
1989	48,0	23,9	28,1	100	46,7	34,9	18,4	100
1990	49,6	23,0	27,4	100	50,9	30,7	18,4	100
1991	49,7	21,3	29,0	100	51,9	29,6	18,5	100
1992	49,7	20,8	29,5	100	52,2	29,0	18,8	100

Quelle: MME (1989, S. 43 und 47; 1992, S. 43 und 47; 1993, S. 43 und 47).
(a) Für Industrie sind Bagasse, Brennholz und Holzkohle eingeschlossen;
(b) Für Haushalte zählen nur Brennholz und Holzkohle.

Obwohl man auch von beträchtlichen ökologischen Folgen im direkten Zusammenhang mit dem Bau der erwähnten Staudämme und Wasserkraftwerke sprechen kann, sind im brasilianischen Energiesystem nicht allein die vom elektrischen Sektor verursachten Umweltbelastungen zu berücksichtigen (vgl. BÜNNING 1992, GRAÇA & KETOFF 1991). Viel wichtiger sind ohnehin die sozialen Auswirkungen der Staudamm-Großprojekte, die sich ursächlich auf die Überflutung großer Gebiete zurückführen lassen, deren Bewohner somit als die direkten Betroffenen der Großprojekte des elektrischen Sektors Brasiliens bezeichnet werden können[1].

Tabelle 8
Stromerzeugung und -verbrauch in Brasilien nach Großregionen 1979 und 1992

	Region	Norden	Nordosten	Südosten	Süden	M.-Westen
	Fläche (km²)	3.581.180	1.548.672	924.935	577.723	1.879.455
1979	Bevölkerung (10³ Einwohner)	4.848	35.802	50.907	22.150	7.632
	Stromerzeugung (GWh)	2.509	16.663	92.046	13.184	271
	Stromverbrauch (GWh)	2.042	14.410	76.886	13.324	3.231
	Stromverbrauch p/Kopf (kWh)	421	402	1.510	597	423
1992	Bevölkerung (10³ Einwohner)	10.501	43.091	63.096	22.356	9.698
	Stromerzeugung (GWh)	21.232	32.579	116.555	28.516	4.033
	Stromverbrauch (GWh)	10.877	34.839	132.506	31.065	9.348
	Stromverbrauch p/Kopf (kWh)	1.036	809	2.100	1.390	964

Quelle: ELETROBRÁS (1979a, S. 9; 1992, S. 46).

Ein weiteres Problem liegt darin begründet, daß der elektrische Sektor bisher nur wenige Schritte in Richtung auf eine Energiesparpolitik gemacht hat. Wenn auch bereits einige Maßnahmen zur

---

[1] Siehe hierzu COSTA et al. (1990), KOHLHEPP (1994a), ROSA et al. (1988), SIGAUD (1992) und VIANNA (1990a, 1990b, 1992).

Stromeinsparung eingeführt wurden und wenn auch diese Maßnahmen zum Beispiel im Bereich privater Haushalte mit den verschwenderischen Gewohnheiten der Stromkonsumenten zusammen hängen (JANNUZZI et al. 1993a), so gibt es vor allem bei den Industriebetrieben ein noch ungenutztes Stromeinsparungspotential durch Regulierungen und Kompromisse, die zum Beispiel die Herstellung effizienterer Stromverbrauchsgüter wie Glühbirnen, Kühlschränke, Klimaanlagen usw. betreffen[1].

Ein Beispiel für die Wirkung solcher Maßnahmen ist das *PROCEL*-Programm (*Programa Nacional de Conservação de Energia Elétrica, Portaria Interministerial Nr. 1877 vom 30.12.1985*), das unter der Leitung der ELETROBRÁS eingeführt wurde (ELETROBRÁS 1985, GELLER et al. 1988, JANNUZZI & SCHIPPER 1991) mit dem Ziel, den Stromverbrauch zu rationalisieren. Die ersten Maßnahmen des PROCEL zeigten, daß vor allem im industriellen Sektor ein großes Potential zur Stromeinsparung vorhanden ist (LATORRE et al. 1990, LEONELLI 1989, LIMAVERDE et al. 1990). Ursprünglich beschränkte sich *PROCEL* auf die Nachfrageseite, indem es ausschließlich auf Sparmöglichkeiten beim Endkonsument abzielte. Am 18. Juli 1991 wurde das Programm erweitert und soll jetzt auch auf die Angebotsseite einwirken (TOLMASQUIM et al. 1994).

Nach all diesen Ausführungen fällt es dennoch schwer festzustellen, in welchen Punkten sich die Strategie des elektrischen Sektors der Strategie des Energiesektors unterordnet, und in welchen Punkten sich die Strategie des Energiesektors überhaupt einem Gesellschaftsprojekt in Brasilien unterordnet (PIMENTEL & LIMA 1991, CARVALHO & JANNUZZI 1994).

5.2.4 Zur Rolle des Staates in der brasilianischen Wirtschaftsentwicklung und Energieplanung nach 1964

Die entscheidende Rolle des brasilianischen Staates nach 1964 zeigt sich in seiner Planungstätigkeit. An dieser Stelle stehen die wichtigsten Pläne der Bundesregierung im Vordergrund der Betrachtung. Dabei geht es insbesondere um die Vorstellungen über Wirtschaftswachstum, Regionalentwicklung und vor allem Energiewirtschaft sowohl der Militärregierungen als auch der nach dem Demokratisierungsprozeß[2] entstandenen Zivilregierungen.

General Emílio Garrastazu Médici legte 1970 einen *Regierungsplan* vor, dessen Ziele (BRASIL 1970) im Ersten Nationalen Entwicklungsplan, sog. I-PND (*Gesetz Nr. 5.727 vom 4.11.1971*), konkretisiert werden sollten. Die wichtigsten Punkte des von 1972 bis 1974 dauernden I-PND lauteten (BRAZIL 1971):

(a) Das oberste Entwicklungsziel war: "to place Brazil, in a period of one generation, in the category of developed nations" (S. 5);

---

1 Siehe FURST et al. (1990), GELLER et al. (1988), GELLER et al. (1990) und JANNUZZI (1993).

2 Über den Übergang vom Autoritarismus zur Demokratie in Brasilien unter der schweren Wirtschaftskrise Anfang der 80er Jahre siehe CAMMACK (1991), GAY (1990), OLIVEIRA (1985) und WEFFORT (1993).

(b) stabile BSP-Wachstumsraten um 9%, des industriellen Produktes um 10% pro Jahr (S. 4);

(c) Einzige Regionalentwicklungsstragie war die *nationale Integration*, wobei der Nordosten und Amazonien bevorzugt werden sollten (S. 19);

(d) Im Energiebereich wurde die Bedeutung der Kernenergie unterstrichen (S. 58-60), daneben öffentliche Investitionen im elektrischen Sektor, im Erdölsektor und bei der Steinkohleförderung (S. 44).

Der als *Brazilian model of industrial capitalism* (BRAZIL 1974, S. 37) gefeierte Zweite Nationale Entwicklungsplan, sog. II-PND (*Gesetz Nr. 6.151 vom 4.12.1974*), das die Jahre 1975 bis 1979 umfaßte, betonte zum ersten Mal und mit großer Deutlichkeit die Bedeutung der Energiepolitik (S. 17):

> "*The energy policy*, in a country which imports more than two-thirds of the oil it consumes (and this amounts to 48% of the energy utilized) *becomes a decisive element of national strategy*. Brazil must [...] take steps to provide its essential energy needs from its internal resources. Over the next five years the country will make a great effort to reduce its dependence on external sources of energy".

Im II-PND wurden außerdem zwei wichtige Aspekte der brasilianischen Energiepolitik angesprochen: die Förderung des Massentransports und die Forschungsbemühungen im Bereich der Solarenergietechnologien (BRAZIL 1974, S. 17-18). Die Energiekrise von 1973/1974, die die brasilianische Entwicklung stark behinderte, wurde für die Probleme im Energiebereich verantwortlich gemacht (S. 26). Zur Überwindung dieser Probleme wurden die im Ausland verfügbaren Finanzierungsmöglichkeiten in Betracht gezogen (S. 27). Die Bedeutung der Energiefrage läßt sich daran ablesen, daß der Energiepolitik ein eigenes Kapitel gewidmet wurde (Kap. VIII). Die Hauptziele dieser Energiepolitik waren dabei (BRAZIL 1974, S. 140):

(a) Reduzierung der Abhängigkeit von externen Energieressourcen;

(b) Steigerung des Energiegebrauchs aus hydroelektrischen Quellen;

(c) Einrichtung eines erweiterten Stromprogramms;

(d) Einrichtung eines Steinkohleprogramms;

(e) Entwicklung eines Forschungsprogramms im Bereich nicht-konventioneller Energien;

(f) Produktion von Rohstoffen für Kernkraftwerke, wobei das Kernkraftwerk-Programm noch einmal betont wurde.

Es ist bemerkenswert, daß das Hauptaugenmerk des II-PND nicht mehr allein auf den Eintritt Brasiliens in den Klub reicher Länder gerichtet war, sondern zum ersten Mal auch Umweltschutz (Kap. IX) und sogar soziale Komponenten umfaßte:

> "The principal objective of all our national planning is the Brazilian man in his different dimensions and aspirations" (BRAZIL 1974, S. 28).

Wirtschaftswachstum (Kap. 2) und Einkommensverteilung in sozialer und räumlicher Hinsicht (Kap. 5) befanden sich zwar nach wie vor unter den wichtigsten Zielen des Plans (BRAZIL 1974, S. 29), die Chance auf Wirtschaftswachstum wurde jedoch vorsichtiger formuliert:

"It is undeniable that to continue to grow at the rate of 10% from now on [...] would be difficult and hardly make sense" (BRAZIL 1974, S. 33).

Im November 1979, fünf Jahre nach Vorstellung des II-PND, wurde das sogenannte MEB-*Modelo Energético Brasileiro* (MME 1979) der Öffentlichkeit präsentiert. Die Grundzüge des MEB lauteten:

(a) Erhöhung der nationalen Erdölproduktion zur Reduzierung der Erdölimporte;

(b) Energieerhaltung und Substitution des Erdöls durch andere Energieressourcen, ebenfalls zur Reduzierung der Erdölimporte;

(c) Maximierung des Gebrauchs nationaler Energieträger mittels Diversifizierung, regionaler Nutzung und Minimierung ihrer Transportkosten.

Der III-PND (*Beschluß Nr. 01 des Brasilianischen Parlaments vom 20.5.1980*), zwischen 1980 und 1985 nennt sieben Hauptziele (BRASIL 1980, S. 17-20):

(a) Beschleunigung des Wachstums von Einkommen und Arbeitsplätzen;

(b) Verbesserung der Einkommensverteilung;

(c) Reduzierung der regionalen Disparitäten (siehe hierzu besonders S. 82-88);

(d) Kontrolle der Inflation;

(e) Ausgleich der Zahlungsbilanz und Kontrolle der Auslandsverschuldung;

(f) Entwicklung des Energiesektors;

(g) Vervollkommnung der politischen Institutionen.

Die Strategie für den Energiesektor verfolgte weiterhin die Reduzierung der Abhängigkeit von importiertem Erdöl durch Förderung der nationalen Erdölproduktion und die Substitution der Erdölderivate durch andere Energieträger. Dabei wurde die Bedeutung der *PETROBRÁS*, des *elektrischen Sektors* und des *Proálcool-Programms* betont. Drei weitere Aspekte der Energiestrategie des III-PND sind hier zu erwähnen (BRASIL 1980, S. 62-65):

(a) die Förderung des Massentransports;

(b) die Entwicklung von Forschungsprogrammen im Bereich nicht-konventioneller Energieträger (Wind- und Solarenergie eingeschlossen); und

(c) die Beschleunigung des Kernkraftwerk-Programms.

Im Mai 1981 wurde das *MEB (Modelo Energético Brasileiro)* aktualisiert, wobei die Grundlinien leicht modifiziert wurden. Die Ziele lagen jetzt in folgenden Bereichen (MME 1981, S. 22):

(a) Energieeinsparung;

(b) Erhöhung der nationalen Erdölproduktion;

(c) Maximale Nutzung nationaler Energieträger.

Die Prämisse, die zur Festlegung dieser Ziele geführt hatte, war eine erwartete Wachstumsrate des BIP von 6% pro Jahr und der Bevölkerung von 2,5% pro Jahr (MME 1981, S. 21).

Der I-PND da Nova República (*Gesetz Nr. 7.486 vom 6.6.1986*), der den Zeitraum 1986 bis 1989 umfaßt, ist der erste Regierungsplan nach dem Ende der Militärdiktatur. Als Zeichen des Bruchs mit dem *Ancien Régime* versprach er tiefgreifende Reformen. Er ist in neun Kapitel unterteilt, wobei der Umweltpolitik und der Regionalentwicklung eigene Kapitel gewidmet sind (Kapitel 6 und 7), was die zunehmende Bedeutung dieser Themen unterstreicht. Im Vordergrund standen aber die Inflations- und Auslandsverschuldungsproblematik, weswegen man im I PND-NR von einer *Wiederaufnahme der Entwicklung* sprach (Kapitel 1). Trotzdem peilte die Regierung José Sarney für den Zeitraum zwischen 1986 und 1989 ein Wachstum des Industrieproduktes von mindestens 7% pro Jahr an (BRASIL 1986, S. 11).

Die energiepolitischen Ziele des I-PND-NR (BRASIL 1986) lassen sich wie folgt zusammenfassen:

(a) Erhöhung des Anteils einheimischer Energieressourcen im brasilianischen Energiesystem

(b) Energieerhaltung durch rationellere Nutzung natürlicher Ressourcen (S. 167).

Im Grunde jedoch wurde den konventionellen Energieträgern (Erdöl, elektrische Energie usw.) weiterhin eine große Bedeutung beigemessen (S. 168-171). Das Kernenergie-Programm wurde weiter gefördert (S. 170), *alternative* Energien blieben nach wie vor fast außer acht (S. 171). Zum ersten Mal wurde jedoch die Energieerhaltung (*conservação de energia*) explizit berücksichtigt (S. 170-171).

Zur allgemeinen Überraschung veröffentlichte Präsident José Sarney im August 1987 einen weiteren Plan, der zwar eigentlich umfangreicher als der I-PND-NR war, trotzdem aber nur als Programm (*Programa de Ação Governamental*) bezeichnet wurde. Dieses Programm legte für den Zeitraum von 1987 bis 1991 folgende Ziele fest (BRASIL 1987):

(a) die Schaffung von 8,4 Mio. Arbeitsplätzen;

(b) jährliche Wachstumsraten des Nationaleinkommens zwischen 5% und 7%;

(c) Vorrang von Investitionen im sozialen Bereich und

(d) gleichzeitige Förderung des Binnenmarktes und der Ausfuhr.

Von den insgesamt zehn Kapiteln des PAG wurde eines der Regionalentwicklung gewidmet (Kap. 6). Umweltfrage (S. 259-261) und Energieproblematik (S. 127-147) wurden allerdings nur am Rande behandelt (BRASIL 1987).

Im November 1991 wurde der Öffentlichkeit die sogenannte *PEN-Política Energética Nacional* vorgestellt, die nicht mehr vom Ministerium für Bergbau und Energie (*MME*) formuliet wurde, sondern von der *Secretaria Nacional de Energia*, die dem Ministerium für Infrastruktur (*MIE*) untergeordnet wurde. Die PEN entsprach dem neuen institutionellen Rahmen des *RMEN-Reexame da Matriz Energética Nacional*, in dem folgende Grundlinien enthalten waren (MIE 1991):

(a) Energieeinsparung;

(b) Effizientere Nutzung der Energieressourcen;

(c) Öffnung des Energiesektors zur Beteiligung des privaten Kapitals;

(d) Einbezug erneuerbarer und dezentralisierter Energiequellen.

An dieser Stelle muß die historische Rolle des *BEN-Balanço Energético Nacional*, der vom MME jährlich veröffentlicht wird, kurz erklärt werden. Es handelt sich um die vollständigste periodische Datenquelle des brasilianischen Energiesystems. In Laufe der Zeit wurde diese jährliche Energiebilanz Brasiliens verändert und verbessert (SOARES & BICALHO 1990), dennoch muß darauf hingewiesen werden, daß der BEN auch Schwachstellen erhält. So erscheinen die Energiedaten isoliert und ohne Zusammenhang mit den Daten der jeweiligen Aktivitäten sowohl auf der Input-Seite (woher kommt die Energie) als auch auf der Output-Seite (wohin geht die Energie). Bemühungen um die Erstellung eines Input-Output-Systems, das sozioökonomische Daten und Energiedaten vereinigt, sind in Brasilien erst in den 90er Jahren zu verzeichnen (vgl. RAMOS et al. 1993).

Dieser kurze Überblick über die wichtigsten in Brasilien formulierten Entwicklungspläne zeigt mit aller Deutlichkeit, daß "the main decision-maker in the energy sector is the government, which is also responsable for all major economic decisions of the country" (JANNUZZI 1990b, S. 1001).

Diese Verantwortung für Beschlüsse im Energiebereich drückt sich in der vom Staat formulierten Energiepolitik aus. An dieser Stelle können nicht alle Maßnahmen des Staates im gesamten Energiebereich ausführlich behandelt werden. Deshalb sollen kurz die wichtigsten Pläne der ELETROBRÁS für den elektrischen Sektor vorgestellt und kritisch beleuchtet werden.

Im September 1979 stellte die ELETROBRÁS den *Plano de Atendimento aos Requisitos de Energia Elétrica até 1995* vor. Wie alle Regierungspläne jener Zeit betonte auch dieser die sogenannte Angebotsseite. So sagte die ELETROBRÁS eine Erhöhung des Angebots an elektrischer Energie aufgrund des Verbrauchswachstums zwischen 1970 und 1978 voraus, wobei die Umweltdimension nicht berücksichtigt wurde (ELETROBRÁS 1979b).

Im März 1982 wurde der *Plano de Suprimento aos Requisitos de Energia Elétrica até o ano 2000* bekanntgegeben. Wie der vorherige betrachtete auch dieser Plan nur die Angebotsseite auf der Basis des vorausgeganenen Verbrauchswachstums bei fehlender Betrachtung der Umweltdimension (ELETROBRÁS 1982).

Im Dezember 1987 stellte die ELETROBRÁS den *Plano Nacional de Energia Elétrica 1987/2010* oder *Plano 2010* vor. Zwar wird nach wie vor die Angebotsseite privilegiert, aber der Umweltdimension wird zum ersten Mal Platz eingeräumt. Die zwei Bände des *Plano 2010* umfassen mehrere Aspekte der Planung im Bereich elektrischer Energie, wie zum Beispiel den Beitrag einzelner Primärenergien zur Stromerzeugung (hydroelektrische Energie, Steinkohle, Kernenergie usw.). Dabei werden auch andere Energiequellen genannt (Sonnenenergie, Windenergie usw.), deren Bedeutung im Vergleich zu den zuerst erwähnten Energieträgern jedoch ziemlich begrenzt ist (ELETROBRÁS 1987a, 1987b).

Anfang der 90er Jahre wurde der *Plano Nacional de Energia Elétrica 1993-2015* oder *Plano 2015* vorgestellt. Er umfaßt 14 Teilprojekte und berücksichtigt in bisher nicht gekanntem Umfang die umstrittenen Fragen des elektrischen Sektors wie die Umweltproblematik und die Förderung *alternativer* Energien (vgl. z.B. TOLMASQUIM et al. 1994; die einzelnen Projekte sind in Tabelle 9 aufgeführt).

Tabelle 9
Einzelprojekte des *Plano Nacional de Energia Elétrica 1993-2015* (Plano 2015)

Projekt	Inhalt der Einzelprojekte
P1	Methodologie und Planungsprozeß der Ausdehnung des elektrischen Sektors (Dezember 1993)
P2	Der elektrische Sektor und die brasilianische Ökonomie (Dezember 1992)
P3	Perspektiven des Marktes und der Erhaltung elektrischer Energie (Dezember 1992)
P4	Angebot elektrischer Energie: (a) das hydroelektrische Potential (Dezember 1992), (b) Nuklearenergie (Dezember 1993), (c) Erdölderivate und Erdgas (Dezember 1992), (d) Steinkohle (Dezember 1993), (e) Biomasse (Dezember 1993), (f) Zuckerrohrreste (Dezember 1993), (g) alternative Energiequellen (Dezember 1993), (h) Energieaustausch mit Nachbarländern (Dezember 1993)
P5	Transmissionssysteme elektrischer Energie (Dezember 1992)
P6	Steuerungssysteme elektrischer Energie (Dezember 1992)
P7	Die Umweltfrage und der elektrische Sektor: (a) hydroelektrische Projekte des Ausdehnungsplans (Dezember 1993), (b) Erzeugungsquellen elektrischer Energie (Dezember 1993), (c) Transmissionssysteme (Dezember 1993)
P8	Die wirtschaftlich-finanzielle Frage (Dezember 1993)
P9	Die institutionelle Frage und die Beteiligung des privaten Kapitals am elektrischen Sektor (Dezember 1993)
P10	Die Industriepolitik und der elektrische Sektor (Dezember 1993)
P11	Die technologische Politik und der elektrische Sektor (Dezember 1993)
P12	Ausdehnungsstrategie des Systems: Angebot und Nachfrage (Dezember 1993)
P13	Die Humanressourcen und der elektrische Sektor (Dezember 1993)
P14	Globale Energieeffizienz (Dezember 1993)

Quelle: ELETROBRÁS (1992/1993).

Im Dezember 1993 legte die ELETROBRÁS den *Plano Decenal de Expansão 1994-2003* vor. Es geht hierbei um Programme zur Ausweitung der Energieerzeugung, -transmission und -

verteilung/-steuerung während der zehn Jahre von 1994 bis 2003. Im Mai 1994 wurde eine weitere Studie der ELETROBRÁS (1994b) veröffentlicht, die sich auf den Zeitraum 1994-2005 bezieht und die sozioökonomischen Rahmenbedingungen des Stromverbrauchs und der Stromeinsparung in Brasilien und seinen Großregionen in Betracht zieht.

Wie sind nun diese Pläne des brasilianischen Staates zu beurteilen? Aus einer Vielzahl möglicher Aspekten wird an dieser Stelle die Frage der Energieplanung herausgegriffen. Dabei stehen die Planungstätigkeit im Energiebereich selbst, die Einschätzung der Umweltdimension und die Rolle regenerierbarer Energien im Vordergrund.

Betrachtet man die Entwicklungsphase zwischen Mitte der 70er und Mitte der 80er Jahre, so zeigt sich, daß die Regierungsplanung vor allem während des II-PND weit von der Realität entfernt war. Die regionalen und sozialen Disparitäten, die Wirtschaftskrise, die schon weit fortgeschrittene Umweltdegradierung und die Notwendigkeit zur Energieeinsparung sind sehr konkrete Probleme, an denen der Staat vorbeiging (CASTRO & SOUZA 1988, S. 11-95; TAVARES & FIORI 1993, S. 75-126). In bezug auf die Energieproblematik ist die Art und Weise, wie die brasilianische Regierung auf die Erdölpreisschocks reagierte, zumindest zweideutig: Zum einen wurde versucht, eine Deviseneinsparung bzw. einen Ausgleich im Außenhandel, vor allem aber eine globale Unabhängigkeit vom Erdöl zu erreichen. Zum anderen wurden jedoch überhaupt keine konkreten Maßnahmen durchgeführt, die eine Abkehr vom energieintensiven Entwicklungsmodell bedeutet hätten (TOLMASQUIM 1990). So sind in der brasilianischen Energieplanung einige wichtige Aspekte unbeachtet geblieben (JANNUZZI 1990b, MIYAMOTO et al. 1989, SANTOS & LEÃO 1990):

(a) Konkrete Maßnahmen zur stärkeren Beteiligung der sogenannten *alternativen Energieressourcen*;

(b) Soziale Prioritäten als Zweck der Energieplanung;

(c) Ökologische Folgen der Energiegewinnung;

(d) Räumliche Dezentralisierung des Energieangebots.

Was den ersten Punkt anbelangt, so gibt es seit 1983 Studien des MME über alternative Energieträger (MME 1983, BNCWEC 1990). Tatsächlich jedoch wurden diese *fontes alternativas de energia* von den brasilianischen Regierungen überhaupt nie wahrgenommen. Jüngere, aber weiterhin unbedeutende Bemühungen um die Förderung *erneuerbarer Energien* sind (nach wie vor!) nicht dem direkten Einfluß des Staates zu verdanken (vgl. FORO PERMANENTE DAS ENERGIAS RENOVÁVEIS 1995).

Die sozialen und ökologischen Dimensionen sind nur im Rahmen der allgemeinen Bedeutung der sozialen Frage[1] und der Umweltfrage in Brasilien zu beurteilen[2]. Die spezifische Rolle des Staates in der Energieplanung ist fraglich, dies wird vor allem in den langfristigen Plänen des

---

[1] Es ist an dieser Stelle unmöglich, auf die Sozialpolitik des brasilianischen Staates nach 1964 einzugehen; siehe dazu DRAIBE (1989).

[2] Über die sozioökologischen Kosten der brasilianischen Energiestrategie siehe SEVÁ Filho (1994) und TOLMASQUIM (1993).

brasilianischen elektrischen Sektors deutlich. Erst mit dem Plano 2010 der ELETROBRÁS zeigen sich in diesem Bereich Fortschritte[1].

Abbildung 18
ENERGIEPLANUNG IN BRASILIEN

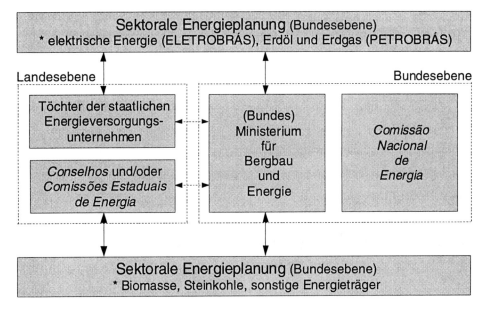

Quelle: MIYAMOTO, A. et al. (1989, S. 36).   Graphik: I. M. Theis 1996

Zusammenfassend läßt sich sagen, daß in der Energieplanung Brasiliens die Angebotsseite gegenüber der Nachfrageseite eindeutig bevorzugt wurde (CARVALHO & JANNUZZI 1994, GOLDEMBERG 1989, La ROVERE 1984), obwohl ein großes Potential zur Energieeinsparung bzw. Rationalisierung des Energieverbrauchs durch mögliche Maßnahmen auf der Nachfrageseite (z.B. Regulierungen) bestand (FURST & OLIVEIRA 1990, JANNUZZI 1993a). Die Analyse des brasilianischen Energiesystems offenbart die niedrige Effizienz, mit der Energie in Brasilien erzeugt und verbraucht wird. Demnach gibt es Raum genug, die Energieverschwendung zu vermeiden, ohne daß die Qualität der von den Endkonsumenten geforderten Energiedienste in Gefahr zu geraten braucht. Gleichzeitig können die mit der Energieerzeugung und dem Energieverbrauch zusammenhängenden Umweltbelastungen drastisch reduziert werden (SCHAEFFER & WIRTSHAFTER 1992, S. 841).

---

1   Siehe KOHLHEPP (1994a), PIMENTEL & LIMA (1991), La ROVERE (1993), TOLMASQUIM (1993) und VIANNA (1989, 1990a).

Als eine der wichtigsten Dimensionen des staatlich geplanten Entwicklungsprozesses weist die Energiefrage somit auf den Zusammenhang zwischen Energiesystem und Entwicklungsmodell hin. Dies gilt auch für Brasilien[1].

5.2.5 Zur Umweltfrage in Brasilien nach 1964

Die Umweltfrage gewann in Brasilien zwischen den 60er und 90er Jahren zunehmend an Bedeutung (CRESPO & LEITÃO 1993). An dieser Stelle sollen die wichtigsten Umweltprobleme, ihre Ursachen, die Rolle des privaten und des öffentlichen Sektors und das ökologische Bewußtsein, das sich im Laufe dieser Zeit in Brasilien entwickelte, kurz behandelt werden.

Unter den Umweltproblemen in Brasilien stehen an erster Stelle (CRESPO & LEITÃO 1993, KOHLHEPP 1994b):

(a) Entwaldung und Degradierung natürlicher Ökosysteme;

(b) Mangelhafte Abwasserentsorgung im städtischen wie im ländlichen Bereich;

(c) Unkontrolliertes Städtewachstum;

(d) Wasserverschmutzung;

(e) Industrielle Umweltverschmutzung (Wasser, Luft usw.).

Diese Umweltprobleme lassen sich in drei Kategorien einteilen (CRESPO & LEITÃO 1993):

(a) *Klassische* Umweltprobleme, wie Verlust von Artenreichtum, Fluß- und Meeresverschmutzung, Bodenerosion usw.;

(b) *Städtisch-industrielle* Umweltprobleme, wie unkontrollierte Verstädterung, mangelhafte Abwasserentsorgung , industrielle Verschmutzung usw.;

(c) *Soziopolitische* Umweltprobleme[2], die u.a. durch Armut, Gesundheitswesen und Entwicklungsmodell bedingt sind.

Die Ursachen der genannten Umweltprobleme sind vorwiegend in den brasilianischen Entwicklungsstrategien zu finden. Die sozioökologischen Kosten dieser Strategien lassen sich kaum abschätzen. Die Umweltdegradierung ist mit der Beschleunigung der Produktion sowohl im industriellen wie auch im landwirtschaftlichen Bereich verbunden (GUIMARÃES 1992). Insbesondere die Industrie trug erheblich zur Verschärfung der Umweltprobleme bei (VIANNA & VERONESE 1992), wobei Cubatão im Bundesstaat São Paulo sicherlich eines der negativsten Beispiele darstellt (GUTBERLET 1991). Parallel dazu intensivierten sich die Verstädterungsprozesse, die ebenfalls hohe Umweltkosten bedeuteten (MELLO 1994). Schließlich sind auch viele soziale Probleme Brasiliens nicht von der Umweltproblematik zu

---

1   Vgl. BÔA NOVA (1989), FURTADO (1989b), La ROVERE (1984) und THEIS (1990b).

2   In diesem Zusammenhang spricht SACHS (1990b, 1991) mit Recht von einer untrennbaren sozioökologischen Verschuldung (*social and ecological debt*).

trennen[1], was den Schluß nahelegt, daß "der Raubbau an den natürlichen Ressourcen und die Umweltbelastungen in den industriellen Ballungszentren [...] in Brasilien alarmierende Ausmaße angenommen [haben]; in einigen Regionen des Landes bahnen sich ökologische Katastrophen an" (SANGMEISTER 1995a, S. 249).

Wenn die Entwicklungsstrategien für die Umweltdegradierung verantwortlich gemacht werden, so ist damit die Staatstätigkeit gemeint, wobei sich in der brasilianischen Umweltpolitik zwei Phasen unterscheiden lassen (VIOLA & LEIS 1992): Die eine (*ambientalismo bissetorial*) dauerte von 1971 bis 1985 und verstand die Umweltproblematik vorrang als Umweltschutzproblematik. Die andere (*ambientalismo multissetorial*) dauerte von 1986 bis 1991. Sie umfaßte eine *breitere* Umweltthematik und bezog somit *neue* Sektoren der brasilianischen Gesellschaft in die Umweltdebatte ein. Zu diesen Sektoren zählen (VIOLA & LEIS 1992, S. 85-92):

(a) Umweltvereine und -schutzgruppen;

(b) Die staatlichen Umweltbehörden;

(c) NRO und soziale Bewegungen, die den Umweltschutz als wichtige Dimension in ihre Tätigkeiten miteinbeziehen;

(d) Wissenschaftliche Institutionen und Gruppen, die die Umweltproblematik untersuchen;

(e) Ein ziemlich kleiner und unbedeutender Teil von Unternehmern, die sich Gedanken über ökologische Produktionsprozesse machen.

Die Staatstätigkeit im Hinblick auf Umweltprobleme in Brasilien bzw. die Umweltpolitik des brasilianischen Staates, die zunehmend von diesen neuen Akteuren in Frage gestellt werden, sind ein Produkt der herrschenden Interessen, die im Umweltbereich zum Ausdruck kommen. Dabei berücksichtigt der Staat eben die Interessen, die an der Degradierung natürlicher Ökosysteme beteiligt sind, was sich schon am Beispiel der brasilianischen Entwicklungsplanung zeigt (GUIMARÃES 1989). Dies gilt auch für die Umweltverträglichkeitsprüfung (*EIA-Estudo de Impacto Ambiental, RIMA-Relatório de Impacto Ambiental*) im Bereich der Energieplanung (TEIXEIRA & BESSA 1990, TOLMASQUIM 1993). Ein weiteres Beispiel stellen die Schwierigkeiten bei der Anwendung der umfangreichen und fortschrittlichen Umweltgesetzgebung Brasiliens dar (AGUIAR 1994, KOHLHEPP 1991b). Aus den genannten Gründen muß die Umweltpolitik des brasilianischen Staates eher kritisch betrachtet werden (ACSELRAD 1994, BURSZTYN 1994).

Insbesondere die Regierung des neoliberalen Präsident Collor bot kein gutes Beispiel: "Im Vorfeld der UNCED betonte [Collor] unentwegt die Bedeutung der Umweltpolitik, nachhaltige Entwicklung wurde zu einem seiner Zentralbegriffe" (FATHEUER 1993, S. 94). Doch die Regierung Collor trug wesentlich zur Umweltdegradierung bei, wobei die Wirtschaftspolitik als Hauptverursacher zu nennen ist[2]. Sie führte einerseits zur Entwaldung, Bodenerosion und

---

1   Siehe u.a. AGUIAR (1994), CAPOBIANCO (1993), COELHO (1992), HOGAN (1992) und MUÇOUÇAH (1993).

2   Erinnert sei an die Konversionsmechanismen der Außenverschuldung zur Finanzierung von Umweltprojekten (*swaps*), durch die die Regierung Collor dem Druck von außen entgegenkam und

Wasserverschmutzung, akzentuierte andererseits die mit der Umweltqualität verbundenen Verelendungs- und Verarmungsprozesse[1]. Somit hatte "Collor [...] weniger die Umweltpolitik entwickelt als den Einsatz gängiger Rhetorik für Marketingzwecke" (FATHEUER 1993, S. 95), was einige, wie z. B. SANGMEISTER (1995a, S. 254), nicht verstanden zu haben scheinen. Die bedeutensten Ereignisse der letzten 60 Jahren im Umweltbereich Brasiliens sind in Tabelle 10 zusammengefaßt.

Wie reagierte nun das private Kapital auf die zunehmende Umweltdegradierung in Brasilien? Einige Unternehmer begannen erst dann, sich Sorgen um die Umweltprobleme zu machen, als der Druck internationaler Organisationen, der Medien und der Gesellschaft zunahm (MAIMON 1994, SOUZA 1993). Die Ergebnisse einer Untersuchung über die Bemühungen brasilianischer Industrieunternehmen im Umweltschutz zeigten (NEDER 1992):

(a) Eine mangelhafte Verknüpfung zwischen Umweltkontrollmaßnahmen und Gesundheitspflege- und Schutzmaßnahmen am Arbeitsplatz;

(b) Starke Präsenz des Staates bei der Verbesserung des Umweltzustandes[2];

(c) Geringe Änderungen zur Verbesserung der Umweltbedingungen innerhalb der Organisation der Industriebetriebe;

(d) Unbedeutende Änderungen im internen Arbeitsbereich;

(e) Unbedeutende Innovation beim Endprodukt.

Daraus läßt sich schließen, daß die Mehrheit der brasilianischen Industrieunternehmer sich wenig um die Belange des Umweltschutzes kümmern (NEDER 1992), wobei das Umweltengagement der brasilianischen Industriebetriebe von deren Größe und der Branche abhängt. In der Regel sind es die transnationalen Betriebe, gefolgt von den großen nationalen Industriebetrieben, die zum Beispiel eine für Umweltfragen zuständige Abteilung haben (VIANNA & VERONESE 1992). Zwar ist es sicherlich naiv zu glauben, die brasilianischen Industriebetriebe wollten plötzlich freiwillig die Umwelt schützen[3], ganz allgemein kann man dennoch davon ausgehen, daß das Ökologiebewußtsein der brasilianischen Gesellschaft zugenommen hat[4]. Schließlich besteht die brasilianische, wie jede kapitalistische Gesellschaft, nicht nur aus Unternehmern.

---

sich ihr neoliberales Gesellschaftsprojekt konsolidierte. Die Kritik an Collor und an seinem Gesellschaftsprojekt weist darauf hin, daß die *swaps* Mechanismen sind, die einer Verschuldung entsprechen, die unmoralisch ist und schon längst bezahlt wurde (FEENEY 1992, SOARES 1992).

1 Siehe hierzu ACSELRAD (1992), FEENEY (1992) und KOHLHEPP (1991a, 1991b).

2 Über Konflikte zwischen Unternehmern (*empresários*) und Regierung (*governo*) in Umweltfragen siehe CARNEIRO et al. (1993).

3 Vgl. MAIMON (1994). Obwohl sie keine Ausnahme bilden, gründeten die Unternehmen Vale do Rio Doce, Caemi, Varig, Mannesman, Papel Simão, Ripasa, Aracruz, Shell, Suzano, Acesita u.a. in den 90er Jahren die *Fundação Brasileira para o Desenvolvimento Sustentável* (vgl. SOUZA 1993).

4 Siehe hierzu CRESPO & LEITÃO (1993) und GUIMARÃES (1988). Zur Erweiterung dieses Bewußtseins trugen verschiedenen Akteure bei, wie z.B. die Grüne Partei Brasiliens (FATHEUER 1993, GARRISON II 1993, KOHLHEPP 1991b) und die katholische Kirche (HEWITT 1992).

Tabelle 10
Chronologie ausgewählter Ereignisse im Umweltbereich Brasiliens 1934-1993

Jahr	Wichtige Ereignisse im Umweltbereich Brasiliens
1934	Verabschiedung des *Código Florestal*, des *Código da Caça* und des *Código da Pesca*
1943	Verabschiedung des *Código das Águas*
1958	Gründung der *Fundação Brasileira para a Conservação da Natureza*, der ersten brasilianischen Umwelt-NRO
1965	Verabschiedung des *Novo Código Florestal* durch Lei 4.771
1971	Gründung der *Associação Gaúcha de Proteção ao Ambiente Natural-AGAPAN* in Porto Alegre, einer der wichtigsten Umwelt-NRO in Brasilien in der 70er Jahren
1973	(a) Gründung der Companhia de Tecnologia de Saneamento Ambiental-*CETESB* (b) Gründung des Conselho Estadual de Proteção Ambiental da Bahia-*CEPRAM* (c) Gründung der Secretaria Especial de Meio Ambiente-*SEMA* (an das Ministério do Interior gebunden) durch *Decreto Nr. 73.030*
1975	Festsetzung der Maßnahmen zur Vorsorge und Kontrolle der industriellen Verschmutzung durch den *Decreto-Lei Nr. 1.413*
1981	Festlegung der *Política Nacional do Meio Ambiente-PNMA*, Gründung des Conselho Nacional do Meio Ambiente-*CONAMA* durch *Lei 6.938* und des Sistema Nacional do Meio Ambiente-*SISNAMA*
1982	Genehmigung der Diretrizes para o Programa de Mobilização Energética durch *Decreto 87.079*
1984	Regelung der *PNMA* durch *Decreto Nr. 89.532*
1985	Gründung des Ministério do Desenvolvimento Urbano e Meio Ambiente durch *Decreto Nr. 91.145*
1986	*Resolução 001* des *CONAMA* über die Anfertigung der Estudos e Relatórios de Impacto Ambiental EIA-RIMA
1987	*Resolução 006* des *CONAMA* über die Umweltgenehmigung von Großprojekten zur Stromgewinnung
1988	(a) Verabschiedung der Brasilianischen Verfassung am 5.10. mit einem spezifischen Kapitel über die Umweltfrage (capítulo VI, da Ordem Social) (b) Registrierung der *Grünen Partei* Brasiliens
1989	(a) Auflösung der *SEMA* und des Instituto Brasileiro de Desenvolvimento Florestal-*IBDF* und Gründung des Instituto Brasileiro do Meio Ambiente e Recursos Naturais Renováveis-*IBAMA* durch *Lei Nr. 7.735* (b) Verabschiedung des Programms *Nossa Natureza* (c) Einrichtung des *Fundo Nacional de Meio Ambiente*
1990	(a) Verbot der Abholzung und Bewirtschaftung von Primärvegetation im Bereich der *Mata Atlântica* durch *Decreto Nr. 99.547* (b) Festlegung der Befugnisse des *IBAMA* und der Secretaria do Meio Ambiente-*SEMAM*
1991	Gründung der unternehmerischen *Fundação Brasileira para o Desenvolvimento Sustentável-FBDS*
1993	(a) Einschränkende Maßnahmen bei der Bewirtschaftung der Vegetation im Bereich der *Mata Atlântica* durch *Decreto Nr. 750* (b) Gründung des *MMA*-Ministério do Meio Ambiente e da Amazônia Legal (1995 umbenannt in Ministério do Meio Ambiente, dos Recursos Hídricos e da Amazônia Legal)

Quelle: IBAMA (1992), KOHLHEPP (1991a, 1991b), REDE DE ONGs DA MATA ATLÂNTICA (1994), SEMA (1986), VIANNA & VERONESE (1992), VIOLA & LEIS (1992) und VEJA (verschiedene Nr., Jhg. 1993, 1994 u. 1995).

5.3 Wirtschaftliche Erfolge, sozioökologische Mißerfolge: Entwicklung und Energie in Santa Catarina

Im Jahre 1990 lebten 70,6% der Einwohner des Bundesstaates Santa Catarina in Städten. Die Bevölkerungsdichte lag bei 47,55 Einwohner pro km^2 (Stand 1991). 48,1% der Gesamtbevölkerung zählten zur erwerbstätigen Bevölkerung (*população economicamente ativa*), die sich wiederum wie folgt aufteilte: 34,1% im Primärsektor, 25,3% im Sekundärsektor und 40,6% im Tertiärsektor. Diese Zahlen verleiten zum heute in Santa Catarina verbreiteten Bild eines sozioökonomisch entwickelten Bundesstaates, der geprägt ist durch eine in sozialer Hinsicht konfliktfreie Gesellschaft und eine in ökologischer Hinsicht ausbeutungsfreie Natur. Einige Zitate mögen dies bekräftigen:

> "Um den Fortschritt dieses Landes zu verstehen, muß beim Ursprung seiner Unternehmer angefangen werden. Der Deutsche ist sehr konservativ. Wir haben eine gute Völkermischung. Der Fortschritt ist sehr an die Leute und an ihre Kultur und Tradition gebunden. Wir haben wenige Schwarze"[1] und

> "Der Erfolg Santa Catarinas ist dem unternehmerischen Geist seines Volkes, der Diversifizierung der Ökonomie, der Professionalisierung der Verwaltung und der Qualität der Arbeitskräfte zu verdanken. Unsere Gesellschaft wurde von Kolonisten organisiert, die zu arbeiten gewohnt sind"[2].

> So "stammen wir weder von Indianern noch von Schwarzen ab. Santa Catarina brachte seine Indianer um und schämte sich seiner Schwarzen"[3].

Diese und ähnliche Zitate der *elites catarinenses* verbergen Konflikte, die sich im Bundesstaat abspielen und machen deutlich, daß Santa Catarina weder frei von Widersprüchen noch immun gegenüber der Dynamik der kapitalistischen Entwicklung ist (LISBOA 1987).

5.3.1 Geographische und historische Grundlagen, administrative Gliederung und sozioökonomische Periodisierung

Der Bundesstaat Santa Catarina erstreckt sich zwischen 25°57' und 29°23' südlicher Breite und zwischen 48°19' und 53°50' westlicher Länge und zählt zur Südregion Brasiliens. Santa Catarina nimmt etwa 1,12% des brasilianischen Territoriums und 16,54% des Territoriums der Südregion

---

1 *"Para entender o progresso deste Estado deve-se começar pela origem dos seus empresários. O alemão é muito conservador. Temos uma boa mixagem de etnias. O progresso está muito ligado à gente, a sua cultura e tradição. Temos poucos pretos"* (Dillor Freitas, Unternehmer, zitiert in VEJA Nr. 1.323, 19. Januar 1994, S. 56).

2 *"O sucesso de Santa Catarina se deve ao espírito empresarial do seu povo, à diversificação da economia, à profissionalização administrativa e à qualidade da mão-de-obra. Somos uma sociedade organizada por colonos habituados ao trabalho"* (Vilmar Schurmann, Unternehmer, zitiert in VEJA Nr. 1.323, 19. Januar 1994, S. 57).

3 *"Não somos descendentes de índios nem de negros. Santa Catarina matou seus índios e envergonhou-se de seus negros"* (LISBOA 1991, S. 77).

zwischen Paraná im Norden und Rio Grande do Sul im Süden ein (SANTA CATARINA 1994b).

Der heutige Bundesstaat Santa Catarina[1] entstand aus den sogenannten *Terras de Sant'Ana*, einem Erblehen, mit dem das Königreich Portugal 1532 Pero Lopes de Souza beschenkte. Die *Terras de Sant'Ana* umfaßten die Hälfte des heutigen Paraná und zwei Drittel Santa Catarinas bis Laguna. Zur Zeit der Entdeckung Brasiliens war Santa Catarina von indianischen Ureinwohnern aus dem Stamm der Guarani bewohnt, darunter den Xoklengs, den Kaigangs und den Carijós (CABRAL 1994, S. 32). Der Besiedlungsprozeß begann 1658 mit der Gründung von Nossa Senhora do Rio São Francisco (heute São Francisco do Sul). 1662 wird Nossa Senhora do Desterro (heute Florianópolis) und 1684 Santo Antônio dos Anjos da Laguna (heute Laguna) besiedelt (PIAZZA 1994, S. 29-35). Als erste Einwanderer kamen ab 1748 Azorianer (*Açorianos*) nach Santa Catarina (CABRAL 1994, S. 60-61; PIAZZA 1994, S. 38-74). Über sie wurde berichtet:

> "The descendants of the colonists from the Azores were still distinguished by their cleanliness from the other Portugueze: the soldiers, the peasantry, and even the poorest towns-people of this race, wore good and clean line, and their houses were remarkable for neatness; they had retained also their history" (SOUTHEY 1970, S. 860).

Die wichtigste Gruppe von Einwanderern sind jedoch die Deutschen. Sie gründeten in den 20er Jahren des 19. Jahrhunderts die Kolonien São Pedro de Alcântara und Mafra, 1849 die Colônia Dona Francisca (heute Joinville), 1850 Blumenau, 1860 Brusque, 1871 São Bento do Sul und 1899 Ibirama. Zusammen mit den ebenfalls eingewanderten Italienern und Polen trugen sie zur ökonomischen und kulturellen Diversifizierung der Gesellschaft Santa Catarinas bei[2].

Tabelle 11
Zunahme der Bevölkerung Santa Catarinas von 1712 bis 1920

Jahr	Einwohner	Jahr	Einwohner	Jahr	Einwohner
1712	ca. 500	1824	45.629	1870	154.697
1774	9.058	1840	66.218	1872	159.802
1788	16.177	1844	72.814	1890	283.769
1800	21.068	1854	101.559	1900	320.289
1810	30.339	1860	114.597	1920	668.743
1818	44.041	1864	133.738		

Quelle: CABRAL (1994, S. 365) und PELUSO Jr. (1991, S. 254).

---

1 Der Ursprung des Namens Santa Catarina geht auf das Jahr 1526 zurück (vgl. CABRAL 1994, S. 25).

2 Zur Kolonisation Santa Catarinas siehe PIAZZA (1994), SEYFERTH (1994) und von TSCHUDI (1988); zu den Einwanderern europäischer Herkunft in Santa Catarina siehe KOHLHEPP (1975/1976), PELUSO Jr. (1991) und auch von TSCHUDI (1988).

Die Verteilung der Bevölkerung nicht-portugiesischer europäischer Abstammung in Santa Catarina kann für das Jahr 1934 grob geschätzt werden: 235.000 Deutsche, 100.000 Italiener und 28.000 Slawen (WAIBEL 1984a, S. 50). Zusammen machten diese Bevölkerungsgruppen damals etwa ein Drittel der gesamten Bevölkerung des Bundesstaates aus. Abbildung 19 faßt die Bevölkerungsentwicklung des Bundesstaates seit den 40er Jahren dieses Jahrhunderts zusammen.

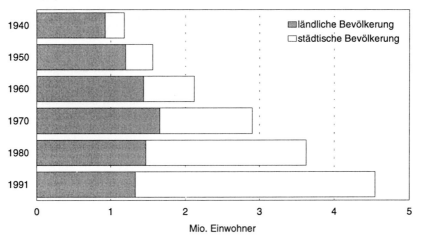

Abbildung 19
Ländliche und städtische Bevölkerung: Santa Catarina 1940-1991

Quelle: SANTA CATARINA (1994a)und IBGE (1993).

Was die administrative Einteilung des Bundesstaates anbelangt, so gab es bis 1940 nur 45 Gemeinden (*Munizipien*), bis 1950 waren es schon 52 und bis 1960 sogar 102 Gemeinden. Diese Zahl stieg bis 1970 auf 197 und blieb im Laufe der 80er Jahre fast unverändert. Danach stieg die Zahl der Munizipien erneut an: von über 217 im Jahre 1991 auf heute 260 (CABRAL 1994, S. 355; SANTA CATARINA 1992, 1994b). Diese Munizipien gehören Gemeindeverbänden (den sog. *Associações dos Municípios de Santa Catarina*) an. Die FECAM (*Federação Catarinense de Associações de Municípios*) besteht aus 18 *Associações de Municípios*. In der vorliegenden Arbeit wurden 24 Munizipien untersucht, die folgenden *Associações* angehören (SANTA CATARINA 1994c):

(a) AMFRI-Associação dos Municípios da Foz do Rio Itajaí (4);
(b) AMMVI-Associação dos Municípios do Médio Vale do Itajaí (14, d.h. alle Munizipien);
(c) AMAVI-Associação dos Municípios do Alto Vale do Itajaí (5);
(d) AMVALI-Associação dos Municípios do Vale do Itapocú (1).

Die sozioökonomische Entwicklung Santa Catarinas wurde in verschiedene Phasen und nach unterschiedlichen Kriterien gegliedert[1]. Aus regulationistischer Perspektive lassen sich dabei folgende Entwicklungsphasen unterscheiden:

(a) von der Subsistenzwirtschaft im 17. Jahrhundert bis zur Entstehung einer Rohstoffexportwirtschaft (*economia primário-exportadora*) 1880;
(b) Entstehung und Aufbau der Industrie Santa Catarinas (*indústria catarinense*) von 1880 bis 1914;
(c) Aufstieg traditioneller Industriebranchen von 1914 bis 1945;
(d) Diversifizierung der Industrie und Aufstieg dynamischer Branchen von 1945 bis 1965;
(e) Beschleunigung der Kapitalakkumulation und Konsolidierung der Industrialisierung Santa Catarinas von 1965 bis 1980;
(f) Krise der *economia catarinense* im Kontext der brasilianischen Wirtschaftskrise der 80er Jahre.

An dieser Stelle interessieren lediglich die letzten beiden Phasen, wobei sowohl die Wirtschaftsentwicklung als auch die Veränderungen des Energiesystems Santa Catarinas im Mittelpunkt stehen.

5.3.2 Ökonomischer Erfolg und Vernachlässigung der Energiefrage: Entwicklung und Energie in Santa Catarina von 1965 bis 1980

Wegen der untergeordneten Rolle, die sie historisch als Ergänzungsökonomie in bezug auf die Nationalökonomie bzw. Regionalökonomie spielte, wurde Santa Catarinas Ökonomie[2] als *Peripherie der Peripherie* oder *innere Peripherie* bezeichnet (CEAG/SC 1980, LISBOA 1987). Sie entwickelte sich als traditionelle Industrie aus den Textil- und Nahrungsmittelindustriebranchen im Itajaítal und aus der textil- und holzverarbeitenden Industrie in der Region Joinville (CEAG/SC 1980). Seit den 60er Jahren konsolidierte sich der Industrialisierungsprozeß Santa Catarinas (siehe Abb. 20).

---

1 Siehe hierzu u.a. BOSSLE (1988), CEAG/SC (1980), CUNHA (1992), HERING (1987) und KOHLHEPP (1968).

2 Zur Wirtschaftsentwicklung Santa Catarinas siehe vorhergehende Fußnote und in Ergänzung dazu CAPES (1958) und MATTOS (1973, 1978).

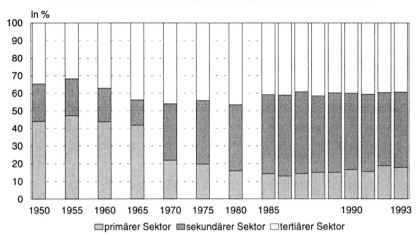

Abbildung 20
BIP nach Wirtschaftssektoren: Santa Catarina 1950-1993

Quelle: BRDE (1994d), CAPES (1958), CUNHA (1992), FIESC (1994), SANTA CATARINA (1994a, 1994b).

Zwar haben sich dort nicht viele große transnationale und staatliche Betriebe niedergelassen, doch aus der Bildung lokalen Kapitals konnte sich eine *indústria catarinense* zunächst vorwiegend in den traditionellen Branchen entwickeln, obgleich der Anteil anderer Branchen in der 70er Jahren rascher zunahm (CUNHA 1992, 1993). Die Bedeutung traditioneller Branchen (ausschließlich Textil-, Nahrungsmittel- und holzverarbeitende Industrie) läßt sich daran ablesen, daß sie noch bis in die 60er Jahre für über 60% der gesamten Industrieproduktion des Bundesstaates verantwortlich waren (KOHLHEPP 1968, LAGO 1968, MATTOS 1968).

Der Aufschwung der *indústria catarinense* in den 60er und 70er Jahren zeigt sich beispielsweise am Zuwachs ihres Anteils an der brasilianischen Industrieproduktion von 2,19% (1959) auf 4,14% (1980). Gleichzeitig zeigten sich eine Erhöhung des Anteils an der Beschäftigung im industriellen Sektor Brasiliens, eine Steigerung bei der Produktivität, ein Zuwachs bei der Beteiligung an den brasilianischen Exporten von 1,8% (1973) auf 4,3% (1980) und die Entwicklung und Konsolidierung mittlerer und großer Industriebetriebe[1] in fast allen Branchen (CUNHA 1992, S. 172-173; CUNHA 1993). Diese Wirtschaftsentwicklung übte einen bedeutenden Einfluß auf das Energiesystem Santa Catarinas aus. Während die zwischen Entwicklungsprozessen und Energieversorgung bestehenden Wechselbeziehungen aus

---

[1] In der Regel wird eine Nationalökonomie bzw. eine Regionalökonomie mit großen oder zumindest mittleren Industriebetrieben assoziiert. Die *indústria catarinense* stellt jedoch ein ungewöhnliches Beispiel für die nicht unbedeutende Rolle kleiner und mittlerer Industriebetriebe dar; siehe dazu BATALHA & DEMORI (1990).

verschiedenen Perspektiven dargestellt werden können, bilden hier die Fragen nach dem Ursprung der Energie sowie nach ihrem Verwendungszweck den Ausgangspunkt. Drei Energieträger stehen im Energiesystem Santa Catarinas im Vordergrund: Brennholz,

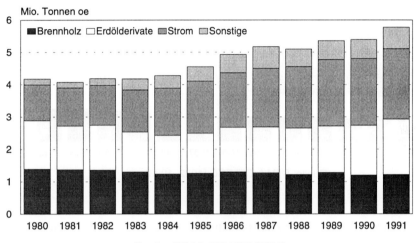

Abbildung 21
Energieverbrauch nach Energieträgern: Santa Catarina 1980-1992

Quelle: STM & CELESC (1992).

Erdölderivate und elektrische Energie (siehe Abb. 21).
Unter den sieben Verbrauchssektoren sind der Verkehr, die privaten Haushalte und vor allem die Industrie[1] für den größten Energieverbrauch verantwortlich (siehe Abb. 22).

Die außerordentliche Stellung des Brennholzes als Energieträger bis in die 80er Jahre (THEIS 1988) bedeutet nicht, daß andere Energieressourcen keine Rolle in der sozioökonomischen Entwicklung des Bundesstaates gespielt haben. So erhielten einige Städte Santa Catarinas (Joinville, São Francisco do Sul und Städte im Itajaítal) schon Anfang des Jahrhunderts (1906) eine Stromversorgung, die damals auf lokaler Ebene nur in isolierten Systemen möglich war (COLAÇO 1977). Was die anderen Energieträger anbelangt, so zeigt sich, daß vor 1950 nichtregenerierbare Energieressourcen in Santa Catarina völlig unbedeutend waren (THEIS 1990a).

---

1 Die anderen Verbrauchssektoren (*classes de consumo*) sind der Energiesektor, der Handel, der öffentliche Sektor und die Landwirtschaft.

Abbildung 22
Energiekonsum nach Verbrauchssektoren: Santa Catarina 1980-1992

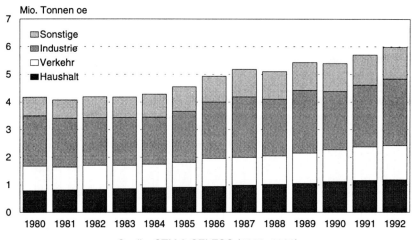

Quelle: STM & CELESC (1992, 1993).

Doch die Veränderungen der Wirtschaftsstruktur führten von den 50er Jahren an zu großen Umwälzungen in bezug auf Energiemengen und Verbrauchsprofil. In den 70er Jahren wuchs dann der Anteil der elektrischen Energie[1] und der Erdölderivate im bundesstaatlichen Energiesystem, was darauf zurückzuführen ist, daß sich die Wirtschaftsstruktur Santa Catarinas, basierend auf der Entwicklung einer dynamischen Industrie, modernisierte (THEIS 1990c, S. 58-60; LISBOA & THEIS 1993). Bis Ende der 70er bzw. Anfang der 80er Jahre können die schnelle Verstädterung und die rasche Industrialisierung als Hauptfaktoren für das Wachstum des Energieverbrauchs in Santa Catarina gesehen werden (THEIS 1988, S. 78).

5.3.3 Ökonomische Krise und dauerhafte Vernachlässigung des Energiesystems: Entwicklung und Energie in Santa Catarina in den 80er Jahren

Zweifelsohne wurde auch die Wirtschaftsstruktur Santa Catarinas in den 80er Jahren von der Wirtschaftskrise Brasiliens erschüttert (siehe Abb. 23 und 24), was sich besonders am Beispiel der Investitionsquote des industriellen Sektors zeigt.

---

1 Über die Bedeutung der elektrischen Energie in Santa Catarina siehe COLAÇO (1977) und SUDESUL (1976, S. 25-35).

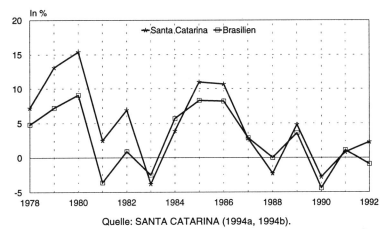

Abbildung 23
Wirtschaftswachstum: Santa Catarina und Brasilien 1978-1992

Quelle: SANTA CATARINA (1994a, 1994b).

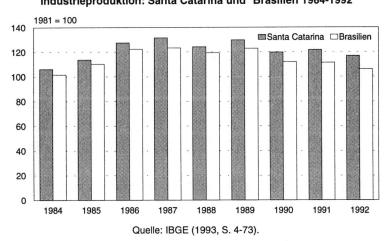

Abbildung 24
Industrieproduktion: Santa Catarina und Brasilien 1984-1992

Quelle: IBGE (1993, S. 4-73).

Auf der anderen Seite aber führte die Wirtschaftskrise Brasiliens auch zur Konsolidierung der catarinenser Großindustriebetriebe (siehe Tab. 12), wobei allerdings die traditionellen Branchen zugunsten der sogenannten dynamischen Branchen an Bedeutung verloren (CUNHA 1992, 1993; EXPRESSÃO 1993; siehe auch Tab. 13).

Tabelle 12
Anzahl der Großbetriebe in Südbrasilien unter den 500 größten Industriebetrieben Brasiliens 1973 und 1989

Bundesstaat	1973	1989	1989/1973
Rio Grande do Sul	22	23	4,5%
Santa Catarina	8	20	150,0%
Paraná	13	17	30,8%
Südbrasilien	43	60	39,5%

Quelle: CUNHA (1992, S. 232).

Tabelle 13
Industrieproduktion nach Branchen in Santa Catarina 1907 - 1985 (in %)

Jahr	Nahrungsmittel-industrie	Textil-industrie	holzverarbeitende Industrie	andere Industriebranchen	Total
1907	57,5	3,8	2,6	36,1	100,0
1920	54,3	14,3	17,3	14,1	100,0
1939	36,9	22,1	14,8	26,2	100,0
1949	33,8	17,5	20,8	27,9	100,0
1959	29,3	16,3	20,8	33,6	100,0
1965	27,8	19,5	18,5	34,2	100,0
1985	18,9	11,5	6,3	63,3	100,0

Quelle: BOSSLE (1988, S. 63), BRDE (1994d, S. 21), SANTA CATARINA (1974, S. 27).

Zu diesen sich auf die Region um Joinville[1] konzentrierenden Branchen gehören die elektrotechnische Industrie, die Maschinenbau- und die Metallindustrie, wobei besonders die Entwicklung einer Automobil-Zulieferindustrie zu nennen ist. Eine Studie zeigte, daß über 70% der Bestandteile eines brasilianischen PKWs in catarinenser Industriebetrieben hergestellt werden (BRDE 1994a, S. 48). In den 80er Jahren haben sich aber auch wichtige traditionelle

---

[1] Joinville gilt als die größte Stadt des Bundesstaates sowohl in bezug auf die Einwohnerzahl als auch hinsichtlich der ökonomischen Bedeutung (vgl. FORTUNA 1994).

Industriebranchen weiter modernisiert, wie zum Beispiel die Textilindustrie im Itajaítal, die Teile ihrer Produktionsanlagen automatisiert hat[1].

Mit Sicherheit stellt aber die High-Tech-Industrie (*indústria de alta tecnologia*) die wichtigste Entwicklung der Ökonomie Santa Catarinas dar. Es sind mehrere Informatikzentren (*pólos de informática*) entstanden, insbesondere in Industriedistrikten der Munizipien Florianópolis, Joinville und Blumenau. Auch nicht ohne Bedeutung sind die vom staatlichen Berufsausbildungsdienst der Industrie SENAI (*Serviço Nacional de Aprendizagem Industrial*) geförderten Distrikte in den Munizipien Caçador, Chapecó, Criciúma und São José. In den meisten Fällen gibt es eine Zusammenarbeit zwischen Präfekturen und Landesregierung, Industrieunternehmern und -verbänden sowie Universitäten (VEJA-SC 12/6/1991, S. 8-11; EXPRESSÃO ESPECIAL TECNOLOGIA o.J.). STORPER (1990, 1991) geht noch weiter und sieht in Joinville und Blumenau Regionen flexibler Produktion der 90er Jahre, gerade am Beispiel der Textil- und Maschinenbauindustrie. Merkmale dieser Industriebranchen seien dort: (a) die Beteiligung am *globalisierten* Markt mittels Erhöhung der Ausfuhr[2]; und (b) Kombination *lokal* vorhandener Ressourcen.

Diese Entwicklung hatte große Auswirkungen auf das Energiesystem Santa Catarinas, wobei die Beteiligung am kapitalistischen Weltmarkt sicher eine wichtige Rolle spielte. Ein Indikator dafür ist die Tatsache, daß Brennholz nach wie vor ein wichtiger Energieträger blieb, daß aber Mitte der 80er Jahre Erdölderivate und vor allem elektrische Energie (siehe Abb. 25) die zwei Hauptenergieressourcen geworden sind (THEIS 1990a), wobei jedoch 100% der verbrauchten Erdölderivate und etwa 95% der verbrauchten elektrischen Energie nicht im Bundesstaat verfügbar sind, also importiert werden müssen (siehe Abb. 26). Diese Tatsache, zusammen mit dem Rückgang der Primärenergieerzeugung, führte zur Erhöhung des Abhängigkeitsgrads der bundesstaatlichen Energiewirtschaft (s. Abb. 27).

---

1 Vgl. Expressão (verschiedene Ausgaben der Jhg. 1993 u. 1994); diese Modernisierung bedeutete im wesentlichen eine Erhöhung der Produktivität bzw. Arbeitsstellenverluste, was jedoch den Industrieunternehmern Santa Catarinas keine Sorgen macht; siehe z.B. die Berichte von S. Rohden (S. 60) und L. Schmidt (S. 85) in BRDE (1993a).

2 Zur Bedeutung der Zunahme der Ausfuhr für Santa Catarina und zur Bedeutung der Beteiligung der bundesstaatlichen Ökonomie an den Globalisierungsprozessen siehe Expressão (verschiedene Ausgaben der Jhg. 1993 u. 1994).

Abbildung 25
Stromverbrauch nach wichtigsten Verbrauchssektoren: Santa Catarina 1983-1994

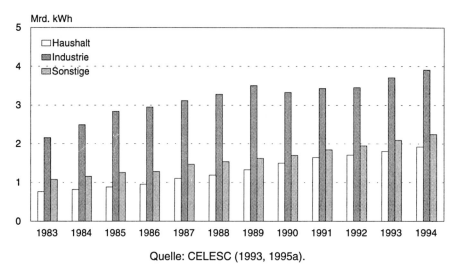

Quelle: CELESC (1993, 1995a).

Abbildung 26
Sekundärenergieeinfuhr: Santa Catarina 1980-1992

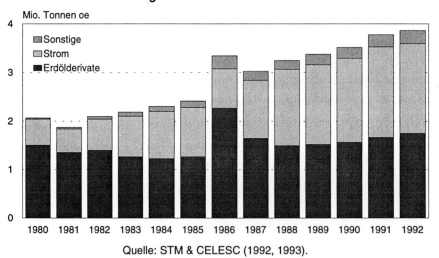

Quelle: STM & CELESC (1992, 1993).

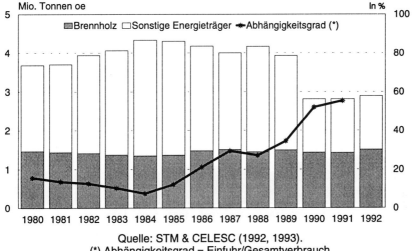

Abbildung 27
Primärenergieerzeugung und Abhängigkeitsgrad der Energiewirtschaft:
Santa Catarina 1980-1992

Quelle: STM & CELESC (1992, 1993).
(*) Abhängigkeitsgrad = Einfuhr/Gesamtverbrauch

Somit lassen sich die wichtigsten Merkmale des Energiesystems Santa Catarinas in den 80er Jahren folgendermaßen zusammenfassen (THEIS 1988, S. 78):

(a) Verkehr und Industrie sind die Sektoren, die am meisten Energie verbrauchen;
(b) Der Straßenverkehr bzw. die Textil- und Papier-/Kartonagenindustrie sind für den größten Energieverbrauch der jeweiligen Sektoren verantwortlich;
(c) Fast 60% der gesamten elektrischen Energie werden von der Industrie verbraucht.

Eine Analyse des Energieverbrauchs in Santa Catarina nach sektoralen und regionalen Kriterien macht deutlich, daß dieser maßgeblich von der Erhöhung der Exporte in den letzten drei Jahrzehnten abhing und folglich während dieser Zeit stark von der zum kapitalistischen Weltmarkt hin orientierten Produktion beeinflußt wurde (THEIS 1990d). Somit trägt das Energiesystem Santa Catarinas zur Sicherung eines zunehmend auf modernisierter Industrieproduktion basierenden Akkumulationsprozesses bei. Diese immer stärker weltmarktorientierte, modernisierte Industrieproduktion erfordert weniger Brennholz (eine Energieressource präkapitalistischer Verhältnisse) und immer mehr typisch fordistische Energieträger wie elektrische Energie (siehe Abb. 28) und versorgt dabei Akkumulationsprozesse, die in gleichem Maße zu Einkommenskonzentration und Umweltdegradierung führen (LISBOA & THEIS 1993, S. 46).

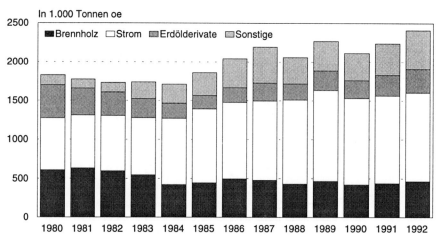

Abbildung 28
Hauptenergieträger des industriellen Sektors: Santa Catarina 1980-1993

Quelle: STM & CELESC (1992, 1993).

Die Einflüsse des nationalen Energiesystems machen sich in Santa Catarina in mehrfacher Hinsicht bemerkbar. Im Fall des Erdöls ist nicht nur der Verbrauch der Erdölderivate von regionaler Bedeutung, sondern auch die Erdölförderung. Seit einigen Jahren ist das Erdölunternehmen PETROBRÁS durch die Erschließung von fünf Förderstellen an der Küste Santa Catarinas tätig (PETROBRÁS 1994). Im Oktober 1994 begann die Förderung im ersten Ölfeld Santa Catarinas (*Campo de Caravela Sul*), das im Atlantischen Ozean, ca. 180 km vor der Küste bei Itajaí liegt (Jornal de Santa Catarina, 29.10.1994, S. 7A). Auch über die Steinkohleförderung ist das bundesstaatliche Energiesystem direkt an das nationale Energiesystem gekoppelt (siehe Tab. 14).

Tabelle 14
Steinkohleförderung: Brasilien, Südbrasilien, Santa Catarina 1990-1991 (in Tonnen STE)

Steinkohleförderung	1990	1991
Santa Catarina (A)	7.247.674	6.821.338
Brasilien (B)	11.268.232	10.468.327
Südbrasilien	11.268.232	10.468.327
A/B	64,32%	65,16%

Quelle: SANTA CATARINA (1994a, S. 12-6).

Sie ist in und für Santa Catarina von außerordentlicher Bedeutung (MME 1987, S. 35-37; ders. 1994, S. 259-262). Wichtiger noch als Erdöl und Steinkohle ist jedoch die elektrische Energie. Im Rahmen des Einflusses, den das nationale Energiesystem auf das Energiesystem des Bundesstaates ausübt, stellt sie den bedeutendsten Faktor dar (siehe Tabelle 15).

Tabelle 15
Hydroelektrisches Potential des Bundesstaates Santa Catarina* (in MW)

hydroelektrisches Potential	effektiv genutzt	verfügbar	insgesamt
Santa Catarina (A)	101,8	7.987,6	8.089,4
Brasilien (B)	60.991,3	200.441,4	261.432,7
A/B	0,17%	3,98%	3,09%

Quelle: ELETROBRÁS (1992/1993). * Stand 31.12.1991

Der *Plano 2010* sah 25 Staudämme zur Nutzung des elektrischen Potentials des Flußeinzugsgebietes des Rio Uruguai in Südbrasilien vor. Zweiundzwanzig dieser geplanten Staudämme sind vollständig auf dem Gebiet Santa Catarinas vorgesehen, drei Wasserkraftwerke sollten grenzüberschreitend gemeinsam mit Argentinien genutzt werden. Von der Gesamtfläche dieser Stauseen (75.300 km^2) entfallen 46.600 km^2 auf den Bundesstaat Santa Catarina. Durch den Bau dieser 25 Staudämme würden ca. 4.000 Familien von ihrem Land vertrieben. Zur Durchsetzung ihrer Interessen haben sich die Betroffenen bereits 1979 in Chapecó (Santa Catarina) zum ersten Mal versammelt. Als Reaktion auf die von der ELETROBRÁS bzw. ELETROSUL geplante Errichtung der Staudämme *Machadinho* und *Itá* entstand eine von Bauern gegründete Interessenvertretung der Staudammgegner (*CRAB, Comissão Regional de Atingidos por Barragens*). Der größte Konflikt entstand dabei um das geplante Wasserkraftwerkes Itá am Rio Uruguai (BRONTANI 1990, VIANNA 1992). Im *Plano 2015* wurde die Zahl der Staudämme zur Erzeugung elektrischer Energie in Südbrasilien sogar auf 27 erhöht, die entweder in Santa Catarina oder zwischen Santa Catarina und Rio Grande do Sul errichtet werden sollen (ELETROBRÁS 1992).

Tabelle 16
Planungsstand hydroelektrischer Projekte in Santa Catarina nach dem *Plano 2015*

geplanter Staudamm	Gebiet (a)	geplante Kapazität (MW)	Planungsstand
Machadinho	RS/SC	1.200,00	Basisprojekt
Barra do Pessegueiro	SC	0,00	Inventar des Potentials
São Roque	SC	360,00	Inventar des Potentials
Garibaldi	SC	228,00	Inventar des Potentials
Campos Novos	SC	880,00	Machbarkeitsstudie
Aparecida	SC	64,00	Inventar des Potentials
Abelardo Luz	SC	84,00	Inventar des Potentials
São Domingos	SC	55,00	Inventar des Potentials
Quebra Queixo	SC	162,00	Inventar des Potentials
Ponte Serrada	SC	2,90	Inventar des Potentials
Faxinal do Guedes	SC	1,80	Inventar des Potentials
Santa Laura	SC	8,10	Inventar des Potentials
Dalbergia	SC	16,80	Inventar des Potentials
Benedito Novo	SC	13,20	Inventar des Potentials
Cubatão	SC	45,20	Machbarkeitsstudie
Passo Ferraz	SC	2,00	Inventar des Potentials
Xanxerê	SC	17,20	Inventar des Potentials
Voltão Novo	SC	45,00	Inventar des Potentials
Foz do Chapecozinho	SC	184,00	Inventar des Potentials
Nova Erechim	SC	198,00	Inventar des Potentials
Salto dos Pilões	SC	113,60	Inventar des Potentials
Passo da Cadeia	SC/RS	104,00	Inventar des Potentials
Pai Querê	SC/RS	288,00	Inventar des Potentials
Barra Grande	SC/RS	690,00	Machbarkeitsstudie
Itá	SC/RS	1.620,00	Basisprojekt
Foz do Chapecó	SC/RS	1.228,00	Inventar des Potentials
Itapiranga	SC/RS	1.160,00	Machbarkeitsstudie

Quelle: ELETROBRÁS (1992/1993). (a) SC = Santa Catarina und RS = Rio Grande do Sul.

In diesem Zusammenhang muß auch noch die Rolle des im Jahr 1961 gegründeten und aus sieben regionalen Tochterunternehmen bestehenden nationalen Stromversorgungsunternehmens ELETROBRÁS (Centrais Elétricas Brasileiras S/A) erwähnt werden. Ihm gehört zu 99,7% die 1968 gegründete ELETROSUL (Centrais Elétricas do Sul do Brasil S/A). Daneben kontrolliert die ELETROBRÁS noch 26 kleinere Stromversorgungsunternehmen in ganz Brasilien, darunter zu 19,3% die CELESC (Centrais Elétricas de Santa Catarina S/A), und ist noch mit 50% an der *Itaipú Binacional* beteiligt. Während die CELESC nur für die Stromversorgung in Santa Catarina zuständig ist, ist die ELETROSUL als regionales Unternehmen in den Bereichen

Stromerzeugung und -versorgung in den Bundesstaaten Rio Grande do Sul, Santa Catarina, Paraná und seit 1980 auch in Mato Grosso do Sul tätig[1]. Im südlichen Teil des Bundesstaates Santa Catarina kontrolliert die ELETROSUL einen Komplex thermischer Kraftwerke: Jorge Lacerda I, II und III mit einer Gesamtleistung von 482 MW. Für den Zeitraum 1994 bis 1998 sind noch die Thermoeinheit Jorge Lacerda IV (350 MW) und die Hydroeinheit Itá (1.620 MW) am Rio Uruguai an der Grenze zum Bundesstaat Rio Grande do Sul geplant (ELETROBRÁS 1994a).

Die Entwicklung des Energiesystems Santa Catarinas in den 80er Jahren läßt sich abschließend in folgende Zusammenhänge einordnen (THEIS 1990c):

(a) Trotz der brasilianischen Wirtschaftskrise hat sich die *economia catarinense* relativ stark entwickelt.

(b) Diese Entwicklung bedingte eine beträchtliche Veränderung der Wirtschaftsstruktur Santa Catarinas.

(c) Diese Veränderung wurde von der Entwicklung des industriellen Sektors geleitet.

(d) Deswegen nahm auch der Energieverbrauch im Bundesstaat zu.

(e) Dabei hat die Änderung des Konsumprofils eine ebenso wichtige Bedeutung wie die eigentliche Erhöhung des Verbrauchs.

(f) Den regenerierbaren Energieträgern wurde keine Aufmerksamkeit geschenkt[2].

5.3.4 Die Rolle der Landesregierung: Ein kurzer Überblick

Im Gegensatz zur Planungstätigkeit des brasilianischen Staates nach 1964 erlangte die Planungstätigkeit der Landesregierung in Santa Catarina wenig Aufmerksamkeit.

Mit der Demokratisierung Brasiliens bzw. seit den ersten Gouverneurswahlen im Jahre 1982 werden die Pläne des Staatsapparates durch Regierungsprogramme ersetzt. Seitdem verliert das bundesstaatliche Planungsministerium (*Secretaria de Planejamento*), das für die Planungstätigkeit der Landesregierung zuständig ist, zunehmend an Bedeutung (mündliche Information eines Angestellten der *Secretaria do Planejamento*, Florianópolis, Januar 1995), wobei die Beteiligung der Bevölkerung fast völlig ausgeschlossen ist.

Im sogenannten II-PLAMEG (*Gesetz Nr. 3.791 vom 30.12.1965*) wurden folgende Hauptziele aufgestellt:

(a) Modernisierung des Staatsapparates;

---

[1] Vgl. ELETROBRÁS (1992, 1994a) und SUDESUL (1976, S. 10-18); ergänzt durch mündliche Information von Sr. C.B., ELETROSUL, Florianópolis, 23.1.1995.

[2] Neu in Santa Catarina ist die Debatte über die Einführung von Erdgas im bundesstaatlichen Energiesystem, worüber in Kap. 8 der vorliegenden Arbeit noch eingegangen wird; über das Potential regenerierbarer Energien in Santa Catarina siehe Kap. 8 von OLIVEIRA (1985).

(b) Bewertung der Humanressourcen;

(c) Ausbau der Infrastruktur;

(d) Verbesserung der sozialen Bedingungen.

Der sogenannte PCD (*Gesetz Nr. 4.547 vom 21.12.1970*) umfaßte sehr allgemeine Ziele im Bereich der ökonomischen und sozialen Infrastruktur. Auch der sogenannte PG (*Gesetz Nr. 5.088 vom 6.5.1975*) beschränkte sich auf sehr allgemeine Planungsziele im sozialen und ökonomischen Bereich. In keinem der genannten Pläne wurden explizit Themen wie Regionalentwicklung und Raumplanung, Energieversorgung und -planung oder Umweltschutz erwähnt. Im PLAMEG (1961), der übrigens für Santa Catarina immer noch als wichtigster Plan auf bundesstaatlicher Ebene gilt, findet die Erweiterung des Stromnetzes Erwähnung (SCHMITZ 1985). Mit dem Bedeutungsverlust der Planungstätigkeit in den 80er Jahren sind aus den Regierungsprogrammen häufig nicht mehr als Marketingstrategien geworden, in denen ab und zu Begriffe wie Umwelt, Ökologie und Regionalentwicklung erwähnt werden.

Die Planungstätigkeit im Energiebereich ist in Santa Catarina also weitgehend eingeschränkt. Es läßt sich daher mit Recht behaupten, daß sich die Energiewirtschaft spontan entwickelte und eine eigentliche Energieplanung nie existierte. Eine Ausnahme stellt lediglich der sogenannte *Proenergia*-Plan aus dem Jahr 1979 dar: Er zielte darauf ab, die Möglichkeiten zur Substitution von Erdölderivaten im Bundesstaat zu untersuchen (SANTA CATARINA 1979). Dieser Plan ging von der Energiesituation Santa Catarinas in den 70er Jahren aus und machte deutlich, daß es möglich war, den hohen Verbrauch an Erdölderivaten durch Steinkohle, Alkohol (aus Zuckerrohr und Maniok), Holz und Holzkohle (aus Aufforstungen) und hydroelektrische Energie zu ersetzen. Noch wichtiger ist die Tatsache, daß der Plan auch auf das Potential zur Energieeinsparung aufmerksam machte. Die Ziele des Plans umfaßten (SANTA CATARINA 1979, S. 93-94):

(a) Rationellere Nutzung der in Santa Catarina bereits existierenden Energieträger;

(b) Substitution der Erdölderivate durch alternative Energieträger;

(c) Schaffung institutioneller Voraussetzungen durch die Landesregierung zur Substitution der Erdölderivate;

(d) Schaffung infrastruktureller Voraussetzungen durch die Landesregierung zur Nutzung alternativer Energieträger;

(e) Entwicklung gezielter Projekte zur rationelleren Nutzung von Erdölderivaten und deren Substitution durch alternative Energieträger;

(f) Feststellung der technologischen Defizite bei der Durchführung des Plans sowie Forschungen und Studien über Alternativen im Energiebereich in Santa Catarina;

(g) Harmonisierung der Nutzung alternativer Energieträger mit den sozialen und ökologischen Folgen.

Um *Proenergia* durchzuführen, wurden drei Strategien gewählt (SANTA CATARINA 1979): (a) Rationalisierungsmaßnahmen, (b) Substitutionsmaßnahmen und (c) Maßnahmen zur Stärkung der institutionellen Rahmenbedingungen. Die Ziele von *Proenergia* wurden zum Teil wohl deswegen nicht erreicht, weil die Landesregierung nie richtig hinter der Durchsetzung der

Ziele stand. Somit besitzt Santa Catarina zwar einen vernünftigen und fortschrittlichen Energieplan, doch wurde dieser nie in die Tat umgesetzt.

In den letzten Jahren spielten zwei Abteilungen der Landesregierung eine zunehmende Rolle im Energiebereich. Das Landesministerium für Technologie, Energie und Umwelt und vor allem die bereits mehrfach erwähnte CELESC. Die CELESC (*Centrais Elétricas de Santa Catarina S.A.*), gegründet durch das *Decreto Estadual* Nr. 22 vom 9.12.1955 und genehmigt durch das *Decreto Federal* Nr. 39.015 vom 11.4.1956, beschäftigt zur Zeit 5.740 Arbeitskräfte und bedient 1.324.000 Stromkonsumenten in 246 Munizipien Santa Catarinas, wobei 95% des konsumierten Stroms nicht von der CELESC selbst erzeugt wird. Das Unternehmen hat einen jährlichen Umsatz von etwa US$ 360 Mio. In Laufe der Zeit übernahm die CELESC die schon existierenden lokalen Stromunternehmen. Gegenwärtig besitzt die Landesregierung Santa Catarinas 36,9% und die ELETROBRÁS weitere 19,3% der Anteile an der CELESC (Expressão Nr. 34, Juli 1993, S. 15; CELESC o.J., S. 3).

Tabelle 17
Anteil der von der CELESC mit Strom versorgten Fläche an der Gesamtfläche Santa Catarinas 1956-1994

Jahr	Fläche (in %)	*Jahr*	Fläche (in %)	*Jahr*	Fläche (in %)
1956	8,56	*1987*	89,55	*1991*	91,43
1966	42,41	*1988*	89,63	*1992*	91,43
1976	84,74	*1989*	90,62	*1993*	91,43
1986	89,11	*1990*	91,07	*1994*	91,43

Quelle: COLAÇO (1977) und CELESC (1993, 1995a).

Ein wesentlicher Mangel bei der Staatstätigkeit der Landesregierung zeigt sich im Fehlen systematischer Daten über Energieproduktion und -verbrauch. Allein dies zeigt, welche Bedeutung der Energiefrage bisher eingeräumt wurde, auch wenn dieser Mangel mittlerweile bedauert wird. Seit 1991 entwickeln CELESC und STM (*Secretaria de Tecnologia Energia e Meio Ambiente*) ein Projekt zur Ausarbeitung einer Energiebilanz für Santa Catarina (*projeto para elaboração da matriz energética de Santa Catarina*) (vgl. SANTA CATARINA o.J.). Doch auch diese Initiative geht eher auf die Bemühungen einiger Angestellter des öffentlichen Dienstes zurück als auf einen direkten politischen Beschluß.

Die Staatstätigkeit in Energiefragen kann dabei nicht isoliert von der allgemeinen Entwicklung Santa Catarinas und von der Rolle der Landesregierung gesehen werden. Zwar wird in Santa Catarina, wie bereits gezeigt wurde, viel von der Leistungsfähigkeit seiner Bewohner gesprochen und die *economia catarinense* hat sich auch positiv entwickelt, gleichzeitig jedoch haben sich die Lebensbedingungen der Bevölkerung in den letzten Jahren verschlechtert, ohne daß die Landesregierung im sozialen Bereich investiert hätte. Sie stellt ihre knappen Ressourcen vielmehr vorwiegend dem privaten Kapital zur Verfügung (LISBOA 1995).

5.3.5 Kurze Einführung in die Umweltproblematik Santa Catarinas

Wie läßt sich die Umweltsituation Santa Catarinas beschreiben? MERICO (1994) weist nach, daß die Umweltdegradierung in Santa Catarina beträchtlich zugenommen hat, aufgrund fehlender Bestandsaufnahmen bisher jedoch wenig Beachtung fand. In der Regel bedienten FATMA-*Fundação de Amparo à Tecnologia e ao Meio Ambiente*[1] und IBAMA-*Instituto Brasileiro do Meio Ambiente e dos Recursos Naturais Renováveis* die im Bundesstaat dominierenden Interessen, wobei das IBAMA weder über Mittel noch über qualifiziertes Personal verfügt, um seine Aufgaben im Bundesstaat angemessen wahrzunehmen. Aus politisch-administrativen Gründen zeigte sich bislang auch die FATMA unfähig, die Naturressourcen Santa Catarinas zu schützen (QUADROS 1993, S. 23), obwohl in ihrem Statut folgende Aufgaben vorgesehen sind:

(a) Begleitung der technologischen Entwicklung und Durchführung spezifischer Projekte im Umweltschutz (Art. 3, I);

(b) Förderung der Integration zwischen der Bundesregierung, der Landesregierung von Santa Catarina und den Gemeinden mittels entsprechender Umweltbehörden (Art. 3, II);

(c) Prüfung und Kontrolle der allgemeinen Umweltbeeinträchtigungen sowie Einwirkung auf die Verursacher, Maßnahmen zur Lösung und Minimierung der Umweltschäden (Art. 3, X).

Die Interessen der herrschenden sozialen Gruppen im Bundesstaat scheinen dabei nicht mit dem Umweltschutz (als Aufgabe des IBAMA und der FATMA) vereinbar zu sein. Dies zeigt sich daran, daß kaum von einer degradierten Umwelt in Santa Catarina die Rede ist. In der Öffentlichkeit wird eher das Bild einer ausbeutungsfreien Natur verkauft, obwohl der Bundesstaat mit einigen gravierenden Umweltproblemen zu kämpfen hat (CAUBET 1994, IBAMA 1992b, MERICO 1994):

(a) Verschmutzung des Flußeinzugsgebiets des Rio Tubarão durch die Steinkohlewirtschaft;

(b) Verschmutzung des Flußeinzugsgebiets des Rio Araranguá durch die Steinkohlewirtschaft;

(c) Verschmutzung des Flußeinzugsgebiets des Rio Itajaí-Açu durch die Textilindustrie und die Stärkemehlindustrie;

(d) Entwaldung großer Bereiche der Mata Atlântica[2];

(e) Bodenerosion[3];

(f) Energieverschwendung.

---

[1] Bundesstaatliche Behörde für Umweltfragen, die durch das Landesgesetz Nr. 5.089 vom 30.4.1975 eingerichtet wurde. Trotz der Existenz einer solchen Umweltbehörde gab es bisher in Santa Catarina keine etwa mit der *state environmental policy* der US-Bundesstaaten vergleichbare Vorgehensweise; siehe hierzu LESTER & LOMBARD (1990).

[2] Zwischen 1985 und 1990 wurden jährlich 16.568 Hektar Wald ohne Wiederaufforstung abgeholzt, was einem Gegenwert von US$ 45,7 Mio. entspricht (MERICO 1994, S. 122; REDE DE ONGs DA MATA ATLÂNTICA 1994).

[3] Jährlich gehen in Santa Catarina 2.400 Hektar Boden verloren, was zwischen 1985 und 1990 einem Wert von US$ 738.000 entspricht (MERICO 1994, S. 128).

Gegen diese Entwicklung reagierten Gruppen der bürgerlichen Gesellschaft Santa Catarinas, die entweder als Ökologiebewegung bzw. Umweltbewegung oder als Nichtregierungsorganisationen (NRO) charakterisiert werden können. Sie entstanden in den 70er Jahren als damals kleine, unprofessionelle NRO in verschieden Orten des Bundesstaates. Ihre Strategie bestand zunächst fast ausschließlich darin, Umweltsünden, die von privater und staatlicher Seite begangen wurden, zur Anzeige zu bringen. Mit der wachsenden Umweltdegradierung in den 80er Jahren artikulierten sich diese NRO untereinander und nahmen einen zunehmend politischen Charakter an. Dieser Artikulation entsprang im Dezember 1988 die von 18 NRO gegründete FEEC (*Federação de Entidades Ecológicas Catarinenses*), die gegenwärtig 40 NRO vereinigt. Anläßlich der Verabschiedung der neuen Verfassung des Bundesstaates[1] sammelte die FEEC 10.000 Unterschriften mit dem Ziel, bei der Ausfertigung des Umweltkapitels mitbestimmen zu können, doch trotz dieser großen Zahl von Unterschriften wurde der Vorschlag der FEEC von den mehrheitlich konservativen Abgeordneten abgelehnt.

Das wichtigste politische Ereignis im Rahmen der Ökologiebewegung in Santa Catarina war sicherlich das sogenannte *Ecoforum-SC*. Im Dezember 1990 schlossen sich 18 NRO aus verschiedenen Gebieten zusammen, um die Themen der Konferenz von Rio'92 zu diskutieren. Kurz vor Beginn des Umweltgipfels in Rio umfaßte das *Ecoforum-SC* bereits 78 NRO, vorwiegend aus dem Ökologiebereich, aber auch Gewerkschaften, Einwohnervereine, Frauenorganisationen und kirchliche sowie Menschenrechtsorganisationen.

Die Ökologiebewegung rief bei der führenden Unternehmerschicht Santa Catarinas unterschiedliche Reaktionen und Absichtserklärungen hervor. Die vielleicht progressivste Absichtserklärung schreibt die *Ökologisierung der Industrieunternehmer Santa Catarinas* (Expressão, verschiedene Ausgaben des Jhg. 1993) auf ihr Banner und zeichnet nicht nur das Bild einer modernen und umweltbewußten Unternehmerschaft, sondern versucht gleichzeitig, die Forderungen des Umweltkapitels der bundesstaatlichen Verfassung und sogar einiger Umweltaktivisten zu erfüllen. Das Umweltengagement der Unternehmen ist jedoch kein Indiz dafür, daß die Unternehmerschaft Santa Catarinas freiwillig einen ökologischen Kurs einschlagen wird. Vielmehr läßt es sich darauf zurückführen, daß auch im Umweltbereich Gewinne zu machen sind (SANTA CATARINA 1993). Es handelt sich bei dem Umweltengagemente der Unternehmen lediglich um eine andere Art und Weise, wie die ökologischen Rahmenbedingungen des Entwicklungsprozesses sowie die daraus resultierenden Umweltprobleme soziökonomischer Entwicklung Santa Catarinas vernachlässigt werden (LISBOA 1990, LISBOA & THEIS 1993, THEIS 1991).

Santa Catarina kann somit nicht als Wohlstandsinsel inmitten einer von gravierenden soziökologischen Problemen gekennzeichneten Gesellschaftsformation betrachtet werden. Trotz eines steigenden Pro-Kopf-Einkommens (siehe Abb. 29) sind auch hier wie überall in Brasilien Einkommenskonzentration, Arbeitslosigkeit, Landlosigkeit, Land-Stadt-Migrationen und Marginalisierungsprozesse zu beobachten. Es handelt sich jedoch nicht unbedingt um Nebenerscheinungen des Entwicklungsprozesses Santa Catarinas, sondern eher um die Folgen einer sehr spezifischen Beteiligung der Ökonomie Santa Catarinas am brasilianischen

---

1 Über die Stellung der Umweltfrage in der neuen bundesstaatlichen Verfassung Santa Catarinas siehe MARQUESINI & ZOUAIN (1992).

Entwicklungsmodell, welche von den lokalen Eliten im Rahmen des lokalen sozialen Blocks gesteuert wird.

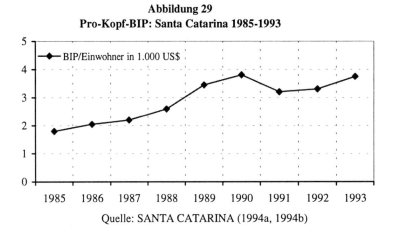

Abbildung 29
Pro-Kopf-BIP: Santa Catarina 1985-1993

Quelle: SANTA CATARINA (1994a, 1994b)

Verarmung und Umweltdegradierung sind Auswirkungen eines Projektes, welches eigentlich den Norden als Norden, das heißt die Erste Welt, zum Ziel hatte (LISBOA 1987, ders. o.J.). Das Energiesystem Santa Catarinas ist dabei nicht mehr und nicht weniger als ein Bestandteil dieses Projektes.

* * * * *

Im Mittelpunkt dieses Kapitels standen die überregionalen Rahmenbedingungen der sogenannten Energiefrage. Entwicklung und Energie wurden dabei auf *globaler, nationaler* und *bundesstaatlicher* Ebene analysiert.

Auf globaler Ebene steckt das Energiesystem augenblicklich in einer Krise, die als direkte Folge der Krise des Fordismus interpretiert werden kann. Es wurden Wege diskutiert, wie diese Krise überwunden werden kann. In Brasilien dominiert ein Energiesystem, welches mit einem peripher-fordistischen Entwicklungsmodell zusammenhängt, das einerseits hohe Wirtschaftswachstumsraten ermöglicht, andererseits aber auch zunehmendes Elend und steigende Umweltbelastungen verursacht. Die bundesstaatliche Ebene wurde am Beispiel des Bundesstaates Santa Catarina untersucht, in dem sich die Untersuchungsregion befindet. Es konnte gezeigt werden, daß das bundesstaatliche Energiesystem zwar nicht vom nationalen Energiesystem getrennt werden kann, sich aber trotzdem in einer spezifischen Weise entwickelt. Dies hängt nicht zuletzt auch mit der Entwicklung des Bundesstaates Santa Catarina zusammen, dessen Wirtschaft in den letzten Jahrzehnten stärker wuchs als die *economia brasileira*. Die bisher spürbaren Ergebnisse dieses Wachstums führten aber keineswegs zu besseren sozialen Verhältnissen in der *sociedade catarinense,* zu einer umweltfreundlicheren Bewirtschaftung lokaler Naturressourcen oder auch zu einer Verbesserung der allgemeinen Umweltsituation.

6 PHYSISCH- UND ANTHROPOGEOGRAPHISCHE GRUNDLAGEN DES ITAJAÍTALS

Im vorliegenden Kapitel werden sowohl die physischgeographischen als auch die anthropogeographischen Merkmale der Untersuchungsregion beschrieben. Dabei knüpft dieses Kapitel unmittelbar an das vorhergehende an: Das Itajaítal wird in diesem Sinne nicht nur als räumlicher Bestandteil eines Bundesstaates, eines Nationalstaates oder eines globalen Raumes verstanden, im Mittelpunkt stehen vielmehr die vielfältigen Wechselbeziehungen, die zwischen der Region und den im fünften Kapitel vorgestellten Raumebenen existieren und die den Hintergrund für die Regionalentwicklung im Itajaítal bilden.

6.1 Geographische Lage und räumliche Gliederung des Untersuchungsgebietes

Die Untersuchungsregion liegt im Bundesstaat Santa Catarina und erstreckt sich in Nord-Süd-Richtung von 26°36' s. Br. im Munizip Massaranduba bis 27°23' s. Br. im Munizip Vidal Ramos, in Ost-West-Richtung von 48°39' w. L. im Munizip Navegantes bis 49°38' w. L. im Munizip Rio do Sul. Sie umfaßt mit 7.141 km^2 etwa 7,5% der Fläche des Bundesstaates und 0,08% der Gesamtfläche Brasiliens.

Neben der im vierten Kapitel vorgenommenen Abgrenzung der Region auf der Basis sozio-ökonomischer Kriterien existieren weitere Gliederungen, die von unterschiedlichen Kriterien ausgehen und somit andere Regionen festlegen. Sie sollen im folgenden kurz vorgestellt werden.

Das IBGE (Instituto Brasileiro de Geografia e Estatística) gliedert die Munizipien innerhalb eines Bundesstaates in *Mesorregiões* und *Microrregiões Geográficas*. Während eine *Mesorregião Geográfica* nach dem Gesellschaftsprozeß, dem physischen Rahmen und dem Kommunikations- und Ortsnetz gegliedert wird, bezieht sich die *Microrregião Geográfica* ausschließlich auf die Wirtschaftsstruktur einer Raumeinheit innerhalb einer *Mesorregião*, weshalb sich *Microrregiões Geográficas* voneinander unterscheiden können (IBGE 1990, S. 8). Die *Microrregião Geográfica de Blumenau* umfaßt nach den genannten Kriterien 15 Munizipien, die alle in der hier untersuchten Region liegen. Zusammen mit den *Microrregiões Geográficas* von Rio do Sul (18 Munizipien), Itajaí (10 Munizipien) und Ituporanga (sechs Munizipien) bildet sie die *Mesorregião Geográfica do Vale do Itajaí* (insgesamt 49 Munizipien).

Spricht man vom Itajaítal, so wird auf eine Region Bezug genommen, die nicht unbedingt mit der vom IBGE definierten Mesoregion gleichen Namens übereinstimmt. Die Region *Vale do Itajaí*, die sich noch in *Alto*, *Médio* und *Baixo Vale do Itajaí* (oberes, mittleres und unteres Itajaítal) gliedert, ist empirisch schwer zu erfassen: Obwohl sie auch eine physisch-geographische Raumeinheit bildet (siehe 6.2.), wird ihre Abgrenzung eher von der regionalen Identität ihrer Einwohner bestimmt.

Tabelle 18
Zugehörigkeit der Munizipien des Untersuchungsgebietes zu den wichtigsten räumlichen Einheiten

Munizip	Meso-region	Mikro-region	Munizip-verband	CELESC- Agenturen	Sub-Bacia Hidrográfica
Apiúna	Vale do Itajaí	Blumenau	AMMVI	Blumenau	Médio Itajaí-Açu
Ascurra	Vale do Itajaí	Blumenau	AMMVI	Blumenau	Médio Itajaí-Açu
Benedito Novo	Vale do Itajaí	Blumenau	AMMVI	Blumenau	Rio Benedito
Blumenau	Vale do Itajaí	Blumenau	AMMVI	Blumenau	Baixo Itajaí-Açu
Botuverá	Vale do Itajaí	Blumenau	AMMVI	Blumenau	Rio Itajaí Mirim
Brusque	Vale do Itajaí	Blumenau	AMMVI	Blumenau	Rio Itajaí Mirim
Doutor Pedrinho	Vale do Itajaí	Blumenau	AMMVI	Blumenau	Rio Benedito
Gaspar	Vale do Itajaí	Blumenau	AMMVI	Blumenau	Baixo Itajaí-Açu
Guabiruba	Vale do Itajaí	Blumenau	AMMVI	Blumenau	Rio Itajaí Mirim
Ibirama	Vale do Itajaí	Rio do Sul	AMAVI	Rio do	Rio Hercílio
Ilhota	Vale do Itajaí	Itajaí	AMFRI	Itajaí	Baixo Itajaí-Açu
Indaial	Vale do Itajaí	Blumenau	AMMVI	Blumenau	Médio Itajaí-Açu
Itajaí	Vale do Itajaí	Itajaí	AMFRI	Itajaí	Rio Itajaí Mirim
Lontras	Vale do Itajaí	Rio do Sul	AMAVI	Rio do	Médio Itajaí-Açu
Luiz Alves	Vale do Itajaí	Blumenau	AMFRI	Blumenau	Baixo Itajaí-Açu
Massaranduba	Norte Cat.	Joinville	AMVALI	Blumenau	Baixo Itajaí-Açu
Navegantes	Vale do Itajaí	Itajaí	AMFRI	Itajaí	Baixo Itajaí-Açu
Pomerode	Vale do Itajaí	Blumenau	AMMVI	Blumenau	Médio Itajaí-Açu
Presidente Nereu	Vale do Itajaí	Rio do Sul	AMAVI	Rio do	Rio Itajaí Mirim
Rio dos Cedros	Vale do Itajaí	Blumenau	AMMVI	Blumenau	Rio Benedito
Rio do Sul	Vale do Itajaí	Rio do Sul	AMAVI	Rio do	Médio Itajaí-Açu
Rodeio	Vale do Itajaí	Blumenau	AMMVI	Blumenau	Médio Itajaí-Açu
Timbó	Vale do Itajaí	Blumenau	AMMVI	Blumenau	Rio Benedito
Vidal Ramos	Vale do Itajaí	Ituporanga	AMAVI	Rio do	Rio Itajaí Mirim

Quelle: CELESC (1995a), FRANK (1993), IBGE (1990) und KRAUS (1991).

Eine vom IBGE abweichende Gliederung wird vom Verband der Munizipien verwendet. Der wichtigste Munizipverband der Untersuchungsregion ist mit 14 beteiligten Munizipien die AMMVI (Associação dos Municípios do Médio Vale do Itajaí). Die durch die Munizipverbände vorgenommene räumliche Gliederung spiegelt dabei mehr oder weniger die Vorstellungen der Bürgermeister (*Prefeitos*) der beteiligten Munizipien wider (mündliche Information von Herrn L. G., AMMVI, Blumenau, 16.1.1995; siehe auch KRAUS 1991).

Mehrmalige schwere Überschwemmungen im Itajaítal führten in der zweiten Hälfte der 80er Jahre zu einer weiteren internen Gliederung der Munizipien der Region. Diese entstand als Ergebnis der Arbeiten des *Projeto Crise* an der *Universidade Regional de Blumenau*, basierend auf der physisch-geographischen Kategorie des Flußeinzugsgebietes, die bislang für administrative Raumgliederungen wenig Beachtung fand (KLEIN 1979, S. 47). Das so abgegrenzte Gebiet umfaßt 15.220 km² und mehr als 50 Munizipien. Das Einzugsgebiet des Rio Itajaí wurde in sieben Teileinzugsgebiete (*sub-bacias hidrográficas*) gegliedert, in denen sich sämtliche 24 untersuchten Munizipien befinden (vgl. unveröffentliche Unterlagen des *Projeto Crise* sowie BUTZKE & THEIS 1991 und FRANK 1993).

Im Rahmen dieser Arbeit ist noch eine weitere räumliche Gliederung interessant, die von der CELESC, dem bundesstaatlichen Stromversorgungsunternehmen, formuliert wurde. Die Bedeutung dieser Gliederung liegt darin, daß die CELESC sozioökonomische, politisch-administrative sowie physischgeographische Faktoren, bezogen auf den Stromverbrauch, als Hauptkriterien benutzte (z.B. CELESC 1995a). Auch nach dieser Gliederung liegen alle 16 Munizipien der *Agência de Blumenau* in der Untersuchungsregion.

Aus politisch-administrativer Sicht ist Itajaí das älteste Munizip der Region, welches sich im Jahre 1859 von São Francisco do Sul trennte. Fast alle weiteren Munizipien sind aus dem Munizip Itajaí entstanden, Blumenau und Brusque schon im 19. Jahrhundert. Die meisten Munizipien emanzipierten sich jedoch erst im 20. Jahrhundert, insbesondere in den acht Jahren zwischen 1956 bis 1963, als 13 neue Munizipien gegründet wurden (siehe Tab. 19).

Tabelle 19
Fläche, Gründungsjahr und Ursprungsgemeinde der Munizipien im Untersuchungsgebiet

Munizip	Fläche (in km²)	Gründungsjahr	Ursprungsmunizip
Apiúna	489	1988	Indaial
Ascurra	119	1963	Indaial
Benedito Novo	386	1961	Rodeio
Blumenau	510	1880	Itajaí
Botuverá	318	1962	Brusque
Brusque	281	1881	Itajaí
Doutor Pedrinho	375	1988	Benedito Novo
Gaspar	370	1934	Blumenau
Guabiruba	173	1962	Brusque
Ibirama	269	1934	Blumenau
Ilhota	245	1958	Itajaí
Indaial	430	1934	Blumenau
Itajaí	304	1859	São Francisco do Sul
Lontras	198	1961	Rio do Sul
Luiz Alves	261	1958	Itajaí
Massaranduba	395	1961	Guaramirim
Navegantes	119	1962	Itajaí
Pomerode	218	1958	Blumenau
Presidente Nereu	225	1961	Vidal Ramos
Rio dos Cedros	556	1961	Timbó
Rio do Sul	261	1930	Blumenau
Rodeio	134	1936	Timbó
Timbó	130	1934	Blumenau
Vidal Ramos	375	1956	Brusque

Quelle: CABRAL (1994), SANTA CATARINA (1986a, 1986b, 1994b, 1994c).

Betrachtet man die Munizipflächen, so erreichen 13 Munizipien den regionalen Mittelwert von 297,5 km². Neun Munizipien haben eine Fläche zwischen 297,5 und 500 km² und nur zwei Munizipien, Rio dos Cedros und Blumenau, sind größer als 500 km². Für brasilianische Verhältnisse handelt es sich also um relativ kleine Munizipien.

6.2 Naturräumliche Gegebenheiten des Untersuchungsgebietes

Wenn auch hier der Natur kein Selbstwert, also kein Wert ohne den Bezug auf menschliche Zwecke zugeschrieben wird (KÖSTERS 1993, S. 27), sind die destruktiven und konfligierenden Verhältnisse zwischen Gesellschaft und Umwelt nicht zu leugnen. Änderungen in der physischen Umwelt auf lokaler und regionaler Ebene sind bekanntermaßen nicht neu. Doch die gesellschaftlichen Aktivitäten, die zu wahrnehmbaren Veränderungen in der Natur führen können, stiegen in der Vergangenheit drastisch: "During the past 300 years [...] the scales, rates, and kinds of environmental change have been fundamentally altered" (KATES et al. 1993, S. 1). Weil sich diese Änderungen im Laufe der Zeit von einem lokalen bzw. regionalen Maßstab auf eine globale Ebene ausgeweitet haben (vgl. KOHLHEPP 1991a, REDCLIFT 1992a, SIMONIS 1996), wird von einer globalen Umweltkrise gesprochen. Änderungen in der physischen Umwelt, die die Erde als Ganzes umfassen, sind dabei nicht von den Veränderungen im Produktionsbereich zu trennen. Die ökologische Krise des 20. Jahrhunderts ist die Folge des Wachstums industrieller Produktion (MERCHANT 1992, S. 17), deren räumliche Ausdehnung in den letzten drei Jahrhunderten, insbesondere während der fordistischen Phase, einen zunehmenden Verbrauch an natürlichen Ressourcen bedeutete (BLAIKIE 1989, S. 125-150).

Unter den Ressourcen, die zum Wachstum industrieller Produktion beitrugen, ist die Energie in ihren verschiedenen Primärformen wie Wasser und Brennholz von ganz besonderer Wichtigkeit. Eine wachsende Industrieproduktion wiederum erfordert zunehmend Energie, auch wenn theoretisch durch Produktivitätserhöhungen Energieeinsparungen erzielt werden können. Aus diesem Grund nehmen die Umweltbelastungen, die durch einen erhöhten Verbrauch an Energieressourcen verursacht werden, in dem Maße zu, wie die ökonomischen Tätigkeiten anwachsen (PENNER et al. 1992, S. 889). Boden, Wasser, Atmosphärilien und biologische Ressourcen werden gegenwärtig durch einen übermäßigen Energieverbrauch degradiert (PIMENTEL et al. 1994, S. 201). Bestes Beispiel dafür ist der Verbrauch fossiler Brennstoffe, der für zwei Drittel des in die Erdatmosphäre ausgestoßenen CO_2 verantwortlich ist (PENNER et al. 1992, PIMENTEL et al. 1994).

In dieser Arbeit stehen die beiden im Itajaítal vorhandenen Energieressourcen im Vordergrund, die am meisten zur sozio-ökonomischen Entwicklung der Region beitrugen: Wasser und Brennholz. Da die Bewirtschaftung dieser Energiequellen erhebliche Degradationsprozesse in der natürlichen Landschaft angestoßen hat, sollen an dieser Stelle die physischgeographischen Gegebenheiten des Itajaítals kurz dargestellt werden.

Im Jahr 1945 wurden für Santa Catarina nach dem Beschluß Nr. 145 von 13.7.1945 des CNG (*Conselho Nacional de Geografia*) acht Naturregionen festgelegt. Damals wurde nicht vom Einzugsgebiet, sondern vom *Naturraum Itajaítal* gesprochen (PELUSO Jr. 1991, S. 78; KLEIN 1979, S. 18). Grundsätzlich handelte es sich jedoch um das Einzugsgebiet des Rio Itajaí, innerhalb dessen sich auch die Munizipien der Untersuchungsregion befinden.

Das 15.220 km² große Einzugsgebiet nimmt circa 16% des bundesstaatlichen Territoriums ein, umfaßt ein Gebiet von ca. 150 km Länge und 155 km Breite und liegt im Nordosten des Bundesstaates. Es grenzt im Norden an das Einzugsgebiet des Rio Iguaçu, im Westen an die Flußbecken des Rio Canoas und Rio do Peixe, im Süden an die Einzugsgebiete der Flüsse Canoas und Tijucas und wird im Osten vom Atlantischen Ozean begrenzt. Die Abgrenzung erfolgt nördlich der *Serras do Jaraguá, da Moema* und *do Mar*, westlich der *Serra Geral* und südöstlich der *Serra de Tijucas, Serra dos Faxinais* und *Serra da Boa Vista*. Diese Gebirgszüge verleihen dem Itajaítal die Form eines in südöstlicher Richtung geöffneten Amphitheaters. Die kleineren, dicht bewaldeten Hügelzüge im Tal bilden die Wasserscheiden zwischen dem Hauptfluß und seinen Quellflüssen (KLEIN 1979, S. 18).

6.2.1 Relief[1]

Bedingt durch die geologische Struktur, weist die Untersuchungsregion eine sehr differenzierte Topographie und Geomorphologie auf. Geologisch lassen sich in Santa Catarina vier große Gesteinsgruppen unterscheiden (AUMOND & SCHEIBE 1994, S. 117):

(a) ein Streifen jüngerer Sedimentgesteine an der Küste,

(b) ein Gürtel magmatischer und metamorpher, sehr alter Gesteine (*Escudo Catarinense*),

(c) ein Gürtel von Sedimentgesteinen aus der Gondwana-Zeit und

(d) die basaltischen und sauren Trappdecken der *Serra Geral*.

Nach WAIBEL (1984a, S. 35-36) hat der Bundesstaat an zwei *Planaltos* (Hochebenen) Anteil, die zur Ostküste hin schichtstufenartig angeschnitten werden und denen eine schmale Küstenebene vorgelagert ist. Das erste Planalto entspricht dabei weitgehend den durch basische Effusivgesteine - überwiegend Basalte - aufgebauten Trappdecken mit dazwischengeschalteten Diabasgängen, die im Oberen Jura oder in der Unteren Kreidezeit entstanden sind, und die in ihrer oberen Fazies in saurere Vulkangesteine übergehen (*Formação Serra Geral*). Das Hochland erhebt sich in der Regel mehr als 1.200m ü.M. und fällt nach Osten in einer Stufe steil ab. Diese weist im Süden des Bundestaates einen Höhenunterschied von mehr als 1.000m auf, während sie im Norden auf wenige hundert Meter schrumpft (SANTA CATARINA 1986).

Unterhalb des ersten Planaltos treten nördlich des Rio Canoas und des Rio Caveiras permische Sedimentschichten aus feinen Sandsteinen und Tonsteinen, teilweise auch aus Kalk auf, die, weil sie noch aus der Zeit stammen, als Afrika und Amerika ein Kontinent waren, als Gondwanaschichten bezeichnet werden. Sie bilden die weitgehend hügeligen und intensiv zertalten Verebnungen von Mafra im Norden, des Oberen Rio Itajaí in der Mitte und des Hochlandes von

---

[1] Zur *Geologie* und *Geomorphologie* Santa Catarinas und des Itajaítals siehe u.a. AUMOND & SCHEIBE (1994), BALLOD (1892), CELESC & ELETROSUL (1994), GONZALEZ & ARAÚJO (1993), HERRMANN & ROSA (1990), KAUL (1990), KLEIN (1979), KOHLHEPP (1968), PELUSO Jr. (1991) und REGIS (1993); zum Thema *Böden* im Bundesstaat Santa Catarina wie in der untersuchten Region siehe CELESC & ELETROSUL (1994), KLEIN (1979), MOSER (1990) und SOUZA (1993).

Lajes im Süden (SANTA CATARINA 1986). Ihnen vorgelagert tauchen in einem 50 km breiten küstenparallelen Band die präkambrischen Gesteine des Kristallins auf (Granulite, Gneise, Magmatite und Granite) und formen den Catarina-Schild (*Escudo Catarinense*) (AUMOND & SCHEIBE 1994, S. 119), der nach Osten die Stufe der Serra des östlichen Santa Catarinas ausbildet, die sich im Schnitt etwa 100m über der quartärzeitlichen schmalen Küstenebene erhebt. Seine Flächen sind dabei von vielen Flüssen intensiv zerschnitten (KOHL-HEPP 1968, S. 30-31) und ostwärts geneigt; westlich können sie bis auf 800m ansteigen. In der Kontaktzone zwischen den Gondwanaschichten und dem Kristallin gibt es vier isolierte Becken mit teils vulkanischen, teils sedimentären Gesteinen aus dem beginnenden Paläozoikum. Eines dieser Becken liegt im Bereich des Itajaítals zwischen Ibirama und Gaspar. Kristallin, eo-paläozoische und Gondwana-Schichten bilden zusammen das zweite Planalto (WAIBEL 1984a).

Die Topographie des Itajaítals hat vor allem Anteil an den Gondwana-Schichten und dem Kristallin. Sie ist deshalb besonders komplex und kleinkammerig, da beide Gebiete aufgrund ihres hohen Alters intensiv zerschnitten sind. Das Einzugsgebiet des Rio Itajaí-Açu ist flächenmäßig das größte unter den in den Atlantik entwässernden Gebieten (vgl. Unterkap. 6.2.3.). In seinem Oberlauf sind die Zuflüsse meist nord-südorientiert und oft tief, teilweise sogar canyonartig, in die sedimentären Gondwana-Schichten eingeschnitten. Dieser Flußverlauf hängt damit zusammen, daß sich an der Kontaktzone zu den präkambrischen und eo-paläozoischen Graniten und Gneisen die Widerständigkeit des Gesteins erhöht und es damit zu einem Rückstau der Flüsse kommt, so daß sie solange parallel zu dieser Kontaktzone verlaufen müssen, bis sie einen Durchlaß finden. Der Durchbruch nach Osten in Richtung Atlantik gelingt dem Itajaí dann bei Ibirama, so daß der Flußgradient am Salto Pilão ansteigt, sich die Täler flußabwärts dann aber schnell muldenartig verflachen.

Im Mittellauf verläuft der Rio Itajaí-Açu auf der Grenze des präkambrischen Kristallins im Norden und den präkambrischen, schwach verformten Sedimenten der Itajaígruppe im Süden. Die Ortschaften Indaial, Timbó, Ascurra und Rodeio befinden sich dabei auf länglichen quartären Alluvialebenen, die in dieses Grenzgebiet eingelagert sind (AUMOND & SCHEIBE 1994, S. 118).

Bei Blumenau verbreitert sich die Alluvialebene des Rio Itajaí-Açu, tritt in die Küstenebene aus und vereinigt sich mit der etwas südlich gelegenen Alluvialebene des Rio Itajaí-Mirim. Im Unterlauf beider Flüsse kommt es zu einer Vermischung von marinen und terrestrischen Sedimenten, die deshalb nicht sehr konsolidiert sind. Das Auseinandertreten der Talhänge zu einem Flachmuldental hat die Besiedlung dieses Raumes begünstigt, so daß sich heutzutage die beiden größten Städte des Einzugsgebietes hier befinden: Blumenau und Itajaí. In einer ähnlichen geomorphologischen Situation ist auch Brusque im Bereich des Rio Itajaí-Mirim gelegen.

Karte 2
Topographie und Hydrographie des Itajaítals

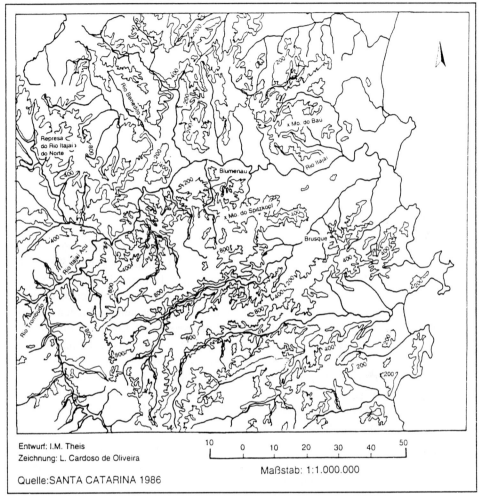

6.2.2 Klima

Das Klima der Untersuchungsregion entspricht einem Übergangsklima von den Tropen zu den Subtropen. Nach der Köppenschen Klassifikation gehört die Region zu den warmgemäßigten Regenklimaten ohne Trockenzeit und wird je nach wärmstem Monatsmittel zu Cfa (>22°C) oder Cfb (<22°C) gerechnet. Nach der Klassifikation von Troll und Paffen wird sie den tropisch-feuchten Regenklimaten zugeordnet[1].

---

1   Vgl. KOHLHEPP (1968, S. 36); siehe hierzu auch PELUSO Jr. (1991, S. 74), PRATES et al. (1989, S. 58) und WAIBEL (1984a, S. 36) sowie GONÇALVES et al. (1993), KLEIN (1984) und NIMER (1990).

Die jährliche Durchschnittstemperatur im Itajaítal nimmt vom Atlantik nach Westen hin ab. Im Unteren und Mittleren Itajaítal liegt sie bei 21 °C, im Oberen Itajaítal bei nur noch 19 °C. Die Temperaturwerte erlauben keine klare Trennung in vier Jahreszeiten, es lassen sich jedoch eine warme Jahresphase von Dezember bis April und eine kalte Jahresphase von Juni bis September unterscheiden, wobei der Durchschnittswert des wärmsten Monats 25 °C im Januar und der des kältesten Monats 15 °C im Juli beträgt (KLEIN 1979, S. 48; PRATES et al. 1989, S. 56).

Die höchsten absoluten Temperaturwerte können auf über 40 °C steigen (43 °C in Blumenau), die niedrigsten absoluten Temperaturen fallen auf 0 °C an der Küste, bis -3 °C in Blumenau und sogar bis -6 °C in den Hochlagen der Gebirge. Die Temperaturschwankung in der Region ist also beträchtlich: 40 °C an der Küste und 46 °C in Blumenau. Die Häufigkeit warmer Tage mit Temperaturwerten über 25 °C ist ebenfalls hoch: 230 Tage in Itajaí und 220 Tage in Blumenau, wobei fast alle Sommertage warm sind. Die Häufigkeit warmer Nächte mit Temperaturwerten über 20 °C pro Jahr variiert von 50 in Brusque bis 70 in Blumenau. Die Zahl kalter Nächte mit Temperaturwerten unter 0 °C beträgt 15 im Gebirge und nur fünf im Tiefland, hier allerdings nur im Winter (KLEIN 1979, S. 50; PRATES et al. 1989, S. 57; REFOSCO 1990, S. 22).

Die Durchschnittswerte der Niederschläge liegen für das Itajaítal zwischen 1.500 mm und 1.600 mm bei durchschnittlichen Monatswerten zwischen 120 mm und 130 mm. Sie verteilen sich regelmäßig auf alle Monate des Jahres. Im Unteren Itajaítal steigen die Niederschläge auf bis zu 150 mm während der Sommermonate (Januar und Februar), nehmen während der Wintermonate (Juni und Juli) jedoch wieder ab. In den höhergelegenen nördlichen und südlichen Teilen des Einzugsgebietes können die Niederschlagswerte auf 1.600 mm bis 1.800 mm pro Jahr steigen. Die Niederschlagsmaxima erreichen in den regenreichsten Jahren doppelt so hohe Werte. In der Folge extremer Niederschläge kam es zum Beispiel 1983 und 1984 zu starken Überschwemmungen. Zu den trockenen Jahren mit nur etwa der Hälfte der durchschnittlichen Niederschlagswerte gehörten z.B. 1985 und 1986[1]. Beobachtungen in 16 Orten im Itajaítal zeigen, daß es keine ausgeprägte Trockenzeit gibt, und daß sich in der Region drei Niederschlagsphasen unterscheiden lassen (KLEIN 1979, S. 52-53):

(a) Die Hauptregenphase konzentriert sich auf die Sommermonate zwischen Dezember und März; die höchsten Niederschläge entfallen auf den Monat Februar in Blumenau und Brusque mit Werten, die 200 mm übersteigen können.

(b) Im Frühling zwischen September und November wird eine sekundäre Regenphase mit durchschnittlichen Monatswerten von 120 mm beobachtet.

(c) Während der fünf Monate zwischen April und August zeigt sich eine Phase niedriger Niederschläge mit durchschnittlichen Werten um 85 mm pro Monat.

Gewitterregen sind ein häufiges Phänomen im Itajaítal. Die Häufigkeit von Gewittern variiert von circa 30 bis über 60 Tage im Jahr und ist während der Sommermonate zwischen Dezember und Februar besonders hoch.

---

1   Siehe KLEIN (1979, S. 52-53), KOHLHEPP (1968, S. 33-35), PRATES et al. (1989, S. 57-58) und REFOSCO (1990, S. 24).

Frost dagegen wird in den küstennahen Munizipien kaum beobachtet. Häufigkeit und Intensität steigen jedoch, je weiter man sich in Richtung Landesinnere oder Gebirge bewegt. Hier gibt es im langjährigen Mittel 10 bis 15 Frosttage pro Jahr, die sich dann auf Juni und Juli konzentrieren (KLEIN 1979, S. 55).

Die Winde im Itajaítal wehen vorwiegend aus Osten und Südwesten aufgrund der Tatsache, daß der Luftdruck im Inneren des Tals niedriger ist. Stürmische Winde (Geschwindigkeiten bis circa 20,7 m/s) sind selten und kommen meistens im Sommer vor (KLEIN 1979, S. 51; REFOSCO 1990, S. 24).

Die Verdunstung in der Region weist jährliche Durchschnittswerte auf, die kaum über der 500 mm-Grenze liegen. In der Sommerzeit steigen diese Werte auf 55 mm pro Monat, im Winter übersteigen sie selten 35 mm pro Monat. Die höchste monatliche Evaporation im Januar liegt bei 104 mm im Munizip Itajaí und Timbó. Die Verdunstung im Itajaítal ist schwach, was auf den hohen Bevölkungsgrad und die niedrigen Windgeschwindigkeiten zurückzuführen ist. Auch in trockenen Zeiten ist der Niederschlag stets höher als die Evaporation (KLEIN 1979, S. 51-52; REFOSCO 1990, S. 24).

Die Luftfeuchtigkeit im Itajaítal ist außergewöhnlich hoch. Die jährlichen Durchschnittswerte erreichen 85,7% in Itajaí und fallen lediglich geringfügig auf 77% in Indaial. Diese Luftfeuchtigkeitswerte variieren sehr wenig im Laufe des Jahres. Die höchsten monatlichen durchschnittlichen Luftfeuchtigkeitswerte werden zwischen Juni und August gemessen (KLEIN 1979, S. 50; KOHLHEPP 1968, S. 33-35).

Die Sonnenscheindauer in der Region beläuft sich auf bis zu 2.000 Stunden pro Jahr. Im Sommer sind es durchschnittlich 150 bis sogar 170 Stunden pro Monat, im Winter variiert die Sonnenscheindauer von 130 bis 140 Stunden pro Monat. Die niedrigste Sonnenscheindauer haben die Frühlingsmonate mit Werten von 100 bis 130 Stunden pro Monat.

Die Bewölkungshäufigkeit beträgt im Itajaítal 150 bis 200 Tage im Jahr. Sie liegt im Sommer und Frühling bei durchschnittlich 18, im Herbst bei 15 und im Winter bei 12 bewölkten Tagen pro Monat (KLEIN 1979, S. 51; REFOSCO 1990, S. 24).

6.2.3 Hydrographie

Santa Catarina läßt sich in zwei hydrographische Systeme gliedern: das System des Küstengebietes und das des Landesinneren. Das Einzugsgebiet des Rio Itajaí gehört danach zum System des Küstengebietes, das sich aus Einzugsgebieten zusammensetzt, deren Flüsse in West-Ost-Richtung verlaufen und die direkt im Atlantischen Ozean münden. Meistens bildet die *Serra Geral* die Trennungslinie zwischen beiden Systemen. Das Einzugsgebiet des Rio Itajaí wird dabei vom nördlichen Flußeinzugsgebiet durch die Gebirge *Moema*, *Papanduva* und *Espigão* getrennt (PRATES et al. 1989, S. 61).

Tabelle 20
Flußeinzugsgebiete in Santa Catarina

Flußeinzugsgebiete	Fläche (in km²)	Fläche (in %)
Vertente do Litoral	(31.094)	(34,1)
Rio Itajaí-Açu	15.500	17,0
Rio Tubarão	5.100	5,6
Rio Araranguá	3.020	3,3
Rio Itapocu	2.930	3,2
Rio Tijucas	2.420	2,7
Rio Mampituba	1.224	1,3
Rio Cubatão	900	1,0
Vertente do Interior	(60.185)	(65,9)
Rio Uruguai	49.573	54,3
Rio Iguaçu	10.612	11,6
Insgesamt	91.279	100,0

Quelle: PRATES et al. (1989, S. 62).

Mit seinen circa 15.220 km² ist das Einzugsgebiet des Rio Itajaí das größte des Küstensystems. Hauptfluß ist der Rio Itajaí-Açu, dessen Hauptachse 250 km lang ist und der aus dem Zusammenfluß der Flüsse Itajaí do Sul und Itajaí do Oeste im Munizip Rio do Sul entsteht. Der Itajaí do Sul hat sein Ursprung in der Serra da Boa Vista, während der Itajaí do Oeste in der Serra Geral im Munizip Rio do Campo entsteht. Entlang des Abschnitts von Rio do Sul nach Ibirama mündet der Itajaí do Norte in den Itajaí-Açu. Von da an verläuft er in nordöstlicher Richtung bis zum Zustrom des Rio Benedito im Munizip Indaial, ändert dann seine Richtung nach Osten und fließt unter starken Mäandern durch Blumenau. Circa 7 km vor seiner Mündung nimmt der Hauptfluß in der Nähe des Munizips Itajaí den Rio Itajaí-Mirim auf, weshalb er von da ab nur noch kurz Rio Itajaí genannt wird, bevor er kurz darauf im Atlantischen Ozean endet. Unter den vielen Nebenflüssen sind die folgenden zu erwähnen: Rafael, Itoupava, Cedros, Testo, Areal und Luiz Alves am linken Flußufer; Encano, Trombudo, Garcia, Gaspar Grande, Poço Grande, Gaspar Pequeno und Itajaí-Mirim am rechten Flußufer (FRANK 1992, S. 19-20; KOHLHEPP 1968, S. 31).

Die Flüsse im Oberen und Mittleren Itajaítal durchschneiden die Hochfläche und bilden dabei streckenweise echte *Canyons* aus. Am Unterlauf des Rio Itajaí-Açu verbreitert sich das Tal, so daß der Fluß in der Alluvialebene eine mäandrierende Linienführung entwickelt.

Der monatliche durchschnittliche Abfluß des Rio Itajaí-Açu und seiner Nebenflüsse beträgt 53,0 m³/s in Ibirama, 97,8 m³/s in Rio do Sul, 225,6 m³/s in Indaial und 24,10 m³/s in Brusque (Rio Itajaí-Mirim) (CELESC & ELETROSUL 1994, S. 2).

Im allgemeinen sind der Hauptfluß Itajaí-Açu sowie die Nebenflüsse in das subtropische Regime einzugliedern. Zwei Höchstwerte werden beobachtet: einer am Ende des Sommers und einer am Ende des Winters (PRATES et al. 1989, S. 69). Die gleichmäßige Verteilung des Regens in Santa Catarina, insbesondere im Itajaítal, sichert zwar eine ausreichende Wasserversorgung über das ganze Jahr hinweg, das starke Gefälle, die engen Talformen und die große Zahl wasserreicher Zuflüsse begünstigen jedoch die Entstehung von Hochwassern, die besonders nach längeranhaltenden Starkregen auftreten.

Auf der Basis hydrogeographischer, struktureller und geomorphologischer Kriterien sind im Einzugsgebiet des Itajaí-Açu zwei große Systeme zu erkennen, deren Grenze zwischen Subida und Lontras liegt:

(a) Das System des Oberen Einzugsgebietes (oberer Flußabschnitt);

(b) Das System des Mittleren und Unteren Einzugsgebietes (unterer Flußabschnitt).

Der Itajaí-Açu besitzt für die Region eine große sozio-ökonomische und ökologische Bedeutung. Zum einen nimmt er eine große Menge industrieller und privater Abwässer, Haushaltsabfälle und landwirtschaftlicher Residuen auf, zum anderen stellt er eine wertvolle Wasserquelle für die industrielle und private Versorgung dar (REFOSCO & PINHEIRO 1992, S. 888). Im Oberen Itajaítal werden Schadstoffe aus der Stärkemehlproduktion, in Blumenau und Brusque Abfälle der Textilfärbereien in den Rio Itajaí eingeleitet. Die Wasserqualität des Hauptflusses und der Nebenflüsse wird auch durch Schädlingsbekämpfungsmittel beeinträchtigt, die in der Landwirtschaft, insbesondere für den Tabak- und Reisanbau, zum Einsatz kommen. Außerdem werden alle Flüsse durch Haushaltsabwässer mehr oder weniger stark belastet (CELESC & ELETROSUL 1994, S. 38). Auf die Bedeutung des Flußsystems als Energiequelle wird in den Kapiteln sieben und acht näher eingegangen.

Abschließend soll noch kurz auf die bereits angedeutete Hochwasserproblematik eingegangen werden. Die Überschwemmungen im Itajaítal sind besonders bei großen Niederschlagsmengen problematisch, da die Vegetationsdecke des Einzugsgebietes bereits stark dezimiert wurde und damit ihre Wasserrückhaltekapazität verloren hat (KLEIN 1980, S. 340-355). Wegen seiner strategischen Lage und insbesondere seiner sozioökonomischen Entwicklung ist Blumenau das am stärksten von den periodischen Überschwemmungen des Rio Itajaí-Açu betroffene Munizp. Die zunehmende Besiedlung niedriggelegener, flußnaher Bereiche trägt zur Verschärfung der Probleme und zur Erhöhung der Schäden bei. Um die Risiken periodischer Hochwasser in der Region zu vermindern, wurden Wasserrückhaltebecken gebaut (KLEIN 1979, S. 54-55; ders. 1980, S. 345-346).

Tabelle 21
Hochwasserrückhaltebecken im Einzugsgebiet des Rio Itajaí-Açu

Staudamm	Fluß	kontrolliertes Einzugsgebiet	Fassungsvermögen	Einweihung
Taió	Itajaí do Oeste	1.042 km^2	83 Mio. m^3	März 1972
Ituporanga	Itajaí do Sul	1.273 km^2	97,5 Mio. m^3	November 1975
Ibirama	Itajaí do Norte	2.318 km^2	357 Mio. m^3	November 1992

Quelle: CELESC & ELETROSUL (1994, S. 3, 46) und KLEIN (1980, S. 346-347).

Schon im März 1851, nicht ganz ein Jahr nach der Ankunft von Dr. Blumenau, des Gründers der Stadt, erreichte das Wasser eine Höhe von 16 m über dem normalen Abflußniveau. Seitdem gab es etwa 60 Überschwemmungen mittleren, größeren oder katastrophalen Ausmaßes (siehe hierzu Tabelle im Anhang). Von der Hochwasserkatastrophe im Jahre 1983 waren insgesamt 143.628 Menschen betroffen, davon circa 50.000 in Blumenau, 40.000 in Itajaí und 25.000 in Rio do Sul, wobei 20 Personen ums Leben kamen (CELESC & ELETROSUL 1994, S. 38; KLEIN 1980, S. 346).

Neben der Häufigkeit und Intensität des Regens hat der Zustand der Vegetationsdecke einen entscheidenden Einfluß auf die Hochwasserrisiken in der Region und in Blumenau. Die natürliche Bewaldung, zum Teil auch die Sekundärwälder, wirken als natürliche Wasserspeicher, da in ihnen eine größere Wassermenge in den Boden einsickern kann und erst nach und nach an das Flußsystem abgegeben wird. Ungestörter Primärwald besitzt dabei den besten Regulationsmechanismus für den Regenwasserhaushalt (KLEIN 1980, S. 349-50; REFOSCO & PINHEIRO 1992, S. 893). Letztendlich können zwar weder der natürliche Wald noch Aufforstungen Überschwemmungen vollkommen verhindern, aber sie können entscheidend dazu beitragen, daß diese Folgen nicht destruktiv wirken. Überschwemmungen sind periodische Phänomene, die am Naturzyklus der verschiedenen Ökosysteme teilhaben. Die Erhaltung natürlicher Wälder und die Aufforstung mit autochthonen Spezies trägt daher direkt zum Schutz des Bodens und des Wassers bei - zwei wesentliche Bestandteile des Umweltschutzes einer Region (KLEIN 1980, S. 354-355).

6.2.4 Vegetation

Zu Beginn der Besiedlung waren 81,5% des Territoriums Santa Catarinas von dichten tropischen und subtropischen Regenwäldern bedeckt, die nur auf der Hochebene von offenen Graslflächen (*campos limpos*) unterbrochen waren. Die Besiedlung und die daran anschließende Wirtschaftsentwicklung formte diese Landschaft vollständig um (PRATES et al. 1989, S. 86; REIS 1993, S. 1).

Die ursprünglichen Waldflächen waren ein wichtiger Bestandteil der *Mata Atlântica*, des immergrünen tropischen Regenwaldes der atlantischen Küste. Diese Wälder erstreckten sich ursprünglich zwischen den Bundesstaaten Rio Grande do Norte (etwa 6° südlicher Breite) und Rio Grande do Sul (etwa 30° südlicher Breite) auf einer Breite von meist nicht mehr als 200 km (KLEIN 1979, OGAWA et al. 1990). Die Bedeutung der *Mata Atlântica*[1] liegt dabei zum einen in ihrer hohen Biodiversität mit über 200.000 Pflanzen- und Tierarten. Zum anderen konzentrieren sich gegenwärtig jedoch über 50% der brasilianischen Bevölkerung in diesem Streifen. Heutzutage sind nur noch circa 6% der ursprünglichen Waldfläche (sekundäre Formationen eingeschlossen) vorhanden. Nach OGAWA et al. (1990, S. 144) und REIS (1993, S. 5) befindet sich Santa Catarina im Bereich der Mata Atlântica, wobei der ursprüngliche Küstenregenwald etwa 31% des Territoriums des Bundesstaates einnimmt (PRATES et al. 1989, S. 88-90). Von diesem sind jedoch nur noch Fragmente erhalten, so daß heute Sekundärwaldtypen vorherrschen[2]. Das Einzugsgebiet des Rio Itajaí-Açu gehört zu circa 3/4 zum System des Atlantischen Regenwaldes, insbesondere im Mittleren und Unteren Itajaítal. Daneben existieren im Oberen Itajaítal, wo die Landschaft vorwiegend von isolierten Araukarienbeständen geprägt ist, noch Fragmente der Mata Atlântica (KLEIN 1980, S. 326-327; KOHLHEPP 1968, S. 37-38).

---

1   Nach Paragraph 4, Artikel 225, Kapitel VI der Brasilianischen Verfassung ist die *Mata Atlântica* Staatseigentum; siehe hierzu BRASIL (1991) und REIS (1993).

2   Vgl. REIS (1993, S. 1, 48); zu weiteren Details über die *Mata Atlântica* in Santa Catarina siehe KLEIN (1979, 1984), KOHLHEPP (1994b), LEITE & KLEIN (1990), PELUSO Jr. (1991), PRATES et al. (1989), REIS et al. (1993) und REITZ et al. (1978).

WAIBEL (1984a, S. 37) gliederte im Jahre 1949 die Vegetation Südbrasiliens in zwei Haupttypen. Dabei unterschied er zwischen "den dichten immergrünen Wäldern, die mit Ausnahme der Araukarien von tropischen Laubbäumen gebildet werden und den *campos limpos*, die physiognomisch den Steppen der gemäßigten Zonen ähneln". Ebenfalls aus einer vegetationsgeographischen Perspektive unterscheidet PELUSO Jr. (1991, S. 74) vier Vegetationsregionen in Santa Catarina: Küstenwälder, *campos e matas de araucária*, Araukarienwälder und Küstensavannen. PRATES et al. (1989, S. 86) unterscheiden für Santa Catarina zwischen Waldformationen, Campos-Formationen und Küstenformationen.

In dieser Arbeit wird die umfassendere Gliederung von KLEIN herangezogen, die zwischen fünf Vegetationsformationen unterscheidet, die mehr oder weniger sogenannten Vegetationsregionen bzw. Waldregionen entsprechen: die Formation der *Restingas*, die Formation des dichten immergrünen Waldes (*Floresta Ombrófila Densa*), die Formation des Araukarienwaldes (*Floresta Ombrófila Mista*), die Waldformation des Paraná-Uruguay-Beckens (*Floresta Estacional da Bacia do Paraná-Uruguai*) und die Formation der Savannen (*Campos Meridionais*)[1].

Nach diesem Überblick über die Vegetationsgliederungen soll die vegetationsgeographische Situation des Itajaítals näher charakterisiert werden. Zum besseren Verständnis der heutigen Situation muß dabei kurz auf die historische Entwicklung der Region eingegangen werden.

Seit dem Beginn der europäischen Kolonisation im Jahre 1850 wurden die Wälder des Itajaítals zunehmend bewirtschaftet. Die Holzextraktion wurde zu einer bedeutenden ökonomischen Tätigkeit. Der Hafen in Itajaí ermöglichte es, das Holz aus der Region in andere brasilianische Bundesstaaten, später ins Ausland zu exportieren (KLEIN 1979, S. 11; ders. 1980, S. 336; REITZ et al. 1978, S. 11). So sind in der Region viele Sägewerke entstanden, die vor allem *canela-preta* (Ocotea catharinensis), *peroba-vermelha* (Aspidosperma olivaceum), *canela-sassafrás* (Ocotea pretiosa) und *cedro* (Cedrela fissilis) verarbeiten. Die holzverarbeitende Industrie trug dabei nicht nur zur Konsolidierung des Kolonisationsprozesses bei, sie war bis in die 1960er Jahre hinein eine der wichtigsten Industriebranchen für die Regionalentwicklung (KLEIN 1979, S. 11; ders. 1980, S. 327).

Neben der starken und unkontrollierten Entwaldung für den Holzexport wurden große Waldbereiche auch zur Gewinnung landwirtschaftlicher Nutzflächen gerodet, so daß auch die Entwicklung der Landwirtschaft für die Reduzierung der Primärwaldanteile in der Region verantwortlich gemacht werden muß (REFOSCO & PINHEIRO 1992, S. 890; REITZ et al 1978, S. 11).

Natürlich entsprachen diese Tätigkeiten der Entwicklung der Produktivkräfte in der Region. In den 50er und 60er Jahren dehnte sich die landwirtschaftliche Tätigkeit auf ehemals waldbedeckten Flächen aus, während gleichzeitig die Bedeutung des Holzes als Exportprodukt stieg (insbesondere Baumarten wie *canela-preta* (Ocotea catharinensis), *canela sassafrás* (Ocotea pretiosa) und *peroba-vermelha* (Aspidosperma olivaceum) (REIS 1993, S. 40). Daneben wurde

---

1   Vgl.. KLEIN (1984, S. 15, 17-44; ders. 1980, S. 326); siehe hierzu auch BRAZÃO et al. (1993), REIS (1993) und REITZ et al. (1978).

der industrielle Sektor im Laufe der Zeit zum Hauptverursacher der Vegetationszerstörung im Itajaítal, da er seinen zunehmenden Energiebedarf aus Brennholz oder Holzkohle deckte, für die sich praktisch alle in der Region vorkommenden Baumarten eigneten (REIS 1993, S. 41).

Nach REFOSCO (1990, S. 21) und REFOSCO & PINHEIRO (1992, S. 888) waren um 1890 nur 10% der Vegetationsdecke des Itajaí-Açu-Einzugsgebietes gestört. Die Intensivierung ökonomischer Tätigkeiten, die sich auf die Urproduktion von Rohstoffen konzentrierten, bedeutete eine verstärkte Ausbeutung von Waldressourcen, die im weiteren zu einer rücksichtslosen Abholzung führte (KOHLHEPP 1968, S. 39), so daß in den 80er Jahren noch etwa 40%, in den 90er Jahren nur noch 20% der ursprünglichen Vegetationsfläche übriggeblieben waren.

Die ursprüngliche Vegetationsdecke des Itajaítals bestand aus dichtem immergrünen Wald in Stockwerkbau und vereinzelten Araukarienwaldbeständen. Der dichte immergüne Wald (*Floresta Ombrófila Densa*) kommt vor allem im Unteren und Mittleren Itajaítal vor und gilt als äußerst artenreich. Von den 38 in Santa Catarina heimischen Baumarten kommen allein 34 in den Wäldern des Itajaítals vor (KLEIN 1980, S. 333). Viele davon haben eine wirtschaftliche Bedeutung, so zum Beispiel die *canela-preta* (Ocotea catharinensis), die im Baugewerbe Verwendung findet, oder die weit verbreiteten Arten *peroba-vermelha* (Aspidosperma olivaceum), *bicuíba* (Virola oleifera), *garajuva* (Buchenavia kleinii), *licurana* (Hieronyma alchorneoides), *araribá-rosa* (Machaerium villosum), *maçaranduba* (Manilkara subsericea), *araribá* (Centrolobium robustum) und *baguaçu* (Talauma ovata) (KLEIN 1980, S. 327-329).

Aus der Sicht der vorliegenden Arbeit sind die Küstenvegetation und die immergrünen tropischen Regenwälder des atlantischen Küstengebietes von großer Bedeutung (KLEIN 1979, S. 83-88). Während die Strandvegetation (*vegetação da praia*) nur vereinzelt noch in Navegantes und Itajaí anzutreffen ist, werden etwa 80% des Itajaí-Açu-Einzugsgebietes von der *Mata Atlântica* geprägt. Sie erstreckt sich im Itajaítal entlang der Serra de Tijucas, Serra de Itajaí, Serra dos Faxinais und Serra do Mirador bis in Höhen von 600 bis 800 Metern. Dieser sehr dichte Wald zeichnet sich vor allem durch eine große Artenvielfalt hoher und mittlerer Bäume und Sträucher aus, aber auch durch die große Anzahl von Epiphyten und Lianen. Die Bäume erreichen in den Tälern eine Höhe von 30 bis 35 Metern, an den Steilhängen zwischen 20 und 30 Meter.

Araukarienwälder kommen in Hochlagen über 500 m vor, in denen das Klima feucht ist und in denen es vier bis sechs kühle Monate pro Jahr gibt. Neben der bestandsbildenden Araukarie (*pinheiro-do-paraná*, Araucaria angustifolia) finden sich dort noch *Imbuia* (Ocotea porosa) und *Erva-Mate* (Ilex paraguariensis) (REFOSCO 1990, S. 22) sowie zahlreiche *Canela*-Arten[1]. Die Araukarienwälder sind dabei auf einzelne Standorte konzentriert, so daß im Oberen Itajaítal auch noch andere Baumarten weit verbreitet sind, von denen vor allem *canela-preta* (Ocotea catharinensis) und *canela-sassafrás* (Ocotea pretiosa) hervorzuheben sind, für die inzwischen

---

1   Als Beispiele wären zu nennen: *canela-amarela* (Nectandra lanceolata), *canela-lajeana* (Ocotea pulchella), *canela-pururuca* (Cryptocarya aschersoniana) (vgl. KLEIN 1980, S. 328-330).

Schutzgebiete eingerichtet wurden[1]. Ebenfalls häufig sind die Arten *peroba-vermelha* (Aspidosperma olivaceum), *pau-óleo* (Copaifera trapezifolia), *cedro-rosa* (Cedrela fissilis), *louro-pardo* (Cordia trichotoma) und *pequiá-mamona* (Aspidosperma ramiflorum).

Näher an der Küste herrschen *olandi* (Calophylum brasiliense) und *figueira-de-folhas-úmidas* (Ficus organensis) vor. Einer starken Nutzung unterliegen insbesondere die Arten *canela-garuva* (Nectandra rigida), *canela-amarela* oder *canela-de-ponta-de-lança* (Ocotea aciphyla) und *ipê-de-várzea* oder *ipê-amarelo* (Tabebuia umbellata), neben anderen hochwertigen Bäumen, die entlang des Unterlaufs des Itajaí-Açu und des Itajaí-Mirim vorkommen: *canela-amarela* oder *canela-de-várzea* (Nectandra leucothyrsus), *canela-branca* (Nectandra lanceolata), *baguaçu* (Talauma ovata), *aguaí* oder *caxeta-amarela* (Chrysophyllum viride), *pau-jacaré* (Piptadenia communis), *tapiá-guaçu* (Alchornea triplinervia) und *guapuruvu* (Schizolobium parahyba) (KLEIN 1980, S. 329).

Diese Darstellung der natürlichen Vegetation des Itajaítals darf nicht darüber hinwegtäuschen, daß Naturwaldbestände gegenwärtig nur noch vereinzelt erhalten sind. Diese Fragmente der ehemaligen Waldbedeckung stellen zwar nur ein geringes ökonomisches Potential dar, sind ökologisch aber äußerst wertvoll für den Fortbestand der Naturwälder (REIS 1993, S. 82), auch wenn sich viele der bereits stark geschädigten und dezimierten Baumarten unter den herrschenden mikroklimatischen Verhältnissen nicht mehr regenerieren werden (KLEIN 1984, S. 45). Beim größten Teil des Waldbestands im Itajaítal handelt es sich um Sekundärwald, der zwar physiognomisch dem Naturwald ähnelt, in seiner Zusammensetzung und Struktur aber stark vereinfacht ist und sich daher durch einen geringeren Biomassewert auszeichnet. Energiewirtschaftlich gesehen spielen Sekundärwälder jedoch eine wichtige Rolle als Rohstofflieferanten für die Produktion von Brennholz und Holzkohle (REIS 1993, S. 82). Für industrielle Zwecke wird auch im Itajaítal seit einigen Jahrzehnten mit exotischen Baumarten wie *Eukalyptus*, *Pinus*, *Acacia* und *Paulownia*, die nicht in Brasilien heimisch sind, aufgeforstet (REITZ et al. 1978, S. 281). Neben den Sekundärwald- und Aufforstungsflächen hat auch die landwirtschaftliche Nutzfläche in den letzten Jahrzehnten stark zugenommen. Dem modernisierten Anbau von Mais, Zuckerrohr, Tabak und Reis sowie der Gewinnung von Weideland fallen immer mehr Naturwaldflächen zum Opfer (KLEIN 1979, S. 89).

6.3 Kulturgeographische Merkmale des Untersuchungsgebietes

Zu Beginn der deutschen und italienischen Kolonisation im vergangenen Jahrhundert bildeten der Rio Itajaí-Açu und seine Nebenflüsse die Haupterschließungsachsen von der Küste in Richtung *Interior* und *Planalto Meridional* des Bundesstaates. Der Eisenbahn- und Straßenbau entlang der Flußläufe begünstigte die Entstehung von Dörfern und Kleinstädten in den meist engen und tiefen Tälern (KLEIN 1979, S. 16; KOHLHEPP 1968, S. 32). Die Eisenbahn ist heute nicht mehr in Betrieb, aus den ersten Landstraßen haben sich jedoch einige wichtige Bundesstraßen entwickelt, darunter die BR-470 entlang des Rio Itajaí-Açu. Sie verbindet die wichtigsten Munizipien der Region miteinander und schließt diese an die Küstenstraße BR-101 und an die BR-116 an der westlichen Grenze des Einzugsgebietes an. Auch zwei wichtige

---

1 *Reserva Biológica da Canela-Preta* und *Reserva Biológica Estadual do Sassafrás* (vgl. UNE & LOURO 1993).

Landesstraßen (SC-421 und SC-426) durchqueren die Region. Flughäfen befinden sich in den Munizipien Navegantes, Blumenau und Lontras. Itajaí verfügt über einen Hafen, der wegen des Außenhandels der Region zunehmend an Bedeutung gewinnt (CELESC & ELETROSUL 1994, S. 3).

In der untersuchten Region befinden sich einige der wichtigsten Munizipien des Bundesstaates Santa Catarina wie zum Beispiel Blumenau, Brusque, Itajaí und weiter im Landesinneren Rio do Sul. Das Itajaítal ist geprägt durch ein abwechslungsreiches Mosaik aus ländlichen Regionen mit einer überwiegend kleinbetrieblichen Landwirtschaft und städtischen Räumen. Während die verstädterten Gebiete ca. 40% der Fläche ausmachen, werden die übrigen 60% von Landwirtschaft, Weidewirtschaft und Wäldern eingenommen. Die größten Waldgebiete befinden sich zwischen den Flüssen Itajaí-Açu und Itajaí Mirim sowie Benedito und Itajaí do Oeste. Die agrarischen Kernräume liegen in den tiefergelegenen Gebieten entlang der Flüsse Itajaí-Açu, Itajaí do Oeste und Itajaí do Sul. Somit bildete

> "die für die Kolonisation vorteilhafte Oberflächengestaltung Nordost-Santa Catarinas mit einem natürlichen Zugang vom Meer, sowie vom Planalto Meridional [...] zusammen mit dem für Mitteleuropäer [...] zuträglicheren randtropischen Klima und der noch sehr vielfältigen tropisch-subtropischen Übergangsvegetation die relativ günstigen natürlichen Verhältnisse, die für die Erschließung und Besiedlung des Gebietes bedeutungsvoll waren" (KOHLHEPP 1968, S. 39; siehe hierzu auch PELUSO Jr. 1991, S. 78).

Vielfach waren Sägereien der Ausgangspunkt für die Städte, die sich entlang des Rio Itajaí-Açu und seiner Nebenflüsse entwickelten. So stellte zu Beginn des Kolonisationsprozesses, insbesondere im Unteren und Mittleren Itajaítal, die holzverarbeitende Industrie die wichtigste ökonomische Tätigkeit der vielen neu gegründeten Siedlungen dar (KLEIN 1980, S. 336-337). Noch heute befinden sich die wichtigsten städtischen Räume in der Nähe des Hauptflusses Itajaí-Açu oder der größeren Nebenflüsse. Die wichtigsten Städte der Region sind Blumenau, Brusque, Itajaí und Rio do Sul, neben Gaspar, Indaial und anderen. All diese Städte sind wegen ihrer Lage an den Flüssen immer wieder von Hochwasser bedroht (CELESC & ELETROSUL 1994, S. 2; KLEIN 1979, S. 16), so daß zum Beispiel in Blumenau die periodisch auftretenden Hochwasserkatastrophen schon frühzeitig eine Vertikalisierung des Stadtzentrums eingeleitet haben (KOHLHEPP et al. 1993, S. 88).

Bei der folgenden Analyse der demographischen Situation des Itajaítals steht nicht die historische Entwicklung im Vordergrund, sondern die gegenwärtige Lage nach den vom IBGE bei den Volkszählungen 1980 und 1991 erhobenen Daten. Dennoch soll nicht vergessen werden, daß die Geschichte des Itajaítals nicht unbedingt nur die erfolgreiche Geschichte der deutschen und italienischen Einwanderer ist. Sie ist auch die Geschichte der Verdrängung der in der Region lebenden Ureinwohner, von denen heute nur noch wenige im 130 km² großen Indianerreservat von Ibirama (*Reserva Indígena de Ibirama*) leben, das am Ufer des Rio Itajaí do Norte liegt[1].

---

1   Siehe hierzu z.B. UNE & LOURO (1993). Die Situation dieser Einwohner des Itajaítals wird häufig vernachlässigt und in der Literatur nur kurz erwähnt. Ausnahmen sind beispielsweise die Arbeiten von MÜLLER (1987) und NAMEM (1994).

Tabelle 22
Bevölkerung der Munizipien des Untersuchungsgebietes 1980-1991[1]

Munizipien	1980	1991	Veränderung 1991/1980
Apiúna	8.510	7.731	-9,2%
Ascurra	5.414	6.162	13,8%
Benedito Novo	10.712	8.385	-21,7%
Blumenau	157.258	212.025	34,8%
Botuverá	3.582	4.287	19,7%
Brusque	41.224	57.971	40,6%
Doutor Pedrinho	2.870	2.997	4,4%
Gaspar	25.606	35.614	39,1%
Guabiruba	7.148	9.905	38,6%
Ibirama	23.522	13.773	-41,4%
Ilhota	8.051	9.448	17,4%
Indaial	28.574	30.158	5,5%
Itajaí	86.460	119.631	38,4%
Lontras	7.324	7.578	3,4%
Luiz Alves	6.479	6.440	-0,6%
Massaranduba	11.990	11.168	-6,9%
Navegantes	13.530	23.662	74,9%
Pomerode	14.371	18.771	30,6%
Presidente Nereu	3.188	2.775	-12,9%
Rio dos Cedros	8.468	8.642	2,1%
Rio do Sul	36.240	45.679	26,0%
Rodeio	7.977	9.371	17,5%
Timbó	17.924	23.806	32,8%
Vidal Ramos	8.691	7.587	-12,7%
Insgesamt	533.733	683.566	28,1%

Quelle: IBGE (1982, S. 4-25; 1991, S. 25, 96-113) und SANTA CATARINA (1994a).

---

[1] Die Munizipien Apiúna und Doutor Pedrinho sind ehemalige Distrikte der Munizipien Indaial bzw. Benedito Novo, die 1988 ausgegliedert wurden. Für 1980 wird daher die Einwohnerzahl der ehemaligen Distrikte angegeben. Der geringe Bevölkerungszuwachs von Indaial (5,5%) bzw. der Bevölkerungsrückgang von Benedito Novo erklären sich ebenfalls aus diesen Ausgliederungen. Dies trifft auch auf das Munizip Ibirama zu, das durch die Ausgliederung der Distrikte José Boiteaux und Victor Meireles Bevölkerung verlor.

Abgesehen von den durch Gebietsabtretungen verursachten Bevölkerungsabnahmen in den Munizipien Benedito Novo und Ibirama, erlebten die Munizipien Presidente Nereu, Vidal Ramos, Apiúna, Massaranduba und Luiz Alves Einwohnerverluste. Außer Massaranduba handelt es sich dabei um Munizipien, die unter der 10.000-Einwohner-Grenze liegen. Die höchsten Wachstumsraten - über 30% zwischen 1980 und 1991 - ergaben sich für die Munizipien Navegantes, Brusque, Gaspar, Guabiruba, Itajaí, Blumenau, Timbó und Pomerode, die im Jahre 1991 mit Ausnahme von Guabiruba und Pomerode die 20.000-Einwohner-Grenze überschritten haben.

Tabelle 23
Bevölkerungskonzentration 1991
Vergleich zwischen Brasilien, Santa Catarina und Itajaítal

Bevölkerungsklasse	Munizipien	%	Bevölkerung	%
Brasilien				
bis 10.000 Einw.	1.789	40	10.252.421	7
10.000-20.000 Einw.	1.298	29	18.418.127	13
20.000-50.000 Einw.	929	21	28.115.218	19
über 50.000 Einw.	466	10	89.368.154	61
Insgesamt	4.491	100	146.154.502	100
Santa Catarina				
bis 10.000 Einw.	111	52	668.398	15
10.000-20.000 Einw.	56	25	786.703	17
20.000-50.000 Einw.	34	15	1.069.579	23
über 50.000 Einw.	16	8	2.041.751	45
Insgesamt	217	100	4.536.431	100
Itajaítal				
bis 10.000 Einw.	13	54	91.308	13
10.000-20.000 Einw.	3	13	43.712	7
20.000-50.000 Einw.	5	20	158.919	23
über 50.000 Einw.	3	13	389.627	57
Insgesamt	24	100	683.566	100

Quelle: Zusammengestellt nach SANTA CATARINA (1992, S. 14) und IBGE (1991, S. 25, 96-113).

Die Gesamtbevölkerung der untersuchten Region stieg zwischen 1980 und 1991 von 533.733 Einwohner (14,7% der Bevölkerung des Bundesstaates) auf 683.566 Einwohner und damit auf 15,05% der Bevölkerung Santa Catarinas (4.541.994) und 0,47% der Bevölkerung Brasiliens (146.154.502). Das durchschnittliche Bevölkerungswachstum zwischen 1980 und 1991 lag für die ganze Region bei 28,1%, für den Bundesstaat Santa Catarina bei 25,2%. Acht Munizipien der untersuchten Region wuchsen stärker als der regionale Durchschnitt, neun stärker als der bundesstaatliche Durchschnitt.

In diesem Zusammenhang ist es nützlich, einen Vergleich zwischen Munizipien unterschiedlicher Größe durchzuführen. Gliedert man die Munizipien in verschiedene Bevölkerungsklassen und betrachtet man die Zahl der Munizipien und die Größe der Bevölkerung je Bevölkerungsklasse, so zeigen sich erstaunliche Sachverhalte. In der untersuchten Region hatten, bezogen auf das Jahr 1991, 13 der 24 Munizipien weniger als 10.000 Einwohner und nur drei über 50.000 Einwohner, wobei jedoch die 13 kleinsten Munizipien etwas mehr als 90.000 Einwohner und die drei größten fast 490.000 Einwohner auf sich vereinten. In 54% der Munizipien wohnen also nur 13% der Bevölkerung; umgekehrt leben 57% der Bevölkerung in nur 13% der Munizipien. Diese hohe Bevölkerungskonzentration ähnelt eher dem brasilianischen Muster als dem Santa Catarinas. So leben 80% der Bevölkerung Brasiliens in 31% der größten Städte und 80% der Bevölkerung des Itajaítals in 33% der größten Städte.

Die Entwicklung des Verhältnisses zwischen ländlicher und städtischer Bevölkerung folgt ebenfalls dem brasilianischen Trend. Während 1980 noch 136.438 Einwohner auf dem Land lebten, wurden 1991 nur 127.051 gezählt. Im Jahr 1980 entsprach die ländliche Bevölkerung 25,6%, 1991 nur noch 18,6% der Gesamtbevölkerung.

Tabelle 24
Bevölkerungssituation in den Munizipien des Untersuchungsgebietes 1980-1991

Munizipien	1980		1991		1991	Zuwachs städtischer Bev.
	Städt. Bev.	Ländl. Bev.	Städt. Bev.	Ländl. Bev.	Städt. / Gesamtbev.	
Apiúna	1.640	6.870	2.739	4.992	35,4%	67,0%
Ascurra	3.736	1.678	4.638	1.524	75,3%	24,1%
Benedito Novo	3.767	6.945	3.673	4.712	43,8%	-2,5%
Blumenau	146.001	11.257	186.327	25.698	87,8%	27,6%
Botuverá	472	3.110	521	3.766	12,2%	10,4%
Brusque	37.923	3.301	53.488	4.483	92,3%	41,0%
Doutor Pedrinho	800	2.070	1.360	1.637	45,4%	70,0%
Gaspar	13.923	11.881	23.364	12.250	65,6%	70,2%
Guabiruba	4.239	2.909	5.841	4.064	59,0%	37,8%
Ibirama	8.230	15.292	9.657	4.116	70,1%	17,3%
Ilhota	1.406	6.645	5.504	3.944	58,3%	291,5%
Indaial	18.263	10.311	28.234	1.924	93,6%	54,6%
Itajaí	78.779	7.681	114.555	5.076	95,8%	45,4%
Lontras	3.789	3.535	4.417	3.161	58,3%	16,6%
Luiz Alves	1.037	5.442	1.575	4.865	24,5%	51,9%
Massaranduba	2.647	9.343	3.703	7.465	33,2%	39,9%
Navegantes	8.381	5.149	20.498	3.164	86,6%	144,6%
Pomerode	8.924	5.447	13.747	5.024	73,2%	54,0%
Presidente Nereu	646	2.542	776	1.999	28,0%	20,1%
Rio dos Cedros	1.884	6.584	2.504	6.138	29,0%	32,9%
Rio do Sul	33.362	2.878	42.766	2.913	93,6%	28,2%
Rodeio	4.643	3.334	6.056	3.315	64,6%	30,4%
Timbó	14.459	3.465	19.155	4.651	80,5%	32,5%
Vidal Ramos	982	7.709	1.417	6.170	18,7%	44,3%
Insgesamt	397.295	136.438	556.515	127.051	81,4%	40,1%

Quelle: Eigene Zusammenstellung und Berechnung nach IBGE (1982, S. 4-25; 1991, S. 25, 96-113) und SANTA CATARINA (1994a).

Damit liegt der Anteil der ländlichen Bevölkerung des Itajaítals deutlich unter den Vergleichswerten für den Bundesstaat Santa Catarina (1980: 40,6%; 1991: 29,4%). Die Situation in den einzelnen Munizipien ist in Tabelle 24 zusammengefaßt. Die Munizipien mit dem größten Anteil an ländlicher Bevölkerung im Jahre 1991 sind Botuverá und Vidal Ramos.

Für den Zweck der vorliegenden Arbeit ist jedoch die städtische Bevölkerung von größerem Interesse. Im Jahr 1980 entsprach die städtische Bevölkerung der Region schon 74,4% der Gesamtbevölkerung. Im Jahr 1991 stieg sie auf 81,4%. Tabelle 24 zeigt auch, welchen Anteil die städtische Bevölkerung in bezug auf die Gesamtbevölkerung einzelner Munizipien einnimmt: Nur sechs Munizipien haben eine städtische Bevölkerung, die über dem regionalen Durchschnitt liegt: Blumenau, Brusque, Indaial, Itajaí, Navegantes und Rio do Sul. Im Jahr 1991 lebten in Brusque, Indaial, Itajaí und Rio do Sul über 90% der Einwohner im städtischen Gebiet (in Botuverá und Vidal Ramos dagegen waren es weniger als 20%). Das Munizip Blumenau liegt im Jahr 1991 mit 87,8% unter dieser Grenze, obwohl im Jahr 1980 die städtische Bevölkerung Blumenaus bereits 92,8% betrug. In absoluten Zahlen besaß sowohl im Jahr 1980 als auch im Jahr 1991 Blumenau die größte städtische Bevölkerung der Region.

Tabelle 24 zeigt ebenfalls die Zuwachsraten der städtischen Bevölkerung einzelner Munizipien zwischen 1980 und 1991. In der Region ist die städtische Bevölkerung zwischen 1980 und 1991 um 40,1%, in Santa Catarina dagegen um 48,9% gestiegen. Mit Ausnahme von Benedito Novo ist die städtische Bevölkerung in der ganzen Region gestiegen. Die größten Zuwachsraten erfuhren Ilhota und Navegantes. Acht Munizipien wuchsen während dieser Zeit über dem bundesstaatlichen und elf über dem regionalen Durchschnitt.

Karte 3
Verteilung städtischer und ländlicher Bevölkerung im Itajaítal (1991)

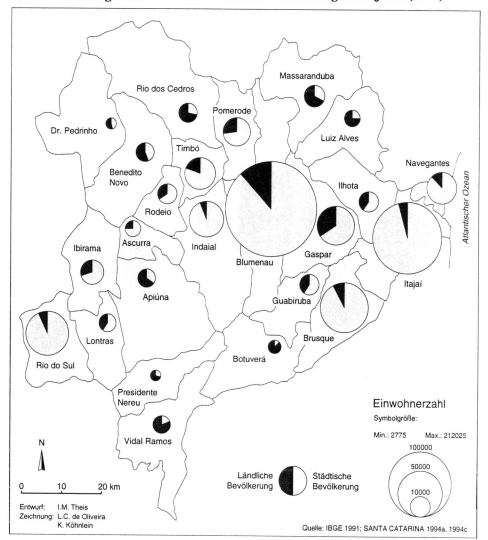

Auch die Bevölkerungsdichte in der Region weist auf eine Differenzierung in ländlich und städtisch geprägte Munizipien hin. Im Jahr 1991 betrug sie in Santa Catarina 47,6 Einwohner/km², in der Region durchschnittlich 95,7 Einwohner/km² (siehe Karte 4 und Tabelle im Anhang). Sie reicht von 8 Einwohnern/km² (Doutor Pedrinho) bis 415,7 Einwohner/km² (Blumenau).

**Karte 4
Bevölkerungsdichte in den Munizipien des Itajaítals (1991)**

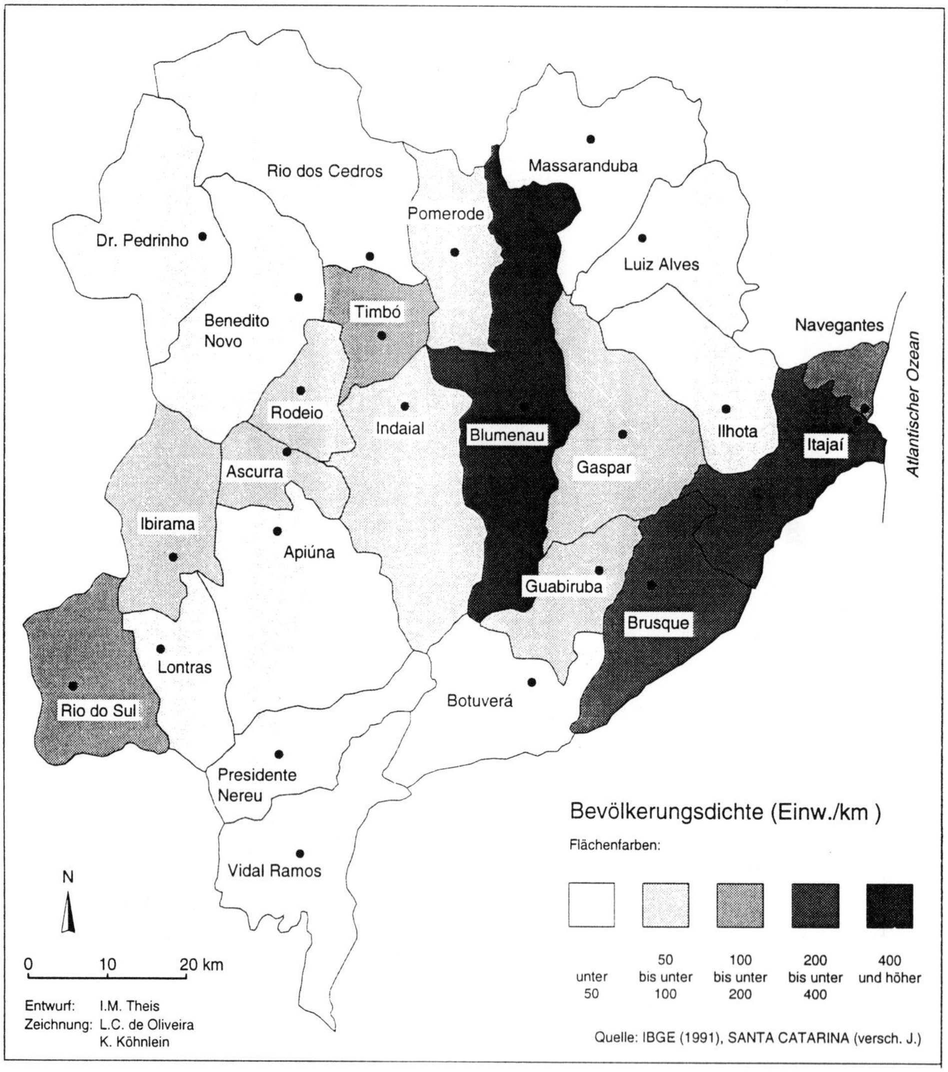

6.4 Einführende Bemerkungen zu den sozialräumlichen Unterschieden in der untersuchten Region

In einer Zeit industrieller Restrukturierung (*industrial restructuring*) sollte der Begriff Regionalentwicklung den Prozeß kapitalistischer Produktion erfassen und die räumliche Verteilung von Industrie, Arbeit und sozialen Klassen berücksichtigen. Regionalentwicklung kann sich somit auf industrielle und städtische Entwicklung beziehen, aber auch auf die Arbeitsverhältnisse und die Klassenbeziehungen (WARDE 1988). In diesem Zusammenhang sind die Unterschiede *innerhalb* einzelner Regionen, die zur ungleichen Entwicklung *zwischen* Regionen beitragen, von besonderer Bedeutung (LIPIETZ 1977). Interregionale Beziehungen und geographische Unterschiede zwischen Regionen sind die räumlichen Ausdrücke der Produktionsverhältnisse und Arbeitsteilungen sowohl innerhalb einer nationalen Gesellschaftsformation bzw. zwischen Regionen als auch innerhalb einer bestimmten Region (MASSEY 1984, S. 39).

An dieser Stelle interessieren die Unterschiede, die *innerhalb* der untersuchten Region bestehen, zu deren Erfassung einerseits die Qualifikation der existierenden Arbeitskräfte und andererseits die Zahl der Beschäftigten als Kriterien herangezogen werden können. Nach dem ersten Kriterium (Qualifikation der Arbeitskräfte) läßt sich eine nationale Gesellschaftsformation regional in drei Hauptkategorien gliedern (LIPIETZ 1977, S. 84):

(a) Regionen des ersten Typs mit hoher technologischer Dichte (*fort environnement technologique*);

(b) Regionen des zweiten Typs mit hoher Dichte an qualifizierten Arbeitskräften (*main-d'ouvre qualifiée*) und

(c) Regionen des dritten Typs mit einem Potential an nicht-qualifizierten Arbeitskräften (*réserves de main-d'ouvre non qualifiée*).

Nach dem zweiten Kriterium (Zahl der Beschäftigten) können die Industriezentren in Anlehnung an KOHLHEPP (1968, S. 315, Fußnote 2) in vier Kategorien gegliedert werden:

(a) *Große Industriemetropolen* mit über 150.000 Beschäftigten in der Industrie;

(b) *Große Industriezentren* mit 10.000 bis 150.000 Industriebeschäftigten;

(c) *Industrielle Mittelzentren* mit 4.000 bis 10.000 Industriebeschäftigten und

(d) *Industrielle Kleinzentren* mit bis 4.000 Industriebeschäftigten.

Die einfache Übertragung dieser Kriterien auf Munizipebene wäre ein Fehler, aber ihr Gebrauch als Parameter kann durchaus nützlich sein, um die Munizipien der untersuchten Region zu klassifizieren und entsprechende Zonen abzuleiten. Grundsätzlich und aufgrund verschiedener Kriterien sind nach POMPILIO (1987, S. 24) acht Regionalzentren in Santa Catarina zu differenzieren. Sie entsprechen den Munizipien Florianópolis, Joinville, Blumenau, Lages, Criciúma, Itajaí, Tubarão und Chapecó. Zwei dieser Zentren befinden sich in der untersuchten Region: Blumenau und Itajaí. Nach POMPILIO (1987, S. 27-28) übt das Regionalzentrum Blumenau Einfluß auf die Subzentren Brusque und Rio do Sul sowie auf das Regionalzentrum Itajaí aus. Wie in früheren Arbeiten (KOHLHEPP 1971, S. 16-18) bereits nachgewiesen wurde, heben sich historisch die Munizipien Blumenau, Brusque, Itajaí und Rio do Sul hervor.

Im Jahr 1990 können nur Blumenau und Brusque als *Zonen mit hohem Industriebesatz* mit über 10.000 Beschäftigten im industriellen Sektor bezeichnet werden. Gaspar, Indaial, Itajaí, Pomerode, Rio do Sul und Timbó dagegen gelten als industrielle Mittelzentren. In neun der 16 übrigen Munizipien liegt die städtische Bevölkerung unter 40% (Apiúna, Benedito Novo, Botuverá, Dr. Pedrinho, Luiz Alves, Massaranduba, Presidente Nereu, Rio dos Cedros und Vidal Ramos) und in fünf (Botuverá, Lontras, Luiz Alves, Presidente Nereu und Vidal Ramos) gibt es weniger als 1.000 Erwerbstätige im industriellen Sektor.

Faßt man diese beiden Indikatoren zusammen, so kommt man auf 12 Munizipien (Apiúna, Benedito Novo, Botuverá, Dr. Pedrinho, Ilhota, Lontras, Luiz Alves, Massaranduba, Navegantes, Presidente Nereu, Rio dos Cedros und Vidal Ramos), die tatsächlich *Zonen mit hohem Anteil an nicht qualifizierten Arbeitskräften* darstellen. Vier der ursprünglich 16 Munizipien (Ascurra, Guabiruba, Ibirama, und Rodeio) können noch als industrielle Kleinzentren bezeichnet werden.

Karte 5
Sozioökonomische Differenzierung des Itajaítals

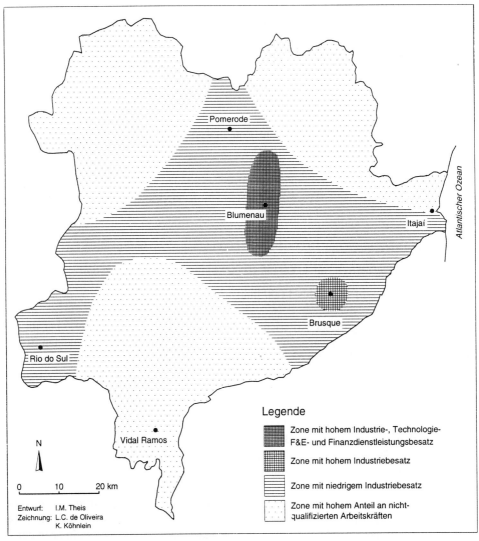

Eine Zone mit *niedrigem Industriebesatz* ergibt sich dabei aus den industriellen Mittel- und Kleinzentren (Ascurra, Gaspar, Guabiruba, Ibirama, Indaial, Itajaí, Pomerode, Rio do Sul, Rodeio und Timbó). Hervorzuheben ist die Tatsache, daß Blumenau als einziges Gebiet der Untersuchungsregion zu einer *Zone mit hohem Industrie- Technologie-, F&E- und Finanzdienstleistungsbesatz* zuzurechnen ist.

Trotz der erwähnten Vorbehalte sowie der Tatsache, daß obige Karte nur den gegenwärtigen Zustand des Prozesses kapitalistischer Produktion im Itajaítal widerspiegelt, kann dennoch ausgesagt werden, daß sich Industrie und Arbeit räumlich ungleich unter den 24 untersuchten Munizipien verteilen. Die Regionalentwicklung privilegierte die industrielle und städtische Entwicklung nur in der Hälfte der Region. Die Arbeitsverhältnisse und Klassenbeziehungen kommen deswegen auch deutlicher in den Munizipien Blumenau und Brusque - z.T. jedoch auch in Ascurra, Gaspar, Guabiruba, Ibirama, Indaial, Itajaí, Pomerode, Rio do Sul, Rodeio und Timbó - zum Ausdruck. Letztendlich entsprechen die geographischen Unterschiede zwischen den untersuchten Munizipien den Produktionsverhältnissen und Arbeitsteilungen innerhalb des Itajaítals.

* * * * *

In diesem Kapitel wurden die geographischen Merkmale der Untersuchungsregion skizziert. Es steht somit am Übergang von der im fünften Kapitel geleisteten Analyse der überregionalen Ebenen zur nun folgenden Analyse von Entwicklung und Energie auf regionaler Ebene und führt hin zum konkreten Raum des Itajaítals.

Es konnte gezeigt werden, daß die Region des Itajaítals sowohl in physisch- als auch anthropogeographischer Hinsicht keine homogene Einheit bildet, sondern Unterschiede aufweist, die auch bei der Analyse des Energiesystems eine wichtige Rolle spielen werden. Insbesondere die sozioökonomischen Verhältnisse weisen dabei eine hohe räumliche Disparität auf, die die unterschiedliche Partizipation der einzelnen Teilregionen und Munizipien am regionalen Energiesystem widerspiegelt.

7 REGIONALENTWICKLUNG UND ENERGIESYSTEM: FALLSTUDIE ZUR ENERGIEVERSORGUNG IM ITAJAÍTAL

Im vorliegenden Kapitel werden Entwicklung und Energie auf regionaler Ebene behandelt. Im Vordergrund stehen dabei die Wechselbeziehungen zwischen Regionalentwicklung und Energiesystem im Itajaítal.

Im ersten Teil werden zunächst die wichtigsten sozialen Akteure in der Untersuchungsregion (Industrieunternehmen, Munizipalverwaltungen und die in NRO organisierte Bevölkerung) empirisch erfaßt und vorgestellt. Im zweiten Unterkapitel wird die sozio-ökonomische Entwicklung des Itajaítals und seines Energiesystems aus historisch-genetischer Perspektive geschildert, bevor im dritten Teilkapitel die aktuelle Situation von Entwicklung und Energie auf der Basis der empirisch erhobenen Daten analysiert wird. Dabei stehen die Wechselbeziehungen zwischen den in der Untersuchungsregion dominierenden Entwicklungsprozessen und dem heutigen Energiesystem im Mittelpunkt, wobei der Bezug zur Bedeutung der Textilindustrie als wichtigster Branche der regionalen Industrie, zur Rolle des in der Region herrschenden sozialen Blocks und zur Entstehung *flexibler Akkumulationsstrukturen* im Itajaítal hergestellt wird. Diese Faktoren bilden den Hintergrund für die zu definierende *Krise des regionalen Energiesystems*.

7.1 Methodische Vorbemerkung: Zur empirischen Feststellung sozialer Akteure auf regionaler Ebene

Der Ausgangspunkt für die Analyse einer bestimmten Wirtschaftsstruktur liegt in der Erkenntnis ihrer gesellschaftlichen Rahmenbedingungen. Im vorliegenden Fall wird davon ausgegangen, daß in der regionalen Wirtschaftsstruktur des Itajaítals kapitalistische Produktionsverhältnisse vorherrschen, die einem entsprechenden gesellschaftlichen Prozeß unterliegen. Kapitalistische Produktionsverhältnisse können nur in einer kapitalistischen Gesellschaft stattfinden, deren breitere Formen, d. h. gesellschaftliche Rahmenbedingungen, sich um Klassenverhältnisse strukturieren:

> "Die Eigentümer von bloßer Arbeitskraft, die Eigentümer von Kapital und die Grundeigentümer, deren respektive Einkommensquellen Arbeitslohn, Profit und Grundrente sind, also Lohnarbeiter, Kapitalisten und Grundeigentümer, bilden die drei großen Klassen der modernen, auf der kapitalistischen Produktionsweise beruhenden Gesellschaft" (MARX 1988, S. 892).

Die Reduzierung einer Gesellschaft auf zwei oder drei Klassen ist dabei zweifellos eine grobe Vereinfachung der tatsächlichen Verhältnisse: "Within each country things are more complex than a simple confrontation between capital and labour. There are [...] considerable variations within each of the two major classes. Intra-class and non-class division and conflict is important" (MASSEY 1984, S. 16). Auch wenn *Bourgeoisie* und *Arbeiterklasse* die wesentlichen Gesellschaftsgruppen einer kapitalistischen Gesellschaftsformation darstellen, ist diese längst nicht so einfach zu definieren: Erstens ist keine der beiden sozialen Klassen in sich homogen, zweitens können auch noch andere soziale Gruppen, wie zum Beispiel die *petite-bourgeoisie*, eine wichtige Rolle spielen und drittens wies gerade die jüngste sozialwissenschaftliche

Forschung darauf hin, daß sich zwischen Basis und Überbau eine Vielzahl neuer sozialer Akteure geschoben hat, wie zum Beispiel soziale Bewegungen und NRO (vgl. hierzu WILDE 1990).

Unter den in der nach-fordistischen Gesellschaftskonstellation existierenden sozialen Akteuren spielen das private Kapital, der Staat und die organisierten Teile der Gesellschaft eine bedeutende politische Rolle. Dies gilt sowohl auf den wichtigsten überregionalen (internationalen, nationalen und bundesstaatlichen) Ebenen, wie im fünften Kapitel gezeigt werden konnte, als auch auf regionaler Ebene. In der Untersuchungsregion lassen sich dabei drei Gruppen als wichtigste gesellschaftliche Kräfte und Träger der Regionalentwicklung differenzieren: die Industrieunternehmer, die einzelnen Munizipalverwaltungen und die organisierten Teile der regionalen Bevölkerung. Jede dieser Gruppen wurde in getrennten Befragungen empirisch erfaßt.

Die **Industrie** spielt in der sozio-ökonomischen Entwicklung des Itajaítals eine herausragende Rolle (vgl. auch Kap. 7.2.1). Ziel der empirischen Untersuchungen war es, die Rolle der Industrieunternehmer im Entwicklungsprozeß der Region möglichst exakt zu bestimmen, indem die Analyse auf der Ebene einzelner Industriebetriebe durchgeführt wurde. Jeder einzelne dieser Betriebe bildet dabei "ein vielseitiges Glied eines differenzierten Netzes industriewirtschaftlicher Beziehungen, das in seiner Gesamtheit die Industriestruktur des von ihm überspannten Gebietes offenbart" (KOHLHEPP 1968, S. 126). Angestrebt wurde daher, alle Industrieunternehmen mit über 100 Beschäftigten (Großbetriebe nach BRÜCHER 1982, S. 30) und Sitz im Itajaítal in die Befragung einzubeziehen. Der Rücklauf der insgesamt 43 an die Betriebe versandten Fragebögen war jedoch äußerst gering, so daß nur fünf Fragebögen ausgewertet werden konnten, was die Repräsentativität der Ergebnisse erheblich schmälert (die Tabelle 25 zeigt eine Zusammenstellung aller befragten Industriebetriebe)[1].

Tabelle 25
Charakteristika der befragten Industriebetriebe

Industriebetrieb [a]	Gründung	Sitz	Beschäftigte
Cia. Souza Cruz	1946	Blumenau	414 [b]
Cia Schlösser	Januar 1911	Brusque	1.300
Electro-Aço Altona	März 1924	Blumenau	688
Walter Müller	Juni 1949	Timbó	442
Metisa	Januar 1942	Timbó	940

Quelle: Befragung der Industriebetriebe.
(a) Eine Liste aller 43 kontaktierten Betriebe befindet sich im Anhang.
(b) plus ca. 950 temporär Beschäftigte (*trabalho temporário*)

---

1   Die Auswahl der Betriebe basierte auf folgenden Grundlagen: (a) Bericht *As 500 maiores do Brasil* (FGV 1994), (b) Bericht über die größten brasilianischen Industriebetriebe (GAZETA MERCANTIL 1994a),(c) Publikation über die Industriebetriebe Santa Catarinas (FIESC 1992). Die Fragebögen wurden zunächst per Post an die Betriebe versandt. Trotz mehrfacher Rücksprachen erklärten sich nur zehn Betriebe zur Beantwortung bereit.

Neben den Industrieunternehmern ist der *Staat im allgemeinen* einer der wichtigsten Akteure im Entwicklungsprozeß. Dies ergibt sich daraus, daß der Staat die Organisationsform ist, "welche sich die Bourgeois sowohl nach Außen als nach Innen hin zur gegenseitigen Garantie [...] ihrer Interessen notwendig geben" (MARX & ENGELS 1990, S. 62). An dieser Stelle interessiert nicht der Staat im allgemeinen, sondern der *Staat auf lokaler Ebene*, der in Brasilien vor allem durch die **Präfekturen** repräsentiert wird. Für die vorliegende Arbeit wurde daher eine Befragung in allen Präfekturen der 24 untersuchten Munizipien durchgeführt[1].

Betrachtet man die Rolle der Präfekturen, so können sie als Machtausdruck des kapitalistischen Staates (BRÜHL 1992, KRÄTKE & SCHMOLL 1987) bzw. als *lokale Macht* gesehen werden, deren Handlungsspielraum in Brasilien lange Zeit stark eingeengt war zwischen den explosiv wachsenden Bedürfnissen der Munizipen[2] auf der einen und der Untätigkeit der Landes- und Bundesregierungen auf der anderen Seite (DOWBOR 1992, S. 15). Erst seit Mitte der 70er Jahre sind tiefgreifende Veränderungen in der Praxis lokaler Verwaltungen zu beobachten, die sich in den 80er Jahren vor allem in zwei Punkten noch weiter intensiviert haben: in der Demokratisierung der Beziehungen zwischen Regierung und Gesellschaft und in der Wirksamkeit des Staates selbst (JACOBI 1990, MOURA & PINHO 1993). Dieser Transformationsprozeß erreichte seinen Höhepunkt 1988 mit der Verabschiedung der neuen brasilianischen Verfassung (GONÇALVES 1991). BRÜHL (1992, S. 41) wies darauf hin, daß der Sinn der Änderungen, die sich durch die neue verfassungsrechtliche Stellung der Munizipien im brasilianischen Staatswesen abspielten, darin besteht, "mit der Neuorganisation der staatlichen Macht ein Fundament für eine tiefgreifende Demokratisierung der brasilianischen Gesellschaft zu legen". Daß die neugewonnene Stellung der Munizipien einen enormen Fortschritt bei der Demokratisierung der brasilianischen Gesellschaft bedeutet, läßt sich durch die Dezentralisierungsprozesse beweisen, die durch die Bundesverfassung bzw. die Landes- und Gemeindeverfassungen (*leis orgânicas*) eingeleitet wurden und an deren Ende heutzutage eine (relative) Autonomie der brasilianischen Munizipien steht (vgl. BRÜHL 1992, JACOBI 1991).

In Brasilien eröffneten sich also wichtige Möglichkeiten, im lokalen Raum zu ökonomischer Rationalisierung, zu politischer Demokratisierung und zu sozialer Gerechtigkeit zu gelangen (DOWBOR 1992, S. 15), wobei die Munizipalverwaltungen sowohl in ökonomischer, politischer und sozialer Hinsicht als auch in bezug auf die Umweltprobleme[3] zunehmend eine wichtige Rolle spielen. In den 80er Jahren fiel der Umweltschutz schrittweise in den Zuständig-

---

1 In den Munizipien fanden während des Forschungsaufenthaltes intensive Kontakte mit Angehörigen der Munizipalverwaltungen und Bürgermeistern statt. Beim ersten Besuch im Rathaus wurde jeweils ein Fragebogen abgegeben, der nach zwei bis vier Wochen ausgefüllt zurückgeschickt wurde. So konnten alle 24 Munizipien erfaßt werden.

2 "Administrativ und politisch repräsentieren die Munizipien die untere Ebene des brasilianischen Staatswesens. Ein Munizip besteht in der Regel aus einem zentralen Ort oder einer Stadt und dem mitverwalteten Umland, das zusätzlich in sogenannte Distrikte aufgeteilt ist" (BRÜHL 1992, S. 41; siehe hierzu auch FISCHER 1992).

3 "Umweltprobleme - sei es nun die Abfallproblematik, die zunehmende Bodenversiegelung oder der Verkehrslärm - finden stets ihren konkreten Niederschlag auf der kommunalen Ebene, wenngleich diese örtliche Wahrnehmbarkeit und Existenz nicht immer zugleich eine örtliche Zuständigkeit für die Problembearbeitung bedeutet" (BAUMHEIER 1990, S. 242; siehe auch JUCHEM 1992).

keitsbereich der Präfekturen, bis er 1988 auch in der Bundesverfassung verankert wurde (JUCHEM 1992, SILVA 1992).

Während auf lokaler Ebene die großen Probleme der Länder der Dritten Welt am massivsten in Erscheinung treten, bietet sich gerade auf der Ebene der lokalen Verwaltungen die Chance zur Beteiligung der Bürger und zur Demokratisierung dieser Länder (DOWBOR 1992, JACOBI 1991). Die Bürgerbeteiligung in den brasilianischen Munizipien setzt natürlich auch ein neues Verständnis des städtischen Raumes als Raum der Bürgerbeteiligung und des Demokratisierungspotentials aber auch der Konflikte zwischen sozialen Klassen und Gruppen voraus, in dem die erwähnten neuen sozialen Akteure zuehmend an Bedeutung gewinnen (BITOUN 1993). Diese setzen sich vor allem aus sozialen Bewegungen und NRO zusammen und bilden die organisierten Teile der Gesellschaft, die in Lateinamerika mit dem (in Brasilien üblichen) Begriff der *sociedade civil* beschrieben werden können. Der Begriff *sociedade civil* ist nur schwer mit dem deutschen Begriff *Zivilgesellschaft* vergleichbar. Besser läßt er sich vielleicht mit dem Begriff *bürgerliche Gesellschaft* (von lat. *civilis,* bürgerlich) als der wahre Herd und Schauplatz aller Geschichte (MARX 1990, S. 36) umschreiben. Eine Verfeinerung erfuhr die Definition der *bürgerlichen Gesellschaft* durch A. Gramsci vor allem hinsichtlich einzelner Akteure, die in einer kapitalistischen Gesellschaftsformation eine wichtige Rolle spielen. So geht GRAMSCI (1980, S. 228) davon aus, daß sich

> "zwei große *Ebenen* als Überbau festlegen [lassen]; diejenige, die man Ebene der *bürgerlichen Gesellschaft* nennen kann, umfaßt die Gesamtheit der Individuen, insofern sie umgangssprachlich *privat* genannt werden, die zweite Ebene ist die der *politischen Gesellschaft* oder des Staates. Von diesen Ebenen entspricht die eine der Funktion der *Hegemonie*, die die herrschende Gruppe in der gesamten Gesellschaft ausübt, die andere der Funktion der *direkten Herrschaft* oder der Befehlsgewalt, die ihren Ausdruck im Staat und in der *gesetzlichen* Regierung findet".

Im Wortschatz lateinamerikanischer Sozial-Aktivisten wurde der Begriff *sociedade civil* Ende der 70er Jahre eingeführt. Darunter werden die Verhältnisse verstanden, welche Individuen und soziale Klassen und Gruppen (die Arbeiterklasse, die neuen sozialen Bewegungen, NRO usw.) unter Berücksichtigung entsprechender Rechte eingehen (FERNANDES 1994, S. 87-88). Somit wird unter bürgerlicher Gesellschaft ein vom Staat unabhängiges Netzwerk selbständiger Bewegungen, Organisationen und Vereinigungen verstanden, die die Bürgern um gemeinsame Interessen versammeln (COSTA 1994, S. 49). Politisch betrachtet stellt die bürgerliche Gesellschaft eine Sphäre dar, die sich jenseits des kapitalistischen Marktes sowie des Staates befindet, sich also weder mit dem Markt noch mit dem Staat verwechseln läßt (SCHIOCHET 1994, S. 59). Während in Brasilien in den 60er Jahren die *Entwicklungswege* und in den 70er Jahren die *Engpässe* von Entwicklungsprozessen im Vordergrund standen, so drehten sich die sozialwissenschaftlichen Diskussionen der 80er Jahre um die sogenannte *sociedade civil*. Damit stieg das Interesse an sozialen Bewegungen, Organisationen und Vereinigungen erheblich und trug die Debatte weit über soziale Klassen, Parteien, Gewerkschaften, Staatsapparat und Planung hinaus (SOUZA 1987). Der Eindruck, soziale Bewegungen gäbe es erst seit den 80er Jahren, wäre falsch. Vielmehr ist zwischen *alten* und *neuen* sozialen Bewegungen zu unterscheiden. Während die Arbeiterbewegung als die eigentliche soziale Bewegung der fordistischen Phase der kapitalistischen Entwicklung entsprach und somit heute als *alte* soziale

Bewegung bezeichnet wird, sind es vor allem neue soziale Bewegungen (Studentenbewegung, Ökologiebewegung, Alternativbewegung, Frauenbewegung, Friedensbewegung usw.)[1], die zunehmend auf öffentliches Interesse stoßen.

Diese neuen sozialen Bewegungen, wie zum Beispiel die sogenannten *grassroots ecology movements*, entstanden in den 70er Jahren[2]. Obwohl sie zunächst einen vorwiegend lokalen Charakter hatten (SHIVA 1986), gewannen sie im Laufe der Zeit auch eine globale Bedeutung (FALK 1987). Indem sie das Verhältnis zwischen *bürgerlicher Gesellschaft* und lokalem Staat (kommunaler Verwaltung) änderten (JACOBI 1988), trugen sie auch zur Demokratisierung vieler Länder bei (MELUCCI 1992), so auch in Brasilien (vgl. KRISCHKE 1990). Dabei gibt es zwischen den einzelnen sozialen Bewegungen natürlich große Unterschiede. So sind es zum Beispiel "in Lateinamerika die Unterschichten, junge und alte Menschen, die die Stärke der Bewegungen ausmachen und materielle Forderungen nach einem Mehr an ökonomischer Mitbeteiligung stellen"[3].

Innerhalb der bürgerlichen Gesellschaft (im Sinne von *sociedade civil*) spielen in vielerlei Hinsicht die sogenannten **Nicht-Regierungsorganisationen** (NRO) eine zwar wichtige, jedoch nicht einfach zu definierende Rolle. Daher soll zunächst kurz auf einige ihrer Spezifika eingegangen werden. Allen NRO gemeinsam ist die Tatsache, daß es sich um private Institutionen handelt, die keine Gewinne anstreben und sich öffentlichen Aufgaben verpflichtet fühlen (FERNANDES 1994, S. 65). Obwohl sie formell als Institutionen gelten, sind die NRO hauptsächlich *Initiativen* und *Agenten*, die ihre Tätigkeiten der Basis der Gesellschaft (deswegen auch *Basisorganisationen* genannt) widmen, mit dem Ziel, gesellschaftlichen Änderungen den Weg zu bereiten (HENDERSON 1993; LANDIM 1991, 1993).

In den letzten zwei Jahrzehnten nahm die Zahl der NRO beträchtlich zu. Den Hauptgrund für den starke Zuwachs an NRO sehen viele darin, daß sie gegenüber rein privaten oder öffentlichen Organisationen erhebliche Vorteile bei der Entwicklungszusammenarbeit bieten (WEGNER 1993). Die internationale Literatur über NRO[4] gliedert diese je nach Aufgabenbereich in 17 thematische Kategorien, die von Indianerfragen über Kriminalität und Frauenfragen bis hin zu Menschenrechten und Kommunikationsproblemen reichen. Die sogenannten Ökologie-NRO

---

1 Vgl. HUBER (1988, S. 424). Nach FRANK & FUENTES (1989) könnte eigentlich nur die Ökologiebewegung - neben der Friedensbewegung - als legitime neue soziale Bewegung definiert werden, insofern als sich nur diese auf neue Probleme der jüngsten Entwicklungen des Weltkapitalismus bezieht. Der Unterschied zwischen *alten* (z.B. Arbeiterbewegung) und *neuen* sozialen Bewegungen wird in MEYER & MÜLLER (1989) behandelt. Siehe hierzu auch HABERMAS (1981), der wahrscheinlich einer der ersten war, der sich den neuen sozialen Bewegungen widmete.

2 Siehe zu den historischen Ursprüngen der *new social movements* WATERMAN (1993).

3 ROTT (1992, S. 455); dies gilt auch für Brasilien, für das RIBEIRO (1991) eine Bilanz der sozialen Bewegungen vorgelegt hat.

4 Einen sehr interessanten Überblick über die NRO-Bewegung auf internationaler Ebene geben EKINS (1992) und WALK & BRUNNENGRÄBER (1995). Das Thema "Rolle und Bedeutung der NRO in Energieangelegenheiten" wird in der Studie von WENNER (1990) behandelt, die sich jedoch nicht nur auf NRO bezieht, sondern auf sämtliche *U.S. energy and environmental interest groups*, darunter natürlich auch öffentliche Institutionen.

(*entidades ecológicas*) oder Umwelt-NRO (*entidades ambientalistas*) spielen in diesem Kontext zunehmend eine wichtige Rolle (FERNANDES 1994, S. 70-74).

In den 60er Jahren eher als *local community organizations* bekannt, wurden die NRO in Lateinamerika bereits in den 70er Jahren zu einer wichtigen Erscheinung (FERNANDES 1994, JATOBÁ 1987). In Brasilien kann man sogar schon seit Ende der 60er Jahre von NRO sprechen (LANDIM 1991). Die Entstehung der brasilianischen NRO hängt dabei eng mit der autoritären Staatsführung unter der Militärregierung zusammen und weist auf die zu jener Zeit radikal demokratische Neigung der NRO zur bürgerlichen Gesellschaft hin. In den letzten Jahren befassen sich die brasilianischen NRO vorwiegend mit den Anliegen der schwarzen und indigenen Bevölkerung, mit der Frauenfrage und natürlich mit Umweltproblemen[1]. Gerade die brasilianischen Ökologie-NRO zeichnen sich jedoch durch einen hohen Grad an Informalität, Freiwilligkeit und Fragmentierung sowie ein sehr heterogenes Aufgabenspektrum aus, das Themen wie Umweltschutz, angepaßte Technologie, Kampf gegen große Staudämme und Schutz der indigenen Bevölkerung umfaßt (LANDIM 1991).

Einen wichtigen Impuls erlebte die brasilianische NGO-Bewegung anläßlich der Vorbereitung des Erdgipfels in Rio de Janeiro, als zum ersten Mal mehrere hundert NRO unterschiedlicher Ausrichtungen und Zielsetzungen zusammentraten. Höhepunkt war dabei das *NGOs International Forum* im Juni 1992, an dem sich circa 1.200 brasilianischen NRO beteiligten[2].

Um die Situation der NGO in Santa Catarina zu kennzeichnen wurde auch hier versucht, eine möglichst repräsentative Auswahl zu treffen. Dabei wurden, vergleichbar mit der Auswahl der Industriebetriebe, Institutionen ausgewählt, die entweder im Itajaítal aktiv sind oder sich vorwiegend mit Problemen der Region befassen. Außerdem wurden NRO in Betracht gezogen, die sich mit sozialen Fragen, mit Energieangelegenheiten oder Umweltproblemen auseinandersetzen (Tabelle 26 zeigt eine Zusammenstellung aller befragten NRO)[3].

---

1 Über das gegenwärtige Profil der brasilianischen NRO siehe FERNANDES & CARNEIRO (1992) und LANDIM (1991).

2 Vgl. FORUM DE ONGs BRASILEIRAS (1992); zum Vergleich: aus 108 verschiedenen Ländern waren etwa 1.300 NRO vertreten; siehe hierzu FORUM INTERNACIONAL DE ONGs et al. (1992).

3 Bei der Auswahl der zu befragenden NGOs konnte auf folgende Informationsquellen zurückgegriffen werden: (a) NRO-Datenbank des IBASE, Rio de Janeiro, mit Informationen über alle aktiven brasilianischen NRO, (b) Liste von catarinenser NRO aus der Datenbank des CECA (Centro Ecumênico de Capacitação e Assessoria), Florianópolis, (c) Zwei von IBAMA (1991, 1994) veröffentlichte Listen brasilianischer Ökologie-NRO (*entidades ecológicas*). Eine erste Auswertung dieser Materialien ergab 29 unterschiedliche NRO, die die genannten Kriterien erfüllten. Nach einer ersten Kontaktaufnahme reduzierte sich deren Zahl auf 23, an die ein Fragebogen versandt wurde, der von insgesamt 10 NRO beantwortet wurde.

Tabelle 26
Charakteristika der befragten NRO

NRO [a]	Gründung	Sitz	Mitgliederzahl	Tätigkeitsgebiet
AEASC	Apr. 1960	Rio do Sul	40	Alto Vale do Itajaí
CPT-SC	Okt. 1977	Florianópolis	650	Santa Catarina
Fund. Água Viva	Juni 1990	Blumenau	30	Santa Catarina
Acaprena	Mai 1973	Blumenau	561	Santa Catarina
Apremavi	Juli 1987	Rio do Sul	300	Alto Vale do Itajaí
SOS-Itajaí Mirim	Sep. 1988	Brusque	42	Vale do Itajaí
STEVI	Sep. 1957	Blumenau	1.240	Vale do Itajaí
STIFTB	Mai 1941	Blumenau	ca. 30.000	Médio Vale do Itajaí
STR	Jan. 1971	Benedito Novo	1.300	Benedito Novo
MR	Sep. 1992	Navegantes	10	Baixo Vale do Itajaí

Quelle: Befragungen der NRO.

(a) Eine Liste aller 23 kontaktierten NRO befindet sich im Anhang.

Zwei Drittel der befragten NRO sind bereits vor 1980 entstanden. Bei den später gegründeten vier NRO handelt es sich ausschließlich um Ökologie-NRO. Die älteste der Ökologie-NRO wurde in den 70er Jahren gegründet[1]. Nur eine der NRO hat ihren Sitz außerhalb des Untersuchungsgebiets in Florianópolis, der Hauptstadt des Bundesstaates. Von den übrigen haben vier ihren Sitz in Blumenau, zwei in Rio do Sul, die restlichen verteilen sich auf andere Munizipien. Es handelt sich überwiegend um zahlenmäßig kleine NRO. Fast die Hälfte zählt weniger als 50 Mitglieder, nur zwei über 1.000. Bei der mitgliederstärksten NGO (etwa 30.000 Mitglieder) handelt es sich um eine Gewerkschaft. Die geographischen Wirkungsbereiche einzelner NRO sind sehr unterschiedlich. Sie reichen von der Munizipebene (1) über die subregionale Ebene (4) bis hin zum gesamten Itajaítal (2). Drei NRO entwickeln Tätigkeiten auch über das Itajaítal hinaus in anderen Regionen Santa Catarinas. Innerhalb der Untersuchungsregion ist die Umweltbewegung am aktivsten in den Munizipien Blumenau, Brusque und Rio do Sul (mündliche Information, Frau M.P., APREMAVI, Rio do Sul, 30.1.1995).

---

1 Wenn auch die Gründung neuer NRO nach dem Umweltgipfel nicht zunahm, so trug Rio'92 doch zu einer Konsolidierung der im Itajaítal existierenden NRO bei (mündliche Information von Frau M. P., APREMAVI, Rio do Sul, 30.1.1995).

Von den zehn befragten NRO bezeichneten sich fünf selbst als Ökologie-NRO (oder Ökologiebewegung) und vier als soziale Bewegung (*movimento popular*). Eine NRO bildet einen Sonderfall, da sie sich auf technische Schulungs- und Aufbaukurse spezialisiert hat. Betrachtet man den erweiterten Wirkungsbereich der befragten NRO, so fällt auf, daß sich zwar fast alle auch als soziale Bewegung bezeichnen, sie sich jedoch vorwiegend mit Problemen im Umweltbereich befassen, wie Entwaldung und Umweltverschmutzung. Unter den zur Zeit der Befragung durchgeführten Projekten standen politische Bildung, Umwelterziehung, Schutz von Wäldern und Projekte im landwirtschaftlichen Bereich im Vordergrund. Die Handlungsstrategien der NRO zur Durch- und Umsetzung ihrer Ziele umfassen vor allem Erziehungsprogramme und Veranstaltungen sowie die Veröffentlichung und Verbreitung von Informationsmaterial. Die Kooperationsbereitschaft der NRO scheint recht hoch zu sein: 80% antworten positiv auf die Frage, ob es eine Zusammenarbeit mit anderen Organisationen gebe. Dabei steht die Kooperation mit anderen NRO im Vordergrund (66,7%), gefolgt von der mit staatlichen Behörden (25%) und privaten Organisationen. Fast alle NRO finanzieren ihre Tätigkeiten nach eigenen Angaben durch regelmäßige Beiträge der Mitglieder. Als weitere wichtige Finanzierungsquellen werden noch ausländische Mittel (projektgebunden), Spenden von Dritten und spezifische Projektmittel genannt.

7.2 Entwicklung und Energie im Itajaítal: Kurze historische Einführung

7.2.1 Sozioökonomische Entwicklung und die Rolle der Industrie im Itajaítal

Die bereits in Kapitel 5.3.1 vorgestellte Periodisierung der sozioökonomischen Entwicklung in Santa Catarina aus regulationistischer Perspektive läßt sich aus mehreren Gründen auch auf das Itajaítal übertragen: Zum einen ist die Wirtschaftsstruktur des Itajaítals eng verknüpft mit der des Bundesstaates und von dessen Entwicklungsrhythmus abhängig, zum anderen gehen von der Region selbst wichtige Impulse für die *economia catarinense* aus. Im folgenden werden die Frühphasen der sozioökonomischen Entwicklung der Untersuchungsregion bis zum Ende der 70er Jahre[1] berücksichtigt.

(a) Die Vorindustrialisierungsphase

1850 ist das Geburtsjahr der bekannten deutschen Kolonie Blumenau im Unteren Itajaítal, die auf die Gründungsinitiative eines Privatmanns zurückgeht: Der Braunschweiger Apotheker und Chemiker Dr. Hermann Blumenau[2] und 17 weitere Siedler, die wie die später nachfolgenden aus Pommern, Holstein, Braunschweig und Sachsen stammten, gründeten die Siedlung etwa 65 km von der Küste entfernt an der Stelle, an der sich das Tal stark verengt und der schiffbare Abschnitt des Rio Itajaí Açu endet. Die frühe Entwicklung litt unter Kapitalmangel, und erst als Dr. Blumenau 1860 seine Eigentumsrechte der nationalen Regierung überschrieb, blühte die

---

1 Die Entwicklungsphasen ab 1980 werden in Kapitel 7.3.1. behandelt.

2 Zum charismatischen Begründer der Kolonie, Dr. Hermann Otto Bruno Blumenau, siehe KIEFER (1992).

Kolonie auf und dehnte sich die Besiedlung flußaufwärts entlang der linken Zuflüsse des Itajaí aus[1]. Im Jahr 1874 zählte Blumenau 7.000 Bewohner, die zunächst alle deutscher Herkunft waren, bevor später auch Italiener und Polen einwanderten und sich an den Rändern des deutschen Siedlungsgebietes niederließen. Die Zahl der Kolonisten wuchs bis 1882 auf 16.000 (71% Deutsche, 18% Italiener, Rest vorwiegend Lusobrasilianer)[2].

Eine wichtige Voraussetzung für die Industrialisierung Blumenaus war die Neuordnung der Arbeitsverhältnisse. Bis ins Ende der 80er Jahre des letzten Jahrhunderts hinein handelte es sich bei den brasilianischen Arbeitskräften der Kolonie noch vorwiegend um Sklaven. Niedrigere Arbeitsproduktivität und fehlende Kaufkraft unter der Bevölkerung waren die Folge. Im Zuge der deutschen Kolonisation wurden nach und nach neue Arbeitsbedingungen eingeführt. Zwar gab es auch unter den europäischen Einwanderern unqualifizierte, nicht-spezialisierte Arbeitskräfte, diese waren aber vorwiegend im landwirtschaftlichen Bereich tätig (MAMIGONIAN 1965, S. 395-398, 411). Die Mehrzahl der deutschen und italienischen Arbeitskräfte waren in unterschiedlichen Berufen gut ausgebildete Arbeiter. Neben der Verfügbarkeit qualifizierter Arbeitskräfte bildeten auch die akkumulierten Überschüsse aus den traditionellen Tätigkeiten in Landwirtschaft, Handel und Handwerk eine wichtige Voraussetzung für die rasche Industrialisierung Blumenaus[3]. Somit verdankt die Industrialisierung Blumenaus ihren Ursprung einerseits der Verfügbarkeit *lokalen* Kapitals, andererseits aber auch der sozialen Arbeitsteilung, durch die sich schnell ein Markt für die in der Region hergestellten Produkte herausbilden konnte. Wichtiger als lokale und regionale Märkte war aber weiterhin der Export agrarischer Produkte, der die Wirtschaftsstruktur des Itajaítals so stark dominierte, daß man Ende des 19. Jahrhunderts noch von einer typischen Rohstoffexportwirtschaft sprechen kann (MAMIGONIAN 1965, SINGER 1974).

(b)   Entstehung und Aufbau der Industrie von 1880 bis 1914

Die Siedlungen Blumenau und Brusque wurden 1880 bzw. 1881 zu Munizipien, doch erst gegen Ende der 90er Jahre ging der Siedlungsausbau weiter[4]. Ein wichtiger Impuls ging dabei vom Bau der Eisenbahn EFSC (*Estrada de Ferro Santa Catarina*) aus, die das regionale Bindeglied zwischen Blumenau, Ibirama, Itajaí an der Küste sowie Trombudo Central im

---

1   Vgl. KOHLHEPP (1966, S. 226) und WAIBEL (1984a, S. 44); zur Gründung und Kolonisation Blumenaus bzw. des Itajaítals siehe auch CABRAL (1994, S. 213-226), PELUSO Jr. (1991, S. 261 ff.), PIAZZA (1994, S. 123-132), SINGER (1974, S. 94 ff.) und SILVA (1988).

2   Vgl. WAIBEL (1984, S. 44); zur deutschen Einwanderung im Itajaítal in der zweiten Hälfte des 19. Jahrhunderts siehe auch KOHLHEPP (1968), SEYFERTH (1994), SILVA (1988) und SINGER (1974); einen interessanten Eindruck von den ersten Jahren der Kolonie Blumenau vermittelt der Reisebericht des Johann Jakob von TSCHUDI (1988, S. 43 ff.).

3   Nach MAMIGONIAN (1965, S. 404) waren die Industrieunternehmer Blumenaus meistens Kapitalisten ohne Kapital!

4   Zu Kolonisation, Besiedlung und weiterer Entwicklung des Itajaítals siehe WAIBEL (1984) und PIAZZA (1994).

Oberen Itajaítal bildete und nicht nur die Besiedlung der Region beschleunigte, sondern auch zur Ausweitung der ökonomischen Aktivitäten im Itajaítal führte[1].

In den 80er Jahren des vorigen Jahrhunderts setzte im Munizip und Region Blumenau ein anhaltender Industrialisierungsprozeß ein[2], der sich entscheidend auf die eingewanderten Arbeitskräfte stützte (LAGO 1968). Weitere begünstigende Faktoren waren die bereits erwähnte finanzielle Autonomie, die Koexistenz kleinerer und später auch mittlerer Industriebetriebe und die Vielfalt der industriellen Produktion, trotz einer starken Dominanz der Nahrungsmittelindustrie bis Anfang dieses Jahrhunderts und später der Textilindustrie (MAMIGONIAN 1965, S. 477; siehe auch KOHLHEPP 1969, S. 31). Diese seither andauernde Dominanz der Textilbranche ist eigentlich eine natürliche Folge des Industrialisierungsprozesses in der Region: Wichtige Produktionseinheiten im Textilbereich, wie zum Beispiel Hering (1880), Karsten (1882) und Garcia (1885), wurden schon in den 80er Jahren des letzten Jahrhunderts gegründet[3].

Wenn die Tatsache, daß sich die Industrie in der Region entscheidend auf der vorhandenen Arbeitskraft entwickeln konnte, historisch nachvollziehbar ist, dann nur deshalb, weil diese Entwicklung auf einem Ausbeutungsprozeß basierte. Mit anderen Worten: Zu dieser Zeit beschleunigte sich die Kapitalakkumulation, weil die Ausbeutung der ersten eingewanderten Arbeitskräfte dramatisch hoch war. Die Chance zur Industrialisierung und zur späteren Eingliederung der regionalen Ökonomie in den nationalen Binnenmarkt ergab sich aus dem Vorhandensein qualifizierter Arbeitskräfte, die dem lokalen Kapital für billige Löhne zur Verfügung standen (VIDOR 1995, S. 210).

(c)   Aufstieg traditioneller Industriebranchen von 1914 bis 1945

In den 20er Jahren drang die Besiedlung rasch in die Täler des Itajaí do Sul und Itajaí do Oeste vor. Dort arbeiteten viele kleinere Privatgesellschaften, die ihr Land an alte deutsche und italienische Kolonisten und an Neuankömmlinge verkauften. Im Jahr 1938 stieg die Bevölkerung des Munizips Blumenau, das eine Fläche von annähernd 10.000 km² einnam, auf circa 150.000 Einwohner, von denen die Hälfte deutsch sprach. Zusammen mit dem Munizip Brusque im Itajaí-Mirim-Tal bildete die Region Blumenau noch in der ersten Hälfte dieses Jahrhunderts "ein ausgedehntes und zusammenhängendes Gebiet mit vorherrschende deutscher Kolonisation" (WAIBEL 1984, S. 45). Die Zentren deutscher Einwanderung und Kolonisation in Santa Catarina, insbesondere die Kolonien von Blumenau und Brusque, die ab Mitte des 19. Jahrhunderts besiedelt wurden, entwickelten sich rasch zu den am stärksten industrialisierten

---

1   Für den Bau wurden 1906 in Berlin unter Führung der Deutschen Bank Gelder gesammelt, 1909 wurde das Werk durch die Berliner Firma Bachstein-Koppel fertiggestellt (vgl. KOHLHEPP 1968, S. 89, 247; ders. 1971, S. 15; MAMIGONIAN 1965, S. 409; SINGER 1974, S. 118; und VIDOR 1995, S. 35).

2   Über die Entstehung und Entwicklung der Industrie in Blumenau und im Itajaítal siehe HERING (1987), KOHLHEPP (1968, 1971), MAMIGONIAN (1965), SINGER (1974) und VIDOR (1995).

3   Zu den Ursprüngen der Textilindustrie siehe HERING (1987, S. 79 ff.), MAMIGONIAN (1965, S. 404 ff.) und SINGER (1974, S. 116 ff.).

199

Gebieten Santa Catarinas. Schnell errang die Textilbranche eine Schlüsselposition, obwohl sich die industrielle Produktion, meist lokalisiert in kleineren und mittleren Städten, insgesamt durch eine große Diversität auszeichnete (HERING 1987, KOHLHEPP 1969, MAMIGONIAN 1965). Zwischen 1914 und 1918 wurde die Textilindustrie schließlich zur wichtigsten Industriebranche der Region (MAMIGONIAN 1965; KOHLHEPP 1968, 1969).

Bis etwa in die 30er Jahre entwickelte sich die regionale Industriestruktur weiterhin auf der Basis eigener finanzieller Ressourcen, die im wesentlichen mittels der Bildung lokalen Mehrwerts, das heißt unabhängig vom allgemeinen nationalen Akkumulationsprozeß, akkumuliert wurden. Dennoch läßt sich die Regionalentwicklung nicht ausschließlich durch endogene Faktoren erklären. Zum einen deswegen, weil noch vor dem Ausbruch des Zweiten Weltkriegs die Integrationsprozesse zunehmen. Zum anderen jedoch deshalb, weil Entwicklung im Sinne von Kapitalakkumulation erst nach einer *industriellen Revolution* stattfinden kann, in Brasilien also erst nach den 30er Jahren dieses Jahrhunderts. Dabei führte die Eingliederung der Regionalökonomie in den nationalen Binnenmarkt dazu, daß nach dem Zweiten Weltkrieg trotz einiger spezifischer regionaler Merkmale die Entwicklung des Itajaítals mehr oder weniger parallel zur Entwicklung Gesamt-Brasiliens verläuft. Dies läßt sich vor allem später durch die nicht unbedeutende Tatsache belegen, daß die Löhne im sekundären Sektor im Itajaítal fast immer so niedrig waren wie im übrigen Brasilien, obwohl die Arbeitsproduktivität in beiden Fällen fast gleich hoch war (VIDOR 1995, S. 165).

Nach 1930, als sich die Region schneller industrialisierte, wuchs die städtische Bevölkerung vor allem in den Städten Blumenau und Brusque. In Brusque war um diese Zeit immer häufiger ein bestimmter Arbeitertyp anzutreffen: der des Arbeiter-Bauern (*operário-colono*). Dieser arbeitete vorwiegend in der Textilindustrie und wohnte außerhalb des städtischen Gebiets, wo er ein kleines Stück Land bewirtschaftete. Diese Heimproduktion landwirtschaftlicher Güter war in den seltensten Fällen zum Verkauf bestimmt, sondern trug zur Verbesserung der aufgrund niedriger Löhne schlechten Versorgung des eigenen Haushalts bei (SEYFERTH 1981, 1992).

(d)   Diversifizierung der Industrie und Aufstieg dynamischer Industriebranchen von 1945 bis 1965

Den Arbeiter-Bauern gibt es keineswegs nur in der Region um Brusque. Es handelt sich hier um einen Arbeitertyp, der eigentlich im ganzen Itajaítal bis in die 60er Jahre, in abnehmendem Maße sogar bis in die 80er Jahre, anzutreffen war. Die industrielle Entwicklung Blumenaus und seiner Region ist durch besondere Merkmale gekennzeichnet, wie die große Zahl deutschstämmiger Arbeitskräfte, die für brasilianische Verhältnisse hohe Arbeitsqualität bzw. hohe Qualität der Industrieprodukte, die paternalistischen Verhältnisse zwischen Arbeitgeber und Arbeitnehmer und eben die beträchtliche Zahl von Arbeiter-Bauern[1].

---

1   Vgl. KOHLHEPP (1966, S. 241) und MAMIGONIAN (1965, S. 433); VIDOR (1995, S. 39) weist mit Recht darauf hin, daß "der von der Industrie bezahlte Lohn nicht ausreichte, die Pflanzung, die den Bauern und seine Familie mit Nahrung versorgte, aufzugeben, so daß er auf zwei Stellen arbeiten mußte".

Diese Merkmale prägten die Entwicklung des Itajaítals und verhalfen der Region insbesondere nach dem Zweiten Weltkrieg zu einem raschen Aufschwung. Die industrielle Tätigkeit nahm vor allem in Blumenau, Brusque, Itajaí und Rio do Sul zu. Brusque entwickelte sich neben Blumenau zu einem Zentrum der Textilindustrie, während Rio do Sul ein Zentrum traditioneller holzverarbeitender Industrie und Itajaí ein wichtiges Hafenzentrum bilden (POMPILIO 1987). Auch weitere Munizipien, wie Gaspar, Indaial, Pomerode und Timbó, profitierten von der von Blumenau ausgehenden positiven Wirtschaftsentwicklung. Räumlich betrachtet gelingt es der regionalen Industrie, den regionalen Markt nach dem Ersten, den bundesstaatlichen nach dem Zweiten Weltkrieg zu überschreiten. In den 50er Jahren ist die Industrie Blumenaus und Brusques bereits in den nationalen Markt integriert. Ab den 60er Jahren nehmen die Exporte der Region zu, deren Integration in das System der internationalen Arbeitsteilung von da an als abgeschlossen gelten kann (VIDOR 1995, S. 58).

Im allgemeinen verliefen die Industrialisierungs- und Verstädterungsprozesse im Itajaítal parallel zu denen in Blumenau. Für Itajaí und Rio do Sul gelten in dieser Hinsicht einige Unterschiede, die damit zu tun haben, daß diese Munizipien nicht klassische Industriestädte (wie im Sinne Blumenaus) darstellen. In Brusque vollzog sich gleichzeitig mit der industriellen Entwicklung ein Verstädterungsprozeß, der sich besonders nach dem Zweiten Weltkrieg verstärkte. Die Entstehung und Entwicklung des Handels und der Kleinindustrie führte zur Bildung einer nicht unbedeutenden Mittelschicht. Durch die Verstärkung dieser Prozesse nach 1945 änderten sich auch die Institutionen, die bislang als deutsch gelten konnten. Wie in Blumenau verlor das lokale *Deutschtum* auch in Brusque an Bedeutung (SEYFERTH 1981, S. 207, 210).

In den 60er Jahren wurde Blumenau zum zehntgrößten Textilzentrum Brasiliens, dem wichtigsten südlich von São Paulo (MAMIGONIAN 1965, S. 436). Obwohl aber "die Stadt [...] Zentrum der Textilindustrie Santa Catarinas und gleichzeitig einer der bedeutendsten Textilstandorte Brasiliens" wurde, war "Blumenau insgesamt doch polyindustriell strukturiert" (KOHLHEPP 1968, S. 319; 1971, S. 18).

Genau diese Tatsache unterscheidet diese Entwicklungsphase von den vorherigen. Die polyindustrielle Struktur Blumenaus ist eine Folge des Diversifizierungsprozesses der regionalen Industrie und gleichzeitig ein Zeichen des Aufstiegs nicht traditioneller, dynamischerer Industriebranchen:

> "Das Beispiel Blumenaus [...] gibt [...] einen Einblick in die differenzierte Industriestruktur [der deutschen Siedlungsgebiete in Santa Catarina]. Hier wurden in der Textilindustrie der Jacquard- und der Kettenstuhl erstmals in Brasilien eingeführt und hochwertige Frottierwaren hergestellt, desgleichen nahm die Produktion von Verbandsstoffen, Spezialstahl, Pfannen und Schaufeln, Mundharmonikas, Akkordeons und Feinporzellan von Blumenau ihren Ausgang" (KOHLHEPP 1966, S. 240).

Weiterhin blieb die Bedeutung der lokalen Arbeitskräfte für die gesamte Entwicklung der regionalen Industrie sehr groß (siehe hierzu KOHLHEPP 1968, S. 199-227). Stark vertreten in der industriellen Arbeitsstruktur des Itajaítals in den 60er Jahren waren sowohl die Frauenarbeit als auch die Kinderarbeit (etwa 45% aller Erwerbstätigen), wobei sich die Frauenarbeitskräfte vor allem auf die Textilindustrie konzentrierten (MAMIGONIAN 1965, S. 436).

(e)   *Beschleunigung der Kapitalakkumulation und Konsolidierung der Industrialisierung von 1965 bis 1980*

Im Jahr 1960 erreichte Blumenau eine Einwohnerzahl von 66.778, die bis 1970 noch um 50,2% stieg. Im gleichen Zeitraum wuchs die ökonomisch aktive Bevölkerung des Munizips sogar um 54,6% (von 23.704 auf 36.654). Während der Primärsektor 1960 noch 13,9% der ökonomisch aktiven Bevölkerung beschäftigte, sank diese Rate 1970 auf 5,4%, die des Sekundärsektors dagegen stieg im gleichen Zeitraum von 40,9% auf 49,1%. Dies deutet darauf hin, daß die Industrie des Munizips die dynamische Kraft der lokalen bzw. regionalen Entwicklung darstellte.

Die Industrialisierung von Munizipien wie Brusque, Itajaí und Rio do Sul nahm ebenfalls weiterhin zu. Neben den größeren und älteren Textilbetrieben sind in Brusque in den 60er und 70er Jahren auch in anderen Branchen wichtige Betriebe entstanden, so zum Beispiel 1975 der Autozubehörbetrieb *Irmãos Zen*. Dieser Betrieb beschäftigt mittlerweile 603 Arbeiter bei einem Jahresumsatz von US$ 18 Mio. und exportiert 52% der Produktion in 53 Länder (Vgl. JSC Economia, 11.12.1994, S. 6). Auch die Munizipien Ibirama, Navegantes, Pomerode, Rodeio und Timbó, in denen bis in die 60er Jahre noch der Primärsektor dominiert hatte, erlebten eine lokale Industrialisierung[1]. Einige Beispiele mögen dies verdeutlichen:

Ibirama
Máquinas OMIL
Machinenbau, gegründet 1946,
290 Beschäftigte,
5 Mio. US$ Jahresumsatz.
JSC Economia, 28.8.94, S. 8

Navegantes
Femepe-Ferreira Mercado de Pescados
Fischverarbeitung, gegründet 1966,
1.300 Beschäftigte,
35 Mio. US$ Jahresumsatz,
größtes Fischfangunternehmen Lateinamerikas.
Expressão, Nr. 40, Jan. 1994, S. 32-36

Rodeio
Produktionseinheit des *Hering*-Konzerns
Textil, gegründet 1974.
MOSER 1985

Pomerode
Netzsch do Brasil
Maschinenbau, gegründet 1974,
430 Beschäftige,
20 Mio. US$ Jahresumsatz,
10% Export,
gehört zur dt. Netzsch-Gruppe.
JSC Economia, 20.11.94, S. 8

Timbó
Metisa Metalúrgica Timboense S/A
Metallverarbeitung, gegründet 1942,
946 Beschäftigte,
31,7 Mio. US$ Jahresumsatz,
21% Export.
JSC Economia, 25.10.94, S. 8

---

1   Zur Entwicklung und Verstädterung der Munizipien des Rio Benedito-Tals von 1970 an siehe BUTZKE (1991), BUTZKE & THEIS (1991) und THEIS et al. (1991); zur die Bedeutung des industriellen Sektors im Itajaítal siehe CUNHA (1992, S. 128 ff.); zur landwirtschaftlichen Entwicklung in diesen Munizipien siehe RITSCHEL (1991).

Auch wenn aus historischer Perspektive die regionale Industrialisierung nur im Gesamtkontext der Kolonisationsgeschichte des Itajaítals durch deutsche und italienische Einwanderer sowie als Summe lokalspezifischer Standortvor- und -nachteile (wie zum Beispiel qualifiziertes Arbeitskräftepotential versus Hochwassergefahr) zu verstehen ist (KOHLHEPP et al. 1993, S. 148), muß daran erinnert werden, daß die Wirtschaftsentwicklung des Itajaítals nach 1964 durch die Wirtschaftspolitik der autoritären Militärregierung geprägt wurde. Auch in der Region beschleunigte sich die Kapitalakkumulation aufgrund eines niedrigen Mindestlohnes (*salário mínimo*). Manche Firmen in der Region zahlten sogar weniger als den gesetzlichen Mindestlohn. Eine strenge Kontrolle der Gewerkschaften erleichterte die Ausbeutung der Arbeiter in der Region wie auch in ganz Brasilien, so daß sich die regionale Wirtschaftsentwicklung des Itajaítals in bezug auf die Einkommenskonzentration kaum vom Rest Brasiliens unterschied (VIDOR 1995, S. 165-166).

Im Verlauf der fünf beschriebenen Entwicklungsphasen hat sich das Itajaítal als wichtigster Wirtschaftsraum Santa Catarinas herausgebildet. Die Region, die sich von Itajaí bis Rio do Sul erstreckt, enthält die entwickeltste Industriestruktur des Bundesstaates, wobei die Schwerpunkte in den deutsch-brasilianischen Siedlungsgebieten Blumenau und Brusque liegen (KOHLHEPP 1971, S. 22; LAGO 1968, S. 290). An dieser Stelle soll nochmals darauf hingewiesen werden, daß die Entwicklung des Itajaítals unter sehr spezifischen Bedingungen erfolgte. Neben der hohen Qualität der ersten Arbeitskräfte war die Tatsache entscheidend, daß der akkumulierte Mehrwert aus den ersten ökonomischen Tätigkeiten in der Region selbst blieb. Die Arbeitsteilung zwischen Stadt und Land trug wesentlich dazu bei, daß sich in Blumenau zuerst ein lokaler und wenig später ein regionaler Absatzmarkt für die industrielle Produktion entwickeln konnte. Neben diesen endogenen Faktoren, die die Regionalentwicklung vor allem in den Anfangsphasen der Industrialisierung steuerten, spielen im Industrialisierungsprozeß der Region jedoch auch exogene Faktoren eine wichtige Rolle (SINGER 1974, S. 114): So fand eine zunehmende Eingliederung der Regionalökonomie in den brasilianischen Binnenmarkt statt, wodurch die Wirtschaftsstruktur des Itajaítals in steigendem Maße in die interregionale Arbeitsteilung integriert wurde, die das gesamte Territorium Brasiliens zum Schauplatz hatte, dessen dynamisches Zentrum sich in der Achse Rio de Janeiro-São Paulo befand.

7.2.2 Das regionale Energiesystem in historischer Perspektive

Die Betrachtung und historische Analyse eines regionalen Energiesystems setzt die Verfügbarkeit von Daten über Herkunft und Zweck einzelner Energieträger voraus. Die in Santa Catarina vorhandenen Daten sind dabei in dreierlei Hinsicht problematisch: Erstens wurden Sekundärdaten über Energieproduktion und -verbrauch erst ab Ende der 70er Jahre systematsich veröffentlicht, zweitens gibt es Daten für die Zeit vor 1970 nur für den Energieträger elektrische Energie, drittens sind keine dieser Daten auf Gemeindeebene vorhanden, sondern nur für den gesamten Bundesstaat (mündliche Information, Herr C. B., ELETROSUL, Florianópolis, 23.1.1995). So bleibt einzig die Möglichkeit, die Energiesituation des Itajaítals im Verlauf der dargestellten Entwicklungsphasen aufgrund der bereits bekannten Literatur nachzuvollziehen.

Möglicherweise spielte die Energie eine bedeutendere Rolle in der ersten Entwicklungsphase des Itajaítals[1], als dies in der spärlichen Literatur zu diesem Thema zum Ausdruck kommt[2].

Während der Phase von 1880 bis 1914 entstand aus einer Pionier-Initiative des Streichholzfabrikanten Busch am Gaspar Alto 1908 ein kleines Privatkraftwerk, das jedoch nur eine sehr geringe Energiemenge produzierte (KOHLHEPP 1968, S. 91; ders. 1969, S. 32-33; MAMIGONIAN 1965, S. 409). Noch vor dem Ausbruch des Ersten Weltkrieges trafen die Maschinen für ein größeres hydroelektrisches Kraftwerk an einem Wasserfall des Itajaí-Açu oberhalb Blumenaus ein. "Das [Saltowerk] wurde 1915 [...] von der Firma Bromberg & Hacker [São Paulo] installiert und finanziert. Eine Blumenau-Brusquenser Interessengruppe [Hering, Renaux u.a.] kaufte die an ein Paulistaner Konsortium übergegangenen Aktien des Kraftwerkes wieder zurück, die in den 20er Jahren im Zuge der Expansion des Leitungsnetzes die besten Wertpapiere des Staates wurden" (KOHLHEPP 1968, S. 91). Die vier (1914, 1915, 1929 und 1939) installierten deutschen Turbinen leisten maximal 6,28 MW bei einem Wasserabfluß zwischen 100 und 160 m^3/s (KOHLHEPP 1968, S. 229). Die Versorgung mit elektrischer Energie durch das Saltowerk hatte zur Folge, daß "die maschinellen Installationen modernisiert und erweitert werden" konnten (KOHLHEPP 1969, S. 33).

Während der Phase von 1914 bis 1945 nahm die Industrieproduktion infolge des Aufstiegs traditioneller Industriezweige zu. Die wichtigsten Energieträger der Industriebetriebe des Itajaítals zu dieser Zeit waren Brennholz und elektrische Energie (KOHLHEPP 1968, MAMIGONIAN 1965). Es läßt sich vermuten, daß neben Öl, dessen Verbrauch sicherlich auch gestiegen war, der Verbrauch an Holzkohle ebenfalls wuchs. Diese Energieressourcen wurden in erster Linie von den Industriebetrieben verbraucht, gleichzeitig aber muß auch der Energiekonsum im Bereich der privaten Haushalte, der Landwirtschaft und des öffentlichen Sektors zugenommen haben. Es läßt sich jedoch heute nicht mehr nachvollziehen, inwieweit die zur Energieerzeugung angewandte Technologie angemessen war, wie die verfügbare Energie unter den Konsumenten verteilt wurde und welche ökologischen Folgen die Energieherstellung bzw. der Energieverbrauch für die Umwelt der Region hatte.

In der Entwicklungsphase zwischen 1945 und 1965 entwickelte die Energiewirtschaft des Itajaítals zwar eine größere Dynamik, doch konnte die verfügbare Energiemenge den durch die erhöhte industrielle Produktion und die Diversifizierung ökonomischer Aktivitäten stetig zunehmenden Energiebedarf nicht decken. So "erwies sich die mangelhafte Energieversorgung seit Ende des Zweiten Weltkrieges infolge der immer größer werdenden Diskrepanz zur potentiellen Leistungsfähigkeit der Industrie als ein permanent retardierendes Element" (KOHLHEPP 1968, S. 228).

---

1   Nach KOHLHEPP (1968, S. 228) z.B. waren "bis zum ersten Jahrzehnt dieses Jahrhunderts [...] die Wasserläufe standortbindend für Betriebe der Holz-, Mühlen- und auch der Textilindustrie".

2   So ist z.B. MAMIGONIAN (1965, S. 409-410) einer der wenigen, die sich mit der Entstehung und Entwicklung des lokalen Energiesystems kurz befaßten.

Die regionale Energieversorgung wurde ab 1949 zum Teil durch ein 8.000 KW lieferndes Wasserkraftwerk am Rio dos Cedros, einem wasserfallreichen Nebenfluß des Itajaí-Zuflusses Rio Benedito zum Teil gedeckt:

> "In viel stärkerem Maße als beim Flußkraftwerk wird hier die Landschaft durch eine Talsperre [15 m Höhe], einen Stausee [18 Mio. m³ Fassungsvermögen] und ein Auffangbecken sowie die Rohrleitung zum Kraftwerk, umgestaltet. Der Fluß überwindet auf wenigen Kilometern einen Höhenunterschied von über 210 m, die steilen Talhänge sind noch dicht mit primärem tropisch-subtropischem Regenwald bedeckt" (KOHLHEPP 1968, S. 229-230).

Im Jahr 1964 konnte die Elektrizitätsversorgung des Itajaítals durch ein weiteres Wasserkraftwerk am gefällereichen Rio Palmeiras, einem linken Nebenfluß des Rio dos Cedros, auf heutzutage 17,6 MW erweitert werden (KOHLHEPP 1968, S. 230).

Zwar hatte sich von 1940 bis Mitte der 60er Jahre die installierte Leistung pro Kopf, trotz einer Bevölkerungszunahme um 125%, versiebenfacht (KOHLHEPP 1971, S. 12-13), doch am Ende dieser Entwicklungsphase schien die Situation der Stromversorgung in der Region nach wie vor prekär (KOHLHEPP 1968, S. 231).

Es war zweifelsohne die rasche Industrialisierung, die für die Zunahme des Stromverbrauchs verantwortlich gemacht werden kann: "Der große Aufschwung der Industrie war [...] nur durch die Errichtung von Wasserkraftwerken möglich, deren Energiezufuhr aber seit Ende des Zweiten Weltkrieges den Bedarf des Catarinenser Nordostens an Kraftstrom nicht mehr decken konnte" (KOHLHEPP 1968, S. 228; siehe auch MAMIGONIAN 1965, S. 457). Für das Jahr 1962 beispielsweise verbrauchte allein die Industrie schon über 60% der verfügbaren elektrischen Energie (KOHLHEPP 1968, S. 233). Neben elektrischer Energie nutzte die immer stärker wachsende regionale Industrie auch Öl, das über den Ölhafen in Itajaí importiert wurde, und das zu dieser Zeit im Itajaítal vorhandene Holz. Die Bedeutung des Erdöls sowohl für die Wärmeerzeugung als auch als Kraftstoff für Dieselmotoren nahm zwischen 1945 und 1965 stark zu (KOHLHEPP 1968, S. 234).

Holz war nach wie vor wichtiger als alle anderen Energiequellen und seine Bedeutung als Brennholz für die Industrie, insbesondere für die Dampfkesselheizung der Färbereien, nahm während dieser Entwicklungsphase weiter zu. "Der Holzreichtum [...] ermöglicht[e] die lokale Beschaffung von Brennholz, was die Produktionskosten gegenüber der Ölheizung wesentlich niedriger [hielt]. Das Brennholz [wurde] bei Kolonisten, die eine Rodung [anlegten], aufgekauft" (KOHLHEPP 1968, S. 233-234). Wenn man bedenkt, daß die Industrie des Itajaítals, die noch bis in die 60er Jahre hinein Holz als wichtigste Energiequelle nutzte, die entwickeltste des Bundesstaates war, dann läßt sich schließen, daß die Industrie auch für den größten Teil der Waldzerstörung in der Region verantwortlich gemacht werden kann. In Santa Catarina erreichte der Holzeinschlag für holzverarbeitende Zwecke Anfang der 60er Jahre den jährlichen Durchschnitt von 2,6 Mio. m³. Zur Energiegewinnung wurden mit jährlich durchschnittlich 11 Mio. m³ noch weit größere Mengen Holz benötigt. Auch der Holzeinschlag zur Herstellung von Holzkohle war um diese Zeit nicht unbedeutend. Die Degradierung der Waldbedeckung Santa

Catarinas nahm in den 60er Jahren infolge der starken Zunahme holzverarbeitender Industrie sowie der Erhöhung der industriellen Energienutzung von Brennholz und Holzkohle dramatische Ausmaße an (LAGO 1968, S. 293-295). KOHLHEPP (1966, S. 238) wies schon Mitte der 60er Jahre auf die Konsequenzen hin:

> "Die Ausbeutung der Nutzhölzer, wie die verschiedenen Canela-Arten (Ocotea), Zeder (Cedrela fissilis), Imbuia (Phoebe porosa) und Peroba (Aspidosperma sp.) [hat] in Verbindung mit der Brandrodung der Kolonisten zu einer starken Waldverwüstung von mehr als 60% der Catarinenser Wälder geführt, was heute schon durch das Sinken des Grundwasserspiegels sowie die Wasserführung der Flüsse deutlich wird".

Aus der Sicht der regionalen Energieversorgung zeichnete sich die Entwicklungsphase von Mitte der 40er bis Mitte der 60er Jahren durch eine bedeutende Erhöhung des Energieangebots, nicht nur ausschließlich elektrischer Energie, aus. Die Beschleunigung des Industrialisierungsprozesses[1] und die gleichzeitige Verstädterung der wichtigsten Munizipien des Itajaítals, wie Blumenau und Brusque, aber auch Itajaí und Rio do Sul, implizierten jedoch eine Zunahme des Energieverbrauchs, der infolge der allgemeinen Diversifizierung der Regionalökonomie und der Verbesserung der Lebensqualität einer immer bedeutender werdenden Mittelschicht noch weiter wuchs. Während dieser Zeit sind elektrische Energie und Holz die wichtigsten Energieträger in der Region, insbesondere für die Konsumsektoren Haushalt und Industrie. Es gilt zu bedenken, daß die sozialen und ökologischen Kosten der regionalen Energieversorgung höher waren als vermutet, da das regionale Energiesystem im Laufe der verschiedenen Entwicklungsphasen geändert wurde, um den Akkumulationsprozeß zu begünstigen, ohne daß dabei die erwähnten Kosten berücksichtigt worden wären.

Diese Logik wird die Funktionsweise sowie die Veränderungen des Energiesystems im Itajaítal auch nach 1965 regieren. In der Entwicklungsphase zwischen 1965 und 1980 nahm die Dynamik der regionalen Energiewirtschaft noch stärker zu, wobei sich die Tendenz einer stets über dem Energieangebot liegenden Energienachfrage noch verschärfte. Während dieser Phase wurde der industrielle Sektor zum wichtigsten Verbrauchssektor. Die Energiestruktur der Industrie bestand im Zeitraum nach 1965 vor allem aus Brennholz, elektrischer Energie und Öl. Neben der Industrie nahm auch die Bedeutung der privaten Haushalte als Energieverbraucher zu. Die Entstehung und Ausweitung einer Mittelschicht in mehreren Munizipien der Untersuchungsregion stellt den wichtigsten Grund für die erhöhte Beteiligung des Haushaltssektors in der Nachfragestruktur des regionalen Energiesystems dar. Während die Bedeutung des Brennholzes für einen großen Teil der Bevölkerung sank, nahm die der elektrischen Energie deutlich zu. Außerdem wuchs der Konsum einiger Erdölderivate, vorwiegend Benzin, infolge der zunehmenden Automobilisierung der Ober- und Mittelschicht.

Konsequenz der Bedeutungszunahme der genannten Verbrauchssektoren war ein Wachstum des Energieverbrauchs ohne Berücksichtigung der Angebotsstruktur des regionalen Energiesystems. Das Fehlen von Daten über den Konsum von Erdölderivaten erschwert dabei eine

---

1   "Trotz großer staatlicher Anstrengungen in den letzten Jahren wurde die stark gestiegene Energieerzeugung von der wachsenden Industrialisierung aufgezogen" (KOHLHEPP 1971, S. 12).

genauere Analyse der Bedeutung dieser Energieträger im Itajaítal. Dennoch läßt sich vermuten, daß Öl für die Industriebetriebe und Benzin für die steigende Zahl von PKWs eine bedeutende Rolle im regionalen Energiesystem spielten. Ähnlich ist die Situation beim Brennholz: Die ungenauen Verbrauchszahlen weisen ebenfalls nur oberflächlich auf den wirklichen Konsum dieser Energieressource hin. Zwar machten die Haushalte noch kräftigen Gebrauch von Holz als Energiequelle, doch der industrielle Sektor, allen voran die noch dominierenden traditionellen Branchen, hatte den größten Anteil am Holzkonsum im Itajaítal zwischen 1965 und 1980. Bei der elektrischen Energie sind die Zahlen der Angebotsstruktur bekannt (eine Tabelle im vorliegenden Kapitel wird noch die Entwicklung der Stromerzeugung durch die Wasserkraftwerke Salto, Cedros und Palmeiras von 1963 an zeigen). Die Verfügbarkeit elektrischer Energie aus dem Wärmekraftwerk Jorge Lacerda im südlichen Santa Catarina sowie der ab 1975 importierte Strom aus Paraná (Stromversorgungsunternehmen COPEL) und Rio Grande do Sul (CEEE) ergänzte die regionale Stromversorgung während dieser Entwicklungsphase.

Die Erhöhung des Energieangebots bzw. des Energieverbrauches fand stets ohne Berücksichtigung seiner sozialen und ökologischen Kosten statt. Themen wie Energieeffizienz und Energieeinsparung wurden in den 60er und 70er Jahren noch nicht diskutiert, so daß zweifelsohne viel Energie im Itajaítal verschwendet wurde. Die sozialen Kosten zeigen sich vor allem an der staatlichen Subvention eines auf billiger Energie basierenden Akkumulationsprozesses, der in der Region wie in ganz Brasilien zu einer dramatischen Einkommenskonzentration führte. Die ökologischen Kosten spiegeln sich insbesondere im Verlust der Primärwälder wider, der wiederum zur Verschärfung der Hochwassergefährdung beitragen wird. Man könnte folgen, daß diese sozialen und ökologischen Kosten auch ökonomische Kosten bedeuteten, doch die Akkumulationsprozesse, die sich im Itajaítal während dieser Entwicklungsphase abspielten, verlangten nach einem Energiesystem, das den innerhalb des regionalen sozialen Blocks herrschenden Gruppen Vorteile bot, in das jedoch nicht unbedingt die erwähnten Kosten in einer sozial und ökologisch gerechten Gleichung eingingen.

7.3 Entwicklung und Energie im Itajaítal: Der gegenwärtige Zustand

7.3.1 Die Krise der Regionalökonomie im Kontext der brasilianischen Wirtschaftskrise der 80er Jahre und der allmähliche Bedeutungsverlust der traditionellen Industrie

Die Regionalentwicklung des Itajaítals in den 80er Jahren muß im Gesamtkontext der brasilianischen Wirtschaftskrise betrachtet werden (siehe Kapitel 5.2.). So sank die Beschäftigung in der Region zwischen 1980 und 1985 um 0,9%, in Blumenau um 1,6%, in Brusque sogar um 8,1%[1]. Die Folgen dieser Krise auf regionaler Ebene waren jedoch im Vergleich mit anderen Regionen Santa Catarinas und vor allem Brasiliens recht verschieden. In welchem sozioökonomischen Zustand befanden sich die Munizipien des Itajaítals?

---

1 Vgl. SANTA CATARINA (1994a, 1994b); trotzdem ist Brusque das Munizip, das in den 90er Jahren nach Blumenau die stärkste Wirtschaftsstruktur im Itajaítal besitzt (mündliche Information, Herr E.F.V., ACIB, Blumenau, 18.1.1995).

Im Jahr 1980 erreichte Blumenau eine Wohnbevölkerung von 157.258 Einwohnern. Die Zahl der ökonomisch aktiven Bevölkerung des Munizips stieg auf 72.781, wovon 1,7% im Primärsektor, 50,8% im Sekundärsektor und 47,5% im Tertiärsektor tätig waren.

Tabelle 27 gibt einen Überblick über die sozioökonomische Situation der übrigen Munizipien für das Jahr 1980. Aus der Tabelle geht hervor, daß die Zahl der ökonomisch aktiven Bevölkerung im Itajaítal 1980 im Vergleich zum übrigen Bundesstaat insbesondere im industriellen Sektor überdurchschnittlich hoch war.

Tabelle 27
Wohnbevölkerung, Erwerbsbevölkerung und Erwerbstätige im industriellen Sektor in den Munizipien[a] des Itajaítals 1980

Munizip	Wohnbevölkerung A	Erwerbsbevölkerung B	Erwerbst. ind. Sektor C	B / A	C / B	C / A
Ascurra	5.414	2.207	1.091	40,8	49,4	20,2
Benedito Novo	13.582	4.496	1.587	33,1	35,3	11,7
Blumenau	157.258	72.781	34.481	46,3	47,4	21,9
Botuverá	3.582	1.011	260	28,2	25,7	7,3
Brusque	41.224	17.482	9.014	42,4	51,6	21,9
Gaspar	25.606	11.349	6.078	44,3	53,6	23,7
Guabiruba	7.148	2.846	1.829	39,8	64,3	25,6
Ibirama	23.522	9.058	2.366	38,5	26,1	10,1
Ilhota	8.051	2.946	1.253	36,6	42,5	15,6
Indaial	37.084	13.194	5.432	35,6	41,2	14,6
Itajaí	86.460	31.724	6.630	36,7	20,9	7,7
Lontras	7.324	2.797	717	38,2	25,6	9,8
Luiz Alves	6.479	3.034	792	46,8	26,1	12,2
Massaranduba	11.900	5.115	1.073	43,0	21,0	9,0
Navegantes	13.530	4.051	1.176	29,9	29,0	8,7
Pomerode	14.371	6.149	3.646	42,8	59,3	35,4
Presidente Nereu	3.188	1.292	67	40,5	5,2	2,1
Rio dos Cedros	8.468	3.400	1.448	40,2	42,6	17,1
Rio do Sul	36.240	15.223	3.810	42,0	25,0	10,5
Rodeio	7.977	3.623	1.918	45,4	52,9	24,0
Timbó	17.924	8.174	4.309	45,6	52,7	24,0
Vidal Ramos	8.691	3.964	144	45,6	3,6	1,7
Itajaítal	545.023	225.916	89.121	41,5	39,4	16,4
Santa Catarina	3.627.933	1.356.186	319.263	37,4	23,5	8,8

Quelle: IBGE (1982, 1984).
(a) 1980 war Apiúna Distrikt von Indaial und Doutor Pedrinho Distrikt von Benedito Novo.

Allein Blumenau, mit nur 4,3% der Bevölkerung Santa Catarinas, besaß 5,4% der ökonomisch aktiven Bevölkerung und 10,8% der Erwerbstätigen im industriellen Sektor des Bundesstaates.

In nur zwei Munizipien liegt der Anteil der ökonomisch aktiven Bevölkerung unter 30% der Wohnbevölkerung; acht Munizipien dagegen haben eine ökonomisch aktive Bevölkerung zwischen 30% und 40% der Wohnbevölkerung, 14 über 40%, darunter fünf (Blumenau, Luiz Alves, Rodeio, Timbó und Vidal Ramos) sogar über 45%. Weiter zeigt die Tabelle, daß die durchschnittliche Relation zwischen Erwerbstätigen im industriellen Sektor und ökonomisch aktiver Bevölkerung in der untersuchten Region sehr hoch ist: Nur zwei Munizipien sind sozusagen „schwach industrialisiert": Presidente Nereu und Vidal Ramos. In elf Munizipien liegt der Anteil der Industriebeschäftigten an der ökonomisch aktiven Bevölkerung zwischen 20% und 40%, in den übrigen elf Munizipien sogar über 40%. Auch das Verhältnis zwischen Industriebeschäftigten und gesamter Wohnbevölkerung ist mit Ausnahme von zwei Munizipien (Presidente Nereu und Vidal Ramos) insgesamt recht hoch.

Absolut gesehen besitzt Blumenau mit mehr als 30.000 Industriearbeitern die stärkste Industriestruktur der Region; danach folgen Brusque, Itajaí, Gaspar, Indaial, Timbó, Rio do Sul und Pomerode. Die anderen Munizipien besitzen zwar ein hohes Verhältnis zwischen industrieller Erwerbstätigkeit und Wohnbevölkerung bzw. ökonomisch aktiver Bevölkerung, absolut betrachtet besitzen sie jedoch weniger als 10% der in Blumenau beschäftigten industriellen Arbeitskräfte.

Die Bedeutung der Blumenauer Industrie zeigt sich unter anderem an der Tatsache, daß sie in den 90er Jahren für etwa 32% der Gesamtausfuhr Santa Catarinas verantwortlich war. Allein die sechs großen Textilbetriebe exportieren jährlich Waren im Wert von circa US$ 300 Mio. Der bemerkenswerte Entwicklungsverlauf Blumenaus, das heute ein bedeutendes Industriezentrum Brasiliens ist (KOHLHEPP et al. 1993, S. 88), wurde von der brasilianischen Wirtschaftskrise der 80er Jahre in unterschiedlicher Hinsicht betroffen.

Tabelle 28 zeigt, daß sich zwischen 1985 und 1994 die Bedeutung der vier wichtigsten Industriebranchen in bezug auf Beschäftigung nicht geändert hat, obwohl die Zahl der Betriebe deutlich zugenommen hat. Wenn man die Textilindustrie, die Bekleidungsindustrie und die Nahrungsmittelindustrie als traditionelle Industriezweige bezeichnet, dann verlor diese Gruppe nur sehr wenig an Bedeutung. Bemerkenswert ist die Verdreifachung der Betriebszahl im Bereich der Textilindustrie und die Verachtfachung der Betriebszahl im Bereich der Bekleidungsindustrie mit circa 40% aller Industriebetriebe Blumenaus. Die Textilindustrie ist aber immer noch derjenige Industriezweig mit den höchsten Beschäftigungszahlen im Munizip bei einem Zuwachs von 33,8% zwischen 1985 und 1994. Obwohl auch die Zahl der Nahrungsmittelbetriebe zwischen 1985 und 1994 wuchs, nahm die Beschäftigung so stark ab, daß dieser Zweig kaum noch Bedeutung in der Blumenauer Industriestruktur hat. Am interessantesten ist wohl die Tatsache, daß die Zahl der Beschäftigten pro Betrieb zwischen 1985 und 1994 deutlich gesunken ist: Waren es 1985 im Durchschnitt noch 51,8 Arbeiter pro Betrieb, ist diese Relation 1994 auf 25,3 gesunken. Diese Abnahme gilt dabei für alle Industriebranchen, besonders aber für die Textilindustrie (von 310 im Jahr 1985 auf 140 im Jahr 1994) und für die Bekleidungsindustrie (von 64,7 im Jahr 1985 auf nur 10,5 im Jahr 1994). Diese Werte lassen eine deutliche Flexibilisierung der Industriestruktur Blumenaus erkennen, eine klare Folge der Krise der 80er Jahre. Tabelle 29 unterstützt diese These.

Die Zahl der Großbetriebe nahm während des betrachteten Zeitraumes nicht zu, die Beschäftigung innerhalb dieser Betriebsgrößenklasse sank sogar. Dafür stieg die Zahl der Mittelbetriebe um 59,6%, die der Kleinbetriebe sogar um 89,5%. Die Beschäftigungszahlen pro Betrieb sanken am wenigsten bei den Großbetrieben und am stärksten bei den Kleinbetrieben.

Tabelle 28
Zahl der Industriebetriebe und Beschäftigten nach Industriebranchen
in Blumenau 1985 und 1994

Industrie-branche	1985				1994			
	Betriebe	%	Beschäftigte	%	Betriebe	%	Beschäftigte	%
Metall	91	12,7	2.362	6,2	161	8,8	2.160	4,7
Textil	53	7,4	16.438	44,1	157	8,6	21.991	47,7
Bekleidung	93	12,9	6.014	16,1	714	39,1	7.471	16,2
Nahrungsmittel	74	10,3	2.034	5,5	141	7,7	1.561	3,4
Sonstige	408	56,7	10.389	28,1	651	35,8	12.916	28,0
Insgesamt	719	100	37.237	100	1.824	100	46.099	100

Quelle: PREFEITURA MUNICIPAL DE BLUMENAU (1994, 1995).

Tabelle 29
Zahl der Industriebetriebe und Beschäftigten nach Betriebsgröße
in Blumenau 1985 und 1993

Betriebsgröße	Industriebetriebe				Beschäftigte			
	1985	%	1993	%	1985	%	1993	%
Großbetriebe	33	4,6	33	1,9	30.948	83,1	30.835	67,2
Mittelbetriebe	47	6,5	75	4,3	5.078	13,6	7.792	17,0
Kleinbetriebe	639	88,9	1.625	93,8	1.211	3,3	7.256	15,8
Insgesamt	719	100,0	1.733	100,0	37.237	100,0	45.883	100,0

Quelle: PREFEITURA MUNICIPAL DE BLUMENAU (1994).

Zweifelsohne belegt der Tertiärsektor schon seit einigen Jahren den Spitzenplatz in der Wirtschaftsstruktur Blumenaus. Insbesondere die Banken spielen dabei mit der im Vergleich zur Einwohnerzahl sehr hohen Zahl von 54 Filialen eine wichtige Rolle. Nicht zu unterschätzen ist dabei die Beteiligung von zehn ausländischen Banken (vier aus der Vereinigten Staaten, vier aus Westeuropa und zwei aus Japan). Im Bereich Fremdenverkehr liegt die Stadt mit einem Anteil von 43% am gesamten Fremdenverkehr Santa Catarinas ebenfalls an der Spitze. Insbesondere das "Oktoberfest"[1], das seit Mitte der 80er Jahre den Titel des zweitgrößten Volksfestes Brasiliens trägt, sorgt für eine wachsende Bedeutung des Blumenauer Tourismus.

Schließlich ist noch darauf hinzuweisen, daß Blumenau mit circa 7.000 US$ ein im Vergleich zu brasilianischen und selbst Catarinenser Verhältnissen hohes Pro-Kopf-Einkommen besitzt, wobei aber gleichzeitig auch die Einkommenskonzentration sehr hoch ist und sich sogar nach der Krise der 80er Jahre noch zugespitzt haben dürfte[2].

Die Situation der Gesamtregion ist aufgrund nicht vorhandener Daten schlecht einzuschätzen. Die quantitativen Unterschiede weisen aber eher auf relativ disparitäre Strukturen und Verhältnisse hin. Bemerkenswert ist beispielsweise, daß 1980 in elf Munizipien die holzverarbeitende Industrie die wichtigste Industriebranche[3] war. Anfang der 90er Jahre verlor diese Branche in der regionalen Industriestruktur zwar an Bedeutung, blieb aber in 19 Munizipien noch immer eine der zwei wichtigsten. Daneben war die Textilindustrie in sieben Munizipien eine der zwei wichtigsten Industriebranchen (IBGE 1984b, FARFAN o.J., PROJETO CRISE o.J.). Insgesamt bildeten die sogenannten traditionellen Industrien Textil und Bekleidung, Nahrungsmittel sowie Holzverarbeitung zwar weiterhin die Basis der regionalen Industriestruktur, verloren aber zunehmend an Bedeutung (VIDOR 1995, S. 164).

Eine Reihe von Faktoren, wie niedrige Produktivität, Bodenerschöpfung und Land-Stadt-Wanderungen, führte dazu, daß auch die Landwirtschaft der Region an Bedeutung verlor. Wichtigstes Agrarprodukt wurde der Tabak[4], da die Blumenauer Filiale des Zigarettenherstellers *Souza Cruz*[5] den Bauern Mittel zum Tabakanbau anbot. So wurde Tabak in den 90er Jahren eines der drei wichtigsten landwirtschaftlichen Produkte in 14 der 24 untersuchten Munizipien (PROJETO CRISE o.J.), und trug dazu bei, daß Santa Catarina zum zweitgrößten Tabakproduzenten Brasiliens wurde. Neben Tabak spielen in den 80er und 90er Jahren noch einige weitere Agrarprodukte eine gewisse Rolle im Itajaítal: Maniok und Milch werden für die

---

1 Zum „Oktoberfest" in Blumenau siehe WOLF & FLORES (1994) und Expressão (Nr. 37, Oktober 1993, S. 54-59).

2 Im Jahr 1980 verdienten in Blumenau nur 31,9% der ökonomisch aktiven Bevölkerung über zwei, knapp 8,5% über fünf Mindestlöhne; siehe hierzu - sowie zu weiteren Aspekten des Entwicklungsverlaufes Blumenaus nach 1985 insbesondere IBAM (1987), KOHLHEPP et al. (1993) und PREFEITURA MUNICIPAL DE BLUMENAU (1993, 1994).

3 Zur immer noch großen Bedeutung der holzverarbeitenden Industrie in Santa Catarina siehe BRDE (1994c).

4 "Für den Bauern des Itajaítals sind drei Überlebensmöglichkeiten übrig geblieben: Entweder pflanzt er Tabak, züchtet Milchvieh oder stellt Holzkohle her" (mündliche Information, Herr E.F.V., ACIB, Blumenau, 17.1.1995).

5 Über das transnationale Zigaretten-Unternehmen *Companhia de Cigarros Souza Cruz* siehe CORRÊA (1994).

Region bzw. den Bundesstaat produziert, Reis und Mais werden vor allem in den Süden und Südosten Brasiliens verkauft (AMMVI 1990).

Der industrielle Sektor übt jedoch weiterhin den größten und bedeutendsten Einfluß auf die Regionalentwicklung des Itajaítals aus, wobei die industrielle Entwicklung in der Region nach wie vor auf einer in manchen Bereichen hoch-qualifizierten Arbeitskraft beruht[1]. Neben Blumenau, Brusque, Itajaí, Gaspar, Indaial, Timbó, Rio do Sul und Pomerode entwickelte sich die Industrie auch in Munizipien wie Ascurra, Guabiruba und Rodeio, wo ebenfalls die Textil- und Bekleidungsindustrie, die Nahrungsmittelindustrie, die holzverarbeitende Industrie und die Metallindustrie im Vordergrund stehen. Die in der Region hergestellten Industrieprodukte werden zum Teil auf dem regionalen, zum Teil auf dem nationalen und internationalen Markt abgesetzt.

7.3.2 Die Bedeutung der Textilindustrie im Itajaítal

In der Wirtschaftsgeschichte wird häufig die Bedeutung der Textilindustrie für die Herausbildung einer bestimmte Industrie- bzw. Wirtschaftsstruktur unterstrichen sowie ihre Rolle während der industriellen Revolution in Großbritannien Ende des 18. Jahrhunderts hervorgehoben (GRIFFITHS et al. 1992, O'BRIEN et al. 1991).

An dieser Stelle wird versucht, in kurzer Form die Bedeutung der Textilindustrie für die Entwicklung der untersuchten Region zusammenzufassen sowie ihre gegenwärtige Rolle als dominierender Industriezweig im Kontext der jüngsten Entwicklungsverläufe darzustellen. Der Grundstein für die Textilindustrie wurde bereits Ende des letzten Jahrhunderts gelegt: "Noch 1880 begannen die *Gebrüder Hering* in Blumenau [...] in der parallel zum Fluß verlaufenden Hauptstraße mit Hilfe eines Handwebstuhls und einer Kiste Garn mit der Strumpf- und Trikotwirkerei"[2]. Vor der Jahrhundertwende wurden noch *Karsten* in Blumenau sowie *Buettner* und *Renaux* in Brusque gegründet, Firmen, die heutzutage den größten Industriebetrieben Santa Catarinas angehören. Am Anfang produzierten diese Firmen für den lokalen Markt, das heißt Blumenau bzw. Brusque; später jedoch wurde zunehmend der regionale Markt anvisiert. Ein gutes Beispiel dafür ist *Hering*: War man bis 1890 (also 10 Jahre nach Firmengründung) auf Blumenau als Absatzmarkt angewiesen, so dehnte sich dieser rasch aus. Im Jahr 1910 wurde schließlich Rio Grande do Sul und 1914 São Paulo und Rio de Janeiro erreicht (MAMIGONIAN 1965, S. 413; SINGER 1974, S. 116). Im Verlauf der ersten Entwicklungsphasen wuchsen die bereits im 19. Jahrhundert gegründeten Textilfirmen. Weitere kamen in den ersten Jahren des 20. Jahrhunderts dazu, darunter *Schlösser* 1911 in Brusque. Nach dem Ende des Ersten Weltkrieges, als Hering mit seinen Produkten schon São Paulo und Rio de Janeiro erreicht

---

1 Zur jüngsten sozioökonomischen Entwicklung des Itajaítals siehe AMMVI (1990), CUNHA (1992, S. 128 ff.), SANTA CATARINA & AMAVI (o.J.) und Veja (11.8.1993, S. 56-57).

2 Vgl. KOHLHEPP (1968, S. 77); zur Entstehung und Entwicklung der Firma *Gebrüder Hering* siehe auch COLOMBI (1979) und HERING (1987, S. 87-110 und 205-218).

hatte, erlebte die brasilianische Textilindustrie als selbständiger Zweig der noch schwachen nationalen Industriestruktur ihren eigentlichen *take-off*, der in den 20er und 30er Jahren zu ihrer Integration und gleichzeitigen Konsolidierung führen sollte (HABER 1991).

Bis Zum Ende des Zweiten Weltkrieges wurden weitere Textilfirmen gegründet (*Teka* 1935 und *Garcia*, heute *Artex*, 1936). Die Einführung von Innovationen im Produktionsbereich, die Entwicklung neuer Produkte und die Eroberung neuer Märkte sind wichtige Merkmale dieser Entwicklungsphase der regionalen Textilindustrie (HERING 1987, S. 88 ff).

Zwischen Mitte der 40er Jahre und Mitte der 60er Jahre modernisierten sich die wichtigsten Textilbetriebe weiter. Eine größere Anzahl von Firmen eroberte zunehmend Anteile des regionalen und nationalen Marktes. Schon seit Anfang des 20. Jahrhunderts war die Textilbranche die wichtigste in der Blumenauer Industriestruktur, nach dem Zweiten Weltkrieg konsolidierte sie sich auch im regionalen Kontext als wichtigster Industriezweig[1].

Die Phase nach 1965 ist für die lokale Textilindustrie von größter Bedeutung. In diesem Zeitraum konsolidierten sich die sogenannten „sechs Großen": *Artex, Cremer, Hering, Karsten, Sul Fabril* und *Teka*. Sie sind die Betriebe, die in Blumenau und der Region die Großzahl der Arbeitsstellen anbieten, den größten Umsatz machen und für den größten Exportanteil der Region verantwortlich sind[2]. Sie nutzen auch die ökonomischen Vorteile einer solch günstigen Position, um auf lokaler wie regionaler Ebene Einfluß auf die sozialen und politischen Verhältnisse auszuüben (mündliche Information, Herr E. F. V., ACIB, Blumenau, 18.1.1995). Einige der großen Textilbetriebe diversifizierten ihre Investitionen, gründeten neue Betriebe in anderen Branchen und bildeten nach 1965 Holdings. Diese Entwicklungen sollen am Beispiel der wichtigsten Betriebe kurz skizziert werden. Die verfügbaren Quellen sind sich einig darüber, daß die sechs genannten Textilbetriebe die wichtigsten in Blumenau sind. Was die Stellung dieser Betriebe innerhalb Brasiliens angeht, so ist es nicht überraschend, daß sich unter den 300 größten privaten Gruppen Brasiliens fünf Textilbetriebe mit Sitz im Itajaítal befinden: *Cremer, Hering, Karsten, Renaux* und *Sul Fabril* (Vgl. GAZETA MERCANTIL 1994a, S. 98-137). Die folgende Zusammenstellung gibt einen Überblick über die Branchen- und Konzernstruktur dieser Firmen. Das Beispiel des *Hering*-Konzerns steht dabei stellvertretend für die zunehmende Einflußnahme der Textilindustrie im regionalen, nationalen und - in begrenztem Maße - sogar globalen Maßstab[3].

---

1 Siehe hierzu KOHLHEPP (1968, S. 142-144), LAGO (1968, S. 326-331), MAMIGONIAN (1965, S. 428) und MATTOS (1968, S. 61-66).

2 In den 90er Jahren erzielten die „sechs Großen" einen jährlichen Umsatz von etwa US$ 1 Mrd. und beschäftigen rund 38.000 Arbeiter.

3 *Hering* ist einer der größten brasilianischen Textilexporteure: 30% der Gesamtproduktion wird in mehr als 40 Länder exportiert.

Hering (Platz 26)

über 28.000 Beschäftigte
Textil, Nahrungsmittel, Handel, Außenhandel, Transport, Forstwirtschaft

- Cia. Hering
- Coml. Hering S/A
- Lojas Hering
- Hering do Nordeste S/A Malhas (Pernambuco)[1]
- Hering Textil S/A (vier Betriebe in Blumenau)
- Hering Textil S/A (Gaspar)
- Hering Textil S/A (Ibirama)
- Hering Textil S/A (Indaial)
- Hering Textil S/A (Rodeio)
- Invs. Part. Inpasa S/A
- Ceval Agroindustrial S/A (Abelardo Luz)
- Ceval Agroindustrial S/A (Campos Novos)
- Ceval Agroindustrial S/A (Capinzal)
- Ceval Agroindustrial S/A (Chapecó)
- Ceval Agroindustrial S/A (Itapiranga)
- Ceval Agroindustrial S/A (Jaraguá do Sul)
- Ceval Agroindustrial S/A (Papanduva)
- Ceval Agroindustrial S/A (Pinhalzinho)
- Ceval Alimentos S/A (Chapecó)
- Ceval Alimentos S/A (Gaspar)
- Ceval Alimentos S/A (São Francisco do Sul)
- Ceval Alimentos S/A (Xanxerê)
- Ceval Florestal (Gaspar)
- Ceval Export S/A (Gaspar)
- Ceval Centro-Oeste S/A

1   Im September 1994 wurden 50% der Aktien der Firma *Hering do Nordeste S/A Malhas* an die Gruppe *Vicunha* verkauft (Vgl. JSC Economia 13.11.1994, S. 3).

Gazeta Mercantil 1994a, S. 104-105; Veja Nr. 1.323, 19.1.1994, S. 57

Cremer (Platz 183)

Textil, Kunststoff

- Cremer S/A Produtos Têxteis e Cirúrgicos
- Plásticos Cremer S/A

Gazeta Mercantil 1994a, S. 122-123; Expressão Nr. 33, Juni 1993, S. 57-61

Karsten (Platz 188)

Textil

- Cia. Textil Karsten Blumenau
- Cia. Textil Karsten Pomerode
- Fiovale S/A Ind. e Com. de Fios Têxteis

Gazeta Mercantil 1994a, S. 122-123

Sul Fabril (Platz 200)

Bekleidung, Außenhandel

- Sul Fabril S/A (Ascurra)
- Sul Fabril S/A (Blumenau)
- Sul Fabril S/A (Gaspar)
- Sul Fabril S/A (Joinville)
- Sul Fabril S/A (Rio do Sul)
- Sul Fabril Nordeste S/A (Rio Grande do Norte)
- Sul Fabril Trading S/A

Gazeta Mercantil 1994a, S. 122-123

Renaux (Brusque) (Platz 258)

ca. 2.200 Beschäftigte
Textil, Handel

- Fáb. de Tecidos Carlos Renaux S/A
- Fiação Renaux S/A
- Indústrias Têxteis Renaux S/A
- Lojas Renaux Ltda

Gazeta Mercantil 1994a, S. 130-131; JSC Economia 21.8.1994, S. 8

Abbildung 30
Hering-Konzern: Umsatz und Beschäftigung in der Sparte Textil 1992-1994

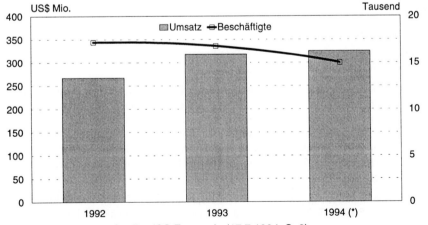

Quelle: JSC Economia (17.7.1994, S. 8).
(*) Schätzung

Die Textilabteilung, die wichtigste des Konzerns bis Ende der 80er Jahre (siehe Abbildung 30), ist mit einer Produktionseinheit seit 1988 auch in Spanien vertreten, wo 780 Arbeiter (Stand 1991) beschäftigt werden. Weitere Projekte zur internationalen Ausdehnung der Textilabteilung schließen auch Länder wie Deutschland und die Vereinigten Staaten ein (NUNES 1993, S. 72).

Die Nahrungsmittelabteilung (CEVAL Alimentos S/A) wurde 1972 in Gaspar gegründet und hat 10.939 Beschäftigte. *Ceval* ist gegenwärtig der größte brasilianische Exporteur im Bereich Nahrungsmittel: 42% der Gesamtproduktion wird in circa 60 Länder exportiert. Wie der Textilsektor ist auch *Ceval* vorwiegend in Santa Catarina vertreten, besitzt aber auch einige Einheiten in andere Bundesstaaten. Seit 1993 befindet sich eine Einheit der *Ceval* auch in Portugal (NUNES 1993, S. 72).

Über die Bedeutung der Präsenz der Gruppe *Hering* im Itajaítal und den Einfluß des Konzerns auf die Region gibt es nur wenige empirische Arbeiten. Das Beispiel der *Hering*-Niederlassung im Munizip Rodeio soll die Rolle dieses Konzern verdeutlichen. Dort eröffnete *Hering* 1974 eine Produktionseinheit mit circa 500 Arbeiterinnen in einem Gebäude, das die *Prefeitura Municipal de Rodeio* dem Unternehmen zur Verfügung stellte.

Eine neue Einheit, in der etwa 1.000 Frauen beschäftigt wurden, wurde 1978 in Betrieb genommen. Die Auswirkungen der Installation dieser Produktionseinheiten auf das Munizip sind differenziert zu bewerten: Einerseits modernisierte sich das Munizip und erlebte eine rasche Verstädterung. Insbesondere die ökonomischen Vorteile der Fabrikgründungen wurden und werden von kaum jemand in Frage gestellt. Andererseits gibt es Anzeichen dafür, daß sich die sozialen Bedingungen der angestellten Frauen[1] und deren Familien verschlechtert haben[2].

Obwohl sie nicht in der Liste der 300 größten privaten Gruppen Brasiliens aufgeführt sind, sind auch die Gruppen *Artex*, *Dudalina*, *Haco* und *Teka* in Blumenau[3] und *Buettner*[4] in Brusque wichtige Konzerne der Region. *Artex*, einer der „sechs Großen" in Blumenau, wurde an die Gruppe *Garantia* (Brahma, Americanas, Banco Garantia) verkauft. Auch nachdem die Familie Zadrozny den Besitz des Betriebes verloren hatte, blieb seine Bedeutung für die lokale bzw.

---

1 Zur Bedeutung der Frauenarbeit für die Textilindustrie seit dem Beginn der industriellen Revolution in Großbritannien siehe PENN et al. (1991).

2 Vgl. MOSER (1985); dazu einige Aussagen der Arbeiterinnen: "Das ist Sklaverei, nicht Arbeit. Die treten auf einen drauf. Man ist gar nichts [...] Wenn man heute 70 schafft, wollen die morgen mehr" (S. 90); "Viele überanstrengte Frauen verlassen die Arbeit nicht. Sie lassen die Produktion nicht sinken, weil sie mehr verdienen wollen. Sie nehmen Tabletten ein" (S. 116); "Ich würde nicht mehr zur Hering zurückkehren. Viele bleiben nur wegen des Geldes [...] Die Mehrheit leidet an Nervenkrankheiten" (S. 117); "Dort zwingen sie die Leute, mehr zu produzieren, als diese produzieren können" (S. 117).

3 Zu der Firma *Dudalina* vgl. Expressão (Nr. 31, April 1993, S. 55-58); zu der Firma *Haco* vgl. JSC Economia (22.5.1994, S. 8); zu der Firma *Teka* vgl. JSC Economia (13.11.1994, S. 3).

4 Die Firma *Buettner* wurde im Jahr 1898 gegründet; zur Zeit werden vom Betrieb etwa 2.000 Arbeiter beschäftigt; der jährliche Umsatz liegt bei US$ 54 Mio., ca. 45% der Gesamtproduktion werden exportiert.

regionale Ökonomie sehr groß. Im Oktober 1994 kaufte *Artex* die Mehrheit der Aktien der Firma *Toália S.A. Indústria Textil* von der Gruppe *Moinho Santista* in João Pessoa (Paraíba) (JSC Economia 13.11.1994, S. 3).

Es besteht kein Zweifel daran, daß die Textilindustrie (sowie die Bekleidungsindustrie) in der Vergangenheit eine wichtige Rolle in der Entwicklung des Itajaítals spielte (vgl. z.B. VIDOR 1995, S. 153-163). Es stellt sich jedoch in der zweiten Hälfte der 90er Jahre die Frage, wie lange die Bedeutung der Textilindustrie noch andauern wird. Diese Frage kann nur im Kontext der zunehmenden Globalisierung beantwortet werden. In diesem Zusammenhang ist wichtig, daß die peripher-kapitalistischen Länder ihre Beteiligung am Welthandel für Textilprodukte von 18% im Jahr 1963 auf 25% im Jahr 1986 und für Produkte der Bekleidungsindustrie von 15% auf 41% erhöhen konnten. Jedoch setzte sich in den 80er Jahren der mit wenigen Ausnahmen in den 60er und 70er Jahren begonnene Modernisierungsprozeß der brasilianischen Textilindustrie nicht fort, genau zu dem Zeitpunkt, als entscheidende Innovationen in der Textilbranche sowohl in zentral-kapitalistischen Ländern als auch in den südostasiatischen NICs in großem Umfang eingeführt wurden (SCHERER & CAMPOS 1993, S. 235, 242).

Tabelle 30
Wachstumsraten brasilianischer Exporte von Textil- und Bekleidungsprodukten 1970-1991

Zeitraum	Textilprodukte A	Produkte der Bekleidungsindustrie B	A + B
1970 - 1981	31,05%	38,89%	31,74%
1981 - 1991	1,70%	10,42%	3,15%

Quelle: SCHERER & CAMPOS (1993, S. 248).

Hinzu kommt noch, daß die Wachstumsraten brasilianischer Textil- und Kleidungsexporte in den 80er Jahren deutlich niedriger waren als in den 70er Jahren (siehe Tabelle 30) und infolgedessen Brasilien einen nur unbedeutenden Anteil von etwa 1,2% (1988) am Welthandel für Textil- und Bekleidungsprodukte hat. Zu den Gründen, weshalb die brasilianischen Textilexporte so dramatisch fielen bzw. warum Brasilien einen so geringen Anteil am Welthandel für Textil- und Bekleidungsprodukte hat, zählen[1]:

(a) Hohe Anschaffungskosten für moderne Maschinerien;

(b) Technologischer *gap*;

(c) Dynamik der Funktionsweise der Textilbetriebe;

(d) Wirtschaftskrise der 80er Jahre;

(e) GATT/WTO Multifaserabkommen.

---

1   Zur Ausfuhr brasilianischer Textilprodukte siehe ARAÚJO Jr. et al. (1990) und SCHERER & CAMPOS (1993).

Obwohl in Brasilien die Textilindustrie unter den dynamischen Branchen zunehmend an Bedeutung verliert (SILVA 1994, S. 153), dominieren die Textilbetriebe noch immer den regionalen Wirtschaftsraum des Itajaítals. Insbesondere die „sechs Großen" erzielen bedeutende Umsätze, exportieren mehr als die Industriebetriebe anderer Branchen und sind nach wie vor für das größte regionale Arbeitsstellenangebot verantwortlich (siehe Tabelle 31).

Tabelle 31
Die *sechs großen* Blumenauer Textilbetriebe (Stand 1993/1994)

Textilbetriebe	Zahl der Beschäftigten	Umsatz (Mio.US$)	Exportquote
Artex	3.936	99,3	52%
Cremer	2.500	91,0	15%
Hering	17.467	267,0	30%
Karsten	2.000	80,0	57%
Sul Fabril	4.900	101,0	30%
Teka	7.000	240,0	25%

Quelle: Eigene Zusammenstellung nach Expressão (Nr. 33, Jg. 3, Juni 1993, S. 21) und JSC Economia (verschiedene Ausgaben).

Die Frage, wie lange die Bedeutung der Textilindustrie im Itajaítal noch andauern wird, hängt von Faktoren wie der rechtzeitigen Einführung neuer Organisationsformen und technologischen Innovationen ab, nicht zuletzt jedoch auch von der Stabilität des in Brasilien herrschenden Entwicklungsmodells und der (politischen) Fähigkeit der lokalen bzw. regionalen Eliten, sich den Richtlinien dieses Modells anzupassen[1].

7.3.3 Bemerkungen zum sozialen Block im Itajaítal

Gemäß Definition der Kategorie des *sozialen Blocks* in Kapitel 1.4. stellt diese die konkrete historische Verbindung zwischen dem Akkumulationsregime und der Regulationsweise auf verschiedenen räumlichen Ebenen im Kontext eines nationalen Entwicklungsmodells dar (ESSER & HIRSCH 1994). Diese Verbindung entspricht einem stabilen System von Herrschaftsverhältnissen, Bündnissen und Zugeständnissen zwischen herrschenden sowie untergeordneten sozialen Klassen und Gruppen. Im vorliegenden Fall ist ein sozialer Block auf regionaler Ebene hegemonial, wenn die dominierenden Interessen in der Region vollständig berücksichtigt werden. In einem hegemonialen Block muß derjenige Teil der Region, dessen Interessen überhaupt keine Berücksichtigung finden, sehr niedrig sein (LEBORGNE & LIPIETZ 1990a, 1991, 1992b; LIPIETZ 1991c, 1994b).

---

[1] Siehe hierzu Expressão (Nr. 31, April 1993, S. 10-12; Nr. 33, Juni 1993, S. 20-35; Nr. 41, Februar 1994, S. 12-19) und JSC Economia (13.11.1994, S. 1).

An dieser Stelle wird versucht, den hegemonialen sozialen Block des Itajaítals darzustellen. Dabei soll insbesondere die Tatsache berücksichtigt werden, daß sich im Laufe der verschiedenen, bereits analysierten Entwicklungsphasen, unterschiedliche Blöcke gebildet haben und eine entsprechende hegemoniale Position in der Region einnahmen.

Aus den Einwanderern beispielsweise entstanden soziale Gruppen, die in Blumenau, Brusque und Umgebung die politische Macht auf sich vereinigten und im Laufe der Zeit ihre Herrschaft gegenüber der Mehrheit der Einwohner (Kolonisten, Handwerker, später Industriearbeiter usw.) ausübten, wie Bruno und Hermann Hering, Johann Karsten, Alfred Hering, Paul Fritz Kuehnrich, Alwin Schrader, W. Cremer, Carlos Renaux, G. Schlösser, P. Werner sowie Alice Hering, Zadrozny, Huber, Fritzsche, da Graça, Edgar von Buettner, Gross, Steinbach u.a. (VIDOR 1995, S. 52-55). Zunächst aber ist zu bemerken, daß infolge der vergleichsweise schwächeren Entwicklung der anderen Munizipien die Eliten Blumenaus gleichzeitig die regionalen Eliten darstellten. Sie sollen daher im folgenden näher betrachtet werden.

Zu Beginn waren es die Blumenauer **Händler**, die den hegemonialen sozialen Block bildeten. Sie dominierten die lokale bzw. regionale Politik bis in die 20er Jahren hinein. So wird am 11. August 1901 von den Herren Altenburg, Blohm, Hering, Menstedt, Salinger, Schaeffer und Specht (fünf Händler und zwei Industrielle) die Handelskammer (*Associação Comercial*) gegründet. Von Anfang an sehr einflußreich in wirtschaftlichen wie politischen Angelegenheiten, entsteht aus diesem Verband die heute weiterhin sehr einflußreiche Blumenauer Industrie- und Handelskammer ACIB (*Associação Comercial e Industrial de Blumenau*) (SIMÃO 1995, S. 40, 46).

Mit der Entwicklung der Industrie bildete sich ein Block, der die Interessen der Händler und der Industrieunternehmer verband. Die Vertretung dieser Interessen fand insbesondere in der lokalen Politik ihren Ausdruck. Mit der Expansion der Industrie nahm auch die politische Macht der **Industrieunternehmer** zu, deren Ziel jedoch nicht unbedingt die lokale Regierung (*Prefeitura*) war. Zum einen übten die Industrieunternehmer schon ihre ökonomische Macht auf lokaler Ebene aus, zum anderen führte die kulturelle Identität der deutschstämmigen Brasilianer zur Auflösung der Klasseninteressen, so daß keine Antagonismen zum Ausdruck kamen. Die lokalen Unternehmer, die den lokalen hegemonialen Block bildeten, versuchten vielmehr, in der Landespolitik Einfluß zu gewinnen, was ihnen im Laufe der Zeit auch gelang.

Die Entwicklung der Produktivkräfte und die Erweiterung der lokalen Arbeitsteilung führten zu steigenden Interessenkonflikten zwischen Händlern und Industriellen in Blumenau. Am 9. Mai 1923 übernimmt ein Industrieller (Curt Hering) zum ersten Mal die Macht im Munizip und wird zum Bürgermeister - ein deutliches Zeichnen für den Machtverlust der Blumenauer Händler (SIMÃO 1995, S. 40, 62). Obwohl die Industrieunternehmer Blumenaus nicht die lokale Regierung anvisierten, wurden zwischen 1945 und 1969 entweder Industrieunternehmer selbst oder Vertreter der Unternehmerschaft als Bürgermeister gewählt. Allein diese Tatsache unterstreicht die Dominanz dieser sozialen Gruppe in der Blumenauer Herrschaftstruktur.

Verbargen sich vor dem Zweiten Weltkrieg die Interessenkonflikte zwischen den verschiedenen sozialen Gruppen hinter der ethnischen Solidarität, so brachen diese aus, sobald die neue, aus der regionalen Entwicklung heraus erweiterte Arbeitsteilung zur Stärkung neuer sozialer Gruppen führte (SIMÃO 1995, S. 73).

Wer sind nun diese neuen sozialen Gruppen? 1941 wurde die Gewerkschaft der Textilarbeiter mit dem Namen *Associação Profissional dos Trabalhadores nas Indústrias de Fiação e Tecelagem de Blumenau* zunächst als Verein gegründet, bevor sie 1950 in Gewerkschaft (*Sindicato*) umbenannt wurde. Merkwürdig ist, daß die Gründung der Gewerkschaft am 3. Mai 1941 unter Anwesenheit wichtiger Leute aus Politik und Wirtschaft vollzogen wurde, jedoch ohne die Präsenz der Arbeiterklasse. Dies zeigt, daß die Gewerkschaft der Textilarbeiter, seitdem sie ins Leben gerufen wurde, stets den eigentlichen Interessen des lokalen Kapitals diente. Der erste Streik der Textilarbeiter fand zwar schon 1920 statt, aber Streiks, die es verdienen, als politische Ereignisse bezeichnet zu werden, gab es erst 30 Jahre später. So fanden zwischen 1949 und 1950 drei Streiks in der Textilbranche statt, die als Zeichen für die Herausbildung einer **Arbeiterklasse** in Blumenau gelten können, die ihre Interessen als soziale Klasse erkannt hatte (SIMÃO 1995, S. 73, 91-95). Die Entstehung und Verstärkung der Arbeiterklasse in Blumenau bewies jedoch im Grunde nur, daß die Akkumulation des lokalen bzw. regionalen Kapitals, also die ökonomische Entwicklung, zur politischen Hegemonie der Unternehmer als soziale Klasse geführt hatte.

Diese Hegemonie kommt in den 60er Jahren deutlich zum Ausdruck. Die Position der lokalen Industriekapitalisten gegenüber dem Militärputsch am 1. April 1964 in Brasilien ist ein klares Zeichen der herrschenden Machtverhältnisse. Der Bürgermeister Hercílio Deeke, Vertreter der Interessen der Blumenauer Unternehmen, veröffentlichte eine Mitteilung in einer während dieser Zeit bedeutsamen lokalen Zeitung. In dieser Botschaft unterstützt er das Militär, weil dieses die Gefahr einer proletarischen Diktatur gebannt und somit die Demokratie in Brasilien gerettet habe: "O regime democrático é que tem feito a grandeza do Brasil" (sic!) (SIMÃO 1995, S. 84).

Die Industrieunternehmer, die ja schon die Führungskräfte der alten bürgerlichen Parteien PSD und vor allem UDN waren, gründeten 1965 auf lokaler Ebene die ARENA, die rechtskonservative Partei, die das Militärregime voll unterstützen sollte. Unter den Gründern der ARENA befand sich der damalige Vorsitzende des größten Unternehmens Blumenaus, Ingo Hering, der in der lokalen Politik von 1951 bis 1970 aktiv war. Von 1970 an machte Ingo Hering den Weg frei für seinen Sohn Dieter Hering, der ebenfalls der ARENA angehörte. Die Arbeiterklasse, die sich quantitativ vermehrte, verstärkte sich als politische Kraft auch während der Diktaturperiode und wählte von 1970 bis 1988 systematisch gegen die ARENA und die lokalen Eliten. Die Verstärkung der Arbeiterklasse zeigte sich insbesondere 1989, als der größte Streik Blumenaus stattfand. Dieser Streik, im Rahmen eines nationalen Generalstreiks, wurde zu Beginn von allen Gewerkschaften Blumenaus ausgerufen. Doch insbesondere die 30.000 Textilarbeiter aus Blumenau, Gaspar und Indaial, die seit 1988 einen neuen, zum ersten Mal von den Textilunternehmen unabhängigen Vorstand gewählt hatten, konnten endlich ihre Interessen zum Ausdruck bringen (SIMÃO 1995, S. 84, 87, 106-108).

Wer sind nun gegenwärtig die Teilnehmer des hegemonialen sozialen Blocks im Itajaítal? Die zwei „klassischen" sozialen Klassen stehen in diesem Kontext im Vordergrund: die Industrieunternehmer und die lokale Arbeiterklasse. In Blumenau werden die Interessen dieser Akteure durch ihre jeweiligen Verbände und Vereine vertreten. Die lokalen Kapitalisten werden vor allem durch den obengenannten Handels- und Industrieverband ACIB, die 24 sektoralen Arbeitgebervereine (*sindicatos patronais*) und den Verband der Kleinbetriebe ACIMPEVI (*Associação das Micro e Pequenas Empresas do Vale do Itajaí*) vertreten. Die Arbeiter dagegen sind in 29 sektoralen Gewerkschaften organisiert (SIMÃO 1995, S. 37), daneben noch in über 70 (1990) Einwohnervereinen (*associações de moradores*)[1], die zunehmend Aufmerksamkeit erwecken (THEIS o.J.). Die Mitglieder der lokalen Arbeiterklasse gehören aber auch anderen Organisationen an, vor allem den Nicht-Regierungsorganisationen (NRO). Wie bereits in Unterkapitel 7.1. erwähnt, stellen die NRO auch im Itajaítal wichtige neue soziale Akteure dar. Neben den Gewerkschaften (*alte* Arbeiterbewegung), befassen sich auch die befragten NRO vorwiegend mit der Umweltproblematik. Dabei nimmt die Bedeutung regionaler NRO in dem Maße zu wie die Probleme, die sie bekämpfen.

Innerhalb des regionalen sozialen Blocks sind es aber vor allem die Industrieunternehmer, die ihre ökonomische Macht in politische Hegemonie umwandeln und somit ihre führende Position zum Ausdruck bringen. Hierunter fallen insbesondere die bereits erwähnten sechs großen Blumenauer Textilbetriebe: *Artex, Cremer, Hering, Karsten, Sul Fabril* und *Teka* (SIMÃO 1995, S. 37), wobei es natürlich nicht die Betriebe als solche, sondern ihre Hauptaktionäre und Geschäftsführer sind, die eine politische Rolle in Rahmen des regionalen sozialen Blocks spielen (siehe Tabelle im Anhang). Obwohl immer wieder behauptet wird, daß sich die Unternehmer nicht in der Politik engagieren (ALVES 1994, S. 6-9), sind die Industriekapitalisten der untersuchten Region sehr wohl in der institutionalisierten Politik aktiv. Haben sie in der Vergangenheit Parteien wie UDN und ARENA gegründet und somit die politische und sozioökonomische Entwicklung auf regionaler, bundesstaatlicher und sogar nationaler Ebene bestimmen können, so stehen sie auch nach der von ihnen meist ungewollten Demokratisierung des Landes an der Spitze der politischen Entscheidungen. Im Jahr 1980 gründeten sie auf bundesstaatlicher Ebene die neue nationale rechtskonservative Partei PDS als Nachfolgerin der ARENA. Zu den Gründungsmitgliedern zählen unter anderen Ingo Zadrozny (*Artex*), Ingo Wolfgang Hering (*Hering*), Abramo Moser (*Hering*), José Erico Dalla Rosa (*Sul Fabril*), Mário John (*Teka*), Siegfried Liesenberg (*Teka*) und Carlos Cid Renaux (*Renaux*) (AGUIAR 1995, S. 112).

Schließlich ein letzter, aber deswegen nicht weniger wichtiger Hinweis zur Frage des regionalen sozialen Blocks: Ein äußerst bedeutsamer Aspekt der lokalen Machtverhältnisse bis Ende des Zweiten Weltkrieges stellte die Gleichgültigkeit der untergeordneten sozialen Gruppen gegenüber ihren eigenen Interesse (*indiferenciação de interesses*) dar. Bis Mitte der 40er Jahre wurden Interessenkonflikte unter angeblicher ethnischer Solidarität verdeckt. Was oben als kulturelle Identität bezeichnet wurde, führte zur Auflösung der Klasseninteressen. Als sich jedoch die Industrieunternehmer vollständig gegen die Händler durchsetzten, insbesondere aber

---

1   Hier muß allerdings mit großer Vorsicht darauf hingewiesen werden, daß die Einwohnervereine nicht *nur* aus Arbeitern bestehen. Obwohl die Mehrheit der Mitglieder tatsächlich Arbeiter sind, gibt es auch einige Klein- und Kleinstunternehmer (*microempresários*)!

als die Arbeiterklasse etwa zwei Jahrzehnte später als wichtiger politischer Akteur auftrat, ließ die Kraft des Argumentes einer ethnischen Identität nach[1].

Die volle Blüte der politischen Interessendivergenzen in Blumenau und in der Region entfaltete sich also erst mit der Entstehung und Entwicklung einer modernen Arbeiterklasse, das heißt in den 50er und vor allem 60er Jahren. Dies aber bedeutet längst nicht, daß die Arbeiter als soziale Klasse den lokalen hegemonialen Block bestimmen. Im Gegenteil: die hegemoniale Klasse auf lokaler Ebene bleibt weiterhin die der industriekapitalistischen Unternehmer. Die Arbeiterklasse aber hat sich in Blumenau endlich zu einem wichtigen politischen Akteur entwickelt (SIMÃO 1995, S. 165) - und das ist nicht wenig.

Genügt es aber einerseits, daß die Arbeiterklasse an Bedeutung gewann? Genügt es andererseits, daß NRO, die anscheinend bestimmte gesellschaftliche Interessen vertreten, auch eine Rolle spielen? Wenn man daran erinnert, daß die Sphäre der sozialen Bewegungen während des Fordismus von der Arbeiterbewegung, also von den bürokratischen Gewerkschaften, monopolisiert war und daß diese in einigen Ländern wie Brasilien korporatistische Beziehungen zum Staat und zu den Arbeitgebern pflegten, dann stellt sich die Frage, ob die *new times* nicht doch nach neuen Akteuren und neuen Verhältnissen verlangen. Darüber hinaus wurde in dieser Arbeit bereits auf neue Konfliktgebiete aufmerksam gemacht, die mit dem fordistischen Entwicklungsmodell entstanden sind. Wie die korporatistischen Verhältnisse zwischen den alten sozialen Bewegungen (grundsätzlich also der Arbeiterbewegung), dem Staat und den Kapitalisten dem Fordismus entsprachen, so entspricht die Entstehung der neuen sozialen Bewegungen, darunter natürlich einer anderen Arbeiterbewegung, der Ökologie-NRO usw., einem neuen Entwicklungsmodell[2]. Die Bildung neuer sozialer Blocks auf verschiedenen räumlichen Ebenen, die daraus notwendigerweise resultieren müssen, können zu günstigeren Kompromissen für breitere Teile der Gesellschaft führen. Es ist zwar ein großer Fortschritt, daß sich die Arbeiterklasse in der Untersuchungsregion zu einem bedeutenden politischen Akteur entwickelt hat und daß im Bereich der *sociedade civil* neue Akteure, wie die genannten NRO, entstanden sind, doch genügt dies allein?

---

1   KOHLHEPP (1968, S. 211) weist mit großer Sensibilität darauf hin, daß es "infolge der Industrialisierung [...] nach einer primären sozialen Nivellierung zum Zeitpunkt der Einwanderung über die Zwischenstufe der sozialen Differenzierung zwischen Vendisten und Kolonisten zu einer Bildung ausgeprägter sozialer Klassen [kam]. Innerhalb der durch die lusobrasilianische Zuwanderung verstärkten Arbeiterklasse ging die Assimilation am schnellsten vor sich. *Die Klassensolidarität überprägte die interethnischen Unterschiede* und damit auch traditionelle Kulturwerte wie die Sprache. Bei den Industriearbeitern wird heute die Zugehörigkeit zu gewerkschaftlichen Organisationen wichtiger empfunden als die Erhaltung traditioneller ethnischer Bindungen" (Hervorhebung vom Autor).

2   Die neuen sozialen Bewegungen werden einerseits als Antwort auf die Widersprüche und die Krise des Fordismus betrachtet, sie werden andererseits aber auch als Akteure verstanden, die zur Bildung eines neuen Entwicklungsmodells beitragen (Vgl. STEINMETZ 1994, S. 192).

7.3.4 Die Entstehung flexibler Akkumulationsstrukturen

In Kapitel 7.3.1. wurde gezeigt, daß die traditionellen Industriebranchen - Holzverarbeitung, Nahrungsmittel und in geringem Maße sogar die Textilbranche - im Rahmen der regionalen Industriestruktur an Bedeutung verlieren. Im Fall der Textilindustrie ist wichtig festzuhalten, daß nur eingeschränkt von einem wirklichen Bedeutungsverlust gesprochen werden kann, da die sozioökonomische und politische Bedeutung der Textilbranche in der und für die Region weiterhin groß ist (mündliche Information, Herr E. F. V., ACIB, Blumenau, 18.1.1995). In diesem Zusammenhang darf vor allem nicht vergessen werden, daß in den letzten Jahrzehnten gerade Hersteller von Textilien und Bekleidung in den zentral-kapitalistischen Ländern am stärksten unter der Konkurrenz der NICs zu leiden hatten. Dies hängt damit zusammen, daß in vielen Produktionsprozessen der Textil- und Bekleidungsindustrie in hohem Maße unqualifizierte, billige Arbeitskräfte eingesetzt werden, die in den zentral-kapitalistischen Ländern relativ knapp geworden sind. So verschoben sich die komparativen Vorteile zugunsten der Länder, die schlechter mit physischem und humanem Kapital ausgestattet sind. Am stärksten profitierte von diesem Trend eine kleine Gruppe von NICs wie Korea und Taiwan, die in der Lage waren, arbeitsintensive Produkte aufgrund niedriger Löhne billig herzustellen und auch zu exportieren (PARK & ANDERSON 1991).

An dieser Stelle soll es jedoch weder um die Verlierer, also die traditionellen Industriezweige, noch um die dynamischen Industriebranchen als Gewinner dieses industriellen Umstrukturierungsprozesses gehen. Vielmehr soll die Hypothese überprüft werden, ob die untersuchte Region am Beispiel des sehr spezifischen Wirtschaftszweiges der Softwareindustrie einen Raum *flexibler Akkumulation* darstellt.

Ein Raum *flexibler Akkumulation* bzw. *flexibler Produktion* ist prinzipiell durch das Vorhandensein und den hohen Stellenwert qualifizierter Arbeitskräfte charakterisiert. Die industrielle Restrukturierung, die aus der Krise des Fordismus resultierte, führte zu neuen Arbeitsteilungen sowohl innerhalb der Produktionseinheiten als auch zwischen Firmen. Unter den mikroökonomischen Folgen dieser industriellen Restrukturierung, die eine zunehmende Bedeutung im Kontext der *Geographie flexibler Produktionsräume* (MOULAERT & SWYNGEDOUW 1989) gewannen, erwies sich die Bevorzugung qualifizierter Arbeitskräfte als entscheidender Faktor (SCOTT 1986). Außer der Verfügbarkeit ausgebildeter und qualifizierter Arbeitskräfte hängen Entstehung und Entwicklung flexibler Akkumulationsräume aber auch mit Faktoren wie Zugang zu konkurrenzfähiger Industrietechnologie und *business service associations* zusammen (SCOTT 1992).

Nach diesen Kriterien lassen sich auch in Brasilien einige Räume flexibler Akkumulation erkennen (STORPER 1990, 1991; TAVARES 1992, 1994), die jedoch besser mit dem Begriff *selected urban regions of the periphery* (SCOTT & STORPER 1992, S. 10) zu bezeichnen sind. Ein gutes Beispiel dafür bildet die Industrieachse, die sich entlang der 590 km langen Autobahn *Fernão Dias* zwischen São Paulo und Belo Horizonte entwickelt hat und ein jährliches Wachstum von 10% aufweist. In dieser Region befindet sich beispielsweise Santa Rita do Sapucaí, eine Kleinstadt von circa 40.000 Einwohnern, in der sich 78 kleine und mittlere Betriebe der Computerbranche zusammenballen. Im *Interior* des Bundesstaates São Paulo sowie in Belo Horizonte, Curitiba, Joinville, Petrópolis, Porto Alegre, Salvador, Santa Maria und Vitória gibt es ähnliche Beispiele (s. Veja 25.1.1995, S. 78-80).

Einen wichtigen Anhaltspunkt zur Identifikation brasilianischer Räume flexibler Akkumulation stellt die Einteilung des nationalen Verbands der technologiefördernden Institutionen AN-PROTEC (*Associação Nacional das Entidades Promotoras de Tecnologia*) dar, nach der zehn Technologie-Pole (*pólos tecnológicos*) unterschieden werden (DROULERS 1993): Campinas, Curitiba, Florianópolis, Manaus, Paraíba, Santa Rita do Sapucaí, São Carlos, São José dos Campos und Rio de Janeiro (2).

STORPER (1990, 1991) und TAVARES (1992) wiesen darauf hin, daß sich auch in Blumenau und Umgebung eine Region beginnender flexibler Produktion herausbildet, wobei von der Annahme ausgegangen wird, daß im Itajaítal eine flexible Arbeitsteilung zwischen den Firmen im Textil- und Maschinenbaubereich stattfindet, die die Bildung von Netzwerken und somit die Ausbreitung von Innovationsprozessen ermöglicht[1]. Es wird sich zeigen, daß sich die Region unter spezifischen Annahmen als Raum flexibler Produktion bezeichnen läßt. Branchen wie Textilbereich und Maschinenbau können dabei eine wichtige Rolle im Kontext eines flexiblen Produktionsraumes spielen. Die Textilindustrie kann sich vor allem an der Gestaltung eines flexiblen Akkumulationsraumes beteiligen als Empfänger möglicher in der Region hergestellter High-Tech-Produkte. Diese Funktion könnten aber ebenso gut auch andere Industriezweige übernehmen. Ganz anders scheint es sich jedoch im Fall der neu entstehenden Softwareindustrie zu verhalten, deren Beitrag zur Bildung eines Raumes *flexibler Akkumulation* im Itajaítal bisher vernachlässigt wurde.

7.3.5 Die Bedeutung der Softwareindustrie im Itajaítal

Die erste EDV-Firma im Itajaítal wurde bereits im Jahre 1969 von den beiden Bankangestellten Ingo Greul und Décio Sales gegründet: *CETIL-Centro de Processamento de Dados das Indústrias Têxteis* erledigte zunächst die Datenverarbeitung für die lokalen Textilbetriebe und wurde im Laufe der Zeit zum größten nationalen Datenverarbeitungsbüro mit 18 Filialen in verschiedenen Städten Brasiliens (u.a. Presidente Prudente, São José do Rio Preto, Campo Grande) und sogar in Argentinien. Mit etwa 700 Beschäftigten bedient *CETIL* heute mehr als 1.800 Kunden, darunter 300 brasilianische Präfekturen. Parallel zur Entstehung und Entwicklung von *CETIL* wurden Arbeitskräfte in der Informatikbranche ausgebildet, die die Bildung neuer kleiner Firmen, vorwiegend im Bereich der Software-Herstellung, begünstigten, deren Zahl im Jahr 1995 in Blumenau bereits auf 48 gestiegen war[2].

---

1 "In Brazil, incipient flexible production zones have appeared in the textile and machinery industries of the small cities of Santa Catarina such as Blumenau and along the Valley of Itajaí" (Vgl. STORPER 1991, S. 115).

2 Nach mdl. Inf. Sr. C. T. (Blumenau, 31.1.1995); vgl. auch BIZZOTTO & RODRIGUES (1995, S. 89), GÖRGEN (1991) und Veja (12.6.1991, S. 9-11).

Während die Mehrheit dieser Firmen zunächst tatsächlich von ehemaligen *CETIL*-Mitarbeitern gegründet wurde, änderte sich dieses Profil in den 90er Jahren: Gründer der jüngsten Firmen sind heute überwiegend Absolventen der *Universidade Regional de Blumenau*. Die Universität Blumenau bildet dabei nicht nur Humanressourcen im Informatikbereich aus, sondern auch in anderen branchennahen Fachgebieten wie zum Beispiel Betriebswirtschaft (BIZZOTTO & RODRIGUES 1995, S. 90). Mittlerweile zählt der Informatiksektor etwa 1.500 qualifizierte Beschäftigte und erzielt einen jährlichen Umsatz von über US$ 30 Mio. (JSC 2.5.1993, S. 1; Veja 12.6.1991, S. 9).

Eine Studie unter 36 der 48 Firmen (vgl. RODRIGUES 1994) ergab, daß es sich bei der Hälfte um sogenannte *microempresas* („Kleinstunternehmen" nach brasilianischer Klassifikation) mit bis zu zehn Beschäftigten handelt. In fast 90% der Fälle wurde der Betrieb mit Eigenkapital eröffnet. Fast die Hälfte der Firmen handelt auf dem nationalen Markt, wobei sich 8% nur auf den regionalen Markt konzentrieren. Die Mehrzahl der Firmen ist auch international tätig (BIZZOTTO & RODRIGUES 1995, S. 90-92; RODRIGUES 1994).

Zwei kurze Beispiele mögen die Erfolgsgeschichte dieser Firmen unterstreichen: Die Firma *WK Informática* wurde von Werner Keske, einem der ersten Systemanalytiker des CETIL, gegründet. Sie beschäftigt 28 qualifizierte Angestellte und erzielte 1992 einen Umsatz von US$ 830.000[1]. Der Blumeauer Softwarefirma *Fácil Informática*, gegründet von José Carlos Pereira und José Milton da Silva, gelang es, in sieben Jahren über 100.000 Einheiten des in Brasilien sehr erfolgreichen Textverarbeitungsprogramms *Fácil* zu verkaufen[2].

Der Software-Distrikt Blumenaus, der die 48 Softwarehersteller in Blumenau vereinigt, wird vom Dachverband *BLUSOFT*, Blumenau Pólo de Software, koordiniert. Dabei reichen die Aufgaben von *BLUSOFT* weit über die Koordinierung der Aktivitäten der Softwarefirmen hinaus. So verfügt *BLUSOFT* über eine eigene Entwicklungsabteilung (genannt *Incubadora*, „Brutkasten"), die neben qualifizierten Arbeitskräften auch materielle und finanzielle Ressourcen zur Entwicklung eines bestimmten Projektes wie zum Beispiel einer neuen Software oder sogar zur Gründung einer neuen Firma im Softwarebereich bereithält. So wurden Ende 1994 13 verschiedene Projekte durchgeführt, von Produkten zur Automatisierung von Tankstellen über Kontrollsysteme für Textilfärbereien bis hin zu graphischen Benutzeroberflächen (Blusoft 1994; JSC Economia 11.12.1994, S. 4).

---

1 Siehe hierzu Expressão (Nr. 37, Oktober 1993, S. 23-24), JSC (2.5.1993, S. 1) und Veja (12.6.1991, S. 9).

2 Nach mdl. Inf. Sr. C. T. (Blumenau, 31.1.1995); zu den Erfolgen der Firma *Fácil Informática* siehe auch A Notícia (24.7.1993, S. 7), Diário Catarinense (24.7.1993, S. 15), GÖRGEN (1991), JSC (2.5.1993, S. 1) und Veja (12.6.1991, S. 10); während der jährlichen brasilianischen Software-Messe *Fenasoft* berichtete die Zeitschrift BYTE (1992, S. 46): "There were some signs [at Fenasoft-National Software Show] of what may prove to be fertile ground. A Brazilian company, Facil Informática, showed a word processor for Windows that seemed to be competitive with Word for Windows 2.0 and even performed rapid on-the-fly formatting in preview mode".

BLUSOFT profitiert dabei von der Teilnahme am Programm *Softex 2000* (*Programa Brasileiro de Software para Exportação*), das Software-Distrikte in verschiedenen Bundesstaaten Brasiliens mit dem Ziel der Exportförderung und der Erhöhung internationaler Marktanteile unterstützt. Im Rahmen dieses Programms entscheidet *BLUSOFT* über Ressourcenallokation, führt Veranstaltungen durch, vermittelt Kontakte zwischen Firmen, Forschungsinstituten (Universitäten) und Regierungsstellen auf Bundes-, Landes- und Gemeindeebene und bemüht sich, den Blumenauer Firmen den Zugang zu den wichtigsten Softwaremärkten zu erleichtern[1].

Bis zum Jahr 1994 wurden in ganz Brasilien 14 Distrikte in das *Softex 2000*-Programm aufgenommen (Vgl. Softex-2000 1994):

Software-Distrikte des Programms *Softex 2000*	
■ FUMSOFT-Belo Horizonte	■ SOFTVILLE-Joinville
■ BLUSOFT-Blumenau	■ Fundação Centro Tecnológico-
■ TECSOFT-Brasília	Juiz de Fora
■ CAMPINA GRANDE SOFTWARE-Campina Grande	■ SOFTSUL-Porto Alegre
	■ SOFTEX 2000/Núcleo de Recife-Recife
■ Associação Núcleo SOFTEX 2000-Campinas	
	■ RIOSOFT-Rio de Janeiro
■ CITS-Curitiba	■ POLOVALE-São José dos Campos
■ SOFTPOLIS-Florianópolis	■ CTSOFT-Vitória

Es ist bemerkenswert, daß Santa Catarina der einzige brasilianische Bundesstaat ist, in dem sich drei Distrikte des *Softex 2000*-Programms befinden (Blusoft-Blumenau, Softville-Joinville und Softpolis-Florianópolis). In diesem „Informatik-Dreieck" spielen Florianópolis (vorwiegend Hardware-Produktion) und das 140 km entfernte Blumenau (vorwiegend Software-Entwicklung) die Hauptrolle (Vgl. z.B. Veja 12.6.1991, S. 8).

Es wäre jedoch falsch zu behaupten, daß sich das Itajaítal plötzlich in eine High-Tech-Region verwandelt hat. Neben der Entstehung einer jungen Informatikbranche, deren Rolle noch mit Vorsicht zu betrachten ist, gilt weiterhin die Tatsache, daß die sozioökonomische und politische Bedeutung der Textilindustrie in und für die Region sehr groß ist. Auch hier haben in den letzten Jahren Innovationen stattgefunden, wie das Beispiel der Gründung eines Textiltechnologie-Zentrums (*Pólo Avançado de Tecnologia Textil*) in Blumenau zeigt, das vom Nationalen Berufsbildungswerk SENAI/SC (*Serviço Nacional de Aprendizagem Industrial*) gefördert wird. Neben Technologie, besonders in Form konkurrenzfähiger Industrie- und Maschinentechnologie, besitzt die Region ein überdurchschnittlich hoch qualifiziertes Arbeitskräfteangebot in allen Branchen, traditionell jedoch vor allem in der Textilindustrie.

---

1 Nach mdl. Inf., Herr C. T. (Blumenau, 31.1.1995); siehe auch BIZZOTTO & RODRIGUES (1995), Blusoft (1994), Gazeta Mercantil (29.8.1994, S. 10) und JSC (2.5.1993, S. 1).

Unter bestimmten Voraussetzungen ist es daher sicher gerechtfertigt, das Itajaítal zu den Räumen flexibler Produktion und Akkumulation in Brasilien zu rechnen. Zu diesen Voraussetzungen zählt vor allem, daß die Textilindustrie als typisch traditioneller Industriezweig neue Funktionen übernimmt, indem sie einerseits Katalysator von Innovationen ist, andererseits als Abnehmer der in der Region hergestellten High-Tech-Produkte auftritt. Unter diesen sehr spezifischen Annahmen kann behauptet werden, daß die Region die Phase vorwiegend fordistischer Produktionsprozesse überwunden hat, wofür auch die Entstehung der Softwarebranche einen wichtiges Indiz liefert.

7.3.6 Die Krise des regionalen Energiesystems

Die Analyse des regionalen Energiesystems im Itajaítal offenbart einen Widerspruch: Einerseits konnte gezeigt werden, daß sich die Region ökonomisch zu einem nach-fordistischen Raum flexibler Produktion entwickelt, andererseits aber ist die Bedeutung fordistischer und sogar präfordistischer Energieträger noch sehr hoch. Die *Energiefrage* erlangt hier eine geographische Dimension, da sich die Probleme, die mit der Energiegewinnung und -versorgung verbunden sind, direkt auf den Raum auswirken. An dieser Stelle steht die Energiefrage in den Munizipien der Untersuchungsregion im Vordergrund: Welche Energieträger werden regionsintern genutzt? Welche Energien versorgen die Munizipien des Itajaítals? Welche Rolle spielt die Präfektur einzelner Munizipien dabei? Welches sind die sozialen und ökologischen Implikationen der Energiegewinnung und -versorgung?

Bisherige Arbeiten, die sich mit Energieangelegenheiten auf regionaler bzw. lokaler Ebene auseinandersetzten, weisen entscheidende Einschränkungen auf: Sie beziehen sich meist auf den ländlichen Bereich[1], überschätzen die Möglichkeiten des Eingreifens lokaler Verwaltungen, bevorzugen die Nachfrageseite und unterschätzen die Bedeutung des produktiven Sektors als Energieverbraucher.

Die Bedeutung der Präfekturen ist eine der wichtigen Fragen in diesem Kontext. So wird beispielsweise behauptet, daß "von kommunalen energiepolitischen Entscheidungen wichtige andere Politikfelder berührt [werden], insbesondere die Umweltpolitik [...] in geringerem Umfang auch die Wirtschafts-, Verkehrs- und Industriepolitik" (RATH-NAGEL 1992, S. 73). Außerdem wird angenommen, daß "in der energierechtlichen und energiepolitischen Diskussion eine weite, allerdings nicht durchgängige Einigkeit darüber [besteht], daß Städte und Gemeinden als örtliche Angelegenheit die Daseinsvorsorge für ihre *Mitglieder* [...] mit Energiedienstleistungen zu verantworten haben" (FIEDLER 1992, S. 238).

Dies mag in einigen wenigen Ländern durchaus der Fall sein, aber insbesondere in den peripher-kapitalistischen Ländern haben kommunale Entscheidungen gegenüber Entscheidungen der Bundesregierungen im Energiebereich einen sehr geringen Stellenwert. Hinzu kommt,

---

1 Siehe z.B. SATHAYE & MEYERS (1985, S. 111): "while the rural energy situation in developing countries has been the object of much study, there has been comparatively little research on urban energy use".

daß aus verschiedenen Gründen die Bedeutung der *Energiefrage* von breiten Teilen der Gesellschaft nicht wahrgenommen wird. Dennoch existieren Bereiche der nationalen und/oder bundesstaatlichen Energiepolitik, die von der lokalen Verwaltung beeinflußt werden können[1]:

(a) Integration kommunaler Energiepolitik in das regionale Umfeld;

(b)   Energieerzeugung im Munizip;

(c)   Stadtentwicklung und Erschließung des ländlichen Raumes;

(d)   Einbeziehung von mit-betroffenen Politikfeldern, insbesondere Sozial- und Umweltpolitik;

(e)   Endenergieverbrauchsmuster bzw. Verteilung der Energie;

(f)   Energieverbrauch des industriellen Sektors;

(g)   Energieverbrauch bei Straßenverkehr und Gütertransport;

(h)   Energieverbrauch des Haushaltsektors;

(i) Energieverbrauch der lokalen Verwaltung;

(j) Energieverbrauch in privaten und öffentlichen Gebäuden.

Das Energieverbrauchsmuster in den Städten der peripher-kapitalistischen Länder durchlief in den letzten zwei Jahrzehnten wichtige Änderungen. Der Energieverbrauch in Industrieproduktion sowie in Haushalt, Verkehr und Gütertransport ist nicht nur gestiegen, sondern hat sich auch in qualitativer Hinsicht geändert. Diese Änderungen beruhen zum großen Teil auf dem Einkommenswachstum eines kleinen Teils der städtischen Bevölkerung, das heißt der Ober- und Mittelschichten. Die Erhöhung des Pro-Kopf-Energieverbrauchs basierte überwiegend auf der Zunahme des Verbrauchs typisch *fordistischer* Brennstoffe. Somit stehen in diesen Ländern Verstädterungsprozesse und Erhöhung des Verbrauchs *moderner* Brennstoffe miteinander in Beziehung (SATHAYE & MEYERS 1985, S. 110, 131).

In den Munizipien des Itajaítals nahm der Energieverbrauch aufgrund der regionalen Industrialisierungs- und Verstädterungsprozesse dramatisch zu. Erdölderivate, elektrische Energie und Holz sind dabei die wichtigsten Energieträger. Der industrielle Sektor, und hier sind insbesondere die Textil-, die Metall- und die Nahrungsmittelindustrie gemeint, wird vor allem mit Öl, Holz und Strom versorgt (mündliche Information, Herr E. F. V., ACIB, Blumenau, 17.1.1995), wobei an dieser Stelle im wesentlichen Brennholz, Holzkohle und Strom interessieren.

Noch einmal seien in diesem Zusammenhang an die bereits in Unterkapitel 7.2.2 erwähnten Probleme erinnert, die bei der Gewinnung von Energiedaten in Santa Catarina auftreten. Dabei

---

1   Siehe hierzu u.a. FIEDLER (1992, S. 243-244), LEE (1981, S. 314) und SATHAYE & MEYERS (1985, S. 110); ergänzend siehe auch SCHMALSTIEG (1987).

ist insbesondere wichtig, daß keine Energiedaten auf Munizipebene verfügbar sind, was die Analyse des regionalen Energiesystems erheblich erschwert.

In vielen Ländern der Dritten Welt, in der sich kapitalistische Wirtschaftsstrukturen nicht oder nur unvollständig herausgebildet haben, werden die entsprechenden Energiesysteme von präfordistischen Energiequellen wie Brennholz und Holzkohle dominiert (AGARWAL 1986). Prinzipiell stellt diese Tatsache an sich kein Problem dar[1]. Abgesehen davon, daß diese Energieträger einen Indikator für eine nicht-entwickelte Wirtschaftsstruktur darstellen können, bedeutet die Nutzung von Brennholz und Holzkohle in den peripher-kapitalistischen Ländern jedoch fast immer eine sehr konkrete soziale und ökologische Bedrohung, da die Gewinnung dieser Energieressourcen in der Regel mit Waldvernichtung und Umweltdegradierung verbunden ist: "deforestation, in part due to fuelwood use, seriously threatens supplies of fuelwood and charcoal in many areas, undermining local economies and damaging the environment"[2].

In Brasilien wird 350 mal soviel Holz wie in Japan und 39 mal soviel wie in Deutschland verbraucht, ein Pro-Kopf-Verbrauch, der etwa so hoch ist wie der von Kamerun oder Kongo. Brasilien ist der weltweit größte Hersteller von Holzkohle, wobei die Bundesstaaten Minas Gerais, Goiás, Espírito Santo und Bahia die ersten Plätze belegen. Aus ökonomischer Sicht sind diese Tatsachen von gewisser Bedeutung, doch aus ökologischer handelt es sich um eine Katastrophe. Allein der Verbrauch an Holzkohle beträgt etwa 9,7 Mio. Tonnen pro Jahr, obwohl die offizielle Statistik beispielsweise im Jahr 1991 nur 4,5 Mio. Tonnen angibt (siehe Tabelle 32). Der industrieller Sektor, in der Hauptsache die Eisen- und Stahlindustrie, ist dabei für 90% dieses Verbrauchs verantwortlich; 60% des gesamten Holzkohlverbrauchs in Brasilien geht auf Kosten der Primärwälder[3].

In Santa Catarina wird Brennholz offiziell von 520 Betrieben und Holzkohle von 13 Betrieben als Energieressource genutzt (QUADROS 1993, S. 11). Der Verbrauch von Brennholz ist wichtiger als der von Holzkohle (Abbildung 31 stellt die Verbrauchszahlen von Brennholz und Holzkohle nach Sektoren getrennt dar).

---

1 Wie übrigens WEGENER & FRÜHWALD (1994, S. 421) erinnern, ist "Holz [...] ein nachwachsender Rohstoff, der den Menschen seit jeher als Energieträger dient. Von den weltweit ca. 3.500 Mio. m³ Rundholz, die derzeit jährlich eingeschlagen werden, werden ca. 1.800 Mio. m³ [52%] als Brennholz genutzt".

2 Vgl. WOOD & BALDWIN (1985, S. 425); das Problem wurde als *woodfuel crisis* bezeichnet; siehe hierzu u.a. AGARWAL (1986), DEWEES (1989) und RITTER (1990).

3 Vgl. hierzu MEDEIROS (1993) und SIQUEIRA (1990); zum Potential der Biomasse als Energiequelle (*florestas energéticas*) in Brasilien siehe auch BEITH et al. (1993).

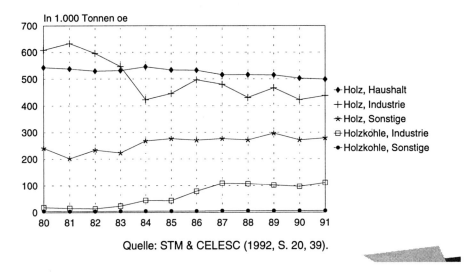

Abbildung 31
Verbrauch von Brennholz und Holzkohle nach Sektoren:
Santa Catarina 1980 bis 1991

Quelle: STM & CELESC (1992, S. 20, 39).

Zu den wichtigsten Verbrauchssektoren gehören die privaten Haushalte und die Industrie, obwohl in beiden Fällen mit abnehmender Tendenz. Bei der Holzkohle ist die relative Bedeutung des industriellen Sektors sehr groß, obwohl die von 1982 bis 1987 steigende Tendenz allmählich nachläßt. Sowohl bei Brennholz als auch bei Holzkohle erzielt der industrielle Sektor die höchsten Verbrauchswerte.

Ein Blick auf die Branchenstruktur der Verbraucher in Santa Catarina (Abbildung 32) zeigt, daß die genannten Energieträger fast ausschließlich von drei Industriebranchen verbraucht werden: Nahrungsmittel, Textil und Keramik. Die Nahrungsmittelindustrie ist für den größten Konsum an Brennholz verantwortlich. Auch die Textilindustrie in Santa Catarina verbraucht viel Brennholz, jedoch mit abnehmender Tendenz. In Blumenau stellt die Textilindustrie mit 66,8% des Gesamtverbrauchs an Brennholz den größten Holzverbraucher dar[1]. Obwohl einige der Großverbraucher eigene Aufforstungen betreiben, nimmt die Waldvernichtung im Itajaítal weiter zu, da nur wenige Betriebe aufforsten und die Holzmenge aus Aufforstungen meist nicht zur vollen Bedarfsdeckung ausreicht[2].

---

[1] Daneben gibt es in Blumenau noch etwa 130 Bäckereien, deren Hauptenergieressource meist ebenfalls aus Brennholz besteht (mündl. Infor., Herr E. F. V., ACIB, Blumenau, 17.1.1995).

[2] Vgl. QUADROS (1993, S. 26); Man könnte in Anbetracht der in Brasilien geltenden Forstgesetzgebung (siehe SIQUEIRA 1993) mit QUADROS (1993, S. 25) von einem illegalen Holzverbrauch in Blumenau sprechen.

Abbildung 32
**Verbrauch von Brennholz und Holzkohle nach Industriebranchen:
Santa Catarina 1980 bis 1991**

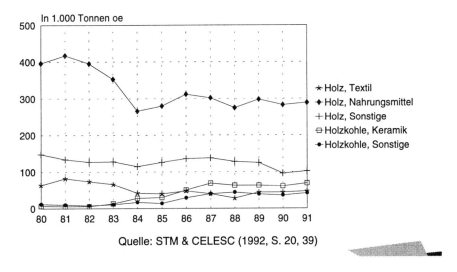

Quelle: STM & CELESC (1992, S. 20, 39)

Der Holzkohleverbrauch wird mit steigender Tendenz fast ausschließlich von der Keramikindustrie verursacht, die im südöstlichen Santa Catarina (v.a. um Criciúma) konzentriert ist und deren jährlichem Brennholz- und Holzkohlebedarf etwa 930 km² Wald, fast 1% des bundesstaatlichen Territoriums, zum Opfer fallen[1].

Es ist statistisch nicht nachzuweisen, wie sich der Verbrauch von Brennholz und Holzkohle auf die Munizipien des Itajaítals verteilt, aber aus der Interpretation der obengenannten Daten läßt sich schließen, daß der Verbrauch an Holzkohle in der Region sehr gering sein muß, da sich die Keramikindustrie vorwiegend auf den südöstlichen Teil des Bundesstaates konzentriert, der Verbrauch an Brennholz wegen der Dominanz der verbrauchsstarken Textil- und Nahrungsmittelbetriebe dagegen sehr groß sein muß.

Was die Erzeugung von Brennholz und Holzkohle anbelangt, wurde bereits darauf hingewiesen, daß Brasilien der größte Hersteller von Holzkohle ist. Die aktuellsten Daten der offiziellen Statistik zeigen jedoch, daß die Erzeugung von Holzkohle und Brennholz abnimmt.

Im Bereich der pflanzlichen Extraktion ist auch in Santa Catarina eine Reduzierung festzustellen. Während sich auf nationaler Ebene der Holzkohleverbrauch zwischen 1990 und 1993 um 30,6% verringerte, erreichte Santa Catarina für den gleichen Zeitraum sogar eine Reduktion von 68,3%. Bei Brennholz beträgt die Reduzierung des Verbrauchs in Brasilien 13,3%, in Santa

---

1 Siehe hierzu Expressão (Nr. 38, November 1993, Beiheft: *2.000 SC - Desafios Setoriais: Cerâmica*, S. 3).

Catarina dagegen 36,8%. Dabei hatte der Bundesstaat 1993 bei Brennholz (5,9%) einen größeren Anteil an der nationalen Holzextraktion als bei Holzkohle (1,6%). Erfreulich ist die Tatsache, daß sowohl in Brasilien als auch in Santa Catarina die Herstellung von Holzkohle und Brennholz aus Aufforstungen zwischen 1990 und 1993 stieg. Vor allem die Aufforstungen für Holzkohle wurden in Santa Catarina erheblich ausgeweitet (451,8%!). Holzkohle kommt sowohl in Brasilien als auch in Santa Catarina bereits überwiegend aus Aufforstungen, während bei Brennholz noch immer die Extraktion vorherrscht.

Brennholz und Holzkohle werden in verschiedenen Munizipien des Itajaítals gewonnen, insbesondere in Benedito Novo und Dr. Pedrinho, aber auch in Ibirama, Indaial, Gaspar, Luiz Alves und Rio dos Cedros (mündliche Information, Herren L. G. & C. F. S., AMMVI, Blumenau, 16.1.1995). In diesen Munizipien befanden sich bis Anfang der 90er Jahre noch etwa 2.000 Holzkohlemeiler (*carvoeiras*). Immer wieder kommt es auch zu illegalen Transporten von Brennholz und Holzkohle zwischen diesen Munizipien und Blumenau, wobei Holzkohle auch bis nach Criciúma in Santa Catarina und sogar bis nach Minas Gerais geliefert wird[1]. Für das Jahr 1985 existieren Daten über die Gewinnung von Brennholz und Holzkohle in den Munizipien des Itajaítals (Tabelle 33 und 34).

Die Holzgewinnung im Itajaítal konzentriert sich sowohl nach der Zahl der Betriebe als auch nach der Nutzfläche auf einige wenige Munizipien (Ibirama, Benedito Novo, Rio dos Cedros und Indaial). Innerhalb des Bundesstaates spielt die Region insbesondere, was die pflanzliche Extraktion angeht, eine Rolle (14,6% der Betriebe bzw. 13,0% der Fläche), während die Aufforstungsanteile eher unbedeutend sind (7,1% Betriebe, 3,3% der Fläche).

Die Energieversorgung aus Holz wurde 1985 vor allem durch die pflanzliche Extraktion gedeckt. Nur 0,79% des Brennholzes und 10,7% der Holzkohle Santa Catarinas stammten aus Aufforstungsprojekten des Itajaítals. Dabei wurden allein im Munizip Benedito Novo 84,6% der in der Region aus pflanzlicher Extraktion stammenden Holzkohle gewonnen. Dies entspricht 26,8% der Holzkohleproduktion des Bundesstaates. Das gesamte Itajaítal erzeugte 31,7% der bundesstaatlichen Produktion an Holzkohle aus pflanzlicher Extraktion, wobei die Munizipien Indaial, Luiz Alves, Ibirama und Ilhota große Beiträge leisteten. Im Vergleich zur Holzkohle spielte Brennholz aus pflanzlicher Extraktion eine untergeordnete Rolle.

Unter Berücksichtigung der Tatsache, daß sich die dargestellten Daten auf das Jahr 1985 beziehen, lassen sich einige wichtige Folgerungen ziehen:

(a) Der Raubbau an den Primärwäldern war deutlich intensiver als die Aufforstungsaktivitäten (belegt auch durch mündliche Information Sr. E. F. V., ACIB, Blumenau, 17.1.1995).

---

[1] Vgl. BUTZKE (1991, S. 15); wenn man von Blumenau aus auf der BR-470 in Richtung Rio do Sul fährt, dann begegnen einem noch immer LKW, die Holz für Energiezwecke aus Primärwäldern transportieren, obwohl es heutzutage weniger Holztransporte nach Blumenau und Umgebung gibt als früher. Man sieht auch LKW mit riesigen Mengen Holzkohle, die ebenfalls aus Primärwäldern stammt und zur Keramikindustrie im Süden Santa Catarinas transportiert wird (mündliche Information, Herr E.F.V., ACIB, Blumenau, 17.1.1995).

(b) Hinsichtlich der gesamten regionalen Produktion war die Energieressource Holzkohle wichtiger als Brennholz.

(c) Die Haupterzeugung von Holz für energetische Zwecke fand räumllich konzentriert in einigen wenigen Munizipien statt (Benedito Novo [und Dr. Pedrinho], Indaial, Luiz Alves, Ibirama und Gaspar)[1].

Tabelle 32
Erzeugung von Brennholz und Holzkohle
in Santa Catarina und Brasilien, 1985-1993

Jahr	SANTA CATARINA			
	pflanzliche Extraktion		Aufforstung	
	Holzkohle (in Tonnen)	Brennholz (in m³)	Holzkohle (in Tonnen)	Brennholz (in m³)
1985	64.853	5.367.000	1.581	1.137.000
1990	99.409	8.836.890	6.371	1.105.763
1991	28.170	7.031.487	7.061	1.869.637
1993	31.521	5.581.249	35.158	2.904.959
Jahr	BRASILIEN			
	pflanzliche Extraktion		Aufforstung	
	Holzkohle (in Tonnen)	Brennholz (in m³)	Holzkohle (in Tonnen)	Brennholz (in m³)
1990	2.792.941	108.549.219	1.838.430	22.738.540
1991	2.489.252	99.762.686	2.088.822	29.117.262
1993	1.937.930	94.154.132	2.051.962	27.029.856

Quelle: IBGE (1991a, S. 148-151), FIESC (1994, 1996) und SANTA CATARINA (1994a).

---

1 Die Befragung in den Präfekturen ergab jedoch, daß gegenwärtig in mindestens 15 Munizipien Energie erzeugt wird: In 13 wird Brennholz eingeschlagen, in sechs Holzkohle und in vier Strom produziert.

Tabelle 33
Aufforstung und pflanzliche Extraktion im Itajaítal 1985

Munizip	Aufforstung		Pflanzliche Extraktion	
	Zahl der Betriebe	Fläche (ha)	Zahl der Betriebe	Fläche (ha)
Ascurra	9	1.348	6	389
Benedito Novo *	15	1.704	118	11.402
Blumenau	4	138	5	113
Botuverá	1	15	13	472
Brusque	1	68	6	341
Gaspar	4	594	13	1.089
Guabiruba	4	36	9	596
Ibirama	21	2.788	145	6.392
Ilhota	3	413	17	733
Indaial *	22	1.958	39	18.699
Itajaí	9	868	5	1.156
Lontras	2	102	11	532
Luiz Alves	3	990	26	894
Massaranduba	2	269	14	856
Navegantes	4	827	3	32
Pomerode	4	391	12	245
Presidente Nereu	2	88	4	3.987
Rio do Sul	5	107	4	1.302
Rio dos Cedros	3	6.951	68	8.984
Rodeio	2	23	2	56
Timbó	1	12	0	0
Vidal Ramos	2	299	2	178
Itajaítal	123	19.989	522	58.448
Santa Catarina	1.730	613.192	3.586	450.452

Quelle: IBGE (1991a, S. 183, 185).
* 1985 Apiúna Distrikt von Indaial, Dr. Pedrinho Distrikt von Benedito Novo.

Tabelle 34
Gewinnung von Holzkohle und Brennholz aus pflanzlicher Extraktion und Aufforstung im Itajaítal 1985

Munizip	pflanzliche Extraktion		Aufforstung	
	Holzkohle (in Tonnen)	Brennholz (in 1.000 m³)	Holzkohle (in Tonnen)	Brennholz (in 1.000 m³)
Ascurra	0	8	0	1
Benedito Novo	17.412	30	9	0
Blumenau	70	21	12	0
Botuverá	120	40	0	0
Brusque	37	19	0	0
Gaspar	34	92	0	0
Guabiruba	36	26	63	0
Ibirama	426	86	0	0
Ilhota	351	26	0	0
Indaial	686	58	0	4
Itajaí	243	23	55	1
Lontras	0	17	0	0
Luiz Alves	653	33	28	0
Massaranduba	8	35	0	1
Navegantes	126	2	0	0
Pomerode	0	24	0	0
Presidente Nereu	82	27	0	0
Rio do Sul	53	16	0	0
Rio dos Cedros	237	58	0	0
Rodeio	19	3	2	0
Timbó	0	6	0	1
Vidal Ramos	0	46	0	1
Itajaítal	20.593	696	169	9
Santa Catarina	64.853	5.367	1.581	1.137

Quelle: IBGE (1991a, S. 577-578, 588).

Obwohl Aufforstungsprojekte im Itajaítal selten und bis vor kurzem noch unbedeutend waren, gewinnen sie doch aus verschiedenen Gründen zunehmend an Bedeutung. Angesichts der weltweit steigenden Waldvernichtung bieten Aufforstungen insbesondere für Länder, die aus verschiedenen Gründen keinen oder nur unzureichenden Zugang zu anderen Energieträgern haben, Möglichkeiten zur Energiegewinnung auf lokaler und regionaler Ebene (COCKLIN et al. 1985, COCKLIN et al. 1986).

In Brasilien nehmen aufgeforstete Wälder eine Fläche von circa 3.800.000 ha ein. Davon sind 2.200.000 (etwa 58%) ausschließlich Aufforstungen mit Eukalyptus spp. Etwa 50% der Eukalyptuswälder (29% aller aufgeforsteten Wälder Brasiliens) dienen energetischen Zwecken, das heißt der Gewinnung von Brennholz und Holzkohle (BRDE 1994c, S. 23; SIQUEIRA 1990, S. 16).

In Santa Catarina decken die aufgeforsteten Wälder nicht die Nachfrage (BRDE 1994c, S. 3). Dies wird sowohl von den Industrieunternehmern als den größten Holzverbrauchern im Bundesstaat als auch von der Landesregierung eingeräumt. Trotzdem wurden in diesem Bereich von seiten der Bundes- und Landesregierung fast gar keine, von seiten der Industriebetriebe nur sehr wenige Maßnahmen ergriffen[1]. In Santa Catarina werden die Aufforstungsflächen vor allem mit Eukalyptus bepflanzt (etwa 60.000 ha). Die Mehrheit der Industriebetriebe nutzt ihre Eukalyptuspflanzungen fast vollständig für Energiezwecke, allen voran die Textilindustrie zur Deckung ihres hohen Energiebedarfs in den Färbereien (BRDE 1994c, S. 27-28).

Im Gegensatz zu Brennholz und Holzkohle stellt die elektrische Energie einen Indikator für eine entwickelte Wirtschaftsstruktur dar. In Unterkapitel 5.1 konnte bereits gezeigt werden, daß diese Energieressource eine wichtige Rolle bei der Konsolidierung des fordistischen Entwicklungsmodells in den zentral-kapitalistischen Ländern spielte. Doch auch in peripher-fordistischen Ländern gewinnt die elektrische Energie zunehmend an Bedeutung, wie das Beispiel Brasilien, vor allem im Falle der hydroelektrischen Energie[2], zeigt (vgl. Unterkapitel 5.2). Welche Bedeutung hat dieser Energieträger im Itajaítal?

In Unterkapitel 7.2.2 wurde bereits auf die drei Wasserkraftwerke hingewiesen, die sich in der Region befinden und einen Teil des regionalen Bedarfs an elektrischer Energie decken. Tabelle 35 faßt die wichtigsten Daten über diese Wasserkraftwerke zusammen. Die beiden größten Wasserkraftwerke befinden sich im Munizip Rio dos Cedros (siehe Abbildung 33) und erzeugen allein 77,8% (1994) des regionalen Stroms (vgl. Tabelle 36).

Der Anteil der regionalen Stromerzeugung im Itajaítal an der bundesstaatlichen Produktion ist mit 40% bis 50% sehr hoch. Dabei ist das Kraftwerk *Palmeiras* seit 1965 der Hauptstromlieferant im Itajaítal. Im Jahr 1984 erlebte das im Munizip Blumenau gelegene Kraftwerk *Salto* infolge des großen Hochwassers einen drastischen Produktionsausfall. Über die Jahre hinweg schwankt die erzeugte Strommenge bei allen Kraftwerken recht stark. Einen Spitzenwert von mehr als 149.000.000 kWh erreichte die *Usina Palmeiras* im Jahr 1983.

Beim Verbrauch elektrischer Energie liegt der industrielle Sektor weit vorn. Auf bundesstaatlicher Ebene heben sich insbesondere die Textil- und Nahrungsmittelindustrie hervor

---

1 Siehe hierzu Expressão (Nr. 39, Dezember 1993, S. 36); mit wenigen Ausnahmen könnte man von den Aufforstungstätigkeiten staatlicher und privater Träger behaupten, daß in den letzten dreißig Jahren kaum Veränderungen stattgefunden haben (KOHLHEPP 1966, S. 238; ders. 1968, S. 234, S. 332).

2 Zur Bedeutung von hydroelektrischer Energie siehe BISWAS (1981); zur Entwicklung des Stromverbrauchs in peripher-fordistischen Ländern von 1970 bis Mitte der 80er Jahre siehe MEYERS & SATHAYE (1989); insbesondere zu ökologischen Problemen und ökonomischer Ineffizienz bei der Gewinnung elektrischer Energie in peripher-fordistischen Länder siehe SCHRAMM (1993).

(siehe hierzu Abbildung 34), wobei sich die Textilindustrie auf die Untersuchungsregion konzentriert und dort zu einem überdurchschnittlich hohen Strombedarf beiträgt.

Abbildung 33
Wasserkraftwerke Cedros und Palmeiras im Munizip Rio dos Cedros

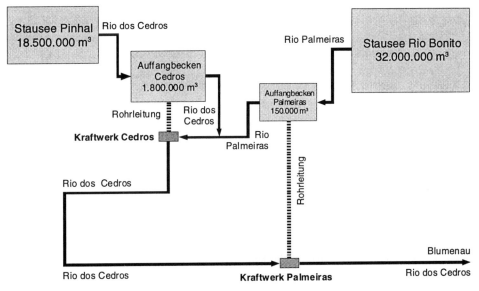

Abbildung 34
Stromverbrauch des sekundären Sektors nach Branchen: Santa Catarina 1980 bis 1994

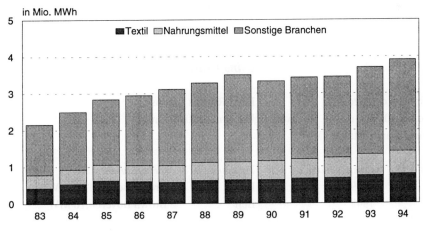

Fonte: CELESC (1993, 1995a).

Tabelle 35
Wasserkraftwerke im Itajaítal

Usina Salto

Munizip: Blumenau Fluß: Itajaí-Açu
Stausee: Wasserfall des Flusses Installierte Kapazität: 6,28 MW

Einheit	Inbetriebnahme	Turbinen	Generatoren
I	1914	J. M. Voith	AEG Berlin 1,40 MW
II	1915	J. M. Voith	AEG Berlin 1,40 MW
III	1929	Escher-Wyss.	AEG Berlin 1,40 MW
IV	1939	J. M. Voith	AEG Berlin 2,08 MW

Bemerkungen: a. Geplante Kapazitätserweiterung: 8,10 MW
 b. Investitionen: US$ 11,26 Mio.

Usina Palmeiras

Munizip: Rio dos Cedros Fluß: Palmeiras
Stausee: 33.000.000 m³ Auffangbecken: 150.000 m³
Installierte Kapazität: 17,60 MW

Einheit	Inbetriebnahme	Turbinen	Generatoren
I	1964	Riva	Marelli (Mailand) 7,70 MW
II	1964	Riva	Marelli (Mailand) 7,70 MW

Bemerkungen: a. Geplante Kapazitätserweiterung: 7,00 MW
 b. Investitionen: US$ 11,30 Mio.

Usina Cedros

Munizip: Rio dos Cedros Fluß: Rio dos Cedros
Stausee: 18.500.000 m³ Auffangbecken: 1.800.000 m³
Installierte Kapazität: 7,60 MW

Einheit	Inbetriebnahme	Turbinen	Generatoren
I	1949	Bell	Brown Boveri 4,16 MW
II	1949	Bell	Brown Boveri 4,16 MW

Bemerkungen: Geplante Kapazitätserweiterung: 7,20 MW

Quelle: CELESC (1995b), EFLSC (1963), JORNAL DA CELESC (1994, S. 4-5) und eigene Erhebungen vor Ort.

Tabelle 36
Stromerzeugung der Wasserkraftwerke[a] im Itajaítal 1963-1994 (1.000 kWh)

Jahr	U. Salto A	U. Cedros B	U. Palmeiras C	Itajaítal A + B + C	Santa Catarina[b]
1963	43.831	42.883	2.600	89.314	198.791
1964	50.669	37.589	43.042	131.300	255.560
1965	45.742	38.647	57.304	141.693	283.853
1966	32.456	27.402	61.067	120.925	274.334
1967	33.191	43.476	74.522	151.189	307.178
1968	33.845	28.172	50.890	112.907	249.487
1969	46.999	54.813	93.889	195.701	399.839
1970	47.353	52.779	103.513	203.645	423.884
1971	45.585	51.422	103.590	200.597	431.020
1972	46.114	52.525	87.366	186.005	429.398
1973	48.288	59.575	124.444	232.307	491.975
1974	45.609	51.060	89.781	186.450	398.211
1975	44.639	50.779	94.158	189.576	398.882
1976	46.642	57.800	123.704	228.146	468.253
1977	42.872	48.341	110.991	202.204	443.519
1978	41.669	46.915	72.471	161.055	335.044
1979	44.370	49.731	80.511	174.612	367.562
1980	44.545	62.653	109.955	217.153	446.636
1981	43.254	50.156	101.604	195.014	407.319
1982	46.550	62.569	98.905	208.024	413.534
1983	21.154	62.967	149.557	233.678	482.337
1984	6.192	62.068	121.734	189.994	404.018
1985	31.855	42.705	64.329	138.889	332.552
1986	37.402	33.931	58.671	130.004	281.294
1987	37.224	60.547	97.846	195.617	411.468
1988	37.979	58.169	92.949	189.097	375.335
1989	37.071	55.432	92.987	185.490	385.759
1990	27.429	61.574	77.761	166.764	405.767
1991	22.863	42.067	68.671	133.601	309.024
1992	19.654	59.296	60.509	139.458	376.161
1993	31.308	54.030	101.601	186.939	397.116
1994	32.622	38.996	75.573	147.191	373.225

Quelle: CELESC (1976, S. 15-16; 1982, S. 9; 1991, S. 11; 1994, S. 11, 1995a, S. 11).
(a) Im Itajaítal gibt es kein Wärmekraftwerk; (b) Umfaßt Wasser- und Wärmekraftwerke.

Ähnlich stellt sich die Situation des Stromverbrauchs in den Munizipien des Itajaítals dar (siehe Karten). Etwa 81,5% der gesamten elektrischen Energie in der untersuchten Region werden von den zwei wichtigsten Sektoren, private Haushalte und Industrie, verbraucht. Der Stromverbrauch in der Region stieg zwischen 1992 und 1993 um 7,0%, zwischen 1993 und 1994 um 5,8%. Im Zeitraum von 1992 bis 1994 nahm die Zahl der Verbraucher aber nur um 12,2% zu, woraus ein gestiegener Pro-Kopf-Verbrauch folgt. Räumlich konzentriert sich der Stromverbrauch auf die drei Munizipien Blumenau (40,1%), Brusque (14,7%) und Itajaí (13,3%), die auch höchste Verbraucherzahl aufweist. Auch auf bundesstaatlicher Ebene gehören diese drei Munizipien zu den sechs Munizipien mit dem höchsten Konsum an elektrischer Energie (CELESC 1994). Der Stromverbrauch pro Endabnehmer lag in Brusque (12.594 kWh), Blumenau (9.975 kWh), Indaial (9.784 kWh) und Timbó (9.539 kWh) deutlich über dem regionalen Durchschnitt von ca. 7.738 kWh. Betrachtet man jedoch nur den durchschnittlichen Stromverbrauch der privaten Haushalte, so liegt dieser bei 2.216 kWh, wobei wieder die Munizipien Brusque (2.437 kWh) und Blumenau (2.408 kWh) überdurchschnittlich hohe Verbrauchswerte aufweisen. Die Haushalte der drei Munizipien Blumenau, Brusque und Itajaí waren im Jahr 1994 für 65,6% des regionalen Stromverbrauches verantwortlich.

Sektoral betrachtet nutzt die Industrie allein 58,9% des in der Untersuchungsregion verbrauchten Stroms. Wieder liegen die Munizipien Blumenau und Brusque mit 61,3% an der Spitze, gefolgt von Gaspar, Indaial, Itajaí und Pomerode. Auf die restlichen 18 Munizipien des Itajaítals entfallen demnach nicht mehr als 13,5% des vom industriellen Sektor konsumierten Stroms. Der Verbrauch pro Industrieeinheit liegt im regionalen Durchschnitt bei 142.051 kWh und ist damit 64 mal so hoch wie der der privaten Haushalte. Besonders hohe Verbrauchswerte pro Betrieb erreichen Indaial (224.580 kWh), Blumenau (205.178 kWh), Botuverá (201.785 kWh) und Ilhota (177.904 kWh). Unter den 15 größten Stromverbrauchern Santa Catarinas befinden sich dennoch relativ wenige aus der Untersuchungsregion: Nur vier Industriebetriebe mit Sitz im Itajaítal finden sich in der Liste der größten Verbraucher: Teka (Blumenau), Cremer, Artex und Teka (Indaial) (CELESC 1994).

Ein letzter Aspekt, der in diesem Zusammenhang von Bedeutung ist, ist die Tatsache, daß der Stromanteil als internalisierter Energieinput der regionalen Industrieproduktion, deren Export in den 80er, mehr noch in den 90er Jahren zunahm, drastisch gestiegen ist. Es war gerade die Exportsteigerung vieler Industriebetriebe des Itajaítals seit der ersten Hälfte der 80er Jahre, die den Energieverbrauch der Region erheblich steigen ließen[1].

---

1 Siehe hierzu THEIS (1990b); zur Bedeutung der direkt oder indirekt in exportierte Produkte einverleibten elektrische Energie siehe HOFFMANN & MENDES (1993).

Karte 6
Stromverbrauch im Itajaítal (1994)

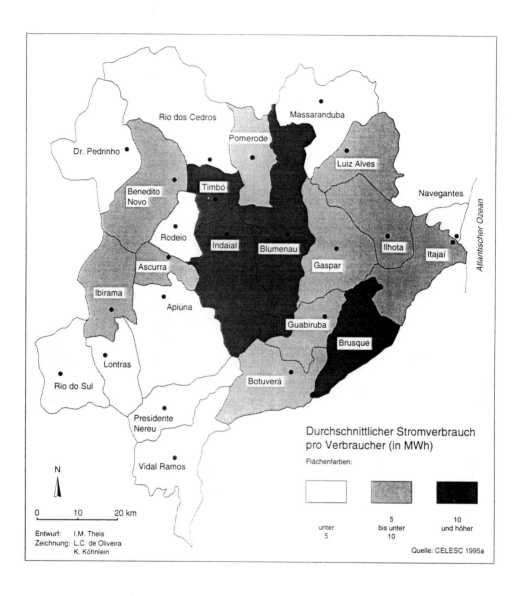

Karte 7
Stromverbrauch nach Verbrauchsklassen im Itajaítal (1994)

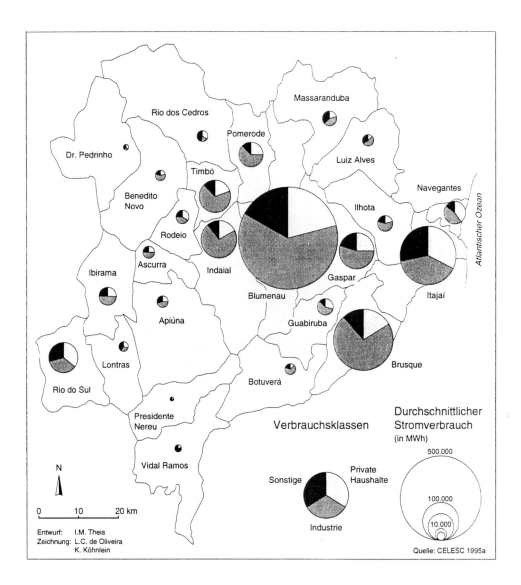

Karte 8
Stromverbrauch des Sekundärsektors im Itajaítal (1994)

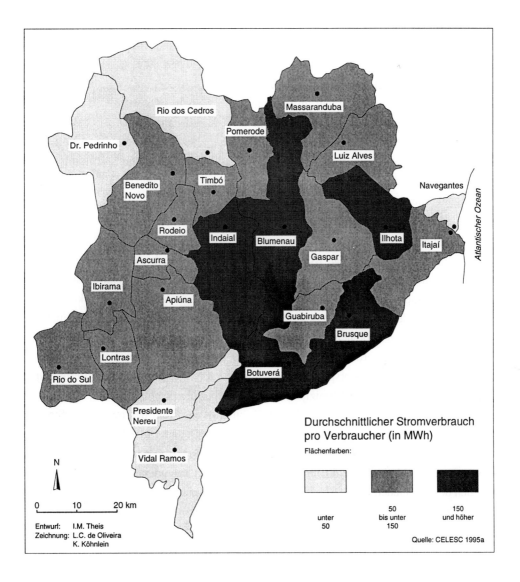

7.3.7 Ökonomische und sozioökologische Kosten der Energieerzeugung und -versorgung im Itajaítal

Die Geschichte des regionalen Energiesystems weist nicht nur auf soziale und ökologische Kosten hin, sondern auch auf ökonomische. Zum einen könnten die sozialen und ökologischen Kosten auch als ökonomische Kosten betrachtet werden, wenn diese ökonomisch bewertet würden. Zum anderen zeigt es sich, daß die Bedeutung fordistischer und, wie dargelegt wurde, sogar prä-fordistischer Energieträger im Itajaítal ziemlich hoch ist, obwohl sich die Region zu einem nach-fordistischen Raum entwickelt. In diesem Fall hängen also die ökonomischen Kosten mit einem unterentwickelten Energiesystem zusammen. Davon ausgehend eröffnen sich wichtige praxisorientierte Forschungsfragen, wie etwa die Festlegung ökonomischer Bestimmungsfaktoren der Nachfrage des regionalen Energiesystems und die Effizienz bei Energieerzeugung und -verbrauch.

Was die sozialen Kosten des regionalen Energiesystems im Itajaítal anbelangt, so zeigt es sich in aller Deutlichkeit, daß wenige Konsumenten viel Energie verbrauchen. Am Beispiel des Stromverbrauches im Jahr 1994 läßt sich ersehen, daß der jährliche durchschnittliche Stromverbrauch pro Verbraucher im Itajaítal bei 7.740 kWh liegt, der des industriellen Sektors aber bei 142.050 kWh und der des Haushaltssektor bei 2.215 kWh. Daß die Industrie mehr Energie als die privaten Haushalte verbraucht, ist nicht neu. Aber daß die Industrie im Durchschnitt 64 mal mehr als die Haushalte verbraucht, ist ein Sympton der sozialen Disparitäten im Itajaítal, das sich im Energieverbrauch widerspiegelt. Ein weiteres Faktum ist die ungleiche Verteilung des Stromverbrauches unter den Munizipien des Itajaítals. Wie schon erwähnt, sind nur drei Munizipien (Blumenau, Brusque und Itajaí) für circa zwei Drittel des regionalen Stromverbrauchs verantwortlich, während sich knapp 42% der Verbraucher (43% der Bevölkerung) das restliche Drittel teilen müssen. Die Tatsache, daß auf Munizipbasis keine Daten über den Verbrauch an Erdölderivaten und Brennholz verfügbar sind, erlaubt keine endgültige Aussage bezüglich des ungleichen Energieverbrauchs in der Untersuchungsregion. Trotzdem liefern die sozialen Disparitäten im städtischen Bereich sowie die sozialen Unterschiede zwischen Stadt und Land wichtige Hinweise dafür, daß die sozialen Kosten des Energieverbrauchs ziemlich hoch angesetzt werden müssen.

Dort, wo Energie erzeugt wird, entstehen ebenfalls soziale Kosten. Bei der Stromerzeugung fallen diese Kosten vorwiegend während der Bauphase der Kraftwerke und Staudämme an und reduzieren sich nach deren Inbetriebnahme. Weitaus problematischer ist die Situation bei der Extraktion und Bewirtschaftung von Holz aufgrund ihres häufig illegalen Charakters, der unter anderem niedrige Löhne und fehlende Sozialversicherung der Arbeiter impliziert.

Die ökologischen Folgen der Energieerzeugung und vor allem des Energieverbrauches verursachen zweifellos die größten Kosten des Energiesystems. Aus drei Gründen läßt sich diese Problematik jedoch nur schwer erfassen: Erstens werden die Auswirkungen der Energieerzeugung und des Energieverbrauchs auf die Umwelt, insbesondere auf regionaler Ebene, nicht immer wahrgenommen. Zweitens sind diese Auswirkungen selten nicht leicht zu identifizieren und zu bewerten. Drittens werden sie vom Verursacher in der Regel nicht beachtet. Industrieunternehmer kümmern sich eher um ihre Gewinne als um den Umweltschutz und bei den Konsumenten geht es in erster Linie um die Befriedigung ihrer eigenen Bedürfnisse.

Im städtischen Bereich hängen viele der bekannten Umweltprobleme (vgl. dazu LEITMANN et al. 1992, LEITMANN 1994) direkt mit dem Energieverbrauch zusammen. Für die Städte des Itajaítals gilt dabei, daß

(a) die Industrie in der Regel der Hauptenergieverbraucher ist, auch wenn andere Sektoren bei gewissen Energieträgern eine gewisse Bedeutung haben,

(b) der städtische Verkehr wie in allen peripher-kapitalistischen Ländern fast ausschließlich auf dem Verbrauch von Erdölderivaten basiert,

(c) sich fehlerhaftes Ressourcenmanagement im Fehlen einer Energieplanung für die Region ausdrückt,

(d) Umweltrisiken, wie zum Beispiel die Hochwassergefahr, eine direkte Folge der Zerstörung der Vegetationsdecke durch Rodungen zur Gewinnung von Brennholz und Holzhohle sind.

Betrachtet man die Entwicklung des Itajaítals aus dem Blickwinkel der ökologischen Implikationen des regionalen Energiesystems, so zeigt sich, daß die Industrialisierungs- und Verstädterungsprozesse eng miteinander verbunden sind und sich die Umweltdegradierung vor allem aus diesen Prozessen heraus erklären läßt (VIDOR & THEIS 1991). Insbesondere aber hängen die wichtigsten in der Region beobachtbaren Umweltschäden eng mit dem Energieverbrauch in den meist verstädterten Munizipien und, besonders im Fall von Brennholz und Holzkohle, mit der Energieerzeugung zusammen.

Besonderes Gewicht erhalten dabei die ökologischen Auswirkungen der energetischen Holzgewinnung[1]. Zwar lassen die verfügbaren Daten nur grobe Schätzungen über den Verbrauch an

---

1 Zu den Folgen der Waldrodung in den Ländern der Dritten Welt siehe AGARWAL (1986); insbesondere zu den Umweltauswirkungen der Holzkohleerzeugung siehe HOSIER (1993).

Brennholz und Holzkohle in der untersuchten Region zu, so daß sich die Folgen des regionalen Energiesystems auf die Umwelt nicht präzisieren lassen. Stellvertretend für die davon ausgehenden Gefahren mag aber folgendes Beispiel stehen: Der Brennholz- und Holzkohlebedarf von 165 Industriebetrieben in 23 Munizipien der Küstenregion Santa Catarinas entspricht 34 ha Wald pro Tag[1] (SCTME & CELESC 1990, S. 37). Der Energiebedarf dieser 165 Betriebe kann also zu einer jährlichen Abholzung von 10.000 bis 12.000 ha Wald führen. Schon dieses einfache Beispiel macht deutlich, daß "es auch in den Entwicklungsländern immer häufiger zu Interessenkonflikten zwischen Energieproduktion und Umwelterhaltung [kommt]. Maßnahmen des Umweltschutzes engen den ökonomischen Spielraum ein" (MANSHARD 1982, S. 435).

Das Energiesystem des Itajaítals befindet sich also zweifelsohne in einer Krise, deren Hintergrund die regionale Wirtschaftsstruktur bildet. Die Tatsache, daß der Verbrauch an Brennholz, elektrischer Energie und Erdölderivaten sehr groß ist, weist dabei einerseits auf die komplexen Probleme dieser Wirtschaftsstruktur hin, andererseits auf die Abhängigkeit der Region von Energieressourcen, die nicht im Itajaítal erzeugt werden können. Die Prinzipien der ökonomischen Effizienz, einer sozial gerechten Verteilung und der ökologischen Implikationen der Energiegewinnung und -versorgung werden mehr oder weniger mißachtet.

Wenn einerseits wahr ist, daß die Regionalentwicklung des Itajaítals anders verlaufen ist als in anderen Teilen Brasiliens (wie die regionalen Eliten stets stolz verkünden), daß sich die Kapitalakkumulation beschleunigt hat und die Region einen der ersten Plätze in der Wirtschaftsstatistik Santa Catarinas erreicht hat, so ist doch ebenso wahr, daß sich die Mehrheit der Bevölkerung am Rand des regionalen Wachstumsprozesses befindet und wie die große Mehrheit der brasilianischen Gesellschaft arm geblieben ist (VIDOR 1995, S. 205) und daß im Itajaítal die Natur ebenso zerstört und die Umwelt ebenso degradiert wird wie in vielen anderen Regionen Brasiliens auch. Aus der Sicht des Energiesystems ist dabei wichtig, daß solche regionalen Wachstumsprozesse nur Ausdruck eines ökonomisch uneffizienten, sozial ungerechten und ökologisch verschwenderischen Umgangs mit Energie sind. Die Frage darf aber nicht lauten, welches Energiesystem zu einer Richtungsänderung in der Regionalentwicklung beitragen kann, sondern vielmehr, in welchem Regionalentwicklungsmodell ein ökonomisch, sozial und ökologisch nachhaltiges Energiesystem definiert wird.

* * * * *

Im Mittelpunkt des siebten Kapitels stand die Analyse des Verhältnisses zwischen regionalen Entwicklungsprozessen und dem im Itajaítal dominierenden Energiesystem. Dabei konnte

---

1   Ein ha Wald liefert 300 m^3 Holz. Für einen m^3 Holzkohle werden drei m^3 Holz benötigt.

gezeigt werden, daß die Regionalentwicklung im Itajaítal von drei Faktoren bedingt wird, die recht unterschiedliche Entwicklungswege aufzeigen. Es handelt sich um die bis heute herrschende Dominanz der Textilindustrie, um die machtpolitische Position der wichtigsten sozialen Gruppen im Rahmen des regionalen sozialen Blocks und nicht zuletzt um die Bildung einer flexiblen Wirtschaftsstruktur durch die Entstehung der Softwareindustrie als jüngste Entwicklung der Regionalökonomie im Itajaítal. Keiner dieser Kräfte ist es jedoch bisher gelungen, die Schwächen des bestehenden Energiesystems zu überwinden. Das Kapitel schließt daher mit einer kritischen Beurteilung des regionalen Energiesystems, das sich aus ökonomischer, sozialer und ökologischer Hinsicht offensichtlich in einer Krise befindet. Im folgenden Kapitel wird es daher darum gehen, die sich daraus ergebenden Perspektiven aufzuzeigen und die Rahmenbedingungen einer sozial und ökologisch verträglichen Energieplanung für das Itajaítal festzulegen.

8 REGIONALENTWICKLUNG, UMWELTPROBLEME UND ENERGIESYSTEM IM ITAJAÍTAL: EIN AUSBLICK

Im vorliegenden Kapitel wird das regionale Energiesystem des Itajaítals einer kritischen Prüfung unterzogen. Besondere Berücksichtigung finden dabei die regionalen Entwicklungsprozesse sowie die damit verbundenen Umweltprobleme. Überblicksartig werden zuerst die geplanten Energieprojekte vorgestellt, die zur Erweiterung des Energiesystems führen sollen. Die Bedeutung der befragten Akteure (Industrieunternehmer, Präfekturen und NRO) für das regionale Energiesystem und die potentiellen Interessenkonflikte im Hinblick auf die möglichen Energieszenarien stehen im Mittelpunkt des Kapitels. Abschließend wird diskutiert, wie eine sozial und ökologisch nachhaltige Regionalplanung für das Itajaítal aussehen kann, in der die Regulation des regionalen Energiesystems eine besondere Rolle spielen soll.

8.1 Möglichkeiten zur Erweiterung des Energieangebots im Itajaítal

Die Entwicklung der Planung auf nationaler und bundesstaatlicher Ebene wurde in Kapitel 5 bereits ausführlich diskutiert. Während auf Bundesstaatsebene Planung selten das zentrale Anliegen der einzelnen Regierungen war, wurde in den 90er Jahren, insbesondere nachdem Präsident Fernando Collor de Mello wegen Korruption seine politischen Rechte verlor, die Planungstätigkeit des brasilianischen Staates weiter eingeschränkt.

Entgegen aller Erwartungen und ohne Beteiligung der Bundes- und Landesregierung formulierte die regionale Entwicklungsbank BRDE (*Banco Regional do Desenvolvimento do Extremo Sul*) im Jahr 1994 einen Entwicklungsplan für die Südregion Brasiliens. Auch wenn die Zuständigkeit der BRDE sowie die politische Durchführbarkeit des Plans fraglich sind, handelt es sich doch um einen wichtigen Planungsversuch für Südbrasilien. Einerseits wird darin die Energiefrage zu einem wichtigen Bestandteil der regionalen Entwicklungsplanung erhoben, andererseits erkennt man darin die Notwendigkeit einer an die Ziele des Umweltschutzes angepaßten Nutzung der regionalen Energiepotentiale. Die allgemeinen Ziele im Energiebereich umfassen (BRDE 1994b, S. 62-63):

(a) Einführung alternativer, möglichst regenerierbarer Energien;

(b) Erhöhung der Nutzungseffizienz beim Energiekonsum;

(c) Reduzierung der Abhängigkeit von Erdölderivaten;

(d) Verminderung der durch Energieverbrauch verursachten Umweltschäden;

(e) Verstärkung der Nutzung der in der Region vorhandenen Energieressourcen;

(f) Beteiligung von nicht-staatlichem Kapital bei Investitionen im Energiesektor.

Außerdem werden als kurzfristige Maßnahmen hervorgehoben (BRDE 1994b S. 63-65):

(g) Fortführung laufender Projekte im hydroelektrischen Bereich (z.B. Wasserkraftwerk Itá);

(h) Neue Projekte im hydroelektrischen Bereich (vor allem Kleinwasserkraftwerke);

(i) Förderung der Steinkohlenutzung;

(j) Priorität von Erdgasimport;

(k) Sofortmaßnahmen zur Effizienzsteigerung des Energieverbrauchs.

Das Itajaítal ist von den im BRDE-Plan unter (h), (i) und (k) vorgeschlagenen Maßnahmen direkt betroffen. Ihre möglichen Umsetzungen sollen im folgenden diskutiert werden. Die geforderte Effizienzsteigerung des Energieverbrauchs ist dabei besonders kritisch zu bewerten. Keine dem Verfasser bekannte Studie untersucht in detaillierter Form die Relation Energie/Produktion in Brasilien oder Santa Catarina. Zwar gibt es die Möglichkeit, die Energie-Inputs auf nationaler wie bundesstaatlicher Ebene in Bezug zum Sozialprodukt zu setzen, doch ist das tatsächliche Verhältnis zwischen Energieeinsatz und Produktivität nicht bekannt. Man ist dabei auf Schätzungen angewiesen, die davon ausgehen, daß Brasilien für die Herstellung desselben Produktes zweimal soviel Energie benötigt wie die OECD-Länder. Das Fehlen von exakten Berechnungen des Energiebedarfs pro Produkteinheit ist ein Haupthindernis dafür, eine Effizienzsteigerung des Energiekonsums zu planen oder gar Maßnahmen dafür zu ergreifen.

8.1.1 Möglichkeiten zur Erweiterung des Energieangebots im Itajaítal am Beispiel der geplanten Erdgasleitung

Als vorrangige Maßnahme im Rahmen der Planung der BRDE wurde das Projekt zum Import von Erdgas erwähnt. Bereits seit Mitte der 80er Jahre gibt es Bemühungen zur Einfuhr bolivianischen Erdgases über eine Pipeline durch die Südregion Brasiliens[1]. Spätestens seit November 1987 gibt es auch von seiten der Landesregierung Santa Catarinas konkrete Anstrengungen zur Integration des Erdgases in das bundesstaatliche Energiesystem (SCTME & CELESC 1990, S. 5).

Im Jahr 1989 beauftragte die Landesregierung die CELESC als zuständige bundesstaatliche Behörde mit der Gasversorgung Santa Catarinas (Decreto Nr. 3.140 vom 5.4.1989). Diese legte im April 1989 das PROGÁS-Programm (*Programa do Gás*) vor und arbeitete von nun an mit SCTME, FIESC und PETROBRÁS zusammen. Im Jahr 1990 forderten die Gouverneure von Paraná, Santa Catarina und Rio Grande do Sul die Bundesregierung auf, die Energieprobleme der drei südlichen Bundesstaaten durch die Versorgung mit Erdgas zu lösen. Unter Leitung der FIESC wurde am 13.12.1990 INFRAGÁS (*Infraestrutura de Gás para a Região Sul S.A.*) gegründet. Es handelt sich um eine private Firma, deren Hauptaktionäre die potentiell größten Erdgasverbraucher (darunter 116 Industriebetriebe) in den Bundesstaaten Paraná und Santa Catarina sind. Ziel von INFRAGÁS ist, die Erdgasversorgung Südbrasiliens unter Beteiligung der Landesregierungen beider Bundesstaaten zu konkretisieren.

Es ist wichtig, darauf hinzuweisen, daß sich die in Santa Catarina beteiligten Firmen auf 20 verschiedene Munizipien verteilen: Águas Mornas, Araranguá, Blumenau, Brusque, Criciúma,

---

1   Die Informationen zum Thema Erdgas in Santa Catarina stammen aus mehreren INFRAGÁS-Berichten, die dem Verfasser bei der FIESC (Florianópolis) zugänglich waren.

Florianópolis, Guaramirim, Gaspar, Içara, Imbituba, Indaial, Ilhota, Jaraguá do Sul, Joinville, Morro da Fumaça, Pomerode, São Bento do Sul, Tijucas, Tubarão und Urussanga. Sechs davon befinden sich in der hier untersuchten Region. Ebenso wichtig ist die Tatsache, daß die bereits erwähnten Großbetriebe der Region, wie Cremer, Hering, Karsten, Sul Fabril, Teka und Renaux, eine bedeutende Rolle als Aktionäre von INFRAGÁS spielen. Insgesamt stammen acht Firmen aus Blumenau, 15 aus Brusque, zwei aus Gaspar, eine aus Indaial, eine aus Ilhota und eine aus Pomerode.

1991 legt INFRAGÁS die ersten Ergebnisse einer Studie zur Erhöhung des Energieangebots, zu den ökonomischen Vorteilen und den ökologischen Auswirkungen des Projektes zur Gasversorgung in Paraná und Santa Catarina vor. Die CELESC erhält von der Landesregierung die Zuständigkeit für Gasversorgung, -transport und -handel in Santa Catarina (Lei Estadual Nr. 8.145 vom 18.4.1991). INFRAGÁS bemüht sich um eine Änderung des Artikels der Bundesverfassung, der dem brasilianischen Staat das Monopol zur Einfuhr von Erdgas überschreibt. Im Februar 1992 werden Studien zur Konkretisierung einer Gaspipeline nach Südbrasilien durchgeführt. Im August desselben Jahres unterschreiben die Bundesregierungen Brasiliens und Boliviens eine Absichtserklärung zur Einfuhr bolivianischen Erdgases.

Die Hauptinteressenten an den Erdgasimporten - Industrieunternehmer, FIESC und Landesregierung von Santa Catarina - machen spezifische Gründe geltend, die die Gasleitung aus ihrer Sicht rechtfertigen. Die Argumentation geht von der Tatsache aus, daß Erdgas mit einem Anteil von über 15% eine wichtige Position in den Energiesystemen zentral-kapitalistischer Länder wie den Vereinigten Staaten, Kanada und den Niederlanden einnimmt. Es wird auch immer wieder daran erinnert, daß in den brasilianischen Bundesstaaten Ceará, Rio Grande do Norte, Paraíba, Pernambuco, Alagoas, Sergipe, Bahia, Espírito Santo, Rio de Janeiro und São Paulo Erdgas verfügbar ist[1]. Die Vorteile dieses Energieträgers haben sich sowohl in den zentral-kapitalistischen Ländern wie in den genannten brasilianischen Bundesstaaten gezeigt. Dabei würde nicht nur der industrielle Bereich profitieren, sondern auch die Bereiche Haushalt, Transport und Dienstleistung. In einem INFRAGÁS-Bericht heißt es dazu:

> "Es ist äußerst notwendig, die Bedeutung des Erdgases für den produktiven Sektor wie für die Gesellschaft Santa Catarinas zu betonen. Aufgrund der Merkmale dieses Energieträgers können Qualität und Produktivität der Catarinenser Industrieprodukte auf internationale Normen gehoben werden"[2].

Die INFRAGÁS-Berichte weisen mit großem Optimismus auf die zahlreichen positiven Merkmale des Energieträgers Erdgas hin. Im Vergleich zu anderen Energien soll Erdgas die sein, die vom Produktionsprozeß über Transport bis hin zur Lagerung die Umwelt am wenigsten belastet. Dabei soll Erdgas nicht nur sauberer als alle anderen fossilen Brennstoffe oder aus

---

1   Über die Bedeutung von Erdgas im brasilianischen Energiesystem siehe AUGUSTO (1990), CNI (1989) und GUERRA et al. (1993).

2   INFRAGÁS (o.J.-a): Gás natural e a participação do setor privado. Florianópolis [unveröff. Bericht], S. 1.

Biomasse gewonnene Energie sein, sondern auch billiger[1] und effizienter. Außerdem erfordere es niedrigere Investitionen als zum Beispiel die Gewinnung von elektrischer Energie aus Wasserkraftwerken.

Ziel der Catarinenser Industrieunternehmer ist es, angesichts des bestehenden Energiedefizits die Öffentlichkeit für das Erdgas-Projekt zu gewinnen. Dabei setzen sie auf einen billigeren und umweltfreundlicheren Energieträger (billiger als die Erdölderivate, weniger umweltbelastend als Brennholz). Im Grunde soll das Erdgas in Santa Catarina Erdölderivate, Brennholz, Holzkohle, Steinkohle und sogar elektrische Energie ersetzen - Energien, die vorwiegend von Industriebranchen wie Metall, Nahrungsmittel, Textil und Keramik konsumiert werden (SCTME & CELESC 1990).

Als mögliche Erdgaslieferanten kämen folgende Regionen bzw. Länder in Frage: (a) Bacia de Santos und (b) Bacia do Paraná, beide an der Südostküste Brasiliens, (c) Bolivien und (d) Argentinien. In Anbetracht des begrenzten Absatzmarktes besitzt eine Erdgasleitung aus Argentinien oder Bolivien durch Paraná oder Santa Catarina ökonomische Nachteile. Würde der Bundesstaat Rio Grande do Sul integriert werden, so könnte man von einem größeren Absatzmarkt ausgehen und Erdgas aus Argentinien über Uruguaiana beziehen. Im Grunde wären die dafür notwendigen Investitionen in Anbetracht des südbrasilianischen Absatzmarktes dennoch zu hoch. Die Erdgasleitung aus Argentinien über die Südroute (*Rota Sul*) läßt sich für Südbrasilien vor 2005 ohnehin nur dann verwirklichen, wenn die geplante Nordroute (*Rota Norte*) nicht realisiert wird. Über die *Rota Norte* will man Erdgas aus Bolivien leiten, welches jedoch mit großer Wahrscheinlichkeit eher den Südosten Brasiliens (São Paulo, Rio de Janeiro und Minas Gerais) mit reichlicher, billiger und relativ sauberer Energie zur Stromproduktion versorgen wird. Nach der im August 1992 vereinbarten Absichtserklärung unterschrieben die Bundesregierungen Brasiliens und Boliviens im Februar 1993 einen Vertrag über das Erdgasgeschäft. Die Investitionen sollen über die Weltbank und die Interamerikanische Entwicklungsbank finanziert werden. Die geplante 3.417 km lange Erdgasleitung soll in Rio Grande (Bolivien) beginnen und in Porto Alegre (Brasilien) ihren Endpunkt erreichen. Dazwischen verläuft die Pipeline unter anderem durch die brasilianischen Munizipien Corumbá, Campo Grande und Três Lagoas (Mato Grosso do Sul), Araraquara, Campinas und São Paulo (Bundesstaat São Paulo), Curitiba (Paraná), Joinville, Itajaí, Florianópolis und Criciúma (Santa Catarina) und Porto Alegre (Rio Grande do Sul) (Revista do Mercosul Nr. 28, März/April 1995, S. 11).

Nicht ausgeschlossen ist die Alternative der Gaseinfuhr aus Bolivien *und* Argentinien in den Südosten *und* Süden Brasiliens. In diesem Fall würden sich die drei Länder Argentinien, Bolivien und Brasilien die Finanzierung der Gaspipeline teilen. In Santa Catarina würde diese Gasleitung an der Küste entlang von Joinville im Norden bis nach Criciúma im Süden verlaufen und dabei auch das Itajaítal (Itajaí) und den Großraum Florianópolis berühren (SCTME & CELESC 1990, S. 7-8).

Die Landesregierung Santa Catarinas, die gemeinsam mit der Landesregierung Paranás mehrere Lobbyaktionen startete, favorisiert eine Gasleitung aus Bolivien und betont die alternative

---

1 Über die verschiedenen Möglichkeiten der Regulation des Erdgaspreises siehe SANTANA (1989).

Nutzung von Erdgas zur Stromproduktion, vor allem im Norden (Joinville) und im Itajaítal (Blumenau). Ein Ausdruck dieser Bemühungen ist die Gründung der bundesstaatlichen Gasversorgungsfirma SC Gás *(Companhia de Gás de Santa Catarina)* mit Beteiligung von INFRAGÁS und der Landesregierung selbst (Secretaria de Estado da Tecnologia, Energia e Meio Ambiente und CELESC) unter der Koordination der FIESC (STM 1994). Bislang blieb offen, welche Rolle dabei das Erdölunternehmen PETROBRÁS spielen wird.

Santa Catarina und die anderen Südstaaten sehen sich zunächst noch mit der Weigerung des Bundesstaates São Paulo konfrontiert, das importierte Erdgas in den *city-gates* Campinas, Curitiba, Florianópolis und Porto Alegre zu einem Durchschnittspreis abzugeben. Der Grund dafür liegt in den für São Paulo um 33,1% billigeren Transportkosten von Santa Cruz (Bolivien) bis Campinas (São Paulo) im Vergleich zu Porto Alegre.

Trotz aller Schwierigkeiten bestätigte der Bundesminister für Bergbau und Energie am 18. August 1995 in Criciúma, daß die Gasleitung nach Südbrasilien gebaut wird[1]. Nach deren für das Jahr 1996 geplanten Fertigstellung sollte die Gasversorgung in Südbrasilien mit 8 Mio. m^3/Tag aufgenommen und bis zum Jahre 2004 auf 16 Mio. m^3/Tag gesteigert werden (vgl. Revista do Mercosul Nr. 28, März/April 1995, S. 11).

8.1.2 Möglichkeiten zur Erweiterung des Energieangebots im Itajaítal am Beispiel des geplanten Wasserkraftwerkes Salto Pilão

Als vorrangige kurzfristige Maßnahme im Rahmen der BRDE-Planung wurden auch neue Projekte im hydroelektrischen Bereich - darunter insbesondere die Installation von Kleinwasserkraftwerken - erwähnt. Wie im Fall der Erdgasleitung unternahm die Landesregierung bereits vor der Veröffentlichung des genannten Planes Anstrengungen, das Angebot an elektrischer Energie zu erweitern. An dieser Stelle soll das bislang konkreteste Bauvorhaben eines Wasserkraftwerkes im Itajaítal näher untersucht werden.

In den 17 Monaten zwischen Juni 1990 und Oktober 1991 unternahm die JICA *(Japan International Cooperation Agency)* eine Studie im Itajaítal, um das hydroelektrische Potential des Einzugsgebietes zu inventarisieren. In einer ersten Phase wurde dazu eine vorläufige Bestandsaufnahme des hydroelektrischen Potentials durchgeführt, und einzelne Projekte wurden definiert, die man aus energetischen, sozioökonomischen und ökologischen Gründen für durchführbar hielt. In einer zweiten Phase wurden die ausgewählten Einzelprojekte in detaillier-

---

[1] Erklärung des Ministers für Energie und Bergbau, Raimundo Brito, über die Energiestruktur der Großregion Südbrasilien *(Audiência Pública da Comissão de Minas e Energia da Câmara dos Deputados)* am 18. August 1995 in Criciúma, Santa Catarina.

ter Form geprüft[1]. Die Studie der JICA ging von 16 Alternativen aus, von denen aufgrund von bereits verfügbaren Daten fünf Projekte für die erste Untersuchungsphase ausgewählt wurden. Diese wurden dann in der zweiten Phase auf die Projektalternativen Salto Pilão I, Dalbergia und Benedito Novo eingeschränkt. Die zu erwartenden Umweltschäden wurden in der ersten Phase als *„relativ klein"* bewertet (JICA 1991a, S. 19). Die Abschätzung der Projektalternativen in der zweiten Phase basierte auf vier Kriterien: Wirtschaftlichkeit, Durchführbarkeit, Beitrag zur Regionalentwicklung und Dimension der Umweltschäden. Salto Pilão I stellte demnach die beste Option dar (JICA 1991c, S. 102-104).

Tabelle 37
Projektalternativen im Rahmen der JICA-Inventarisierung des
hydroelektrischen Potentials des Itajaítals

Projektalternative	Installierte Kapazität (MW)	Jährliche Energie (GW)	Erforderliche Investitionen (Mio. US$)	Kosten pro Energieeinheit (US$/MWh)
Salto Pilão I	118,7	758	122,6	17,2
Salto Pilão II	67,8	490	87,2	19,9
Dalbergia	15,9	109	65,2	65,6
Benedito Novo	12,8	70	26,4	40,6
Alto Benedito Novo	13,2	59	38,2	70,1

Quelle: JICA (1991a, S. 18).

Die Studie der JICA wurde später von CELESC & ELETROSUL (1994) weitergeführt und an die Vorschriften der bundesstaatlichen Behörden ELETROBRÁS und DNAEE angepaßt. Neben der Berücksichtigung der nationalen Rahmenbedingungen wurde auch strenger auf ökonomische und ökologische Aspekte geachtet (CELESC & ELETROSUL 1994, S. 1), da die staatlichen Investitionen drastisch eingeschränkt wurden. Dabei wurden die ökologischen Kosten besonders kritisch analysiert, hauptsächlich weil einerseits ELETROBRÁS aus den aus sozioökologischer Sicht fragwürdigen Großprojekten der 70er und 80er Jahren gelernt zu haben

---

[1] Vgl. JICA (1991a, S. 1); die Ergebnisse der Studie erschienen in fünf Bänden, die jedoch der Öffentlichkeit nicht zugänglich gemacht wurden. Im ersten Band wurden die Endergebnisse beider Phasen zusammengefaßt (JICA 1991a). Im zweiten Band finden sich die Resultate der Arbeit der ersten Phase und die Auswahl der Projekte (JICA 1991b). Der dritte Band enthält die Informationen der zweiten Phase und stellt die vorläufigen Ergebnisse der Fallstudien über die Wasserkraftwerkprojekte Salto Pilão I, Dalbergia und Benedito Novo vor (JICA 1991c).Der vierte Band beinhaltet die Grundlagenstudien der ersten Phase - Hydrologie, Geologie usw. (JICA 1991d). Der fünfte Band umfaßt schließlich die *sectorial studies* der ausgewählten Projekte (JICA 1991e).

scheint und andererseits der Druck von außen (z.B. der Finanzierungsquelle Weltbank) erheblich zugenommen hat. Interessant ist die Tatsache, daß CELESC & ELETROSUL (1994), obwohl sie sich auf die fünf Projektalternativen der ersten Phase der JICA-Studie stützten, zu anderen Ergebnissen kamen (vgl. Tabelle 45 und 46). Schließlich wurde jedoch auch das Projekt Salto Pilão I ausgewählt, zumal dieses die genannten Kriterien am besten erfüllt (CELESC & ELETROSUL 1994, S. 105-106 und 128).

Tabelle 38
Projektalternativen im Rahmen der CELESC & ELETROSUL-
Inventarisierung des hydroelektrischen Potentials des Itajaítals

Projektalternative	Installierte Kapazität (MW)	Kosten pro Energieeinheit (US$/MWh)	Erforderliche Investitionen (Mio. US$)
Salto Pilão I	220	25	190
Benedito Novo	20	64	42
Alto Benedito Novo	16	50	24

Quelle: CELESC & ELETROSUL (1994, S. 8-9).

Im Dezember 1992, nach Abschluß der JICA-Studie, aber noch vor der Studie von CELESC & ELETROSUL (1994) soll ein Vertrag zwischen der Landesregierung des Bundesstaates Santa Catarina, d.h. CELESC, und der *Japan International Cooperation Agency* über die Errichtung des Wasserkraftwerkes Salto Pilão I zwischen Lontras und Ibirama unterschrieben worden sein[1]. Die Bundesregierung hat ihre Bereitschaft zur Unterstützung des Projektes erklärt[2], doch auch ohne ihre Beteiligung bzw. ohne die Finanzierung durch die traditionellen Geldgeber Weltbank und Interamerikanische Entwicklungsbank ist davon auszugehen, daß eine Interessengemeinschaft (*consórcio*) zwischen der Landesregierung (CELESC) und privaten Investoren gebildet wird, um dieses Projekt voranzutreiben.

8.1.3 Möglichkeiten zur Erweiterung des Energieangebots im Itajaítal am Beispiel von kleinen Wasserkraftwerken

Einen besonderen Stellenwert in der Planung der BRDE nehmen die Projekte zum Bau von Kleinwasserkraftwerken ein. Kleinwasserkraftwerke werden unterschiedlich definiert. In Brasilien folgt man den Kriterien der lateinamerikanischen Energieorganisation OLADE (*Organização Latino-Americana de Energia*) und der ELETROBRÁS und unterscheidet zwischen Kleinst- (*micro-centrais hidrelétricas*), Mittelklein- (*mini-centrais hidrelétricas*) und

---

1 Vgl. A Notícia (12.12.1992, S. 6); siehe auch Expressão (Nr. 34, Jg. 3, Juli 1993, S. 17-18).
2 Erklärung des *Ministro de Minas e Energia*, Raimundo Brito, über die Energiestruktur der Großregion Südbrasilien (Audiência Pública da Comissão de Minas e Energia da Câmara dos Deputados) am 18. August 1995 in Criciúma, Santa Catarina.

Kleinwasserkraftwerken (*pequenas centrais hidrelétricas-PCHs*). In der Regel definiert sich ein Kleinwasserkraftwerk (*PCH*) durch seine installierte Kapazität, die zwischen 1.000 und 10.000 KW liegt.

Die Aufnahme von Kleinwasserkraftwerken in den BRDE-Plan und die Erkenntnisse der JICA-Untersuchung deuten darauf hin, daß es in der Region durchaus ein Interesse an Kleinwasserkraftwerken gibt. Obwohl keine grundsätzliche Untersuchung stattfand, wurden Argumente für eine solche Alternative gesammelt (BRDE 1993b, S. 12):

(a) Die hydrologischen, topographischen und geologischen Merkmale des Itajaítals sind offenbar gut geeignet zur Nutzung des vorhandenen hydroelektrischen Potentials durch Kleinwasserkraftwerke;

(b) im Gegensatz zu den Großwasserkraftwerken sind die für Kleinwasserkraftwerke erforderlichen Komponenten mit gut entwickelter Technologie in Brasilien verfügbar;

(c) Investitionen und Kosten sind relativ gering;

(d) die ökologischen Nachteile sind deutlich niedriger als bei Großanlagen;

(e) die Bauzeit eines Kleinwasserkraftwerkes ist mit durchschnittlich 24 Monaten gering.

Außerdem favorisieren Präfekturen, Industriebetriebe und NRO erneuerbare Energieträger kleiner Wasserkraftwerke als konkrete Möglichkeit zur Erweiterung des gegenwärtigen Energieangebots im Itajaítal. Hier gibt es allerdings noch offene Fragen. Auch wenn die von kleinen Wasserkraftwerken ausgehenden Umweltschäden niedriger sind als im Fall von größeren Energieprojekten, treten bei der Errichtung eines Wasserkraftwerkes immer und unvermeidlich ökologische Kosten auf. Teilweise werden dabei Flora und Fauna degradiert und die Wasserqualität und -quantität im betroffenen Einzugsgebiet wird durch den Bau des Staudammes beeinflußt. Wenn das Gebiet besiedelt ist, sind schließlich auch soziokulturelle Folgen unvermeidlich[1].

Einige dieser Negativwirkungen sind bei Kleinwasserkraftwerken sicherlich gar nicht, andere nur teilweise vorhanden, sollten aber in jedem Fall genau abgewogen werden. Weiter sind stets folgende Punkte zu klären: Wo sollen diese Kleinwasserkraftwerke errichtet werden? Wieviele sollen errichtet werden? Wann sollen sie fertiggestellt werden? Noch existieren keine regionalen Studien, die den Zusammenhang zwischen installierter Kapazität, erforderlichen Investitionen und Kosten pro Energieeinheit (US$/MWh) untersuchen. Doch auch ohne diese Analysen kann heute schon behauptet werden, daß Kleinwasserkraftwerke eine wichtige Alternative zur Erweiterung des regionalen Energieangebots darstellen.

---

1   Zu den unvermeidlichen Kosten eines Wasserkraftwerkes für die Umwelt und für die lokale Gesellschaft siehe BANDLER (1991); zur Bedeutung von Kleinwasserkraftwerken in Entwicklungsländern siehe HERB (1983).

8.2 Umwelt und Energie im Itajaítal: potentielle Interessenkonflikte zwischen Präfekturen, Industriebetrieben und NRO

8.2.1 Umweltprobleme und Möglichkeiten zur Erweiterung des Energieangebots im Itajaítal: die Rolle der Präfekturen

In Kapitel 7.1 wurde bereits auf die strukturellen und politischen Änderungen in den lokalen Verwaltungen Brasiliens hingewiesen. Die im Jahr 1988 verkündete neue Bundesverfassung führte zu einer neuen verfassungsrechtlichen Stellung der Munizipien im brasilianischen Staatswesen, insbesondere durch das neu geschaffene Rechtsmittel der Gemeindeverfassung (*lei orgânica*). An dieser Stelle soll die (neue) Rolle der Präfekturen in den Munizipien des Itajaítals unter Berücksichtigung der Energiefrage einschließlich der Umweltfolgewirkungen untersucht werden.

Auf den ersten Blick enttäuscht die Tatsache, daß es auf der Ebene des Munizipienverbandes AMMVI keine Abteilung gibt, die sich mit den in der Region bestehenden Umweltproblemen befaßt. Trotzdem sind den Experten des Verbandes die zahlreichen und teilweise gravierenden Umweltprobleme im Itajaítal durchaus bewußt. Aus der Sicht der AMMVI kümmern sich mit Ausnahme der Munizipien Blumenau und Brusque nur wenige Präfekturen um diese Probleme (mündliche Information, Herren L. G. und C. F. S., AMMVI, Blumenau, 16.1.1995). In Blumenau ist die *Fundação Municipal do Meio Ambiente*, entstanden aus der *Assessoria Municipal do Meio Ambiente*, einer der ältesten Umweltbehörden Brasiliens auf Gemeindeebene, für den Umweltschutz (darunter die Erhaltung von Waldressourcen) im Munizip zuständig. Sie ist jedoch nicht qualifiziert für die Aufgaben, die ursprünglich in den Händen der Institutionen IBAMA und FATMA[1] lagen, wie zum Beispiel die Kontrolle der Abholzung für Energiezwecke (QUADROS 1993, S. 24). Außer Blumenau besitzen noch 13 andere Präfekturen (58,3% aller befragten Präfekturen) eine Abteilung für Umweltfragen. Sie befassen sich grundsätzlich mit zwei Problemkreisen: Schutz der natürlichen Ressourcen und Kontrolle der Umweltverschmutzung. Dabei können zwei Hauptverursacher unterschieden werden: Der Primärsektor ist vor allem für Entwaldung und Umweltverschmutzung durch Agrochemikalien verantwortlich. Die größten Umweltauswirkungen des Sekundärsektors liegen in den Bereichen Gewässerverschmutzung, Lärmimmission und Luftverschmutzung.

Das Umweltthema gewann auf Gemeindeebene in den letzten Jahren erheblich an Bedeutung. Es wurde zum ersten Mal in die neuen Gemeindeverfassungen der untersuchten Munizipien einbezogen. In der Regel enthalten diese in den umweltrelevanten Kapiteln folgenden Wortlaut:

---

[1] Die FATMA-*Fundação de Amparo à Tecnologia e ao Meio Ambiente* ist durch acht sog. Regionalverwaltungen (*Gerências Regionais*) im Bundesstaat vertreten. Für das Itajaítal zuständig ist die GERVI (*Gerência Regional do Vale do Itajaí*) mit Sitz in Blumenau. Sie umfaßt insgesamt 48 Munizipien, darunter 23 der 24 in dieser Arbeit untersuchten Gemeinden. Massaranduba gehört der Gerência Regional do Norte an.

"Alle haben das Recht auf eine ökologisch ausgeglichene Umwelt als ein Gut gemeinsamer Nutzung der Bevölkerung und von wesentlicher Bedeutung für eine gesunde Lebensqualität. Die munizipale Verwaltung und die Gemeinschaft haben die Aufgabe, die Umwelt für gegenwärtige und künftige Generationen zu schützen und zu erhalten"[1].

Die einzelnen *leis orgânicas* unterscheiden sich jedoch zum Teil recht deutlich voneinander. So wird die Umweltfrage in den Gemeindeverfassungen von Blumenau und Pomerode am kürzesten abgehandelt. Im Fall des Munizips Blumenau hängt dies mit der Tatsache zusammen, daß während der Ausarbeitung der *lei orgânica* eine liberal-konservative Koalition an der Macht war. Pomerode übernahm unkritischerweise den Umweltartikel aus der Gemeindeverfassung Blumenaus. Immerhin erließ die Präfäktur von Pomerode einen *Código de Preservação e Defesa do Meio Ambiente* (*Lei Complementar* Nr. 20, vom 14.10.1994), welcher wichtige Lücken im Umweltbereich schließt, zum Beispiel durch:

(a) Bildung eines „Rates für Umweltschutz" (*Conselho Municipal de Defesa do Meio Ambiente*);

(b) Regulierung von Abholzung und Entwaldung im Munizip;

(c) strengere Kontrolle der Nutzung von Holz für Energiezwecke (Art. 36, 37 und 38).

Im Munizip Indaial wurde eine „munizipale Umweltpolitik" (*Política Municipal do Meio Ambiente*) formuliert (*Lei Municipal* Nr. 1.958, vom 3.7.1990). Diese kann als Ergänzung der Gemeindeverfassung betrachtet werden und umfaßt wichtige Umweltaspekte wie die Nutzung von Holz für Energiezwecke (Art. 4 und 5).

Ähnlichkeiten gibt es auch zwischen den Gemeindeverfassungen von Botuverá, Brusque und Guabiruba, wobei Brusque mit einer sehr fortschrittlichen Umweltpolitik aufwartet, die auch die beiden anderen Munizipien inspirierte und mindestens zwei absolut ungewöhnliche Neuerungen enthält:

(a) In der Stadtpolitik (*política urbana*) sollen ein umweltfreundlicher öffentlicher Verkehr sowie Fahrradwege und bessere Fortbewegungsmöglichkeiten für körperlich und geistig Behinderte gefördert werden (Art. 220);

(b) Der *Conselho Municipal de Meio Ambiente*, der die munizipale Umweltpolitik formuliert, wird paritätisch mit Vertretern der lokalen Verwaltung, der Bewohner und der Umwelt-NRO besetzt (Art. 226).

Die von der Brusquenser Gemeindeverfassung inspirierte *lei orgânica* Botuverás geht in zwei Punkten sogar noch über diese hinaus:

---

[1] "Todos têm direito ao meio ambiente ecologicamente equilibrado, bem de uso comum do povo e essencial à sadia qualidade de vida, impondo-se ao Poder Público Municipal e à coletividade, o dever de defendê-lo e preservá-lo, para as presentes e futuras gerações" (LEIS ORGÂNICAS der untersuchten Munizipien).

(a) Förderung einer regional integrierten Umweltplanung unter besonderer Berücksichtigung von Waldressourcen und Flußeinzugsgebieten (Art. 234, II);

(b) Verbot der Installation von Rüstungsindustrien und der Fabrikation von Komponenten für die Kernenergie (Art. 241);

Überraschend weitsichtig ist auch die Gemeindeverfassung des Munizips Guabiruba, die eine *Secretaria Municipal do Meio Ambiente* (Art. 212, XIX) ins Leben ruft, die die Umweltpolitik des Munizips formulieren und durchführen soll. Die *leis orgânicas* der Munizipien Navegantes und Itajaí enthalten ebenfalls positive Neuerungen. In Navegantes wird zum Beispiel die Lagerung von Atommüll verboten (Art. 165). In Itajaí wird unter anderem auf folgende Punkte Wert gelegt:

(a) Die lokale Verwaltung ist verpflichtet, einen munizipalen Umweltplan zu entwerfen und durchzuführen (Art. 130).

(b) Die Gemeindeverfassung verpflichtet zur Bildung eines *Conselho Municipal de Meio Ambiente* mit paritätischer Besetzung durch Vertreter der lokalen Verwaltung, der Bewohner und der Umwelt-NRO. Der *Conselho* formuliert die munizipale Umweltpolitik und führt diese durch (Art. 135).

Die Energiefrage wurde in die Gemeindeverfassung von nur einem der 24 untersuchten Munizipien einbezogen. Es handelt sich erstaunlicherweise um das kleine, sozioökonomisch wenig bedeutsame Munizip Guabiruba, in dessen *lei orgânica* es heißt:

"Die Erforschung, die Entwicklung und die Nutzung alternativer, umweltfreundlicher Energiequellen sowie sparsame Energietechnologien sind zu fördern"[1].

Die durchgeführte Befragung zeigte jedoch, daß sich grundsätzlich die große Mehrheit der Präfekturen (91,6%) nicht um die Erweiterung des Energieangebotes (bzw. um die Energiefrage überhaupt) kümmert, was auch von den Experten der AMMVI bestätigt wurde (mündliche Information, Herren L. G. und C. F. S., AMMVI, Blumenau, 16.1.1995). Ein Indikator für die Gleichgültigkeit der Präfekturen gegenüber Energieproblemen ist die Tatsache, daß in keinem der untersuchten Munizipien eine Abteilung für Energiefragen existiert. Auch der Munizipienverband AMMVI besitzt keine Energieabteilung. Dies hat natürlich mit den Zuständigkeiten und Aufgaben brasilianischer Präfekturen zu tun, die nur eingeschränkt Regelungen des Energiesektors einschließen. So ist aus der Sicht der befragten Gemeinden für die Energieproblematik letztendlich die Bundesregierung oder auch die Landesregierung zuständig.

---

1 "estimular a pesquisa, o desenvolvimento e a utilização de fontes de energia alternativa não-poluente, bem como de tecnologias poupadoras de energia" (Art. 212, XIV der *Lei Orgânica do Município de Guabiruba*).

8.2.2 Umweltprobleme und Möglichkeiten zur Erweiterung des Energieangebots im Itajaítal: die Interessen der Industrieunternehmen

Kaum in Frage zu stellen ist die Tatsache, daß im Itajaítal die Industrie für die größten Umweltprobleme verantwortlich ist (vgl. Befragungsergebnisse bei Präfekturen und NRO sowie mündliche Informationen, Herren L. G. und C. F. S., AMMVI, Blumenau, 16.1.1995; siehe dazu auch THEIS 1990c, S. 64). Gleichzeitig läßt sich aber bei den Industriefirmen der Untersuchungsregion ein steigendes Interesse an der Umweltfrage beobachten, wobei sich vorwiegend die Großbetriebe im Textilbereich Gedanken über Umweltprobleme machen. Der Grund dafür liegt weniger in der Anerkennung ihrer Eigenverantwortung im Umweltbereich[1] als vielmehr im umweltpolitischen Druck, den der Absatzmarkt (insbesondere der europäische) auf diese Firmen ausübt[2].

Die Textilindustrie ist der größte Verursacher der Umweltdegradierung in der Region. Bei den großen Textilbetrieben ist das historisch größte Problem der Gewässerverschmutzung zum Teil gelöst worden. Im Produktionsprozeß dieser Textilbetriebe entstehen aber nicht nur flüssige, sondern auch halbfeste Schadstoffe (Schlamm = *lodo*), die sich allein in Blumenau auf 100 bis 150 Tonnen täglich belaufen können. Alle großen Textilfirmen stehen heute vor dem Problem der Entsorgung dieser Schlammreste aus ihrer Produktion[3].

Bis etwa Mitte der 80er Jahre stand die Textilproduktion außerdem eng mit der Waldvernichtung im Itajaítal in Verbindung. Obwohl elektrische Energie seit langem der Hauptenergieträger der Catarinenser Textilindustrie ist, zeigt Abbildung 38, daß Brennholz bis ins Jahr 1986 die zweitwichtigste Energiequelle war. Die großen Industrieunternehmer des Itajaítals, insbesondere in Blumenau und Brusque, sind heutzutage der Meinung, daß die regionalen Wälder besser als bisher geschützt werden müssen (vgl. mündliche Information, Herr E .F. V., ACIB, Blumenau, 17.1.1995). Die Besorgnis um die Wälder im Itajaítal widerspricht jedoch noch immer der bestehenden Nutzung von Brennholz als Energieressource.

---

1   Zwischen November 1989 und Oktober 1991 wurde ein Programm zum Schutz des Einzugsgebietes des *Rio Itajaí* von der FATMA unter Beteiligung von 58 Industriebetrieben durchgeführt. Grundsätzlich wurde von den Betrieben verlangt, daß sie sich an die bestehende Umweltgesetzgebung anpassen und somit ihre Umweltverschmutzung um 80% reduzieren sollten. Es gibt jedoch augenblicklich keine Informationen darüber, wieviele und welche Betriebe dieses Ziel erreicht haben.

2   Vgl. mündliche Information, Herr E. F. V. (ACIB, Blumenau, 17.1.1995); zu dem Druck der Kunden aus den Industrieländern auf die Textilfirmen hinsichtlich umweltverträglicher Produktion siehe auch Expressão (Nr. 33, Jg. 3, Juni 1993, S. 28-29).

3   Vgl. mündliche Informationen, Herr E. F. V. (ACIB, Blumenau, 17.1.1995); zu der Bedeutung der Textilindustrie als Verursacher von Umweltproblemen im Itajaítal siehe auch Expressão (Nr. 33, Jg. 3, Juni 1993, S. 28-29) und Expressão (Nr. 39, Jg. 4, Dezember 1993, S. 30-31).

Abbildung 35
Energieverbrauch der Textilindustrie: Santa Catarina 1980-1991

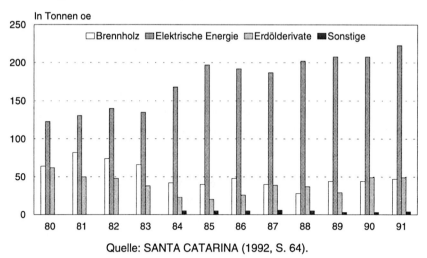

Quelle: SANTA CATARINA (1992, S. 64).

Der industrielle Sektor tritt in der untersuchten Region nicht nur als Endverbraucher von Holzprodukten auf. Eine bedeutende Rolle spielt nach wie vor der noch bis vor einigen Jahrzehnten starke Komplex der holzverarbeitenden Industrie. Trotz des erheblichen Bedeutungsverlustes dieser Branche ging der Verlust regionaler Primärwälder zum großen Teil auf das Konto der sog. *Madeireiros*, das heißt der Sägewerksbesitzer und Holzhändler. Die im Itajaítal tätigen *Madeireiros* machen übrigens die neue Waldgesetzgebung, die im Jahr 1990 eingeführt und 1993 bzw. 1994 ergänzt wurde und die, wie noch zu zeigen sein wird, ein Erfolg der NRO ist, für die jüngsten von der Branche erlebten Mißerfolge verantwortlich (JSC Economia, 4.12.1994, S. 1 und 3).

Grundsätzlich sind die befragten Industriebetriebe für eine Erweiterung des Energieangebotes in der Untersuchungsregion. Dabei bevorzugen sie als in Frage kommende Energiequellen Erdgas und kleine Wasserkraftwerke (*PCHs*). Das Hauptinteresse der Mehrheit der einflußreichsten Industrieunternehmer gilt dabei der bereits erwähnten geplanten Erdgasleitung durch Santa Catarina, die auch die Industriebetriebe des Itajaítals versorgen könnte. Es wird argumentiert, daß Erdgas die Brennholznutzung reduzieren kann. Kleinwasserkraftwerke zur Erweiterung des Energieangebots in der Region sind jedoch nach Meinung der Industrieunternehmer keineswegs auszuschließen (vgl. mündliche Information, Herr E. F. V., ACIB, Blumenau, 17.1.1995).

8.2.3 Umweltprobleme und Möglichkeiten zur Erweiterung des Energieangebots im Itajaítal: die Rolle der NRO

In Kapitel 7.1 wurde bereits auf die NRO hingewiesen, die sich den Umweltproblemen im Itajaítal widmen. Darunter befinden sich einige, deren Einflüsse auf lokaler und/oder regionaler Ebene spürbar sind. Wenn man als Maß für die Bedeutung von NRO deren Beteiligung an den Vorbereitungen zum Umweltgipfel in Rio de Janeiro im Juni 1992 (*Forum de ONGs Brasileiras preparatório para a Conferência da Sociedade Civil sobre Meio Ambiente e Desenvolvimento*) heranzieht, dann sind mindestens ACAPRENA (Blumenau), APREMAVI (Rio do Sul), CDDH-Rio do Sul, CDDH-Brusque, FEEC (Florianópolis) und Fundação Água Viva (Blumenau) zu nennen. Am NRO-Forum selbst (*Forum Internacional de Organizações Não Governamentais e Movimentos Sociais no âmbito do Forum Global ECO 92*) nahmen dann immerhin noch drei NRO teil, die in der untersuchten Region tätig sind: ACAPRENA (Blumenau), APREMAVI (Rio do Sul) und FEEC (Florianópolis). Ein weiteres Indiz für den Einfluß der regionalen NRO ist schließlich die Tatsache, daß von den 122 Organisationen, die der 1992 auf dem Rio-Gipfel gegründeten *Rede de ONGs da Mata Atlântica* im Jahr 1994 angehörten, allein neun aus Santa Catarina stammen. Zwei davon (ACAPRENA und APREMAVI) entwickeln ihre Arbeit im Itajaítal (REDE DE ONGs DA MATA ATLÂNTICA 1994).

Ihren Einfluß üben die genannten NRO vor allem durch das Aufzeigen der im Itajaítal existierenden Umweltprobleme aus. Dabei stellt der Entwaldungsprozeß ein gutes Beispiel dar. Eine der befragten NRO (und nicht eine munizipale oder überregionale Umweltbehörde!) untersuchte den Zustand der Primärwälder in der Region und konnte zeigen, daß diese weiterhin durch Brandrodung und Abholzung degradiert und in der Fläche reduziert werden. Nach Meinung dieser NRO besteht das Hauptproblem darin, daß ein Teil dessen, was verloren geht, gar nicht, ein anderer mit Kiefern und Eukalyptus wiederaufgeforstet wird. Durch den Verlust an Primärwald und die Verdrängung der noch existierenden natürlichen Baumarten durch sog. exotische Spezies ist die Artenvielfalt in Gefahr. Außerdem unterstrich diese NRO nochmals die Zusammenhänge, die zwischen der Reduzierung der Wälder im Oberen und Mittleren Itajaítal und den katastrophalen Dimensionen der letzten Überschwemmungen im Mittleren und Unteren Itajaítal bestehen (mündliche Information, Frau M. P., APREMAVI, Rio do Sul, 30.1.1995).

Neben der Entwaldungsproblematik richten die regionalen NRO ihre Aufmerksamkeit auch auf folgende Bereiche: industrielle Verschmutzung der Hauptflüsse des Einzugsgebiets (Itajaí-Açu und Nebenflüsse), industrielle Luftverschmutzung, Bodendegradierung und -verschmutzung durch landwirtschaftliche Aktivitäten und Nutzung von Düngemitteln (mündliche Information, Frau M. P., APREMAVI, Rio do Sul, 30.1.1995).

In der Energiefrage sind die befragten NRO nicht gegen alle Formen der Energiegewinnung, sondern grundsätzlich offen für eine Erweiterung des regionalen Energieangebots, wenn dadurch die Umwelt nicht degradiert wird (41,2%), wenn die zusätzliche Energie aus regenerierbaren Ressourcen stammt (29,4%) und wenn die lokale Bevölkerung in Entscheidungen mit einbezogen wird (23,5%). Für eine Erweiterung des regionalen Energieangebots würden die befragten NRO kleine Wasserkraftwerke (54,5%) und Solarenergie (27,3%) bevorzugen.

Insbesondere bei der Holzextraktion für Energiezwecke werden von den NRO immer wieder die negativen Folgen der Vernichtung der Mata Atlântica angeführt. Deshalb sahen sie sich für ihre Anstrengungen belohnt, als Präsident Itamar Franco 1990 die Abholzung und Bewirtschaftung der Mata Atlântica verbot[1]. Äußerst positiv betrachten die befragten NRO auch die neue Waldgesetzgebung, die 1993 erhebliche Einschränkungen zur Bewirtschaftung der Primärvegetation der Mata Atlântica einführte[2].

Auch wenn klar ist, daß sich die befragten NRO nicht ausreichend mit der Energiefrage auseinandersetzen, achten sie zumindest auf die Umweltauswirkungen möglicher Projekte zur Erweiterung des Energieangebots. Die umstrittene Holzbewirtschaftung (Kiefern- und Eukalyptuskulturen) zur Herstellung von Brennholz und Holzkohle stellt mit Sicherheit das beste Beispiel dafür dar. Aber auch das geplante Wasserkraftwerk Salto Pilão I erregt ihre Aufmerksamkeit. Obwohl die durchgeführten Studien der JICA (1991a, 1991b, 1991c, 1991d, 1991e) und CELESC & ELETROSUL (1994) nur unbedeutende Umweltschäden prognostizieren, forderte die Organisation APREMAVI die in Santa Catarina zuständige Behörde FATMA auf, die bis 1995 noch ausstehende Umweltverträglichkeitsprüfung (*Estudo de Impacto Ambiental-EIA*) durchzuführen (mündliche Information, Frau M. P., APREMAVI, Rio do Sul, 30.1.1995; s. auch Mutação, Semester I/1994, Nr. 7, Jg. 4, S. 8).

8.2.4 Fazit: Umwelt und Energie im Itajaítal und potentielle Interessenkonflikte zwischen Präfekturen, Industriebetrieben und NRO

Versteht man unter Konflikt (lat. *conflictus*) Kampf oder Zusammenstoß, dann läßt sich im gegebenen Fall nur schwer von *Interessenkonflikt* sprechen, da die Interessen der Präfekturen, Industriebetriebe und NRO im Itajaítal gar nicht so deutlich auseinanderklaffen. Besonders Präfekturen und Industrieunternehmen divergieren dabei wenig und harmonieren sogar in vielerlei Hinsicht. Den NRO hingegen fällt es wegen ihrer politischen Schwäche schwer, Gegeninteressen in der Untersuchungsregion durchzusetzen. So gibt es beispielsweise kaum nennenswerten Druck von seiten der Umwelt-NRO auf die Industriebetriebe, die bekanntlich für die größte Umweltverschmutzung in der Region verantwortlich sind (mündliche Information, Herr E. F. V., ACIB, Blumenau, 17.1.1995). An dieser Stelle soll daher versucht werden, die Gegensätze und Widersprüche, die aus der Tätigkeit der befragten Akteure resultieren, in Form eines *potentiellen Interessenkonfliktes* darzustellen.

Dabei ist anzumerken, daß die für diese Arbeit durchgeführte Feldforschung die Ansicht verstärkt, daß das regionale Energiesystem nicht an die sozioökonomische Entwicklung des Itajaítals angepaßt ist. So bewerten die befragten Industrieunternehmer die Regionalökonomie als eine starke Ökonomie, weisen aber gleichzeitig auf die schlechte Qualität der Energie-

---

1 "Ficam proibidos, por prazo indeterminado, o corte e a respectiva exploração da vegetação nativa da Mata Atlântica" (Vgl. Art. 1 des *Decreto* Nr. 99.547 vom 25. September 1990).

2 Zum *Decreto* Nr. 750 vom 10. Februar 1993 sowie zur *Resolução* Nr. 4 des *Conselho Nacional do Meio Ambiente* (CONAMA) vom 4. Mai 1994 spezifisch für Santa Catarina siehe REDE DE ONGs DA MATA ATLÂNTICA (1994) bzw. Diário Oficial da União (17. Juni 1994, Seção I, S. 8877-8878).

versorgung hin, die von extern gelieferten Energieträgern abhängig ist und die regionale Nachfrage nicht deckt. Diese Meinung wird zum Teil auch von den befragten NRO geteilt, die der Region eine zwar wenig diversifizierte aber dennoch starke Ökonomie bescheinigen, die Schwächen aber ebenfalls in der regionalen Energieversorgung sehen. Unter den Präfekturen herrschen die negativen Meinungen hinsichtlich des Zustands der Regionalökonomie vor, da sie zu wenig diversifiziert und unfähig zur Aufnahme der regionalen Arbeitskräfte sei. Aber über 40% sind auch der Ansicht, daß die Region von extern gelieferten Energien abhängig ist. Niemand scheint in den Präfakturen daran zu zweifeln, daß die Energieversorgung (und dabei vor allem die Stromversorgung) in der Region stark zu wünschen übrig läßt (mündliche Information, Herren L. G. und C. F. S., AMMVI, Blumenau, 16.1.1995).

Die Gegensätze verstärken sich wesentlich deutlicher im Umweltbereich. Während zum Beispiel die NRO die Ansicht vertreten, daß die Umwelt in der Region ziemlich degradiert ist, waren Präfekturen und Industriebetriebe der Meinung, daß sich die Umweltschäden in der Region lediglich auf einige Bereiche bzw. Aktivitäten beschränken. Die Präfekturen in 11 der 24 untersuchten Munizipien sind der Ansicht, daß die Energieerzeugung für einige Umweltschäden verantwortlich gemacht werden muß. Die Entwaldungsprozesse stellen dabei das Hauptproblem dar, das als Folge der umweltschädlichen Energieerzeugung in den befragten Munizipien auftritt. Einigkeit herrscht über die Funktionsfähigkeit der Bundesumweltbehörde IBAMA in bezug auf Umweltfragen, die sowohl von Präfekturen und Industriebetrieben als auch von NRO sehr negativ beurteilt wird. Nach Meinung der AMMVI-Experten erfüllt die Bundesregierung (IBAMA) nicht die Aufgaben des Umweltschutzes in einer Region mit zunehmenden Umweltproblemen, gerade auch vor dem Hintergrund, daß das Itajaítal zu einem großen Teil im Bereich der Mata Atlântica liegt und somit mehr Aufmerksamkeit verdiene (vgl. mündliche Information, Herren L. G. und C. F. S., AMMVI, Blumenau, 16.1.1995). Ebenfalls negativ wird die Funktionsfähigkeit der Landesumweltbehörde FATMA in bezug auf Umweltfragen betrachtet. Die schärfste Kritik kommt dabei von seiten der NRO. Lediglich die Funktionsfähigkeit der Präfekturen in bezug auf Umweltfragen wird sowohl von den befragten Industriebetrieben als auch den NRO als eher befriedigend betrachtet.

Meinungsunterschiede herrschen unter den befragten Akteuren über die Möglichkeiten zur Erweiterung des Energieangebotes durch den Gebrauch von erneuerbaren Energieressourcen und die Reduzierung des Energieverbrauches. Während NRO und zum Teil Industriebetriebe von der Nutzung erneuerbarer Energien überzeugt sind, zeigen sich die Präfekturen skeptisch. Die NRO bevorzugen als anzuwendende erneuerbare Energien Solarenergie, Biogas und kleine Wasserkraftwerke (vgl. zum Beispiel mündliche Information, Frau M. P., APREMAVI, Rio do Sul, 30.1.1995). Die Präfekturen würden eher auf kleine Wasserkraftwerke setzen, die Industriebetriebe fast ausschließlich auf Erdgas. Darüber hinaus wurde hinterfragt, ob der Energieverbrauch in der Region grundsätzlich reduziert werden kann. Obwohl alle Befragten einer effizienteren Nutzung der vorhandenen Energieressourcen zustimmen, zeigen sich die Präfekturen nicht zu sehr davon überzeugt. Die befragten Akteure sehen Ansatzpunkte zu einer Reduzierung des Energieverbrauches vor allem in der Einführung energiesparender Technologien und der Durchführung von Aufklärungskampagnen zur Energieeinsparung (Präfekturen = 50%; Industriebetriebe = 100%; NRO = 65%). Präfekturen (25%) und NRO (25%) sehen darüber hinaus auch eine gewisse Chance in der Mobilisierung der lokal organisierten Bevölkerung zur Durchführung von Energieeinsparprogrammen.

8.3 Zur sozial und ökologisch nachhaltigen Regionalplanung im Itajaítal unter besonderer Berücksichtigung der Regulation des regionalen Energiesystems

Angesichts der in Kapitel 1.3 erwähnten Schwierigkeiten der Anwendung des Nachhaltigkeitsbegriffes wird an dieser Stelle nur mit Vorbehalt Bezug auf die Kategorie der nachhaltigen Regionalplanung genommen. Es soll hier auch nicht von der Energieplanung schlechthin gesprochen werden, sondern eher von einer Regionalplanung, die sich *auch* auf das regionale Energiesystem bezieht, weil Energieplanung nicht als selbständige Planung zu verstehen ist. Energiesysteme stellen eine besondere Abteilung einer Gesellschaftsformation dar. Die Subsumtion aller anderen gesellschaftlichen Abteilungen unter einen Begriff wie Energieplanung würde eine energiedeterministische Sicht der Dinge bedeuten, die dann nichts mehr mit der Wirklichkeit zu tun hätte. Wenn von jetzt an von Energieplanung die Rede sein wird, dann also als Teil einer nachhaltigen Regionalplanung. Somit stellt die Energieplanung ein Mittel dar, bestimmte Ziele zu erreichen, die meistens den angestrebten Resultaten in sozialen, ökonomischen und ökologischen Bereichen nicht entsprechen. Dazu gehören in besonderem Maße soziale Zielsetzungen in Domänen wie Gesundheitswesen, Erziehung und Wohnung, die Verbesserung regionalökonomischer Indikatoren und die Verwaltung der regionalen Umweltressourcen (NIJKAMP & VOLWAHSEN 1990).

8.3.1 Rahmenbedingungen einer sozial und ökologisch nachhaltigen Energieplanung auf regionaler Ebene

Neben den oben erwähnten Vorbehalten muß noch darauf hingewiesen werden, daß eine Region nicht über die vollständige Autonomie hinsichtlich der Energieplanung verfügt. In den peripher-kapitalistischen Ländern ist die Bedeutung dieser Tatsache noch wichtiger, da Planungen im Energiebereich dieser Länder in der Regel „von oben" entworfen und durchgeführt werden. Dies könnte dazu führen, daß die Beteiligung der lokalen Bevölkerung an der Energieplanung überhaupt ein Ziel an sich darstellt[1].

Die Tatsache, daß eine Region nur über begrenzte Autonomie verfügt und daß in der Regel die lokale Bevölkerung aus der Energieplanung ausgeschlossen ist, bedeutet aber nicht, daß eine regionale Energieplanung grundsätzlich unmöglich ist. Obwohl die Anzahl energieplanerischer Erfahrungen auf regionaler Ebene gering ist, gibt es durchaus erfolgreiche Beispiele[2].

In Brasilien ließ die stark zentralistisch orientierte Energiepolitik wenig Raum für eine Planung auf bundesstaatlicher Ebene und praktisch gar keinen auf mikroregionaler und munizipaler Ebene. Am weitesten fortgeschritten ist die bundesstaatliche Energieplanung in Minas Gerais

---

[1] Nur wenige Autoren beschäftigten sich bisher mit der Frage der aktiven Beteiligung der lokalen Bevölkerung am Prozeß und an der Anwendung der Energieplanung, so etwa SOUSSAN (1991) und TOLMASQUIM (1993).

[2] Darunter befindet sich ein Beispiel von Energieplanung auf bundesstaatlicher Ebene in Illinois (vgl. MACAL et al. 1987) und auf Gemeindeebene in Uppsala (vgl. JOHNSSON et al. 1992). Häufiger finden sich Beispiele von Energieplanung als Teil der Regionalplanung; siehe z.B. REGIONALVERBAND NECKAR-ALB (1992).

und Rio Grande do Sul (BAJAY & BARONE 1992, LEROY et al. 1989). Der Bundesstaat Rio Grande do Sul zeigt sich dabei als besonders innovativ, indem der *Núcleo de Energia* an der Bundesuniversität von Rio Grande do Sul (UFGRS) versucht, eine ökologische Energieplanung auf Gemeindeebene (*planejamento energético ambiental em nível municipal*) einzuführen. Vor etwa 15 Jahren wurde der *Núcleo de Energia* an der UFRGS mit dem Ziel gegründet, die Nutzung erneuerbarer Energien in Rio Grande do Sul zu erkunden. Im Jahr 1989 begann eine Zusammenarbeit zwischen der Universität (UFRGS), der Energiekommission der Landesregierung (*Comissão Estadual de Energia*) und dem Munizipienverband des Bundesstaates (*Federação das Associações de Municípios do Estado do Rio Grande do Sul - FAMURGS*). Wenig später wurden auch weitere Universitäten des Bundesstaates einbezogen (vgl. mündliche Information, Herr A. B., Núcleo de Energia/UFRGS, Porto Alegre, 19.1.1995). Diese Zusammenarbeit führte zur Formulierung von Energieplänen unter besonderer Berücksichtigung der Einführung regenerierbarer Energieressourcen sowie von Umweltaspekten. Zur Durchführung dieser Planung wurden in den Munizipien Energie- und Umweltkommissionen (*Comissões Municipais de Energia e Meio Ambiente*) aus Vertretern der lokalen Verwaltung und des lokalen Parlaments sowie aus Vertretern öffentlicher und privater Organisationen und Umweltschutzgruppen gebildet, die in den jeweiligen Regionen zu einem regionalen Verband (*Núcleo de Energia Regional*) zusammengeschlossen sind (CAMPOS & SCARTAZZINI 1993, S. 98-99). Abgesehen davon, daß bislang keine einschlägigen Ergebnisse vorliegen, und obwohl die Erfahrung des *Núcleo de Energia (UFRGS)* an die Grenze der Autonomie eines Munizips bzw. einer Region in bezug auf Entwurf und Durchführung der Energieplanung stößt, handelt es sich um einen bedeutsamen Fortschritt, insbesondere aufgrund des Potentials zur Beteiligung der lokalen Bevölkerung.

Aus der Sicht der vorliegenden Arbeit hat sich die Energieplanung auf regionaler Ebene und als Teil einer sozial und ökologisch nachhaltigen Regionalplanung folgenden sektoralen Zielen unterzuordnen (vgl. z.B. NIJKAMP & VOLWAHSEN 1990):

(a) dauerhafte Energieversorgung;

(b) ständige Steigerung der Nutzungseffizienz;

(c) Übergang zu regenerierbaren Energieressourcen;

(d) Nutzung der regional vorhandenen Energieressourcen;

(e) Reduzierung der importierten Energie;

(f) Anwendung einer sozial und ökologisch angepaßten Energietechnologie.

Dabei sind drei wichtige Problemkreise zu beachten, die die Energieplanung insgesamt und die regionale Energieplanung im besonderen bedingen. Sie beziehen sich auf (vgl. CAPROS & SAMOUILIDIS 1988):

(a) die kurzfristige und Notfall-Energieversorgung (z.B. Embargos);

(b) die mittelfristige Energieversorgung mit konventioneller Energie (v.a. bei Erdölderivaten infolge mittelfristiger Preisänderungen und bei elektrischer Energie infolge der Grenzen einer kurzfristigen Erweiterung des Angebots im Fall eines rapiden Wirtschaftswachstums);

(c) der Übergang von einem auf konventionellen Trägern basierten Energiesystem zu neuen Energietechnologien (besonders angesichts des Ziels der Nutzung regenerierbarer Energieressourcen).

Weitere wichtige Aspekte der Energieplanung, wie die Energieexperten A. Reuter und A. Voss des Instituts für Kernenergie und Energiesysteme der Universität Stuttgart zeigten, werden häufig entweder wenig oder gar nicht beachtet. Sie zählen folgende Dimensionen auf, die die Energieplanung in jedem Fall zu berücksichtigen habe (vgl. REUTER & VOSS 1990, S. 710-712):

(a) die Verbrauchsunterschiede zwischen Land und Stadt; während im städtischen Bereich fossile Brennstoffe dominieren, hängt der Energieverbrauch auf dem Land eher von nicht-kommerziellen Energieträgern ab.

(b) die Beteiligung nicht-kommerzieller Energieträger; es sind u.a. landwirtschaftliche Reststoffe, aber auch Brennholz und Biogas, Energien also, die in der Regel nicht in den entsprechenden Energiestatistiken erfaßt sind.

(c) Natürliches Potential zur Einführung regenerierbarer Energien, wie z.B. Sonnenscheindauer und Windgeschwindigkeit zur Nutzung von Solar- und Windenergie.

(d) Regionale Unterschiede; physisch-geographische, v.a. aber sozioökonomische Unterschiede wie Industrialisierungsgrad und Einkommensniveau zwischen Regionen eines Landes sowie innerhalb einer bestimmten Region führen in der Regel zu einer quantitativ wie qualitativ unterschiedlichen Energieversorgung.

(e) Management nicht-erneuerbarer Ressourcen, wie z.B. von Trinkwasser und Primärwäldern.

(f) Wechselbeziehungen zwischen Energie und Ökonomie; einerseits ist ein Energiesystem mit allen anderen Abteilungen einer nationalen oder regionalen Ökonomie verbunden, andererseits soll die Energie nicht als Zweck, sondern als Mittel verstanden werden.

(g) Austauschbeziehungen der nationalen oder regionalen Ökonomie mit anderen Ökonomien; meistens werden die Industrialisierungsunterschiede zwischen einer nationalen oder regionalen Ökonomie eines Entwicklungslandes mit einer zentral-kapitalistischen (Regional- oder National-) Ökonomie nicht berücksichtigt; v.a. Technologietransfers können negative soziale und ökologische Einflüsse auf das Energiesystem ausüben.

Energieplanung auf regionaler Ebene setzt deshalb die Existenz einer sog. regionalen Energiebilanz voraus. Dabei sind Informationen über Energieerzeugung (Primärenergien), Energieumwandlung (Verluste) und Energieverbrauch (d.h. Endenergien wie Erdölderivate, Strom und Brennholz) nach Konsumklassen (wie Industrie, Verkehr und private Haushalte) unerläßlich. Die Grundvoraussetzung ist das Vorhandensein einer Datenbank, an die folgende Bedingungen zu stellen sind[1]:

---

1 Vgl. hierzu BAJAY & BARONE (1992), JANNUZZI et al. (1993b), KNIJNIK et al. (1994) und WANDER (1995).

(a) Die Datenbank soll möglichst leicht abzufragen sein und ständig aktualisiert werden; die Energiedaten sollen aus zuverlässigen Quellen stammen, die im Lauf der Aktualisierungen neu geprüft werden müssen; EDV-Anbieter können dabei einen wichtigen Beitrag leisten.

(b) Die für diese Datenbank erforderlichen Informationen beziehen sich auf die lokal erzeugten und verbrauchten Energien, also auf Daten zu den bestehenden Waldreserven und Wasserressourcen und zur Herkunft und Nutzung von elektrischer Energie und von Erdölderivaten auf Munizipbasis.

(c) Auf verschiedene Weise können die in dieser Datenbank enthaltenen Informationen eine breitere Öffentlichkeit erreichen; thematische Karten spielen dabei eine wichtige Rolle.

Selbstverständlich darf solch eine Energiedatenbank nicht nur allein aus Energiedaten bestehen, sondern muß auch sozioökonomische und ökologische Informationen mit einbeziehen. Im Idealfall basiert die Datenbank einer Energieplanung auf regionaler Ebene auf drei mehr oder weniger homogenen Informationskategorien (vgl. Tabelle 39).

Tabelle 39
Erforderliche Daten als Grundvoraussetzung für eine regionale Energieplanung

Energie-Daten	sozioökonomische Daten	naturräumliche Daten
■ Nachfragestruktur ■ Reserven von Naturressourcen ■ Reserven von Energieressourcen ■ Technologie zur Energieerzeugung ■ Import und Export von Energieressourcen ■ Erzeugung von Primärenergie ■ Effizienz der Umwandlungsprozesse ■ Verbrauch nach Konsumklassen ■ Verbrauch nach Energieträgern ■ Preise der Energieträger ■ Erzeugungs-, Transport- und Lagerungskosten	■ städtische und ländliche Bevölkerung ■ erwerbstätige Bevölkerung ■ Bevölkerungswachstum ■ Migration ■ Einkommensstruktur nach ökonomischen Sektoren ■ Einkommensstruktur: Investitionen und Konsum ■ Einkommensverteilung ■ Arbeitsmarkt und Lohnstruktur ■ Industriestruktur ■ Landwirtschaftsstruktur ■ Transport und Verkehr ■ Bevölkerungsdichte	■ Hydrologie ■ Klima ■ Relief ■ Boden ■ Vegetation ■ Wassergüte ■ Luftverschmutzung ■ Bodendegradation ■ Flächenverbrauch ■ Verschmutzung im städtischen Bereich ■ Verschmutzung im ländlichen Bereich ■ Naturrisiken und Umweltgefährdungen

Quelle: BAJAY & BARONE (1992, S. 69-70).

Ein regionales Energiesystem kann demnach nie allein aus der Energieperspektive heraus verstanden werden. Daraus folgt auch für die regionale Energieplanung, daß sie stets folgende Dimensionen berücksichtigen muß (BAJAY & BARONE 1992, KNIJNIK et al. 1994):

(a) regionale Wirtschafts- und Gesellschaftsstruktur sowie die ökonomische und soziale Dynamik der Region;

(b) wechselseitigen Einflüsse, die Wechselbeziehungen und die Abhängigkeiten zwischen Regionalökonomie, regionaler Gesellschaftsstruktur, regionaler Umwelt und regionalem Energiesystem;

(c) die wichtigsten Faktoren, die die Regionalökonomie, die regionale Gesellschaftsstruktur, die regionale Umwelt und das regionale Energiesystem kennzeichnen (sowie die Verbindungen zwischen diesen Faktoren);

(d) die Bedeutung des regionalen Energiesystems für die Regionalökonomie, die Gesellschaftsstruktur und die regionale Umwelt.

Ein letzter, aber deshalb nicht weniger wichtiger Aspekt im Zusammenhang mit der Energieplanung als Teil einer sozial und ökologisch nachhaltigen Regionalplanung bezieht sich auf die Bedeutung des Raumes[1]. Wie im dritten Kapitel dargelegt, steht in der vorliegenden Arbeit der sozioökonomische Raum im Vordergrund, das heißt der Raum, der sozioökonomische Prozesse einschließt. Die daraus folgende Regionalisierung, das heißt die Festlegung der Region, in der die Energieplanung durchgeführt werden soll, bezieht zweifelsohne physisch-geographische Faktoren ein, beruht aber grundsätzlich auf gesellschaftlichen und wirtschaftlichen Kriterien. In Brasilien könnte (im Fall der *microrregiões geográficas* des IBGE) unter Umständen Gebrauch von politisch-administrativen Raumgliederungen gemacht werden, wobei das Munizip aufgrund des Zugangs zu vorhandenen sozioökonomischen Informationen und vor allem Energiedaten als Ausgangsbasis genommen werden muß (BAJAY & BARONE 1992, S. 68).

Im Falle des Bundesstaates Santa Catarina muß leider festgestellt werden, daß die Planungstätigkeit der Landesregierung sehr stark eingeschränkt ist (vgl. Kapitel 5.3). Weder Raumplanung noch Entwicklungsplanung bilden einen Schwerpunkt der Staatstätigkeit auf Landesebene. Infolgedessen gibt es auch keine Energieplanung. Selbst die elementaren Voraussetzungen einer Energieplanung, wie eine systematische Energiestatistik, sind in Santa Catarina nicht vorhanden. Um diese Schwierigkeit zu überwinden, wurde Anfang der 90er Jahre eine Arbeitsgruppe aus Experten von ELETROSUL und CELESC gebildet, die unter anderem am Aufbau einer Datenbank arbeitet. Die damit gewährleistete Verfügbarkeit regulärer Energiestatistiken ist sicherlich eine wichtige Voraussetzung dafür, dem Ziel einer dringend notwendigen Energieplanung in Santa Catarina einen Schritt näher zu kommen[2]. Wünschenswert wäre jedoch eine Ausweitung der Partizipation an der Energieplanung auf alle gesellschaftlichen und

---

1　Über die Bedeutung der Raumdimension in der Energieplanung siehe insbesondere FURTADO & GOUVELLO (1989).

2　Vgl. mdl. Inf. Sr. C. B., ELETROSUL (Florianópolis, 23.1.1995); im August 1995 fand ein Workshop (*Visão Estratégica do Setor Energético*) in Imbituba statt, der den Grundstein für eine Energieplanung in Santa Catarina gelegt haben soll (O ESTADO, 5-6.8.1995, S. 9, 46).

politischen Kräfte und Gruppierungen. Neben CELESC und ELETROSUL sollten auch noch andere Institutionen, wie PETROBRÁS, IBAMA, FATMA und das Landwirtschaftsministerium (Secretaria Estadual da Agricula) beteiligt werden, während der Verband der Industrieunternehmer FIESC zumindest im Fall des Erdgases heute schon eine eher überdimensionierte Rolle spielt. Auch Universitäten und Munizpienverbände (*Associações de Municípios*) bzw. Präfekturen könnten einen wichtigen Beitrag leisten. Eine demokratische Energieplanung sollte auf alle Fälle auch die lokal organisierte Bevölkerung (z.B. Einwohnervereine), Gewerkschaften und Umwelt-NRO mit einbeziehen. Grundsätzlich mangelt es heute sicherlich nicht mehr an den technischen Voraussetzungen einer effizienten Energieplanung (Energiediagnose, Anfertigung von Energiestatistiken usw.) sondern vielmehr am politischen Willen, diese auch wirklich zu realisieren.

8.3.2 Die Bedeutung regenerierbarer Energieträger in der regionalen Energieplanung

Regenerierbare Energien spielen im Kontext des globalen Energiesystems eine bislang noch untergeordnete Rolle (vgl. Kap. 5.1). Was aber läßt sich von den erneuerbaren Energieressourcen im Rahmen einer nachhaltigen Energieplanung auf regionaler Ebene erwarten? Eine mögliche Antwort lautet:

> "renewable energies play a central role as a candidate for future energy systems, especially as far as small-scale and decentralized energy production is concerned" (COLOMBO et al. 1992, S. 88).

Unter dem Begriff erneuerbare Energieressourcen werden dabei ausschließlich Solar- und Windenergie, Kleinwasserkraftwerke und Biomasse zusammengefaßt. Bei Solar- und Windenergie sind die Forschungsentwicklungen der letzten Jahren für eine zunehmende Anwendung verantwortlich. Dagegen werden in vielen Gegenden der Erde schon seit Jahrhunderten Kleinwasserkraftwerke und Biomasse als Hauptenergiequellen genutzt. Die große Mehrheit der peripher-kapitalistischen Länder deckte ihre Energiebedürfnisse bis vor kurzem noch durch regenerative Energiequellen, vorwiegend durch Biomasse.

Obwohl die Vorteile der Einfügung regenerierbarer Energien in einen regionalen Energieplan gegenüber den von Kritikern immer wieder genannten negativen Aspekten deutlich überwiegen, müssen bei ihrer Anwendung folgende Bedingungen beachtet werden[1]:

(a) *Biomasse* - Wenn aus Forstwirtschaft und landwirtschaftlichen Reststoffen erzeugt, erweist sich diese Ressource als eine wichtige Energiealternative regionaler Energiesysteme; historisch sind aber Probleme wie Waldvernichtung und niedrige Effizienz bekannt; dagegen kann die Bewirtschaftung von Biomasse (Aufforstung) und die Steigerung der Nutzungseffizienz (z.B. von Brennholz) zur Verringerung der Walddegradierung und sogar zur Erhaltung der Primärwalddecke führen.

---

[1] Zu den Vor- und Nachteilen der Nutzung der regenerativen Energiequellen Biomasse, Kleinwasserkraftwerke, Sonne und Wind siehe u.a. GRAWE (1985), GREENPEACE INTERNATIONAL (1992) und LUTTER (1990).

(b) *Kleinwasserkraftwerke* - Wie schon erwähnt, können diese dank kleinerer Investitionen und niedrigerer Umweltschäden eine interessante Alternative zur Erweiterung des Energieangebots bieten.

(c) *Solarenergie* - Die Nutzung der Sonne als Energieträger hängt von einer minimalen Sonnenscheindauer ab, die bei mindestens 1.000 Stunden/Jahr liegen sollte.

(d) *Wind* - Eine technisch-wirtschaftliche Nutzung des Windes als Energieträger ist kaum möglich, wenn die durchschnittliche Windgeschwindigkeit unter 3 m/s liegt; eine Diagnose der lokalen Windsysteme ist daher überall dort erforderlich, wo Energie aus Wind erzeugt werden soll.

Diese Punkte werden oft vernachlässigt, vor allem in peripher-kapitalistischen Ländern, in denen häufig ein großes Potential zur Anwendung regenerierbarer Energien zur Verfügung steht (vgl. auch Kapitel 6.2 zu den natürlichen Voraussetzungen in der Untersuchungsregion). Die größten Hindernisse sind jedoch selten technischer Natur, sondern liegen in der fehlenden Bereitschaft, diese Ressourcen in die regionalen Energiesysteme einzufügen[1].

Brasilien ist dafür ein gutes Beispiel. Zu den wenigen Versuchen, regenerierbare Energiequellen zu nutzen, zählt das in den 80er Jahren vom Energie- und Bergbauministerium (*Ministério das Minas e Energia*) geförderte Solarenergie-Programm (*PROSOLAR - Programa Nacional de Energia Solar*), das ohne jegliche konkrete Ergebnisse blieb. Ebenso wie Solarenergie ist auch Windenergie eine von der Bundesregierung vernachlässigte Energiealternative, obwohl die lange Küste Brasiliens stellenweise sehr gute Bedingungen für Windkraftanlagen bietet (BNCWEC 1990). Obwohl sich in den 90er Jahren wenig geändert hat[2], fand im April 1994 in Belo Horizonte (Bundesstaat Minas Gerais) ein Treffen statt, auf dem wichtige und konkrete Vorschläge zur Förderung von Solar- und Windenergien diskutiert wurden (*Encontro para Definição de Diretrizes para o Desenvolvimento de Energias Solar e Eólica no Brasil*). Im Juni 1995 folgte ein zweites Treffen in Brasília, auf dem auch die Biomasse in die Debatte einbezogen wurde und eine Erklärung zur Entwicklung und Nutzung erneuerbarer Energiequellen verfaßt wurde (*Declaração de Brasília*, die *Diretrizes e Plano de Ação para o Desenvolvimento das Energias Renováveis Solar, Eólica e de Biomassa no Brasil*) (FORO PERMANENTE DAS ENERGIAS RENOVÁVEIS 1995).

Die Einbeziehung regenerierbarer Energieträger in die Energieplanung eines Bundesstaates wie Santa Catarina bzw. die Integration dieser Energien in ein regionales Energiesystem setzt spezifische Maßnahmen auf der regionalen Ebene voraus. Dazu gehören (vgl. HARPER 1993, LUTTER 1990):

---

1 Zum Potential der Nutzung der regenerativen Energiequellen Biomasse, Kleinwasserkraftwerke, Solar- und Windenergie in der Dritten Welt siehe BIERMANN (1983), GRAWE (1985), HEMMERS (1990) und MANSHARD (1982).

2 Mehr als beispielsweise die Erwähnung des Potentials einiger regenerierbarer Energiequellen wie Sonnen- und Windenergie im *Projeto 4* (A Oferta de Energia Elétrica, Fontes Alternativas) des *Plano 2015* der ELETROBRÁS, geschah in der Tat nicht.

(a) die Schätzung und Analyse des regionalen Energiebedarfs;

(b) die Identifikation und Abschätzung der lokal verfügbaren regenerierbaren Energieressourcen;

(c) die Feststellung des Nutzungspotentials einzelner Energieressourcen im Kontext sozialer, ökologischer, technologischer und ökonomischer Entwicklungshindernisse;

(d) die Entwicklung regional angepaßter Planungsrichtlinien, die die Einführung regenerierbarer Energiequellen in die regionale Energieplanung erleichtern kann;

(e) die Einbeziehung der Vertreter regionaler bzw. lokaler Machtinstanzen;

(f) eine Dezentralisierung der Energieversorgung und die Beteiligung der regionalen bzw. lokalen Bevölkerung.

Falls diese Grundvoraussetzungen erfüllt sind, steht der Einführung bzw. Anwendung erneuerbarer Energien in Santa Catarina kaum noch etwas entgegen. Zwar muß man heute noch eher von einer „nachhaltigen Energieverschwendung" im Itajaítal sprechen, doch bieten sich Chancen für eine Energieplanung, die als Teil einer sozial und ökologisch nachhaltigen Regionalplanung zu einer geeigneten Regulation des regionalen Energiesystems führen kann.

* * * * *

Die Analyse des Energiesystems im Itajaítal aus regionaler Perspektive hat gezeigt, daß es noch zahlreiche Hindernisse zu überwinden gilt, bevor die Regulation des regionalen Energiesystems im Rahmen einer sozial und ökologisch nachhaltigen Regionalplanung Erfolg haben kann. Die Realisierung einzelner Großprojekte zur Sicherung und Erweiterung des Energieangebots muß sich dabei an den Kriterien sozialer und ökologischer Nachhaltigkeit orientieren und durch die Förderung alternativer Energieformen, wie den Bau von Kleinwasserkraftwerke und die Nutzung anderer erneuerbarer Energiequellen, ergänzt werden. Die aktuell bestehenden Interessenkonflikte zwischen den am Energiesystem beteiligten Akteuren scheinen im regionalen Rahmen überwindbar, wichtig ist jedoch eine Stärkung regionaler Institutionen und eine stärkere Partizipation der lokalen Bevölkerung an den Entscheidungen und Prozessen regionaler Energieplanung. Nur so können die Belange nachhaltiger Regionalentwicklung auch in das Energiesystem Eingang finden, von dem aus dann wiederum positive Rückkopplungseffekte auf die regionale Sozial- und Wirtschaftsstruktur zu erwarten sind.

SCHLUSSBETRACHTUNG UND PERSPEKTIVEN

Hauptanliegen der vorliegenden Arbeit war es, das Energiesystem des Itajaítals im südbrasilianischen Bundesstaat Santa Catarina wirtschaftsgeographisch zu analysieren. Dabei wurde die Energieproblematik unter besonderer Berücksichtigung der Differenzierungs- und Wandlungsprozesse der regionalen Wirtschaftsstruktur betrachtet, die sich ökonomisch, sozial und ökologisch auf das Energiesystem des Untersuchungsgebietes auswirken.

Auf den verschiedenen räumlichen Ebenen stehen Entwicklung, Energie und Umwelt eng miteinander in Beziehung. Im Fall des Itajaítals konnte gezeigt werden, daß die sozioökonomische Entwicklung der Region auf einem Energiesystem beruht, das ökonomische, soziale und ökologische Kosten hervorruft. Diese Kosten sind zwar nur schwer monetär meßbar, jedoch erlaubt der Rückgriff auf die regulationstheoretische Kategorie des Entwicklungsmodells und das Konzept des Energiesystems eine zumindest qualitative Beurteilung und Vergleichbarkeit ihrer Dimension.

Eine Region wie die hier untersuchte kann nicht isoliert von den globalen und noch weniger von den nationalen Geschehnissen betrachtet werden. Um dies zu verdeutlichen, sind einige Anmerkungen zu den globalen und nationalen Rahmenbedingungen der regionalen Energieversorgung nötig. Aus globaler Sicht sei, so argumentieren Energieexperten, eine "ökologische Neuordnung der Energieversorgung eine Schlüsselfrage für die weitere Zukunft" (MÜLLER & HENNICKE 1995, S. 24), wobei sich diese Feststellung auf keinen bestimmten Raum bezieht, sondern eine prinzipielle Frage der globalen Energieproblematik ist, da sie die Möglichkeit der ökologischen Nachhaltigkeit von Energiesystemen berührt. Ein nachhaltiges Energiesystem (*sustainable energy system*) im Sinne von GOLDEMBERG et al. (1988) basiert dabei grundsätzlich auf:

(a) der Befriedigung von Grundbedürfnissen;

(b) der Verbilligung des Energiebedarfs von Armen und Marginalisierten;

(c) der Energieeffizienz;

(d) dem Übergang zu regenerierbaren Energieressourcen;

(e) der Förderung von nationaler bzw. regionaler *self-reliance*;

(f) der Verknüpfung von Energiestrategien mit Lösungen anderer globaler Probleme.

In diesem Zusammenhang stellt sich natürlich die Frage, ob es eine langfristig nachhaltige globale Energieversorgung überhaupt geben kann:

"Aus heutiger Kenntnis der Energieoptionen ist es zumindest sehr fraglich, ob eine nachhaltige globale Energieversorgung möglich sein wird, denn jede Option hat fundamentale nachhaltigkeitshinderliche Eigenschaften" (LEVI 1995, S. 56).

Die Optionen einer nachhaltigen globalen Energiealternative finden sich in zahlreichen Berichten, von denen an dieser Stelle zwei exemplarisch herausgegriffen werden sollen. Die wichtigsten Ergebnisse des Berichts zum 16. *World Energy Council*-Kongress, der im Oktober 1995 in Tokyo stattfand, lassen sich folgendermaßen zusammenfassen (WEC 1995):

(a) Einerseits wird weltweit zuviel Energie verbraucht, andererseits aber haben etwa 40% der Weltbevölkerung keinen Zugang zu den erforderlichen Energiediensten.

(b) Der Überverbrauch an Energie in den reichsten industriekapitalistischen Ländern hat niedrige Effizienz und Umweltbelastung wie beispielsweise Luftverschmutzung zur Folge.

(c) Der Energiemangel in den ärmsten peripherkapitalistischen Ländern hat ebenfalls Ineffizienz und Umweltdegradierung zur Folge wie beispielsweise die Vernichtung von Wäldern.

(d) Da diese Probleme durch sog. Marktmechanismen hervorgerufen werden, von diesen jedoch kaum mehr gelöst werden können, sind neben privaten und staatlichen Energieversorgungsunternehmen vor allem die Nationalregierungen und internationalen Organisationen aufgefordert, nach Lösungen zu suchen.

Aus der Perspektive des WEC-Kongresses liegen die Hoffnungen für die erwähnten globalen Energieprobleme im Technologiebereich (WEC 1995):

(a) Energietechnologien können zur effizienten Energienutzung beitragen;

(b) Energietechnologien können auch zur Reduzierung der Umweltdegradierung auf der Input- wie Output-Seite beitragen;

(c) angepaßte Technologien zur Nutzung regenerativer Energien können entwickelt werden.

Als zweite Studie soll an dieser Stelle der Bericht der NRO *Greenpeace International* vorgestellt werden, der 1992 in der Zeitschrift *development* veröffentlicht wurde. Er geht grundsätzlich von folgenden Tatsachen aus (GREENPEACE INTERNATIONAL 1992, S. 82):

(a) Weltprobleme wie Hunger, Ungleichheit und Umweltverschmutzung erfordern dringende Verbesserungen in der Verteilung und Qualität der Energiedienstleistungen; die historische Betonung des Ausbaus der Energieversorgung führte eher zur Verschärfung als zur Lösung dieser Probleme; Effizienz ist heute gefragt.

(b) Die Steigerung der Energieeffizienz sowie ein sofortiger Übergang zu regenerierbaren Energiequellen bedeuten vorteilhaftere Kosten für die Energiesysteme, die zwar die Weltprobleme nicht lösen werden, aber zur Verbesserung der allgemeinen Lebensbedingungen beitragen können.

(c) Die Hindernisse einer effizienten Zukunft, in der regenerierbare Energieträger die Hauptrolle im Energiesystem spielen, sind eher politischer als technischer Natur. Die dominierenden Interessen stehen einer Überwindung dieser Hindernisse entgegen und sorgen für die Erhaltung der gegenwärtigen uneffizienten Energiesysteme. Deswegen sind neue (politische) Verantwortlichkeiten zu fördern.

Der Greenpeace-Bericht unterstreicht folgende Problemkreise des gegenwärtigen Energiesystems (GREENPEACE INTERNATIONAL 1992, S. 83):

(a) Obwohl das Energieangebot ständig steigt, erreicht die zusätzliche Energie nicht die Menschen, die ihrer wirklich bedürfen.

(b) Die Abhängigkeit von traditionellen fossilen Brennstoffen und von Kernenergie erhöht die Weltunsicherheit über die Maßen.

(c) Energiegewinnung und -verbrauch sind verantwortlich für die gravierendsten Umweltprobleme der Gegenwart.

Die Antwort auf die sozialen, politischen und ökologischen Probleme, die vom fordistischen Energiesystem - insbesondere in den peripher-fordistischen Gesellschaftsformationen - hervorgerufen wurden, schließt sowohl eine notwendige Effizienzerhöhung als auch einen sofortigen Übergang zu erneuerbaren Energien ein. Mit dem Ziel, den gravierenden durch Energiegewinnung und -nutzung entstandenen Umwelt- und Entwicklungsproblemen zu begegnen, sowie mit der Absicht, einen Beitrag dafür zu leisten, adäquate Maßnahmen zur Erhöhung der Energieeffizienz[1] und zur sofortigen Einführung regenerierbarer Energieressourcen im bestehenden Weltenergiesystem zu treffen, empfiehlt GREENPEACE INTERNATIONAL (1992), daß:

(a) eine verständliche und detaillierte Revision des Weltenergiesystems mit der vollständigen Beteiligung von NRO durchgeführt wird; Ziel ist hier die Identifikation und Strukturierung neuer institutioneller Verantwortungen auf internationaler Ebene mittels:

- der Förderung effizienter und regenerierbarer Energietechnologien;
- der Entwicklung von Maßnahmen zur Integration von Ressourcenplanung und Einbeziehung externer Kosten;
- einer größeren Übertragung von Entscheidungen in Energieangelegenheiten;
- der Begünstigung von Energietechnologieentwicklung und -transfer;
- einer Koordination internationaler Ressourcenallokation hinsichtlich der genannten Ziele.

(b) eine Konferenz für Energie veranstaltet wird, die die Ergebnisse der vorgeschlagenen Revision des Weltenergiesystems begutachtet und darauf aufbauend neue Entscheidungen trifft und neue Maßnahmen durchführt;

(c) eine neue UN-Organisation für Energiefragen eingerichtet wird.

---

1 Die Beschleunigung der bereits in Gang gesetzten Erhöhung der Energieeffizienz stellt kein unrealistisches Ziel dar, wie von Weizsäcker in seinem Buch „Faktor vier" zu beweisen sucht: "Beim *Faktor vier* geht es um die Vervierfachung der Ressourcenproduktivität [...] Dann können wir den Wohlstand verdoppeln und gleichzeitig den Naturverbrauch halbieren" (von WEIZSÄCKER et al. 1995, S. 15). Auf jeden Fall ist es notwendig, die Forschungsbemühungen zur Effizienzerhöhung fortzusetzen, damit die Verschwendung von Naturressourcen, die sich aus Energiegewinnung und -verbrauch ergibt, weiter reduziert werden kann (vgl. SHELDRICK & SCOTT 1989).

Unter den beiden vorgestellten Optionen erscheint die Greenpeace-Option aus der Sicht der vorliegenden Arbeit weitaus tragfähiger. Beide sind aber nur dann realistisch, wenn die globalen ökonomischen und soziopolitischen Rahmenbedingungen des Weltenergiesystems ihre Verwirklichung begünstigen. Eine der hier vertretenen Hypothesen ist ja, daß die Aufrechterhaltung oder Veränderung von Energiesystemen eng mit soziökonomischen Entwicklungsprozessen verknüpft sind. Demzufolge hängt die ökologische (wie übrigens auch die soziale) Nachhaltigkeit des globalen Energiesystems von der ökologischen (bzw. sozialen) Nachhaltigkeit der kapitalistischen Weltwirtschaft, also des auf globaler Ebene herrschenden Entwicklungsmodells, ab.

Über die Konfiguration eines sozial und ökologisch nachhaltigen Entwicklungsmodells wird viel diskutiert und spekuliert. Ohne diese Diskussionen an dieser Stelle weiter vertiefen zu wollen, sollen doch zumindest ein paar Merkmale eines möglichen alternativen Entwicklungsmodells genannt werden (LIPIETZ 1992c, S. 144-145):

(a) Ein neuer Kompromiß zwischen Kapital und Arbeit müßte zu neuen Tarifabkommen (*new wages pact*), zur Beteiligung der Arbeiter an der Kontrolle bei der Einführung neuer Technologien, zur Garantie von Arbeitsplätzen und zu einer Zunahme der Freizeit führen.

(b) Gleichzeitig ist ein Übergang vom Wohlfahrtsstaat zur Wohlfahrtsgemeinschaft notwendig, der die bürgerliche Gesellschaft[1] fördert und dabei die *alte gegenseitige Hilfe*[2] als wichtigste Entwicklungsstrategie auf lokaler Ebene in den Vordergrund stellt.

(c) Eine neue, auf *multilateralism* beruhende Weltordnung ist ebenfalls notwendig. Die Auslandsverschuldungen der Länder der Dritten Welt müssen abgeschafft und soziale Klauseln in den Außenhandel einbezogen werden.

(d) Die wesentlichen Entscheidungen sollten grundsätzlich auf lokaler Ebene getroffen werden, um somit den ökologischen Auswirkungen von Entwicklungsprozessen eine größere Bedeutung zukommen zu lassen, wobei eine globale, demokratisch geprägte Agentur für die Aufrechterhaltung der gemeinsamen Interessen der Menschheit sorgen muß.

Ob sich so ein Entwicklungsmodell durchsetzen wird, ist mehr als fraglich. Aber genau von der Durchsetzbarkeit einer solchen Alternative hängt die Möglichkeit einer *Einspar- und Solarwirtschaft* (MÜLLER & HENNICKE 1995, S. 36) ab. Die gegenwärtig herrschenden politischen Konstellationen sprechen eher gegen eine nachhaltige Energieoption. Letztendlich kann es im Rahmen des kapitalistischen Weltenergiesystems keine nachhaltige Alternative geben, "sondern nur verschiedene Grade der Annäherung an die Nachhaltigkeit. Diese Annäherung wird sicher

---

1 Vgl. Definition in Kap. 7.1; wird häufig auch als *dritter Sektor* bezeichnet (FERNANDES 1994). Die wachsende Bedeutung der Debatte über den dritten Sektor wird daran deutlich, daß die einflußreiche Zeitschrift *development* (Society for International Development) ihr Heft 3/1996 ganz diesem Thema widmete.

2 "Geselligkeit und Bedürfnis nach gegenseitiger Hilfe sind so unzertrennbare Bestandteile der Menschennatur, daß wir zu keiner Zeit der Geschichte Menschen entdecken können, die in kleinen isolierten Familien leben und einander um der Existenzmittel willen bekämpfen" (KROPOTKIN 1989, S. 149).

mit einem Rückgang des Anteils fossiler Primärenergien, auf die man aber für lange Zeit nicht wird verzichten können [...], einhergehen müssen [...]. Im übrigen wird man der Nachhaltigkeit um so näher kommen können, je diversifizierter das Versorgungssystem ist" (LEVI 1995, S. 58).

Angenommen, daß die zunehmende Globalisierung noch Raum für nationale Energieplanungen - insbesondere in den noch nicht vollständig integrierten, peripheren Gesellschaftsformationen - läßt, dann müßte die Agenda einer umweltangepaßten, ökologisch nachhaltigen Energieplanung auf nationaler Ebene gewisse Problemkreise umfassen. Dazu gehören die Wahl der geeignetsten Energieträger und der angepaßtesten Versorgungssysteme ebenso wie die Berücksichtigung der mit Energieerzeugung und -verbrauch verbundenen Umweltschäden. Weitere Kernpunkte nationaler Energieplanung betreffen die Wechselbeziehungen zwischen Entwicklung, Energie und Umwelt, die Biomasse als mögliche lokale Energieversorgungsquelle und den Endenergieverbrauch unter Berücksichtigung des städtischen Verkehrs- und Transportsektors usw. (BROOKS & KRUGMANN 1990).

So sehr die Globalisierung der Weltwirtschaft auch Wirkungen hervorbringen mag, so betreffen diese die einzelnen nationalen Gesellschaftsformationen doch auf recht unterschiedliche Weise. Dies gilt auch für Brasilien, wo die Optionen einer sozial und ökologisch nachhaltigen Energiealternative nur selten diskutiert werden. Einen wichtigen Beitrag leistete dabei das FORUM DE ONGs BRASILEIRAS (1992, S. 46-47); dieser deckt sich größtenteils mit den Vorschlägen von Greenpeace und nennt folgende Ziele:

(a) Demokratisierung der staatlichen Energiebehörden und Beteiligung der Arbeiter und der bürgerlichen Gesellschaft an der Debatte über Energieprobleme;

(b) Dezentralisierung der Entscheidungen im Energiebereich;

(c) Förderung von Forschung und Entwicklung im Bereich regenerierbarer Energien;

(d) Förderung von Programmen zur Energieeinsparung und Reduzierung des Energieverbrauchs;

(e) Aufgabe des brasilianischen Kernenergieprogramms;

(f) Aufgabe der staatlichen Subventionen, die energiefressende Industrien privilegieren;

(g) Dezentralisierung der Energieerzeugung und -versorgung, insbesondere der elektrischen Energie, durch Förderung von Kleinwasserkraftwerken;

(h) Revision der Investitionsprioritäten im brasilianischen Erdölsektor;

(i) Verbot der Installation energieintensiver Fabriken;

(j) Definition einer Politik für Erdgas;

(k) Förderung dezentralisierter Formen von Energieerzeugung und -verbrauch unter Berücksichtigung der Biomasse;

(l) Förderung von Solar- und Windenergie.

In Vergleich zu den erwähnten globalen Problemen bieten die Besonderheiten des brasilianischen Entwicklungsmodells noch weniger Chancen für einen Übergang zu einem sozial und ökologisch nachhaltigen Energiesystem. In seiner peripher-fordistischen Form ist das brasilianische Entwicklungsmodell ein Produkt der Bemühungen der brasilianischen Eliten, ihren aus dem Norden, der *Ersten Welt,* importierten Zielvorstellungen näher zu kommen. Diese modernisierungsorientierte Vorstellung setzte sich im Laufe der Zeit durch und läßt sich gegenwärtig als Neoliberalismus definieren. Dabei wurden zu keinem Zeitpunkt weder die soziokulturellen noch die ökologischen Kosten dieses Modells beachtet. Während das herrschende Entwicklungsmodell verständlicherweise von den rechtskonservativen Gesellschaftskräften unterstützt wird, bleibt die brasilianische Linke in ihrer Ratlosigkeit gefangen. Das ernüchternde Fazit lautet: Es gibt zu dem herrschenden praktisch kein alternatives Gesellschaftsprojekt.

Daß dies nicht immer so war, zeigt ein kleiner Rückblick in die brasilianische Geschichte. Als sich der heutige brasilianische Staatspräsident, Fernando Henrique Cardoso, vor fünfzehn Jahren mit der Energieproblematik Brasiliens beschäftigte, schloß er mit folgendem Ausblick:

> "the prospects for Brazilian economic growth are many; the opportunities which will open up in connexion with the preservation of cultural autonomy, the natural heritage and the satisfaction of the population's social needs will depend upon political changes sufficiently profound so as to counteract, if not radically change, the trends towards an economy based on oligopoly and internationalization. If this should take place, the problem then arises of the possibility of socialism in a country which is industrializing on the periphery of the world economy" (CARDOSO 1980, S. 127).

Einige Fragen stellen sich bei der Lektüre dieses Zitats des prominenten Sozialwissenschaftlers: Erstens stand bei Cardoso die Überwindung des Kapitalismus im Vordergrund und der Sozialismus war dabei das angestrebte Gesellschaftsprojekt. Aus heutiger Sicht klingt diese Vorstellung natürlich naiv, aber sie entsprach einer wichtigen Antithese zum Modell der brasilianischen Generäle zur Zeit der Militärdiktatur. Zweitens hat sich ein großer Teil der Linken (in Brasilien wie fast überall) erst nach dem Mauerfall von 1989 von der Dynamik des Kapitalismus überzeugen lassen und erkennen müssen, daß nicht die Geschichte schlechthin zum Sozialismus führt[1]. Drittens - und dies ist ebenfalls eine Lektion aus der Geschichte - nimmt die brasilianische Linke stark neoliberale Züge an, wenn sie von der Diskursebene auf die Ebene der praktischen Politik übergeht. Schließlich belegt die damalige Aussage des heutigen Präsidenten Cardoso die Tatsache, daß eine Analyse von Energieproblemen eines Landes bzw. eines nationalen Energiesystems nicht getrennt von den sozioökonomischen Prozessen durchgeführt werden kann.

Genau dies wurde in der vorliegenden Arbeit versucht: die Probleme des brasilianischen Energiesystems im Rahmen der sozioökonomischen Entwicklungsprozesse zu betrachten. Der durch

---

1 Hier übrigens trug der Regulationsansatz mit seiner Kritik an den strukturalistischen und historizistisch geprägten Marxismen entscheidend bei: Die Krise eines Entwicklungsmodells ist nicht gleichzusetzen mit der Krise einer Produktionsweise. Dies heißt aber längst nicht, daß sich der Kapitalismus als dominierende Produktionsweise für immer und ewig erhalten wird...

neoliberale Wirtschaftsstrategien und die ökonomische Globalisierung gekennzeichnete globale Entwicklungskontext hatte einen starken Einfluß auf die brasilianischen Energieprobleme. Daraus ergab sich beispielsweise die Schwächung des brasilianischen Staates. Nicht vergessen werden darf in diesem Zusammenhang die Tatsache, daß Brasilien wie viele peripher-fordistische Länder in den 80er Jahren mit der Verschuldungsproblematik zu kämpfen hatte. Eine positive Wirkung dieser Prozesse ist die Entstehung zweier neuer Regulationsebenen: Im politisch-ökonomischen Geschehen gewannen die *regionale* und die *globale* Ebene immer mehr an Bedeutung. Neben den impliziten Herausforderungen dieser Entwicklung eröffnen sich Chancen zu neuen Kompromissen zwischen den Akteuren auf regionaler, nationaler und globaler Ebene, die im Prinzip dadurch auch einen immer größeren Einfluß auf Regionalentwicklungsprozesse und somit auch auf die regionalen Energiesysteme ausüben können (ROBERTS 1995, S. 112).

Die Bewertung des Energiesystems im Itajaítal scheint diese positiven Tendenzen nicht zu bestätigen, sondern läßt nur zwei pessimistischere Schlußfolgerungen zu:

- Das untersuchte Energiesystem im Itajaítal ist unverträglich in bezug auf die regionalen Wirtschaftsentwicklungsprozesse, da die positive Entwicklung von den traditionellen Industriezweigen hin zu flexiblen Akkumulationsstrukturen auf ein unangepaßtes und mangelhaftes Energiesystem stößt.

- Die bisher entworfenen, geplanten oder schon eingeführten Energiealternativen für die Region sind sozial und ökologisch ungeeignet. Die bisherige Energieverschwendung im Itajaítal sicherte zwar die regionalen Akkumulationsprozesse, trug dadurch aber gleichzeitig sowohl zu sozialen Disparitäten als auch zu erheblichen Umweltbelastungen bei.

Daraus ergibt sich, daß eine soziale und ökologische Nachhaltigkeit des Energiesystems im Itajaítal in kurz- bis mittelfristiger Perspektive nicht in Sicht ist. An dieser Stelle soll ausdrücklich nochmals darauf hingewiesen werden, daß die Anwendung des Konzepts der nachhaltigen Entwicklung nicht unproblematisch ist. Dies liegt bekanntermaßen in der Tatsache begründet, daß sich dieses Konzept auf keine soziale Theorie gründet. Obwohl aus der Sicht des Verfassers der von DRUMMOND & MARSDEN (1995, S. 62) durchgeführte Versuch, dieses Konzept mit der Regulationstheorie zu verknüpfen, nicht überzeugend ist, konnten die beiden Autoren wenigstens zeigen, daß die soziale und ökologische Nachhaltigkeit eines Entwicklungsmodells (bzw. eines Energiesystems) nur als zeitlich und räumlich relativer Zustand des Prozesses der Kapitalakkumulation verstanden werden kann (siehe hierzu auch BLUMENSCHEIN & THEIS 1995).

In bezug auf die soziale und ökologische Nachhaltigkeit des regionalen Energiesystems gewinnen neben den Veränderungen in den globalen und nationalen Energiesystemen jedoch auch zunehmend die regionalen Entwicklungsprozesse an Bedeutung. Die Nachhaltigkeit der sozioökonomischen Entwicklung des Itajaítals, die wiederum großenteils von den lokalen Kräften geprägt wird, bildet dabei die wichtigste Voraussetzung:

"Without the participation of local forces, without an organization from below of the peasants and workers themselves, it is impossible to build a new life" (P. Kropotkin, Two Letters to Lenin in: MILLER 1970, S. 337).

Zwar darf die Tatsache nicht vernachlässigt werden, daß im Kontext einer kapitalistischen Gesellschaftsformation die globalen und insbesondere die nationalen Prozesse einen äußerst wichtigen Einfluß auf eine Region und ihrer Entwicklung ausüben, ebenso wichtig sind aber auch die Wechselbeziehungen zwischen diesen Ebenen. Im besten Fall kann sich die lokal organisierte Bevölkerung im obigen Sinne als lokale Kraft entwickeln und somit den regionalen bzw. nationalen *sozialen Block* bedingen. Nicht nur als kurzfristige Taktik zur Bestimmung eines Entwicklungsmodels sondern als permanente Strategie zur Konkretisierung eines alternativen, post-kapitalistischen Gesellschaftsprojekts, gilt die bekannte und bereits erwähnte *gegenseitige Hilfe*.

Ohne dabei die Bedeutung der regionalen und lokalen Mächte zu unterschätzen, könnte somit die organisierte Bevölkerung - die *bürgerliche Gesellschaft* - des Itajaítals einen wichtigen Teil ihrer Geschichte in die eigenen Hände nehmen. Daß die vorliegende Arbeit auch dazu beitragen könnte, wäre ein unrealistischer Anspruch, soll doch aber als Ausdruck des Optimismus des Verfassers gelten - eines Optimismus, der nach Leo Waibel erst mit der Voraussetzung entsteht, „die Dinge so zu sehen, wie sie in Wirklichkeit sind" (WAIBEL 1984b, S. 117).

LITERATURVERZEICHNIS

ABREU, M. P. (1990): Brazil as a creditor. Sterling balances, 1940-1952. In: Economic History Review, 43(3), S. 450-469, New York.
ACIOLI, J. L. (1994): Fontes de Energia. Brasília.
ACSELRAD, H. (1992): A política ambiental no governo Collor. Uma luta pelo controle dos recursos naturais. In: ACSELRAD, H. (Hrsg.): Meio Ambiente e democracia. Rio de Janeiro, S. 115-127.
ACSELRAD, H. (1994): Dados para um Diagnóstico sobre o CONAMA. In: Políticas Ambientais, 2(5), S. 3-6, Rio de Janeiro.
ADAMS. W. M. (1995): Sustainable development. In: JOHNSTON, R. J. et al. (Hrsg.): Geographies of global change. Remapping the world in the late twentieth century. Oxford/UK & Cambridge/USA, S. 354-373.
AGARWAL, B. (1986): Cold hearths and barren slopes. The woodfuel crisis in the Third World. Maryland.
AGLIETTA, M. (1974): Accumulation et régulation du capitalisme en longue période. Exemple des États-Unis 1870-1970. Paris.
AGLIETTA, M. (1979): A theory of capitalist regulation. The U.S. experience. London.
AGLIETTA, M. (1982): World capitalism in the eighties. In: New Left Review, Nr. 136, S. 5-41, London.
AGLIETTA, M. (1993): Financial globalization. Systemik risk, monetary control in OECD countries. In: Notas Económicas, Nr. 1, S. 9-21, Coimbra.
AGLIETTA, M. et al. (1981): Des adaptations différenciées aux contraintes internationales. Les enseignements d'un modèle. In: Revue Économique, 32(4), S. 660-712, Paris.
AGLIETTA, M. & ORLÉAN, A. (1984): La violence de la monnaie. 2. Aufl. Paris.
AGOSÍN, M. R. & TUSSIE, D. (1993): Globalización, regionalización y nuevos dilemas en la política de comércio exterior para el desarrollo. In: El Trimestre Económico, Nr. 239, S. 559-599, México.
AGUIAR, I. (1995): Violência e golpe eleitoral. Jaison e Amin na disputa pelo governo catarinense. Blumenau.
AGUIAR, R. A. R. (1994): Direito do meio ambiente e participação popular. Brasília.
AGUIAR, R. C. (1994): Crise social e meio ambiente. Elementos de uma mesma problemática. In: BURSZTYN, M. (Hrsg.): Para pensar o desenvolvimento sustentável. 2. Aufl. São Paulo, S. 115-127.
AHLEMEYER, H. W. (1989): Was ist eine soziale Bewegung? Zur Distinktion und Einheit eines sozialen Phänomens. In: Zeitschrift für Soziologie, 18(3), S. 175-191, Bielefeld.
AHMED, K. (1994): Renewable energy technologies. A review of the status and costs of selected technologies (= World Bank Technical Paper - Energy Series, Heft 240). Washington.
AKE, C. (1988): The political economy of development. Does it have a future? In: International Social Science Journal, 40(4), S. 485-497, Oxford/UK & Cambridge/USA.
ALARCÓN, D. & McKINLEY, T. (1992): Beyond import substitution. The restructuring projects of Brazil and Mexico. In: Latin American Perspectives, 19(2), S. 72-87, Riverside.
ALESINA, A. & PEROTTI, R. (1994): The political economy of growth. A critical survey of the recent literature. In: The World Bank Economic Review, 8(3), S. 351-371, Washington.
ALMEIDA, R. P. (1990): Ideologia dos industriais catarinenses. In: Revista do Instituto Histórico e Geográfico de Santa Catarina [3. Phase], Nr. 9, S. 77-85, Florianópolis.
ALTENBURG, T. (1996): Entwicklungsländer im Schatten der Triade? Implikationen des postfordistischen Strukturwandels in der Industrie. In: Zeitschrift für Wirtschaftsgeographie, 40(1-2), S. 59-70, Frankfurt am Main.

ALVARADO, S. & IRIBARNE, J. (1990): Minimum energy requirements in industrial processes. An application of energy analysis. In: Energy: the international journal, 15(11), S. 1023-1028, Oxford/UK.

ALVES, U. (1994): Por que fazer política. In: Balanço Anual Santa Catarina 94/95 [Gazeta Mercantil], 1(1), S. 6-9, São Paulo.

ALTVATER, E. (1992a): Der Preis des Wohlstandes oder Umweltplünderung und neue Welt(un)ordnung. Münster.

ALTVATER, E. (1992b): Die Zukunft des Marktes. 2. Aufl. Münster.

ALTVATER, E. (1992c): Fordist and post-fordist international division of labor and monetary regimes. In: STORPER, M. & SCOTT, A. J. (Hrsg.): Pathways to industrialization and regional development. London & New York, S. 21-45.

ALTVATER, E. (1993a): Die Ökologie der neuen Welt(un)ordnung. In: Nord-Süd Aktuell, 7(1), S. 72-84. Hamburg.

ALTVATER, E. (1993b): Industrialisierung, wenn die Claims abgesteckt sind. In: blätter des iz3w, Nr. 188, S. 6-9, Freiburg im Breisgau.

ALTVATER, E. (1993c): Gewinner und Verlierer. Entwicklung als Niederauffahrt. in: blätter des iz3w, Nr. 191, S. 11-14, Freiburg im Breisgau.

AMADEO, E. J. & CAMARGO, J. M. (1991): Relações entre capital e trabalho no Brasil. Percepção e atuação dos atores sociais (= Coleção Sindicalismo e Democracia, Bd. 1). Rio de Janeiro.

AMIN, A. [Hrsg.] (1994a): Post-fordism. A reader. Oxford/UK & Cambridge/USA.

AMIN, A. (1994b): Post-fordism. Models, fantasies and phantoms of transition. In: AMIN, A. (Hrsg.): Post-fordism. A reader. Oxford/UK & Cambridge/USA, S. 1-39.

AMIN, A. & MALMBERG, A. (1994): Competing structural and institutional influences on the geography of production in Europe. In: AMIN, A. (Hrsg.): Post-fordism. A reader. Oxford/UK & Cambridge/USA, S. 227-248.

AMIN, A. & ROBINS, K. (1990): The re-emergence of regional economies? The mythical geography of flexible accumulation. In: Environment and Planning D: Society and Space, 8(1), S. 7-34, London.

AMIR, S. (1994): The role of thermodynamics in the study of economic and ecological systems. In: Ecological Economics, 10(2), S. 125-142, Amsterdam.

AMMVI (1990): Dados Básicos sobre os Municípios da AMMVI (unveröff. Bericht). Blumenau.

AMSDEN, A. H. (1990): Third world industrialization. Global fordism or a new model? In: New Left Review, Nr. 182, S. 5-31, London.

ARAÚJO, J. L. & GHIRARDI, A. (1987): Substitution of petroleum products in Brazil. Urgent issues. In: Energy Policy, 15(1), S. 22-39, Oxford.

ARAÚJO Jr., J. T. et al. (1990): Proteção, competitividade e desempenho exportador da economia brasileira nos anos 80. In: Pensamiento Iberoamericano, Nr. 17, S. 13-38. Madrid.

ARENDT, H. (1989): Vom Leben des Geistes. Band 2: Das Wollen. München & Zürich.

ARIENTI, W. L. (1993): Novas referências para uma análise do Estado desenvolvimentista brasileiro. In: Textos de Economia, 4(1), S. 77-104, Florianópolis.

ARTS, B. (1994): Nachhaltige Entwicklung. Eine begriffliche Abgrenzung. In: Peripherie, Nr. 54, S. 6-27, Münster.

ATTESLANDER, P. (1986): Empirische Sozialforschung. In: MICKEL, W. W. (Hrsg.): Handlexikon zur Politikwissenschaft (= Schriftenreihe der Bundeszentrale für politische Bildung, Bd. 237). München, S. 98-105.

AUGUSTO, C. (1990): Consolidação do gás natural na matriz energética. In: Anais do 5. Congresso Brasileiro de Energia [Bd. 3], S. 1192-1201, Rio de Janeiro.

AUMOND, J. J. & SCHEIBE, L. F. (1994): Aspectos geológicos e geomorfológicos. In: Dynamis, 2(8), S. 117-123, Blumenau.

AYRES, E. & SCARLOTT, C. A. (1952): Energy sources: The wealth of the world. New York u.a.

AZZONI, C. R. (1988): Variações estaduais de produtividade, salários e excedente e a concentração espacial da indústria no Brasil, 1970-1980. In: TARTAGLIA, J. C. & OLIVEIRA, O. L. (Hrsg.): Modernização e desenvolvimento no interior de São Paulo. São Paulo, S. 39-54.

BAADE, F. (1958): Weltenergiewirtschaft. Hamburg.

BACHA, E. L. (1992): External debt, net transfers, and growth in developing countries. In: World Development, 20(8), S. 1183-1192, Boston.

BAER, W. & BECKERMAN, P. (1989): The decline and fall of Brazil's Cruzado. In: Latin American Research Review, 24(1), S. 35-64, Albuquerque.

BÄTZING, W. (1991): Geographie als integrative Umweltwissenschaft? In: Geographica Helvetica, 46(3), S. 105-109, Zürich.

BAJAY, S. V. & BARONE, J. C. (1992): Otimização do uso de balanços energéticos no planejamento energético regional. In: Revista Brasileira de Energia, 2(1), S. 65-82, Campinas.

BAJAY, S. V. et al. (1990): Planejamento da expansão do setor elétrico brasileiro. Mudanças institucionais, novas políticas e novos instrumentos de planejamento. In: Anais do 5. Congresso Brasileiro de Energia [Bd. 3], S. 883-890, Rio de Janeiro.

BALLOD, C. (1892): Der Staat Santa Catharina in Südbrasilien. Stuttgart.

BALZER, G. (1982): Produktionsweisen, Artikulation und periphere Gesellschaftsformationen. In: Peripherie, Nr. 14, S. 49-62, Münster.

BCB-Banco Central do Brasil (1994): Boletim mensal do Banco Central do Brasil, 30(7), Brasília.

BANDLER, H. (1991): Considerations of the environment in planning and design of dams. In: Applied Geography and Development, Bd. 38, S. 40-52, Tübingen.

BANURI, T. (1993): The landscape of diplomatic conflicts. In: SACHS, W. (Hrsg.): Global ecology. A new arena of political conflict. London & New Jersey, S. 49-67.

BARAT, J. (1991): Transporte e energia no Brasil. Rio de Janeiro.

BARBIER, E. B. (1990): Alternative approaches to economic-environmental interactions. In: Ecological Economics, 2(1), S. 7-26, Amsterdam.

BARBIERI, J. C. (1994): Pólos tecnológicos e de modernização. Notas sobre a experiência brasileira. In: Revista de Administração de Empresas, 34(5), S. 21-31, São Paulo.

BARFF, R. (1995): Multinational corporations and the new international division of labor. In: JOHNSTON, R. J. et al. (Hrsg.): Geographies of global change. Oxford/UK & Cambridge/USA, S. 50-62.

BARNS, I. (1991): Post-fordist people? Cultural meanings of new technoeconomic systems. In: Futures, 23(9), S. 895-914, Oxford/USA.

BARONI, M. (1992): Ambiguidades e deficiências do conceito de desenvolvimento sustentável. In: Revista de Administração de Empresas, 32(2), S. 14-24, São Paulo.

BARROS, R. (1986): The left and democracy. Recent debates in Latin America. In: Telos, Nr. 68, S. 49-70, Saint Louis.

BATALHA, M. O. & DEMORI, F. (1990): A pequena e média indústria em Santa Catarina. Florianópolis.

BATES, R. W. (1993): The impact of economic policy on energy and the environment in developing countries. In: Annual Review of Energy and the Environment, Bd. 18, S. 479-506, Palo Alto.

BATESON, G. (1972): Steps to an ecology of mind. New York.

BATHELT, H. (1992): Erklärungsansätze industrieller Standortentscheidungen. Kritische Bestandsaufnahme und empirische Überprüfung am Beispiel von Schlüsseltechnologie-Industrien. In: Geographische Zeitschrift, 80(4), S. 195-213, Wiesbaden.

BATISTA, J. C. (1992): Debt and adjustment policies in Brazil. Boulder u.a.

BAUER, D. & HIRSHBERG, A. S. (1979): Improving the efficiency of electricity generation and usage. In: SAWHILL, J. C. (Hrsg.): Energy conservation and public policy. Englewood Cliffs, S. 142-167.

BAUMANN, R. & BRAGA, H. C. (1988): Export financing in LDCs. The role of subsidies for export performance in Brazil. In: World Development, 16(7), S. 821-833, Oxford.

BAUMHEIER, R. (1990): Das ökologische Potential der Kommunalpolitik. Neuere Ansätze und Entwicklungen im Verhältnis von Kommunen und Umweltschutz. In: Archiv für Kommunalwissenschaften, 29(2), S. 242-258, Stuttgart.

BAUR, H. (1984): Einführung in die Thermodynamik der irreversiblen Prozesse. Darmstadt.

BCB-Banco Central do Brasil (1994): Boletim Mensal do Banco Central do Brasil. 30(7), Brasília.

BECKER, B. K. (1991): Modernidade e gestão do território no Brasil. Da integração nacional à integração competitiva. In: Espaço e Debates, Nr. 32, S. 47-56, São Paulo.

BECKER, E. (1992): Ökologische Modernisierung der Entwicklungspolitik? In: PROKLA, 22(1), S. 47-60, Berlin.

BECKERMAN, W. (1992): Economic growth and the environment. Whose growth? Whose environment? In: World Development, 20(4), S. 481-496, Oxford.

BEHRENS, A. (1986): Total energy consumption by Brazilian Households. In: Energy: the international journal, 11(6), S. 607-611, Oxford/UK.

BEHRENS, A. (1990): Regional energy trade. Its role in South America. In: Energy Policy, 18(2), S. 175-185, Oxford.

BEITH, J. W. et al. (1993): Floresta energética. Uma nova opção. In: Anais do 7. Congresso Florestal Brasileiro [Bd. 3], S. 301-303, Curitiba.

BELLO E SILVA, C. A. (1992): Apogeu e crise da regulação estatal. Da vigorosa estatização no *milagre* ao estrangulamento financeiro. In: Novos Estudos CEBRAP, Nr. 34, S. 215-227, São Paulo.

BENKO, G. (1994): Organização econômica do território. Algumas reflexões sobre a evolução no século XX. In: SANTOS, M. et al. (Hrsg.): Território. Globalização e fragmentação. São Paulo, S. 51-71.

BENKO, G. & DUNFORD, M. (1991): Structural change and the spatial organisation of the productive system. An introduction. In: BENKO, G. & DUNFORD, M. (Hrsg.): Industrial change and regional development. The transformation of new industrial spaces. London & New York, S. 3-23.

BERGGREN, C. (1993): Lean production. The end of history? In: Work, Employment & Society, 7(2), S. 163-188, London.

van den BERGH, J. C. J. M. & NIJKAMP, P. (1991): Operationalizing sustainable development. Dynamic ecological economic models. In: Ecological Economics, 4(1), S. 11-33, Amsterdam.

de BERNARDY, M. et al. (1993): The ecology of innovation. The cultural substratum and sustainable development. In: International Social Science Journal, 45(1), S. 55-66, Oxford/UK & Cambridge/USA.

de BERNIS, G. D. (1990): On marxist theory of regulation. In: Monthly Review, 41(8), S. 28-37, New York.

de BERNIS, G. D. (1994): Développement durable et accumulation. In: Revue Tiers Monde, Nr. 137, S. 95-129, Paris.

von BEYME, K. (1991): Vom Neomarxismus zum Postmarxismus. In: Zeitschrift für Politik, 38(2), S. 119-139, Berlin.

BHAGWATI, J. (1993): The case for free trade. In: Scientific American, 269(5), S. 18-23, New York.

BIANCIARDI, C. et al. (1993): On the relationship between the economic process, the Carnot cycle and the entropy law. In: Ecological Economics, 8(1), S. 7-10, Amsterdam.

BIDDLE, D. (1993): Recycling for profit. The new green business frontier. In: Harvard Business Review, S. 145-156, Boston.

BIELSCHOWSKY, R. (1991): Ideology and development. Brasil, 1930-1964. In: CEPAL Review, Nr. 45, S. 145-167, Santiago.

BIERMANN, E. R. K. (1983): Konzepte zur Energieversorgung der ländlichen Bevölkerung in der Dritten Welt, aufgezeigt am Beispiel der Nutzung regenerativer Energiequellen. In: Zeitschrift für Wirtschaftsgeographie, 27(3-4), S. 129-161, Frankfurt am Main.

BINSWANGER, H.-C. et al. (1990): The dilemma of modern man and nature. An exploration of the Faustian imperative. In: Ecological Economics, 2(3), S. 197-223, Amsterdam.
BINSWANGER, M. (1993): From microscopic to macroscopic theories. Entropic aspects of ecological and economic processes. In: Ecological Economics, 8(3), S. 209-233, Amsterdam.
BIRKELAND, J. (1993): Towards a new system of environmental governance. In: The Environmentalist, 13(1), S. 19-32, Lausanne.
BIRLE, P. (1995): Gewerkschaften, Unternehmer und Staat in Lateinamerika. In: MOLS, M. & THESING, J. (Hrsg.): Der Staat in Lateinamerika. Mainz, S. 317-348.
BISHOP, R. B. (1993): Economic efficiency, sustainability and biodiversity. In: Ambio, 22(2-3), S. 69-73, Lawrence.
BISWAS, A. K. (1981): Hydroelectric energy. In: EL-HINNAWI, E. & BISWAS, A. K. (Hrsg.): Renewable sources of energy and the environment. Dublin, S. 133-157.
BITOUN, J. (1993): Movimentos sociais e a cidade. Questões relevantes para a geografia urbana. In: FISCHER, T. (Hrsg.): Poder local. Governo e cidadania. Rio de Janeiro, S. 134-150.
BIZZOTTO, C. E. N. & RODRIGUES, L. C. (1995): Diagnóstico das empresas de software de Blumenau. In: Dynamis, Nr. 13, S. 88-95, Blumenau.
BLAIKIE, P. (1989): The use of natural resources in developing and developed countries. In: JOHNSTON, R. J. & TAYLOR, P. J. (Hrsg.): A world in crisis? Geographical perspectives. 2. Aufl. Oxford/UK & Cambridge/USA, S. 125-150.
BLANCHARD, O. (1992): Energy comsumption and modes of industrialization. Four developing countries. In: Energy Policy, 20(12), S. 1174-1185, Oxford.
BLANCHARD, O. J. (1987): Reagonomics. In: Economic Policy, 2(2), S. 15-56, Cambridge/UK.
BLAUT, J. M. (1978): The theory of development. In: PEET, R. (Hrsg.): Radical Geography: alternative viewpoints on contemporary social issues. London, S. 309-314.
BLEISCHWITZ, R. (1991): Die Globalisierung der Umweltpolitik (= Interdependenz, H. 7). Bonn & Duisburg.
BLENCK, J. et al. (1985): Geographische Entwicklungsforschung und Verflechtungsanalyse. In: Zeitschrift für Wirtschaftsgeographie, 29(2), S. 65-72, Frankfurt am Main.
BLUMENSCHEIN, M. & THEIS, I. M. (1995): Teoria da regulação e desenvolvimento sustentável. Modelo de análise de constrangimentos sócio-ambientais de processos de desenvolvimento em formações periféricas. In: Geosul, Nr. 19/20, S. 24-50, Florianópolis.
BNCWEC-Brazilian National Committee World Energy Council (1990): Energy in Brazil. Rio de Janeiro.
BÔA NOVA, A. C. (1989): Energia e desenvolvimento. Quem são os beneficiários? In: Anais do 1. Congresso Brasileiro de Planejamento Energético [Bd. 1], S. 49-58, Campinas.
BODDY, M. (1990): Reestruturação industrial, pós-fordismo e novos espaços industriais. Uma crítica. In: VALLADARES, L. & PRETECEILLE, E. (Hrsg.): Reestruturação urbana. Tendências e desafios. São Paulo, S. 44-58.
BOECKH, A. (1991): Politische Dimensionen der Krise in Lateinamerika. In: KOHLHEPP, G. (Hrsg.): Lateinamerika. Umwelt und Gesellschaft zwischen Krise und Hoffnung (=Tübinger Beiträge zur Geographischen Lateinamerika-Forschung, H. 8). Tübingen, S. 81-106.
BOECKH, A. (1993): Entwicklungstheorien. Eine Rückschau. In: NOHLEN, D. & NUSCHELER, F. (Hrsg.): Handbuch der Dritten Welt. Band 1: Grundprobleme, Theorien, Strategien. Bonn, S. 110-130.
BÖKE, E. (1990): Energieeinsparung in der Industrie. In: Energiewirtschaftliche Tagesfragen, 40(1-2), S. 58-63, Düsseldorf.
BOESLER, K.-A. (1994): Sustainability. A key concept in modern economic geography? In: Applied Geography and Development, Nr. 44, S. 7-16, Tübingen.
von BÖVENTER, E. (1962): Theorie des räumlichen Gleichgewichts. Tübingen.

BONBERG, W. et al. (1986): Probleme der räumlichen Energieversorgung (= Forschungs- und Sitzungsberichte, Bd. 162). Hannover.
BONELLI, R. (1992): Growth and productivity in Brazilian industries. Impacts of trade orientation. In: Journal of Development Economics, Bd. 39, S. 85-109, Amsterdam.
BONELLI, R. (1994a): Productivity, growth and industrial exports in Brazil. In: CEPAL Review, Nr. 52, S. 71-89, Santiago.
BONELLI, R. (1994b): Produtividade, crescimento industrial e exportações de manufaturados no Brasil. Desempenho e competitividade (= Texto para discussão IPEA, Heft 327). Brasília.
BOOTH, W. J. (1991): The new household economy. In: American Political Science Review, 85(1), S. 59-75, New York.
BOOTH, W. J. (1993): A note on the idea of the moral economy. In: American Political Science Review, 87(4), S. 949-954, New York.
BORGES, J. M. M. (1992): Custos, preços e competitividade do álcool combustível. In: Revista Brasileira de Energia, 2(2), S. 163-175, Rio de Janeiro.
BORGES, J. M. M. & ARBEX, J. G. (1994): Cana de açúcar e energia. In: Revista Brasileira de Energia, 3(2), S. 107-115, Rio de Janeiro.
BOSSEL, H. (1976): Sonnenenergie. In: BOSSEL, H. et al. (Hrsg.): Energie richtig genutzt (= Umweltpolitik und Umweltplanung, Bd. 8). Karlsruhe, S. 88-131.
BOSSLE, O. P. (1988): História da industrialização catarinense. Das origens à integração no desenvolvimento brasileiro. Florianópolis.
BOULDING, K. E. (1976): The great laws of change. In: TANG, A. M. et al. (Hrsg.): Evolution, welfare and time in economics. Essays in honor of Nicholas Georgescu-Roegen. Lexington & Toronto, S. 3-14.
BOULDING, K. E. (1978): Ecodynamics. A new theory of societal evolution. Beverly Hills & London.
BOULDING, K. E. (1981): Evolutionary economics. Beverly Hills & London.
BOULDING, K. E. (1988): The meaning of the 20th century. The great transition. Lanham u.a.
BOYER, R. (1988): Technical change and the theory of regulation. In: DOSI, G. et al. (Hrsg.): Technical change and economic theory (= IFIAS Research Series, Bd. 6). London & New York, S. 67-94.
BOYER, R. (1990): A teoria da regulação. Uma análise crítica. São Paulo.
BOYER, R. (1992): Les alternatives au fordisme. Des années 1980 au XXIe siècle. In: BENKO, G. & LIPIETZ, A. (Hrsg.): Les régions qui gagnent. Districts et réseaux. Les nouveaux paradigmes de la géographie économique. Paris, S. 189-223.
BRANCO, S. M. (1990): Energia e Meio Ambiente. São Paulo.
BRASIL (1970): Metas e bases para a ação de governo. Brasília.
BRASIL (1980): III plano nacional de desenvolvimento 1980-1985. Brasília.
BRASIL (1986): I plano nacional de desenvolvimento da nova república 1986-1989. Brasília.
BRASIL (1987): Programa de ação governamental 1987-1991. Brasília.
BRASIL (1991): Constituição da República Federativa do Brasil. São Paulo.
BRAUN, G. (1991): Wachstum oder Entwicklung? In: Zeitschrift für Kulturaustausch, 41(4), S. 456-468, Stuttgart.
BRAZÃO, J. E. M. et al. (1993): Vegetação e recursos florísticos. In: CALDEIRON, S. S. (Hrsg.): Recursos naturais e meio ambiente. Uma visão do Brasil. Rio de Janeiro, S. 59-68.
BRAZIL (1971): First national development plan 1972-1974. Brasília.
BRAZIL (1974): II national development plan 1975-1979. Brasília.
BRAZIL (1995): Privatization enters a new phase (= Documentos da Presidência da República). Brasília.
BRDE-Banco Regional de Desenvolvimento do Extremo Sul (1993a): Competitividade industrial [Anais de Seminário Regional]. Florianópolis.
BRDE-Banco Regional de Desenvolvimento do Extremo Sul (1993b): Pequenas centrais hidrelétricas. Estudo para o aproveitamento econômico em Santa Catarina. Florianópolis.

BRDE-Banco Regional de Desenvolvimento do Extremo Sul (1994a): Indústria de Autopeças em Santa Catarina. Florianópolis.
BRDE-Banco Regional de Desenvolvimento do Extremo Sul (1994b): Plano de desenvolvimento para a Região Sul. Curitiba u.a.
BRDE-Banco Regional de Desenvolvimento do Extremo Sul (1994c): Reflorestamento em Santa Catarina. Florianópolis.
BRDE-Banco Regional de Desenvolvimento do Extremo Sul (1994d): Santa Catarina. Indicadores da economia. Florianópolis.
BRECHER, J. (1995): Globalization and economic alternatives. In: Development, Nr. 3, S. 30-31, Rom.
BREMAEKER, F. E. J. (1994): Brasil. Um país em processo de desruralização. In: Revista de Administração Municipal, Nr. 210, S. 82-92, Rio de Janeiro.
BRENNER, R. & GLICK, M. (1991): The regulation approach. Theory and history. In: New Left Review, Nr. 188, S. 45-119, London.
BRISTOTI, A. (1990): Energia, economia e ecologia. Influência da integração do cone sul. In: SEITENFUS, V. M. P. & BONI, L. A. (Hrsg.): Temas de integração Latino-Americana. Petrópolis & Porto Alegre, S. 218-250.
BROAD, D. (1990): Fordism and Imperialism. In: Monthly Review, 41(10), S. 52-58, New York.
BRONTANI, C. (1990): História da luta contra as barragens da bacia do rio Uruguai. In: Proposta, Nr. 46, S. 24-31, Rio de Janeiro.
BROOKS, D. B. & KRUGMANN, H. (1990): Energy, environment and development. Some directions for policy research. In: Energy Policy, 18(9), S. 838-844, Oxford.
BROWN, M. (1981): Energy basis for hierarchies in urban and regional systems. In: MITSCH, W. J. et al. (Hrsg.): Energy and ecological Modelling. Amsterdam u.a., S. 517-534.
BROWN, N. L. (1980): Renewable energy resources for developing countries. In: Annual Review of Energy, Bd. 5, S. 389-413, Palo Alto.
BRÜCHER, W. (1982): Industriegeographie (= Das geographische Seminar). Braunschweig.
BRÜHL, D. (1992): Die brasilianische Verfassung von 1988 und die Munizipien. In: Archiv für Kommunalwissenschaften, 31(1), S. 41-55, Stuttgart.
BRÜSEKE, F. J. (1994): O problema do desenvolvimento sustentável. In: Workshop *A Economia da sustentabilidade. Princípios, desafios, aplicações* [unveröff.]. Recife.
BRUGGER, E. A. (1980): Innovationsorientierte Regionalpolitik. Notizen zu einer neuen Strategie. In: Geographische Zeitschrift, 68(3), S. 173-198, Wiesbaden.
BÜNNING, T. (1992): Brasilianische Energiepolitik im Spannungsfeld finanzieller und ökologischer Probleme. In: Brasilien Nachrichten, Nr. 111, S. 2-13, Osnabrück.
BUONFIGLIO, A. & BAJAY, S. V. (1992): As demandas do álcool e da gasolina no Brasil. In: Revista Brasileira de Energia, 2(2), S. 7-19, Rio de Janeiro.
BURGESS, R. (1985): The concept of nature in Geography and Marxism. In: Antipode, Nr. 2-3, S. 68-78, Worcester.
BURSZTYN, M. (1994): Estado e meio ambiente no Brasil. Desafios institucionais. In: BURSZTYN, M. (Hrsg.): Para pensar o desenvolvimento sustentável. 2. Aufl. São Paulo, S. 83-101.
BUSLIK, S. A. (1994): Energia elétrica. Setor emergencial (= Texto para discussão IPEA, Heft 341). Brasília.
BUTZKE, I. C. (1991): Processo de urbanização dos municípios da sub-bacia hidrográfica do Rio Benedito [Forschungsbericht, FURB]. Blumenau.
BUTZKE, I. C. & THEIS, I. M. (1991): O processo de urbanização da sub-Bacia hidrográfica do Rio Benedito. In: Anais da 43. Reunião Anual da SPBC, Rio de Janeiro.
CABRAL, O. R. (1994): História de Santa Catarina. 4. Aufl. Florianópolis.

CALCAGNOTTO, G. (1994): Brasiliens Gewerkschaften. Zwischen Korporatismus und Tarifautonomie. In: BRIESEMEISTER, D. et al. (Hrsg.): Brasilien heute. Politik, Wirtschaft, Kultur. Frankfurt am Main, S. 340-351.

CAMMACK, P. (1991): Brazil. The long march to the New Republic. In: New Left Review, Nr. 190, S. 21-58, London.

CAMPOS, G. L. R. & SCARTAZZINI, L. S. (1993): Estruturação e funcionamento dos núcleos de energia e meio ambiente do RS. In: Anais do 4. Encontro Nacional de Estudos sobre o Meio Ambiente, S. 97-105, Cuiabá.

CAPES-Fundação Coordenação de Aperfeiçoamento de Pessoal de Nível Superior (1958): Estudos de Desenvolvimento Regional. Santa Catarina (= Série Levantamentos e Análises, Bd. 3). Rio de Janeiro.

CAPOBIANCO, J. P. (1993): O movimento ambiental e as questões sociais. In: Proposta, Nr. 56, S. 41-43, Rio de Janeiro.

CAPROS, P. & SAMOUILIDIS, E. (1988): Energy policy analysis. In: Energy Policy, 16(1), S. 36-48, Oxford.

CARDOSO, E. A. & DORNBUSCH, R. (1987): Brazil's tropical plan. In: The American Economic Review, 77(2), S. 288-292, Nashville.

CARDOSO, E. A. & FISHLOW, A. (1992): Latin American economic development, 1950-1980. In: Journal of Latin American Studies, Bd. 24 [Quincentenary Supplement], S. 197-218, Cambridge/UK.

CARDOSO, E. A. & HELWEGE, A. (1992): Below the line. Poverty in Latin America. In: World Development, 20(1), S. 19-37, Boston.

CARDOSO, F. H. (1977): The consumption of dependency theory in the United States. In: Latin American Research Review, 12(3), S. 7-24, Albuquerque.

CARDOSO, F. H. (1980): Development and environment. The Brazilian case. In: CEPAL Review, Nr. 12, S. 111-127, Santiago.

CARDOSO, F. H. (1981): Die Entwicklung auf der Anklagebank. In: Peripherie, Nr. 5-6, S. 6-31, Münster [Eine spanische Erstfassung wurde 1980 veröffentlicht].

CARDOSO, F. H. (1993): North-South relations in the present context. A new dependency? In: CARNOY, M. et al. (Hrsg.): The new global economy in the information age. Reflections on our changing world. University Park, S. 149-159.

CARDOSO, F. H. & FALETTO, E. (1976): Abhängigkeit und Entwicklung in Lateinamerika. Frankfurt am Main [Die spanische Erstauflage wurde 1969 veröffentlicht].

CARNEIRO, J. M. B. et al. (1993): Meio ambiente, empresário e governo. Conflitos ou parceria? In: Revista de Administração de Empresas, 33(3), S. 68-75, São Paulo.

CARNOY, M. (1993): Multinationals in a changing world economy. Whither the nation-state? In: CARNOY, M. et al. (Hrsg.): The new global economy in the information age. Reflections on our changing world. University Park, S. 45-96.

CARTIER-BRESSON, J. & KOPP, P. (1989): Croissance, exclusion social et instabilité de la politique économique au Brésil. In: Revue Tiers Monde, Nr. 117, S. 147-159, Paris.

CARVALHO, J. F. & JANNUZZI, G. M. (1994): Aspectos éticos do modelo de planejamento do setor elétrico. In: Revista Brasileira de Energia, 3(2), S. 7-33, Rio de Janeiro.

CARVALHO, R. Q. (1993): Projeto de Primeiro Mundo com conhecimento e trabalho do Terceiro? In: Estudos Avançados, 17(7), S. 35-79, São Paulo.

CARVALHO, R. Q. & SCHMITZ, H. (1990): O fordismo está vivo no Brasil. In: Novos Estudos CEBRAP, Nr. 27, S. 148-156, São Paulo.

CASLER, S. & HANNON, B. (1989): Readjustment potentials in industrial energy efficiency and structure. In: Journal of Environmental Economics and Management, 17(1), S. 93-108, New York.

CASTELLS, M. (1993): The informational economy and the new international division of labor. In: CARNOY, M. et al. (Hrsg.): The new global economy in the information age. Reflections on our changing world. University Park, S. 15-43.
CASTRO, A. B. & SOUZA, F. E. P. (1988): A economia brasileira em marcha forçada (= Estudos Brasileiros, Bd. 91). 2. Aufl. Rio de Janeiro.
CASTRO, I. E. (1994): Visibilidade da região e do regionalismo. A escala brasileira em questão. In: LAVINAS, L. et al. (Hrsg.): Integração, região e regionalismo. Rio de Janeiro, S. 155-169.
CASTRO, N. (1988): Demanda derivada de energia no transporte de passageiro (= Texto para discussão interna IPEA, Heft 147). Brasília.
CASTRO, N. A. (1993): Modernização e trabalho no complexo automotivo brasileiro. Reestruturação industrial ou japanização de ocasião? In: Novos Estudos CEBRAP, Nr. 37, S. 155-173, São Paulo.
CATAIFE, D. (1989): Fordism and the French Regulationist School. In: Monthly Review, 41(1), S. 40-44, New York.
CAUBET, C. G. (1994): O tribunal da água. Casos e descasos. Florianópolis.
CAVALCANTI, C. (1994a): Breve introdução à economia da sustentabilidade. In: Workshop *A Economia da sustentabilidade. Princípios, desafios, aplicações* [unveröff.]. Recife.
CAVALCANTI, C. (1994b): Sustentabilidade da economia. Paradigmas alternativos da realização econômica. In: Workshop *A Economia da sustentabilidade. Princípios, desafios, aplicações* [unveröff.]. Recife.
CAVALCANTI, G. A. (1992): A dinâmica do Proálcool. Acumulação e crise, 1975-1989. In: Revista Brasileira de Energia, 2(1), S. 7-27, Rio de Janeiro.
CEAG/SC (1980): Evolução histórico-econômica de Santa Catarina. Estudo das alterações estruturais [séc. XVII-1960]. Florianópolis.
CECCHI, J. C. [Hrsg.] (1994): O setor petrolífero argentino e brasileiro. Contextualização e comparação. In: Cadernos de Energia [Sonderheft], Nr. 1, Rio de Janeiro.
CECHIN, J. et al. (1988): Energia. Problemas e perspectivas (= Nota para discussão IPEA, Heft 1). Brasília.
CELESC (1976): Boletim estatístico 1975. Florianópolis.
CELESC (1982): Boletim estatístico 1981. Florianópolis.
CELESC (1991): Boletim estatístico 1990. Florianópolis.
CELESC (1993): Boletim estatístico 1992. Florianópolis.
CELESC (1994): Boletim estatístico 1993. Florianópolis.
CELESC (1995a): Boletim estatístico 1993/94. Florianópolis.
CELESC (1995b): Quadro demonstrativo das alternativas de geração hidrelétrica em Santa Catarina. Florianópolis.
CELESC & ELETROSUL (1994): Bacia hidrográfica do Itajaí-Açu. Estudo de inventário hidroenergético [Relatório Geral]. Florianópolis.
CHANDLER, W. et al. (1988): Energy efficiency. A new agenda. Washington.
CHATTERJI, M. & DeWITT, Jr., R. P. (1981): Problems of Latin American energy. In: CHATTERJI, M. (Hrsg.): Energy and environment in the developing countries. Chichester, S. 315-327.
CHEREMISINOFF, N. P. (1980): Wood for energy production. Ann Arbor.
CHILCOTE, R. H. (1978): A question of dependency. In: Latin American Research Review, 13(2), S. 55-68, Chapel Hill.
CHORLEY, R. J. & HAGGETT, P. [Hrsg.] (1967): Models in geography. London.
CHOUCRI, N. (1982): Energy and development in Latin America. Lexington/Toronto.
CHRISTALLER, W. (1933): Die zentralen Orte in Süddeutschland. Eine ökonomisch-geographische Untersuchung über die Gesetzmäßigkeit der Verbreitung und Entwicklung der Siedlungen mit städtischen Funktionen. Jena.

CHURCHILL, A. A. (1994): Energy demand and supply in the Developing World, 1990-2020. Three decades of explosive growth. In: Proceedings of the World Bank Annual Conference on Development Economics 1993, Washington/DC, S. 441-458.
CLARK, J. G. (1990): The political economy of world energy. A twentieth-century perspective. Chapel Hill & London.
CLARK, W. (1974): Energy for survival. The alternative to extinction. Garden City.
CLAVAL, P. (1991): New industrial spaces. Realities, theories and doctrines. In: BENKO, G. & DUNFORD, M. (Hrsg.): Industrial change and regional development. The transformation of new industrial spaces. London & New York, S. 275-285.
CLERC, D. et al. (1983): La crise. Paris.
CNI-Confederação Nacional da Indústria (1989): O gás natural e a indústria. Rio de Janeiro.
COCKLIN, C. et al. (1985): Forest energy plantations. An international perspective. In: Geoforum, 16(3), S. 257-264, London.
COCKLIN, C. et al. (1986): The economics of forest energy plantations. An empirical enquiry. In: Economic Geography, 62(4), S. 354-372, Worcester.
COELHO, F. (1992): Meio ambiente e o desafio urbano. In: Proposta, Nr. 53, S. 52-57, Rio de Janeiro.
COLAÇO, H. L. (1977): O planejamento energético em Santa Catarina. Florianópolis.
COLBY, M. E. (1991): Environmental management in development. The evolution of paradigms. In: Ecological Economics, 3(3), S. 193-213, Amsterdam.
COLOMBI, L. V. (1979): Industrialização de Blumenau. O desenvolvimento da Gebrüder Hering 1880-1915 [unveröff. Dissertation, UFSC]. Florianópolis.
COLOMBO, U. et al. (1992): Environmentally sound energy. ESETT'91 International Symposium. In: Development, Nr. 1, S. 87-89, Rom.
COMELIAU, C. (1994): Développement du développement durable ou blocages conceptuels? In: Revue Tiers Monde, Nr. 137, S. 61-76, Paris.
COMMON, M. & PERRINGS, C. (1992): Towards an ecological economics of sustainability. In: Ecological Economics, 6(1), S. 7-34, Amsterdam.
COMMONER, B. (1979): The politics of energy. New York.
CONCEIÇÃO, O. A. C. (1990): Da crise do escravismo à crise do fordismo periférico no Brasil. Uma proposta de periodização sob a ótica regulacionista. In: FARIA, L. A. E. et al. (Hrsg.): Desvendando a espuma. Reflexões sobre crise, regulação e capitalismo brasileiro. 2. Aufl. Porto Alegre, S. 209-222.
CONFEDERAÇÃO NACIONAL DOS METALÚRGICOS (1993): Toyotismo. In: Revista dos Metalúrgicos, 1(1), São Paulo.
COOK, E. (1976): Man, energy, society. San Francisco.
COOKE, M. (1990): Innovation and clean energy generation in industry. In: Energy and Environment, Bd. 1, S. 368-385, Brentwood.
CORBRIDGE, S. (1988): The debt crisis and the crisis of global regulation. In: Geoforum, 19(1), S. 109-130, London.
CORBRIDGE, S. (1990): Post-marxism and development studies. Beyond the impasse. In: World Development, 18(5), S. 623-639, Boston.
CORDERO, A. (1992): As enchentes do Vale do Itajaí têm solução? In: Dynamis, 1(1), S. 29-35, Blumenau.
CORDERO, A. (1994): As enchentes de Blumenau de 1992. In: Revista de Divulgação Cultural, Nr. 55, S. 38-42, Blumenau.
CORIAT, B. (1991): Technical flexibility and mass production. Flexible specialisation and dynamic flexibility. In: BENKO, G. & DUNFORD, M. (Hrsg.): Industrial change and regional development. The transformation of new industrial spaces. London & New York, S. 134-158.

CORIAT, B. (1992): The revitalization of mass production in the computer age. In: STORPER, M. & SCOTT, A. J. (Hrsg.): Pathways to industrialization and regional development. London & New York, S. 137-156.
CORREA, R. L. (1994): Territorialidade e corporação. Um exemplo. In: SANTOS, M. et al. (Hrsg.): Território. Globalização e Fragmentação. São Paulo, S. 251-256.
COSTA, L. D. et al. (1992): A luta dos atingidos na fala das lideranças. In: Proposta, Nr. 46, S. 40-45, Rio de Janeiro.
COSTA, S. (1994): Esfera pública, redescoberta da sociedade civil e movimentos sociais no Brasil. In: Novos Estudos CEBRAP, Nr. 38, S. 38-52, São Paulo.
COSTANZA, R. (1981): Embodied energy, energy analysis and economics. In: DALY, H. E. & UMANA, A. F. (Hrsg.): Energy, Economics and the Environment (= AAAS Selected Symposia Series, Bd. 64). Boulder, S. 119-145.
COSTANZA, R. & NEILL, C. (1981a): The energy embodied in the products of ecological systems. A linear programming approach. In: MITSCH, W. J. et al. (Hrsg.): Energy and ecological modelling. Amsterdam u.a., S. 661-672.
COSTANZA, R. & NEILL, C. (1981b): The energy embodied in the products of the Biosphere. In: MITSCH, W. J. et al. (Hrsg.): Energy and ecological modelling. Amsterdam u.a., S. 745-756.
COUTINHO, C. N. (1991): Democracia e socialismo no Brasil de hoje. In: WEFFORT, F. C. et al. (Hrsg.): A democracia como proposta (= Coleção democracia, Bd. 1). Rio de Janeiro, S. 93-112.
COUTINHO, L. G. (1992): A terceira revolução industrial e tecnológica. As grandes tendências de mudança. In: Economia e Sociedade, Nr. 1, S. 69-87, Campinas.
COUTINHO, L. G. & FERRAZ, J. C. (1994): Estudo da competitividade da Indústria brasileira. 2. Aufl. Campinas.
CREMER, G. (1986): Mangel und Verschwendung. Energieprobleme im Nord-Süd-Konflikt. Freiburg im Breisgau.
CRESPO, S. & LEITÃO, P. (1993): O que o brasileiro pensa da ecologia. Rio de Janeiro.
CROCKER, D. A. (1991): Toward development ethics. In: World Development, 19(5), S. 457-483, Boston.
CUNCA, P. C. & CUNHA, B. (1994): O colapso do modelo de desenvolvimento industrial brasileiro. Sindicatos e processo de industrialização. In: Cadernos de Proposta, 1(1), S. 5-13, Rio de Janeiro.
CUNHA, I. J. (1992): O salto da indústria catarinense. Um exemplo para o Brasil (= Série Economia, Bd. 1). Florianópolis.
CUNHA, I. J. (1993): O salto da indústria catarinense. Um exemplo para o Brasil. In: Indicadores Econômicos FEE, 21(3), S. 103-124, Porto Alegre.
CURRY, J. (1993): The flexibility fetish. A review essay on flexible specialisation. In: Capital & Class, Nr. 50, S. 99-126, London.
CUSUMANO, M. A. (1994). The limits of lean production. In: Sloan Management Review, 35(4), S. 27-32, Cambridge/USA.
CYPHER, J. M. (1989): The debt crisis as opportunity. Strategies to revive U.S. hegemony. In: Latin American Perspectives, 16(1), S. 52-78, Riverside.
CZAKAINSKI, M. (1992). UN-Konferenz für Umwelt und Entwicklung UNCED'92. Inhalte, Tendenzen, Bewertungen. In: Energiewirtschaftliche Tagesfragen, 42(7), S. 422-427, Düsseldorf.
DALY, H. E. (1990): Toward some operational principles of sustainable development. In: Ecological Economics, 2(1), S. 1-6, Amsterdam.
DALY, H. E. (1992a): Is the entropy law relevant to the economics of natural resource scarcity? Yes, of course it is! In: Journal of Environmental Economics and Management, 23(1), S. 91-95, New York.
DALY, H. E. (1992b): U. N. conferences on environment and development. Retrospect on Stockholm and prospects for Rio. In: Ecological Economics, 5(1), S. 9-14, Amsterdam.
DALY, H. E. (1993): The perils of free trade. In: Scientific American, 269(5), S. 24-29, New York.

DALY, H. E. & COBB Jr., J. B. (1989): For the common good. Redirecting the economy toward the community, the environment and a sustainable future. Boston.
DANIELZYK, R. & OßENBRÜGGE, J. (1993): Perspektiven geographischer Regionalforschung. In: Geographische Rundschau, 45(4), S. 210-216, Braunschweig.
DANIELZYK, R. & OßENBRÜGGE, J. (1996): Lokale Handlungsspielräume zur Gestaltung internationalisierter Wirtschaftsräume. Raumentwciklung zwischen Globalisierung und Regionalisierung. In: Zeitschrift für Wirtschaftsgeographie, 40(1-2), S. 101-112, Frankfurt am Main.
DARMSTADTER, J. & FRI, R. W. (1992): Interconnections between energy and the environment. Global challenges. In: Annual Review of Energy and the Environment, Bd. 17, S. 45-76, Palo Alto.
DATTA, A. (1993): Third World development. Global structure. In: RIMA, I. H. (Hrsg.): The political economy of global restructuring. Band 1: Economic organization and production. Aldershot & Brookfield, S. 204-212.
DAVIS, G. R. (1990): Energy for planet earth. In: Scientific American, 263(3), S. 21-27, New York.
DEBEIR, J.-C. et al. (1991): In the servitude of power. Energy and civilisation through the ages. London & New Jersey.
DESAI, A. V. (1992): Alternative energy in the Third World. A reappraisal of subsidies. In: World Development, 20(7), S. 959-965, Boston.
DEWEES, P. A. (1989): The woodfuel crisis reconsidered. Observations on the dynamics of abundance and scarcity. In: World Development, 17(8), S. 1159-1172, Oxford/UK.
DIAS, D. S. (1987): A questão energética na sociedade moderna. A procura dos paradigmas perdidos. In: Revista Tempo Brasileiro, Nr. 88-89, S. 67-100, Rio de Janeiro.
DICKENSON, J. P. et al. (1985): Zur Geographie der Dritten Welt. Bielefeld.
DIETZ, J. L. (1989): The debt cycle and reestructuring in Latin America. In: Latin American Perspectives, 16(1), S. 13-30, Riverside.
DINA, A. (1987): A fábrica automática e a organização do trabalho. Petrópolis.
DINIZ, E. (1991): Empresariado e projeto neoliberal na América Latina. Uma avaliação dos anos 80. In: Dados, 34(3), S. 349-377, Rio de Janeiro.
DINIZ, E. (1992): Neoliberalismo e corporativismo. As duas faces do capitalismo industrial no Brasil. In: Revista Brasileira de Ciências Sociais, Nr. 20, S. 31-46, São Paulo.
DINIZ, E. & BOSCHI, R. R. (1993a): Brasil. Um novo empresariado? Balanço de tendências recentes. In: DINIZ, E. (Hrsg.): Empresários & modernização econômica. Brasil anos 90. Florianópolis & São Paulo, S. 113-131.
DINIZ, E. & BOSCHI, R. R. (1993b): Lideranças empresariais e problemas da estratégia liberal no Brasil. In: Revista Brasileira de Ciências Sociais, Nr. 23, S. 101-119, São Paulo.
DOBSON, A. (1992): Green political thought. London & New York.
DÖRNER, H. (1976): Windenergie. In: BOSSEL, H. et al. (Hrsg.): Energie richtig genutzt (= Umweltpolitik und Umweltplanung, Bd. 8). Karlsruhe, S. 132-158.
DOMAR, E. D. (1946): Capital expansion, rate of growth and employment. In: Econometrica, Nr. 14, S. 137-147, Chicago.
DORFMAN, R. (1991): Review article. Economic development from the beginning to Rostow. In: Journal of Economic Literature, Bd. 29, S. 573-591, Pittsburgh.
DOSTROVSKY, I. (1991): Chemical fuels from the sun. In: Scientific American, 265(6), S. 50-66, New York.
DOWBOR, L. (1992): Autonomia local e relações intermunicipais. In: Revista de Administração Municipal, Nr. 203, S. 6-22, Rio de Janeiro.
DOWNES, R. (1992): Autos over rails. How US Business supplanted the British in Brazil, 1910-28. In: Journal of Latin American Studies, 24(3), S. 551-583, Cambridge/UK.
DRAIBE, S. M. (1989): An overview of social development in Brazil. In: CEPAL Review, Nr. 39, S. 47-61, Santiago.

DROULERS, M. (1993): Poder local e polos tecnológicos. Alguns casos no Brasil e na França. In: FISCHER, T. (Hrsg.): Poder local. Governo e cidadania. Rio de Janeiro, S. 230-238.

DRUMMOND, I. & MARSDEN, T. K. (1995): Regulating sustainable development. In: Global Environmental Change, 5(1), S. 51-63, Oxford.

DUBOIS, M. (1991): The governance of Third World. A foucauldian perspective on power relations in development. In: Alternatives, 16(1), S. 1-30, Boulder.

DUIMERING, P. R. et al. (1993): Integrated manufacturing. Redesign the organization before implementing flexible technology. In: Sloan Management Review, 34(4), S. 47-56, Cambridge/USA.

DUNFORD, M. (1990): Theories of regulation. In: Environment and Planning D: Society and Space, 8(3), S. 297-321, London.

DUQUETTE, M. (1989): Une décennie de grands projets. Les leçons de la politique énergétique du Brésil. In: Revue Tiers Monde, Nr. 120, S. 907-925, Paris.

DUSSEL, E. (1990): Marx's Economic Manuscripts of 1861-63 and the *concept* of dependency. In: Latin American Perspectives, 17(2), S. 62-101, Riverside.

DYE, D. R. & SOUZA E SILVA, C. E. (1979): A perspective on the Brazilian state. In: Latin American Research Review, 14(1), S. 81-98, Chapel Hill.

EBERLEI, W. (1992): Ways out of the debt crisis (= Interdependenz, H. 10). Bonn & Duisburg.

ECK, H. (1983): Methoden Wissenschaftlichen Arbeitens. Tübingen.

EDMONDS, J. & REILLY, J. M. (1985): Global energy. Assessing the future. New York & Oxford.

EDWARDS, C. (1988): The debt crisis and development. A comparison of major economic theories. In: Geoforum, 19(1), S. 3-28, London.

EDWARDS, M. (1989): The irrelevance of development studies. In: Third World Quarterly, 11(1), S. 116-35, London.

EDWARDS, S. (1993): Openness, trade liberalization, and growth in developing countries. In: Journal of Economic Literature, Bd. 31, S. 1358-1393, Pittsburgh.

EFLSC-Empresa Força e Luz Santa Catarina (1963): Aproveitamento Hidrelétrico Cedros/Palmeiras. Primeira Etapa [Plano Quinquenal de Eletrificação do Governo Celso Ramos]. Blumenau.

EKINS, P. [Hrsg.] (1986): The living economy. A new economics in the making. London & New York.

EKINS, P. (1988): Towards a living economy. In: Development, Nr. 2-3, S. 85-89, Rom.

EKINS, P. (1992a): A new world order. Grassroots movements for global change. London & New York.

EKINS, P. (1992b): Sustainability first. In: EKINS, P. & MAX-NEEF, M. (Hrsg.): Real-life economics. Understanding wealth creation. London & New York, S. 412-422.

EKINS, P. (1993a): Limits to growth and sustainable development. Grappling with ecological realities. In: Ecological Economics, 8(3), S. 269-288, Amsterdam.

EKINS, P. (1993b): Making development sustainable. In: SACHS, W. (Hrsg.): Global ecology. A new arena of political conflict. London & New Jersey, S. 91-103.

EKINS, P. & MAX-NEEF, M. [Hrsg.] (1992): Real-life economics. Understanding wealth creation. London & New York.

ELAM, M. J. (1990): Puzzling out the post-fordist debate. Technology, markets and institutions. In: Economic and Industrial Democracy, 11(1), S. 9-37, London.

ELETROBRÁS (1979a): 1979 report. Rio de Janeiro.

ELETROBRÁS (1979b): Plano de atendimento aos requisitos de energia elétrica até 1995. Rio de Janeiro.

ELETROBRÁS (1982): Plano de suprimento aos requisitos de energia elétrica até o ano 2000. Rio de Janeiro.

ELETROBRÁS (1985): Relatório anual 1985. Rio de Janeiro.

ELETROBRÁS (1987a): Plano 2010. Relatório executivo. Rio de Janeiro.

ELETROBRÁS (1987b): Plano 2010. Relatório geral. Rio de Janeiro.

ELETROBRÁS (1990): Plano diretor de meio ambiente do setor elétrico [Bd. 1: resumo executivo, Bd. 2: diretrizes e programas setoriais]. Rio de Janeiro.
ELETROBRÁS (1992): Relatório anual 1992. Rio de Janeiro.
ELETROBRÁS (1992 u. 1993): Plano nacional de energia elétrica 1993-2015. Plano 2015 [14 Teil-Projekte in 23 Hefte]. Rio de Janeiro.
ELETROBRÁS (1993): Plano decenal de expansão 1994-2003. Rio de Janeiro.
ELETROBRÁS (1994a): Eletrobrás. An overall view of Brazilian electric power sector and Eletrobrás System. Rio de Janeiro.
ELETROBRÁS (1994b): Premissas básicas para elaboração dos estudos de mercado de energia elétrica 1994-2005. Brasil e regiões. Rio de Janeiro.
ELSER, M. et al. (1992): Enzyklopädie der Philosophie [Von der Antike bis zur Gegenwart]. Denker und Philosophen, Begriffe und Probleme, Theorien und Schulen. Augsburg.
ENDERS, W. T. (1980): Regional disparities in industrial growth in Brazil. In: Economic Geography, 56(4), S. 300-310, Worcester.
ENDRE, H. (1992): Legal regulation of sustainable development in Australia. Politics, economics or ethics? In: Natural Resources Journal, Bd. 32, S. 487-514, Albuquerque.
ENGELS, F. (1990a [1878]): Herrn Eugen Dührings Umwältzung der Wissenschaft [Anti-Dühring] (= MEW, Bd. 20). 10. Aufl. Berlin, S. 1-303.
ENGELS, F. (1990b [1925]): Dialektik der Natur (= MEW, Bd. 20). 10. Aufl. Berlin, S. 305-570.
ERICKSON, K. P. (1982): State entrepreneurship, energy policy, and the political order in Brazil. In: BRUNEAU, T. C. & FAUCHER, P. (Hrsg.): Authoritarian capitalism. Brazil's contemporary economic and political development. 2. Aufl. Boulder, S. 141-177.
ERNSTE, H. & MEIER, V. (1992): Communicating regional development. In: ERNSTE, H. & MEIER, V. (Hrsg.): Regional development and contemporary industrial response. Extending flexible specialisation. London & New York, S. 263-285.
EROL, U. & YU, E. S. H. (1989): Spectral analysis of the relationship between energy consumption, employment and business cycles. In: Resources and Energy, Bd. 11, S. 395-412, Amsterdam.
ESCOBAR, A. (1992): Reflections on development. Grassroots approaches and alternative politics in the Third World. In: Futures, 24(5), S. 411-436, Oxford/USA.
ESPINAL, R. (1992): Development, neoliberalism and electoral politics in Latin America. In: Development and Change, 23(4), S. 27-48, London u.a.
ESSER, J. & HIRSCH, J. (1994): The crisis of fordism and the dimensions of a post-fordist regional and urban structure. In: AMIN, A. (Hrsg.): Post-fordism. A reader. Oxford/UK & Cambridge/USA, S. 71-97.
EßER, K. (1993a): Lateinamerika. Industrialisierung ohne Vision. In: blätter des iz3w, Nr. 187, S. 9-12, Freiburg im Breisgau.
EßER, K. (1993b): Altvaters Welt. In: blätter des iz3w, Nr. 189, S. 13-14, Freiburg im Breisgau.
ESTEVA, G. (1993): Entwicklung. In: SACHS, W. (Hrsg.): Wie im Westen so auf Erden. Ein polemisches Handbuch zur Entwicklungspolitik. Reinbeck bei Hamburg, S. 89-121.
EVANS, P. & STEPHENS, J. D. (1988): Studying development since the sixties. The emergence of a new comparative political economy. In: Theory and Society, 17(5), S. 713-745, Dordrecht.
EVEREST, D. A. (1990): The effect of energy on the environment. In: Energy and Environment, Bd. 1, S. 131-144, Brentwood.
FABER, D. (1992): The ecological crisis in Latin America. A theoretical introduction. In: Latin American Perspectives, 19(1), S. 3-16, Riverside.
FAGEN, R. R. (1983): Theories of development. The question of class struggle. In: Monthly Review, 35(4), S. 13-24, New York.
FAISSOL, S. (1989): O impacto das crises de energia e da dívida externa no processo de desenvolvimento da América Latina e do Brasil. In: Revista Brasileira de Geografia, 51(3), S. 7-24, Rio de Janeiro.

FALK, R. (1987): The global promise of social movements. Explorations at the edge of time. In: Alternatives, 12(2), S. 173-196, Boulder.

FALK, R. (1993): Democratising, internationalising and globalising. A collage of blurred images. In: Third World Quarterly, 13(4), S. 627-640, London.

FARFAN, P. V. (o.J.): Perfil sócio econômico de Blumenau e da macro-região [unveröff. Bericht]. Blumenau.

FATHEUER, T. W. (1992): Die große Kunst der Zerstörung. Brasiliens Perestroika. In: DIRMOSER, D. et al. (Hrsg.): Die Wilden und die Barbarei (= Lateinamerika Analysen und Berichte. Jahrbuch 1992, Bd. 16). Münster & Hamburg, S. 182-193.

FATHEUER, T. W. (1993): Nachholende Verschmutzung und ihre Konsequenzen. Umweltbewegung und Umweltpolitik in Brasilien. In: Peripherie, Nr. 51-52, S. 86-102, Münster.

FAUCHER, P. (1982): The paradise that never was. The breakdown of the Brazilian authoritarian order. In: BRUNEAU, T. C. & FAUCHER, P. (Hrsg.): Authoritarian capitalism. Brazil's contemporary economic and political development. 2. Aufl. Boulder, S. 11-39.

FAUCHER, P. (1991): Public investment and the creation of manufacturing capacity in the power equipment industry in Brazil. In: The Journal of Developing Areas, 25(2), S. 231-260, Macomb.

FAUST, M. et al. (1994): Mittlere und untere Vorgesetze in der Industrie. Opfer der Schlanken Produktion? In: Industrielle Beziehungen, 1(2), S. 107-131, Mering.

FEENEY, T. (1992): Políticas ambientais no Brasil. Desenvolvimento na prática. In: Proposta, Nr. 53, S. 17-21, Rio de Janeiro.

FERNANDES, R. C. (1994): Privado porém público. O terceiro setor na América Latina. Rio de Janeiro.

FERNANDES, R. C. & CARNEIRO, L. P. (1992): NGOs in the nineties. A survey of their Brazilian leaders (= Textos de Pesquisa ISER). Rio de Janeiro.

FERRARIS, P. (1990): Desafio tecnológico e inovação social. Sistema econômico, condições de vida e de trabalho. Petrópolis.

FERRAZ, J. C. et al. (1992): Development, technology and flexibility. London & New York.

FETSCHER, I. (1980): Überlebensbedingungen der Menschheit. München.

FGV-Fundação Getúlio Vargas (1985): Conjuntura Econômica. 39(12), Rio de Janeiro.

FGV-Fundação Getúlio Vargas (1990): Conjuntura Econômica. 44(12), Rio de Janeiro.

FGV-Fundação Getúlio Vargas (1994): As 500 maiores empresas do Brasil. In: Conjuntura Econômica, 48(8), Rio de Janeiro.

FICKETT, A. P. et al. (1990): Efficient use of electricity. In: Scientific American, 263(3), S. 29-36, New York.

FIEDLER, M. (1992): Im Osten nichts Neues? Grenzen und Möglichkeiten kommunaler Energiepolitik in der erweiterten Bundesrepublik Deutschland. In: Archiv für Kommunalwissenschaften, 31(2), S. 238-254, Stuttgart.

FIESC-Federação das Indústrias do Estado de Santa Catarina (1992): Guia da Indústria de Santa Catarina. Florianópolis.

FIESC-Federação das Indústrias do Estado de Santa Catarina (1994): Santa Catarina em dados 1993 [Bd. 5]. Florianópolis.

FIESC-Federação das Indústrias do Estado de Santa Catarina (1996): Santa Catarina em dados 1995 [Bd. 7]. Florianópolis.

FINGER, M. (1993): Politics of the UNCED process. In: SACHS, W. (Hrsg.): Global ecology. A new arena of political conflict. London & New Jersey, S. 36-48.

FIORI, J. L. (1992): The political economy of the developmentalist State in Brazil. In: CEPAL Review, Nr. 47, S. 173-186, Santiago.

FISCHER, T. (1992): Poder local. Um tema em análise. In: Revista de Administração Pública, 26(4), S. 105-113, Rio de Janeiro.

FISHLOW, A. (1990): The Latin American State. In: Journal of Economic Perspectives, 4(3), S. 61-74, Nashville.
FLAVIN, C. & LENSSEN, N. (1991): Entwurf eines umweltverträglichen Energiesystems. In: WIR-Worldwatch Institute Report (Hrsg.): Zur Lage der Welt 91/92. Frankfurt am Main, S. 44-85.
FLEISCHER, H. (1992): Lebendiges und Totes im Denken von Karl Marx. In: Das Argument, 34(4), S. 501-517, Berlin.
FLORIDA, R. (1991): The new industrial revolution. In: Futures, 23(6), S. 559-576, Oxford/USA.
FLYNN, P. (1993): Collor, corruption and crisis. Time for reflection. In: Journal of Latin American Studies, 25(2), S. 351-371, Cambridge/UK.
FORO PERMANENTE DAS ENERGIAS RENOVÁVEIS (1995): Declaração de Brasília. Diretrizes e plano de ação para o desenvolvimento das energias renováveis solar, eólica e de biomassa no Brasil. Brasília.
FORUM DE ONGs BRASILEIRAS (1992): Meio ambiente e desenvolvimento. Uma visão das ONGs e dos movimentos sociais brasileiros. Rio de Janeiro.
FORUM INTERNACIONAL DE ONGs et al. (1992): Tratados das ONGs aprovados no Fórum Internacional de Organizações Não-Governamentais e Movimentos Sociais no âmbito do Fórum Global/ECO 92. Rio de Janeiro.
FORTUNA, A. A. P. (1994): Joinville e sua região. Estratégia de desenvolvimento. In: Revista de Administração Municipal, Nr. 210, S. 53-63, Rio de Janeiro.
FOSTER, J. B. (1988): The fetish of fordism. In: Monthly Review, 39(10), S. 14-33, New York.
FOSTER, J. B. (1993): *Let them eat pollution*. Capitalism and the world environment. In: Monthly Review, 44(8), S. 10-20, New York.
FRANK, A. G. (1969): Latin America. Underdevelopment or revolution. New York & London.
FRANK, A. G. (1992): Latin American development theories revisited. A participant review. In: Latin American Perspectives, 19(2), S. 125-139, Riverside.
FRANK, A. G. & FUENTES, M. (1989): Dez teses acerca dos movimentos sociais. In: Lua Nova, Nr. 17, S. 19-48, São Paulo.
FRANK, B. (1992): O Tratamento do problema das enchentes na Bacia do Itajaí, Santa Catarina. In: Dynamis, 1(1), S. 19-27, Blumenau.
FRANK, B. (1993): Die Entwicklung eines Ökologischen Management Programms. Der Fall Itajaí, Santa Catarina. Bern [unveröff. Bericht].
FRIEDEN, J. A. (1987): The Brazilian borrowing experience. From miracle to debacle and back. In: Latin American Research Review, 22(1), S. 95-131, Albuquerque.
FRIEDRICHS, J. (1973): Methoden empirischer Sozialforschung. Reinbek bei Hamburg.
vom FRIELING, H.-D. (1996): Zwischen Skylla und Charybdis. Bemerkungen zur Regulationstheorie und ihrer Rezeption in der Geographie. In: Zeitschrift für Wirtschaftsgeographie, 40(1-2), S. 80-88, Frankfurt am Main.
FRITSCH, W. & FRANCO, G. H. B. (1992): Política comercial no Brasil. Passado e presente. In: Pensamiento Iberoamericano, Nr. 21, S. 129-144, Madrid.
FRITZ, P. et al. (1995): Nachhaltigkeit. In naturwissenschaftlicher und sozialwissenschaftlicher Perspektive. Stuttgart.
FRÖBEL, F. et al. (1989): Entwicklungstheorien und -strategien der fünfziger und sechziger Jahre in der Retrospektive. In: Leviathan, 17(3), S. 444-451, Opladen.
FROSCH, R. A. & GALLOPOULOS, N. E. (1989): Strategies for manufacturing. In: Scientific American, 261(3), S. 94-102, New York.
FUKS, M. (1994): Indeterminação entrópica na economia. A exaustão dos recursos naturais. In: Revista Brasileira de Economia, 48(2), S. 223-229, Rio de Janeiro.
FULKERSON, W. et al. (1990): Energy from fossil fuels. In: Scientific American, 263(3), S. 83-89, New York.

FUNCEP-Fundação Centro de Formação do Servidor Público (o.J.): O setor de energia elétrica no Brasil. In: Revista do Serviço Público [Sonderausgabe], Nr. 114, Brasília.

FURST, G. & OLIVEIRA, L. M. N. (1990): Metas de conservação de energia elétrica. Uma abordagem metodológica. In: Anais do 5. Congresso Brasileiro de Energia [Bd. 3], S. 1016-1024, Rio de Janeiro.

FURST, G. et al. (1990): Eficiência de equipamentos elétricos. Avaliação e perspectivas de conservação de energia. In: Anais do 5. Congresso Brasileiro de Energia [Bd. 3], S. 1025-1034, Rio de Janeiro.

FURTADO, A. (1989a): As grandes opções de política energética brasileira. O setor industrial de 80 a 85. In: Anais do 1. Congresso Brasileiro de Planejamento Energético [Bd. 2], S. 49-70, Campinas.

FURTADO, A. (1989b): Energia e desenvolvimento no Brasil. In: Anais do 1. Congresso Brasileiro de Planejamento Energético [Bd. 1], S. 27-39, Campinas.

FURTADO, A. & GOUVELLO, C. (1989): A concepção do espaço no planejamento energético. In: Anais do 1. Congresso Brasileiro de Planejamento Energético [Bd. 2], S. 71-91, Campinas.

FURTADO, C. (1977): Formação econômica do Brasil. 15. Aufl. São Paulo.

FURTADO, C. (1982): Transnacionalização e Monetarismo. In: Pensamiento Iberoamericano, Nr. 1, S. 13-44, Madrid.

FURTADO, C. (1984): Akkumulation und Entwicklung. Zur Logik des industriellen Zivilisationsprozesses. Frankfurt am Main.

FURTADO, C. (1992): Globalização das estruturas econômicas e identidade nacional. In: Estudos Avançados, 16(6), S. 55-64, São Paulo.

GALBRAITH, J. K. (1958): The affluent society. London.

GALEANO, E. (1983): Die offenen Adern Lateinamerikas. 3. Aufl. Wuppertal.

GALLOPÍN, G. (1989): Sustainable development in Latin America. Constraints and challenges. In: Development, Nr. 2-3, Rom.

GALLOPÍN, G. (1992): Science, technology and the ecological future of Latin America. In: World Development, 20(10), S. 1391-1400, Boston.

GALLOPÍN, G. et al. (1989): Global impoverishment, sustainable development and the environment. A conceptual approach. In: International Social Science Journal, 41(3), S. 375-397, Oxford/UK & Cambridge/USA.

GALTUNG, J. (1986): Towards a new economics. On the theory and practice of self-reliance. In: EKINS, P. (Hrsg.): The living economy. A new economics in the making. London & New York, S. 97-106.

GARRISON II, J. W. (1993): A ECO'92 e o florescimento das ONGs brasileiras. In: Desenvolvimento de Base, 17(1), S. 2-11, Arlington.

GAY, R. (1990): Popular incorporation and prospects for democracy. Some implications of the Brazilian case. In: Theory and Society, Nr. 19, S. 447-463, Dordrecht.

GAZETA MERCANTIL (1994a): Balanço Anual 94-95. São Paulo.

GAZETA MERCANTIL (1994b): Balanço Anual Santa Catarina 94-95. São Paulo.

GEBHARDT, H. (1993): Forschungsmethoden in der Kulturgeographie (= Kleinere Arbeiten aus dem Geographischen Institut der Universität Tübingen, Heft 13). Tübingen.

GEDDES, B. & NETO, A. R. (1992): Institutional sources of corruption in Brazil. In: Third World Quarterly, 13(4), S. 641-661, London.

GEIGER, P. P. (1994): Des-territorialização e espacialização. In: SANTOS, M. et al. (Hrsg.): Território. Globalização e fragmentação. São Paulo, S. 233-246.

GEIGER, P. P. & DAVIDOVICH, F. R. (1986): The spatial strategies of the state in the political-economic development of Brasil. In: SCOTT, A. J. & STORPER, M. (Hrsg.): Production, work, territory. The geographical anatomy of industrial capitalism. Boston u.a., S. 281-298.

GELLER, H. (1985): Ethanol fuel from sugar cane in Brazil. In: Annual Review of Energy, Bd. 10, S. 135-164, Palo Alto.

GELLER, H. (1994): O uso eficiente da eletricidade. Uma estratégia de desenvolvimento para o Brasil. Rio de Janeiro.

GELLER, H. & ZYLBERSZTAJN, D. (1991): Energy-intensity trends in Brazil. In: Annual Review of Energy and the Environment, Bd. 16, S. 179-203, Palo Alto.

GELLER, H. et al. (1988): Electricity conservation in Brazil. Potential and progress. In: Energy: the international journal, 13(6), S. 469-483, Oxford.

GELLER, H. et al. (1990): Oportunidades para conservação de energia elétrica através de regulamentação ou acordos com indústrias. In: Anais do 5. Congresso Brasileiro de Energia [Bd. 2], S. 724-733, Rio de Janeiro.

GEORGE, P. (1950): Géographie de L'Énergie. Paris.

GEORGESCU-ROEGEN, N. (1966): Analytical economics. Issues and problems. Cambridge/MA.

GEORGESCU-ROEGEN, N. (1971): The entropy law and the economic process. Cambridge/MA.

GEORGESCU-ROEGEN, N. (1975): Energy and economic myths. In: The Southern Economic Journal, 41(3), S. 347-381, Chapel Hill.

GEORGESCU-ROEGEN, N. (1976): Energy and economic myths. Institutional and analytical economic essays. New York.

GEORGESCU-ROEGEN, N. (1979a): Energy analysis and economic valuation. In: The Southern Economic Journal, 45(4), S. 1023-1058, Chapel Hill.

GEORGESCU-ROEGEN, N. (1979b): Was geschieht mit der Materie im Wirtschaftsprozeß? In: FRIENDS OF THE EARTH (Hrsg.): Sonne! Eine Standortbestimmung für eine neue Energiepolitik. Frankfurt am Main, S. 99-113.

GEORGESCU-ROEGEN, N. (1981): Energy, matter and economic valuation. Where do we stand. In: DALY, H. E. & UMANA, A. F. (Hrsg.): Energy, Economics and the Environment (= AAAS Selected Symposia Series, Bd. 64). Boulder, S. 43-79.

GEORGESCU-ROEGEN, N. (1988): Closing remarks. About economic growth - A variation on a theme by David Hilbert. In: Economic Development and Cultural Change [Supplement], 36(3), S. 291-307, Chicago.

GEREFFI, G. & EVANS, P. (1981): Transnational corporations, dependent development and state policy in the semiperiphery. A comparison of Brazil and Mexico. In: Latin American Research Review, 16(3), S. 31-64, Chapel Hill.

GHAI, D. (1989): Participatory development. Some perspectives from grassroots experiences. In: Journal of Development Planning, Nr. 19, S. 215-246, New York.

GIBBONS, J. H. (1991): The interface of environmental science, technology and policy. In: TESTER, J. W. et al. (Hrsg.): Energy and the environment in the 21st century. Cambridge/MA & London, S. 55-62.

GIBBONS, J. H. et al. (1989): Strategies for energy use. In: Scientific American, 261(3), S. 86-93, New York.

GILL, S. (1992): Economic globalization and the internationalization of authority. Limits and contradictions. In: Geoforum, 23(3), S. 269-283, London.

GLASBER, D. S. & WARD, K. B. (1993): Foreign debt and economic growth in the world system. In: Social Science Quarterly, 74(4), S. 703-720, Austin.

GÖRGEN, J. (1991): Software pipoca no Vale do Itajaí. In: Informática e Automação, 1(1), S. 6-10, o.O.

GÖTHNER, K.-C. (1991): Nach einer verlorenen Dekade. Herausforderungen an Brasiliens Wirtschaft in den 90er Jahren. In: Lateinamerika Analysen-Daten-Dokumentation, Nr. 16, S. 20-50, Hamburg.

GOLDEMBERG, J. (1982): Energy issues and policies in Brazil. In: Annual Review of Energy, Bd. 7, S. 139-174, Palo Alto.

GOLDEMBERG, J. (1989): Energy policy in Brazil and the Latin American countries. In: Interciencia, 14(5), S. 258-263, Caracas.
GOLDEMBERG, J. (1990): Energy. Coping with risk. In: Energy Policy, 18(3), S. 228-232, Oxford.
GOLDEMBERG, J. (1991): Energy and environmental policies in developed and developing countries. In: TESTER, J. W. et al. (Hrsg.): Energy and the environment in the 21st century. Cambridge/MA & London, S. 79-89.
GOLDEMBERG, J. (1992): Energy, technology, development. In: Ambio, 21(1), S. 14-17, Lawrence.
GOLDEMBERG, J. et al. (1985): An end-use oriented global energy strategy. In: Annual Review of Energy, Bd. 10, S. 613-688, Palo Alto.
GOLDEMBERG, J. et al. (1987): Energy for development. New York.
GOLDEMBERG, J. et al. (1988): Energy for a sustainable world. New Delhi.
GONÇALVES, C. S. et al. (1993): Clima. In: CALDEIRON, S. S. (Hrsg.): Recursos naturais e meio ambiente. Uma visão do Brasil. Rio de Janeiro, S. 95-100.
GONÇALVES, M. F. R. (1991): Lei orgânica municipal. Sua revisão. In: Revista de Administração Municipal, Nr. 199, S. 22-29, Rio de Janeiro.
GONÇALVES, R. (1994): O abre-alas. A nova inserção do Brasil na economia mundial. Rio de Janeiro.
GONZALEZ, S. R. & ARAÚJO, J. F. V. (1993): Geologia. In: CALDEIRON, S. S. (Hrsg.): Recursos naturais e meio ambiente. Uma visão do Brasil. Rio de Janeiro, S. 19-37.
GOODLAND, R. & DALY, H. E. (1993): Why Northern income growth is not the solution to Southern poverty. In: Ecological Economics, 8(2), S. 85-101, Amsterdam.
GOODLAND, R. et al. (1994): Burden sharing in the transition to environmental sustainability. In: Futures, 26(2), S. 146-155, Oxford/USA.
GORDON, D. M. (1988): The global economy. New edifice or crumbling foundations? In: New Left Review, Nr. 168, S. 24-64, London.
GORZ, A. (1990): Kritik der ökonomischen Vernunft. Sinnfragen am Ende der Arbeitsgesellschaft. 3. Aufl. Berlin.
GOULET, D. (1989): Participations in development. New avenues. In: World Development, 17(2), S. 165-178, Oxford/UK.
GOULET, D. (1992a): Development indicators. A research problem, a policy problem. In: The Journal of Socio-Economics, 21(3), S. 245-260, Albuquerque.
GOULET, D. (1992b): Development. Creator and destroyer of values. In: World Development, 20(3), S. 467-475, Oxford/UK.
GOUVEIA NETO, R. (1991): How Brazil competes in the global defense industry. In: Latin American Research Review, 26(3), S. 83-107, Albuquerque.
GOWDY, J. M. (1988): The entropy law and marxian value theory. In: Review of Radical Political Economics, 20(2-3), S. 34-40, Riverside.
GRABENDORFF, W. (1995): Die Rolle Lateinamerikas in einer neuen internationalen Ordnung. In: MOLS, M. & THESING, J. (Hrsg.): Der Staat in Lateinamerika. Mainz, S. 397-418.
GRAÇA, G. M. G. & KETOFF, A. N. (1991): CO_2 savings in Brazil. The importance of a small contribution. In: Energy Policy, 19(10), S. 1003-1009, Oxford.
GRAMSCI, A. (1975): Quaderni del carcere [4 Bde.]. Torino.
GRAMSCI, A. (1980): Die Herausbildung der Intellektuellen. In: ZAMIS, G. (Hrsg.): Antonio Gramsci. Zu Politik, Geschichte und Kultur. Ausgewählte Schriften. Leipzig, S. 222-230.
GRAMSCI, A. (1994): Scritti di economia politica (= L'Età Moderna, Bd. 12). Torino.
GRAWE, J. (1985): The importance of renewable energy sources for the Third World. In: Applied Geography and Development, Bd. 26, S. 116-135, Tübingen.
GRAWE, J. (1990): Die ökologische Verträglichkeit unserer Energieträger. In: Energiewirtschaftliche Tagesfragen, 40(8), S. 568-578, Düsseldorf.

GRAWE, J. & SCHULZ, E. (1989): Least-Cost Planning aus der Sicht der deutschen Elektrizitätswirtschaft. In: Zeitschrift für Energiewirtschaft, 13(3), S. 202-206, Braunschweig.
GREENPEACE INTERNATIONAL (1992): A new energy agency. In: Development, Nr. 1, S. 82-86, Rom.
GREFFRATH, M. et al. (1980) Conversations with Wittfogel. In: Telos, Nr. 43, S. 143-174, St. Louis.
GRIFFIN, K. & KNIGHT, J. (1989): Human development. The case for renewed emphasis. In: Journal of Development Planning, Nr. 19, S. 9-40, New York.
GRIFFITHS, T. et al. (1992): Inventive activity in the British Textile Industry, 1700-1800. In: The Journal of Economic History, 52(4), S. 881-906, Raleigh.
GROSCURTH, H.-M. & KÜMMEL, R. (1989): Thermodynamic limits to energy optimization. In: Energy: the international journal, 14(5), S. 241-258, Oxford/UK.
GRUBB, M. J. (1990a): The cinderella options. A study of modernized renewable energy technologies [part 1: a technical assessment]. In: Energy Policy, 18(6), S. 525-542, Oxford.
GRUBB, M. J. (1990b): The cinderella options. A study of modernized renewable energy technologies [part 2: political and policy analysis]. In: Energy Policy, 18(8), S. 711-725, Oxford.
GRUNWALD, J. & MUSGROVE, P. (1970): Natural Resources in Latin America Development. Baltimore & London.
GUARNIERI, L. C. & JANNUZZI, G. M. (1992): Proálcool. Impactos ambientais. In: Revista Brasileira de Energia, 2(2), S. 147-161, Rio de Janeiro.
GUERRA, S. M.-G. et al. (1993): Perspectivas y estrategias para el gas natural en la America Latina. Brasil y Venezuela. In: Interciencia, 18(1), S. 24-28, Caracas.
GUILLEN ROMO, H. (1994): De la pensée de la CEPAL au néo-libéralisme, du néo-libéralisme au néo-structuralisme. Une revue de la littérature sud-américaine. In: Revue Tiers Monde, Nr. 140, S. 907-926, Paris.
GUIMARÃES, A. S. A. (1991): Sonhos mortos, novos sonhos. Fordismo, recessão e tecnologia no Brasil. In: Espaço e Debates, Nr. 32, S. 88-94, São Paulo.
GUIMARÃES, F. C. M. S. (1984): A questão energética brasileira. In: CONFEA (Hrsg.): A questão energética brasileira. Brasília, S. 17-34.
GUIMARÃES, R. P. (1988): Ecologia e política na formação social brasileira. In: Dados, 31(2), S. 243-277, Rio de Janeiro.
GUIMARÃES, R. P. (1989): The ecopolitics of development in Brazil. In: CEPAL Review, Nr. 38, S. 89-103, Santiago.
GUIMARÃES, R. P. (1991): A assimetria dos interesses compartilhados. América Latina e a agenda global do meio ambiente. In: LEIS, H. R. (Hrsg.): Ecologia Política Mundial. Petrópolis, S. 99-134.
GUIMARÃES, R. P. (1992): Development pattern and environment in Brazil. In: CEPAL Review, Nr. 47, S. 47-62, Santiago.
GUTBERLET, J. (1991): Industrieproduktion und Umweltzerstörung im Wirtschaftsraum Cubatão/São Paulo. Eine Fallstudie zur Erfassung und Beurteilung ausgewählter sozioökonomischer und ökologischer Konflikte unter besonderer Berücksichtigung der atmosphärischen Schwermetallbelastung (= Tübinger Beiträge zur Geographischen Lateinamerika-Forschung, Heft 7). Tübingen.
GUYOL, N. B. (1971): Energy in the perspective of geography. Englewood Cliffs.
HABER, S. (1991): Lucratividade industrial e a Grande Depressão no Brasil. Evidências da indústria têxtil de algodão. In: Estudos Econômicos, 21(2), S. 241-270, São Paulo.
HABERMAS, J. (1981): New social movements. In: Telos, Nr. 49, S. 33-37, Saint Louis.
HABERMAS, J. (1992): Die Moderne. Ein unvollendetes Projekt. 2. Aufl. Leipzig.
HÄFELE, W. (1990): Energy from nuclear power. In: Scientific American, 263(3), S. 91-97, New York.
HAGGETT, P. (1991): Geographie. Eine moderne Synthese. 2. Aufl. Stuttgart.
HALL, P. & PRESTON, P. (1988): The carrier wave. New information technology and the geography of innovation 1846-2003. London u.a.

HAMILTON, C. (1989): The irrelevance of economic liberalization in the Third World. In: World Development, 17(10), S. 1523-1530, Boston.
HAQ, M. (1989): Human dimension in development. In: Journal of Development Planning, Nr. 19, S. 249-258, New York.
HARBORTH, H.-J. (1993): Sustainable development. Dauerhafte Entwicklung. In: NOHLEN, D. & NUSCHELER, F. (Hrsg.): Handbuch der Dritten Welt. Band 1: Grundprobleme, Theorien, Strategien. Bonn, S. 231-247.
HARPER, M. (1993): Planning to make the future renewable. The role of local authorities in renewable energy resource assessments. In: Renewable Energy, 3(2-3), S. 217-220, Oxford.
HARRIS, J. M. (1991): Global institutions and ecological crisis. In: World Development, 19(1), S. 111-122, Oxford/UK.
HARRISON, B. & KELLEY, M. R. (1993): Outsourcing and the search for flexibility. In: Work, Employment & Society, 7(2), S. 213-235, London.
HARROD, R. F. (1948): Towards a dynamic economics. London & New York.
HARTLEY, D. L. & SCHUELER, D. G. (1991): Perspectives on renewable energy and the environment. In: TESTER, J. W. et al. (Hrsg.): Energy and the environment in the 21st century. Cambridge/MA & London, S. 923-929.
HARVEY, D. (1981): The spatial fix. Hegel, von Thünen, and Marx. In: Antipode, 13(3), S. 1-12, Worcester.
HARVEY, D. (1982): The limits to capital. Oxford.
HARVEY, D. (1985a): Consciousness and the urban experience. Oxford.
HARVEY, D. (1985b): The urbanization of capital. Oxford.
HARVEY, D. (1987): Flexible accumulation through urbanization. Reflections on post-modernism in the American city. In: Antipode, 19(3), S. 260-286, Worcester.
HARVEY, D. (1990): The condition of postmodernity. An enquiry into the origins of cultural changes. Cambridge/MA & Oxford/UK.
HAUCK, G. (1988): Zurück zur Modernisierungstheorie? Eine entwicklungstheoretische Bilanz. In: Das Argument, 30(2), S. 235-248, Berlin.
HAUCK, G. (1989): Die Renaissance der Modernisierungstheorie. In: blätter des iz3w, Nr. 154, S. 26-30, Freiburg im Breisgau.
HAUDE, D. (1985): Transnationale Unternehmen, Industrialisierung in der Peripherie und kapitalistische Entwicklung. In: Peripherie, Nr. 21, S. 6-24, Münster.
HAYES, D. (1979a): Alternative Energien. 2. Aufl. Hamburg.
HAYES, D. (1979b): Sonnenenergie und Dritte Welt. In: FRIENDS OF THE EARTH (Hrsg.): Sonne! Eine Standortbestimmung für eine neue Energiepolitik. Frankfurt am Main, S. 67-97.
HECHT, S. B. (1986): Regional development. Some comments on the discourse in Latin America. In: Environment and Planning D: Society and Space, 4(2), S. 201-209, London.
HECHT, S. B. & COCKBURN, A. (1992): Realpolitik, reality, and rhetoric in Rio. In: Environment & Planning D: Society & Space, 10(4), S. 367-375, London.
HEIN, S. (1992): Trade strategy and the dependency hypothesis. A comparison of policy, foreign investment, and economic growth in Latin America and East Asia. In: Economic Development and Cultural Change, 40(3), S. 495-521, Chicago.
HEIN, W. (1981): Fachübersicht. Zur Theorie der Unterentwicklung und ihrer Überwindung. In: Peripherie, Nr. 5-6, S. 64-91, Münster.
HEIN, W. (1995): Von der fordistischen zur post-fordistischen Weltwirtschaft. In: Peripherie, Nr. 59-60, S. 45-78, Münster.
HEMMERS, R. (1990): Einsatz regenerativer Energien zur Infrastrukturverbesserung in Entwicklungsländern. In: Geographische Rundschau, 42(10), S. 552-558, Braunschweig.
HENDERSON, H. (1978): Creating alternative futures. The end of economics. New York.
HENDERSON, H. (1988): The politics of solar age. Alternatives to economics. Indianapolis.

HENDERSON, H. (1991): Paradigms in Progress. Life beyond economics. Indianapolis.
HENDERSON, H. (1993): Social innovation and citizen movements. In: Futures, 25(3), S. 322-338, Oxford/USA.
HENDERSON, H. (1994a): Development imperatives for the future. In: Development, Nr. 4, S. 27-32, Rom.
HENDERSON, H. (1994b): Paths to sustainable development. The role of social indicators. In: Futures, 26(2), S. 125-137, Oxford/USA.
HENNICKE, P. (1989): Least-Cost Planning. Methode, Erfahrungen und Übertragbarkeit auf die Bundesrepublik. In: Zeitschrift für Energiewirtschaft, 13(2), S. 117-128, Braunschweig.
HENNICKE, P. & SEIFRIED, D. (1992): Die Stabilisierung des Klimas. Ein anderer Umgang mit Energie. In: Prokla, Nr. 86, S. 23-33, Berlin.
HERB, J. (1983): Energy from small hydropower plants. A contribution to the solution of energy problems in developing countries. In: Applied Geography and Development, Bd. 21, S. 75-94, Tübingen.
HERBERT-COPLEY, B. (1990): Technical change in Latin American manufacturing firms. Review and synthesis. In: World Development, 18(11), S. 1457-1469, Boston.
HERING, M. L. R. (1987): Colonização e indústria no Vale do Itajaí. O modelo catarinense de desenvolvimento. Blumenau.
HERPPICH, W. (1989): Least-Cost Planning in den USA. In: Zeitschrift für Energiewirtschaft, 13(2), S. 136-150, Braunschweig.
HERRMANN, M. L. P. & ROSA, R. O. (1990): Relevo. In: MESQUITA, O. V. (Hrsg.): Geografia do Brasil. Região Sul [Bd. 2]. Rio de Janeiro, S. 55-84.
HEWITT, W. E. (1992): The Roman Catholic Church and environmental politics in Brazil. In: The Journal of Developing Areas, 26(2), S. 239-258, Macomb.
del HIERRO, E. (1991): Policymaking pertaining to the environmental impact of energy use in Latin American and Caribbean countries. In: TESTER, J. W. et al. (Hrsg.): Energy and the environment in the 21st century. Cambridge/MA & London, S. 589-594.
HILDYARD, N. (1993): Foxes in charge of the chickens. In: SACHS, W. (Hrsg.): Global ecology. A new arena of political conflict. London & New Jersey, S. 22-35.
HIRSCH, J. (1993): Internationale Regulation. Bedingungen von Dominanz, Abhängigkeit und Entwicklung im globalen Kapitalismus. In: Das Argument, 35(2), S. 195-222, Berlin.
HIRSCH, J. & ROTH, R. (1986): Das neue Gesicht des Kapitalismus. Vom Fordismus zum Post-Fordismus. Hamburg.
HIRSCHMAN, A. O. (1987): The political economy of Latin American development. In: Latin American Research Review, 22(3), S. 7-36, Albuquerque.
HIRST, P. & THOMPSON, G. (1992): The problem of *globalization*. International economic relations, national economic management and the formation of trading blocs. In: Economy and Society, 21(4), S. 357-396, London.
HIRST, P. & ZEITLIN, J. (1992): Flexible specialization versus post-fordism. Theory, evidence, and policy implications. In: STORPER, M. & SCOTT, A. J. (Hrsg.): Pathways to industrialization and regional development. London & New York, S. 70-115.
HOBSBAWM, E. (1994): Age of extremes. The short twentieth century 1914-1991. London.
HOCHHOLZER, H. (1973): Die globale Energiewirtschaft. Ihre Grundlagen und Entwicklungsmöglichkeiten. In: Zeitschrift für Wirtschaftsgeographie, 17(8), S. 229-238, Hagen.
HOFFMANN, C. A. A. & MENDES, T. C. M. (1993): A energia elétrica incorporada nas exportações. In: Anais do 6. Congresso Brasileiro de Energia, S. 217-224, Rio de Janeiro.
HOGAN, D. J. (1992): Migração, ambiente e saúde nas cidades brasileiras. In: HOGAN, D. J. & VIEIRA, P. F. (Hrsg.): Dilemas socioambientais e desenvolvimento sustentável. Campinas, S. 149-170.

HOGAN, W. W. (1979): Energy and economic growth. In: SAWHILL, J. C. (Hrsg.): Energy conservation and public policy. Englewood Cliffs, S. 9-21.

HOLDREN, J. P. (1987): Global environmental issues related to energy supply. The environmental case for increased efficiency of energy use. In: Energy: the international journal, 12(10-11), S. 975-992, Oxford/UK.

HOLDREN, J. P. (1990): Energy in transition. In: Scientific American, 263(3), S. 109-115, New York.

HOLDREN, J. P. et al. (1980): Environmental aspects of renewable energy sources. In: Annual Review of Energy, Bd. 5, S. 241-291, Palo Alto.

HOLLENBERG, G. (1986): Die Finanzlast von Proálcool. Auswirkungen des Brasilianischen Substitutionsprogramms für Erdöl. In: Brasilien Dialog, H. 1, S. 36-40, Mettingen.

HOLLIER, G. P. (1988): Regional development. In: PACIONE, M. (Hrsg.): The geography of the Third World. Progress and prospect. London & New York, S. 232-270.

HOLTMANN, A. (1986): Wissenschaftstheorien. In: MICKEL, W. W. (Hrsg.): Handlexikon zur Politikwissenschaft (= Schriftenreihe der Bundeszentrale für politische Bildung, Bd. 237). München, S. 570-575.

HOSIER, R. H. (1993): Charcoal production and environmental degradation. Environmental history, selective harvesting, and post-harvest management. In: Energy Policy, 21(5), S. 491-509, Oxford.

HOWARTH, J. H. (1991): The implications of current and future environmental policies for industrial energy users. An overview of the situation and where the solutions may be found. In: Energy and Environment, Bd. 2, S. 1-30, Brentwood.

HOWARTH, R. B. & NORGAARD, R. B. (1992): Environmental valuation under sustainable development. In: The American Economic Review, 82(2), S. 473-477, Nashville.

HUBBARD, H. M. (1991): The real cost of energy. In: Scientific American, 264(4), S. 18-23, New York.

HUBER, J. (1988): Soziale Bewegungen. In: Zeitschrift für Soziologie, 17(6), S. 424-435, Bielefeld.

HÜBNER, K. (1990): Theorie der Regulation. Eine kritische Rekonstruktion eines neuen Ansatzes der politischen Ökonomie. 2. Aufl. Berlin.

HÜBNER, K. (1992): Analytische Vorsicht und problembewußter Internationalismus. In: Berliner Debatte Initial, Nr. 5, S. 4-10, Berlin.

HUETING, R. (1990): The Bruntland report. A matter of conflicting goals. In: Ecological Economics, 2(2), S. 109-117, Amsterdam.

HUGON, P. (1991): La pensée française en économie du développement. Évolution et spécificité. In: Revue d'Économie Politique, 101(2), S. 169-229, Paris.

HURTIENNE, T. (1988): Die globale Abhängigkeitstheorie in der Sackgasse. Plädoyer für historisch-strukturelle Abhängigkeitsanalysen. In: blätter des iz3w, Nr. 154, S. 31-35, Freiburg im Breisgau.

IANNI, O. (1994): Globalização. Novo paradigma das ciências sociais. In: Estudos Avançados, 21(8), S. 147-163, São Paulo.

IBAM-Instituto Brasileiro de Administração Municipal (1987): Blumenau. Perspectivas para o ano 2000. Rio de Janeiro.

IBAMA-Instituto Brasileiro do Meio Ambiente e dos Recursos Naturais Renováveis (1991): Cadastro nacional de entidades ambientalistas. Entidades não governamentais. Brasília.

IBAMA-Instituto Brasileiro do Meio Ambiente e dos Recursos Naturais Renováveis (1992a): Resoluções CONAMA 1984 a 1991. 4. Aufl. Brasília.

IBAMA-Instituto Brasileiro do Meio Ambiente e dos Recursos Naturais Renováveis (1992b): Universidade e sociedade em face da política ambiental brasileira. Textos Conclusivos do 4. Seminário Nacional sobre Universidade e Meio Ambiente. Brasília.

IBAMA-Instituto Brasileiro do Meio Ambiente e dos Recursos Naturais Renováveis (1994): Cadastro nacional de entidades ambientalistas. Entidades não governamentais. Brasília.

IBGE (1980): Anuário estatístico do Brasil 1980. Rio de Janeiro.

IBGE (1982): Censo demográfico de Santa Catarina 1980 [Bd. 1]. Rio de Janeiro.

IBGE (1984a): Anuário estatístico do Brasil 1984. Rio de Janeiro.
IBGE (1984b): Censo industrial de Santa Catarina 1980 [Bd. 3, II]. Rio de Janeiro.
IBGE (1987): Anuário estatístico do Brasil 1987. Rio de Janeiro.
IBGE (1990a): Censo industrial do Brasil 1985. Rio de Janeiro.
IBGE (1990b): Geografia do Brasil, Bd. 2: Região Sul. Rio de Janeiro.
IBGE (1991a): Anuário estatístico do Brasil 1991. Rio de Janeiro.
IBGE (1991b): Censo agropecuário de Santa Catarina 1985. Rio de Janeiro.
IBGE (1991c): Censo demográfico de Santa Catarina [Bd. 23]. Rio de Janeiro.
IBGE (1991d): Sinopse preliminar do censo demográfico de Santa Catarina 1991 [Bd. 21]. Rio de Janeiro.
IBGE (1993): Anuário estatístico do Brasil 1993. Rio de Janeiro.
IEA-International Energy Agency (o.J.): IEA. An overview. Paris.
ILLICH, I. D. (1974): Energy and Equity. London.
ILLICH, I. D. (1986): Selbsbegrenzung. Eine politische Kritik der Technik. Reinbeck bei Hamburg.
IMBER, M. (1993): Too many cooks? The post-Rio reform of the United Nations. In: International Affairs, 69(1), S. 55-70. London.
IMMLER, H. (1992): Nachhaltige Wirtschaft. Ist das Nachhaltigkeitsprinzip auf unsere Wirtschaft übertragbar? In: Universitas, 47(7), S. 661-670, Stuttgart.
IMRAN, M. & BARNES, P. (1990): Energy demand in the developing countries. Prospects for the future (= World Bank staff commodity working paper, H. 23). Washington.
INFRAGÁS (o.J.-a): Gás natural e a participação do setor privado [unveröff. Bericht]. Florianópolis.
INFRAGÁS (o.J.-b): Infragás: Infraestrutura de Gás para a Região Sul S/A [unveröff. Bericht]. Florianópolis.
INFRAGÁS (o.J.-c): Introdução do gás natural em Santa Catarina [unveröff. Bericht]. Florianópolis.
INFRAGÁS (o.J.-d): O gás natural. Passaporte para o Primeiro Mundo [unveröff. Bericht]. Florianópolis.
INFRAGÁS (o.J.-e): Proposta de empresa de distribuição de gás natural em Santa Catarina [unveröff. Bericht]. Florianópolis.
INFRAGÁS (o.J.-f): Relação de acionistas da Infragás: Santa Catarina [unveröff. Bericht]. Florianópolis.
INGHAM, B. (1993): The meaning of development. Interactions between new and old ideas. In: World Development, 21(11), S. 1803-1821, Oxford/UK.
INSTITUTO DE ENGENHARIA (1956): Semana de debates sobre energia elétrica. São Paulo.
IRELA-Instituto de Relaciones Europeo-Latinoamericanas (1995): Brazil under Cardoso. Returning to the world stage? (= Dossier Nr. 52). Madrid.
JACKSON, S. et al. (1978): An assessment of empirical research on *dependencia*. In: Latin American Research Review, 14(3), S. 7-28, Chapel Hill.
JACOBI, P. R. (1988): Movimentos sociais e Estado. Efeitos político-institucionais da ação coletiva. In: Ciências Sociais Hoje, S. 290-310, São Paulo.
JACOBI, P. R. (1990): Descentralização municipal e participação dos cidadãos. Apontamentos para o debate. In: Lua Nova, Nr. 20, S. 121-143, São Paulo.
JACOBI, P. R. (1991): Os municípios e a participação. Desafios e alternativas. In: Revista de Administração Municipal, Nr. 198, S. 32-38, Rio de Janeiro.
JANNUZZI, G. M. (1989): Residential energy demand in Brazil by income classes. Issues for the energy sector. In: Energy Policy, 17(3), S. 254-263, Oxford.
JANNUZZI, G. M. (1990a): Conservação de energia, meio ambiente e desenvolvimento. In: Ciência Hoje, Nr. 66, S. 16-22, São Paulo.
JANNUZZI, G. M. (1990b): The government's perception of the role of energy and its implications towards conservation. The Brazilien case. In: Anais do 5. Congresso Brasileiro de Energia [Bd. 3], S. 1000-1007, Rio de Janeiro.

JANNUZZI, G. M. (1993): Planejando o consumo de energia elétrica através de programas de difusão de tecnologias mais eficientes. In: Revista Brasileira de Energia, 3(1), S. 176-188, Rio de Janeiro.
JANNUZZI, G. M. & SCHIPPER, L. (1991): The structure of electricity demand in the Brazilian household sector. In: Energy Policy, 19(9), S. 879-891, Oxford.
JANNUZZI, G. M. et al. (1993a): A critical look at residential electricity conservation campaigns in a developing country environment. In: Natural Resources Forum, 17(2), S. 105-108, Dordrecht.
JANNUZZI, G. M. et al. (1993b): O planejamento energético regional como promotor do desenvolvimento municipal. In: Anais do 6. Congresso Brasileiro de Energia [Bd. 1], Rio de Janeiro, S. 55-60.
JARAMILLO, S. & CUERVO, L. M. (1990): Tendências recentes e principais mudanças na estrutura espacial dos países latino-americanos. In: VALLADARES, L. & PRETECEILLE, E. (Hrsg.): Reestruturação urbana. Tendências e desafios. São Paulo & Rio de Janeiro, S. 103-119.
JATOBÁ, J. (1987): Alternative resources for grassroots development. A view from Latin America. In: Development Dialogue, Nr. 1, S. 114-134, Uppsala.
JESSOP, B. (1990): Regulation theories in retrospect and prospect. In: Economy and Society, 19(2), S. 153-216, London.
JESSOP, B. (1992): Fordism and post-fordism. A critical reformulation. In: STORPER, M. & SCOTT, A. J. (Hrsg.): Pathways to industrialization and regional development. London & New York, S. 46-69.
JESSOP, B. (1994): Post-fordism and the state. In: AMIN, A. (Hrsg.): Post-fordism. A reader. Oxford/UK & Cambridge/USA, S. 251-279.
JESSOP, B. et al. (1990): Farewell to Thatcherism? Neoliberalism and new times. In: New Left Review, Nr. 179, S. 81-102, London.
JICA-Japan International Cooperation Agency (1991a): The study on Itajai river basin hydroelectric power potential inventory project. Band 1: Executive summary. Tokyo.
JICA-Japan International Cooperation Agency (1991b): The study on Itajai river basin hydroelectric power potential inventory project. Band 2: Main report, master plan study. Tokyo.
JICA-Japan International Cooperation Agency (1991c): The study on Itajai river basin hydroelectric power potential inventory project. Band 3: Main report, pre-feasibility study on Salto Pilão (1), Dalbergia and Benedito Novo hydropower schemes. Tokyo.
JICA-Japan International Cooperation Agency (1991d): The study on Itajai river basin hydroelectric power potential inventory project. Band 4: Supporting report, master plan study. Tokyo.
JICA-Japan International Cooperation Agency (1991e): The study on Itajai river basin hydroelectric power potential inventory project. Band 5: Supporting report, pre-feasibility study on Salto Pilão (1), Dalbergia and Benedito Novo hydropower schemes. Tokyo.
JOCHEM, E. & BRADKE, H. (1994): Die energietechnische und -wirtschaftliche Entwicklung der deutschen Industrie. In: Energiewirtschaftliche Tagesfragen, 44(8), S. 508-510, Düsseldorf.
JOHANSSON, T. B. & WILLIAMS, R. H. (1987): Energy conservation in the global context. In: Energy: the international journal, 12(10-11), S. 907-919, Oxford/UK.
JOHNSON, B. B. et al. (1989): Metodologia de avaliação para o sistema integrado de planejamento energético da comissão nacional de energia. In: Anais do 1. Congresso Brasileiro de Planejamento Energético [Bd. 2], S. 227-245, Campinas.
JOHNSSON, J. et al. (1992): Integrated energy-emmisions control planning in the community of Uppsala. In: International Journal of Energy Research, 16(3), S. 173-188, London.
JOHNSTON, R. J. (1986): The state, the region and the division of labor. In: SCOTT, A. J. & STORPER, M. (Hrsg.): Producion, Work, Territory. Boston u.a., S. 265-280.
JONES, D. W. (1991): How urbanization affects energy-use in developing countries. In: Energy Policy, 19(7), S. 621-630, Oxford.
JORGENSON, D. W. & WILCOXEN, P. J. (1993): Energy prices, productivity and economic growth. In: Annual Review of Energy and the Environment, Bd. 18, S. 343-395, Palo Alto.

JUCHEM, P. A. (1992): Algumas possibilidades e perspectivas para a avaliação de impactos ambientais em nível municipal. In: Revista de Administração Municipal, Nr. 204, S. 79-87, Rio de Janeiro.
JUSTUS, J. O. (1990): Hidrografia. In: MESQUITA, O. V. (Hrsg.): Geografia do Brasil. Região Sul [Bd. 2]. Rio de Janeiro, S. 189-218.
KAHANE, A. & SQUITIERI, R. (1987): Electricity use in manufacturing. In: Annual Review of Energy, Bd. 12, S. 223-251, Palo Alto.
KAISER, W. (1995): Urbanisierung, Regionalentwicklung und Stadtentwicklungspolitik. Brasilien im räumlichen Wandel. In: SEVILLA, R. & RIBEIRO, D. (Hrsg.): Brasilien. Land der Zukunft. Bad Honnef, S. 67-89.
KALDOR, M. (1986): The global political economy. In: Alternatives, 11(4), S. 431-460, Boulder.
KANT, I. (1905): Physische Geographie. 2. Aufl. Leipzig [Eine Erstfassung ist 1802 in Königsberg erschienen].
KANTH, R. K. (1986): Political economy and laissez-faire. Totowa.
KANTH, R. K. (1991): The conflictual aspects of structural change. Development strategy and social crisis in the Third World. In: KANTH, R. K. & HUNT, E. K. (Hrsg.): Explorations in political economy. Essays in criticism. Savage, S. 203-218.
KANTH, R. K. (1992): Capitalism and social theory. The science of black holes. Armonk & London.
KAPLINSKY, R. (1994): From mass production to flexible specialization. A case study of microeconomic change in a semi-industrialized economy. In: World Development, 22(3), S. 337-353, Oxford/UK.
KASSAS, M. (1989): The biosphere and the threat of global industrialization. Limits of the biosphere. In: The Environmentalist, 9(4), S. 261-268, Lausanne.
KATES, R. W. et al. (1993): The great transformation. In: TURNER II, B. L. et al. (Hrsg.): The earth as transformed by human action. Global and regional changes in the biosphere over the past 300 years. Cambridge/UK u.a., S. 1-17.
KATS, G. H. (1990): Slowing global warming and sustaining development. The promise of energy efficiency. In: Energy Policy, 18(1), S. 25-33, Oxford.
KATZENBACH, J. R. & SMITH, D. K. (1993): The discipline of teams. In: Harvard Business Review, S. 111-120, Boston.
KAUL, P. F. T. (1990): Geologia. In: MESQUITA, O. V. (Hrsg.): Geografia do Brasil. Região Sul [Bd. 2]. Rio de Janeiro, S. 29-54.
KAY, C. (1993): For a renewal of development studies. Latin American theories and neoliberalism in the era of structural adjustment. In: Third World Quarterly, 14(4), S. 691-702, London.
KEIL, R. & KIPFER, S. (1994): Weltwirtschaft, Wirtschaftswelten. Globale Transformationen im lokalen Raum. In: NOLLER, P. et al. (Hrsg.): Stadt-Welt. Über die Globalisierung städtischer Milieus. Frankfurt & New York, S. 83-93.
KENNEN, P. B. (1990): Organizing debt relief. The need for a new institution. In: Journal of Economic Perspectives, 4(1), S. 7-18, Nashville.
KHALIL, E. L. (1990): Entropy law and exhaustion of natural resources. Is Nicholas Georgescu-Roegen's paradigm defensible? In: Ecological Economics, 2(2), S. 163-178, Amsterdam.
KHALIL, E. L. (1991): Entropy law and Nicholas Georgescu-Roegen's paradigm. A reply. In: Ecological Economics, 3(2), S. 161-163, Amsterdam.
KIEFER, S. (1992): Blumenau. Ein Fall von charismatischer Herrschaft [Unveröff. Magisterarbeit, Universität zu Köln]. Köln.
KILJUNEN, K. (1989): Toward a theory of the international division of industrial labor. In: World Development, 17(1), S. 109-138, Oxford/UK.
KLAASSEN, G. A. J. & OPSCHOOR, J. B. (1991): Economics of sustainability or the sustainability of economics. Different paradigms. In: Ecological Economics, 4(2), S. 93-115, Amsterdam.
KLEIN, R. M. (1979): Ecologia da flora e vegetação do Vale do Itajaí [Erster Teil]. In: Sellowia, Bd. 31, Itajaí.

KLEIN, R. M. (1980): Ecologia da flora e vegetação do Vale do Itajaí [Zweiter Teil]. In: Sellowia, Bd. 32, Itajaí.
KLEIN, R. M. (1984): Aspectos dinâmicos da vegetação do sul do Brasil. In: Sellowia, Bd. 36, S. 5-54, Itajaí.
KLEINER, A. (1991): What does it mean to be green? In: Harward Business Review, S. 38-47, Boston.
KNIJNIK, R. et al. (1994): Balanço energético de Porto Alegre e sua região metropolitana. Aspectos sócio-econômicos e ambientais. In: KNIJNIK, R. (Hrsg.): Energia e meio ambiente em Porto Alegre. Bases para o desenvolvimento. Porto Alegre, S. 33-100.
KOCH, G. (1994): Einkommensverteilung in Brasilien. In: BRIESEMEISTER, D. et al. (Hrsg.): Brasilien Heute. Politik, Wirtschaft, Kultur. Frankfurt am Main, S. 352-363.
KÖßLER, R. (1993): Rezension. In: Peripherie, Nr. 51-52, S. 202-205, Münster.
KÖSTERS, W. (1993): Ökologische Zivilisierung. Verhalten in der Umweltkrise. Darmstadt.
KOHLHEPP, G. (1966): Die deutschstämmigen Siedlungsgebiete im südbrasilianischen Staate Santa Catarina. Geographische Grundlagen, Aspekte und Probleme ländlicher und städtischer Kolonisation unter besonderer Berücksichtigung der wirtschaftlichen Entwicklung. In: GRAUL, H. & OVERBECK, H. (Hrsg.): Studien zur Kulturgeographie. Festgabe für Gottfried Pfeifer. Wiesbaden, S. 219-244.
KOHLHEPP, G. (1968): Industriegeographie des nordöstlichen Santa Catarina, Südbrasilien. Ein Beitrag zur Geographie eines deutschbrasilianischen Siedlungsgebietes (= Heidelberger Geographische Arbeiten, Heft 21). Heidelberg.
KOHLHEPP, G. (1969): Die Anfänge der Industrialisierung in den alten deutschen Kolonisationszentren Santa Catarinas. In: Staden-Jahrbuch, Bd. 17, S. 23-34, São Paulo.
KOHLHEPP, G. (1971): Standortbedingungen und räumliche Ordnung der Industrie im brasilianischen Santa Catarina. In: Geographische Rundschau, 23(1), S. 10-23, Braunschweig.
KOHLHEPP, G. (1975/1976): Die Bedeutung des Beitrags der deutsch-brasilianischen Bevölkerung zur Siedlungs- und Wirtschaftsentwicklung Südbrasiliens. In: Staden-Jahrbuch, Bd. 23/24, S. 77-94, São Paulo.
KOHLHEPP, G. (1978): Wirtschafts- und sozialgeographische Aspekte des brasilianischen Entwicklungsmodells und dessen Eingliederung in die Weltwirtschaftsordnung. In: Die Erde, 109 (3-4), S. 353-375, Berlin.
KOHLHEPP, G. (1986): Problems of agriculture in Latin America. Production of food-crops versus production of energy-plants and export. In: Applied Geography and Development, Bd. 27, S. 60-92, Tübingen.
KOHLHEPP, G. (1987): Itaipú, basic geopolitical and energy situation. Socio-economic and ecological consequences of the Itaipú dam and reservoir on the Rio Paraná (Brazil/Paraguay). Braunschweig & Wiesbaden.
KOHLHEPP, G. (1991a): Das Thema *Tropische Regenwälder*. Testfall für den umweltpolitischen Dialog. Realisierungschancen einer angepaßten Regionalentwicklung? Am Beispiel des brasilianischen Amazonasgebiet. In: von GLEICH, A. et al. (Hrsg.): Neue Konzepte in der Entwicklungszusammenarbeit mit Lateinamerika? Ein Dialog zwischen Entwicklungspolitik und Wissenschaft. Hamburg, S. 43-62.
KOHLHEPP, G. (1991b): Umweltpolitik zum Schutz tropischer Regenwälder in Brasilien. Rahmenbedingungen und umweltpolitische Aktivitäten. In: KAS-Auslandsinformationen, 7. Jahrgang, S. 1-23, Sankt Augustin bei Bonn.
KOHLHEPP, G. (1994a): Bergbau und Energiewirtschaft. In: BRIESEMEISTER, D. et al. (Hrsg.): Brasilien Heute. Politik, Wirtschaft, Kultur. Frankfurt am Main, S. 293-303.
KOHLEHPP, G. (1994b): Raum und Bevölkerung. In: BRIESEMEISTER, D. et al. (Hrsg.): Brasilien Heute. Politik, Wirtschaft, Kultur. Frankfurt am Main, S. 9-107.

KOHLHEPP, G. (1995): Raumwirksame Staatstätigkeit in Lateinamerika. Am Beispiel der Sukzessionen staatlicher Regionalpolitik in Brasilien. In: MOLS, M. & THESING, J. (Hrsg.): Der Staat in Lateinamerika. Mainz, S. 195-210.

KOHLHEPP, G. & KARP, B. (1987): Itaipú. Raumwirksame sozioökonomische Probleme hydroelektrischer Inwertsetzung des Rio Paraná im Brasilianisch-Paraguayischen Grenzraum. In: KOHLHEPP, G. (Hrsg.): Brasilien. Beiträge zur regionalen Struktur- und Entwicklungsforschung (= Tübinger Beiträge zur Geographischen Lateinamerika-Forschung, Heft 1). Tübingen, S. 71-116.

KOHLHEPP, G. et al. (1993): Die Mittelstädte Brasiliens in ihrer Bedeutung für die Regionalentwicklung [Forschungsbericht]. Tübingen.

KON, A. (1994): Quatro décadas de planejamento econômico no Brasil. In: Revista de Administração de Empresas, 34(3), S. 49-61, São Paulo.

KRÄTKE, S. (1996): Regulationstheoretische Perspektiven in der Wirtschaftsgeographie. In: Zeitschrift für Wirtschaftsgeographie, 40(1-2), S. 6-19, Frankfurt am Main.

KRÄTKE, S. & SCHMOLL, F. (1987): Der lokale Staat. Ausführungsorgan oder Gegenmacht? In: Prokla, Nr. 68, S. 30-72, Berlin.

KRAPELS, E. (1993): The commanding heights. International oil in a changed world. In: International Affairs, 69(1), S. 71-88, London.

KRAUS, P. G. (1991): Associativismo intermunicipal e planejamento microrregional em Santa Catarina [unveröff. Dissertation, UFSC]. Florianópolis.

KRAWINKEL, H. (1990): Nutzung erneuerbarer Energien in Dänemark. In: Geographische Rundschau, 42(10), S. 545-550, Braunschweig.

KRAWINKEL, H. (1991): Für eine neue Energiepolitik. Was die Bundesrepublik Deutschland von Dänemark lernen kann. Frankfurt am Main.

KRISCHKE, P. J. (1990): Movimentos sociais e democratização no Brasil. Necessidades radicais e ação comunicativa. In: Ciências Sociais Hoje, S. 128-155, São Paulo.

KROPOTKIN, P. (1985): Fields, factories and workshops tomorrow. London.

KROPOTKIN, P. (1989): Gegenseitige Hilfe in der Tier- und Menschenwelt. Wien & Grafenau.

KÜMMEL, R. (1989): Energy as a factor of production and entropy as a pollution indicator in macroeconomic modelling. In: Ecological Economics, 1(2), S. 161-180, Amsterdam.

KURZ, R. (1994): Der Kollaps der Modernisierung. Vom Zusammenbruch des Kasernensozialismus zur Krise der Weltökonomie. Leipzig.

LACOSTE, Y. (1990): Geografia do Subdesenvolvimento. 8. Aufl. Rio de Janeiro.

LAGO, P. F. (1968): Santa Catarina. A terra, o homem e a economia. Florianópolis.

LAMNEK, S. (1988): Qualitative Sozialforschung. Band 1: Methodologie. München & Weinheim.

LAMNEK, S. (1989): Qualitative Sozialforschung. Band 2: Methoden und Techniken. München.

LANDES, D. S. (1990): Why are we so rich and they so poor? In: The American Economic Review, 80(2), S. 1-13, Nashville.

LANDIM, L. (1991): Brazilian crossroads. NGOs, walls and bridges. In: Development, Nr. 1, S. 91-95, Rom.

LANDIM, L. (1993): Para além do mercado e do Estado? Filantropia e cidadania no Brasil (= Textos de Pesquisa do ISER). Rio de Janeiro.

LANDSBERG, H. H. & DUKERT, J. M. (1981): High energy costs. Uneven, unfair, unavoidable? Baltimore & London.

LANDSBERG, M. (1987): Export-led industrialization in the Third World. Manufacturing imperialism. In: PEET, R. (Hrsg.): International capitalism and industrial restructuring. A critical analysis. Boston, S. 216-239.

LANE, C. (1989): From welfare capitalism to market capitalism. A comparative review of trends towards employment flexibility in the labour markets of three major European societies. In: Sociology, 23(4), S. 583-610, London.

LARRAIN, J. (1991): Classical political economists and Marx on colonialism and backward nations. In: World Development, 19(2-3), S. 225-243, Oxford/UK.
LARSON, E. D. (1993): Technology for electricity and fuels from biomass. In: Annual Review of Energy and the Environment, Bd. 18, S. 567-630, Palo Alto.
LATORRE, C. O. F. et al. (1990): Diagnóstico do potencial de conservação de energia na indústria. In: Anais do 5. Congresso Brasileiro de Energia [Bd. 2], S. 617-626, Rio de Janeiro.
LATOUCHE, S. (1994): Développement durable, un concept alibi. Main invisible et mainmise sur la nature. In: Revue Tiers Monde, Nr. 137, S. 77-94, Paris.
LAUFF, R. J. (1993): Corporate environmental protection worlwide. Initiatives of the International Chamber of Commerce. In: STIFTUNG ENTWICKLUNG UND FRIEDEN (Hrsg.): In the aftermath of the earth summit (= Eine Welt, Bd. 9). Bonn-Bad Godesberg, S. 82-91.
LEAVER, R. (1989): Restructuring in the global economy. From *pax americana* to *pax nipponica*? in: Alternatives, 14(4), S. 429-462, Boulder.
LEBORGNE, D. & LIPIETZ, A. (1988): New technologies, new modes of regulation. Some spatial implications. In: Environment & Planning D: Society & Space, 6(3), S. 263-280, London.
LEBORGNE, D. & LIPIETZ, A. (1990a): Flexibilidade defensiva ou flexibilidade ofensiva. Os desafios das novas tecnologias e da competição mundial. In: VALLADARES, L. & PRETECEILLE, E. (Hrsg.): Reestruturação urbana. Tendências e desafios. São Paulo, S. 17-43.
LEBORGNE, D. & LIPIETZ, A. (1990b): Neue Technologien, neue Regulationsweisen. Einige räumliche Implikationen. In: BORST, R. et al. (Hrsg.): Das neue Gesicht der Städte. Theoretische Ansätze und Empirische Befunde aus der internationalen Debatte. Basel u.a., S. 109-129.
LEBORGNE, D. & LIPIETZ, A. (1991): Two social strategies in the production of new industrial spaces. In: BENKO, G. & DUNFORD, M. (Hrsg.): Industrial change and regional development. The transformation of new industrial spaces. London & New York, S. 27-50.
LEBORGNE, D. & LIPIETZ, A. (1992a): Conceptual fallacies and open questions on post-fordism. In: STORPER, M. & SCOTT, A. J. (Hrsg.): Pathways to industrialization and regional development. London & New York, S. 332-348.
LEBORGNE, D. & LIPIETZ, A. (1992b): Flexibilité offensive, flexibilité défensive. Deux stratégies sociales dans la production des nouveaus espaces économiques. In: BENKO, G. & LIPIETZ, A. (Hrsg.): Les régions qui gagnent. Districts et réseaux. Les nouveaux paradigmes de la géographie économique. Paris, S. 347-377.
LEBORGNE, D. & LIPIETZ, A. (1994): Nach dem Fordismus. Falsche Vorstellungen und offene Fragen. In: NOLLER, P. et al. (Hrsg.): Stadt-Welt. Über die Globalisierung städtischer Milieus (= Die Zukunft des Städtischen: Frankfurter Beiträge, Bd. 6). Frankfurt am Main & New York, S. 94-111.
LECHNER, N. (1991): The search for lost community. Challenges to democracy in Latin America. In: International Social Science Journal, 43(3), S. 541-553, Oxford/UK & Cambridge/USA.
LEE, H. (1981): The role of local governments in promoting energy efficiency. In: Annual Review of Energy, Bd. 6, S. 309-337, Palo Alto.
LEES, E. W. (1993): The role of new technologies in reducing energy demand. In: Natural Resources Forum, 17(4), S. 288-293, Dordrecht.
LEFF, E. (1985): Ethnobotany and anthropology as tools for a cultural conservation strategy. In: McNEELY, J. A. & PITT, D. (Hrsg.): Culture and conservation. The human dimension in environmental planning. London u.a., S. 259-268.
LEFF, E. (1993): Marxism and the environmental question. From the critical theory of production to an environmental rationality for sustainable development. In: Capitalism, Nature, Socialism: a journal of socialist ecology, 4(1), S. 44-66, Santa Cruz.
LEIS, H. R. (1993): Ambientalismo e relações internacionais na Rio-92. In: Lua Nova, Nr. 31, S. 79-97, São Paulo.

LEITE, P. F. & KLEIN, R. M. (1990): Vegetação. In: MESQUITA, O. V. (Hrsg.): Geografia do Brasil. Região Sul [Bd. 2]. Rio de Janeiro, S. 113-150.
LEITMANN, J. (1994): Rapid urban environmental assessment. Lessons from cities in the Developing World. Band 2: Tools and Outputs (= Urban Management Programme, H. 15). Washington.
LEITMANN, J. et al. (1992): Environmental management and urban development. Issues and options for Third World cities. In: Environment and Urbanization, 4(2), S. 131-140, London.
LÉLÉ, S. M. (1991): Sustainable development. A critical review. In: World Development, 19(6), S. 607-621, Oxford/UK.
LEONELLI, P. A. (1989): Diagnóstico energético em empresas. Avaliação das metodologias patrocinadas pelo PROCEL. In: Anais do 1. Congresso Brasileiro de Planejamento Energético [Bd. 2], S. 375-387, Campinas.
LEROY, J.-P. (1992): Modelo de desenvolvimento. Mudança real ou adaptação? In: Proposta, Nr. 53, S. 5-9, Rio de Janeiro.
LEROY, L. M. J. et al. (1989): Metodologia para o planejamento energético de Minas Gerais. In: Anais do 1. Congresso Brasileiro de Planejamento Energético [Bd. 2], S. 303-316, Campinas.
LESCH, K.-H. & BACH, W. (1989): Plädoyer für nachfrageorientierte Energiekonzepte. In: Universitas, 44(10), S. 922-936, Stuttgart.
LESER, H. (1980): Geographie (= Das geographische Seminar). Braunschweig.
LESER, H. et al. (1992a): DIERCKE Wörterbuch der Allgemeinen Geographie. Band 1: A-M. 6. Aufl. München und Braunschweig.
LESER, H. et al. (1992b): DIERCKE Wörterbuch der Allgemeinen Geographie. Band 2: N-Z. 6. Aufl. München und Braunschweig.
LESTER, J. P. & LOMBARD, E. N. (1990): The comparative analysis of state environmental policy. In: Natural Resources Journal, Bd. 30, S. 301-319, Albuquerque.
LEVI, H. W. (1995): Das Problem der Nachhaltigkeit in der Energieversorgung. In: FRITZ, P. et al. (Hrsg.): Nachhaltigkeit in naturwissenschaftlicher und sozialwissenschaftlicher Perspektive. Stuttgart, S. 47-58.
LEVINE, M. D. & MEYERS, S. (1992): The contribution of energy efficiency to sustainable development in developing countries. In: Natural Resources Forum, 16(1), S. 19-26, Dordrecht.
LEVINSON, M. (1987): Alcohol fuels revisited. The costs and benefits of energy independence in Brazil. In: The Journal of Developing Areas, 21(3), S. 243-258, Macomb.
LEYSHON, A. (1992): The transformation of regulatory order. Regulating the global economy and environment. In: Geoforum, 23(3), S. 249-267, London.
LIMA, M. A. A. & SOUZA, M. F. (1988): A criação de empresas de alta tecnologia a partir da universidade na cidade de São Carlos. In: TARTAGLIA, J. C. & OLIVEIRA, O. L. (Hrsg.): Modernização e desenvolvimento no inteior de São Paulo. São Paulo, S. 119-123.
LIMAVERDE, L. C. et al. (1990): Diagnósticos energéticos. In: Anais do 5. Congresso Brasileiro de Energia [Bd. 3], S. 1008-1015, Rio de Janeiro.
LIODAKIS, G. (1990): International division of labor and uneven development. A review of the theory and evidence. In: Review of Radical Political Economics, 22(2-3), S. 189-213, Riverside.
LIPIETZ, A. (1977): Le capital et son espace. Paris.
LIPIETZ, A. (1982): Towards global fordism? In: New Left Review, Nr. 132, S. 33-47, London.
LIPIETZ, A. (1984a): How monetarism has choked Third World industrialization. In: New Left Review, Nr. 145, S. 71-87, London.
LIPIETZ, A. (1984b): L'audace ou l'enlisement. Sur les politiques économiques de la gauche. Paris.
LIPIETZ, A. (1985): The enchanted world. Inflation, credit and the world crisis. London.
LIPIETZ, A. (1986a): Behind the crisis. The exhaustion of a regime of accumulation. A *regulation school* perspective on some French empirical works. In: Review of Radical Political Economics, 18(1-2), S. 13-32, Riverside.

LIPIETZ, A. (1986b): Le kaléidoscope du *sud*. In: BOYER, R. (Hrsg.): Capitalismes fin de siècle. Paris, S. 203-224.

LIPIETZ, A. (1986c): New tendencies in the international division of labor. Regimes of accumulation and modes of regulation. In: SCOTT, A. J. & STORPER, M. (Hrsg.): Production, work, territory. The geographical anatomy of industrial capitalism. Boston u.a., S. 16-40.

LIPIETZ, A. (1987a): La régulation. Les mots et les choses (a propos de *La théorie de la régulation: une approche critique* de Robert Boyer. In: Revue Économique, 38(5), S. 1049-1059, Paris.

LIPIETZ, A. (1987b): Mirages and miracles. The crisis of global fordism. London.

LIPIETZ, A. (1988): Reflexões sobre uma fábula. Por um estatuto marxista dos conceitos de regulação e de acumulação. In: Dados, 31(1), S. 87-109, Rio de Janeiro.

LIPIETZ, A. (1989a): Fordismo, fordismo periférico e metropolização. In: Ensaios FEE, 10(2), S. 303-335, Porto Alegre.

LIPIETZ, A. (1989b): Trama, urdidura e regulação. Um instrumento para as ciências sociais. In: Sociedade e Estado, 4(2), S. 5-35, Brasília.

LIPIETZ, A. (1991a) As crises do marxismo. Da teoria social ao princípio esperança. In: Novos Estudos CEBRAP, Nr. 30, S. 99-110, São Paulo.

LIPIETZ, A. (1991b): As relações capital-trabalho no limiar do século XXI. In: Ensaios FEE, 12(1), S. 101-130, Porto Alegre.

LIPIETZ, A. (1991c): Demokratie nach dem Fordismus. In: Das Argument, 33(5), S. 677-694, Berlin.

LIPIETZ, A. (1991d): Die Beziehungen zwischen Kapital und Arbeit am Vorabend des 21. Jahrhunderts. In: Zeitschrift für Sozialwissenschaft, 19(1), S. 78-101, Leipzig.

LIPIETZ, A. (1992a): A regulationist approach to the future of urban ecology. In: Capitalism, Nature, Socialism: a journal of socialist ecology, 3(3), S. 101-110, Santa Cruz.

LIPIETZ, A. (1992b): Berlin, Bagdad, Rio. Paris.

LIPIETZ, A. (1992c): Towards a new economic order. Postfordism, ecology and democracy. New York.

LIPIETZ, A. (1993a): The local and the global. Regional individuality or interregionalism? In: Transactions of the Institute of British Geographers [New Series], 18(1), S. 8-18, London.

LIPIETZ, A. (1993b): Vert espérance. L'avenir de l'écologie politique. Paris.

LIPIETZ, A. (1994a) Les négotiations écologiques globales. Enjeux nord-sud. In: Revue Tiers Monde, Nr. 137, S. 31-51, Paris.

LIPIETZ, A. (1994b): Post-fordism and democracy. In: AMIN, A. (Hrsg.): Post-fordism. A reader. Oxford/UK & Cambridge/USA, S. 338-357.

LIPIETZ, A. & LEBORGNE, D. (1988): O pós-fordismo e seu espaço. In: Espaço e Debates, Nr. 25, S. 12-29, São Paulo.

LISBOA, A. M. (1987): Desmistificando Santa Catarina [unveröff. Forschungsbericht, UFSC]. Florianópolis.

LISBOA, A. M. (1990): Santa Catarina. Modernização ou ecodesenvolvimento? In: Anais do 4. Seminário Nacional sobre Universidade e Meio Ambiente. Florianópolis.

LISBOA, A. M. (1995): Santa Catarina. Estado de trabalho [unveröff. Forschungsbericht, UFSC]. Florianópolis.

LISBOA, A. M. (o.J.): A utopia convivencial em Santa Catarina [unveröff. Forschungsbericht, UFSC]. Florianópolis.

LISBOA, A. M. & THEIS, I. M. (1993): Perspectivas de desenvolvimento convivencial em Santa Catarina. In: Revista de Divulgação Cultural, Nr. 51, S. 38-51, Blumenau.

LISBOA, T. K. (1991): O Estado e as políticas sociais em Santa Catarina. In: Revista de Divulgação Cultural, Nr. 47, S. 76-81, Blumenau.

LÖSCH, A. (1940): Die räumliche Ordnung der Wirtschaft. Jena.

LOVE, J. L. (1990): The origins of dependency analysis. In: Journal of Latin American Studies, 22(1), S. 143-168, Cambridge/UK.

LOW, N. P. (1990): Class, politics, and planning. From reductionism to pluralism in Marxist class analysis. In: Environment and Planning A, 22(8), S. 1091-1114, London.

LOZADA, G. A. (1991): A defense of Nicholas Georgescu-Roegen's Paradigm. In: Ecological Economics, 3(2), S. 157-160, Amsterdam.

LOZANO, M. A. & VALERO, A. (1993): theory of the energetic cost. In: Energy: the international journal, 18(9), S. 939-960, Oxford/UK.

LÜCKE, M. (1990): Die brasilianische Volkswirtschaft an der Schwelle der neunziger Jahre. Wirtschaftspolitischer Neubeginn oder weiteres Durchwursteln? In: Die Weltwirtschaft, H. 1, S. 226-239, Kiel.

LÜTTIG, G. (1980): Sind Wachstum und Wohlstand durch Energiemangel gefährdet? In: Geographische Rundschau, 32(2), S. 46-51, Braunschweig.

LUMMIS, C. D. (1991): Development against democracy. In: Alternatives, 16(1), S. 31-66, Boulder.

LUTTER, H. (1990): Dezentrale Energieversorgung. Einsatz regenerativer Energieträger und rationelle Bereitstellung von Energie. In: Geographische Rundschau, 42(10), S. 516-521, Braunschweig.

LUTZENHISER, L. (1993): Social and behavioral aspects of energy use. In: Annual Review of Energy and the Environment, Bd. 18, S. 247-289, Palo Alto.

MACAL, C. M. et al. (1987): An integrated planning model for Illinois. In: Energy: the international journal, 12(12), S. 1239-1250, Oxford/UK.

MacCORMACK, A. et al. (1994): The new dynamics of global manufacturing site location. In: Sloan Management Review, 35(4), S. 69-80, Cambridge/USA.

MacEWAN, A. (1983): New light on dependency and dependent development. In: Monthly Review, 34(8), S. 12-26, New York.

MacEWAN, A. (1986): Latin America. Why not default? In: Monthly Review, 38(4), S. 1-13, New York.

MacNEIL, J. (1989): Strategies for sustainable economic development. In: Scientific American, 261(3), S. 105-113, New York.

MAGDOFF, H. (1986): Third World debt. Past and present. In: Monthly Review, 37(9), S. 1-10, New York.

MAHNKOPF, B. [Hrsg.] (1988): Der gewendete Kapitalismus. Kritische Beiträge zur Theorie der Regulation. Münster.

MAIMON, D. (1994): Eco-estratégia nas empresas brasileiras. Realidade ou discurso? In: Revista de Administração de Empresas, 34(4), S. 119-130, São Paulo.

MALAN, P. S. & BONELLI, R. (1983): Crise internacional, crise brasileira. Perspectivas e opções. In: Pensamiento Iberoamericano, Nr. 4, S. 85-116, Madrid.

MAMIGONIAN, A. (1965): Estudo geográfico das indústrias de Blumenau. In: Revista Brasileira de Geografia, 27(3), S. 389-481, Rio de Janeiro.

MANKIN, J. B. et al. (1981): A regional modelling approach to an energy-environment conflict. In: MITSCH, W. J. et al. (Hrsg.): Energy and ecological Modelling. Amsterdam u.a., S. 535-541.

MANNERS, G. (1964): The geography of energy. London.

MANSHARD, W. (1982): Alternative der Energieversorgung in Entwicklungsländern. In: Geographische Rundschau, 34(10), S. 430-435, Braunschweig.

MARCOVITCH, J. (1990): Política industrial e tecnológica no Brasil. Uma avaliação preliminar. In: Pensamiento Iberoamericano, Nr. 17, S. 91-117, Madrid.

MARIEN, M. (1992): Environmental problems and sustainable future. Major literature from WCED to UNCED. In: Futures, 24(8), S. 731-757, Oxford/USA.

MÁRMORA, L. (1992): Sustainable development im Nord-Süd Konflikt. Vom Konzept der Umverteilung des Reichtums zu den Erfordernissen einer globalen Gerechtigkeit. In: Prokla, Nr. 86, S. 34-46, Berlin.

MARQUESINI, A. M. B. G. & ZOUAIN, D. M. (1992): Revisitando a abordagem jurídica da questão ambiental. Como as constituições estaduais tratam o meio ambiente. In: Revista de Administração Pública, 26(1), S. 19-49, Rio de Janeiro.

MARQUES-PEREIRA, J. (1989): La légitimité introuvable d'une politique économique. Politique d'ajustement, exclusion sociale et citoyenneté au Brésil. In: Revue Tiers Monde, Nr. 117, S. 85-103, Paris.

MARTIN, J.-M. (1992): A economia mundial da energia. São Paulo.

MARTIN, R. (1990): Flexible futures and post-fordist places. Comments on pathways to industrialisation and regional development in the 1990s - an international conference. In: Environment & Planning A, 22(10), S. 1276-1280, London.

MARTINS, L. (1984): Expansão e crise do Estado. Reflexões sobre o caso brasileiro. In: Pensamiento Iberoamericano, Nr. 5a, S. 329-354, Madrid.

MARTÍNEZ, J. I. et al. (1992): Don't forget Latin America. In: Sloan Management Review, 33(2), S. 78-92, Cambridge/USA.

MARTÍNEZ, O. (1993): Debt and foreign capital. The origin of the crisis. In: Latin American Perspectives, 20(1), S. 64-82, Riverside.

MARTÍNEZ-ALIER, J. & SCHLÜPMANN, K. (1993): La ecología y la economía. México/DF.

MARX, K. (1988 [1894]): Das Kapital. Kritik der politischen Ökonomie. Dritter Band [Buch III]: Der Gesamtprozeß der kapitalistischen Produktion (= MEW Bd. 25). 14. Aufl. Berlin.

MARX, K. (1990a [1844]): Ökonomisch-philosophische Manuskripte aus dem Jahre 1844 (= MEW Bd. 40). 2. Aufl. Berlin, S. 465-588.

MARX, K. (1990b [1845]): Thesen über Feuerbach (= MEW Bd. 3). 9. Aufl. Berlin, S. 5-7.

MARX, K. (1993 [1867]): Das Kapital. Kritik der politischen Ökonomie. Erster Band [Buch I]: Der Produktionsprozeß des Kapitals (= MEW, Bd. 23). 18. Aufl. Berlin.

MARX, K. & ENGELS, F. (1990 [1845-1846]): Die deutsche Ideologie (= MEW Bd. 3). 9. Aufl. Berlin, S. 9-530.

MASSEY, D. (1984): Spatial divisions of labour. Social structures and the geography of production. London.

MASSEY, D. (1993): Politics and space/time. In: KEITH, M. & PILE, S. (Hrsg.): Place and the politics of identity. London, S. 141-161.

MATESCO, V. R. (1994): Esforço tecnológico das empresas brasileiras (= Texto para discussão IPEA, Heft 333). Brasília.

MATHIEU, H. & GOTTSCHALK, J. (1992): UNCED II and beyond. The politics of the global environment. In: Vierteljahresbericht, Nr. 128, S. 111-118, Bonn.

MATHUR, G. B. (1989): The current impasse in development thinking. The metaphysics of power. In: Alternatives, 14(4), S. 463-479, Boulder.

MATTHEWS, D. (1987): The technical transformation of the late nineteenth-century gas industry. In: Journal of Economic History, 47(4), 967-980, New York.

MATTHEWS, K. & MINFORD, P. (1987): Mrs Thatcher's economic policies 1979-87. In: Economic Policy, 2(2), S. 57-101, Cambridge/UK.

MATTHIES, K. (1993): Lessons from three oil shocks. In: Intereconomics, 28(2), S. 55-60, Hamburg.

MATTOS, F. M. (1968): A industrialização catarinense. Análise e tendências. Florianópolis.

MATTOS, F. M. (1973): Santa Catarina. Nova dimensão. Florianópolis.

MATTOS, F. M. (1978): Santa Catarina. Tempos de angústia e esperança. Florianópolis.

MAX-NEEF, M. (1986a): Economía descalza. Senales desde el mundo invisible. Stockholm u.a.

MAX-NEEF, M. (1986b): Human-scale economics. The challenges ahead. In: EKINS, P. (Hrsg.): The living economy. A new economics in the making. London & New York, S. 43-54.

MAX-NEEF, M. (1992): Development and human needs. In: EKINS, P. & MAX-NEEF, M. (Hrsg.): Real-life economics. Understanding wealth creation. London & New York, S. 197-213.

MAX-NEEF, M. et al. (1989): Human-scale development. An option for the future. In: Development Dialogue, Nr. 1, S. 5-80, Uppsala.

McGOWAN, J. G. (1991): Large-scale solar/wind electrical production systems. Predictions for the 21st century. In: TESTER, J. W. et al. (Hrsg.): Energy and the environment in the 21st century. Cambridge/USA & London, S. 727-736.

McLOUGHLIN, I. (1990): Management, work organisation and CAD. Towards flexible automation? In: Work, Employment & Society, 4(2), S. 217-237, London.

MEADOWS, D. H. et al. (1972): The limits to growth. London.

MEDEIROS, J. X. (1993): Suprimento energético de carvão vegetal no Brasil. Aspectos técnicos, econômicos e ambientais. In: Anais do 6. Congresso Brasileiro de Energia, S. 107-112, Rio de Janeiro.

MEINHOLD, R. (1984) Energie aus der Tiefe der Erde (= Kleine Naturwissenschaftliche Bibliothek, Bd. 50). 2. Aufl. Leipzig.

MEIRELLES, F. S. (1994): Evolução da microinformática. Ciclos, cenários e tendências. In: Revista de Administração de Empresas, 34(3), S. 62-80, São Paulo.

MELISS, M. (1989): Regenerative Energiequellen. Technischer Stand und Wirtschaftlichkeit. In: Energiewirtschaftliche Tagesfragen, 39(1-2), S. 18-25, Düsseldorf.

MELLER, P. (1992/1993): Ajuste y reformas económicas en América Latina. Problemas y experiencias recientes. In: Pensamiento Iberoamericano, Nr. 22-23 [Tomo II], S. 15-58, Madrid.

MELLO, J. M. C. (1992): Consequências do neoliberalismo. In: Economia e Sociedade, Nr. 1, S. 59-67, Campinas.

MELLO, N. A. (1994): As políticas públicas no processo de organização do espaço. A questão urbana e o meio ambiente. In: Revista de Administração Municipal, Nr. 211, S. 61-74, Rio de Janeiro.

MELUCCI, A. (1992): Liberation or meaning? Social movements, culture and democracy. In: Development and Change, 23(3), S. 43-77, London u.a.

MENZEL, U. (1991): Konzeptionen der Entwicklungspolitik in Theorie und Praxis. In: Zeitschrift für Kulturaustausch, 41(4), S. 435-455, Stuttgart.

MERCHANT, C. (1992): Radical ecology. The search for a livable world. New York & London.

MERICO, L. F. K. (1994): Novos rumos para a análise econômica. A constituição de uma macroeconomia ambiental. São Paulo [unveröff. Ph.D. Dissertation, USP]. São Paulo.

MESSNER, F. (1993): Das Konzept der nachhaltigen Entwicklung im Dilemma internationaler Regimebildung. In: Peripherie, Nr. 51-52, S. 38-57, Münster.

MEYER-ABICH, K. M. et al. (1983): Energie-Sparen. Die neue Energiequelle. Frankfurt am Main.

MEYER-STAMER, J. (1990): Mit Mikroeletronik zum *best practice*? Radikaler technologischer Wandel, neue Produktionskonzepte und Perspektiven der Industrialisierung in der Dritten Welt. In: Peripherie, Nr. 38, S. 30-50, Münster.

MEYER-STAMER, J. (1994): Industrialisierungsstrategie und Industriepolitik. In: BRIESEMEISTER, D. et al. (Hrsg.): Brasilien Heute. Politik, Wirtschaft, Kultur. Frankfurt am Main, S. 304-317.

MEYER, T. & MÜLLER, M. (1989): Individualismus und neue soziale Bewegungen. In: Leviathan, 17(3). S. 357-369, Opladen.

MEYER, W. B. & TURNER II, B. L. (1995): The earth transformed. Trends, trajectories and patterns. In: JOHNSTON, R. J. et al. (Hrsg.): Geographies of global change. Oxford/UK & Cambridge/USA, S. 302-317.

MEYERS, S. & SATHAYE, J. (1989): Electricity use in the developing countries. Changes since 1970. In: Energy: the international journal, 14(8), S. 435-441, Oxford/UK.

MEYERS, S. & SHIPPER, L. (1992): World energy use in the 1970s and 1980s. Exploring the changes. In: Annual Review of Energy and the Environment, Bd. 17, S. 463-505, Palo Alto.

MIE-Ministério da Infra-Estrutura (1991): Reexame da Matriz Energética Nacional. Brasília.

MILLER, M. A. (1970): P. A. Kropotkin. Selected writings on Anarchism and Revolution. Cambridge/Mass. & London.

MILLER, M. (1990): Can development be sustainable? In: Development, Nr. 3-4, S. 28-37, Rom.
MINTZER, I. M. (1990): Energy, greenhouse gases and climate change. In: Annual Review of Energy, Bd. 15, S. 513-550, Palo Alto.
MIYAMOTO, A. et al. (1989): Integração do planejamento energético. In: Anais do 1. Congresso Brasileiro de Planejamento Energético [Bd. 2], S. 37-47, Campinas.
MME-Ministério das Minas e Energia (1979): Modelo Energético Brasileiro. Brasília.
MME-Ministério das Minas e Energia (1983): Fontes Alternativas de Energia. Brasília.
MME-Ministério das Minas e Energia (1987): Perfil analítico do Carvão [Heft 6]. 2. Aufl. Brasília.
MME-Ministério das Minas e Energia (1988): Boletim do balanço energético nacional. Brasília.
MME-Ministério das Minas e Energia (1989): Balanço energético nacional. Brasília.
MME-Ministério das Minas e Energia (1992): Balanço energético nacional. Brasília.
MME-Ministério das Minas e Energia (1993): Balanço energético nacional. Brasília.
MME-Ministério das Minas e Energia (1994): Informativo anual da indústria carbonífera. Brasília.
MOISÉS, J. Á. (1993): Elections, political parties and political culture in Brazil. Changes and continuities. In: Journal of Latin American Studies, 25(3), S. 575-611, Cambridge/UK.
MOSER, A. (1985): A nova submissão. Mulheres na zona rural no processo de trabalho industrial (= Col. Debate e Crítica, Bd. 2). Porto Alegre.
MOSER, J. M. (1990): Solos. In: MESQUITA, O. V. (Hrsg.): Geografia do Brasil. Região Sul [Bd. 2]. Rio de Janeiro, S. 85-111.
MOTTA, R. S. & ARAÚJO, J. L. (1988): Decomposição dos efeitos de intensidade energética no setor industrial Brasileiro (= Texto para discussão interna IPEA, Heft 155). Brasília.
MOTTA, R. S. & FERREIRA, L. R. (1988): The Brazilian national alcohol programme. An economic reappraisal and adjustments. In: Energy Economics, 10(3), S. 229-234, Oxford.
MOULAERT, F. & SWYNGEDOUW, E. A. (1989): A regulation approach to the geography of flexible production systems. In: Environment & Planning D: Society & Space, 7(3), S. 327-345, London.
MOULAERT, F. & SWYNGEDOUW, E. A. (1990): Regionalentwicklung und die Geographie flexibler Produktionssysteme. Theoretische Auseinandersetzung und empirische Belege aus Westeuropa und den USA. In: BORST, R. et al. (Hrsg.) Das neue Gesicht der Städte. Theoretische Ansätze und Empirische Befunde aus der internationalen Debatte. Basel u.a., S. 89-108.
MOURA, S. & PINHO, J. A. G. (1993): Governos locais em contexto de democratização e crise. Mudança e inovação. In: FISCHER, T. (Hrsg.): Poder local. Governo e cidadania. Rio de Janeiro, S. 291-308.
MOUZELIS, N. P. (1980): Reductionism in marxist theory. In: Telos, Nr. 45, S. 173-185, Saint Louis.
MOUZELIS, N. P. (1988): Sociology of development. Reflections on the present crisis. In: Sociology, 22(1), S. 23-44, London.
MUÇOUÇAH, P. S. (1993): Os movimentos populares e a questão ambiental. In: Proposta, Nr. 56, S. 33-36, Rio de Janeiro.
MÜLLER, S. A. (1987): Opressão e depredação. A construção da barragem de Ibirama e a desagregação da comunidade indígena local. Blumenau.
MÜLLER, M. & HENNICKE, P. (1995): Mehr Wohlstand mit weniger Energie. Einsparkonzepte, Effizienzrevolution und Solarwirtschaft. Darmstadt.
MUNN, R. E. (1989): Towards sustainable development. An environmental perspective. In: Development, 1989(2-3), S. 70-80, Rom.
NAMEM, A. M. (1994): Botocudo. Uma história de contacto. Florianópolis & Blumenau.
NASCIMENTO, E. P. (1993): Notas a respeito da escola francesa da regulação. In: Revista de Economia Política, 13(2), S. 120-136, São Paulo.
NEDER, R. T. (1992): Há política ambiental para a indústria brasileira? In: Revista de Administração de Empresas, 32(2), S. 6-13, São Paulo.

NEUFELD, J. L. (1987): Price discrimination and the adoption of the electricity demand charge. In: Journal of Economic History, 47(3), S. 693-709, New York.

NICOLAS, A. (1993): Nuevo Cepalismo. Eine Alternative zur Dominanz neoliberaler Programme in Lateinamerika. In: blätter des iz3w, Nr. 189, S. 38-40, Freiburg im Breisgau.

NICOLAS, A. (1995): Währungsreform, der Plan Real und der wirtschaftliche Transformationsprozeß in Brasilien. In: SEVILLA, R. & RIBEIRO, D. (Hrsg.): Brasilien. Land der Zukunft. Bad Honnef, S. 130-143.

NIDA-RÜMELIN, J. (1995): Energie für die Weltgesellschaft. In: OPITZ, P. J. (Hrsg.): Weltprobleme. 4. Aufl. Bonn, S. 307-331.

NIJKAMP, P. & VOLWAHSEN, A. (1990): New directions in integrated regional energy planning. In: Energy Policy, 18(8), S. 764-773, Oxford.

NILSSON, L. J. (1993): Energy intensity trends in 31 industrial and developing countries 1950-1988. In: Energy: the international journal, 18(4), S. 309-322, Oxford/UK.

NIMER, E. (1990): Clima. In: MESQUITA, O. V. (Hrsg.): Geografia do Brasil. Região Sul [Bd. 2]. Rio de Janeiro, S. 151-187.

NITSCH, M. (1991): O programa de biocombustíveis Proálcool no contexto da estratégia energética brasileira. In: Revista de Economia Política, 11(2), S. 123-137, São Paulo.

NITZE, W. A. (1993): Swords into ploughshares. Agenda for change in the developing world. In: International Affairs, 69(1), S. 39-53, London.

NIU, W.-Y. et al. (1993): Spatial systems approach to sustainable development. A conceptual framework. In: Environmental Management, 17(2), S. 179-186, New York u.a.

NOHLEN, D. & NUSCHELER, F. (1993a): Ende der Dritten Welt? in: NOHLEN, D. & NUSCHELER, F. (Hrsg.): Handbuch der Dritten Welt. Band 1: Grundprobleme, Theorien, Strategien. Bonn, S. 14-30.

NOHLEN, D. & NUSCHELER, F. (1993b): Was heißt Unterentwicklung? In: NOHLEN, D. & NUSCHELER, F. (Hrsg.): Handbuch der Dritten Welt. Band 1: Grundprobleme, Theorien, Strategien. Bonn, S. 31-54.

NOHLEN, D. & NUSCHELER, F. (1993c): Was heißt Entwicklung? In: NOHLEN, D. & NUSCHELER, F. (Hrsg.): Handbuch der Dritten Welt. Band 1: Grundprobleme, Theorien, Strategien. Bonn, S. 55-75.

NOHLEN, D. & NUSCHELER, F. (1993d): Indikatoren von Unterentwicklung und Entwicklung. In: NOHLEN, D. & NUSCHELER, F. (Hrsg.): Handbuch der Dritten Welt, Band 1: Grundprobleme, Theorien, Strategien. Bonn, S. 76-108.

NOHLEN, D. & THIBAUT, B. (1995): Struktur- und Entwicklungsprobleme Lateinamerikas. In: NOHLEN, D. & NUSCHELER, F. (Hrsg.): Handbuch der Dritten Welt, Band 2: Südamerika. 3. Aufl. Bonn, S. 13-92.

NOLLER, P. et al. (1994): Zur Theorie der Globalisierung. In: NOLLER, P. et al. (Hrsg.): Stadt-Welt. Über die Globalisierung städtischer Milieus. Frankfurt & New York, S. 13-21.

NORDHAUS, W. D. (1979): The efficient use of energy resources. New Haven & London.

NORDHAUS, W. D. (1991): Economic policy in the face of global warming. In: TESTER, J. W. et al. (Hrsg.): Energy and the environment in the 21st century. Cambridge/USA & London, S. 103-118.

NUNEZ, W. P. (1993): The internationalization of Latin American industrial firms. In: CEPAL Review, Nr. 49, S. 55-74, Santiago.

OBERHAUSER, A. M. (1990): Social and spatial patterns under fordism and flexible accumulation. In: Antipode, 22(3), S. 211-232, Worcester.

O'BRIEN, P. et al. (1991): Political components of the industrial revolution. Parliament and the English cotton textile industry, 1660-1774. In: Economic History Review, 44(3), S. 395-423, New York.

O'CONNOR, M. (1991): Entropy, structure and organisational change. In: Ecological Economics, 3(2), S. 95-122, Amsterdam.

O'CONNOR, M. (1993): On the misadventures of capitalist nature. In: Capitalism, Nature, Socialism: a journal of socialist ecology, 4(3), S. 7-40, Santa Cruz.
ODELL, P. R. (1989): Draining the world of energy. In: JOHNSTON, R. J. & TAYLOR, P. J. (Hrsg.): A world in crisis? Geographical perspectives. 2. Aufl. Oxford/UK & Massachusetts, S. 79-100.
ODELL, P. R. (1992): Global and regional energy supplies. In: Energy Policy, 20(4), S. 284-296, Oxford.
ODUM, E. P. (1983): Basic Ecology. Philadelphia.
ODUM, H. T. (1971): Environment, power and society. New York.
ODUM, H. T. & ODUM, E. C. (1976): Energy basis for man and nature. New York.
OGAWA, H. Y. et al. (1990): Áreas silvestres, manejo e conservação da biodiversidade da Mata Atlântica. In: Anais do 6. Congresso Florestal Brasileiro [Bd. 1], S. 144-146, Campos do Jordão.
OHUONU, E. H. (1993): Solar radiation applications for sustainable development. Options and strategies for less developed economies. In: Renewable Energy, 3(4-5), S. 513-519, Oxford.
OLIVEIRA, A. (1991): Reassessing the Brazilian alcohol programme. In: Energy Policy, 19(1), S. 47-55, Oxford.
OLIVEIRA, F. (1985): Réflexions hétérodoxes sur la transition au Brésil. In: Cahiers des Amériques Latines [Nouvelle Série], Nr. 1, S. 55-28, Paris.
OLIVEIRA, R. (1985): Levantamento das potencialidades energéticas do Estado de Santa Catarina [unveröff. Bericht, CELESC]. Florianópolis.
OLLMAN, B. (1986): The meaning of dialectics. In: Monthly Review, 38(6), S. 42-55, New York.
OPSCHOOR, H. & van der STRAATEN, J. (1993): Sustainable development. An institutional approach. In: Ecological Economics, 7(3), S. 203-222, Amsterdam.
O'RIORDAN, T. (1989): The challenge for environmentalism. In: PEET, R. & THRIFT, N. (Hrsg.): New models in geography. The political-economy perspective. London, S. 77-102.
OSSENBRÜGGE, J. (1992): Der Regulationsansatz in der deutschsprachigen Stadt-Forschung. In: Geographische Zeitschrift, 80(2), S. 121-127, Wiesbaden.
OSSENBRÜGGE, J. (1996): Regulationstheorie und Geographie. Einführung in das Themenheft. In: Zeitschrift für Wirtschaftsgeographie, 40(1-2), S. 2-5, Frankfurt am Main.
OSTEROTH, D. (1989): Von der Kohle zur Biomasse. Berlin & Heidelberg.
OSTWALD, W. (1909): Energetische Grundlagen der Kulturwissenschaft. Leipzig.
OSTWALD, W. (1912): Der energetische Imperativ. Leipzig.
OTREMBA, E. (1960): Allgemeine Agrar- und Industriegeographie. 2. Aufl. Stuttgart.
OTT, G. (1989): Geschichte, Struktur und Ziele der WEK. In: Energiewirtschaftliche Tagesfragen, 39(9), S. 545-548, Düsseldorf.
OTTINGER, R. L. (1992): Energy and environmental challenges for developed and developing countries. In: Natural Resources Forum, 16(1), S. 11-17, Dordrecht.
PACHAURI, R. K. (1982): Financing the energy needs of developing countries. In: Annual Review of Energy, Bd. 7, S. 109-138, Palo Alto.
PACHAURI, R. K. (1990): Energy efficiency in developing countries. Policy options and the poverty dilemma. In: Natural Resources Forum, 14(4), S. 319-325, Dordrecht.
PÁDUA, J. A. (1990): O nascimento da política verde no Brasil. Fatores exógenos e endógenos. In: Ciências Sociais Hoje 1990, S. 190-216, São Paulo.
PAINTER, J. (1995): The regulatory state. The corporate welfare state and beyond. In: JOHNSTON, R. J. et al. (Hrsg.): Geographies of global change. Oxford/UK & Cambridge/USA, S. 127-143.
PAPAHRISTODOULOU, C. (1994): Is lean production the solution? In: Economic and Industrial Democracy, 15(3), S. 457-476, London.
PAREKH, B. (1992): Marxism and the problem of violence. In: Development and Change, 23(3), S. 103-120, London u.a.

PARK, Y.-I. & ANDERSON, K. (1991): The rise and demise of textiles and clothing in economic development. The case of Japan. In: Economic Development and Cultural Change, 39(3), S. 531-548, Chicago.

PASCH, K.-H. (1989): Die Energiesituation Lateinamerikas. Neue Herausforderungen, neue Antworten? In: Energiewirtschaftliche Tagesfragen, 39(4), S. 250-253, Düsseldorf.

PASTOR, Jr., M. (1989a): Current account deficits and debt accumulation in Latin America. In: Journal of Development Economics, Bd. 31, S. 77-97, Amsterdam.

PASTOR, Jr., M. (1989b): Latin America, the debt crisis, and the International Monetary Fund. In: Latin American Perspectives, 16(1), S. 79-110, Riverside.

PASTOR, Jr., M. (1990): Capital flight from Latin America. In: World Development, 18(1), S. 1-18, Boston.

PASTOR, Jr., M. & DYMSKI, G. A. (1990): Debt crisis and class conflict in Latin America. In: Review of Radical Political Economics, 22(1), S. 155-178, Riverside.

PASTOR, Jr., M. & HILT, E. (1993): Private investment and democracy in Latin America. In: World Development, 21(4), S. 489-587, Boston.

PASZTOR, J. (1990): Toward sustainable energy futures. In: Energy and Environment, Bd. 1, S. 92-107, Brentwood.

PEARCE, D. (1992) The practical implications of sustainable development. In: EKINS, P. & MAX-NEEF, M. (Hrsg.): Real-life economics. Understanding wealth creation. London & New York, S. 403-411.

PEARCE, D. et al. (1990): Sustainable development. Economics and environment in the Third World. London.

PÉCAUT, D. (1985): Sur la *théorie de la dépendence*. In: Cahiers des Amériques Latines, Nr. 4 [Nouvelle Série], S. 55-67, Paris.

PECK, J. A. (1992): Labor and agglomeration. Control and flexibility in local labor markets. In: Economic Geography, 68(4), S. 325-347, Worcester.

PECK, J. A. & TICKELL, A. (1992): Local modes of social regulation? Regulation theory, Thatcherism and uneven development. In: Geoforum, 23(3), S. 347-363, London.

PECK, J. A. & TICKELL, A. (1994): Searching for a new institutional fix. The after-fordism crisis and the global-local disorder. In: AMIN, A. (Hrsg.): Post-fordism. A reader. Oxford/UK & Cambridge/USA, S. 280-315.

PEET, J. (1992): Energy and the ecological economics of sustainability. Covelo.

PEET, R. (1983): Introduction. The global geography of contemporary capitalism. In: Economic Geography, 59(2), S. 105-111, Worcester.

PEET, R. (1985a): Introduction to the life and thought of Karl Wittfogel. In: Antipode, 17(1), S. 3-20, Worcester.

PEET, R. (1985b): The social origins of environmental determinism. In: Annals of the Association of American Geographers, 75(3), S. 309-333, Washington.

PEET, R. (1986): Industrial devolution and the crisis of international capitalism. In: Antipode, 18(1), S. 78-95, Worcester.

PEET, R. (1987): Industrial restructuring and the crisis of international capitalism. In: PEET, R. (Hrsg.): International capitalism and industrial restructuring. A critical review. Boston u.a., S. 9-32.

PEET, R. (1989): Conceptual problems in neo-marxist industrial geography. In: Antipode, 21(1), S. 35-50, Worcester.

PEET, R. (1991): Global capitalism. Theories of societal development. London und New York.

PEET, R. & THRIFT, N. (1989): Political economy and human geography. In: PEET, R. & THRIFT, N. (Hrsg.): New models in geography. The political-economy perspective [Bd. 1]. London u.a., S. 3-29.

PELUSO Jr., V. A. (1991): Aspectos geográficos de Santa Catarina. Florianópolis.

PENN, R. et al. (1991): Gender relations, technology and employment change in the contemporary textile industry. In: Sociology, 25(4), S. 569-587, London.
PENNER, S. S. et al. (1992): Long-term global energy supplies with acceptable environmental impacts. In: Energy: the international journal, 17(10), S. 883-899, Oxford/UK.
PEREIRA, L. C. B. (1980): Desenvolvimento e crise no Brasil. 9. Aufl. São Paulo.
PEREIRA, L. C. B. (1983): Economia brasileira. Uma introdução crítica. 3. Aufl. São Paulo.
PEREIRA, L. C. B. (1990): A pragmatic approach to state intervention. The Brazilien case. In: CEPAL Review, Nr. 41, S. 45-53, Santiago.
PEREIRA, L. C. B. (1991): La crisis de América Latina. Consenso de Washington o crisis fiscal? In: Pensamiento Iberoamericano, Nr. 19, S. 13-25, Madrid.
PEREIRA, L. C. B. & NAKANO, Y. (1991): Hyper-inflation et stabilisation au Brésil. Le premier plan Collor. In: Revue Tiers Monde, Nr. 126, S. 359-390, Paris.
PETRAS, J. (1981): Latin America. Class conflict and capitalist development. In: Monthly Review, 33(7), S. 11-37, New York.
PETRAS, J. & VIEUX, S. (1992): Myths and realities. Latin America's freee markets. In: Monthly Review, 44(1), S. 9-20, New York.
PETROBRÁS (o.J.): Balanço social da PETROBRÁS. Rio de Janeiro.
PETROBRÁS (1993): Sistema Petrobrás. Diagnóstico e perspectiva. Rio de Janeiro.
PETROBRÁS (1994): Atuação de PETROBRÁS no Estado de Santa Catarina. Rio de Janeiro.
PFLANZL, G. (1990): Erdöl und Erdgas. Entstehung und Technologie von Suche und Gewinnung. In: Geographische Rundschau, 42(10), S. 530-537, Braunschweig.
PIAZZA, W. F. (1994): A colonização de Santa Catarina. 3. Aufl. Florianópolis.
PIMENTEL, D. & PIMENTEL, M. (1979): Food, energy and society. London.
PIMENTEL, D. et al. (1994): Achieving a secure energy future. Environmental and economic issues. In Ecological Economics, 9(3), S. 201-219. Amsterdam.
PIMENTEL, G. & LIMA, S. H. P. N. (1991): A incorporação da dimensão ambiental no plano de longo prazo do setor elétrico. Aspectos estratégicos. In: Revista de Administração Pública, 25(4), S. 43-52, Rio de Janeiro.
PINHEIRO, A. C. et al. (1993): Incentivos fiscais e creditícios às exportações brasileiras. Resultados setoriais para o período 1980-1991 (= Texto para discussão IPEA, Heft 300). Brasília:
PINHEIRO, A. C. & GIAMBIAGI, F. (1994): Brazilian privatization in the 1990s. In: World Development, 22(5), S. 737-753, Oxford.
PIORE, M. J. (1992): Technological trajectories and the classical revival in economics. In: STORPER, M. & SCOTT, A. J. (Hrsg.): Pathways to industrialization and regional development. London & New York, S. 157-170.
PIORE, M. J. & SABEL, C. F. (1984): The second industrial divide. Possibilities for prosperity. New York.
PIQUET, R. (1994): Competitividade e novos espaços industriais. In: Revista de Administração Pública, 28(2), S. 31-46, Rio de Janeiro.
PLEUNE, R. (1992): The role of renewable energy sources in a sustainable world. In: Energy and Environment, Bd. 3, S. 430-443, Brentwood.
POMPILIO, M. J. (1987): Hierarquia urbana e áreas de influência do Estado de Santa Catarina. In: Geosul, 2(3), S. 7-43, Florianópolis.
POSSAS, M. L. (1988): O projeto teórico da *escola da regulação*. In: Novos Estudos CEBRAP, Nr. 21, S. 195-212, São Paulo.
PRADO Jr., C. (1981): História econômica do Brasil. 26. Aufl. São Paulo.
PRATES, A. M. M. et al. (1989): Geografia Física de Santa Catarina. Florianópolis.
PREFEITURA MUNICIPAL DE BLUMENAU (1993): Made in Blumenau. Blumenau Município-Cidade para Investimento e Lucro [unveröff. Bericht]. Blumenau.

PREFEITURA MUNICIPAL DE BLUMENAU (1994): Retrospectiva econômica de Blumenau 1985-1993 [unveröff. Bericht]. Blumenau.

PREFEITURA MUNICIPAL DE BLUMENAU (1995): Retrospectiva econômica de Blumenau 1985-1994 [unveröff. Bericht]. Blumenau.

PRIGGE, W. (1994): Urbi et Orbi. Zur Epistemologie des Städtischen. In: NOLLER, P. et al. (Hrsg.): Stadt-Welt. Über die Globalisierung städtischer Milieus. Frankfurt & New York, S. 63-71.

PRINS, G. (1993): Renewable energy and its enemies. In: Renewable Energy, 3(2-3), S. 99-105, Oxford.

PROCHNOV, M. (1993): O movimento em Santa Catarina. In: Proposta, Nr. 56, S. 9-11, Rio de Janeiro.

PROJETO CRISE (o.J.): Dados Geoeconômicos dos Municípios da Bacia do Itajaí segundo as Sub-Bacias de Primeiro Nível [unveröff. Forschungsbericht, FURB]. Blumenau.

PUNTÍ, A. (1988): Energy accounting. Some new proposals. In: Human Ecology, 16(1), S. 79-86, New York.

QUADROS, D. S. (1991): Viabilidade do recurso energético *biomassa* no desenvolvimento da sub-bacia do Rio Benedito. Blumenau [unveröff. Dissertation, FURB].

QUADROS, D. S. (1993): Diagnóstico de consumo de biomassa energética na indústria do município de Blumenau. Blumenau [unveröff. Dissertation, FURB].

RAFF, D. M. G. (1988): Wage determination theory and the five-dollar day at Ford. In: The Journal of Economic History, 48(2), S. 387-399, Raleigh.

RAINNIE, A. (1991): Just-in-time, sub-contracting and the small firm. In: Work, Employment & Society, 5(3), S. 353-375, London.

RAMOS, A. G. (1984): The new science of organizations. A reconceptualization of the wealth of nations. Toronto u.a.

RAMOS, R. L. O. et al. (1993): Construção de uma matriz energética para o Brasil. Brasília (= Texto para discussão IPEA, Heft 315). Brasília.

RAPP, F. (1992): Fortschritt. Entwicklung und Sinngehalt einer philosophischen Idee. Darmstadt.

RASMUSON, M. & ZETTERSTRÖM, R. (1992): World population, environment and energy demands. In: Ambio, 21(1), S. 70-74, Lawrence.

RATH-NAGEL, S. (1992): Aufbau kommunaler Energiekonzepte. Erfahrungen aus der Consulting-Praxis. In: Energiewirtschaftliche Tagesfragen, 42(1-2), S. 73-77, Düsseldorf.

RATTNER, H. (1994): Globalização e projeto nacional. In: SANTOS, M. et al. (Hrsg.): Território. Globalização e fragmentação. São Paulo, S. 102-107.

RATZEL, F. (1882): Anthropogeographie. Grundzüge der Anwendung der Erdkunde auf die Geschichte [2 Bde.]. Stuttgart.

RATZEL, F. (1897): Politische Geographie. Berlin.

RATZEL, F. (1903): Geographie der Staaten, des Verkehrs und des Krieges [2. Aufl. von *Politische Geographie*]. München.

RAUBER, V. J. et al. (1994): Transportes em Porto Alegre. In: KNIJNIK, R. (Hrsg.): Energia e meio ambiente em Porto Alegre. Bases para o desenvolvimento. Porto Alegre, S. 181-212.

RAUCH, T. (1985): Peripher-kapitalistisches Wachstumsmuster und regionale Entwicklung. Ein akkumulationstheoretischer Ansatz zur Erklärung räumlicher Aspekte von Unterentwicklung. In: SCHOLZ, F. (Hrsg.): Entwicklungsländer. Beiträge der Geographie zur Entwicklungs-Forschung (= Wege der Forschung, Bd. 553). Darmstadt, S. 163-191.

RAYACK, E. (1987): Not so free to choose. The political economy of Milton Friedman and Ronald Reagan. New York u.a.

REDCLIFT, M. (1989): Sustainable development. Exploring the contradictions. London & New York.

REDCLIFT, M. (1991): The multiple dimensions of sustainable development. In: Geography, 76(1), S. 37-42, Sheffield.

REDCLIFT, M. (1992a): Sustainable development and global environmental change. Implications of a changing agenda. In: Global environmental Change, 2(1), S. 32-42, Oxford.
REDCLIFT, M. (1992b): The meaning of sustainable development. In: Geoforum, 23(3), S. 395-403, London.
REDCLIFT, M. & WOODGATE, G. (1994): Sociology and the environment. Discordant discourse? In: REDCLIFT, M. & BENTON, T. (Hrsg.): Social Theory and the global environment. London & New York, S. 51-66.
REDCLIFT, M. & WOODGATE, G. (1995): The sociology of the environment [3 Bde.] (= The International Library of Critical Writings in Sociology, 1). Aldershot & Brookfield.
REDDY, A. K. N. & GOLDEMBERG, J. (1990): Energy for the developing world. In: Scientific American, 263(3), S. 63-72, New York.
REES, J. (1992): Markets. The panacea for environmental regulation? In: Geoforum, 23(3), S. 383-394, London.
REFOSCO, J. C. (1990): Influência da floresta no regime hidrológico de uma sub-bacia do rio Itajaí-Açu [unveröff. Dissertation, FURB]. Blumenau.
REFOSCO, J. C. & PINHEIRO, A. (1992): Influência da floresta no regime hidrológico de uma sub-bacia no rio Itajaí-Açu. In: Anais do 2. Congresso Nacional sobre Essências Nativas, S. 888-893, São Paulo.
REGENSTEINER, R. J. & WIGERT, S. A. (1987): Panorama energético-económico de Brasil y sus perspectivas. In: Revista Interamericana de Planificación, Nr. 82, S. 167-175, México.
REGIONALVERBAND NECKAR-ALB (1992): Regionalplan Neckar-Alb. Tübingen.
REGIS, W. D. E. (1993): Unidades de relevo. In: CALDEIRON, S. S. (Hrsg.): Recursos naturais e meio ambiente. Uma visão do Brasil. Rio de Janeiro, S. 39-46.
REIS, A. (1993): Manejo e conservação das florestas catarinenses [unveröff. Dissertation, UFSC]. Florianópolis.
REIS, A. et al. (1993): Experiências silviculturais para o manejo de rendimento sustentado dentro do domínio da Floresta Tropical Atlântica. In: Anais do 7. Congresso Florestal Brasileiro [Bd. 3], S. 197-201, Curitiba.
REITZ, R. Et al. (1978): Projeto madeira de Santa Catarina. Levantamento das espécies florestais nativas em Santa Catarina com a possibilidade de incremento e desenvolvimento. In: Sellowia, Bd. 30, Itajaí.
REMMER, K. L. (1991): The political impact of economic crisis in Latin America in the 1980s. In: American Political Science Review, 85(3), S. 777-800, New York.
REUTER, A. & VOSS, A. (1990): Tools for energy planning in developing countries. In: Energy: the international journal, 15(7-8), S. 705-714, Oxford.
REVIEW OF THE MONTH (1989): Capitalism and the environment. In: Monthly Review, 41(2), S. 1-10, New York.
REVIEW OF THE MONTH (1992a): Globalization. To what end? [Part I]. In: Monthly Review, 43(9), S. 1-18, New York.
REVIEW OF THE MONTH (1992b): Globalization: to what end? [Part II]. In: Monthly Review, 43(10), S. 1-19, New York.
RIBEIRO, A. C. T. (1991): Movimentos sociais. Caminhos para a defesa de uma temática ou os desafios dos anos 90. In: Ciências Sociais Hoje, S. 95-121, São Paulo.
RIBEIRO, G. L. (1992): Ambientalismo e desenvolvimento sustentado. Nova ideologia/utopia do desenvolvimento. In: Meio ambiente, desenvolvimento e reprodução. Visões da Eco 92 (= Textos de Pesquisa ISER). Rio de Janeiro, S. 5-36.
RIDDELL, R. (1981): Ecodevelopment. Economics, ecology and development. Hampshire.
RIFKIN, J. (1989): Entropy. Into the greenhouse world. New York.
RITSCHEL, M. (1991): Plano de desenvolvimento rural da sub-bacia do Rio Benedito. Blumenau [unveröff. Monographie, FURB]. Blumenau.

RITTER, W. (1990): The fuelwood crisis. Reemergence of an old problem. In: Applied Geography and Development, Bd. 35, S. 63-76, Tübingen.

ROBERTS, S. M. (1995): Global regulation and trans-state organization. In: JOHNSTON, R. J. et al. (Hrsg.): Geographies of global change. Remapping the world in the late twentieth century. Oxford/UK & Cambridge/USA, S. 111-126.

ROCHA, P. G. & VASCONCELOS, C. R. (1990): Álcool perspectiva 2000. Análise comparativa gasolina *versus* álcool. In: Anais do 5. Congresso Brasileiro de Energia [Bd. 3], S. 1096-1105, Rio de Janeiro.

RODRIGUES, L. C. (1994): Diagnóstico da demanda por novas tecnologias na indústria textil de Blumenau [Forschungsbericht, FURB]: Blumenau.

ROHDE, G. M. (1994): Mudanças de paradigma e desenvolvimento sustentado. In: Workshop *A Economia da Sustentabilidade. Princípios, Desafios, Aplicações* [unveröff.], Recife.

ROJAS, N. A. (1992): Energetische Entwicklung und Perspektiven Lateinamerikas und der Karibik. In: Lateinamerika Nachrichten, 20(3), S. 61-78, St. Gallen.

ROMEU, N. & FRANCO, O. (1989): Condicionantes da política energética nacional (= Acompanhamento de políticas públicas IPEA, Heft 18). Brasília.

ROOS, W. (1992): Multinationale Konzerne in der petrochemischen Industrie Brasiliens. Die Bedeutung der Herkunft ausländischer Firmen für den Technologietransfer. In: Peripherie, Nr. 46, S. 5-17, Münster.

ROPKE, I. (1994): Trade, development and sustainability. A critical assessment of the *free trade dogma*. In: Ecological Economics, 9(1), S. 13-22, Amsterdam.

ROSA, L. P. (1990): A questão energética mundial e o potencial dos trópicos. In: BRITO, S. S. (Hrsg.): Desafio amazônico. O futuro da civilização dos trópicos. Brasília, S. 165-188.

ROSA, L. P. et al. [Hrsg.] (1988): Impactos de grandes projetos hidrelétricos e nucleares. Aspectos econômicos, tecnológicos, ambientais e sociais. São Paulo.

ROSENBERG, S. (1991): From segmentation to flexibility. A selective survey. In: Review of Radical Political Economics, 23(1-2), S. 71-79, Riverside.

ROSS, M. (1981): Energy consumption by industry. In: Annual Review of Energy, Bd. 6, S. 379-416, Palo Alto.

ROSS, M. et al. (1987): Energy demand and material flows in the economy. In: Energy: the international journal, 12(10-11), S. 953-967, Oxford/UK.

ROSS, M. & STEINMEYER, D. (1990): Energy for Industry. In: Scientific American, 263(3), S. 47-53, New York.

ROTSTEIN, E. (1988): Energy analysis and thermodynamic accounting of utilities. In: Energy: the international journal, 13(2), S. 177-182, Oxford/UK.

ROTT, R. (1992): Soziale Bewegungen im interkulturellen Vergleich. Postulate, Realitäten, Reflexionen. In: REINHARD, W. & WALDMANN, P. (Hrsg.): Nord und Süd in Amerika. Gegensätze, Gemeinsamkeiten, Europäischer Hintergrund [Bd. 1]. Freiburg im Breisgau, S. 454-469.

ROUANET, S. P. (1993): Mal-estar na modernidade. São Paulo.

ROUMASSET, J. (1990): Economic policy for sustainable development. In: Development, Nr. 3-4, S. 38-41, Rom.

La ROVERE, E. L. (1984): A necessidade de um enfoque alternativo para o planejamento energético. Em busca de estratégias de desenvolvimento a baixo perfil de demanda de energia. In: CONFEA (Hrsg.): A questão energética brasileira. Brasília, S. 53-64.

La ROVERE, E. L. (1993): Le processus d'evaluation des impacts environmentaux et la generation hydro-electrique au Brésil. In: Cahiers du Brésil Contemporain, Nr. 20, S. 103-118, Paris.

ROXBOROUGH, I. (1992): Neo-liberalism in Latin America. Limits and alternatives. In: Third World Quarterly, 13(3), S. 421-440, London.

ROY, R. (1992): Modern economics and the good life. A critique. In: Alternatives, 17(3), S. 371-403, Boulder.

RUAS, R. L. & ANTUNES Jr., J. A. V. (1992): Novas formas de organização e estratégias de gestão do trabalho em indústrias tradicionais. In: Ciências Sociais Hoje 1992, S. 222-245, Rio de Janeiro.

RUBEN, P. (1993): In der Krise des Marxismus. Versuch einer Besinnung. In: Berliner Debatte Initial, Heft 3, S. 75-84, Berlin.

RUCCIO, D. F. (1989): Fordism on a world scale. International dimensions of regulation. In: Review of Radical Political Economics, 21(4), S. 33-53, Riverside.

RUCCIO, D. F. (1991): When failure becomes success. Class and the debate over stabilization and adjustment. In: World Development, 19(10), S. 1315-1334, Boston.

RUCKELSHAUS, W. D. (1989): Toward a sustainable world. In: Scientific American, 261(3), S. 114-120, New York.

RUELLAN, A. (1994): Quelles priorités d'action après Rio? In: Revue Tiers Monde, Nr. 137, S. 169-184, Paris.

RUSH, H. et al. (1992): Modernizing innovations. Analysing their use and prospects in Brazil. In: Futures, 24(10), S. 1003-1023, Oxford/USA.

RUSTIN, M. (1989): The politics of post-fordism. Or, the trouble with new times. In: New Left Review, Nr. 175, S. 54-77, London.

SABEL, C. F. (1994): Flexible specialization and the re-emergence of regional economics. In: AMIN, A. (Hrsg.): Post-fordism. A reader. Oxford/UK & Cambridge/USA, S. 101-156.

SACHS, I. (1980a): Approaches to a political economy of environment. In: SACHS, I. (Hrsg.): Studies in political economy of development. Oxford u.a., S. 294-310.

SACHS, I. (1980b): Stratégies de l'ecodevelopment. Paris.

SACHS, I. (1981): Development strategies with moderate energy requirements. Problems and approaches. In: CEPAL Review, Nr. 12, S. 103-109, Santiago.

SACHS, I. (1986): Work, food and energy in urban ecodevelopment. In: Development, Nr. 4, S. 2-11, Rom.

SACHS, I. (1987): Development and planning. New York & Paris.

SACHS, I. (1990a): Desarrollo sustentable, bio-industrialización descentralizada y nuevas configuraciones rural-urbanas. Los casos de India y Brasil. In: Pensamiento Iberoamericano, Nr. 16, S. 235-256, Madrid.

SACHS, I. (1990b): Recursos, emprego e financiamento do desenvolvimento. Produzir sem destruir. O caso do Brasil. In: Revista de Economia Política, 10(1), S. 111-132, São Paulo.

SACHS, I. (1991): Growth and poverty. Some lessons from Brazil. In: DRÈZE, J. & SEN, A. (Hrsg.): The political economy of hunger. Oxford, S. 93-118.

SACHS, I. (1993): Estratégias de transição para o século XXI. Desenvolvimento e meio ambiente. São Paulo.

SACHS, I. (1994a): Estratégias de transição para o século XXI. in: BURSZTYN, M. (Hrsg.): Para pensar o desenvolvimento sustentável. 2. Aufl. São Paulo, S. 29-56.

SACHS, I. (1994b): Le développement reconsidéré. Quelques réflexions inspirées par le Sommet de la Terre. In: Revue Tiers Monde, Nr. 137, S. 53-60, Paris.

SACHS, I. (1994c): Population, development and employment. In: International Social Science Journal, 46(3), S. 343-359, Oxford/UK & Cambridge/USA.

SACHS, J. D. (1990): A strategy for efficient debt reduction. In: Journal of Economic Perspectives, 4(1), S. 19-29, Nashville.

SACHS, W. (1991): O esplendor desvanecido. In: Comunicações do ISER, Nr. 41, S. 27-37, Rio de Janeiro.

SACHS, W. (1992a): Bygone splendour. In: EKINS, P. & MAX-NEEF, M. (Hrsg.): Real-life economics. Understanding wealth creation. London & New York, S. 156-161.

SACHS, W. (1992b): Von der Verteilung der Reichtümer zur Verteilung der Risiken. In: Universitas, 47(9), S. 887-895, Stuttgart.

SACHS, W. (1993a): Einleitung. In: SACHS, W. (Hrsg.): Wie im Westen, so auf Erden. Ein polemisches Handbuch zur Entwicklungspolitik. Reinbeck bei Hamburg, S. 7-15.
SACHS, W. (1993b): Global ecology and the shadow of development. In: SACHS, W. (Hrsg.): Global ecology. A new arena of political conflict. London & New Jersey, S. 3-21.
SAHAGÚN, V. M. B. (1989): The foreign debt and beyond. Alternatives to the Latin American economic crisis. In: Latin American Perspectives, 16(1), S. 111-126, Riverside.
SAHR, W.-D. (1996): Anmerkungen zu einer theoretischen Konzeption des Sustainable Development [unveröff.]. Tübingen.
SALAIS, R. (1992): Labor conventions, economic fluctuations, and flexibility. In: STORPER, M. & SCOTT, A. J. (Hrsg.): Pathways to industrialization and regional development. London & New York, S. 276-299.
SAMATER, I. M. (1984): From *growth* to *basic needs*. The evolution of development theory. In: Monthly Review, 36(5), S. 1-13, New York.
SANDNER, G. (1993): Über die Schwierigkeiten beim Umgang mit dem Räumlichen im Zusammenhang von Kultur, Identität, Kommunikation. In: AMMON, G. & EBERHARD, T. (Hrsg.): Kultur, Identität, Kommunikation. 2. Versuch. München, S. 33-51.
SANGMEISTER, H. (1989): Brasilianische Entwicklungsperspektiven. In: Zeitschrift für Lateinamerika, Nr. 37, S. 65-86, Wien.
SANGMEISTER, H. (1990): Südamerikas Energiewirtschaft in der Krise. In: Energiewirtschaftliche Tagesfragen, 40(4), S. 261-268, Düsseldorf.
SANGMEISTER, H. (1991): Lateinamerika in der Schuldenkrise. Die blockierte Entwicklung. In: KOHLHEPP, G. (Hrsg.): Lateinamerika. Umwelt und Gesellschaft zwischen Krise und Hoffnung (= Tübinger Beiträge zur Geographischen Lateinamerika-Forschung, H. 8). Tübingen, S. 107-132.
SANGMEISTER, H. (1993): Das Verschuldungsproblem. In: NOHLEN, D. & NUSCHELER, F. (Hrsg): Handbuch der Dritten Welt, Band 1: Grundprobleme, Theorien, Strategien. 3. Aufl. Bonn, S. 328-358.
SANGMEISTER, H. (1994): Zwischen Binnenmarkterschließung und Weltmarktorientierung. Probleme der brasilianischen Vorlkswirtschaft. Zur Einführung. In: BRIESEMEISTER, D. et al. (Hrsg.): Brasilien Heute. Politik, Wirtschaft, Kultur. Frankfurt am Main, S. 265-276.
SANGMEISTER, H. (1995a): Brasilien. In: NOHLEN, D. & NUSCHELER, F. (Hrsg.): Handbuch der Dritten Welt. Band 2: Südamerika. 3. Aufl. Bonn, S. 219-276.
SANGMEISTER, H. (1995b): Ist die brasilianische Schuldenkrise gelöst? In: SEVILLA, R. & RIBEIRO, D. (Hrsg.): Brasilien. Land der Zukunft. Bad Honnef, S. 144-160.
SANTA CATARINA (1974): Análise da indústria de transformação de Santa Catarina. Florianópolis.
SANTA CATARINA (1979): Proenergia. Programa catarinense de energia. Fundamentos, metas. Florianópolis.
SANTA CATARINA (1986a): Atlas de Santa Catarina. Florianópolis.
SANTA CATARINA (1986b): Municípios catarinenses. Dados básicos [Bd. 1]. Florianópolis.
SANTA CATARINA (1986c): Municípios catarinenses. Dados básicos [Bd. 2]. Florianópolis.
SANTA CATARINA (1992): Censo 91 Santa Catarina. Primeira avaliação demográfica (= Documento Nr. 5/92). Florianópolis.
SANTA CATARINA (1993): Plano básico de desenvolvimento regional. Desenvolvimento sustentável. Florianópolis.
SANTA CATARINA (1994a): Anuário Estatístico do Estado de Santa Catarina. Florianópolis.
SANTA CATARINA (1994b): Geoeconomia de Santa Catarina. Dados básicos. Florianópolis.
SANTA CATARINA (1994c): Santa Catarina. Divisão administrativa. Florianópolis.
SANTA CATARINA (o.J.): Projeto para elaboração da matriz energética de Santa Catarina. Florianópolis.
SANTA CATARINA & AMAVI (o.J.): Plano Básico de Desenvolvimento Regional. Florianópolis.

SANTANA, E. A. (1989): Preço do gás natural. Um problema de otimização. In: Anais do 1. Congresso Brasileiro de Planejamento Energético [Bd. 2], S. 289-302, Campinas.
SANTOS, J. C. V. & LEÃO, M. L. (1990): Energia e política de industrialização. In: Anais do 5. Congresso Brasileiro de Energia [Bd. 3], S. 891-900, Rio de Janeiro.
SANTOS, M. (1986): O trabalho do geógrafo no Terceiro Mundo. 2. Aufl. São Paulo.
SANTOS, M. (1988): O espaço geográfico como categoria filosófica. In: Terra Livre, Nr. 5, S. 9-20, São Paulo.
SANTOS, M. H. C. (1987): Fragmentação e informalismo na tomada de decisão. O caso da política do álcool combustível no Brasil autoritário pós-64. In: Dados, 30(1), S. 73-94, Rio de Janeiro.
dos SANTOS, T. (1993): Economia mundial. Integração regional e desenvolvimento sustentável. Petrópolis.
SARKAR, P. & SINGER, H. W. (1991): Manufactured exports of Developing Countries and their terms of trade since 1965. In: World Development, 19(4), S. 333-340, Oxford.
SATHAYE, J. & MEYERS, S. (1985): Energy use in cities of the developing countries. In: Annual Review of Energy, Bd. 10, S. 109-133, Palo Alto.
SATHAYE, J. et al. (1987): Energy demand in developing countries. A sectoral analysis of recent trends. In: Annual Review of Energy, Bd. 12, S. 253-281, Palo Alto.
SAUNDERS, R. J. & GANDHI, S. (1995): Energy efficiency and conservation in the developing world (= A World Bank policy paper). Washington.
SAYER, A. & WALKER, R. (1992): The new social economy. Reworking the division of labor. Cambridge/MA & Oxford/UK.
SAZAMA, G. W. (1991): Residential energy and the growth process. In: The Journal of Developing Areas, 25(3), S. 405-424, Macomb.
SBERT, J. M. (1993): Fortschritt. In: SACHS, W. (Hrsg.): Wie im Westen, so auf Erden. Ein polemisches Handbuch zur Entwicklungspolitik. Reinbeck bei Hamburg, S. 122-144.
SCHAEFFER, R. & WIRTSHAFTER, R. M. (1992): An exergy analysis of the Brazilian economy. From energy production to final energy use. In: Energy: the international journal, 17(9), S. 841-855, Oxford.
SCHÄTZL, L. (1983): Regionale Wachstums- und Entwicklungstheorien. In: Geographische Rundschau, 35(7), S. 322-327, Braunschweig.
SCHÄTZL, L. (1992): Wirtschaftsgeographie, Band 1: Theorie (= UTB, Bd. 782). 4. Aufl. Paderborn u.a.
SCHÄTZL, L. (1994): Wirtschaftsgeographie, Band 2: Empirie (= UTB, Bd. 1052). 2. Aufl. Paderborn u.a.
SCHAFHAUSEN, F. (1994): Anderthalb Jahre nach Rio. Bilanz und Ausblick. In: Energiewirtschaftliche Tagesfragen, 44(1-2), S. 30-37, Düsseldorf.
SCHAMP, E. W. (1983): Grundansätze der zeitgenössischen Wirtschaftsgeographie. In: Geographische Rundschau, 35(2), S. 74-80, Braunschweig.
SCHAMP, E. W. (1993): Industrialisierung der Entwicklungsländer in globaler Perspektive. In: Geographische Rundschau, 45(9), S. 530-536, Braunschweig.
SCHERER, A. L. F. & CAMPOS, S. H. (1993): As mudanças no comércio internacional e as exportações brasileiras de têxteis e vestuário. In: Ensaios FEE, 14(1), S. 229-254, Porto Alegre.
SCHEUNEMANN, E. (1993): Zur Kritik des Entropieansatzes in der Ökologiediskussion. In: Kommune, 11(7), S. 47-51, Frankfurt am Main.
SCHILLING, P. R. (1994): Brasil. A pior distribuição de renda do planeta. Rio de Janeiro.
SCHILLING, P. R. & CANESE, R. (1991): Itaipu. Geopolítica e corrupção. Rio de Janeiro.
SCHILLING-KALETSCH, I. (1979): Zentrum-Peripherie-Modelle in der geographischen Entwicklungsländerforschung. In: HOTTES, K.-H. et al. (Hrsg.): Geographische Beiträge zur Entwicklungsländer-Forschung (= DGFK-Hefte, Bd. 12). Bonn, S. 39-53.

SCHIOCHET, V. (1994): Sociedade civil e democracia. Dimensão histórica e normativa da sociedade civil como uma esfera autônoma em relação ao mercado e ao estado. In: Cadernos do CEAS, Nr. 151, S. 59-72, Salvador.

SCHIPPER, L. (1994): Energy efficiency. Lessons from the past and strategies for the future. In: Proceedings of the World Bank Annual Conference on Development Economics 1993. Washington, S. 397-427.

SCHIPPER, L. et al. (1989): Linking life-styles and energy use. A matter of time? In: Annual Review of Energy, Bd. 14, S. 273-320, Palo Alto.

SCHIRM, S. A. (1990): Brasilien. Regionalmacht zwischen Autonomie und Dependenz (= Schriftenreihe des Instituts für Iberoamerika-Kunde, Bd. 32). Hamburg.

SCHMALSTIEG, H. (1987): Die Stellung der Städte in der Energiepolitik. In: Zeitschrift für Energiewirtschaft, 11(4), S. 259-262, Braunschweig.

SCHMID, C. (1996): Urbane Region und Territorialverhältnis. Zur Regulation des Urbanisierungsprozesses. In: BRUCH, M. & KREBS, H.-P. (Hrsg.): Unternehmen Globus. Facetten nachfordistischer Regulation. Münster, S. 224-253.

SCHMIDHEINY, S. [Hrsg.] (1992): Changing course. A global business perspective on development and the environment. London.

SCHMIDT-WULFFEN, W. D. (1987): 10 Jahre entwicklungstheoretischer Diskussion. In: Geographische Rundschau, 39(3), S. 130-135, Braunschweig.

SCHMITZ, H. & CASSIOLATO, J. [Hrsg.] (1992): Hi-tech for industrial development. Lessons from the Brazilian experience in electronics and automation. London & New York.

SCHMITZ, S. (1985): Planejamento estadual. A experiência catarinense com o plano de metas do governo PLAMEG 1961-1965. Florianópolis.

SCHNEIDER, E. D. & KAY, J. J. (1994): Complexity and thermodynamics. Towards a new ecology. In: Futures, 26(6), S. 626-647, Oxford.

SCHOENBERGER, E. (1989): New models of regional change. In: PEET, R. & THRIFT, N. (Hrsg.): New models in geography. The political-economy perspective [Bd. 1]. London u.a., S. 115-141.

SCHOLZ, D. et al. (1979): Geographische Arbeitsmethoden. 2. Aufl. Gotha & Leipzig.

SCHOLZ, F. (1985a): Einleitung. In: SCHOLZ, F. (Hrsg.): Entwicklungsländer. Beiträge der Geographie zur Entwicklungs-Forschung (= Wege der Forschung, Bd. 553). Darmstadt, S. 1-13.

SCHOLZ, F. (1985b): Theorien, Methoden, Konzepte, Kritik. In: SCHOLZ, F. (Hrsg.): Entwicklungsländer. Beiträge der Geographie zur Entwicklungs-Forschung (= Wege der Forschung, Bd. 553). Darmstadt, S. 115-116.

SCHRAMM, G. (1993): Issues and problems in the power sectors of developing countries. In: Energy Policy, 21(7), S. 735-747, Oxford.

SCHÜRMANN, H. J. (1986): Entwicklungstendenzen in der Energieversorgung. Ein aktueller Rückblick und ein offener Vorblick. In: Zeitschrift für Energiewirtschaft, 10(4), S. 235-249, Braunschweig.

SCHÜTZ-BUENAVENTURA, I. (1993): Binnenmarktorientierung als Holzweg? Zur Kritik einer Lateinamerika-Analyse. In: blätter des iz3w, Nr. 187, S. 13-14, Freiburg im Breisgau.

SCHÜTZE, C. (1989): Umweltschutz. Ein globales Problem. In: FRANKE, L. (Hrsg.): Wir haben nur eine Erde. Darmstadt, S. 40-52.

SCHÜTZE, C. (1995): Umweltprobleme. Klima, Wasser, Land. In: OPITZ, P. J. (Hrsg.): Weltprobleme. 4. Aufl. Bonn, S. 185-212.

SCHULMAN, M. (1980): O potencial hidrelétrico do Brasil. Rio de Janeiro.

SCHUMACHER, E. F. (1986): Rat für die Ratlosen. Vom sinnerfüllten Leben. Reinbeck bei Hamburg.

SCHUMACHER, E. F. (1989): Small is beautiful. Economics as if people mattered. New York.

SCHURR, S. H. & HOMAN, P. T. (1971): Middle Eastern oil and the Western World. Prospects and problems. New York.

SCHURR, S. H. & NETSCHERT, B. C. (1960): Energy in the American economy 1850-1975. An economic study of its history and prospects. Baltimore & London.
SCHUTTE, G. R. (1993): Alguma coisa está fora da ordem. Um painel crítico acerca da economia internacional. São Paulo.
SCOTT, A. J. (1986): Industrial organization and location. Division of labor, the firm, and spatial process. In: Economic Geography, 62(3), S. 215-231, Worcester.
SCOTT, A. J. (1992): The collective order of flexible production agglomeration. Lessons for local economic development policy and strategic choice. In: Economic Geography, 68(3), S. 219-233, Worcester.
SCOTT, A. J. & STORPER, M. (1986): Industrial change and territorial organization. A summing up. In: SCOTT, A. J. & STORPER, M. (Hrsg.): Production, work, territory. The geographical anatomy of industrial capitalism. Boston u.a., S. 301-311.
SCOTT, A. J. & STORPER, M. (1992): Regional development reconsidered. In: ERNSTE, H. & MEIER, V. (Hrsg.): Regional development and contemporary industrial response. Extending flexible specialisation. London & New York, S. 3-24.
SCOTT, M. et al. (1990): Global energy and the greenhouse issue. In: Energy and Environment, Bd. 1, S. 74-91, Brentwood.
SCTME & CELESC (1990): Gás natural. O mercado no litoral de Santa Catarina. Florianópolis.
SEEGER, S. (1992): Deutsch-brasilianisches Nuklearprogramm. Ein Bombenerfolg! In: Brasilien Nachrichten, Nr. 111, S. 31-33, Osnabrück.
SEMA-Secretaria Especial do Meio Ambiente (1986): Legislação federal sobre meio ambiente. Referências. Brasília.
SENGHAAS, D. (1991): Nachholende Entwicklung. Eine Chance? Umrisse der modernen Entwicklungsproblematik. In: Universitas, 46(3), S. 219-227, Stuttgart.
SEVÁ Filho, O. (1994): Renovação e sustentação da produção energética. In: Workshop *A economia da sustentabilidade. Princípios, desafios, aplicações* [unveröff.], Recife.
SEVETTE, P. (1976): Géographie et économie comparée de l'énergie. Grenoble.
SEYFERTH, G. (1981): Nacionalismo e identidade étnica. Florianópolis.
SEYFERTH, G. (1992): As contradições da liberdade. Análise de representações sobre a identidade camponesa. In: Revista Brasileira de Ciências Sociais, Nr. 18, S. 78-95, São Paulo.
SEYFERTH, G. (1994): Identidade étnica, assimilação e cidadania. A imigração alemã e o Estado brasileiro. In: Revista Brasileira de Ciências Sociais, Nr. 26, S. 103-122, São Paulo.
SHELDRICK, B. & SCOTT, A. (1989): Energy and environment. Deriving a research agenda. In: Environment and Planning A, 21(10), S. 1349-1362, London.
SHIVA, V. (1986): Ecology movements in India. In: Alternatives, 11(2), S. 255-273, Boulder.
SHIVA, V. (1987): The violence of reductionist science. In: Alternatives, 12(2), S. 243-261, Boulder.
SIDDAYAO, C. M. (1992): Energy investments and environmental implications. Key policy issues in developing countries. In: Energy Policy, 20(3), S. 223-232, Oxford.
SIEBERT, H. (1990): Die vergeudete Umwelt. Frankfurt am Main.
SIGAUD, L. (1992): O efeito das tecnologias sobre as comunidades rurais. O caso das grandes barragens. In: Revista Brasileira de Ciências Sociais, Nr. 18, S. 18-29, São Paulo.
SILVA, E. B. (1994): Pós-fordismo no Brasil. In: Revista de Economia Política, 14(3), S. 107-120, São Paulo.
SILVA, J. A. O. (1992): O município e a proteção ambiental. In: Revista de Administração Pública, 26(3), S. 88-106, Rio de Janeiro.
SILVA, J. F. (1988): História de Blumenau. 2. Aufl. Blumenau.
SIMÃO, V. M. (1995): Blumenau. Da indiferenciação étnica à diferenciação de classe. São Paulo [unveröff. Dissertation, PUC/SP]. São Paulo.
SIMMONS, I. G. (1987): Energy in human geography. An introduction (= Occasional Publications of the Department of Geography *New Series*, Bd. 21). Durham.

SIMMONS, I. G. (1990): Ingredients of a green geography. In: Geography, Nr. 327, S. 98-105, Sheffield.
SIMON, T. W. (1990): Varieties of ecological dialectics. In: Environmental Ethics, 12(3), S. 211-231, Albuquerque.
SIMONIS, G. (1993): Der Erdgipfel von Rio. Versuch einer kritischen Verortung. In: Peripherie, Nr. 51-52, S. 12-37, Münster.
SIMONIS, U. E. (1989a): Abschied von der alten Weltwirtschaftsordnung? In: FRANKE, L. (Hrsg.): Wir haben nur eine Erde. Darmstadt, S. 89-103.
SIMONIS, U. E. (1989b): Entwicklung und Umwelt. Ein Plädoyer für mehr Harmonie. In: Universitas, 44(11), S. 1030-1039, Stuttgart.
SIMONIS, U. E. (1991): Lokale Ursache, globale Wirkungen. In: Universitas, 46(7), S. 628-632, Stuttgart.
SIMONIS, U. E. (1992): Poverty, environment and development. In: Intereconomics, 27(2), S. 75-85, Hamburg.
SIMONIS, U. E. (1996): Für eine globale Umverteilung aus ökologischen Gründen. In: Spektrum der Wissenschaft (= Dossier Bd. 3: Dritte Welt), S. 120-125, Heidelberg.
SIMONSEN, R. C. (1978): História econômica do Brasil 1550-1820. 8 Aufl. São Paulo.
SINGER, P. (1974): Desenvolvimento econômico e evolução urbana. Análise da evolução econômica de São Paulo, Blumenau, Porto Alegre, Belo Horizonte e Recife. São Paulo.
SINGER, P. & LAMOUNIER, B. (1977): Brazil. Growth through inequality. In: NERFIN, M. (Hrsg.): Another development. Approaches and strategies. Uppsala, S. 125-151.
SIQUEIRA, J. D. P. (1990): Planejamento e economia do recurso florestal. In: Anais do 6. Congresso Florestal Brasileiro, S. 15-18, Campos do Jordão.
SIQUEIRA, J. D. P. (1993): A legislação florestal brasileira e o desenvolvimento sustentado. In: Anais do 7. Congresso Florestal Brasileiro, S. 367-369, Curitiba.
SKINNER, R. G. (1993): World energy future. The demand side challenge. In: Natural Resources Forum, 17(3), S. 181-190, Dordrecht.
SKORSTAD, E. (1991): Mass production, flexible specialization and just-in-time. Future development trends of industrial production and consequences on conditions of work. In: Futures, 23(10), S. 1075-1084, Oxford.
SKORSTAD, E. (1994): Lean production, conditions of work and worker commitment. In: Economic and Industrial Democracy, 15(3), S. 429-455, London.
SLATER, D. (1989): Peripheral capitalism and the regional problematik. In: PEET, R. & THRIFT, N. (Hrsg.): New models in geography. The political-economy perspective [Bd. 2]. London u.a., S. 267-294.
SLESSER, M. & LEWIS, C. (1979): Biological energy resources. London.
SLOCOMBE, D. S. (1993): Environmental planning, ecosystem science and ecosystem aproaches for integrating environment and development. In: Environemental Management, 17(3), S. 289-303, New York u.a.
SMIL, V. (1993): Global ecology. Environmental challenge and social flexibility. London & New York.
SMITH, A. (1993 [1776]): An inquiry into the nature and causes of the wealth of nations. A selected edition (= The World's Classics). Oxford & New York.
SMITH, N. (1989): Uneven development and location theory. Towards a synthesis. In: PEET, R. & THRIFT, N. (Hrsg.): New models in geography. The political-economy perspective [Bd. 1]. London u.a., S. 142-163.
SMITH, N. & O'KEEFE, P. (1985): Geography, Marx and the concept of nature. In: Antipode, Nr. 2-3, S. 79-88, Worcester.
SOARES, M. C. C. [Hrsg.] (1992): Dívida externa, desenvolvimento e meio ambiente. Rio de Janeiro.

SOARES, V. R. & BICALHO, R. G. (1990): Um balanço do balanço energético nacional. In: Anais do 5. Congresso Brasileiro de Energia [Bd. 3], S. 965-973, Rio de Janeiro.

SOBRAL Jr., M. & LEAL, M. R. L. V. (1992): Difusão tecnológica nas usinas de açúcar e álcool. In: Revista Brasileira de Energia, 2(2), S. 21-28, Rio de Janeiro.

SODRÉ, N. W. (1987): Introdução à geografia. Geografia e ideologia. 6. Aufl. Petrópolis.

SOLA, L. (1991): Heterodox shock in Brazil. *Técnicos*, politicians and democracy. In: Journal of Latin American Studies, 23(1), S. 163-195, Cambridge/UK.

SOLOW, R. M. (1971): Wachstumstheorie. Darstellung und Anwendung. Göttingen.

SOLOW, R. M. (1988): Growth theory and after. In: The American Economic Review, 78(3), S. 307-317, Nashville.

SONNTAG, H. R. (1994): The fortunes of development. In: International Social Science Journal, 46(2), S. 227-245, Oxford/UK und Cambridge/USA.

SOUSSAN, J. (1988): Primary resources and energy in the Third World. London & New York.

SOUSSAN, J. (1991): Building sustainability in fuelwood planning. In: Bioresource Technology, 35(1), S. 49-56, Barking.

SOUTHEY, R. (1970 [1822]): History of Brazil. New York.

SOUZA, C. G. (1993): Solos. Potencialidade agrícola. In: CALDEIRON, S. S. (Hrsg.): Recursos naturais e meio ambiente. Uma visão do Brasil. Rio de Janeiro, S. 47-58.

SOUZA, H. (1991): Escritos indignados. Democracia *versus* neoliberalismo no Brasil. Rio de Janeiro.

SOUZA, L. A. G. (1987): Movimentos sociais no Brasil. In: Pensamiento Iberoamericano, Nr. 11, S. 433-440, Madrid.

SOUZA, M. A. A. (1993): A explosão do território. Falência da região? In: Cadernos IPPUR, 7(1), S. 85-98, Rio de Janeiro.

SOUZA, M. J. L. (1988): Espaciologia. Uma objeção (crítica aos prestigiamentos pseudo-críticos do espaço social). In: Terra Livre, Nr. 5, S. 21-45, São Paulo.

SOUZA, M. J. L. (1993): Armut, sozialräumliche Segregation und sozialer Konflikt in der Metropolitanregion von Rio de Janeiro. Ein Beitrag zur Analyse der Stadtfrage in Brasilien (= Tübinger Beiträge zur Geographischen Lateinamerika-Forschung, Heft 10). Tübingen.

SOUZA, M. J. L. de (1994): O subdesenvolvimento das teorias do desenvolvimento. In: Princípios, Nr. 35, S. 27-33, São Paulo.

SOUZA, M. T. S. (1993): Rumo à prática empresarial sustentável. In: Revista de Administração de Empresas, 44(4), S. 40-52, São Paulo.

SPALDING, N. L. (1991): The relevance of basic needs for political and economic development. In: Studies in Comparative International Development, 25(3), S. 90-115, New Brunswick.

SPERLING, D. (1987): Brazil, ethanol and the process of system change. In: Energy: the international journal, 12(1), S. 11-23, Oxford/UK.

STAHEL, A. W. (1994): Capitalismo e entropia. Os aspectos ideológicos de uma contradição e a busca de alternativas sustentáveis. In: Workshop *A Economia da Sustentabilidade. Princípios, Desafios, Aplicações* [unveröff.], Recife.

STAHL, K. (1992): Die UN-Konferenz über Umwelt und Entwicklung. Neue und alte Verteilungskonflikte zwischen Erster und Dritter Welt. In: Jahrbuch Dritte Welt 1993, München, S. 48-60.

STAMM, V. (1987): Zur Ökonomie des Sonnenstroms. In: Zeitschrift für Wirtschaftsgeographie, 31(1), S. 46-50, Frankfurt a.M.

STANDING, G. (1992): Alternative routes to labor flexibility In: STORPER, M. & SCOTT, A. J. (Hrsg.): Pathways to industrialization and regional development. London & New York, S. 255-275.

STARR, C. (1993): Global energy and electricity futures. In: Energy: the international journal, 18(3), S. 225-237, Oxford/UK.

STEINBECK, E. G. (1980): Das Ende des Ölzeitalters. In: Geographische Rundschau, 32(3), S. 86-91, Braunschweig.

STEINHART, C. E. & STEINHART, J. S. (1974): Energy. Sources, use and role in human affairs. Belmont.
STEINMETZ, G. (1994): Regulation theory, post-marxism and the new social movements. In: Comparative Studies in Society and History, 35(1), S. 176-212, Cambridge.
STERN, A. J. (1991): The case of the environmental impasse. In: Harvard Business Review, S. 14-29, Boston.
STERN, N. (1991): The determinants of growth. In: The Economic Journal, Bd. 101, S. 122-133, Oxford.
STEWART, H. B. (1989): An energy agenda for the future. In: Energy: the international journal, 14(2), S. 49-60, Oxford/UK.
STEWART, T. (1993): The Third World debt crisis. A long waves perspective. In: Review [Fernand Braudel Center], 16(2), S. 117-171, Binghamton.
STIFTUNG ENTWICKLUNG UND FRIEDEN [Hrsg.] (1993): In the aftermath of the earth summit [Annex: Documents from the UN conference on Environment and Development and the International NGO-Forum] (= Eine Welt, Bd. 9). Bonn-Bad Godesberg, S. 159-257.
STM (1994): Estudo de viabilidade técnico-econômica de geração elétrica a gás. Florianópolis.
STM & CELESC (1992): Balanço energético de Santa Catarina. Série 1980-1991. Florianópolis.
STM & CELESC (1993): Balanço energético consolidado de Santa Catarina 1980-1992 [unveröff.]. Florianópolis.
STORPER, M. (1990): A industrilaização e a questão regional no Terceiro Mundo. Lições do pós-imperialismo, perspectivas do pós-fordismo. In: VALLADARES, L. & PRETECEILLE, E. (Hrsg.): Reestruturação urbana. Tendências e desafios. São Paulo, S. 120-147.
STORPER, M. (1991): Industrialization, economic development and the regional question in the Third World. From import substitution to flexible production (= Studies in Society and Space, Bd. 5). London.
STORPER, M. (1992): The limits to globalization. Technology districts and international trade. In: Economic Geography, 68(1), S. 60-93, Worcester.
STORPER, M. (1994a): Territorialização numa economia global. Possibilidades de desenvolvimento tecnológico, comercial e regional em economias subdesenvolvidas. In: LAVINAS, L. et al. (Hrsg.): Integração, região e regionalismo. Rio de Janeiro, S. 13-26.
STORPER, M. (1994b): The transition to flexible specialization in the US film industry. External economies, the division of labour and the crossing of industrial divides. In: AMIN, A. (Hrsg.): Post-fordism. A reader. Oxford/UK & Cambridge/USA, S. 195-226.
STORPER, M. & SCOTT, A. J. (1986): Production, work, territory. Contemporary realities and theoretical tasks. In: SCOTT, A. J. & STORPER, M. (Hrsg.): Production, work, territory. The geographical anatomy of industrial capitalism. Boston u.a., S. 1-15.
STORPER, M. & SCOTT, A. J. (1989): The geographical foundations and social regulation of flexible production complexes. In: WOLCH, J. & DEAR, M. (Hrsg.): The power of geography. How territories shape social life. Boston u.a., S. 21-40.
STORPER, M. & SCOTT, A. J. (1990): Geographische Grundlagen und gesellschaftliche Regulation flexibler Produktionskomplexe. In: BORST, R. et al. (Hrsg.) Das neue Gesicht der Städte. Theoretische Ansätze und Empirische Befunde aus der internationalen Debatte. Basel u.a., S. 130-149.
STYRIKOVICH, M. A. (1987): The economical use of energy resources. In: Energy: the international journal, 12(10-11), S. 921-927, Oxford/UK.
SUBBAKRISHNA, N. & GARDNER, J. E. (1989): Assessing alternative energy technologies for developing countries. Technology assessment groups and software. In: The Environmentalist, 9(1), S. 55-65, Lausanne.
SUDESUL (1976): Inventário de transportes, energia elétrica e comunicações da Região Sul [Bd. 2]. Porto Alegre.

SUNKEL, O. (1987): Las relaciones Centro-Periferia y la transnacionalización. In: Pensamiento Iberoamericano, Nr. 11, S. 31-52, Madrid.

SURREY, J. (1987): Petroleum development in Brazil. The strategic role of a national oil company. In: Energy Policy, 15(1), S. 7-21, Oxford.

SUSMAN, P. & SCHUTZ, E. (1983): Monopoly and competitive firm relations and regional development in global capitalism. In: Economic Geography, 59(2), S. 161-177, Worcester.

SUZIGAN, W. (1992): A indústria brasileira após uma década de estagnação. Questões para política industrial. In: Economia e Sociedade, Nr. 1, S. 89-109, Campinas.

SYLLUS, C. (1993): Justificativa para o programa nuclear. In: Revista da Escola Superior de Guerra, Nr. 24, S. 131-134, Rio de Janeiro.

TANZER, M. (1992): After Rio. In: Monthly Review, 44(6), S. 1-11, New York.

TARTAGLIA, J. C. & OLIVEIRA, O. L. [Hrsg.] (1988): Modernização e desenvolvimento no interior de São Paulo. São Paulo.

TASSARA, E. T. O. (1992): A propagação do discurso ambientalista e a produção estratégica da dominação. In: Espaço e Debates, Nr. 35, S. 11-15, São Paulo.

TATUM, J. S. & BRADSHAW, T. K. (1986): Energy production by local governments. An expanding role. In: Annual Review of Energy, Bd. 11, S. 471-512, Palo Alto.

TAVARES, H. M. (1987): Observações sobre a questão regional. In: Cadernos IPPUR, 2(1), S. 23-39, Rio de Janeiro.

TAVARES, H. M. (1992): Produção flexível e planejamento territorial. In: Revista de Administração Pública, 26(3), S. 163-173, Rio de Janeiro.

TAVARES, H. M. (1993): Complexos de alta tecnologia e reestruturação do espaço. In: Cadernos IPPUR, 7(1), S. 39-51, Rio de Janeiro.

TAVARES, H. M. (1994): Produção flexível. Seus reflexos sobre o trabalho e o território. In: Travessia, Nr. 18, S. 5-7, São Paulo.

TAVARES, M. C. (1992): Ajuste e reestruturação nos países centrais. A modernização conservadora. In: Economia e Sociedade, Nr. 1, S. 21-57, Campinas.

TAVARES, M. C. & TEIXEIRA, A. (1981): Transnational enterprises and the internationalization of capital in Brazilian industry. In: CEPAL Review, Nr. 14, S. 85-105, Santiago.

TAVARES, M. C. & FIORI, J. L. (1993): [Des]ajuste global e modernização conservadora. Rio de Janeiro.

TAYLOR, P. J. & BUTTEL, F. H. (1992): How do we know we have global environmental problems? Science and the globalization of environmental discourse. In: Geoforum, 23(3), S. 405-416, London.

TEAGUE, P. (1990): The political economy of the regulation school and the flexible specialisation scenario. In: Journal of Economic Studies, 17(5), S. 32-54, Bradford.

TEITEL, S. & THOUMI, F. E. (1986): From import substitution to exports. The manufacturing exports experience of Argentina and Brazil. In: Economic Development and Cultural Change, 34(3), S. 455-490, Chicago.

TEIXEIRA, G. C. & BESSA, E. (1990): Rima. Instrumento técnico ou intrumental político de planejamento ambiental? Contribuições para um estudo crítico da sua utilização. In: Anais do 5. Congresso Brasileiro de Energia [Bd. 3], S. 1243-1250, Rio de Janeiro.

TELLES, P. C. S. (1993): História da Engenharia no Brasil. Século XX. Rio de Janeiro.

TELLES, P. C. S. (1994): História da Engenharia no Brasil. Séculos XVI a XIX. 2. Aufl. Rio de Janeiro.

THE ECONOMIST (1994): Power to the people. A survey of energy. In: The Economist, Nr. 7.868, London.

THEIS, I. M. (1988): Demanda de energia e exploração do meio ambiente. Breve exame do *modelo* catarinense. In: Análise Conjuntural de Santa Catarina, 4(8), S. 70-89, Florianópolis.

THEIS, I. M. (1990a): Crescimento da indústria e demanda de energia em Santa Catarina. In: Anais da 42. Reunião Anual da SBPC, Porto Alegre.
THEIS, I. M. (1990b): Crescimento econômico e demanda de energia no Brasil. Florianópolis & Blumenau.
THEIS, I. M. (1990c): Crescimento econômico, demanda de energia e degradação ambiental em Santa Catarina. In: Revista de Divulgação Cultural, Nr. 42, S. 50-67, Blumenau.
THEIS, I. M. (1990d): O papel das exportações no crescimento do consumo energético de Santa Catarina. In: Anais da 42. Reunião Anual da SBPC, Porto Alegre.
THEIS, I. M. (1991): Sinais de exaustão do *modelo* catarinense de desenvolvimento. In: Revista de Divulgação Cultural, Nr. 47, S. 52-56, Blumenau.
THEIS, I. M. et al. (1991): Desenvolvimento e meio ambiente na sub-bacia do Rio Benedito. In: Anais do 3. Encontro Nacional de Estudos sobre o Meio Ambiente [Bd. 1], S. 189-202, Londrina.
THEIS, I. M. (o.J.): Associações de moradores na periferia de Blumenau, SC [unveröff. Forschungsbericht, FURB]. Blumenau.
THEOFANIDES, S. (1988): The metamorphosis of development economics. In: World Development, 16(12), S. 1455-1463, Oxford.
THÉRET, B. (1994): To have or to be. On the problem of the interaction between State and economy and its *solidarist* mode of regulation. In: Economy and Society, 23(1), S. 1-46, London.
THIELEN, H. (1993): Die Krise als Chance. In: blätter des iz3w, Nr. 189, S. 10-12, Freiburg im Breisgau.
THIRRING, H. (1976): Energy for man. From windmills to nuclear power. New York.
THRIFT, N. (1989): The geography of international economic disorder. In: JOHNSTON, R. J. & TAYLOR, P. J. (Hrsg.): A world in crisis? Geographical perspectives. 2. Aufl. Cambridge/MA & Oxford/UK, S. 16-78.
THRIFT, N. (1995): A hyperactive world. In: JOHNSTON, R. J. et al. (Hrsg.): Geographies of global change. Oxford/UK & Cambridge/USA, S. 2-35.
THRIFT, N. & LEYSHON, A. (1988): The gambling propensity. Banks, developing country debt exposures and the new international financial system. In: Geoforum, 19(1), S. 55-69, London.
von THÜNEN, J. H. (1875): Der isolierte Staat in Beziehung auf Landwirtschaft und Nationalökonomie. Berlin.
THUROW, L. (1992): Who owns the twenty-first century? In: Sloan Management Review, 33(3), S. 5-17, Cambridge/Mass.
TICKNER, J. A. (1986): Local self-reliance versus power politics. Conflicting priorities of national development. In: Alternatives, 11(4), S. 461-483, Boulder.
TILLMAN, D. A. (1978): Wood as an energy resource. New York u.a.
TISDELL, C. (1988): Sustainable development. Differing perspectives of ecologists and economists, and relevance to LDCs. In: World Development, 16(3), S. 373-384, Oxford.
TÖPPER, B. (1993): Die Automobilindustrie. Ein Paradigma für peripheren Post-Fordismus? In: Peripherie, Nr. 51-52, S. 171-189, Münster.
TOKE, D. (1990): Green energy. A non-nuclear response to the greenhouse effect. London.
TOLMASQUIM, M. T. (1990): A reação brasileira aos choques do petróleo. Uma estratégia de crescimento intensiva em energia. In: Anais do 5. Congresso Brasileiro de Energia [Bd. 3], S. 917-926, Rio de Janeiro.
TOLMASQUIM, M. T. (1993): Controle social sobre o planejamento do setor energético. In: Anais do 6. Congresso Brasileiro de Energia [Bd. 1], S. 207-210, Rio de Janeiro.
TOLMASQUIM, M. T. et al. (1994): Desenvolvimentos recentes da conservação de energia elétrica no Brasil. In: GELLER, H. (Hrsg.): O uso eficiente da eletricidade. Uma estratégia de desenvolvimento para o Brasil. Rio de Janeiro, S. 195-226.
TOMANEY, J. (1994): A new paradigm of work organization and technology? In: AMIN, A. (Hrsg.): Post-fordism. A reader. Oxford/UK & Cambridge/USA, S. 157-194.

TORRES Jr., A. S. (1994): Integração & flexibilidade. O novo paradigma nas organizações. São Paulo.
TOWNSEND, K. N. (1992): Is the entropy law relevant to the economics of natural resource scarcity? Comment. In: Journal of Environmental Economics and Management, 23(1), S. 96-100, New York.
TRAINER, E. F. (1989): Reconstructing radical development theory. In: Alternatives, 14(4), S. 481-515, Boulder.
TRAINER, E. F. (1990): Environemtnal significance of development theory. In: Ecological Economics, 2(4), S. 277-286, Amsterdam.
TRIGILIA, C. (1991): The paradox of the region. Economic regulation and the representation of interests. In: Economy and Society, 20(3), S. 306-327, London.
TRUNKÓ, L. (1976): Geothermale Energie. In: BOSSEL, H. et al. (Hrsg.): Energie richtig genutzt (= Umweltpolitik und Umweltplanung, Bd. 8). Karlsruhe, S. 163-172.
von TSCHUDI, J. J. (1988 [1861]): As Colônias de Santa Catarina. Blumenau.
UHLIG, C. (1992): Environmental protection and economic policy decisions in developing countries. In: Intereconomics, 27(2), S. 86-93, Hamburg.
UMANA, A. F. (1981): Introduction. In: DALY, H. E. & UMANA, A. F. (Hrsg.): Energy, Economics and the Environment (= AAAS Selected Symposia Series, Bd. 64). Boulder, S. 1-19.
UNE, M. Y. & LOURO, Z. C. L. (1993): Áreas Especiais. In: CALDEIRON, S. S. (Hrsg.): Recursos naturais e meio ambiente. Uma visão do Brasil. Rio de Janeiro, S. 113-154.
UNITED NATIONS (1989): Energy statistics yearbook 1987. New York.
UNITED NATIONS (1991): Energy statistics yearbook 1989. New York.
UNITED NATIONS (1995): Energy statistics yearbook 1993. New York.
URQUIDI, V. L. (1989): Constraints to growth in the developing world. Current experience in Latin America. In: International Social Science Journal, 41(2), S. 203-210, Oxford/UK & Cambridge/USA.
UTERMARK, D. (1989): Least-Cost Planning in US-amerikanischen Elektrizitätsversorgungsunternehmen. In: Zeitschrift für Energiewirtschaft, 13(2), S. 129-135, Braunschweig.
VAINER, C. B. & ARAÚJO, F. G. B. (1992): Grandes projetos hidrelétricos e desenvolvimento regional. Rio de Janeiro.
VARGAS, N. (1985): Gênese e difusão do Taylorismo no Brasil. In: Ciências Sociais Hoje 1985, S. 155-189, São Paulo.
VASCONCELOS, L. & CURY, V. (1992): Brazil. Five hundred years of history. In: International Social Science Journal, 44(4), S. 473-486, Oxford/UK & Cambridge/USA.
VELTHUIJSEN, J. W. (1993): Incentives for investment in energy efficiency. An econometric evaluation and policy implications. In: Environmental and Resource Economics, 3(2), S. 153-169, Dordrecht.
VIANNA, A. (1989): Hidrelétricas e meio ambiente. Informações básicas sobre o ambientalismo oficial e o setor elétrico no Brasil. Rio de Janeiro.
VIANNA, A. [Hrsg.] (1990a): Hidrelétricas, ecologia e progresso. Contribuições para um debate. Rio de Janeiro.
VIANNA, A. (1990b): O movimento de atingidos por barragens e a questão ambiental. In: Proposta, Nr. 46, S. 5-8, Rio de Janeiro.
VIANNA, A. (1992): Etnia e território. Os poloneses de Carlos Gomes e a luta contra as barragens. Rio de Janeiro.
VIANNA, M. D. B. & VERONESE, G. (1992): Políticas ambientais empresariais. In: Revista de Administração Pública, 26(1), S. 123-144, Rio de Janeiro.
VICTOR, M. (1991): A batalha do petróleo brasileiro. 2. Aufl. Rio de Janeiro.
VICTOR, P. A. (1991): Indicators of sustainable development. Some lessons from capital theory. In: Ecological Economics, 4(3), S. 191-213, Amsterdam.
VIDAL DE LA BLACHE, P. (1948): Principes de Géographie Humaine. 4. Aufl. Paris.

VIDAL, J. W. B. (1990): Potencialidades para uma civilização dos trópicos. In: BRITO, S. S. (Hrsg.): Desafio amazônico. O futuro da civilização dos trópicos. Brasília, S. 213-247.
VIDOR, V. (1995): Indústria e urbanização no nordeste de Santa Catarina. Blumenau.
VIDOR, V. & THEIS, I. M. (1991): Industrialização, urbanização e degradação do meio ambiente. O caso do Vale do Itajaí. In: Revista de Divulgação Cultural, Nr. 45, S. 99-102, Blumenau.
VIOLA, E. J. & LEIS, H. R. (1990): Desordem global da biosfera e a nova ordem international. O papel organizador do ecologismo. In: Ciências Sociais Hoje 1990, S. 156-189, São Paulo.
VIOLA, E. J. & LEIS, H. R. (1991): Desordem global da biosfera e a nova ordem international. O papel organizador do ecologismo. In: LEIS, H. R. (Hrsg.): Ecologia Política Mundial. Petrópolis, S. 23-50.
VIOLA, E. J. & LEIS, H. R. (1992): A evolução das políticas ambientais no Brasil, 1971-1991. Do bissetorialismo preservacionista para o multissetorialismo orientado para o desenvolvimento sustentável. In: HOGAN, D. J. & VIEIRA, P. F. (Hrsg.): Dilemas socioambientais e desenvolvimento sustentável. Campinas, S. 73-102.
VISVANATHAN, S. (1991): Mrs. Brundtland's disenchanted cosmos. In: Alternatives, 16(3), S. 377-384, Boulder.
VITALE, L. (1990): Umwelt in Lateinamerika. Die Geschichte einer Zerstörung. Frankfurt am Main.
VOSS, G. D. (1977): Industrial wood energy conversion. In: TILLMAN, D. A. et al. (Hrsg.): Fuels and energy from renewable resources. New York u.a. S. 125-140.
WAHSNER, R. (1992): Was bleibt von Engels' Konzept einer Dialektik der Natur? Erster Versuch oder erste Näherung. In: Das Argument, 34(4), S. 563-571, Berlin.
WAIBEL, L. (1937): Die Rohstoffgebiete des tropischen Afrika. Bonn.
WAIBEL, L. (1969 [1930]): Die wirtschaftsgeographische Gliederung Mexikos [Wirtschaftsgeographie]. Darmstadt, S. 249-282.
WAIBEL, L. (1973 [1933]): Das System der Landwirtschaftsgeographie [Agrargeographie]. Darmstadt, S. 95-102.
WAIBEL, L. (1984a): Die Grundlagen der Europäischen Kolonisation in Südbrasilien. In: PFEIFER, G. & KOHLHEPP, G. (Hrsg.): Leo Waibel als Forscher und Planer in Brasilien: Vier Beiträge aus der Forschungstätigkeit 1947-1950 in Übersetzung (= Erdkundliches Wissen, Heft 71). Stuttgart, S. 33-76.
WAIBEL, L. (1984b): Was ich in Brasilien lernte. In: PFEIFER, G. & KOHLHEPP, G. (Hrsg.): Leo Waibel als Forscher und Planer in Brasilien: Vier Beiträge aus der Forschungstätigkeit 1947-1950 in Übersetzung (= Erdkundliches Wissen, Heft 71). Stuttgart, S. 105-117.
WALK, H. & BRUNNENGRÄBER, A. (1995): Die *NGO-Community* im Spannungsfeld von Globalisierung- und Fragmentierungsprozessen. In: Peripherie, Nr. 59/60, S. 119-139, Münster.
WALL, G. (1988): Energy flows in industrial processes. In: Energy: the international journal, 13(2), S. 197-208, Oxford/UK.
WALLERSTEIN, M. (1980): The collapse of democracy in Brazil. Its economic determinants. In: Latin American Research Review, 15(3), S. 3-40, Chapel Hill.
WALLEY, N. & WHITEHEAD, B. (1994): It's not easy being green. In: Harward Business Review, S. 46-52, Boston u.a.
WANDER, P. R. (1995): Subsídios para o planejamento energético ambiental do município de Canela e contribuições para uma metodologia de coleta de dados [unveröff. Dissertation, UFRGS). Porto Alegre.
WARDE, A. (1988): Industrial restructuring, local politics and the reproduction of labour power. Some theoretical considerations. In: Environment & Planning D: Society & Space, 6(1), S. 75-95, London.
WARIAVWALLA, B. (1988): Interdependence and domestic political regimes. The case of the newly industrializing countries. In: Alternatives, 13(2), S. 253-270, Boulder.

WATERMAN, P. (1993): Social-movement unionism. A new union model for a new world order? In: Review [Fernand Braudel Center], 16(3), S. 245-278, Binghamton.
WCED (1987): Our common future. Oxford & New York.
WEBER, A. (1909): Über den Standort der Industrien. Tübingen.
WEC (1995) The congress conclusions and recomendations [16th WEC Congress]. Tokyo.
WEFFORT, F. C. (1993): What is a *new democracy*? In: International Social Science Journal, 45(2), S. 245-256, Oxford/UK & Cambridge/USA.
WEGENER, G. & FRÜHWALD, A. (1994): Das CO_2-Minderungspotential durch Holznutzung. Holz als Energieträger. In: Energiewirtschaftliche Tagesfragen, 44(7), S. 421-425, Düsseldorf.
WEGNER, R. (1993): The role of NGOs in development cooperation. Some notes on empirical research findings. In: Intereconomics, 28(6), S. 285-292, Hamburg.
WEIGT, E. (1981): Der Forschungsgegenstand der Wirtschaftsgeographie. In: Zeitschrift für Wirtschaftsgeographie, 25(6), S. 161-163, Hagen.
WEINBERG, C. J. & WILLIAMS, R. H. (1990); Energy from the sun. In: Scientific American, 263(3), S. 99-106, New York.
WEISS, D. (1991): Entwicklungstheorien, Entwicklungsstrategien und entwicklungspolitische Lernprozesse. In: Zeitschrift für Kulturaustausch, 41(4), S. 477-482, Stuttgart.
von WEIZSÄCKER, E. U. (1992): Erdpolitik. Ökologische Realpolitik an der Schwelle zum Jahrhundert der Umwelt. 3. Aufl. Darmstadt.
von WEIZSÄCKER, E. U. et al. (1995): Faktor vier. Doppelter Wohlstand, halbierter Naturverbrauch. München.
WENNER, L. M. (1990): U.S. Energy and environmental interest groups. Institutional profiles. New York u.a.
WENTURIS, N. et al. (1992): Methodologie der Sozialwissenschaften. Tübingen.
WERLE, R. (1993): Entropie, Ökologie und sozialwissenschaftliche Dummheit. In: Kommune, 11(11), S. 35-39, Frankfurt am Main.
WHAPLES, R. (1990): Winning the eight-hour day, 1909-1919. In: The Journal of Economic History, 50(2), S. 393-406, Raleigh.
WILDE, L. (1990): Class analysis and the politics of new social movements. In: Capital and Class, Nr. 42, S. 55-78, London.
WILLIAMS, K. et al. (1992): Ford versus Fordism. The beginning of mass production? In: Work, Employment & Society, 6(4), S. 517-555, London.
WISNER, B. (1978): Does radical geography lack an approach to environmental relations? In: Antipode, 10(1), S. 84-95, Worcester.
WITTFOGEL, K. A. (1985 [1929]): Geopolitics, geographical materialism and Marxism. In: Antipode, 17(1), S. 21-72, Worcester.
WITZEL, A. (1982): Verfahren der qualitativen Sozialforschung. Überblick und Alternativen. Frankfurt am Main & New York.
WÖHLCKE, M. (1990): Brasilien. Kosten des Fortschritts. In: Jahrbuch Dritte Welt 1991, München, S. 177-195.
WÖHLCKE, M. (1991): Lateinamerika. Kosten des Fortschritts und Probleme der qualitativen Entwicklung. In: KOHLHEPP, G. (Hrsg.): Lateinamerika. Umwelt und Gesellschaft zwischen Krise und Hoffnung (= Tübinger Beiträge zur Geographischen Lateinamerika-Forschung, H. 8). Tübingen, S. 53-80.
WÖHLCKE, M. (1994): *Land der Zukunft?* Einige kritische Anmerkungen zur Entwicklungsproblematik Brasiliens. In: BRIESEMEISTER, D. et al. (Hrsg.): Brasilien Heute. Politik, Wirtschaft, Kultur. Frankfurt am Main, S. 364-375.
WOLF, C. S. & FLORES, M. B. R. (1994): A Oktoberfest de Blumenau. Turismo e identidade étnica na invenção de uma tradição. In: MAUCH, C. & VASCONCELOS, N. (Hrsg.): Os alemães no Sul do Brasil. Canoas, S. 209-220.

WOLVÉN, L.-E. (1991): Life-styles and energy consumption. In: Energy: the international journal, 16(6), S. 959-963, Oxford/UK.
WOMACK, J. P. & JONES, D. T. (1994): From lean production to the lean enterprise. In: Harvard Business Review, 93-103, Boston u.a.
WOMACK, J. P. et al. (1990): The machine that changed the world. New York.
WOOD, S. J. (1991): Japanization and/or Toyotaism? In: Work, Employment & Society, 5(4), S. 567-600, London.
WOOD, T. S. & BALDWIN, S. (1985): Fuelwood and charcoal use in developing countries. In: Annual Review of Energy, Bd. 10, S. 407-429, Palo Alto.
WOOLF, T. (1993): It is time to account for the environmental costs of energy resources. In: Energy and Environment, Bd. 4, S. 1-29, Brentwood.
WORLD BANK (1992): Is economic growth sustainable? In: Proceedings of the World Bank Annual Conference on Development Economics 1991. Washington, S. 353-362.
WORSTER, D. (1993): The shaky ground of sustainability. In: SACHS, W. (Hrsg.): Global ecology. A new arena of political conflict. London & New Jersey, S. 132-145.
WRIGHT, D. H. (1990): Human impacts on energy flow through natural ecosystems and implications for species endangerment. In: Ambio, 19(4), S. 189-194, Lawrence.
XINHUA, W. (1992): Trends towards globalization and a global think tank. In: Futures, 24(3), S. 261-267, Oxford/USA.
YANARELLA, E. J. & LEVINE, R. S. (1992): Does sustainable development lead to sustainability? In: Futures, 24(8), S. 759-774, Oxford/USA.
YEARLEY, S. (1994): Social movements and environmental change. In: REDCLIFT, M. & BENTON, T. (Hrsg.): Social theory and the global environment. London & New York, S. 150-168.
YIP, G. S. (1989): Global strategy... In a world of nations? In: Sloan Management Review, 31(1), S. 29-41, Cambridge/Mass.
YOUNG, J. T. (1991): Is the entropy law relevant to the economics of natural resource scarcity? In: Journal of Environmental Economics and Management, 21(2), S. 169-179, New York.
YOUNG, J. T. (1994): Entropy and natural resource scarcity. A reply to the critics. In: Journal of Environmental Economics and Management, 26(2), S. 210-213, New York.
ZIMMERLING, R. (1993): Die großen Entwicklungstheorien. Hingeschiedensein oder Reinkarnation in der Realpolitik. In: Berliner Debatte Initial, 1993(1), S. 27-36, Berlin.
ZINI Jr., Á. A. (1990): Brasil en la encrucijada. Deuda externa y deficit fiscal. In: Sintesis, Nr. 12, S. 139-157, Madrid.
ZIPKIN, P. H. (1991): Does manufacturing need a JIT revolution? In: Harvard Business Review, S. 40-50, Boston u.a.
ZUAZAGOITIA, J. et al. (1991): An energy-GDP-population analysis for Latin-American countries. In: Energy: the international journal, 16(6), S. 923-931, Oxford/UK.

ZEITUNGS- UND ZEITSCHRIFTENVERZEICHNIS

A Notícia (1992, 1993): Joinville.
Blusoft (1994): Blusoft Informa, Nr. 1, Blumenau.
Byte (1992): The world's largest computer show, S. 45-46.
CPT-Comissão Pastoral da Terra (1993): CPT-SC. A ação e o contexto. Diretrizes e linhas de ação da CPT (= Documento da CPT-SC, Heft 3). Florianóppolis.
Diário Catarinense (1993): Florianópolis.
Expressão (o.J.): Expressão Especial Tecnologia. Florianópolis.
Expressão (o.J.): Expressão Especial Fenit. Florianópolis.
Expressão (1993): Expressão Special Issue Santa Catarina. Florianópolis.
Expressão (1994): 300 maiores do Sul. In: Expressão, Nr. 49, Ano 5, Florianópolis.
Expressão (1993, 1994): Florianópolis.
Gazeta Mercantil (1994): Balanço anual. Santa Catarina 1994/1995, 1(1), São Paulo.
Gazeta Mercantil (1994): São Paulo.
Jornal da CELESC (1994): Florianópolis.
Jornal de Santa Catarina (1993, 1994): Blumenau.
Mutação (1994): Rio do Sul.
O Estado (1995): Florianópolis.
O Estado de São Paulo (1995): São Paulo.
Rede de ONGs da Mata Atlântica (1994): Edição especial do Jornal da Mata Atlântica. São Paulo.
Revista do Mercosul (1995): Rio de Janeiro.
Softex 2000 (1994): Boletim Softex 2000, Nr. 7, Recife.
Veja (1991, 1993, 1994, 1995). São Paulo.

RESUMO

A presente tese de doutorado consiste numa análise econômico-geográfica do sistema energético do Vale do Itajaí, no Estado de Santa Catarina. Esta análise, contudo, não se restringe ao sistema energético regional. Ela considera a questão energética no contexto do desenvolvimento sócio-econômico da região estudada.

Enfatizados são os processos de diferenciação e mudança da estrutura econômica regional que exerceram e continuam exercendo suas influências econômicas, sociais e ambientais sobre o sistema energético do Vale do Itajaí. Um objetivo complementar constitui a tentativa de superar as análises dominantes da questão energética, sobretudo as tendências de corte empiricista e funcionalista, que normalmente impedem que se aborde o tema *energia* a partir de uma perspectiva crítica.

A dissertação está dividida em oito capítulos, sendo que os três primeiros constituem o seu fundamento teórico, o quarto apresenta os métodos empregados e os quatro últimos correspondem à base empírica do trabalho.

No primeiro capítulo, o tema *desenvolvimento* é abordado teoricamente. Após uma revisão dos conceitos de desenvolvimento, examina-se a contribuição das teorias do desenvolvimento convencionais (teoria da modernização e teoria da dependência) e a gradativa inclusão da dimensão ambiental no debate sobre questões do desenvolvimento (como no caso do conceito de *desenvolvimento sustentável*). O capítulo encerra com uma exposição mais detalhada da *teoria da regulação*, que através do conceito de *modelo de desenvolvimento* oferece o suporte teórico básico para o presente trabalho.

O segundo capítulo trata teoricamente da *questão energética*. Inicialmente é revisto o conceito de energia. Na sequência, são descritos os limites termodinâmicos dos processos de transformação de energia - que constituem os parâmetros mais adequados para compreender as restrições ao consumo de energia. Em seguida é apresentado o conceito de sistema energético, que igualmente ocupa posição central no presente trabalho. O capítulo conclui com uma periodização do sistema energético capitalista.

No terceiro capítulo é examinado o termo *espaço* também a partir de uma perspectiva teórica. Aqui *desenvolvimento e energia* são problematizados num contexto espacial. Para tanto, são inicialmente revisados os conceitos de espaço e região. Em seguida desenvolvimento e energia são considerados em relação à temática *sociedade e meio ambiente* a partir de uma ótica essencialmente geográfica. O capítulo encerra com uma descrição das bases espaciais do sistema energético capitalista.

O quarto capítulo apresenta os métodos empregados na realização desta dissertação. O capítulo inicia com a apresentação da *dialética*, a metodologia da qual se partiu para analisar o tema em questão. Na sequência, são descritos os métodos de pesquisa e as técnicas de trabalho que foram aplicados. O passo seguinte consiste na formulação de um modelo de análise de um sistema energético regional. Depois são explicadas a escolha e a delimitação geográfica da região estudada. Finalmente, são descritas as etapas mais importantes da pesquisa de campo.

No quinto capítulo são tratadas as escalas supra-regionais da questão energética. Num primeiro momento, desenvolvimento e energia são abordados na *escala global* - com ênfase para a crise do sistema energético fordista. Em seguida, o binômio desenvolvimento e energia é examinado no *contexto nacional*, i.é. no âmbito do modelo de desenvolvimento fordista-periférico brasileiro. Finalmente, desenvolvimento e energia são analisados na *escala estadual*, considerados aqui o processo de acumulação e, no contexto deste, o papel da energia no Estado de Santa Catarina.

O sexto capítulo descreve as características físico-geográficas e sócio-geográficas da região pesquisada. Inicia-se o capítulo com a localização geográfica e a organização espacial do Vale do Itajaí. Na sequência são apresentados os elementos físico-geográficos que caracterizam o meio ambiente da região, com destaque para a hidrografia e a vegetação. Depois são descritos os elementos sócio-geográficos dominantes. O capítulo é encerrado com uma breve análise das disparidades sócio-espaciais identificáveis no Vale do Itajaí.

No sétimo capítulo o binômio desenvolvimento e energia é tratado no contexto da região estudada. Aí se destacam as interrelações entre os processos de desenvolvimento regional e o sistema energético dominante no Vale do Itajaí. O capítulo em questão se divide em três subcapítulos. No primeiro, são precisados empiricamente e apresentados os atores que têm expressão socio-política na região (empresários industriais, prefeituras e ONGs). No segundo, desenvolvimento e energia são abordados historicamente. No terceiro, o binômio desenvolvimento e energia é analisado a partir dos dados da pesquisa de campo. Entre os tópicos que neste subcapítulo merecem destaque se incluem o papel da indústria textil (a mais importante da região), as características do *bloco social* e a emergência de estruturas de acumulação flexível no Vale do Itajaí. Estes fatores formam o pano de fundo do que pode ser definido como a crise do sistema energético regional.

O oitavo capítulo é dedicado ao exame das perspectivas do sistema energético da região estudada. A primeira parte deste capítulo trata dos projetos energéticos oficialmente existentes, que visam a contribuir para o aumento da oferta de energia na região. Na segunda parte são examinados a importância dos atores pesquisados e os potenciais conflitos de interesse entre empresários, prefeituras e sociedade civil (aqui representada pelas ONGs) em relação a possíveis cenários energéticos. A terceira parte do oitavo capítulo consiste num esboço de planejamento regional, social e ecologicamente sustentável, no âmbito do qual se situaria a regulação do sistema energético do Vale do Itajaí.

A aqui pretendida análise econômico-geográfica do sistema energético da região do Vale do Itajaí parte de um suporte teórico (capítulos 1, 2 e 3) e de escalas supra-regionais (capítulo 5) para estudar o tema *desenvolvimento e energia* empiricamente na escala regional (capítulo 7).

A base teórica é fornecida pela chamada teoria da regulação. Os conceitos de *modelo de desenvolvimento* (capítulo 1) e *sistema energético* (capítulo 2) são centrais para esta dissertação. Um modelo de desenvolvimento resulta da compatibilidade entre um paradigma tecnológico, um regime de acumulação, um modo de regulação, um bloco social e um paradigma social. Espacialmente, ele se aplica sempre à escala nacional e, temporalmente, ele distingue períodos de acumulação e crise. A partir deste referencial, pode-se p.ex. caracterizar o desenvolvimento brasileiro como sendo o de um modelo de *fordismo periférico* - i.é. em relação às formações sociais do capitalismo central, o caso brasileiro é o de um modelo de *fordismo incompleto*.

Um sistema energético, por sua vez, é definido pelas suas dimensões sócio-econômica, tecnológica e ecológica. Ele inclui fontes primárias de energia, a transformação destas em recursos energéticos de uso final e o contexto social e ambiental em que a energia é explorada e consumida. Espacialmente, os sistemas energéticos podem se reportar a diferentes escalas, de forma que se pode falar de um sistema energético nacional e/ou regional. Os sistemas energéticos nacionais se relacionam a modelos de desenvolvimento, o que significa que a periodização é similar. No caso estudado, a despeito de suas peculiaridades, o sistema energético do Vale do Itajaí tem que ser contextualizado na escala nacional - i.é. na escala do sistema energético fordista-periférico brasileiro.

O outro ponto de partida deste trabalho consiste na consideração das escalas supra- regionais, aqui observadas a global e, sobretudo, a nacional. Enquanto a escala global pode ser definida como o resultado de uma dada configuração (quase sempre conflituosa) de poder de Estados Nacionais, a nacional é entendida como o espaço das relações sociais fundamentais. É no âmbito de um Estado-Nação que se manifestam os conflitos de classes e as lutas travadas entre os vários grupos sociais. O modelo de desenvolvimento predominante na escala global é o que domina nas formações sociais nacionais que exercem influência nas relações internacionais. Este era o caso do fordismo, que foi o modelo de desenvolvimento hegemônico no mundo capitalista (e em grande medida também nas formações sociais do socialismo realmente existente) entre o fim da segunda guerra e o primeiro choque do petróleo. O sistema energético dominante em escala global resulta igualmente da influência de formações sociais nacionais que desempenham papel hegemônico nas relações internacionais. Assim se explica, por exemplo, a enorme importância do petróleo no sistema energético global na fase fordista do capitalismo mundial. No caso do Brasil, uma formação social periférica, o processo de desenvolvimento é marcado por uma contradição fundamental: a industrialização, embora vigorosa desde a metade deste século, é incompleta. Ela não teve o caráter de produção de massa para um (potencial) mercado de consumo de massa, precisamente por que a demanda efetiva estava condicionada à renda extremamente concentrada. Este processo de desenvolvimento, por sua vez, estava assentado num sistema energético baseado na oferta indiscriminada de energia barata e poluente. No contexto do sistema energético fordista-periférico brasileiro, esta energia foi colocada à serviço de uma acumulação de capital que beneficiou grupos sociais restritos da sociedade. Altas taxas de crescimento econômico puderam ser patrocinadas por energia abundante, mas com consequências sociais perversas e efeitos ambientais desastrosos.

A região estudada, que se situa entre os paralelos 26°36' e 27°23' de latitude Sul e entre os meridianos 48°39' e 49°38' de longitude Oeste, no Estado de Santa Catarina, Região Sul do Brasil, é composta por 24 municípios. Juntos, eles perfazem 7.141 km² e correspondem a 7,5% do território estadual e a 0,08% do território brasileiro. Trata-se de uma região de colonização européia, predominantemente alemã, que tem em Blumenau, no Médio Vale do Itajaí, o seu principal centro sócio-econômico. Destacada presença têm também as cidades de Rio do Sul (Alto Vale do Itajaí), de Itajaí (Baixo Vale do Itajaí) e, sobretudo, de Brusque (Vale do Itajaí Mirim). De todos os 24 municípios pesquisados, Itajaí é o mais antigo, tendo sido emancipado em 1859. Ainda no século dezenove, contudo, emanciparam-se também Blumenau e Brusque. Quanto ao tamanho, os municípios desta região podem ser considerados de pequeno porte em relação ao padrão brasileiro, sendo que só dois, Blumenau e Rio dos Cedros, ultrapassam os 500 km². Em relação à população, a região contava em 1991 com 683.566 habitantes, o que corresponde a 15,05% da população catarinense e a 0,47% da população brasileira. 13 dos 24 municípios pesquisados tinham no referido ano população inferior a 10.000 habitantes e apenas três população superior a 50.000 habitantes. O município com menor população, Presidente Nereu, tinha apenas 2.775 habitantes, enquanto o com maior população, Blumenau, alcançava 212.025 habitantes. A região apresenta uma população predominantemente urbana, considerando-se que apenas 18,6% do total corresponde à população rural. O município com maior população rural é Botuverá (87,8%), enquanto o com maior população urbana é Itajaí (95,8%). A densidade demográfica da região é bastante elevada, alcançando 95,7 habitantes/km², enquanto a catarinense é de 47,6 habitantes km². Entretanto, a densidade demográfica varia bastante de município a município, indo de apenas 8 habitantes/km² em Doutor Pedrinho a até 415,7 habitantes/km² em Blumenau.

Tomando-se critérios sócio-econômicos por referência (população, população urbana, densidade demográfica e, sobretudo, força de trabalho e força de trabalho empregada no setor industrial), pode-se classificar a região pesquisada em subregiões. Assim, considerando-se as suas características, é possível distinguir quatro subregiões:

Sub-região	Características	Municípios
I	Forte presença de atividade industrial e financeira e alta densidade tecnológica	Blumenau
II	Forte presença de atividade industrial	Brusque
III	Reduzida presença de atividade industrial	Ascurra, Gaspar, Guabiruba, Ibirama, Indaial, Itajaí, Pomerode, Rio do Sul, Rodeio, Timbó
IV	Forte presença de força de trabalho não-qualificada	Apiúna, Benedito Novo, Botuverá, Dr. Pedrinho, Ilhota, Lontras, Luiz Alves, Massaranduba, Navegantes, Presidente Nereu, Rio dos Cedros, Vidal Ramos

Essa subregionalização, baseada nos critérios indicados, aponta para a existência de consideráveis disparidades sócio-econômicas entre os municípios da região pesquisada. Elas refletem, espacialmente, o desenvolvimento das forças produtivas, o grau de industrialização e urbanização, as diferenças nos respectivos mercados de trabalho e, sobretudo, a evolução relativa das relações de classe dominantes no Vale do Itajaí.

Contudo, essas disparidades também revelam a importância sócio-econômica da região como um todo, i.é. na sua relação com *outras* regiões no contexto do fordismo periférico brasileiro.

Essa importância resulta de um desenvolvimento peculiar, ao longo do qual a indústria textil desempenhou papel predominante. Para os fins do presente trabalho, foram distinguidas as seguintes fases do desenvolvimento regional:

Período	Fase de desenvolvimento regional
Séc. XVII-1880	Da economia de subsistência à economia primário-exportadora
1880 - 1914	Emergência e formação da indústria
1914 -1 945	Ascensão da indústria tradicional
1945 - 1965	Diversificação da indústria e ascensão dos gêneros dinâmicos
1965 - 1980	Aceleração da acumulação de capital e consolidação da indústria
1980 - 1995	Crise da economia regional no contexto da crise econômica brasileira e gradual perda de importância da indústria tradicional
1995 - ...	Gradual ascensão de estruturas de acumulação flexível.

A presente dissertação analisa o binômio *desenvolvimento e energia* no Vale do Itajaí nas duas últimas fases (i.é a partir de 1980), partindo, para tanto, da caracterização da importância relativa dos atores sociais mais expressivos (empresários industriais, prefeituras e ONGs). Entre as principais constatações da pesquisa, merecem ser destacadas as seguintes:

- A economia regional foi fortemente atingida pela crise econômica brasileira dos anos oitenta;
- Ao mesmo tempo, verifica-se uma gradual perda de importância da indústria tradicional na economia regional;
- Apesar disso, a participação da indústria textil, um gênero tradicional, permanece elevada;
- Assim, encontram-se entre os grupos econômicos que se fortaleceram nas fases posteriores a 1965 as chamadas seis grandes (Artex, Cremer, Hering, Karsten, Sul Fabril e Teka), todas do gênero textil;
- Entretanto, na fase posterior a 1980 surge uma novidade na economia regional: a emergência de estruturas de acumulação flexível;
- No âmbito das estruturas de acumulação flexível emergentes, desenvolve-se uma indústria de software (em 1995, o município de Blumenau contava com 48 firmas produtoras de software, ligadas à Blusoft, que, por sua vez, integra o Softex-2000);
- São, porém, os grandes grupos econômicos, majoritariamente os do gênero textil, através de seus principais acionistas e dirigentes, que definem o *bloco social* na região pesquisada, i.é. exercem a hegemonia política regional, embora a importância política da classe trabalhadora tenha crescido desde os anos setenta, sobretudo em Blumenau e Brusque.

- Em face da hegemonia política exercida pelos grandes empresários industriais, a autonomia das prefeituras (o *Estado local*) é reduzida e a influência das ONGs bastante limitada.

O desenvolvimento da economia regional a partir dos anos oitenta constitui o pano de fundo do que aqui é denominado de crise do sistema energético regional. A análise do sistema energético do Vale do Itajaí deriva de seu desenvolvimento sócio-econômico. Uma periodização das mudanças mais importantes do sistema energético regional corresponde, portanto, as fases de desenvolvimento acima referidas.

Historicamente, o sistema energético do Vale do Itajaí teve na lenha a sua principal fonte. A lenha é obtida nas matas (nativas) da região, que integram a Floresta Ombrófila Densa (Mata Atlântica). Outra fonte que desde a formação da indústria desempenhou importante papel no sistema energético regional foi a eletricidade de fonte hídrica. A primeira usina hidrelétrica, de dimensões insignificantes, passou a operar em 1908 no município de Gaspar. Até meados dos anos sessenta foram construídas as três usinas mais importantes da região: no ano de 1915 foi instalada em Blumenau a Usina Salto, em 1949 entrou em operação a Usina Cedros e em 1964 passou a funcionar a Usina Palmeiras, ambas em Rio dos Cedros. Se bem que a lenha e a eletricidade de fonte hídrica fossem responsáveis pelo maior volume de energia consumida no Vale do Itajaí, a importância relativa dos derivados de petróleo cresceu na fase de diversificação da indústria e de surgimento dos gêneros dinâmicos. Características marcantes do sistema energético regional até 1965 são o crescimento da demanda e a diversificação da matriz energética, sobretudo em consequência dos processos de industrialização e urbanização.

O período de 1965 a 1980 é marcado por uma aceleração no processo de acumulação de capital que levará à consolidação do parque industrial do Vale do Itajaí. Os processos de industrialização e urbanização, já em curso na fase anterior, intensificam-se na região, sobretudo em Blumenau e Brusque. A indústria permanece responsável pela demanda do maior volume de energia, embora a participação do setor residencial - p.ex. a partir da generalização do automóvel por uma classe média que eleva rapida e significativamente seu poder aquisitivo - não seja desprezível. Deste desenvolvimento resulta uma posição destacada para os derivados de petróleo no sistema energético regional, ao lado da lenha (ainda a fonte mais importante) e da energia elétrica.

Já a fase que principia em 1980 é caracterizada por uma contradição fundamental, que vai se agudizar nos anos noventa: embora economicamente a região pesquisada se desenvolva em direção a um espaço de acumulação flexível (pós-fordista), o significado de fontes energéticas tipicamente fordistas (derivados de petróleo e eletricidade de fonte hídrica) e até mesmo de fontes pré-fordistas (lenha) permanece extremamente alta. Considerando a importância relativa de gêneros industriais como o textil e o de alimentos, pode-se inferir que a lenha ainda desempenhe um papel expressivo no sistema energético do Vale do Itajaí. Municípios tradicionalmente importantes na produção da lenha para uso energético são, sobretudo, Benedito Novo e Dr. Pedrinho, mas também Gaspar, Ibirama, Indaial e Rio dos Cedros. Entretanto, é preciso assinalar que se verifica uma queda considerável na extração de madeira para fins energéticos desde meados dos anos oitenta, consequência, de um lado, do incremento na exploração de madeira reflorestada e, de outro lado, das leis mais rigorosas que passaram a regular o uso de recursos florestais nativos no Brasil a partir do início dos anos noventa. No que se refere à geração de energia elétrica, as três já citadas usinas do Salto, Cedros e Palmeiras são responsáveis por 100% da produção regional de eletricidade. Como elas não atendem à demanda do Vale do Itajaí, o suprimento é complementado por energia fornecida pela CELESC (que, aliás, controla as três usinas referidas), adquirida junto à Eletrosul, à Copel e a Itaipú. O consumo de eletricidade na região é dominado pelo setor industrial (58,9%), seguido pelo setor residencial. Juntas, essas classes de consumo são responsáveis por 81,5% da demanda total de eletricidade na região pesquisada. Importante também é o fato de que apenas três dos 24 municípios pesquisados (Blumenau, Brusque e Itajaí) são responsáveis por 68% do consumo regional de eletricidade, o que reforça as disparidades sócio-econômicas acima referidas. Um outro aspecto, que também aponta para diferenças no interior da região investigada, refere-se ao consumo de eletricidade per capita: é nos municípios de Blumenau e Brusque que esse indicador revela valores mais elevados. Também é interessante observar que, como a indústria está concentrada em alguns poucos municípios, 86% da eletricidade consumida pelo setor industrial ocorre em apenas seis dos 24 municípios pesquisados (Blumenau, Brusque, Gaspar, Indaial, Itajaí e Pomerode).

As evidências acima indicam que o sistema energético regional se encontra em crise. Esta crise tem origem na estrutura produtiva regional. Ela é responsável pela demanda de grandes volumes de energia elétrica (a maior parte vinda de *fora*), de derivados de petróleo (100% vindos de *fora*) e de lenha (que contribui para a rápida diminuição da cobertura vegetal primária da região). Essa crise ainda é agravada pelo fato de que o consumo de energia se concentra em alguns poucos municípios da região. As conclusões são claras: o processo de acumulação que teve lugar no Vale do Itajaí, sobretudo nas três últimas décadas, foi sustentado por um sistema energético economicamente ineficiente, socialmente injusto e ecologicamente imprudente.

Que perspectivas se abrem para o sistema energético (em crise) do Vale do Itajaí? A presente dissertação explora cenários a partir da consideração de três aspectos básicos: os programas existentes para expandir a oferta de energia, os potenciais conflitos de interesse entre os atores mais expressivos e as condições mais adequadas para um planejamento regional que atente para a regulação do sistema energético do Vale do Itajaí.

Quanto aos programas que visam ampliar a oferta de energia, foram examinados o PROGÁS, a planejada usina hidrelétrica de Salto Pilão e o programa de PCHs. No primeiro caso, o capital industrial se associou à INFRAGÁS, visando levar gás boliviano (ou argentino) à região. O gás atenderia a demanda de grandes firmas industriais, sobretudo têxteis, podendo conduzir à uma diminuição da pressão exercida sobre os recursos florestais do Vale do Itajaí. No segundo caso, a JICA e, posteriormente, uma equipe mista CELESC & ELETROSUL revelaram a existência de potencial hidrelétrico aproveitável mediante a construção de nova usina hidrelétrica em Salto Pilão, próximo a Ibirama. Se a sua construção vier a se concretizar, essa usina deverá gerar 758 GW de energia por ano, podendo levar a uma redução da dependência em relação à eletricidade que até o presente vem sendo importada. No terceiro caso, não há planos concretos, apenas intenções: elas partem da premissa de que os afluentes do Rio Itajaí-Açu oferecem condições para a construção de micro, mini e até pequenas centrais hidrelétricas, a baixo custo econômico, reduzido impacto sócio-cultural sobre as populações locais e inexpressiva degradação do ambiente natural.

Com relação a potenciais conflitos de interesse entre empresários industriais, prefeituras e ONGs, eles se referem a alternativas que podem moldar os cenários energéticos da região, embora seja preciso observar que estes atores não divergem muito entre si. A pesquisa realizada demonstrou que há inclusive pontos de convergência em aspectos importantes como a possibilidade do uso de recursos energéticos renováveis e a necessidade de reduzir o consumo de energia. As divergências ficam por conta das alternativas energéticas - p.ex. enquanto empresários querem o gás, as ONGs falam de energia solar e as Prefeituras de PCHs - e das formas de reduzir a demanda energética - p.ex. enquanto empresários apostam em tecnologias poupadoras de energia, ONGs e Prefeituras expressam seu interesse em economizar energia mediante a mobilização da população local organizada.

Finalmente, no que se refere as condições mais adequadas para a adoção de um planejamento regional que contemple uma regulação social e ecologicamente sustentável do sistema energético do Vale do Itajaí, foram consideradas as premissas técnicas básicas de um processo como este, bem como o significado que neste contexto podem desempenhar as energias renováveis. Os objetivos de um sistema energético economica, social e ecologicamente sustentável podem ser resumidos como segue:

- Abastecimento energético duradouro;
- Elevação constante na eficiência do uso de energia;
- Transição em direção a recursos energéticos renováveis;
- Uso dos recursos energéticos disponíveis na região;
- Redução no uso de recursos energéticos importados;
- Emprego de tecnologias de energia (social e ecologicamente) adequadas.

Para se alcançar tais objetivos, pressupõe-se a participação ativa da população local organizada, a constituição de um banco de dados (que integre três classes de informações: dados energéticos, dados sócio-econômicos e dados ambientais) e a elaboração de um balanço energético regional. No que se refere as energias renováveis, estas podem desempenhar um papel expressivo no contexto de um processo de planejamento como este. Se, concordando com a literatura sobre o assunto, se entender por energias renováveis a biomassa, PCHs, a energia solar e a energia eólica, então pode ser dito que há um potencial considerável para a sua adoção na região investigada, sobretudo para as três primeiras. Os resultados da pesquisa mostram que a maior parte das premissas técnicas para a formulação e a implantação de um planejamento social e ecologicamente sustentável, assim como para a adoção de energias renováveis, está dada.

Todavia, cumpre recordar o fato de que processos de desenvolvimento e sistemas energéticos regionais têm que ser contextualizados nas escalas global e, sobretudo, nacional. No presente caso, alternativas de desenvolvimento baseadas em opções energéticas social e ambientalmente adequadas no Vale do Itajaí tendem a se concretizar (ou não) se as condições nacionais e internacionais as favorecerem (ou não). Neste sentido, a economia globalizada e o modelo de desenvolvimento brasileiro apresentam os limites dentro dos quais a região pesquisada pode encontrar respostas para os problemas de seu desenvolvimento e seu sistema energético.

Entretanto, a contradição básica desvelada neste trabalho - entre processos de desenvolvimento que vão forjando um espaço de acumulação flexível (portanto, pós-fordista) e um sistema energético baseado em fontes e usos de energia de caráter essencialmente fordista - tende a ser resolvida, nos marcos dos limites globais e nacionais apontados, a partir dos meios disponíveis na própria região pesquisada. Entretanto, as mencionadas alternativas planejadas para ampliar a oferta de energia no Vale do Itajaí - aqui considerados, sobretudo, o gasoduto Bolívia-Brasil que deve trazer gás para a região e a usina hidrelétrica de Salto Pilão - são social e ambientalmente inadequadas, porquanto reforçam os processos de acumulação responsáveis pelas presentes disparidades sociais e degradação ambiental vigentes. Portanto, também motivos de natureza política local condicionam a situação de crise pela qual passa o sistema energético do Vale do Itajaí.

Embora mudanças mais profundas sejam em grande medida prisioneiras de acontecimentos em escala nacional (e, cada vez mais, em escala global), elas podem - e devem - ser desencadeadas pela população local organizada através de estratégias de apoio mútuo.

Palavras-chave: desenvolvimento e energia, disparidades sócio-espaciais, fordismo periférico brasileiro, modelo de desenvolvimento, Santa Catarina, sistema energético, Vale do Itajaí.

SUMMARY

This dissertation is an economic-geographical analysis of the regional development processes and the energy system in the context of Brazilian peripherical fordism. Development and energy issues are analysed through the example of the region of the Itajaí Valley in the southern Brazilian State of Santa Catarina. This study deals with changes and differentiation processes of the regional economy, which influenced and still influence in economic, social and environmental ways the energy system of the Itajaí Valley. The dissertation is based on a theoretical foundation (chapters 1, 2 and 3) and goes on to empirically examine the theme of *development and energy* on a regional scale (chapter 7) in the broader context of supra-regional scales (chapter 5) and is divided in to eight chapters:

The first chapter is dedicated to the theoretical discussion of the development concept. After a brief review of the term development, the contribution of the most important development theories (Modernization and Dependency) and the gradual inclusion of the environmental dimension in the development debate (as in the case of the concept of Sustainable Development) are examined. This chapter closes with the presentation of the Regulation Theory which - through the concept of development model - gives the theoretical support to this analysis.

The second chapter deals with the energy question, also from a theoretical point of view. It begins with the different definitions of energy. Then it describes the thermodynamical limits of energy transformation processes. Another important theoretical support to this analysis is given by the concept of energy system which is described at this point. It concludes with an introduction to the historical periods of the capitalist energy system.

The third chapter discusses the concept of space from a theoretical perspective. Here, development and energy are treated in spatial context. After a brief bibliographical review of the concepts of space and region, development and energy are analyzed in relation to society and environment from a geographical point of view. This chapter closes with a description of the spatial basis of an energy system.

Chapter four presents the methods employed in this dissertation. It begins with a description of the dialectical methodology, which was used for the present analysis, and the research methods. Then it explains the choice and the geographical border of the investigated region. Finally it shows the most important stages of the fieldwork.

The fifth chapter deals with the supra-regional scales of the energy question. First, development and energy are examined on a global scale, with special reference to the crisis of the fordist energy system. Second, development and energy are examined on a national scale in the context of the Brazilian peripherical fordist model of development. Third, development and energy are examined on a state scale, as are the accumulation process and the role of the energy system in Santa Catarina.

Chapter six describes the physical and socio-geographical characteristics of the investigated region. It begins with the geographical situation and the spatial organization of the Itajaí Valley. Then it presents the most important physio-geographical elements which characterize the regional environment (especially hydrology and vegetation) and the dominant socio-geographical elements which describe the investigated region. It concludes with an introduction to the socio-spatial differences observed in the Itajaí Valley.

In the seventh chapter, development and energy issues of the investigated region are analyzed, on the basis of empirical data. Special attention is given to the inter-relation between the regional development processes and the energy system in the Itajaí Valley. First, the most important social groups (industrial firms, local governments and NGOs) are defined and presented. Second, a brief historical review to the theme of development and energy in the Itajaí Valley is introduced. Finally, development and energy are analyzed on the basis of empirical data obtained from the fieldwork. Broader attention is given to the role of the textile industry (the most important industrial branch in the region), to the characteristics of the regional social block, and to the rise of flexible accumulation structures. These factors constitute the background to the crisis of the regional energy system.

Chapter eight examines the perspectives of the regional energy system. The first part of this chapter deals with projects aimed at increasing the regional energy supply. The second part consists of a critical analysis of the potential conflict of interests among the social groups described in chapter seven in relation to possible energy scenarios. The third part presents the social and ecological assumptions of a sustainable regulation of the regional energy system.

The theoretical basis is given by the regulation theory. It defines a development model as a result of the compatibility between a technological paradigm, an accumulation regime, a mode of regulation, a social block and a social paradigm. Energy systems consider socio-economic, technological and environmental dimensions to answer the questions of where the energy comes from (primary sources), where it goes to (energy demand) and how it is regulated (i.e. how social groups exercise political control upon the use of energy).

With reference to the supra-regional scales, this dissertation considers the global and especially the national scales. The point is that regional development processes are directly related to the respective national development model, and increasingly with the globalized capitalist economy. In the present case, the investigated region suffers influences of the Brazilian peripherical fordist model of development, and has more and more opened its economy to the globalized economic processes.

The region in question is formed by 24 municipalities in the northeast of Santa Catarina, Southern Brazil. They cover an area of 7.141 sq km, which corresponds to 7,5% of the State territory and to 0,08% of the Brazilian territory. In relation to the population, the investigated region has 683.566 inhabitants (1991), which corresponds to 15,05% of the State population and to 0,47% of the Brazilian population. From a socio-economic perspective (considering population, urban population, working class force, the extent of industrial work), the investigated region can be divided into four different zones:

Zone	Characteristics	Municipalities
I	Strong presence of industrial and financial activity and high technological density	Blumenau
II	Strong presence of industrial activity	Brusque
III	Weak presence of industrial activity	Ascurra, Gaspar, Guabiruba, Ibirama, Indaial, Itajaí, Pomerode, Rio do Sul, Rodeio, Timbó
IV	Strong presence of not-qualified working force	Apiúna, Benedito Novo, Botuverá, Dr. Pedrinho, Ilhota, Lontras, Luiz Alves, Massaranduba, Navegantes, Presidente Nereu, Rio dos Cedros, Vidal Ramos

In relation to the recent regional development process, the results of the investigation can be summarized as follows:

- The regional economy has been strongly affected by the Brazilian economic crisis of the 80s; at the same time, the traditional industrial branches started declining, though the textile industry still remains the most important industry in the regional industrial structure;

- In the eighties, however emerged the so called flexible accumulation structures, under which a software industry developed (Blumenau counted 48 small firms in this branch in 1995);

- Yet the great economic groups (almost all of which are from the textile branch) represent the social block i.e. they dominate politics in the investigated region, though the political importance of the working class has increased since the seventies (especially in Blumenau and Brusque);
- Considering the political hegemony of the regional industrial capital, the local governments have little autonomy and the influence of the NGOs very limited.

These facts correspond to the background of the present situation of the regional energy system.

Historically the energy system of the Itajaí Valley was based on fuelwood. Until recently fuelwood was obtained from the primary forests of the region (in the municipalities of Benedito Novo, Dr. Pedrinho etc.). Water has always been an important source of energy. In order to generate electricity three hydro-electrical power stations have been built: *Usina do Salto* in Blumenau, *Usina Cedros* and *Usina Palmeiras* in Rio dos Cedros. Industrialization and urbanization processes that started in the sixties have led to an increased energy demand and to a diversification of the regional energy system in wich oil derivatives play an important role.

The present situation of the energy system of the Itajaí Valley is characterized by an interesting contradiction: while economically the region develops into a space of flexible accumulation through the increased importance of software industry, the importance of typically fordist (and pre-fordist) energy sources like oil derivatives (and fuelwood) remains extremely high. It is necessary to realize that the industrial sector is the most important energy consumer in the region of investigation. Considering the relative importance of the textile branch, it is possible to conclude that fuelwood plays an enormous role even today. Electrical energy is supplied by the above mentioned hydroelectrical power stations (Salto, Cedros and Palmeiras), but it is complemented by supplies from other regions of Santa Catarina and from the State of Paraná. The industrial sector consumes 58,9% of the electricity needed in the region; 68% of the electricity are consumed by only three of the 24 investigated municipalities (Blumenau, Brusque and Itajaí). The highest electricity consumption per capita in the Itajaí Valley occurs in the municipalities of Blumenau and Brusque.

The results of this dissertation indicate a crisis of the regional energy system. This crisis is rooted in the regional production structure, wich is based on electricity (most of which must be imported), on oil derivatives (100% of which must be imported) and on fuelwood (which contributes to the environmental degradation in the region). Morover, the crisis has further dimensions like the concentration of energy demand in a few municipalities of the Itajaí Valley. The main conclusion to be drawn fromthis dissertation is that the regional energy system sustains a process of capital accumulation which is economically, socially and ecologically unsustainable. The perspectives of the energy system analysed in this dissertation depend on political conditions which could favour (or not) the implementation of a socially and ecologically sustainable energy planning with an increased participation of renewable sources like biomass, solar energy and wind energy.

Key-words: Brazilian peripherical fordism, development and energy, energy system, Itajaí Valley, model of development, Santa Catarina, socio-spatial disparities.

ANHANG

Tabellen
Fragebögen

Tabelle 6a
Überschwemmungen von mehr als 9 Metern über dem normalen Abflußniveau in Blumenau

Datum	Höhe des Hochwassers (in m)	Datum	Höhe des Hochwassers (in m)	Datum	Höhe des Hochwassers (in m)
März 1851	16,0	2.5.1931	11,05	29.09.1963	9,67
29.10.1852	16,3	18.9.1931	11,53	13.2.1966	10,07
20.11.1855	13,3	25.5.1932	9,75	6.4.1969	10,14
März 1862	9,0	4.10.1933	11,85	9.6.1971	10,35
17.9.1864	10,0	24.9.1935	11,65	29.8.1972	11,35
27.11.1868	13,3	6.8.1936	10,40	25.6.1973	11,30
11.10.1870	10,0	27.11.1939	11,45	29.8.1973	12,35
23.9.1880	17,1	3.8.1943	10,50	4.10.1975	12,63
1888	12,8	2.2.1946	9,45	26.12.1978	11,50
18.6.1891	13,8	17.5.1948	11,85	10.5.1979	9,45
1.5.1898	12,8	17.10.1950	9,45	9.10.1979	10,45
2.6.1900	12,8	1.11.1953	9,65	22.12.1980	13,27
2.10.1911	16,9	8.5.1954	9,56	4.3.1983	10,60
20.6.1923	9,0	22.11.1954	12,53	20.5.1983	12,52
14.5.1925	10,3	20.5.1955	10,61	9.7.1983	15,34
13.1.1926	9,7	18.8.1957	13,07	24.9.1983	11,75
9.11.1927	12,6	12.9.1961	10,35	7.8.1984	15,46
18.6.1928	11,76	1.11.1961	12,49	29.5.1992	12,80
15.8.1928	10,82	21.9.1962	9,29	1.7.1992	10,62
16.2.1930	9,05				

Quelle: CELESC & ELETROSUL (1994, S. 45), CORDERO (1992, S. 34; 1994, S. 41), FRANK (1993) und KLEIN (1980, S. 347).

Tabelle 6b
Natürlicher Baumbestand im Itajaítal

Brasilianischer Name	Wissenschaftlicher Name
Aguai	*Chrysophyllum viride*
Angico-vermelho	*Parapiptandenia rigida*
Araribá-amarelo	*Centrolobium robustum*
Baguaçu	*Talauma ovata*
Bicuíba	*Virola oleifera*
Bracatinga	*Mimosa scabrella*
Cabreúva	*Myrocarpus frondosus*
Canela-amarela	*Nectandra lanceolata*
Canela-branca	*Nectandra leucothyrsus*
Canela-guaica	*Ocotea puberula*
Canela-lageana	*Ocotea pulchella*
Canela-preta	*Ocotea catharinensis*
Canjerana	*Cabralea glaberruima*
Caroba	*Jacaranda micrantha*
Cedro-rosa	*Cedrela fissilis*
Erva-mate	*Ilex paraguariensis*
Guapuruvu	*Schizolobium parahyba*
Imbuia	*Ocotea porosa*
Ipê-roxo	*Tabebuia avellanedae*
Jacatirão-açu	*Miconia cinnamomifolia*
Licurana	*Hieronyma alchorneoides*
Louro-pardo	*Cordia trichotoma*
Matiambu	*Aspidosperma ramiflorum*
Olandi	*Calophyllum brasiliense*
Pau-óleo	*Capaifera trapezifolia*
Pau-marfim	*Balfourodendron riedelianum*
Palmiteiro	*Euterpe edulis*
Peroba-vermelha	*Aspidosperma olivaceum*
Pinheiro-do-paraná	*Araucaria angustifolia*
Sassafrás	*Ocotea pretiosa*
Sobragi	*Colubrina glandulosa/reitzii*
Tanheiro	*Alchornea triplinervia*
Tarumã-branco	*Cytharexylum myrianthum*
Timbaúva	*Enterolobium contortisiliquum*

Quelle: KLEIN (1980, S. 333-334).

Tabelle 6c
Bevölkerungsdichte in den Munizipien des Itajaítals 1991

Munizipien	Gesamtbevölkerung	Fläche (in km^2)	Einwohner/km^2
Apiúna	7.731	489	15,8
Ascurra	6.162	119	51,8
Benedito Novo	8.385	386	21,7
Blumenau	212.025	510	415,7
Botuverá	4.287	318	13,5
Brusque	57.971	281	206,3
Doutor Pedrinho	2.997	375	8,0
Gaspar	35.614	370	96,3
Guabiruba	9.905	173	57,3
Ibirama	13.773	269	51,2
Ilhota	9.448	245	38,6
Indaial	30.158	430	70,1
Itajaí	119.631	304	393,5
Lontras	7.578	198	38,3
Luiz Alves	6.440	261	24,7
Massaranduba	11.168	395	28,3
Navegantes	23.662	119	198,8
Pomerode	18.771	218	86,1
Presidente Nereu	2.775	225	12,3
Rio dos Cedros	8.642	556	15,5
Rio do Sul	45.679	261	175,0
Rodeio	9.371	134	69,9
Timbó	23.806	130	183,1
Vidal Ramos	7.587	375	20,2
Insgesamt	683.566	7.141	95,7

Quelle: IBGE (1991, S. 25, 96-113) und SANTA CATARINA (1986a, 1986b, 1994b, 1994c).

Tabelle 7a
Die angeschriebenen Industriebetriebe *

Befragte Firmen	Gründung	Munizip	Branche
01 Artex S/A Fábrica de Artefatos Têxteis	1936	Blumenau	Textil
02 Buettner S/A Indústria e Comércio	1898	Brusque	Textil
03 Ceval Alimentos S/A	1972	Gaspar	Nahrung
04 Cia. Cigarros Souza Cruz	**1946**	**Blumenau**	**Tabak**
05 Cia. Industrial Schlösser S/A	**1911**	**Brusque**	**Textil**
06 Cia. Lorenz	...	Blumenau	Nahrung
07 Cia. Textil Karsten	1882	Blumenau	Textil
08 Círculo Comercial e Industrial S/A	...	Gaspar	Textil
09 Cremer S/A Prod. Têxteis e Cirúrgicos	...	Blumenau	Textil
10 Cristais Hering S/A	1951	Blumenau	Glasindustrie
11 Electro-Aço Altona S/A	**1923**	**Blumenau**	**Metalindustrie**
12 Fáb. Cadarços e Bordados Haco Ltda	...	Blumenau	Textil
13 Fábrica de Tecidos Carlos Renaux S/A	1892	Brusque	Textil
14 Felpudos Fenix Ltda	1973	Brusque	Textil
15 Femepe Ind. e Com. de Pescados S/A	1966	Navegantes	Nahrung
16 Frahm Eletrônica Ltda	1961	Rio do Sul	Elektroelektronik
17 Frigorífico Riosulense S/A	1963	Rio do Sul	Nahrung
18 Hering Textil S/A Blumenau	1880	Blumenau	Textil
19 Hering Textil S/A Gaspar	...	Gaspar	Textil
20 Hering Textil S/A Ibirama	...	Ibirama	Textil
21 Hering Textil S/A Indaial	...	Indaial	Textil
22 Hering Textil S/A Rodeio	1974	Rodeio	Textil
23 Ind. de Linhas Leopoldo Schmalz S/A	1948	Gaspar	Textil
24 Indústria e Comércio Dudalina S/A	...	Blumenau	Bekleidung
25 Indústrias Têxteis Renaux S/A	1925	Brusque	Textil
26 Irmãos Fischer S/A Ind. e Com.	1966	Brusque	Maschinenbau
27 Irmãos Zen S/A	1960	Brusque	Fahrzeug
28 Malharia Brandili Ltda	1964	Apiúna	Textil
29 Malharia Diana S/A	1958	Timbó	Textil
30 Malwee S/A	...	Pomerode	Bekleidung
31 Merlin Gerin Brasil S/A	1991	Itajaí	Elektroelektronik
32 Metisa Metalúrgica Timboense S/A	**1942**	**Timbó**	**Metalindustrie**
33 Netzsch do Brasil Ind. e Com. Ltda	1973	Pomerode	Maschinenbau
34 Plasvale Ind. de Plásticos do Vale Ltda	...	Gaspar	Kunststoff
35 Porcelana Schmidt S/A	1945	Pomerode	Keramik
36 Refinadora Catarinense S/A	1982	Ilhota	Nahrung
37 Sul Fabril S/A Ascurra	...	Ascurra	Bekleidung
38 Sul Fabril S/A Blumenau	1954	Blumenau	Bekleidung
39 Sul Fabril S/A Rio do Sul	1979	Rio do Sul	Bekleidung
40 Teka Tec. Kuehnrich S/A Blumenau	1935	Blumenau	Textil
41 Teka Tec. Kuehnrich S/A Indaial	1986	Indial	Textil
42 Walter Müller S/A	**1949**	**Timbó**	**Maschinenbau**
43 Weg Transformadores Ltda	1981	Blumenau	Elektroelektronik

Quelle: Eigene Zusammenstellung nach Expressão (1994), FGV (1994), FIESC (1992) und GAZETA MERCANTIL (1994a, 1994b).

* Die **fett** gekennzeichneten Industriebetriebe haben den Fragebogen beantwortet.

Tabelle 7b
Die angeschriebenen NRO *

01	**Associação Catarinense de Preservação da Natureza (ACAPRENA)**
02	**Associação de Preservação do Meio Ambiente do Alto Vale do Itajaí (APREMAVI)**
03	**Associação dos Engenheiros Agrônomos de Santa Catarina (AEASC-Núcleo Regional do Alto Vale do Itajaí)**
04	Associação Itajaiense de Preservação Ambiental
05	**Associação para a Preservação da Vida-SOS-Itajaí-Mirim**
06	CDDH-Centro de Defesa dos Direitos Humanos de Blumenau
07	CDDH-Centro de Defesa dos Direitos Humanos de Brusque
08	CDDH-Centro de Defesa dos Direitos Humanos de Gaspar
09	CDDH-Centro de Defesa dos Direitos Humanos de Rio do Sul
10	CDDH-Centro de Defesa dos Direitos Humanos de Timbó
11	Clube de Ecologia GM de Brusque
12	**Comissão Pastoral da Terra (CPT-Regional de Santa Catarina)**
13	Federação das Entidades Ecológicas Catarinenses (FEEC)
14	Força Operária
15	**Fundação Agua Viva**
16	**Movimento Independente de Reflorestamento (MIR)**
17	Núcleo de Pesquisas em Ciências Sociais da UFSC
18	Sindicato dos Bancários de Rio do Sul
19	Sindicato dos Professores de Rio do Sul
20	**Sindicato dos Trabalhadores Eletricitários do Vale do Itajaí**
21	**Sindicato dos Trabalhadores nas Indústrias de Fiação e Tecelagem de Blumenau**
22	Sindicato dos Trabalhadores nas Indústrias de Fiação e Tecelagem de Brusque
23	**Sindicato dos Trabalhadores Rurais de Benedito Novo**

Quelle: Eigene Zusammenstellung nach NRO-Listen von IBASE, CECA und IBAMA (1991, 1994).

* Die **fett** gekennzeichneten NRO haben den Fragebogen beantwortet.

Tabelle 7c
Hauptaktionäre und Geschäftsführer der größten Industriebetriebe im Itajaítal

Firma	Hauptaktionäre und Geschäftsführer
Artex	Grupo Garantia, Norberto Ingo Zadrozny
Cremer	Lothar Schmidt, Artur Fouquet Jr., Benoni Longen, Carlos Henrique Schmidt, Guenter Kaulich und Heinz Wolfgang Schrader
Hering	Ivo Hering, Hans Prayon, Lauro Cordeiro und Abramo Moser
Karsten	Ralf Karsten, Carlos Odebrecht, Uwe Spranger, Gunar Conrado Karsten, João Karsten Neto, Valdemar Maske, Lothar Schmidt und Heinz Wolfgang Schrader
Sul Fabril	Gerhard Horst Fritzsche, João Telles, Adolar Leo Hermann, Carlos Pedro Koerich, José Erico Dalla Rosa und Waldemar Tiefensee
Teka	Mário John und Siegfried Liesenberg
Renaux	Carlos Cid Renaux, Carlos Renaux Jr., Rolf Dieter Bueckmann, Walter Bueckmann und Juliano Carlos Renaux

Quelle: Eigene Zusammenstellung nach AGUIAR (1995), GAZETA MERCANTIL (1994), SIMÃO (1995) sowie Erhebungen vor Ort.

Tabelle 7d
Stromverbrauch (in kWh) und Zahl der Verbraucher im Itajaítal 1994

Munizip	Haushaltssektor		Sekundärer Sektor		Insgesamt	
	Strom-verbrauch	Zahl der Verbraucher	Strom-verbrauch	Zahl der Verbraucher	Strom verbrauch	Zahl der Verbraucher
Apiúna	2.202.321	1.260	4.403.417	41	9.570.327	2.245
Ascurra	2.715.791	1.463	5.070.333	66	10.247.072	1.919
Benedito Novo	1.650.784	968	4.644.919	41	7.786.041	1.473
Blumenau	153.153.419	63.622	457.136.440	2.228	734.171.103	73.638
Botuverá	966.427	561	5.851.766	29	8.519.018	1.396
Brusque	42.192.935	17.314	191.988.985	1.001	264.479.975	21.464
Doutor Pedrinho	843.629	500	602.289	33	2.362.891	903
Gaspar	22.242.797	9.388	50.491.579	484	90.439.393	11.891
Guabiruba	5.390.126	2.553	11.511.630	173	18.980.731	3.178
Ibirama	5.821.597	3.146	11.532.090	105	22.764.875	4.484
Ilhota	4.022.037	2.220	10.140.534	57	17.561.895	2.965
Indaial	17.652.148	8.278	69.844.418	311	98.523.916	10.070
Itajaí	76.489.804	33.698	95.313.653	1.006	238.751.545	39.499
Lontras	2.111.658	1.285	2.023.984	38	7.030.810	2.392
Luiz Alves	1.353.488	671	4.732.547	51	9.422.685	1.973
Massaranduba	3.076.876	1.526	6.568.195	104	15.557.940	3.607
Navegantes	14.917.906	10.323	16.137.503	363	37.020.685	11.449
Pomerode	10.896.640	4.871	27.913.936	293	44.189.217	5.910
Presidente Nereu	359.404	230	18.340	4	1.226.083	716
Rio do Sul	23.842.946	12.187	22.876.248	370	65.757.947	15.244
Rio dos Cedros	2.778.802	1.798	2.109.762	95	8.728.169	3.013
Rodeio	4.192.557	2.200	5.658.447	92	13.093.158	3.005
Timbó	14.404.630	6.294	51.410.656	450	75.428.421	7.907
Vidal Ramos	764.034	432	158.509	14	3.722.134	1.844
Itajaítal	414.042.756	186.788	1.058.140.180	7.449	1.795.336.031	232.185

Quelle: CELESC (1995a, S. 27-32).

Ivo Marcos Theis
Doutorando em Geografia Econômica

Departamento de Geografia
Universidade de Tübingen
Rep. Fed. da Alemanha

Este questionário é dirigido as Prefeituras do Vale do Itajaí e consiste num instrumento de coleta de informações sobre energia e atividade econômica na região. Recomenda-se que o questionário seja lido antes de se começar a respondê-lo. Caso o espaço destinado a uma dada resposta seja insuficiente, pode-se usar o verso da respectiva folha. Os dados fornecidos serão empregados apenas para fins científicos.

Nome do Município: ....

Dados sobre a Economia Municipal

1. A economia do município (nível de investimentos, produção agropecuária e industrial, comércio) pode ser considerada:
    a. ( ) Suficietemente forte (porque é diversificada, consegue absorver a MdO da região e está tecnologicamente atualizada)
    b. ( ) Incapaz de absorver toda a MdO disponível
    c. ( ) Pouco diversificada
    d. ( ) Tecnologicamente atrasada
    e. ( ) Demasiado dependente de "fora"
    g. ( ) Outra (favor especificar): ....

2. Existem estímulos da Prefeitura para a instalação de novas indústrias no município?
    a. ( ) Sim   b. ( ) Não

3. Caso a resposta à pergunta 2 seja positiva, indicar os projetos e/ou programas do município que expressam tais estímulos:
    a. ....
    b. ....
    c. ....

4. Caso a resposta à pergunta 2 tenha sido positiva, indicar os ramos dessas novas indústrias:
    a. ....
    b. ....
    c. ....

5. Caso a resposta à pergunta 2 tenha sido positiva, indicar o porte desejado dessas novas indústrias:
    a. ( ) Microempresas   b. ( ) Pequenas empresas
    c. ( ) Médias Empresas   d. ( ) Grandes empresas

6. Caso a pergunta 5 tenha sido respondida, indicar os principais motivos que justificam a preferência pelo(s) porte(s) citado(s):
    a. ....
    b. ....
    c. ....

Dados sobre a Situação Social no Município

7. A atual situação social (condições de saúde, índice de alfabetização, qualidade material de vida) do município pode ser considerada:
   a. ( ) Boa
   b. ( ) Boa e tem melhorado
   c. ( ) Boa, mas tem piorado
   d. ( ) Ruim
   e. ( ) Ruim e tem piorado
   f. ( ) Ruim, mas tem melhorado
   g. ( ) O(s) governo(s) - federal e/ou estadual - não dá/dão importância para o município
   h. ( ) Outro (favor especificar): ....

8. Qual é a possibilidade de melhoria da atual situação social do município?
   a. ( ) É importante que se invista mais e, assim, sejam gerados mais empregos
   b. ( ) A situação social no município tende a melhorar na medida em que melhorar a situação econômica
   c. ( ) A situação social independe da econômica
   d. ( ) A situação social tende a melhorar quando também melhorar a qualidade do meio ambiente na região
   e. ( ) A situação social independe do meio ambiente
   f. ( ) A situação social tende a melhorar quando o(s) governo(s) - estadual e/ou federal - passar(em) a dar mais importância para o município
   g. ( ) Outra (favor especificar): ....

Dados sobre Meio Ambiente

9. Existe algum órgão da Prefeitura ou comissão por ela instituída que se dedica ao **meio ambiente** no município?
   a. ( ) Sim
   b. ( ) Não

10. Caso a resposta à pergunta 9 seja positiva, favor especificar:
    ....
    ....
    ....

11. Caso a resposta à pergunta 9 tenha sido positiva, indicar as suas atribuições:
    ....
    ....
    ....

12. Que projetos/programas ambientais, desenvolvidos por esse órgão/essa comissão, estão sendo atualmente executados?
    ....
    ....

13. Como se poderia qualificar a atual situação ambiental (poluição do ar e dos rios, cuidado com flora e fauna, preservação ambiental em geral) do município?
    a. ( ) Não ocorrem maiores danos ao meio ambiente no município
    b. ( ) Existem atividades no município que provocam alguns danos ao meio ambiente
    c. ( ) O meio ambiente no município está bastante degradado
    d. ( ) Outra (favor especificar): ....

14. Se o meio ambiente no município sofre degradação, quais são os maiores responsáveis por esses danos? (assinale **1** para a alternativa **mais** importante, **2** para a seguinte, e assim por diante, até **6**, ou **7** se for o caso, para a **menos** importante)
    a. ( ) Setor agropecuário   b. ( ) Indústria   c. ( ) Comércio/serviços
    d. ( ) Setor Informal   e. ( ) Setor Residencial   f. ( ) Setor Público
    g. ( ) Outro (favor especificar): ....

15. Quais são os principais problemas ambientais decorrentes da **atividade primária** no município?
    a. ....
    b. ....
    c. ....

16. Existe preocupação da parte da Prefeitura com a preservação da cobertura vegetal primária existente no município?   a. ( ) Sim   b. ( ) Não

17. Caso a resposta à pergunta 16 seja "a", indicar os projetos/programas do município que revelam tal preocupação:
    a. ....
    b. ....
    c. ....

18. Existem práticas de manejo florestal no município?   a.( ) Sim   b. ( ) Não

19. Caso a resposta à pergunta 18 seja "a", indicar propriedades nas quais há prática de manejo florestal:
    a. ....
    b. ....
    c. ....

20. Quais são os principais problemas ambientais ligados à **produção industrial** no município?
    a. ....
    b. ....
    c. ....

21. Se o meio ambiente no município sofre danos, seria possível reduzi-los?
    a. ( ) Sim   b. ( ) Não

22. Caso a pergunta 21 tenha sido respondida com a letra "a", indicar como seria possível reduzir os danos ao meio ambiente no município (e região):
    a. ....
    b. ....
    c. ....

23. A atuação do **governo estadual** nas questões relativas ao meio ambiente pode ser considerada: a. ( ) Ótima   b. ( ) Boa   c. ( ) Regular   d. ( ) Ruim   e. ( ) Péssima

24. A atuação do **governo federal** nas questões relativas ao meio ambiente pode ser considerada: a. ( ) Ótima   b. ( ) Boa   c. ( ) Regular   d. ( ) Ruim   e. ( ) Péssima

Dados sobre Energia

25. Existe algum órgão da Prefeitura ou comissão por ela instituída que se dedica à **questão energética** no município?   a. ( ) Sim   b. ( ) Não

26. Caso a resposta à pergunta 25 seja positiva, favor especificar:
    ....
    ....

27. Caso a resposta à pergunta 25 tenha sido positiva, indicar as suas atribuições:
    ....
    ....
    ....

28. A atual situação de abastecimento de energia (qualidade dos serviços de abastecimento energético, volume de energia disponível, etc.) do município pode ser considerada:
    a. ( ) A oferta de energia satisfaz as necessidades do município
    b. ( ) A oferta de energia não satisfaz as necessidades municipais
    c. ( ) Os serviços de abastecimento energético no município são de boa qualidade
    d. ( ) Os serviços de abastecimento energético no município não são de boa qualidade
    e. ( ) O município é dependente de energia fornecida de "fora"
    f. ( ) Outra (favor especificar): ....

29. É explorada alguma fonte energética no município?   a. ( ) Sim   b. ( ) Não

30. Caso a resposta à pergunta 29 seja positiva, quais são as fontes energéticas exploradas no município?   a. ( ) Lenha   b. ( ) Carvão Vegetal   c. ( ) Biodigestor
    d. ( ) Energia Elétrica   e. ( )Outra(s) (favor especificar):..............................

31. Existem problemas ambientais ligados à **exploração** de energia no município?
    a. ( ) Sim   b. ( ) Não

32. Caso a resposta à pergunta 31 seja positiva, quais são os principais problemas ambientais ligados à exploração de energia no município?
    a. ....
    b. ....
    c. ....

33. Existem estímulos para ampliar a oferta de energia no município? a.( )Sim   b. ( ) Não

34. Caso a resposta à pergunta 33 seja positiva, indicar projetos/programas do município que expressam tais estímulos:
    a. ....
    b. ....
    c. ....

35. Caso a resposta à pergunta 33 tenha sido positiva, indicar as fontes com as quais se deseja ampliar a oferta de energia no município:
    a. ....
    b. ....
    c. ....

36. Caso a resposta à pergunta 33 seja positiva (e, sobretudo, a pergunta 35 tenha sido respondida!), indicar os motivos que justificam a escolha das fontes de energia citadas:
    a. ( ) Existe possibilidade de imediata disponibilidade
    b. ( ) Sua disponibilidade é maior
    c. ( ) Sua disponibilidade é mais duradoura
    d. ( ) O governo estadual coloca recursos à disposição
    e. ( ) O governo federal coloca recursos à disposição
    f. ( ) Os investimentos são comparativamente menores
    g. ( ) São as fontes energéticas mais adequadas para as atividades econômicas locais
    h. ( ) São as fontes energéticas preferidas pelos empresários do município
    i. ( ) São menos nocivas ao meio ambiente
    j. ( ) Outro (favor especificar): ....

37. Seria possível (e desejável) utilizar fontes alternativas de energia no município?
    a. ( ) Sim   b. ( ) Não

38. Caso a resposta à pergunta 37 seja "a", indicar quais fontes alternativas de energia poderiam ser adotadas no município:
    a. ....
    b. ....
    c. ....

39. Existem problemas ambientais ligados ao **consumo** de energia no município?
    a. ( ) Sim   b. ( ) Não

40. Caso a resposta à pergunta 39 seja positiva, quais são os principais problemas ambientais ligados ao consumo de energia no município?
    a. ....   b. ....
    c. ....   d. ....

41. Seria possível reduzir o consumo de energia no município? a. ( ) Sim   b. ( ) Não

42. Caso a resposta à pergunta 41 seja "a", indicar como seria possível reduzir o consumo de energia no município:
    a. ( ) Diminuindo o ritmo da atividade econômica
    b. ( ) Introduzindo tecnologias poupadoras de energia
    c. ( ) Diversificando mais a matriz energética municipal
    d. ( ) Implantando programas municipais, visando conscientizar a população da necessidade de poupar energia
    e. ( ) Divulgando medidas de poupança de energia pelos meios de comunicação locais
    f. ( ) Mobilizando a comunidade organizada (em associações de moradores etc.) para a adoção de programas poupadores de energia
    g. ( ) Outra(s) possibilidade(s): ....

Grato pela colaboração!

* Identificação do Respondente: ....
* Data da entrega do questionário: ..... / ..... / .....
* Data da devolução do questionário: ..... / ..... / .....

Ivo Marcos Theis
Doutorando em Geografia Econômica

Departamento de Geografia
Universidade de Tübingen
Rep. Fed. da Alemanha

Este questionário é dirigido às empresas industriais do Vale do Itajaí e consiste num instrumento de coleta de informações sobre energia e atividade econômica na região. Recomenda-se que o questionário seja lido antes de se começar a respondê-lo. Caso o espaço destinado a uma dada resposta seja insuficiente, pode-se usar o verso da respectiva folha. Os dados serão utilizados apenas para fins científicos.

Dados de Identificação

1. Nome da Empresa (Razão Social): ....
2. Data da Fundação: ....   3. Localização/Sede: ....
4. Grupo Empresarial a que está ligada: ....
5. Filiais da Empresa e respectiva localização:
   DENOMINAÇÃO DA FILIAL   Município/Estado/País
   a. ....
   b. ....
   c. ....
   d. ....

6. Principal Ramo de Atividade da Empresa: ....
7. Outros Ramos de Atividade da Empresa:
   a. ....
   b. ....
   c. ....
   d. ....

8. Dados relativos ao porte da Empresa (favor indicar ao final da tabela a unidade monetária - p.ex. 1.000 dólares ou reais - para as letras "a", "b" e "c"; e em centenas ou milhares - i.é. em 100 ou 1.000 - para a letra "d":

ANO	CAPITAL SOCIAL (a)	FATURAMENTO BRUTO (b)	LUCRO LÍQUIDO (c)	PESSOAL EMPREGADO (d)
1970				
1975				
1980				
1985				
1990				
1991				
1992				
1993				

   a. ....   b. ....   c. ....   d. ....

9. Participação relativa (i.é. em %) das principais matérias-primas adquiridas pela Empresa e respectiva origem:

MATÉRIA-PRIMA	% DO TOTAL	Município/Estado/País
a.		
b.		
c.		
d.		

10. Participação relativa (i.é. em %) dos produtos da Empresa (assinalar os três principais):

No ano de 1980:
 a. .... = ... %
 b. .... = ... %
 c. .... = ... %

No ano de 1985:
 a. .... = ... %
 b. .... = ... %
 c. .... = ... %

No ano de 1990:
 a. .... = ... %
 b. .... = ... %
 c. .... = ... %

No ano de 1991:
 a. .... = ... %
 b. .... = ... %
 c. .... = ... %

No ano de 1992:
 a. .... = ... %
 b. .... = ... %
 c. .... = ... %

No ano de 1993:
 a. .... = ... %
 b. .... = ... %
 c. .... = ... %

11. Destino da produção da Empresa segundo o mercado (em %):

MERCADO/ANO	1970	1975	1980	1985	1990	1991	1992	1993
a. Interno								
b. Externo								

12. Investimento anual da Empresa com aquisição de novas máquinas e equipamentos/MeE (em % do Faturamento Bruto/FB):

ANO	1970	1975	1980	1985	1990	1991	1992	1993
MeE/FB								

13. Com que periodicidade ocorre a substituição das principais máquinas e equipamentos? (favor assinalar apenas uma letra)
 a. ( ) zero a 2 anos   b. ( ) 2 a 3 anos   c. ( ) 3 a 4 anos
 d. ( ) 4 a 5 anos   e. ( ) 5 a 10 anos   f. ( ) + de 10 anos

14. Qual é o grau de automatização das máquinas e equipamentos utilizados pela Empresa?
 a. ( ) 0% a 10%   b. ( ) 11% a 20%   c. ( ) 21% a 30%
 d. ( ) 31% a 40%   e. ( ) 41% a 50%   f. ( ) 51% a 60%
 g. ( ) 61% a 70%   h. ( ) 71% a 80%   i. ( ) 81% a 90%   j. ( ) 91% a 100%

15. Com relação à passagem à produção de diferentes tipos de mercadorias (p.ex. mediante o emprego do sistema CAD/CAM), as máquinas e equipamentos utilizados pela Empresa podem ser considerados:
 a. ( ) bastante flexíveis   b. ( ) relativamente flexíveis
 c. ( ) relativamente rígidos   d. ( ) bastante rígidos

16. A organização do trabalho no interior da unidade produtiva (p.ex. com a formação de "teams", "job rotation" etc.) pode ser considerada:
    a. ( ) bastante flexível
    b. ( ) relativamente flexível
    c. ( ) relativamente rígida
    d. ( ) bastante rígida

17. A organização do fluxo de trabalho entre as unidades produtivas (p.ex. entre a matriz e as filiais; com os fornecedores; com os clientes) pode ser considerada:
    a. ( ) bastante flexível
    b. ( ) relativamente flexível
    c. ( ) relativamente rígida
    d. ( ) bastante rígida

Dados sobre a Economia Regional

18. De acordo com a percepção da Empresa, a economia regional (quanto a nível de investimentos, produção agropecuária e industrial, comércio) pode ser considerada:
    a. ( ) Suficientemente forte (porque é diversificada, consegue absorver a MdO da região e está tecnologicamente atualizada)
    b. ( ) Incapaz de absorver toda a MdO disponível
    c. ( ) Pouco diversificada
    d. ( ) Tecnologicamente atrasada
    e. ( ) Demasiado dependente de "fora"
    f. ( ) Outra (favor especificar): ....

19. Existem estímulos do governo **federal** à disposição das empresas para investimentos produtivos na região?
    a. ( ) Sim   b. ( ) Não   c. ( ) Não é do conhecimento da Empresa

20. Existem estímulos do governo **estadual** à disposição das empresas para investimentos produtivos na região?
    a. ( ) Sim   b. ( ) Não   c. ( ) Não é do conhecimento da Empresa

21. Existem estímulos da **Prefeitura** à disposição das empresas para investimentos produtivos no município?
    a. ( ) Sim   b. ( ) Não   c. ( ) Não é do conhecimento da Empresa

22. Se existem recursos destinados à realização de novos investimentos, a Empresa faz uso deles?   a. ( ) Sim   b. ( ) Não

23. Caso a Empresa usufrua de algum estímulo, indicar:
    a. ....
    b. ....
    c. ....

Dados sobre Energia

24. Participação relativa das fontes de energia utilizadas no processo produtivo e respectiva origem:

FONTE ENERGÉTICA	%	EMPRESA(S)	Município/Estado
a. Eletricidade			
b. Óleo Diesel			
c. Carvão Veg.			
d. Lenha			
e.			
f.			
g.			

25. A Empresa tem a preocupação de adotar outras fontes de energia? a. ( )Sim b. ( ) Não

26. Caso a resposta à pergunta 25 seja positiva, qual/quais fonte(s) seria(m) preferida(s) pela Empresa?
    a. ....
    b. ....
    c. ....

27. Caso a resposta à pergunta 25 tenha sido positiva, de acordo com quais critérios seriam adotadas novas fontes de energia? (assinalar **1** para o critério **mais** importante, **2** para o seguinte, e assim por diante, até **4**, ou **5** se for o caso, para o **menos** importante)
    a. ( ) custos mais baixos   b. ( ) maior disponibilidade atual
    c. ( ) perspectiva de abastecimento duradouro   d. ( ) menores danos ao meio ambiente
    e. ( ) outro(s) (favor citar): ....

28. Como se poderia qualificar a atual situação de abastecimento energético (qualidade dos serviços, volume de energia disponível, etc.) na região?
    a. ( ) A situação de abastecimento energético na região é desconhecida
    b. ( ) A oferta de energia satisfaz as necessidades da região
    c. ( ) A oferta de energia não satisfaz as necessidades regionais
    d. ( ) Os serviços de abastecimento energético na região são de boa qualidade
    e. ( ) Os serviços de abastecimento energético na região não são de boa qualidade
    f. ( ) A região é dependente de energia fornecida de "fora"
    g. ( ) Outra (favor especificar): ....

29. Qual é a percepção da empresa quanto à possibilidade de se ampliar a oferta de energia na região?
    a. ( ) Favorável sob qualquer perspectiva
    b. ( ) Favorável sob determinadas condições (favor especificar): ....
    c. ( ) Desfavorável sob qualquer perspectiva

30. Se na pergunta 29 a empresa se posicionou favorável, indicar as fontes com as quais se poderia ampliar a oferta de energia na região:
    a. ....
    b. ....
    c. ....
    d. ....

31. Se a pergunta 30 foi respondida, indicar os motivos que justificam a escolha das fontes de energia citadas:
    a. ( ) Existe possibilidade de imediata disponibilidade
    b. ( ) Sua disponibilidade é maior
    c. ( ) Sua disponibilidade é mais duradoura
    d. ( ) O governo **estadual** coloca recursos à disposição
    e. ( ) O governo **federal** coloca recursos à disposição
    f. ( ) Os investimentos são comparativamente menores
    g. ( ) São as fontes energéticas mais adequadas para as atividades econômicas na região
    h. ( ) São as fontes energéticas menos nocivas ao meio ambiente
    i. ( ) Outro (favor especificar): ....

32. Seria possível **reduzir** o consumo de energia na região? a. ( ) Sim   b. ( ) Não

33. Caso a resposta à pergunta 32 seja "a", indicar como seria possível reduzir o consumo:
    a. ( ) Diminuindo o ritmo da atividade econômica
    b. ( ) Introduzindo tecnologias poupadoras de energia
    c. ( ) Diversificando mais a matriz energética regional
    d. ( ) Implantando programas visando poupar energia
    e. ( ) Divulgando medidas de poupança pelos meios de comunicação
    f. ( ) Outra possibilidade: ....

34. Seria possível (e desejável) utilizar outras fontes de energia na região (i.é. trocar as fontes atualmente em uso por outras que até o presente ainda não foram utilizadas)?
    a. ( ) Sim   b. ( ) Não

35. Caso a resposta à pergunta 34 seja "a", indicar quais outras fontes de energia poderiam ser utilizadas na região:
    a. ....
    b. ....
    c. ....

Dados sobre Meio Ambiente

36. Existe preocupação da Empresa com o meio ambiente? a. ( ) Sim   b. ( ) Não

37. Se existe preocupação da Empresa com o meio ambiente, ela se revela (assinalar **1** para a afirmação **mais** importante, **2** para a seguinte, e assim por diante, até **6**, ou **7** se for o caso, para a **menos** importante):
    a. ( ) na origem da matéria-prima utilizada   b. ( ) na origem da energia empregada
    c. ( ) no processo produtivo   d. ( ) na saúde dos empregados
    e. ( ) na qualidade do produto final   f. ( ) no destino da produção
    g. ( ) outra(s) (favor citar): ....

38. Além das possíveis respostas à pergunta 37, a empresa também desenvolve algum programa de preservação ambiental?   a. ( ) Sim   b. ( ) Não

39. Caso a pergunta 38 tenha sido respondida com a letra "a", indicar qual/quais programa(s) é/são desenvolvido(s) pela Empresa:

a. ....
b. ....
c. ....

40. Qual é a percepção da Empresa quanto à situação do meio ambiente (poluição do ar e dos rios, cuidado com flora e fauna, preservação ambiental em geral) na região?
    a. ( ) Não ocorrem maiores danos ambientais na região
    b. ( ) Existem atividades na região que provocam alguns danos ao meio ambiente
    c. ( ) O meio ambiente na região está bastante degradado
    d. ( ) Outra (favor especificar): ....

41. Se o meio ambiente da região sofre danos, seria possível reduzí-los? a.( ) Sim b.( ) Não

42. Caso a pergunta acima tenha sido respondida com a letra "a", indicar como seria possível reduzir os danos ao meio ambiente da região:
    a. ....
    b. ....
    c. ....

43. De acordo com a percepção da Empresa, a atuação do governo **federal** nas questões relativas ao meio ambiente pode ser considerada:
    a. ( ) Ótima   b. ( ) Boa   c. ( ) Regular   d. ( ) Ruim   e. ( ) Péssima

44. De acordo com a percepção da Empresa, a atuação do governo **estadual** nas questões relativas ao meio ambiente pode ser considerada:
    a. ( ) Ótima   b. ( ) Boa   c. ( ) Regular   d. ( ) Ruim   e. ( ) Péssima

45. De acordo com a percepção da Empresa, a atuação da **prefeitura** nas questões relativas ao meio ambiente pode ser considerada:
    a. ( ) Ótima   b. ( ) Boa   c. ( ) Regular   d. ( ) Ruim   e. ( ) Péssima

Grato pela colaboração!

* Identificação do respondente: ....
* Data de entrega do questionário: ..... / ..... / .....
* Data da devolução do questionário: ..... / ..... / .....

Ivo Marcos Theis **Departamento de Geografia**
Doutorando em Geografia Econômica **Universidade de Tübingen**
Rep. Fed. da Alemanha

Este questionário é dirigido a organizações não-governamentais de Santa Catarina e consiste num instrumento de coleta de informações sobre energia e atividade econômica no Vale do Itajaí. Recomenda-se que o questionário seja lido antes de se começar a respondê-lo. Caso o espaço destinado a uma dada resposta seja insuficiente, pode-se usar o verso da respectiva folha. Os dados serão usados apenas para fins científicos.

Dados de Identificação

1. Nome da entidade: ....
2. Data da fundação: ....   3. Localização/sede: ....
4. Número de membros/associados: ....
5. Área geográfica de atuação: ....
6. Estratégia(s) de atuação (p.ex. organização popular, divulgação de idéias/eventos, educação ambiental): ....
   ....
7. Principal campo de atuação (assinalar apenas uma letra):
   a. ( ) Movimento ecológico   b. ( ) Movimento popular
   c. ( ) Direitos humanos (direitos das mulheres, dos negros, das crianças, dos índios)
   d. ( ) Outro(s) (favor especificar): ....
8. Outros campos de atuação (favor especificar):
   a. ....   b. ....
   c. ....   d. ....
9. Principais propostas de atuação da entidade:
   a. ....
   b. ....
   c. ....
10. Principais problemas aos quais concretamente a entidade se dedica:
    a. ....
    b. ....
    c. ....
11. Principais projetos atualmente em execução:
    a. ....
    b. ....
    c. ....
12. A entidade desenvolve algum trabalho em conjunto com outras organizações (não-governamentais, governamentais, privadas)?   a. ( ) Sim   b. ( ) Não

13. Caso a reposta à pergunta 12 seja positiva **em relação a outras ONGs**, com quais a entidade vem trabalhando?
    a. ....
    b. ....
    c. ....

14. Caso a resposta à pergunta 12 seja positiva **em relação a organizações governamentais**, com quais a entidade vem trabalhando?
    a. ....
    b. ....
    c. ....

15. Caso a resposta à pergunta 12 seja positiva **em relação a organizações privadas**, com quais a entidade vem trabalhando?
    a. ....
    b. ....
    c. ....

16. Origem dos recursos que financiam o trabalho da entidade:
    a. ( ) Contribuições regulares dos membros/associados
    b. ( ) Recursos do governo federal
    c. ( ) Recursos do governo estadual
    d. ( ) Recursos da prefeitura
    e. ( ) Recursos estrangeiros captados mediante apresentação de projetos
    f. ( ) Doações de terceiros (de empresas e/ou pessoas físicas)
    g. ( ) Recursos provenientes da execução de projetos específicos
    h. ( ) Outros (favor especificar): ....

Dados sobre a Economia Regional

17. De acordo com a percepção da entidade, a economia regional (quanto a nível de investimentos, produção agropecuária e industrial, comércio) pode ser considerada:
    a. ( ) A situação econômica da região é desconhecida
    b. ( ) Suficientemente forte
    c. ( ) Incapaz de absorver toda a mão-de-obra disponível
    d. ( ) Pouco diversificada
    e. ( ) Tecnologicamente atrasada
    f. ( ) Demasiado dependente de "fora"
    g. ( ) Outra (favor especificar): ....

18. Como a entidade se posiciona quanto à possibilidade de instalação de novas indústrias na região?
    a. ( ) Favorável sob qualquer perspectiva
    b. ( ) Favorável, uma vez que gere empregos
    c. ( ) Favorável, uma vez que gere mais impostos
    d. ( ) Favorável, se não degradar o meio ambiente
    e. ( ) Favorável, se a comunidade vier a ser consultada
    f. ( ) Desfavorável sob qualquer perspectiva
    g. ( ) Outra (favor especificar): ....

19. Se na pergunta 18 a entidade se manifestou favorável, indicar os **ramos** dessas novas indústrias: a. ....
   b. ....
   c. ....

20. Se na pergunta 18 a entidade se manifestou favorável, indicar o **porte** dessas novas indústrias: a. ( ) Microempresas   b. ( ) Pequenas empresas
   c. ( ) Médias empresas   d. ( ) Grandes empresas

21. Caso a pergunta 20 tenha sido respondida, indicar os principais motivos que justificam a preferência pelo(s) porte(s) citado(s):
   a. ....
   b. ....
   c. ....

Dados sobre a Situação Social da Região

22. De acordo com a percepção da entidade, a atual situação social (condições de saúde, índice de alfabetização, melhoria da qualidade material de vida) da região pode ser considerada:
   a. ( ) A situação social da região é desconhecida.   b. ( ) Boa
   c. ( ) Boa e tem melhorado   d. ( ) Boa, mas tem piorado   e. ( ) Ruim
   f. ( ) Ruim e tem piorado   g. ( ) Ruim, mas tem melhorado
   h. ( ) O(s) governo(s) - federal e/ou estadual - não dá/dão importância para a região
   i. ( ) Outra (favor especificar): ....

23. Qual é a percepção da entidade quanto à possibilidade de melhoria da atual situação social da região?
   a. ( ) É importante que se invista mais e, assim, sejam gerados mais empregos
   b. ( ) Tende a melhorar quando para isso os trabalhadores se mobilizarem
   c. ( ) Tende a melhorar na medida em que melhorar a econômica
   d. ( ) A situação social independe da econômica
   e. ( ) Tende a melhorar quando também melhorarem as condições do meio ambiente
   f. ( ) A situação social independe da qualidade do meio ambiente
   g. ( ) Tende a melhorar quando o governo (federal / estadual / prefeitura) passar a dar mais importância para a região
   h. ( ) Outra (favor especificar): ....

Dados sobre Meio Ambiente

24. Considerando o(s) campo(s) de atuação da entidade, qual é a importância da questão ambiental?   a. ( ) É a mais importante para a entidade
   b. ( ) Existem outros problemas mais importantes

25. Qual é a percepção da entidade quanto à situação do meio ambiente (poluição do ar e rios, cuidado com flora e fauna, preservação ambiental) na sua área geográfica de atuação?
   a. ( ) Não ocorrem maiores danos ao meio ambiente na região
   b. ( ) Existem atividades na região que provocam alguns danos ao meio ambiente
   c. ( ) O meio ambiente na região está bastante degradado
   d. ( ) Outra (favor especificar): ....

26. Se o meio ambiente da região sofre degradação, quais são os maiores responsáveis por esses danos? (assinale **1** para a alternativa **mais** importante, **2** para a seguinte, e assim por diante, até **6**, ou **7** se for caso, para a **menos** importante):   a. ( ) Setor Agropecuário   b. ( ) Indústria   c. ( ) Comércio/Serviços   d. ( ) Setor Informal   e. ( ) Residencial   f. ( ) Setor Público   g. Outro (favor especificar): ....

27. Se o meio ambiente da região sofre danos, seria possível reduzi-los? a. ( ) Sim b. ( ) Não

28. Caso a pergunta 24 tenha sido respondida com a letra "a", indicar como seria possível reduzir os danos ao meio ambiente da região:
    a. ....
    b. ....
    c. ....

29. De acordo com a percepção da entidade, a atuação do **governo federal** (p.ex. através do Ibama) nas questões relativas ao meio ambiente pode ser considerada:
    a. ( ) Ótima   b. ( ) Boa   c. ( ) Regular   d. ( ) Ruim   e. ( ) Péssima

30. De acordo com a percepção da entidade, a atuação do **governo estadual** (p.ex. através da Fatma) nas questões relativas ao meio ambiente pode ser considerada:
    a. ( ) Ótima   b. ( ) Boa   c. ( ) Regular   d. ( ) Ruim   e. ( ) Péssima

31. De acordo com a percepção da entidade, a atuação da **Prefeitura** nas questões relativas ao meio ambiente pode ser considerada:
    a. ( ) Ótima   b. ( ) Boa   c. ( ) Regular   d. ( ) Ruim   e. ( ) Péssima

Dados sobre Energia

32. Considerando o(s) seu(s) campo(s) de atuação, qual é a importância da questão energética para a entidade?
    a. ( ) É a mais importante na região   b. ( ) Existem outros problemas mais importantes

33. De acordo com a percepção da entidade, a atual situação de abastecimento de energia (qualidade dos serviços de abastecimento energético, volume de energia disponível) na região pode ser considerada:
    a. ( ) A situação de abastecimento energético na região é desconhecida
    b. ( ) A oferta de energia satisfaz as necessidades da região
    c. ( ) A oferta de energia não satisfaz as necessidades regionais
    d. ( ) Os serviços de abastecimento regional de energia são de boa qualidade
    e. ( ) Os serviços de abastecimento energético na região não são de boa qualidade
    f. ( ) A região é dependente de energia fornecida de "fora"
    g. ( ) Outra (favor especificar): ....

34. Como a entidade se posiciona quanto à possibilidade de se ampliar a oferta de energia na região?   a. ( ) Favorável sob qualquer perspectiva
    b. ( ) Favorável, uma vez que seja baseada em recursos energéticos renováveis
    c ( ) Favorável, se não provocar danos ao meio ambiente
    d. ( ) Favorável, se a comunidade vier a ser consultada
    e. ( ) Desfavorável sob qualquer perspectiva
    f. ( ) Outra (favor especificar): ....

35. Se na pergunta 34 a entidade se posicionou favorável, indicar as fontes com as quais se poderia ampliar a oferta de energia na região:
    a. ....
    b. ....
    c. ....

36. Caso a pergunta 35 tenha sido respondida, indicar os motivos que justificam a escolha das fontes de energia citadas:
    a. ( ) Existe possibilidade de imediata desponibilidade
    b. ( ) Sua disponibilidade é maior
    c. ( ) Sua disponibilidade é mais duradoura
    d. ( ) O governo estadual coloca recursos à disposição
    e. ( ) O governo federal coloca recursos à disposição
    f. ( ) As prefeituras colocam recursos à disposição
    g. ( ) Os investimentos são comparativamente menores
    h. ( ) São as fontes energéticas mais adequadas para as atividades econômicas na região
    i. ( ) São as fontes energéticas mais adequadas para as necessidades das comunidades
    j. ( ) São menos nocivas ao meio ambiente
    k. ( ) Outro (favor especificar): ....

37. Seria possível reduzir o consumo de energia na região?   a. ( ) Sim   b. ( ) Não

38. Caso a resposta à pergunta 37 seja "a", indicar como seria possível reduzir o consumo de energia na região: a. ( ) Diminuindo o ritmo da atividade econômica
    b. ( ) Introduzindo tecnologias poupadoras de energia na atividade econômica
    c. ( ) Diversificando mais a matriz energética regional
    d. ( ) Implantando programas de divulgação de medidas voltadas à economia de energia através dos meios de comunicação locais/regionais
    f. ( ) Mobilizando a comunidade da região (organizada em sindicatos, ONGs e entidades afins) para a adoção de programas poupadores de energia
    g. ( ) Outra(s) possibilidade(s): ....

39. Seria possível (e desejável) utilizar outras fontes (alternativas) de energia na região?
    a. ( ) Sim   b. ( ) Não

40. Caso a resposta à pergunta 39 seja "a", indicar quais outras fontes de energia poderiam ser utilizadas na região:
    a. ( ) Biomassa (lenha, carvão vegetal)   b. ( ) Pequenas hidrelétricas
    c. ( ) Biodigestores   d. ( ) Energia eólica (dos ventos)
    e. ( ) Energia solar   f. ( ) Outra(s) (favor especificar):...

Grato pela colaboração!

* Identificação do Respondente: ....

* Data da entrega do questionário: ..... / ..... / .....

* Data da devolução do questionário: ..... / ..... / .....

Tübinger Geographische Studien

Heft 1	M. König:	Die bäuerliche Kulturlandschaft der Hohen Schwabenalb und ihr Gestaltswandel unter dem Einfluß der Industrie. 1958. 83 S. Mit 14 Karten, 1 Abb. u. 5 Tab.	**vergriffen**
Heft 2	I. Böwing-Bauer:	Die Berglen. Eine geographische Landschaftsmonographie. 1958. 75 S. Mit 15 Karten	**vergriffen**
Heft 3	W. Kienzle:	Der Schurwald. Eine siedlungs- und wirtschaftsgeographische Untersuchung. 1958. Mit 14 Karten u. Abb.	**vergriffen**
Heft 4	W. Schmid:	Der Industriebezirk Reutlingen-Tübingen. Eine wirtschaftsgeographische Untersuchung. 1960. 109 S. Mit 15 Karten	**vergriffen**
Heft 5	F. Obiditsch:	Die ländliche Kulturlandschaft der Baar und ihr Wandel seit dem 18. Jahrhundert. 1961. 83 S. Mit 14 Karten u. Abb., 4 Skizzen	**vergriffen**
Sbd. 1	A. Leidlmair (Hrsg.):	Hermann von Wissmann – Festschrift. 1962. Mit 68 Karten u. Abb., 15 Tab. u. 32 Fotos	**DM 29,–**
Heft 6	F. Loser:	Die Pfortenstädte der Schwäbischen Alb. 1963. 169 S. Mit 6 Karten u. 2 Tab.	**vergriffen**
Heft 7	H. Faigle:	Die Zunahme des Dauergrünlandes in Württemberg und Hohenzollern. 1963. 79 S. Mit 15 Karten u. 6 Tab.	**vergriffen**
Heft 8	I. Djazani:	Wirtschaft und Bevölkerung in Khuzistân und ihr Wandel unter dem Einfluß des Erdöls. 1963. 115 S. Mit 18 Fig. u. Karten, 10 Fotos	**vergriffen**
Heft 9	K. Glökler:	Die Molasse-Schichtstufen der mittleren Alb. 1963. 71 S. Mit 5 Abb., 5 Karten im Text u. 1 Karte als Beilage	**vergriffen**
Heft 10	E. Blumenthal:	Die altgriechische Siedlungskolonisation im Mittelmeerraum unter besonderer Berücksichtigung der Südküste Kleinasiens. 1963. 182 S. Mit 48 Karten u. Abb.	**vergriffen**
Heft 11	J. Härle:	Das Obstbaugebiet am Bodensee, eine agrargeographische Untersuchung. 1964. 117 S. Mit 21 Karten, 3 Abb. im Text u. 1 Karte als Beilage	**vergriffen**
Heft 12	G. Abele:	Die Fernpaßtalung und ihre morphologischen Probleme. 1964. 123 S. Mit 7 Abb., 4 Bildern, 2 Tab. im Text u. 1 Karte als Beilage	**DM 8,–**
Heft 13	J. Dahlke:	Das Bergbaurevier am Taff (Südwales). 1964. 215 S. Mit 32 Abb., 10 Tab. im Text u. 1 Kartenbeilage	**DM 11,–**
Heft 14	A. Köhler:	Die Kulturlandschaft im Bereich der Platten und Terrassen an der Riß. 1964. 153 S. Mit 32 Abb. u. 4 Tab.	**vergriffen**
Heft 15	J. Hohnholz:	Der englische Park als landschaftliche Erscheinung. 1964. 91 S. Mit 13 Karten u. 11 Abb.	**vergriffen**

Heft 16	A. Engel:	Die Siedlungsformen in Ohrnwald. 1964. 122 S. Mit 1 Karte im Text u. 17 Karten als Beilagen	**DM 11,-**
Heft 17	H. Prechtl:	Geomorphologische Strukturen. 1965. 144 S. Mit 26 Fig. im Text u. 14 Abb. auf Tafeln	**vergriffen**
Heft 18	E. Ehlers:	Das nördliche Peace River Country, Alberta, Kanada. 1965. 246 S. Mit 51 Abb., 10 Fotos u. 31 Tab.	**vergriffen**
Sbd. 2	M. Dongus:	Die Agrarlandschaft der östlichen Poebene. 1966. 308 S. Mit 42 Abb. u. 10 Karten	**DM 40,-**
Heft 19	B. Nehring:	Die Maltesischen Inseln. 1966. 172 S. Mit 39 Abb., 35 Tab. u. 8 Fotos	**vergriffen**
Heft 20	N. N. Al-Kasab:	Die Nomadenansiedlung in der Irakischen Jezira. 1966. 148 S. Mit 13 Fig., 9 Abb. u. 12 Tab.	**vergriffen**
Heft 21	D. Schillig:	Geomorphologische Untersuchungen in der Saualpe (Kärnten). 1966. 81 S. Mit 6 Skizzen, 15 Abb., 2 Tab. im Text und 5 Karten als Beilagen	**DM 13,-**
Heft 22	H. Schlichtmann:	Die Gliederung der Kulturlandschaft im Nordschwarzwald und seinen Randgebieten. 1967. 184 S. Mit 4 Karten, 16 Abb. im Text u. 2 Karten als Beilagen	**vergriffen**
Heft 23	C. Hannss:	Die morphologischen Grundzüge des Ahrntales. 1967. 144 S. Mit 5 Karten, 4 Profilen, 3 graph. Darstellungen. 3 Tab. im Text u. 1 Karte als Beilage	**vergriffen**
Heft 24	S. Kullen:	Der Einfluß der Reichsritterschaft auf die Kulturlandschaft im Mittleren Neckarland. 1967. 205 S. Mit 42 Abb. u. Karten, 24 Fotos u. 15 Tab.	**vergriffen**
Heft 25	K.-G. Krauter:	Die Landwirtschaft im östlichen Hochpustertal. 1968. 186 S. Mit 7 Abb., 15 Tab. im Text u. 3 Karten als Beilagen	**DM 9,-**
Heft 26	W. Gaiser †:	Berbersiedlungen in Südmarokko. 1968. 163 S. Mit 29 Abb. u. Karten	**vergriffen**
Heft 27	M.-U. Kienzle:	Morphogenese des westlichen Luxemburger Gutlandes. 1968. 150 S. Mit 14 Abb. im Text u. 3 Karten als Beilagen	**vergriffen**
Heft 28	W. Brücher:	Die Erschließung des tropischen Regenwaldes am Ostrand der kolumbianischen Anden. – Der Raum zwischen Rio Ariari und Ecuador –. 1968. 218 S. Mit 23 Abb. u. Karten, 10 Fotos u. 23 Tab.	**vergriffen**
Heft 29	J. M. Hamm:	Untersuchungen zum Stadtklima von Stuttgart. 1969. 150 S. Mit 37 Fig., 14 Karten u. 11 Tab. im Text u. 22 Tab. im Anhang	**vergriffen**
Heft 30	U. Neugebauer:	Die Siedlungsformen im nordöstlichen Schwarzwald. 1969. 141 S. Mit 27 Karten, 5 Abb., 6 Fotos u. 7 Tab.	**vergriffen**

Heft 31	A. Maass:	Entwicklung und Perspektiven der wirtschaftlichen Erschließung des tropischen Waldlandes von Peru, unter besonderer Berücksichtigung der verkehrsgeographischen Problematik. 1969. VI u. 262 S. Mit 20 Fig. u. Karten, 35 Tab. u. 28 Fotos **vergriffen**
Heft 32	E. Weinreuter:	Stadtdörfer in Südwest-Deutschland. Ein Beitrag zur geographischen Siedlungstypisierung. 1969. VIII u. 143 S. Mit 31 Karten u. Abb., 32 Fotos, 14 Tab. im Text u. 1 Karte als Beilage **vergriffen**
Heft 33	R. Sturm:	Die Großstädte der Tropen. – Ein geographischer Vergleich –. 1969. 236 S. Mit 25 Abb. u. 10 Tab. **vergriffen**
Heft 34 (Sbd. 3)	H. Blume und K.-H. Schröder (Hrsg.):	Beiträge zur Geographie der Tropen und Subtropen. (Herbert Wilhelmy-Festschrift). 1970. 343 S. Mit 24 Karten, 13 Fig., 48 Fotos u. 32 Tab. **DM 27,–**
Heft 35	H.-D. Haas:	Junge Industrieansiedlung im nordöstlichen Baden-Württemberg. 1970. 316 S. Mit 24 Karten, 10 Diagr., 62 Tab. u. 12 Fotos **vergriffen**
Heft 36 (Sbd. 4)	R. Jätzold:	Die wirtschaftsgeographische Struktur von Südtanzania. 1970. 341 S., Mit 56 Karten u. Diagr., 46 Tab. u. 26 Bildern. Summary **DM 35,–**
Heft 37	E. Dürr:	Kalkalpine Sturzhalden und Sturzschuttbildung in den westlichen Dolomiten. 1970. 120 S. Mit 7 Fig. im Text, 3 Karten u. 4 Tab. im Anhang **vergriffen**
Heft 38	H.-K. Barth:	Probleme der Schichtstufenlandschaft West-Afrikas am Beispiel der Bandiagara-, Gambaga- und Mampong-Stufenländer. 1970. 215 S. Mit 6 Karten, 57 Fig. u. 40 Bildern **DM 15,–**
Heft 39	R. Schwarz:	Die Schichtstufenlandschaft der Causses. 1970. 106 S. Mit 2 Karten, 23 Abb. im Text u. 2 Karten als Beilagen **vergriffen**
Heft 40	N. Güldali:	Karstmorphologische Studien im Gebiet des Poljesystems von Kestel (Westlicher Taurus, Türkei). 1970. 104 S. Mit 14 Abb., 3 Karten, 11 Fotos u. 7 Tab. **vergriffen**
Heft 41	J. B. Schultis:	Bevölkerungsprobleme in Tropisch-Afrika. 1970. 138 S. Mit 13 Karten, 7 Schaubildern u. 8 Tab. **vergriffen**
Heft 42	L. Rother:	Die Städte der Çukurova: Adana – Mersin – Tarsus. 1971. 312 S. Mit 51 Karten u. Abb., 34 Tab. **DM 21,–**
Heft 43	A. Roemer:	The St. Lawrence Seaway, its Ports and its Hinterland. 1971. 235 S. With 19 maps and figures, 15 fotos and 64 tables **DM 21,–**
Heft 44 (Sbd. 5)	E. Ehlers:	Südkaspisches Tiefland (Nordiran) und Kaspisches Meer. Beiträge zu ihrer Entwicklungsgeschichte im Jung- und Postpleistozän. 1971. 184 S. Mit 54 Karten u. Abb., 29 Fotos. Summary **DM 24,–**
Heft 45 (Sbd. 6)	H. Blume und H.-K. Barth:	Die pleistozäne Reliefentwicklung im Schichtstufenland der Driftless Area von Wisconsin (USA). 1971. 61 S. Mit 20 Karten, 4 Abb., 3 Tab. u. 6 Fotos. Summary **DM 18,–**

Heft 46 (*Sbd. 7*)	H. Blume (Hrsg.):	Geomorphologische Untersuchungen im Württembergischen Keuperbergland. Mit Beiträgen von H.-K. Barth, R. Schwarz und R. Zeese. 1971. 97 S. Mit 25 Karten u. Abb. u. 15 Fotos **DM 20,–**	
Heft 47	H.-D. Haas:	Wirtschaftsgeographische Faktoren im Gebiet der Stadt Esslingen und deren näherem Umland in ihrer Bedeutung für die Stadtplanung. 1972. 106 S. Mit 15 Karten, 3 Diagr. u. 5 Tab. **vergriffen**	
Heft 48	K. Schliebe:	Die jüngere Entwicklung der Kulturlandschaft des Campidano (Sardinien). 1972. 198 S. Mit 40 Karten u. Abb., 10 Tab. im Text u. 3 Kartenbeilagen **DM 18,–**	
Heft 49	R. Zeese:	Die Talentwicklung von Kocher und Jagst im Keuperbergland. 1972. 121 S. Mit 20 Karten u. Abb., 1 Tab. u. 4 Fotos **vergriffen**	
Heft 50	K. Hüser:	Geomorphologische Untersuchungen im westlichen Hintertaunus. 1972. 184 S. Mit 1 Karte, 14 Profilen, 7 Abb., 31 Diagr., 2 Tab. im Text u. 5 Karten, 4 Tafeln u. 1 Tab. als Beilagen **DM 27,–**	
Heft 51	S. Kullen:	Wandlungen der Bevölkerungs- und Wirtschaftsstruktur in den Wölzer Alpen. 1972. 87 S. Mit 12 Karten u. Abb. 7 Fotos u. 17 Tab. **DM 15,–**	
Heft 52	E. Bischoff:	Anbau und Weiterverarbeitung von Zuckerrohr in der Wirtschaftslandschaft der Indischen Union, dargestellt anhand regionaler Beispiele. 1973. 166 S. Mit 50 Karten, 22 Abb., 4 Anlagen u. 22 Tab. **DM 24,–**	
Heft 53	H.-K. Barth und H. Blume:	Zur Morphodynamik und Morphogenese von Schichtkamm- und Schichtstufenreliefs in den Trockengebieten der Vereinigten Staaten. 1973. 102 S. Mit 20 Karten u. Abb., 28 Fotos. Summary **DM 21,–**	
Heft 54	K.-H. Schröder (Hrsg.):	Geographische Hausforschung im südwestlichen Mitteleuropa. Mit Beiträgen von H. Baum, U. Itzin, L. Kluge, J. Koch, R. Roth, K.-H. Schröder und H.P. Verse. 1974. 110 S. Mit 20 Abb. u. 3 Fotos **DM 19,50**	
Heft 55	H. Grees (Hrsg.):	Untersuchungen zu Umweltfragen im mittleren Neckarraum. Mit Beiträgen von H.-D. Haas, C. Hannss und H. Leser. 1974. 101 S. Mit 14 Abb. u. Karten, 18 Tab. u. 3 Fotos **vergriffen**	
Heft 56	C. Hanss:	Val d'Isère. Entwicklung und Probleme eines Wintersportplatzes in den französischen Nordalpen. 1974. 173 S. Mit 51 Karten u. Abb., 28 Tab. Résumé **DM 42,–**	
Heft 57	A. Hüttermann:	Untersuchungen zur Industriegeographie Neuseelands. 1974. 243 S. Mit 33 Karten, 28 Diagrammen und 51 Tab. Summary **DM 36,–**	
Heft 58 (*Sbd. 8*)	H. Grees:	Ländliche Unterschichten und ländliche Siedlung in Ostschwaben. 1975. 320 S. Mit 58 Karten, 32 Tab. und 14 Abb. Summary **vergriffen**	

Heft 59	J. Koch:	Rentnerstädte in Kalifornien. Eine bevölkerungs- und sozialgeographische Untersuchung. 1975. 154 S. Mit 51 Karten u. Abb., 15 Tab. und 4 Fotos. Summary	**DM 30,–**
Heft 60 (Sbd. 9)	G. Schweizer:	Untersuchungen zur Physiogeographie von Ostanatolien und Nordwestiran. Geomorphologische, klima- und hydrogeographische Studien im Vansee- und Rezaiyehsee-Gebiet. 1975. 145 S. Mit 21 Karten, 6 Abb., 18 Tab. und 12 Fotos. Summary. Résumé	**DM 39,–**
Heft 61 (Sbd. 10)	W. Brücher:	Probleme der Industrialisierung in Kolumbien unter besonderer Berücksichtigung von Bogotá und Medellín. 1975. 175 S. Mit 26 Tab. und 42 Abb. Resumen	**DM 42,–**
Heft 62	H. Reichel:	Die Natursteinverwitterung an Bauwerken als mikroklimatisches und edaphisches Problem in Mitteleuropa. 1975. 85 S. Mit 4 Diagrammen, 5 Tab. und 36 Abb. Summary. Résumé	**DM 30,–**
Heft 63	H.-R. Schömmel:	Straßendörfer im Neckarland. Ein Beitrag zur geographischen Erforschung der mittelalterlichen regelmäßigen Siedlungsformen in Südwestdeutschland. 1975. 118 S. Mit 19 Karten, 2 Abb., 11 Tab. und 6 Fotos. Summary	**DM 30,–**
Heft 64	G. Olbert:	Talentwicklung und Schichtstufenmorphogenese am Südrand des Odenwaldes. 1975. 121 S. Mit 40 Abb., 4 Karten und 4 Tab. Summary	**vergriffen**
Heft 65	H. M. Blessing:	Karstmorphologische Studien in den Berner Alpen. 1976. 77 S. Mit 3 Karten, 8 Abb. und 15 Fotos. Summary. Résumé	**DM 30,–**
Heft 66	K. Frantzok:	Die multiple Regressionsanalyse, dargestellt am Beispiel einer Untersuchung über die Verteilung der ländlichen Bevölkerung in der Gangesebene. 1976. 137 S. Mit 17 Tab., 4 Abb. und 19 Karten. Summary. Résumé	**DM 36,–**
Heft 67	H. Stadelmaier:	Das Industriegebiet von West Yorkshire. 1976. 155 S. Mit 38 Karten, 8 Diagr. u. 25 Tab. Summary	**DM 39,–**
Heft 68 (Sbd. 11)	H.-D. Haas	Die Industrialisierungsbestrebungen auf den Westindischen Inseln unter besonderer Berücksichtigung von Jamaika und Trinidad. 1976. XII, 171 S. Mit 31 Tab., 63 Abb. u. 7 Fotos. Summary	**vergriffen**
Heft 69	A. Borsdorf:	Valdivia und Osorno. Strukturelle Disparitäten und Entwicklungsprobleme in chilenischen Mittelstädten. Ein geographischer Beitrag zu Urbanisierungserscheinungen in Lateinamerika. 1976. 155 S. Mit 28 Fig. u. 48 Tab. Summary. Resumen	**DM 39,–**
Heft 70	U. Rostock:	West-Malaysia – ein Einwicklungsland im Übergang. Probleme, Tendenzen, Möglichkeiten. 1977. 199 S. Mit 22 Abb. und 28 Tab. Summary	**DM 36,–**
Heft 71 (Sbd. 12)	H.-K. Barth:	Der Geokomplex Sahel. Untersuchungen zur Landschaftsökologie im Sahel Malis als Grundlage agrar- und weidewirtschaftlicher Entwicklungsplanung. 1977. 234 S. Mit 68 Abb. u. 26 Tab. Summary	**DM 42,–**

Heft 72	K.-H. Schröder:	Geographie an der Universität Tübingen 1512-1977. 1977. 100 S. **DM 30,-**
Heft 73	B. Kazmaier:	Das Ermstal zwischen Urach und Metzingen. Untersuchungen zur Kulturlandschaftsentwicklung in der Neuzeit. 1978. 316 S. Mit 28 Karten, 3 Abb. und 83 Tab. Summary **DM 48,-**
Heft 74	H.-R. Lang:	Das Wochenend-Dauercamping in der Region Nordschwarzwald. Geographische Untersuchung einer jungen Freizeitwohnsitzform. 1978. 162 S. Mit 7 Karten, 40 Tab. und 15 Fotos. Summary **DM 36,-**
Heft 75	G. Schanz:	Die Entwicklung der Zwergstädte des Schwarzwaldes seit der Mitte des 19. Jahrhunderts. 1979. 174 S. Mit 2 Abb., 10 Karten und 26 Tab. **DM 36,-**
Heft 76	W. Ubbens:	Industrialisierung und Raumentwicklung in der nordspanischen Provinz Alava. 1979. 194 S. Mit 16 Karten, 20 Abb. und 34 Tab. **DM 40,-**
Heft 77	R. Roth:	Die Stufenrandzone der Schwäbischen Alb zwischen Erms und Fils. Morphogenese in Abhängigkeit von lithologischen und hydrologischen Verhältnissen. 1979. 147 S. Mit 29 Abb. **DM 32,-**
Heft 78	H. Gebhardt:	Die Stadtregion Ulm/Neu-Ulm als Industriestandort. Eine industriegeographische Untersuchung auf betrieblicher Basis. 1979. 305 S. Mit 31 Abb., 4 Fig., 47 Tab. und 2 Karten. Summary **DM 48,-**
Heft 79 (Sbd. 14)	R. Schwarz:	Landschaftstypen in Baden-Württemberg. Eine Untersuchung mit Hilfe multivariater quantitativer Methodik. 1980. 167 S. Mit 31 Karten, 11 Abb. u. 36 Tab. Summary **DM 35,-**
Heft 80 (Sbd. 13)	H.-K. Barth und H. Wilhelmy (Hrsg.):	Trockengebiete. Natur und Mensch im ariden Lebensraum. (Festschrift für H. Blume) 1980. 405 S. Mit 89 Abb., 51 Tab., 38 Fotos **DM 68,-**
Heft 81	P. Steinert:	Góry Stołowe – Heuscheuergebirge. Zur Morphogenese und Morphodynamik des polnischen Tafelgebirges. 1981. 180 S., 23 Abb., 9 Karten. Summary, Streszszenie **DM 24,-**
Heft 82	H. Upmeier:	Der Agrarwirtschaftsraum der Poebene. Eignung, Agrarstruktur und regionale Differenzierung. 1981. 280 S. Mit 26 Abb., 13 Tab., 2 Übersichten und 8 Karten. Summary, Riassunto **DM 27,-**
Heft 83	C.C. Liebmann:	Rohstofforientierte Raumerschließungsplanung in den östlichen Landesteilen der Sowjetunion (1925-1940). 1981. 466 S. Mit 16 Karten, 24 Tab. Summary **DM 54,-**
Heft 84	P. Kirsch:	Arbeiterwohnsiedlungen im Königreich Württemberg in der Zeit vom 19. Jahrhundert bis zum Ende des Ersten Weltkrieges. 1982. 343 S. Mit 39 Kt., 8 Abb., 15 Tab., 9 Fotos. Summary **DM 40,-**
Heft 85	A. Borsdorf u. H. Eck:	Der Weinbau in Unterjesingen. Aufschwung, Niedergang und Wiederbelebung der Rebkultur an der Peripherie des württembergischen Hauptanbaugebietes. 1982. 96 S. Mit 14 Abb., 17 Tab. Summary **DM 15,-**

Heft 86	U. Itzin:	Das ländliche Anwesen in Lothringen. 1983. 183 S. Mit 21 Karten, 36 Abb., 1 Tab.	**DM 35,-**
Heft 87	A. Jebens:	Wirtschafts- und sozialgeographische Untersuchungen über das Heimgewerbe in Nordafghanistan unter besonderer Berücksichtigung der Mittelstadt Sar-e-Pul. Ein geographischer Beitrag zur Stadt-Umland-Forschung und zur Wirtschaftsform des Heimgewerbes. 1983. 426 S. Mit 19 Karten, 29 Abb., 81 Tab. Summary u. persische Zusammenfassung	**DM 59,-**
Heft 88	G. Remmele:	Massenbewegungen an der Hauptschichtstufe der Benbulben Range. Untersuchungen zur Morphodynamik und Morphogenese eines Schichtstufenreliefs in Nordwestirland. 1984. 233 S. Mit 9 Karten, 22 Abb., 3 Tab. u. 30 Fotos. Summary	**DM 44,-**
Heft 89	C. Hannss:	Neue Wege der Fremdenverkehrsentwicklung in den französischen Nordalpen. Die Antiretortenstation Bonneval-sur-Arc im Vergleich mit Bessans (Hoch-Maurienne). 1984. 96 S. Mit 21 Abb. u. 9 Tab. Summary. Resumé	**DM 16,-**
Heft 90 (Sbd. 15)	S. Kullen (Hrsg.):	Aspekte landeskundlicher Forschung. Beiträge zur Sozialen und Regionalen Geographie unter besonderer Berücksichtigung Südwestdeutschlands. (Festschrift für Hermann Grees) 1985. 483 S. Mit 42 Karten (teils farbig), 38 Abb., 18 Tab., Lit.	**DM 59,-**
Heft 91	J.-W. Schindler:	Typisierung der Gemeinden des ländlichen Raumes Baden-Württembergs nach der Wanderungsbewegung der deutschen Bevölkerung. 1985. 274 S. Mit 14 Karten, 24 Abb., 95 Tab. Summary	**DM 40,-**
Heft 92	H. Eck:	Image und Bewertung des Schwarzwaldes als Erholungsraum – nach dem Vorstellungsbild der Sommergäste. 1985. 274 S. Mit 31 Abb. und 66 Tab. Summary	**DM 40,-**
Heft 93 (TBGL 1)	G. Kohlhepp (Hrsg.):	Brasilien. Beiträge zur regionalen Struktur- und Entwicklungsforschung. 1987. 318 S. Mit 78 Abb., 41 Tab.	**vergriffen**
Heft 94 (TBGL 2)	R. Lücker:	Agrarräumliche Entwicklungsprozesse im Alto-Uruguai-Gebiet (Südbrasilien). Analyse eines randtropischen Neusiedlungsgebietes unter Berücksichtigung von Diffusionsprozessen im Rahmen modernisierender Entwicklung. 1986. 278 S. Mit 20 Karten, 17 Abb., 160 Tab., 17 Fotos. Summary. Resumo	**DM 54,-**
Heft 95 (Sbd. 16) (TBGL 3)	G. Kohlhepp und A. Schrader (Hrsg.):	Homem e Natureza na Amazônia. Hombre y Naturaleza en la Amazonía. Simpósio internacional e interdisciplinar. Simposio internacional e interdisciplinario. Blaubeuren 1986. 1987. 507 S. Mit 51 Abb., 25 Tab.	**vergriffen**
Heft 96 (Sbd. 17) (TBGL 4)	G. Kohlhepp und A. Schrader (Hrsg.):	Ökologische Probleme in Lateinamerika. Wissenschaftliche Tagung Tübingen 1986. 1987. 317 S. Mit Karten, 74 Abb., 13 Tab., 14 Photos	**vergriffen**
Heft 97 (TBGL 5)	M. Coy:	Regionalentwicklung und regionale Entwicklungsplanung an der Peripherie in Amazonien. Probleme und Interessenkonflikte bei der Erschließung einer jungen Pionierfront am Beispiel des brasilianischen Bundesstaates Rondônia. 1988. 549 S. Mit 31 Karten, 22 Abb., 79 Tab. Summary. Resumo	**vergriffen**

Heft 98	K.-H. Pfeffer (Hrsg.):	Geoökologische Studien im Umland der Stadt Kerpen/Rheinland. 1989. 300 S. Mit 30 Karten, 65 Abb., 10 Tab. **vergriffen**
Heft 99	Ch. Ellger:	Informationssektor und räumliche Entwicklung – dargestellt am Beispiel Baden-Württembergs. 1988. 203 S. Mit 25 Karten, 7 Schaubildern, 21 Tab., Summary **DM 29,–**
Heft 100	K.-H. Pfeffer: (Hrsg.)	Studien zur Geoökolgie und zur Umwelt. 1988. 336 S. Mit 11 Karten, 55 Abb., 22 Tab., 4 Farbkarten, 1 Faltkarte **vergriffen**
Heft 101	M. Landmann:	Reliefgenerationen und Formengenese im Gebiet des Lluidas Vale-Poljes/Jamaika. 1989. 212 S. Mit 8 Karten, 41 Abb., 14 Tab., 1 Farbkarte. Summary **DM 63,–**
Heft 102 (Sbd. 18)	H. Grees u. G. Kohlhepp (Hrsg.):	Ostmittel- und Osteuropa. Beiträge zur Landeskunde. (Festschrift für Adolf Karger, Teil 1). 1989. 466 S. Mit 52 Karten, 48 Abb., 39 Tab., 25 Fotos **DM 83,–**
Heft 103 (Sbd. 19)	H. Grees u. G. Kohlhepp (Hrsg.):	Erkenntnisobjekt Geosphäre. Beiträge zur geowissenschaftlichen Regionalforschung, ihrer Methodik und Didaktik. (Festschrift für Adolf Karger, Teil 2). 1989. 224 S. 7 Karten, 36 Abb., 16 Tab. **DM 59,–**
Heft 104 (TBGL 6)	G. W. Achilles:	Strukturwandel und Bewertung sozial hochrangiger Wohnviertel in Rio de Janeiro. Die Entwicklung einer brasilianischen Metropole unter besonderer Berücksichtigung der Stadtteile Ipanema und Leblon. 1989. 367 S. Mit 29 Karten. 17 Abb., 84 Tab., 10 Farbkarten als Dias **DM 57,–**
Heft 105	K.-H. Pfeffer (Hrsg.):	Süddeutsche Karstökosysteme. Beiträge zu Grundlagen und praxisorientierten Fragestellungen. 1990. 382 S. Mit 28 Karten, 114 Abb., 10 Tab., 3 Fotos. Lit. Summaries **DM 60,–**
Heft 106 (TBGL 7)	J. Gutberlet:	Industrieproduktion und Umweltzerstörung im Wirtschaftsraum Cubatão/São Paulo (Brasilien). 1991. 338 S. 5 Karten, 41 Abb., 54 Tab. Summary. Resumo **DM 45,–**
Heft 107 (TBGL 8)	G. Kohlhepp (Hrsg.):	Lateinamerika. Umwelt und Gesellschaft zwischen Krise und Hoffnung. 1991. 238 S. Mit 18 Abb., 6 Tab. Resumo. Resumen **DM 38,–**
Heft 108 (TBGL 9)	M. Coy, R. Lücker:	Der brasilianische Mittelwesten. Wirtschafts- und sozialgeographischer Wandel eines peripheren Agrarraumes. 1993. 305 S. Mit 59 Karten, 14 Abb., 14 Tab. **DM 39,–**
Heft 109	M. Chardon, M. Sweeting K.-H. Pfeffer (Hrsg.):	Proceedings of the Karst-Symposium-Blaubeuren. 2nd International Conference on Geomorphology, 1989, 1992. 130 S., 47 Abb., 14 Tab. **DM 29,–**
Heft 110	A. Megerle	Probleme der Durchsetzung von Vorgaben der Landes- und Regionalplanung bei der kommunalen Bauleitplanung am Bodensee. Ein Beitrag zur Implementations- und Evaluierungsdiskussion in der Raumplanung. 1992. 282 S. Mit 4 Karten, 18 Abb., 6 Tab. **DM 39,–**

Heft 111 (*TBGL 10*)	M. J. Lopes de Souza:	Armut, sozialräumliche Segregation und sozialer Konflikt in der Metropolitanregion von Rio de Janeiro. Ein Beitrag zur Analyse der »Stadtfrage« in Brasilien. 1993. 445 S. Mit 16 Karten, 6 Abb. u. 36 Tabellen **DM 45,–**
Heft 112 (*TBGL 11*)	K. Henkel:	Agrarstrukturwandel und Migration im östlichen Amazonien (Pará, Brasilien). 1994. 474 S. Mit 12 Karten, 8 Abb. u. 91 Tabellen **DM 45,–**
Heft 113	H. Grees: (Hrsg.):	Wege geographischer Hausforschung. Gesammelte Beiträge von Karl Heinz Schröder zu seinem 80. Geburtstag am 17. Juni 1994. Hrsg. v. H. Grees. 1994. 137 S. **DM 33,–**
Heft 114 (*TBGL 12*)	G. Kohlhepp (Hrsg.):	Mensch-Umwelt-Beziehungen in der Pantanal-Region von Mato Grosso/Brasilien. Beiträge zur angewandten geographischen Umweltforschung. 1995. 389 S. Mit 23 Abb., 15 Karten und 13 Tabellen **DM 39,–**
Heft 115 (*TBGL 13*)	F. Birk:	Kommunikation, Distanz und Organisation. Dörfliche Organisation indianischer Kleinbauern im westlichen Hochland Guatemalas. 1995. 376 S. Mit 5 Karten, 20 Abb. und 15 Tabellen **DM 39,–**
Heft 116	H. Förster u. K.-H. Pfeffer (Hrsg.):	Interaktion von Ökologie und Umwelt mit Ökonomie und Raumplanung. 1996. 328 S. Mit 94 Abb. und 28 Tabellen **DM 30,–**
Heft 117 (*TBGL 14*)	M. Czerny und G. Kohlhepp (Hrsg.):	Reestructuración económica y consecuencias regionales en América Latina. 1996. 194 S. Mit 18 Abb. und 20 Tabellen **DM 27,–**
Heft 119 (*TBGL 15*)	G. Kohlhepp u. M. Coy (Hrsg.):	Mensch-Umwelt-Beziehungen und nachhaltige Entwicklung in der Dritten Welt. 1998. 465 S. Mit 99 Abb. und 30 Tabellen **DM 38,–**
Heft 120 (*TGBL 16*)	C. L. Löwen:	Der Zusammenhang von Stadtentwicklung und zentralörtlicher Verflechtung der brasilianischen Stadt Ponta Grossa/Paraná. Eine Untersuchung zur Rolle von Mittelstädten in der Nähe einer Metropolitanregion. 1998. 328 S. Mit 39 Karten, 7 Abb. und 18 Tabellen **DM 35,–**
Heft 121	R. K. Beck:	Schwermetalle in Waldböden des Schönbuchs. Bestandsaufnahme – ökologische Verhältnisse – Umweltrelevanz. 1998. 150 S. und 24 S. Anhang sowie 72 Abb. und 34 Tabellen **DM 27,–**
Heft 122 (*TBGL 17*)	G. Mayer:	Interner Kolonialismus und Ethnozid in der Sierra Tarahumara (Chihuahua, Mexiko). Bedingungen und Folgen der wirtschaftsräumlichen Inkorporation und Modernisierung eines indigenen Siedlungsraumes. 1999. 329 S., 39 Abb., 52 Tabellen **DM 35,–**
Heft 125	W. Schenk (Hrsg.):	Aufbau und Auswertung „Langer Reihen" zur Erforschung von historischen Waldzuständen und Waldentwicklungen. Ergebnisse eines Symposiums in Blaubeuren vom 26.–28. 2. 1998. 1999. 296 S. Mit 63 Abb. und 21 Tabellen **DM 35,–**

Heft 126 (TBGL 18)	M. Friedrich:	Stadtentwicklung und Planungsprobleme von Regionalzentren in Brasilien; Cáceres und Rondonópolis / Mato Grosso; ein Vergleich. 1999. 312 S. Mit 14 Abb., 46 Karten, 30 Tabellen **DM 35,-**
Heft 127	A. Kampschulte:	Grenzen und Systeme – Von geschlossenen zu offenen Grenzen? Eine exemplarische Analyse der grenzüberschreitenden Verflechtungen im österreichisch-ungarischen Grenzraum. 1999. 375 S. Mit 8 Karten, 6 Abb. und 99 Tabellen **DM 39,-**
Heft 129 (TGBL 19)	I. M. Theis:	Entwicklung und Energie in Südbrasilien. Eine wirtschaftsgeographische Analyse des Energiesystems des Itajaítals in Santa Catarina. 2000. 373 S. Mit 8 Karten, 35 Abb., 39 Tabellen **DM 39,-**